催化剂与催化作用

石油、非石油资源催化转化制取能源及化学品

主编 王桂茹

主审 王祥生

编者 王桂茹 王安杰 刘 靖 郭新闻 郭洪臣 李 翔

大连理工大学出版社

Dalian University of Technology Press

图书在版编目(CIP)数据

催化剂与催化作用：石油、非石油资源催化转化制取能源及化学品 / 王桂茹主编. — 大连：大连理工大学出版社，2015.2(2018.8 重印)

ISBN 978-7-5611-9754-7

Ⅰ. ①催… Ⅱ. ①王… Ⅲ. ①催化剂－高等学校－教材 Ⅳ. ①TQ426

中国版本图书馆 CIP 数据核字(2015)第 029336 号

大连理工大学出版社出版

地址：大连市软件园路 80 号 邮政编码：116023
发行：0411-84708842 邮购：0411-84703636 传真：0411-84701466
E-mail：dutp@dutp.cn URL：http://dutp.dlut.edu.cn
大连美跃彩色印刷有限公司印刷 大连理工大学出版社发行

幅面尺寸：170mm×240mm 印张：26.5 插页：1 字数：517 千字
2015 年 5 月第 1 版 2018 年 8 月第 2 次印刷

责任编辑：于建辉 责任校对：许 蕾
封面设计：冀贵收

ISBN 978-7-5611-9754-7 定 价：58.00 元

序

催化是化学领域最活跃的分支之一,能源、环境及化学品生产过程大约 90% 是伴随催化过程进行的。从事这些领域的科学工作者和学生渴望了解、学习相关的催化科学知识。《催化剂与催化作用》这本书试图帮助这些读者走进催化科学的大门。这本书以现代工业催化技术使用的催化剂与催化反应为起点,以多相催化为主,介绍了催化作用的基本概念,对各类催化剂的组成结构及催化作用机理进行了系统的分析和论述,并对各类催化剂中的代表案例进行剖析,使读者掌握催化剂和催化作用基本理论,同时知道如何运用这些基本知识解决实际问题。书中还介绍了催化剂的制备、使用和评价。

这本书在《催化剂与催化作用》(第四版,王桂茹主编,大连理工大学出版社出版)一书的基础上,增加了非石油资源催化转化制取燃料及化学品、新催化材料及催化反应章节,及时为读者提供了新的催化知识。

这本书内容充实、特色鲜明、深入浅出、论述清晰,具有科学性、前瞻性、实用性和可读性。我很高兴向广大读者推荐这本书。我相信大家能够从中受益,喜欢这本书。

这本书的主编王桂茹教授从事催化的教学和科研工作几十年,积累了丰富的科研和教学的实践经验,所以这本书理论和实际结合,言之有物。为了使这本书内容更加充实,及时反映催化最新发展前沿,她还多方与相关专家交流、切磋、增补新的内容,力求完善。通过阅读这本书,大家可以从中学习到更多的催化知识。

2015 年夏

前　言

　　近年来,随着催化科学技术的发展与进步,研发出许多新的催化材料、催化反应体系、催化研究手段和表征技术。在此基础上,提出了不少新的催化概念和理论。值得一提的是,原料路线从过去的单一石油资源发展到多种非石油资源合成能源及化学品,促进了可持续发展战略的实施,为催化科学技术提供了新的发展空间。为跟上催化科学技术发展步伐,与时俱进,将最新知识和科技成果介绍给读者,特组织编写了本书。

　　大连理工大学出版社出版的《催化剂与催化作用》一书,已出版发行了15年,并被多所院校选作本科生或研究生教材,被广大科技工作者选作参考用书。本书在《催化剂与催化作用》(第四版)的基础上,增加了"非石油资源催化制取燃料及化学品"(第9章)和"新催化材料及催化反应"(第10章)。

　　为了能更好地反映相关领域研究的新成果,新增加的两章特邀请各自领域的专家来撰写,他们将多年来在科研中积累的深厚学识、经验和取得的成果深入浅出地介绍给读者,旁征博引,图文并茂,使本书内容更加充实、前瞻、丰富多彩。

　　本书前8章由大连理工大学专家撰写:第1章,王桂茹;第2章,王安杰;第3章,刘靖;第4、6章,郭新闻;第5、7章,郭洪臣;第8章,王安杰和李翔。第9章由中科院大连化学物理研究所专家撰写:9.1节由魏迎旭、刘中民两位研究员撰写;9.2节由王爱琴研究员和张涛院士撰写;9.3节由章福祥研究员撰写;9.4节由辛勤研究员撰写。第10章撰写情况如下:10.1节由大连理工大学陆安慧教授撰写;10.2节由大连理工大学王安杰教授撰写;10.3节由大连理工大学刘颖雅副教授撰写;10.4节由中科院大连化学物理研究所杨维慎研究员撰写。

感谢中科院大连化学物理研究所的刘中民研究团队、杨维慎研究团队、包信和研究团队、张涛研究团队、李灿研究团队和徐龙伢研究团队的大力支持,还要感谢辛勤研究员、申文杰研究员、徐杰研究员、谢素娟研究员和杨启华研究员提供的宝贵资料,并且亲自编写了其中一些章节。感谢李灿院士为本书撰写了序。本书是校所结合的硕果,定会为读者带来更多鲜活的催化科技食粮。

感谢各位作者在百忙中为撰写本书付出的辛勤劳动。感谢郭洪臣教授根据讲授《催化剂与催化作用》教材十多年来积累的教学经验所提出的一些好建议。感谢中国科学院大连化学物理研究所梁观峰博士、大连理工大学工业催化系易颜辉博士和孙蕾博士为修订整理资料所做的大量工作。

本书在写作过程中参考了大量国内外著作和文献,特向各位作者致以诚挚的感谢。

感谢读者的厚爱,并诚恳希望各位专家和读者对疏漏错误之处不吝指出,使本书更加完善可读。

您有任何意见或建议,请通过以下方式与大连理工大学出版社联系:

电话　0411-84708947　84707962

邮箱　jcjf@dutp.cn

2015 初

目　录

附表

第1章 催化剂与催化作用基本知识

1.1 催化作用的特征

1.1.1 催化剂和催化作用的定义

最早定义催化剂的是德国化学家 W. Ostwald(1853～1932),他认为"催化剂是一种可以改变化学反应速度,而不存在于产物中的物质"。通常用化学反应方程式表示化学反应时催化剂也不出现在方程式中,这似乎表明催化剂是不参与化学反应的物质,而事实并非如此。近代实验技术检测的结果表明,许多催化反应的活性中间物种都有催化剂参与形成,即在催化反应过程中催化剂与反应物不断地相互作用,使反应物转化为产物,同时催化剂又不断被再生循环使用。催化剂在使用过程中变化很小,又非常缓慢。因此,现代对催化剂的定义是:催化剂是一种能够改变一个化学反应的反应速度,却不改变化学反应热力学平衡位置,本身在化学反应中不被明显地消耗的化学物质[1]。催化作用是指催化剂对化学反应所产生的效应。

1.1.2 催化作用不能改变化学平衡

在定义催化剂时曾指出,催化剂不能改变化学反应的热力学平衡位置。这是因为对于一个可逆化学反应,反应进行到什么程度,即它的化学平衡位置,是由热力学决定的。物理化学告诉我们 $\Delta G^{\ominus} = -RT\ln K_p$,化学平衡常数 K_p 的大小取决于产物与反应物的标准自由能之差 $\Delta G^{\ominus}$ 和反应温度 T。$\Delta G^{\ominus}$ 是状态函数,它取决于过程的始态和终态,而与过程无关。当反应体系确定,反应物和产物的种类、状态和反应温度一定时,反应的化学平衡位置即被确定,催化剂存在与否不影响 $\Delta G^{\ominus}$ 的数值,即 $\Delta G^{\ominus}_{催}$ 与 $\Delta G^{\ominus}_{非催}$ 相等。因此,催化作用只能加速一个热力学上允许的化学反应达到化学平衡状态。表 1-1 给出一些催化剂不改变化学平衡的实例。

表 1-1   在不同催化剂存在下三聚乙醛解聚的平衡浓度

催化剂	催化剂在反应 体系中的含量	达到平衡时的 体积增量	催化剂	催化剂在反应 体系中的含量	达到平衡时的 体积增量
SO_2	0.02	8.19	HCl	0.15	8.15
SO_2	0.063	8.34	草酸	0.52	8.27
SO_2	0.079	8.20	磷酸	0.54	8.10
$ZnSO_4$	2.7	8.13	平均		8.19

由表 1-1 可以看出,对三聚乙醛解聚反应不管使用什么催化剂,产物的平衡浓度都是相同的。

因此,在判定某个反应是否需要采用催化剂时,首先要了解这个反应在热力学上是否允许。如果是可逆反应,就要了解反应进行的方向和深度,确定反应平衡常数的数值以及它与外界条件的关系[2]。只有热力学允许、平衡常数较大的反应加入适当催化剂才是有意义的。

根据微观可逆原理,假如一个催化反应是按单一步骤进行的,则一个加速正反应速率的催化剂也应加速逆反应速率,以保持 $K_平$ 不变($K_平 = k_正/k_逆$)。对于多步骤反应,其中一步是速率控制步骤时,其他步骤相互处于平衡,同样一个能加速正反应速率控制步骤的催化剂也应该能加速逆反应速率。我们在理解这一概念时应注意两个问题:第一,对某一催化反应进行正反应和进行逆反应的操作条件(温度、压力、进料组成)往往会有很大差别,这对催化剂可能会产生一些影响。比如,反应温度高易引起金属催化剂晶粒变大,导致活性随反应时间延长而迅速下降;反应压力高会引起催化剂表面吸附物种数量增加,导致催化剂活性和选择性发生变化。第二,对正反应或逆反应在进行中所引起的副反应也是值得注意的,因为这些副反应会引起催化剂性能变化。比如,有机化合物在加氢-脱氢反应中,镍催化剂对加氢反应是非常活泼的,但对脱氢反应效果较差,这是因为脱氢反应中伴随的有机物积炭副反应会使催化剂迅速失活。

此外,这一概念用于催化剂的初步筛选也是很有用的。比如初步筛选合成甲醇催化剂,由 CO 和 H_2 合成甲醇,正反应需在高压下进行反应,而逆反应甲醇分解在常压下即可进行。初选催化剂用甲醇分解反应进行评价会更方便一些。

1.1.3 催化作用通过改变反应历程而改变反应速度

在化学反应中加入适宜的催化剂通常可使反应速度加快,催化剂加速化学反应是通过改变化学反应历程,降低反应活化能得以实现的。图 1-1 给出 N_2 和 H_2 反应生成 NH_3 的催化反应和非催化反应的能垒变化图。

由图可见[3],在非催化过程中欲使 N_2 和 H_2 解离生成 N+3H 活化态,需要克服1 129 kJ·mol^{-1} 的活化能垒(其中 N_2 的解离需要 942 kJ·mol^{-1}),如此高的活化能使反应物分子难以具有足够的能量克服反应能垒而发生反应,因此在没有催化剂参与的情况下,反应是难以进行的。当在反应体系中加入熔铁催化剂时,吸附在催化剂表面的 N_2 只需克服约 31 kJ·mol^{-1} 的活化能垒,就可以解离为原子态 N,形成 N+3H 活化吸附态所需能垒只有 276 kJ·mol^{-1}。根据反应速率与活化能的指数关系式估算,由于催化反应活化能降低,其反应速率比非催化反应速率高约 10^{60} 倍,因此使合成氨实现工业生产。

　　然而,也有少数反应不是通过改变反应活化能加速化学反应的,而是通过改变指前因子加速化学反应。例如甲酸分解反应,用玻璃和铑两种催化剂的反应活化能分别为 102.4 kJ·mol^{-1} 和 104.5 kJ·mol^{-1},二者极其接近,然而铑为催化剂的分解速率是玻璃的 1 万倍。

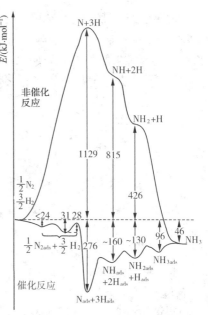

图 1-1　合成氨过程非催化和催化反应能垒变化示意图

1.1.4　催化剂对加速化学反应具有选择性

　　催化剂并不是对热力学上允许的所有化学反应都能起催化作用,而是特别有效地加速平行反应或串联反应中的某一个反应,这种特定催化剂只能催化加速特定反应的性能,称为催化剂的选择性。例如,以合成气($CO+H_2$)为原料在热力学上可以沿着几个途径进行反应,但由于使用不同催化剂进行反应,就得到表 1-2 给出的不同产物。

表 1-2　　　　催化剂对可能进行的特定反应的选择催化作用

反应物	催化剂及反应条件	产物
$CO+H_2$	Rh/Pt/SiO$_2$,　573 K,　7×10^6 Pa	乙醇
	Cu-Zn-O,　Zn-Cr-O,　573 K, 1.013 3$\times10^7$～2.026 6$\times10^7$ Pa	甲醇
	Rh 络合物,　473～563 K, 5.066 5$\times10^7$～3.039 9$\times10^8$ Pa	乙二醇
	Cu,　Zn,　493 K,　3×10^6 Pa	二甲醚
	Ni,　473～573 K,　1.013 3$\times10^5$ Pa	甲烷
	Co,　Ni,　473 K,　1.013 3$\times10^5$ Pa	合成汽油

不同催化剂之所以能促使某一反应向特定产物方向进行,其原因是这种催化剂在多个可能同时进行的反应中,使生成特定产物的反应活化能降低程度远远大于其他反应活化能的变化,使反应容易向生成特定产物的方向进行。从甲醇氧化反应可以看出,甲醇可以部分氧化生成甲醛和水,也可以完全氧化生成 CO_2 和 H_2O。

$$CH_3OH + \frac{1}{2}O_2 \Longleftrightarrow HCHO + H_2O \quad (1\text{-}1)$$

$$CH_3OH + \frac{3}{2}O_2 \Longleftrightarrow CO_2 + 2H_2O \quad (1\text{-}2)$$

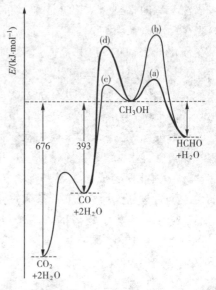

图 1-2　甲醇氧化反应的不同能垒变化示意图

若使甲醇氧化按部分氧化反应进行必须加入银催化剂。银催化剂改变上述反应的活化能垒,从而改变其选择性。这从图 1-2 给出的热反应(完全氧化)和催化反应的能垒变化图可以说明。

图中的细线代表热反应,粗线代表催化反应。当甲醇按热反应进行时,完全氧化过程生成 CO_2 的能垒(c)比生成甲醛的能垒(b)小很多,因此反应主要按式(1-2)进行。相反,在有银催化剂存在时,生成 CO 和 CO_2 的能垒(d)明显高于生成甲醛的能垒(a),因此,反应就以生成甲醛为主。由此可见,催化剂对某一特定反应产物具有选择性的主要原因仍然是由于催化剂可以显著降低主反应的活化能,而副反应活化能的降低则不明显。除此之外,有些反应由于催化剂孔隙结构和颗粒大小不同也会引起扩散控制,导致选择性的变化。催化剂的选择性在工业生产中是非常重要的,它像一把钥匙开一把锁一样,使人们有可能合成出更加多样多样的产品。催化剂的选择也是有效利用资源及开发没有副产物的清洁工艺的关键。

1.2　催化反应和催化剂分类

1.2.1　催化反应分类

根据催化反应的不同特点,目前对催化反应可从不同角度进行科学的分类,大致有如下几种方法。

1. 按催化反应系统物相的均一性进行分类

按催化反应系统物相的均一性进行分类,可将催化反应分为均相催化、非均相催化和酶催化反应。

（1）均相催化反应

均相催化反应是指反应物和催化剂处于同一相态中的反应。催化剂和反应物均为气相的催化反应称为气相均相催化反应。如 SO_2 与 O_2 在催化剂 NO 作用下氧化为 SO_3 的催化反应。反应物和催化剂均为液相的催化反应称为液相均相催化反应。如乙酸和乙醇在硫酸水溶液催化作用下生成乙酸乙酯的反应。

（2）非均相（又称多相）催化反应

非均相催化反应是指反应物和催化剂处于不同相态的反应。由气态反应物与固体催化剂组成的反应体系称为气固相催化反应。如乙烯与氧在负载银的固体催化剂上氧化生成环氧乙烷的反应。由液态反应物与固体催化剂组成的反应体系称为液固相催化反应。如在 Ziegler-Natta 催化剂作用下的丙烯聚合反应。由液态和气态两种反应物与固体催化剂组成的反应体系称为气液固三相催化反应。如苯在雷尼镍催化剂上加氢生成环己烷的反应。由气态反应物与液体催化剂组成的反应体系称为气液相反应。如乙烯与氧气在 $PdCl_2$-$CuCl_2$ 水溶液催化剂作用下氧化生成乙醛的反应。

这种分类方法对于从反应系统宏观动力学因素考虑和工艺过程的组织是有意义的。因为在均相催化反应中，催化剂与反应物是分子与分子之间的接触作用，通常质量传递过程对动力学的影响较小；而在非均相催化反应中，反应物分子必须从气相（或液相）向固体催化剂表面扩散（包括内、外扩散），表面吸附后才能进行催化反应，在很多场合下都要考虑扩散过程对动力学的影响。因此，在非均相催化反应中催化剂和反应器的设计与均相催化反应不同，它要考虑传质过程的影响。然而，上述分类方法不是绝对的，近年来又有新的发展，即不是按整个反应系统的相态均一性进行分类，而是按反应区的相态的均一性进行分类。如前述乙烯氧化制乙醛反应，按整个反应体系相态分类为非均相（气-液相）催化反应，但按反应区的相态分类则是均相催化反应，因为在反应区内乙烯和氧均溶于催化剂水溶液中才能发生反应。

（3）酶催化反应[4]

酶催化反应，它的特点是催化剂酶本身是一种胶体，可以均匀地分散在水溶液中，对液相反应物而言可认为是均相催化反应。但是在反应时反应物却需在酶催化剂表面上进行积聚，由此而言可认为是非均相催化反应。因此，酶催化反应同时具有均相和非均相反应的性质。

2. 按反应类型进行分类

这种分类方法是根据催化反应所进行的化学反应类型分类的。如加氢反应，氧化反应，裂解反应等。这种分类方法不是着眼于催化剂，而是着眼于化学反应。因为同一类型的化学反应具有一定共性，催化剂的作用也具有某些相似之处，这就有可能用一种反应的催化剂来催化同类型的另一反应。例如 $AlCl_3$ 催化剂是苯与乙烯烃化反应的催化剂,同样它也可用作苯与丙烯烃化反应的催化剂。按反应类型分类的反应和常用催化剂见表 1-3。这种对类似反应模拟选择催化剂是开发新催化剂常用的一种方法。然而,这种分类方法未能涉及催化作用的本质,所以不可能利用此种方法准确地预见催化剂。

表 1-3   **某些重要的反应单元及所用催化剂**

反应类型	常用催化剂
加氢	Ni, Pt, Pd, Cu, NiO, MoS_2, WS_2, $Co(CN)_6^{3-}$
脱氢	Cr_2O_3, Fe_2O_3, ZnO, Ni, Pd, Pt
氧化	V_2O_5, MoO_3, CuO, Co_3O_4, Ag, Pd, Pt, $PdCl_2$
羰基化	$Co_2(CO)_8$, $Ni(CO)_4$, $Fe(CO)_5$, $PdCl(P_{ph_3})_3^*$, $RhCl_2(CO)P_{ph_3}$
聚合	CrO_3, MoO_2, $TiCl_4\text{-}Al(C_2H_5)_3$
卤化	$AlCl_3$, $FeCl_3$, $CuCl_2$, $HgCl_2$
裂解	$SiO_2\text{-}Al_2O_3$, $SiO_2\text{-}MgO$, 沸石分子筛, 活性白土
水合	H_2SO_4, H_3PO_4, $HgSO_4$, 分子筛, 离子交换树脂
烷基化,异构化	H_3PO_4/硅藻土, $AlCl_3$, BF_3, $SiO_2\text{-}Al_2O_3$, 沸石分子筛

* P_{ph_3}——三苯基膦

3. 按反应机理进行分类

按催化反应机理分类,可分为酸碱型催化反应和氧化还原型催化反应两种类型。

(1)酸碱型催化反应

酸碱型催化反应的反应机理可认为是催化剂与反应物分子之间通过电子对的授受而配位,或者发生强烈极化,形成离子型活性中间物种进行的催化反应。如烯烃与质子酸作用,烯烃双键发生非均裂,与质子配位形成 σ-碳—碳键,生成正碳离子,反应式如下:

$$CH_2\!=\!CH_2 + HA \Longrightarrow H_3C\!-\!CH_2^+ + A^-$$

这种机理可以看成质子转移的结果,所以又称为质子型反应或正碳离子型反应。烯烃若与路易斯酸作用也可生成正碳离子,它是通过形成 π 键合物并进一步异裂为正碳离子,反应式如下:

$$CH_2\!=\!CH_2 + BF_3 \Longrightarrow \underset{\substack{|\\BF_3\\ \pi\ 键合}}{CH_2\!-\!CH_2} \Longrightarrow \underset{\substack{|\\BF_3\\ \sigma\ 键合}}{CH_2^+\!-\!CH_2}$$

(2)氧化还原型催化反应

氧化还原型催化反应机理可认为是催化剂与反应物分子间通过单个电子转移,形成活性中间物种进行催化反应。如在金属镍催化剂上的加氢反应,氢分子均裂与镍原子产生化学吸附,在化学吸附过程中氢原子从镍原子中得到电子,以负氢

金属键键合。负氢金属键合物即为活性中间物种,它能进一步进行加氢反应,反应式如下:

$$H-H + -M-M- \rightleftharpoons \overset{\overset{H^\delta}{|}}{-M}-\overset{\overset{H^\delta}{|}}{M}-$$

对这两种不同催化反应机理归纳见表 1-4。

表 1-4　　　　　　　　　　　　酸碱型及氧化还原型催化反应比较

比较项目	酸碱型催化反应	氧化还原型催化反应
催化剂与反应物之间作用	电子对的授受或电荷密度的分布发生变化	单个电子转移
反应物化学键变化	非均裂或极化	均裂
生成活性中间物种	自旋饱和的物种(离子型物种)	自旋不饱和的物种(自由基型物种)
催化剂	自旋饱和分子或固体物质	自旋不饱和的分子或固体物质
催化剂举例	酸、碱、盐、氧化物、分子筛	过渡金属,过渡金属氧(硫)化物,过渡金属盐,金属有机络合物
反应举例	裂解,水合,酯化,烷基化,歧化,异构化	加氢,脱氢,氧化,氨氧化

这种分类方法反映了催化剂与反应物分子作用的实质。但是,由于催化作用的复杂性,对有些反应难以将二者截然分开,有些反应又同时具备两种机理,如铂重整反应。

1.2.2　催化剂分类

1. 按元素周期律分类[5]

元素周期律把元素分为主族(A)元素和副族(B)元素。用作催化剂的主族元素多以化合物形式存在。主族元素的氧化物、氢氧化物、卤化物、含氧酸及氢化物等由于在反应中容易形成离子键,主要用作酸碱型催化剂。但是,第Ⅳ～Ⅵ主族的部分元素,如铟、锡、锑和铋等氧化物也常用作氧化还原型催化剂。而副族元素无论是金属单质还是化合物,由于在反应中容易得失电子,主要用作氧化还原型催化剂。特别是第Ⅷ过渡族金属元素和它的化合物是最主要的金属催化剂、金属氧化物催化剂和络合催化剂。但是副族元素的一些氧化物、卤化物和盐类也可用作酸碱型催化剂,如 Cr_2O_3、$NiSO_4$、$ZnCl_2$ 和 $FeCl_3$ 等。这种根据元素周期律对催化剂进行分类的方法,能使人们认识催化剂的化学本质,对了解催化剂的催化作用是有益的。

2. 按固体催化剂的导电性及化学形态分类

按固体催化剂本身的导电性及化学形态可分为导体、半导体和绝缘体三类,表1-5 概括了催化剂的这种分类方法。

导电性	化学形态	催化剂举例	催化反应举例
导体	过渡金属	Fe,Ni,Pd,Pt,Cu	加氢,脱氢,氧化,氢解
半导体	氧化物和硫化物	$V_2O_5,Cr_2O_3,MoS_2,NiO,$ ZnO,Bi_2O_3,TiO_2	氧化,脱氢,加氢,氨氧化
绝缘体	氧化物和盐	$Al_2O_3,Na_2O,MgO,$分子筛, $NiSO_4,FeCl_3,AlPO_4$	脱水,异构化,聚合, 烷基化,酯化,裂解

表 1-5　　　　　　　　　　按固体催化剂导电性及化学形态分类

所谓绝缘体是指在一般温度下没有电子导电,但是在很高温度下可能具有离子导电性能的物体。这种分类方法对我们认识多相催化作用中的电子因素对催化作用的影响是有意义的。

1.3　固体催化剂的组成与结构

1.3.1　固体催化剂的组成

工业催化过程中使用固体催化剂是最普遍的。固体催化剂的组成从成分上可分为单组元催化剂和多组元催化剂。单组元催化剂是指催化剂由一种物质组成的,如用于氨氧化制硝酸的铂网催化剂。单组元催化剂在工业中用得较少,因为单一物质难以满足工业生产对催化剂性能的多方面要求。而多组元催化剂使用较多。多组元催化剂是指由多种物质组成的催化剂。根据这些物质在催化剂中的作用可分为主催化剂、共催化剂、助催化剂和载体。

1. 主催化剂

主催化剂又称为活性组分,它是多组元催化剂中的主体,是必须具备的组分,没有它就缺乏所需要的催化作用。例如,加氢常用的 Ni/Al_2O_3 催化剂,其中 Ni 为主催化剂,没有 Ni 就不能进行加氢反应。有些主催化剂由几种物质组成,但其功能有所不同,缺少其中之一就不能完成所要进行的催化反应。如重整反应所使用的 Pt/Al_2O_3 催化剂,Pt 和 Al_2O_3 均为主催化剂,缺少其中任一组分都不能进行重整反应。这种多活性组分使催化剂具有多种催化功能,所以又称为双功能(多功能)催化剂。

2. 共催化剂

共催化剂是和主催化剂同时起催化作用的物质,二者缺一不可。例如,丙烯氨氧化反应所用的 MoO_3 和 Bi_2O_3 两种组分,二者单独使用时活性很低。但二者组成共催化剂时表现出很高的催化活性,所以二者互为共催化剂。

3. 助催化剂

助催化剂是加到催化剂中的少量物质,这种物质本身没有活性或者活性很小,甚至可以忽略，但却能显著地改善催化剂性能，包括催化剂活性、选择性及稳定性等。根据助催化剂的功能可将其分为以下四种。

（1）结构型助催化剂

结构型助催化剂能增加催化剂活性组分微晶的稳定性，延长催化剂的寿命。通常工业催化剂都在较高反应温度下使用，本来不稳定的微晶，此时很容易被烧结，导致催化剂活性降低。结构型助催化剂的加入能阻止或减缓微晶的增长速度，从而延长催化剂的使用寿命。例如，合成氨催化剂中的 Al_2O_3 就是一种结构型助催化剂。用磁性氧化铁（Fe_3O_4）还原得到的活性 α-Fe 微晶对合成氨具有很高活性，但在高温高压（820 K，$3.039\ 9×10^7$ Pa）条件下使用时很快烧结，催化剂活性迅速降低，以致寿命不超过几个小时。若在熔融 Fe_3O_4 中加入适量 Al_2O_3，则可大大地减缓微晶增长速度，使催化剂寿命长达数年。

有时加入催化剂中的结构型助催化剂是用来提高载体结构稳定性的，并间接地提高催化剂的稳定性。例如，用 Al_2O_3 作载体时，活性组分 MoO_3 对载体 Al_2O_3 结构稳定性有不良影响，当加入适量 SiO_2 时可使载体 Al_2O_3 结构稳定，SiO_2 就是一种结构型助催化剂。有时也可加入少量 CaO，与活性组分 MoO_3 形成 $CaMoO_4$，从而减少活性组分 MoO_3 对载体的影响，因此 CaO 也可称为结构型助催化剂。

（2）调变型助催化剂

调变型助催化剂又称电子型助催化剂。它与结构型助催化剂不同，结构型助催化剂通常不影响活性组分的本性，而调变型助催化剂能改变催化剂活性组分的本性，包括结构和化学特性。对于金属和半导体催化剂，调变型助催化剂可以改变其电子因素（d 带空穴数、导电率、电子逸出功等）和几何因素；对于绝缘体催化剂，可以改变其酸、碱中心的数量和强度。例如，合成氨催化剂中加入 K_2O，可以使铁催化剂逸出功降低，使其活性提高，K_2O 是一种调变型助催化剂。

（3）扩散型助催化剂

扩散型助催化剂可以改善催化剂的孔结构，改变催化剂的扩散性能。这类助催化剂多为矿物油、淀粉和有机高分子等物质。制备催化剂时加入这些物质，在催化剂干燥焙烧过程中，它们被分解和氧化为 CO_2 和 H_2O 逸出，留下许多孔隙。因此，也称这些物质为致孔剂。

（4）毒化型助催化剂

毒化型助催化剂可以毒化催化剂中一些有害的活性中心，消除有害活性中心造成的一些副反应，留下目的反应所需的活性中心，从而提高催化剂的选择性和寿命。例如，通常使用酸催化剂，为防止积炭反应发生，可以加入少量碱性物质，毒化引起积炭副反应的强酸中心。这种碱性物质即为毒化型助催化剂。

虽然助催化剂用量很少，但对催化剂的催化性能影响很大。除选择适宜的助催化剂组分外,它的含量也要适量,这些都是催化剂组成关键所在。一些专利往往是与助催化剂的类型和数量有关。

4. 载体

载体是催化剂中主催化剂和助催化剂的分散剂、黏合剂和支撑体。载体的作用是多方面的,可以归纳如下。

(1)分散作用

多相催化是一种界面现象,因此要求催化剂的活性组分具有足够的表面积,这就需要提高活性组分的分散度,使其处于微米级或原子级的分散状态。载体可以分散活性组分为很小的粒子,并保持其稳定性。例如,将贵金属 Pt 负载于 Al_2O_3 载体上,使 Pt 分散为纳米级粒子,成为高活性催化剂,从而大大提高贵金属的利用率。但并非所有催化剂都是比表面积越高越好,而应根据不同反应选择适宜的表面积和孔结构的载体。

(2)稳定化作用

除结构型助催化剂可以稳定催化剂活性组分微晶外,载体也可以起到这种作用,可以防止活性组分的微晶发生半熔或再结晶。载体能把微晶阻隔开,防止微晶在高温条件下迁移。例如,烃类蒸气转化制氢催化剂,选用铝镁尖晶石作载体时,可以防止活性组分 Ni 微晶在高温(1 073 K)下晶粒长大。

(3)支撑作用

载体可赋予固体催化剂一定的形状和大小,使之符合工业反应对其流体力学条件的要求。载体还可以使催化剂具有一定机械强度,在使用过程中使之不破碎或粉化,以避免催化剂床层阻力增大,从而使流体分布均匀,保持工艺操作条件稳定。

(4)传热和稀释作用

对于强放热或强吸热反应,通过选用导热性好的载体,可以及时移走反应热量,防止催化剂表面温度过高。对于高活性的活性组分,加入适量载体可起稀释作用,降低单位容积催化剂的活性,以保证热平衡。载体的这两种作用都可以使催化剂床层反应温度恒定,同时也可以提高活性组分的热稳定性。

(5)助催化作用

载体除上述物理作用外,还有化学作用。载体和活性组分或助催化剂产生化学作用会导致催化剂的活性、选择性和稳定性的变化。在高分散负载型催化剂中氧化物载体可对金属原子或离子活性组分发生强相互作用或诱导效应,这将起到助催化作用。载体的酸碱性质还可以与金属活性组分产生多功能催化作用,使载体也成为活性组分的一部分,组成双功能催化剂。

除选择合适载体类型外,确定活性组分与载体量的最佳配比也是很重要的。一般活性组分的含量至少应能在载体表面上构成单分子覆盖层,使载体充分发挥其分散作用。若活性组分不能完全覆盖载体表面,载体又是非惰性的,载体表面也可以引起一些副反应。有关载体的选用可参见一些专著[6,7]。

　　工业催化剂大多数采用固体催化剂,而固体催化剂通常是由多组元组成的,要严格区别每个组元的单独作用是很困难的。人们所观察到的催化性能,常常是这些组元间相互作用所表现的总效应。

1.3.2　固体催化剂的结构

　　固体催化剂的结构与其组成有直接关系,但是化学组成不是决定催化剂结构的唯一条件,制备方法对催化剂的结构影响往往更明显。用不同制备方法可制备出组成相同而结构不同的催化剂,这些催化剂所表现出的催化性能差异很大。图1-3 说明了固体催化剂的组成与结构的关系[8]。

图 1-3　固体催化剂的组成与结构的关系

　　大多数工业用固体催化剂为多组元并具有一定外形和大小的颗粒,这种颗粒由大量的细粒聚集而成。由于聚集方式不同,可造成不同粗糙度的表面,即表面纹理,而在颗粒内部形成孔隙构造。这些分别表现为催化剂的微观结构特征,即表面积、孔体积、孔径大小和孔分布。催化剂的微观结构特征不但影响催化剂的反应性能,还会影响催化剂的颗粒强度,也会影响反应系统中质量传递过程。

　　制备方法不但影响固体催化剂的微观结构特性,还影响固体催化剂中各组元(主催化剂、助催化剂和载体)的存在状态,即分散度、化合态和物相,这些将直接影响催化剂的催化特性。

　　1. 分散度

　　固体催化剂可将组成颗粒的细度按其形成次序分为两类:一类为初级粒子,其尺寸多为埃级(10^{-10} m),其内部为紧密结合的原始粒子;另一类为次级粒子,大小为微米级(10^{-6} m),是由初级粒子以较弱的附着力聚集而成的。催化剂颗粒是由次级粒子构成的(毫米级,10^{-3} m)。图1-4形象地说明了初级粒子、次级粒子与催化剂颗粒的构成。催化剂的孔隙大小和形状取决于这些粒子的大小和聚集方式。初级粒子聚集时,在颗粒中造成细孔,而次级粒子聚集时则造成粗孔。因此,在催化剂制备时,调节初、次级粒子

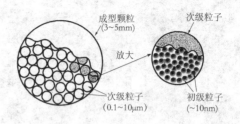

图 1-4 成型催化剂颗粒的构成

的大小和聚集方式,就可以调节催化剂的表面积和孔结构。还应注意,负载金属催化剂在高分散时,金属的物理、化学特性可能发生变化。因为高分散度粒子由少量原子(离子)组成,其性质往往与大量原子组成的粒子不同,同时受载体的影响也更明显。

2. 化合态

固体催化剂中活性组分在催化剂中可以以不同化合态(金属单质,化合物,固溶体)存在,化合态主要指初级粒子中物质的化合状态。具有不同化合态的活性组分以不同催化机理催化各种反应进行。例如,过渡金属单质(Ni,Pt,Pd)、过渡金属氧化物和硫化物(V_2O_5,MoO_3,NiS,CoS)及过渡金属固溶体(Ni-Cu 合金,Pd-Ag 合金)都可进行氧化还原型反应。而氧化物(Al_2O_3,SiO_2-Al_2O_3),分子筛和盐类($NiSO_4$,$AlPO_4$)则催化酸碱型反应。有时制备的催化剂化合态并不是反应所需要的,但通过催化剂预处理可以转化为所需要的化合态。如硫化物催化剂通常是制备出氧化物催化剂,再经硫化预处理即可变为硫化状态。催化剂中组分的化合态与催化剂制备方法有直接关系。因此,通过选择适宜的制备方法可以满足催化剂对各组分化合态的要求。

3. 物相

固体催化剂各组分的物相也是很重要的。因为同一物质当处于不同物相时,其物化性质不同,致使其催化性能也不同。通常催化剂物相可分为非晶相(无定型)和晶相两种,结晶相物质又可分为不同晶相。例如,氧化铝就有 γ、η、ρ、σ、χ、κ、θ、α 等物相。当氧化铝处于 α 相时,比表面积很小,对多数反应是无活性的;但氧化铝处于 γ 相时,比表面积较大,对许多反应都有催化活性。在一定条件下非晶态物质可转变成晶态物质,各种晶相之间也可以相互转变,温度与气氛对这种晶相转变起重要作用。固体催化剂由于晶相的转变而改变催化活性和选择性。

4. 均匀度

在研究多组分物系固体催化剂时必须考虑物系组成的均匀度,包括化学组成和物相组成的均匀度。通常希望整个物系具有均匀的组成。例如,合金催化剂要求各部分组成一致。但是,由于制备方法与物质的固有特性常常出现组分不均一现象。例如,合成氨用的 α-Fe-Al_2O_3-K_2O 催化剂,K 在表面上的浓度高于体相浓

度。在 Ni-Cu 合金催化剂中，由于 Cu 的表面富集，表面层 Cu 的浓度也高于体相浓度。因此，必须注意组分在催化剂的某部分集中分布带来的效应。在有些场合人们有意识地制造不均匀分布的催化剂，例如，Pd-Al$_2$O$_3$ 催化剂，为提高 Pd 的利用率，可用专门方法使活性组分 Pd 集中分布在催化剂颗粒表面的薄层中。

　　综上所述，固体催化剂的组成和结构都是影响催化性能的主要因素。人们在设计和制造固体催化剂时，除关注催化剂的组成配方外，找出适宜的制备方法也是至关重要的。

1.4　催化剂的反应性能及对工业催化剂的要求

1.4.1　催化剂的反应性能

　　催化剂的反应性能是评价催化剂好坏的主要指标，它包括催化剂的活性、选择性和稳定性。

1. 催化剂的活性

　　催化剂的活性，又称催化活性，是指催化剂对反应加速的程度，可作为衡量催化剂效能大小的标准。换句话说，催化活性就是催化反应速度与非催化反应速度之差。二者相比之下非催化反应速度小到可以忽略不计，所以，催化活性实际上就等于催化反应的速度，一般用以下几种方法表示。

　　(1) 反应速率表示法

　　对反应 A→P 的反应速率有三种计算方法：

$$r_m = \frac{-\mathrm{d}n_A}{m\mathrm{d}t} = \frac{\mathrm{d}n_P}{m\mathrm{d}t} \quad [\mathrm{mol \cdot g^{-1} \cdot h^{-1}}] \tag{1-3}$$

$$r_V = \frac{-\mathrm{d}n_A}{V\mathrm{d}t} = \frac{\mathrm{d}n_P}{V\mathrm{d}t} \quad [\mathrm{mol \cdot L^{-1} \cdot h^{-1}}] \tag{1-4}$$

$$r_S = \frac{-\mathrm{d}n_A}{S\mathrm{d}t} = \frac{\mathrm{d}n_P}{S\mathrm{d}t} \quad [\mathrm{mol \cdot m^{-2} \cdot h^{-1}}] \tag{1-5}$$

式中，反应速率 r_m、r_V、r_S 分别代表在单位时间内，单位质量、体积、表面积催化剂上反应物的转化量（或产物的生成量）；m、V 和 S 分别代表固体催化剂的质量、体积和表面积；t 代表反应时间（接触时间）；n_A 和 n_P 分别代表反应物和产物摩尔数。

　　上述三种反应速率可以相互转换，三者关系为

$$r_V = \rho r_m = \rho S_g r_s$$

式中，ρ 和 S_g 分别代表催化剂堆密度和比表面积。

　　Boudart 认为三种表示活性方法中以 r_S 为最好，因为多相催化反应实质是靠反应物与催化剂表面起作用的结果。然而，催化剂表面不是每一个部位都具有催

化活性,即使两种化学组成和比表面积都相同的催化剂,其表面上活性中心数也不一定相同,导致催化活性有差异。因此,采用转换频率(turnover frequency)概念来描述催化活性更确切一些。转换频率是指单位时间内每个催化活性中心上发生反应的次数。作为真正催化活性的一个基本度量,转换频率是很有用的。但是,目前对催化剂活性中心数目的测量还有一定困难。尽管用化学吸附方法可测定出金属催化剂表面裸露的原子数;但仍不能确定有多少处于活性中心;同样,用碱吸附或碱中毒方法测量的酸中心数也不是十分确切。因此,用这一概念描述催化活性受到限制。

用反应速率表示催化活性时要求反应温度、压力及原料气组成相同,以便于比较。方便起见,工业上常用一个与反应速率相近的时空收率来表示活性。时空收率有平均反应速率的含义,它表示每小时每升或每千克催化剂所得到的产物量。用它表示活性时除要求温度、压力、原料气组成相同外,还要求接触时间(空速)相同。收率可分为单程收率和总收率。单程收率是指反应物一次通过催化反应床层所得到的产物量。当反应物没有完全反应,再循环回催化床层,直至完全转化,所得到产物总量称为总收率。

(2)反应速度常数表示法

对某一催化反应,如果知道反应速度与反应物浓度(或压力)的函数关系及具体数值,即 $r=k\times f(c)$ 或 $R=k\times f(p)$,则可求出反应速度常数 k。用反应速度常数比较催化剂活性时,只要求反应温度相同,而不要求反应物浓度和催化剂用量相同。这种表示方法在科学研究中采用较多,而实际工作中常常用转化率来表示。

(3)转化率表示法

用转化率表示催化剂活性是工业和实验室中经常采用的方法,转化率表达式为

$$C_A\% = \frac{\text{反应物 A 转化掉的量}}{\text{流经催化床层进料中反应物 A 的总量}} \times 100\% \qquad (1-6)$$

转化率可用摩尔、质量或体积表示。用转化率比较催化活性时要求反应条件(温度、压力、接触时间、原料气组成)相同。此外,还可用催化反应的活化能高低、一定转化率下所需反应温度的高低来比较催化剂活性大小。通常,反应活化能越低,或者所需反应温度越低,催化剂活性越高。

2. 催化剂的选择性

催化剂除了可以加速化学反应进行(即活性)外,还可以使反应向生成某一特定产物的方向进行,这就是催化剂的选择性。这里介绍两种催化剂的选择性的表示方法。

(1)选择性($S\%$)

$$S\% = \frac{\text{目的产物的产率}}{\text{转化率}} \times 100\% \qquad (1-7)$$

所谓目的产物的产率是指反应物消耗于生成目的产物的量与反应物进料总量的百分比。选择性是转化率和反应条件的函数。通常产率、选择性和转化率三者关系为

$$产率＝选择性×转化率 \qquad (1\text{-}8)$$

催化反应过程中不可避免会伴随有副反应的产生，因此选择性总是小于100%。

产率是工程和工业上经常使用的术语，它指反应器在总的运转中，消耗单位数量的原料(反应物)所生成产物的数量。在总的运转中分离出产物之后，各种反应物可再循环回反应器中进行反应。产率若以摩尔表示，其数值小于100%(摩尔/摩尔)。但是，若以质量表示，产率超过100%(质量/质量)是可能的。例如在部分氧化反应中，氧被高选择性地结合到产物分子中，此时每分子产物质量大于每分子原料质量，因此，质量产率可超过100%。

(2)选择性因素(又称选择度)

$$S=\frac{k_1}{k_2} \qquad (1\text{-}9)$$

选择性因素 S 是指反应中主、副反应的表观速度常数或真实速度常数之比。这种表示方法在研究中用得较多。

对于一个催化反应，催化剂的活性和选择性是两个最基本的性能。人们在催化剂研究开发过程中发现催化剂的选择性往往比活性更重要，也更难解决。因为一个催化剂尽管活性很高，若选择性不好，会生成多种副产物，这样给产品的分离带来很多麻烦，大大地降低了催化过程的效率和经济效益。反之，一个催化剂尽管活性不是很高，但是选择性非常好，仍然可以用于工业生产中。

3. 催化剂的稳定性

催化剂的稳定性是指催化剂在使用条件下具有稳定活性的时间。稳定活性时间越长，催化剂的催化稳定性越好。此外，催化剂的稳定性还包括多方面，下面介绍四种。

(1)化学稳定性

催化剂在使用过程中保持其稳定的化学组成和化合状态，活性组分和助催化剂不产生挥发、流失或其他化学变化，这样催化剂就有较长的稳活性时间。

(2)耐热稳定性

催化剂在反应和再生条件下，在一定温度变化范围内，不因受热而破坏其物理-化学状态和产生烧结、微晶长大乃至晶相变化，从而保持良好的耐热稳定性。

(3)抗毒稳定性

催化剂不因在反应过程中吸附原料中杂质或毒性副产物而中毒失活，这种对有毒杂质毒物的抵抗能力越强，抗毒稳定性就越好。

（4）机械稳定性

固体催化剂颗粒在反应过程中要具有抗摩擦、冲击、重压及温度骤变等引起的种种应力的能力，使催化剂不产生粉碎破裂、不导致反应床层阻力升高或堵塞管道，使反应过程能够平稳进行。

催化剂稳定性通常用催化剂寿命来表示，催化剂的寿命是指催化剂在一定反应条件下维持一定反应活性和选择性的使用时间。这段使用时间称为催化剂的单程寿命。活性下降后经再生又可恢复活性，继续使用，累计总的反应时间称为总寿命。

1.4.2　对工业催化剂的要求

具有工业应用价值，可以用于大规模生产过程的催化剂称为工业催化剂。一种好的工业催化剂应具有适宜的活性、高选择性和长寿命。

为了提高工业生产的效率，通常希望催化剂的活性高一些，即转化原料的能力强一些。但这不是绝对的，对有些热效应较大的反应必须选择适宜的转化率。例如，氧化反应多为强放热反应，催化剂活性过高，反应中放出热量也大，如果反应热不能及时有效地从反应器中移走，就会引起床层温升剧烈，从而破坏最适宜的操作条件，甚至使催化剂烧结失活。因此，要求工业催化剂活性适宜，以保持反应床层的热平衡。

影响工业生产效率的另一重要因素是催化剂的选择性，通常总是要求工业催化剂具有高选择性。催化剂选择性高不仅降低原料单耗，而且可以简化反应产物的后处理，节约生产费用。在某些场合，选择性也是保证反应过程平稳进行的必要条件。例如，乙烯气相氧化制环氧乙烷，它的主反应（部分氧化）热效应 ΔH 为 $-121.2 \ \text{kJ} \cdot \text{mol}^{-1}(553 \ \text{K})$，而副反应完全氧化的热效应 ΔH 为 $-1\,322 \ \text{kJ} \cdot \text{mol}^{-1}(553 \ \text{K})$，若催化剂选择性降低，副反应放出的巨大热量将引起床层温升提高，破坏反应正常进行，甚至会使催化剂烧结失活。此外，催化剂的高选择性还可避免生成有害的副产物污染环境，这也是十分重要的问题。

催化剂的稳定性也是影响工业生产效率的一个主要因素。催化剂稳定性差，使用时间短，催化剂的寿命就短。为了恢复催化剂活性，就得反复进行再生，或者更换新催化剂，这些操作会造成生产工时的延误，导致生产效率降低，对大规模生产装置是极其不利的。因此，要求工业催化剂具有优良的稳定性和良好的再生重复性，以保证催化剂寿命长。但是有些催化剂的单程使用寿命很短，例如，催化裂化催化剂非常容易积炭，使催化剂失活，为此工业生产操作采用流化床反应器，以适应频繁再生的需要。

工业催化剂的活性、选择性和寿命除取决于催化剂的组成结构外，与操作条件也有很大关系。这些条件包括原料的纯度、生产负荷、操作温度和压力等。因此，在选择或研制催化剂时要充分考虑到操作条件的影响，并选择适宜的配套装置和工艺流程。此外，催化剂的价格也是要考虑的。然而，对于寿命长的催化剂，其成本占总生产成本的份额很小，为了追求高催化效率，保证生产产品质量，采用一些贵金属催化剂是可行的。近年来对催化剂造成的环境污染和设备腐蚀问题也引起人们极大关注。因此，对工业催化剂的要求更高，除要求催化剂在反应过程中不造成污染外，也希望废弃的催化剂不对环境造成污染，用分子筛催化剂替代固体磷酸催化剂就是其中一例。

1.5　多相催化反应体系的分析

1.5.1　多相催化反应过程的主要步骤

多相催化反应由一连串的物理过程与化学过程组成，图 1-5 所示为多孔固体催化剂上气固相催化反应所经历的各步骤。其中反应物和产物的外扩散和内扩散属于物理过程，物理过程主要是质量和热量传递过程，它不涉及化学过程。反应物的化学吸附、表面反应及产物的脱附属于化学过程，它涉及化学键的变化和化学反应。

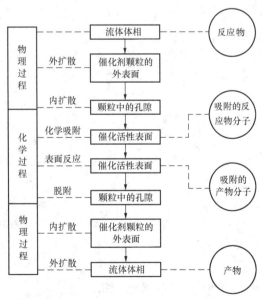

图 1-5　在多孔固体催化剂上气固相催化反应的步骤

1.5.2　多相催化反应中的物理过程

1. 外扩散和内扩散

反应物分子从流体体相通过覆盖在气、固边界层的静止气膜（或液膜）层达到颗粒外表面，或者产物分子从颗粒外表面通过静止层进入流体体相的过程，称为外扩散过程。外扩散的阻力来自流体体相与催化剂表面之间的静止层，流体的线速将直接影响外扩散过程。

反应物分子从颗粒外表面扩散到颗粒孔隙内部，或者产物分子从孔隙内部扩散到颗粒外表面的过程，称为内扩散过程。内扩散的阻力大小取决于孔隙内径粗细、孔道长短和弯曲度。催化剂颗粒大小和孔隙内径粗细将直接影响内扩散过程。

虽然物理过程（内、外扩散）与催化剂表面化学性质关系不大，但是扩散阻力造成的催化剂内外表面的反应物浓度梯度也会引起催化剂外表面和孔内不同位置的催化活性的差异。因此，在催化剂制备和操作条件选择时应尽量消除扩散过程的影响，以便充分发挥催化剂的化学作用。

2. 扩散控制的判断和消除

外扩散的阻力来自气、固（或液、固）边界的静止层，流体的线速将直接影响静止层的厚度。通过改变反应物进料线速（空速）对反应转化率影响的实验，可以判断反应区是否存在外扩散影响。图 1-6 是气相反应物质量线速及反应温度与反应物转化率的关系。在反应温度为 T_1、流体质量线速 $G < G_1$ 时，反应物转化率随流体质量线速增加而增加，这说明催化反应区存在外扩散阻力的影响；当流体质量线速 $G \geqslant G_1$ 时，随流体质量线速增加，反应物转化率基本保持不变，这说明外扩散阻力对催化反应区的影响已经消除。在反应温度为 T_1 时，G_1 是消除

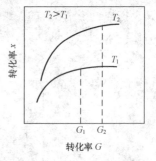

图 1-6　气相反应物质量线速及反应温度对转化率的影响

外扩散阻力影响的最低质量线速；当反应温度提高到 T_2 时，消除外扩散阻力影响的最低质量线速也增加到 G_2。反应温度越高，消除外扩散阻力影响的最低质量线速越大。

值得注意的是，在固定床反应中仅用改变流体质量空速来测定外扩散是没有意义的，因为空速变化接触时间也跟着变化。为了保持接触时间不变，应按比例同时改变空速及床层填充高度，这样测定外扩散才是有意义的。

内扩散阻力来自催化剂颗粒孔隙内径和长度，所以催化剂颗粒大小及颗粒孔径大小将直接影响分子内扩散过程。通过催化剂颗粒度大小变化对反应转化率影响的实验，可以判断反应区内是否存在内扩散的影响。图 1-7 比较了催化剂粒度变化对反应转化率的影响。图中曲线是在 $V_2O_5\text{-}K_2SO_4\text{-}SiO_2$ 工业催化剂上，不同

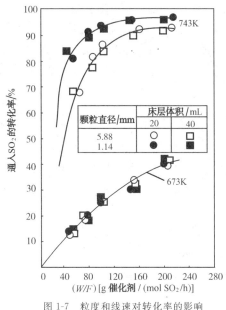

图 1-7　粒度和线速对转化率的影响
（SO₂ 氧化成 SO₃）

颗粒直径/mm	床层体积/mL	
	20	40
5.88	○	□
1.14	●	■

粒度和线速使 SO₂ 氧化成 SO₃ 转化率的变化[9]。

反应是在两个不同催化剂床层厚度及催化剂颗粒直径分别为 5.88 mm 和 1.14 mm 的情况下进行的。在考查内扩散影响时,改变质量速度的同时改变床层厚度,使流体在床层停留时间（即 W/F）是相同的,因此两个不同床层厚度仍得到相同的转化率。

由图 1-7 可以看出,在反应温度为 743 K 时,颗粒小的催化剂(1.14 mm)转化率明显高于颗粒大的催化剂（5.88 mm）,而颗粒直径为 2.36 mm 的催化剂与颗粒直径为 1.14 mm 的催化剂基本相同(图中略),这说明催化剂颗粒直径等于或小于 2.36 mm 时反应区内消除了内扩散影响。但是,在反应温度为 673 K 时,三种颗粒大小不同的催化剂具有基本相同的转化率,即使颗粒最大的催化剂(5.88 mm)转化率与颗粒最小的催化剂(1.14 mm)转化率也基本相同,这说明在反应温度为 673 K 时催化剂颗粒直径等于或小于 5.88 mm 就可以消除反应区的内扩散影响。由此可见,在多相催化反应中,随反应温度提高消除内扩散影响所需要的催化剂颗粒更小一些。同样,增大催化剂孔隙直径也可消除内扩散的影响。需要注意的是反应温度对反应速率的影响要比反应物质量空速和催化剂颗粒大小对反应速率影响更灵敏和更重要。

反应区的内扩散效应不仅影响催化剂的转化率,还会影响催化剂的选择性。人们有时利用这种内扩散阻力造成形状、大小不同的产物分子扩散速率的差异,进行产物择形催化。例如,用乙苯与乙烯(或乙醇)择形烃化直接合成对二乙苯[10]。

1.5.3　多相催化反应中的化学过程

对于多相催化反应,除上述物理过程外,更重要的是化学过程。化学过程包括反应物化学吸附生成活性中间物种;活性中间物种进行化学反应生成产物;吸附的产物通过脱附得到产物,同时催化剂得以复原等多个步骤。其中关键是活性中间物种的形成和建立良好的催化循环。

1. 活性中间物种的形成

活性中间物种是指在催化反应的化学过程中生成的物种,这些物种虽然浓度不高,寿命也很短,却具有很高的活性,它们可以导致反应沿着活化能降低的新途径进行。大量研究结果表明,在多相催化反应中反应物分子与催化剂表面活性中心是靠化学吸附生成活性中间物种的。反应物分子吸附在活性中心上产生化学键合,化学键合力会使反应物分子化学键断裂或电子云重排,生成一些活性很高的离子、自由基,强烈极化反应物分子。例如,H_2 在金属 Ni 催化剂上的化学吸附:

$$H_2 + \overset{|}{-}Ni\overset{|}{-}Ni\overset{|}{-} \Longrightarrow \overset{H^{\delta-}}{\underset{|}{-}}Ni\overset{H^{\delta-}}{\underset{|}{-}}Ni\overset{|}{-}$$

H_2 在金属 Ni 上产生化学吸附,H_2 被解离为两个 H 吸附在 Ni 上。由于 H 与 Ni 的电负性不同,吸附时会有部分电子由 Ni 转移到 H 上。形成负氢-金属键合,非常活泼,很容易进行加氢反应。

又如,乙烯分子在固体酸催化剂上的化学吸附:

$$CH_2\!=\!CH_2 + H^+(固体酸) \Longrightarrow CH_3\!-\!\overset{+}{C}H_2(固体酸)$$

固体酸表面活性中心 H^+ 与乙烯双键配位键合,形成活性很高的乙基正碳离子,它很容易进行烷基化、聚合、水合等反应。

化学吸附可使反应物分子均裂生成自由基,也可以异裂生成离子(正离子或负离子)或者使反应物分子强极化为极性分子,生成的这些表面活性中间物种具有很高的反应活性。因为离子具有较高的静电荷密度,有利于其他试剂的进攻,表现出比一般分子更高的反应性能;而自由基具有未配对电子,有满足电子配对的强烈趋势,也表现出很高的反应活性。对于未解离的强极化的反应物分子,由于强极化作用使原有分子中某些键长和键角发生改变,引起分子变形,同时也引起电荷密度分布的改变,这些都有利于进行化学反应。

值得注意的一个问题是生成活性中间物种有些是对反应有利的,但也有些对反应不利。这些不利的活性中间物种会导致副反应的发生,或者破坏催化循环的建立。因此必须设法消除不利于反应的活性中间物种的生成。另一个问题是生成的活性中间物种,除可加速主反应外,有时也会由此引出平行的副反应,此时要注意控制形成活性中间物种的浓度,抑制平行副反应的发生。

2. 催化循环的建立

由于催化剂参加催化作用,使反应沿新的途径进行,而反应终了催化剂的始态与终态并不改变,这说明催化系统中存在着由一系列过程组成的催化循环,它既促使了反应物的活化,又保证了催化剂的复原。

催化反应与化学计量反应的差别就在于催化反应可建立起催化循环。在多相催化反应中,催化循环表现为:一个反应物分子化学吸附在催化剂表面活性中心上,形成活性中间物种,并发生化学反应或重排生成化学吸附态的产物,再经脱附得到产物,催化剂复原并进行再一次反应。一种好的催化剂从开始到失活可进行百万次转化,这表明该催化剂建立起良好的催化循环。若反应物分子在催化剂表面形成强化学吸附键,就很难进行后继的催化作用,结果成为仅有一次转换的化学计量反应。由此可见,多相催化反应中反应物分子与催化剂化学键合不能太强,因为太强会使催化剂中毒,或使它不活泼,不易进行后继的反应,或使生成的产物脱附困难。但键合太弱也不行,因为键合太弱,反应物分子化学键不易断裂,不足以活化反应物分子进行化学反应。只有中等强度的化学键合,才能保证化学反应快速进行,构成催化循环并保证其畅通,这是建立催化反应的必要条件。

根据催化反应机理和催化剂与反应物化学吸附状态,可将催化循环分为两种类型。

(1)非缔合活化催化循环

在催化反应过程中催化剂以两种明显的价态存在,反应物的活化经由催化剂与反应物分子间明显的电子转移过程,催化中心的两种价态对于反应物的活化是独立的,这种催化循环称为非缔合活化催化循环。例如,N_2O 在镍催化剂上的分解反应,反应式为

$$N_2O \xrightarrow{Ni} N_2 + \frac{1}{2}O_2$$

反应机理为

$$\underset{A}{N_2O} + \underset{K}{2Ni^{2+}} \rightleftharpoons \underset{P_1}{N_2} + \underset{K'}{O^{2-} \cdots\cdots 2Ni^{3+}}$$

$$\underset{K'}{O^{2-} \cdots\cdots 2Ni^{3+}} \rightleftharpoons \underset{P_2}{\frac{1}{2}O_2} + \underset{K}{2Ni^{2+}}$$

式中,A、P_1、P_2、K 和 K' 分别表示反应物、产物和不同价态催化剂。

在上述反应中,N_2O 在 Ni 上化学吸附,Ni^{2+} 被氧化为 Ni^{3+},$2N^+$ 被还原为 N_2,随后 Ni^{3+} 又被还原为 Ni^{2+},O^{2-} 被氧化为 $\frac{1}{2}O_2$。该反应过程的催化循环图如图 1-8 所示。

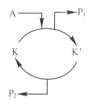

图 1-8　非缔合活化催化循环

(2)缔合活化催化循环

在催化反应过程中催化剂没有价态的变化,反应物分子活化经由催化剂与反应物配位,形成络合物,再由络合物或其衍生出的活性中间物种进一步反应,生成产物,并使催化剂复原,反应物分子活化是在络合物配位层中发生的,这种催化循环称为缔合活化催化循环。例如,乙烯水合反应是在固体酸催化剂作用下完成的。反应式为

$$CH_2{=}CH_2 + H_2O \xrightarrow{H^+(固体酸)} C_2H_5OH$$

反应机理为

$$CH_2=CH_2 + H^+ \rightleftharpoons CH_3-\overset{+}{CH_2}$$
$$ A \qquad K \qquad AK$$

$$CH_3-\overset{+}{CH_2} + H_2O \Longrightarrow CH_3CH_2OH + H^+$$
$$ AK \qquad B \qquad P \qquad K$$

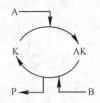

图 1-9 缔合活化催化循环

在上述反应中催化剂 H^+ 与 $CH_2=CH_2$ 配位,但却没有发生价态变化,H^+ 使配位乙烯分子的双键产生异裂,生成正碳离子,后者进一步与反应物水分子作用生成乙醇,并使催化剂 H^+ 复原。反应过程的催化循环图如图 1-9 所示。

1.5.4 多相催化反应过程的控制步骤

多相催化反应是由一连串物理过程和化学过程构成,由于各步骤的阻力大小不同,催化反应的总速度取决于阻力最大的步骤,或者说固有反应速度最小的步骤,这一步骤称为催化反应的控制步骤。图 1-5 给出气固相催化反应 7 个串联步骤。总的可分为两类控制步骤:扩散控制与化学反应控制,后者又称为动力学控制。

当催化反应为扩散控制时,催化剂的活性无法充分显示出来,既使改变催化剂的组成和微观结构,也难以改变催化过程的效率。只有改变操作条件或改善催化剂的颗粒大小和微孔构造。换句话说,只有消除内、外扩散的影响,才能提高催化效率。反之,催化反应若为动力学控制时,从改善催化剂组成和微观结构入手,可以有效地提高催化效率。动力学控制对反应操作条件也十分敏感。特别是反应温度和压力对催化反应的影响比对扩散过程的影响大的多。因此,人们千方百计在催化反应过程中消除扩散控制,以便更好地发挥催化剂的作用。

总之,对于快速化学反应或者在高催化活性的催化剂上进行反应时,由于化学过程阻力很小,就容易出现扩散控制;当使用细孔催化剂进行反应时,就要考虑可能会出现内扩散控制。特别值得一提的是,催化反应的控制步骤不是一成不变的。原来为动力学控制的反应,由于反应温度提高,尽管扩散速率增加,但是较小,而本征速率常数则按指数增加。这样,整个反应区内,在颗粒孔内就会产生显著的反应物浓度梯度。此时由动力学控制转变为内扩散控制。因此,对多相催化反应体系要进行辩证的分析和认识,才能找到适宜的操作条件,以便充分发挥催化剂的作用。

(王桂茹)

参考文献

[1] Satterfield C N. Heterogeneas catalysisin in practice [M]. New York: McGraw-Hill Inc,1980.

［2］　德鲁斯 B A.多相催化理论［M］.北京大学化学系有机教研室,译.北京:中国工业出版社,1963.

［3］　Bowker M,Parker I B,Waugh K C. Extrapolation of the kinetics of model ammonia synthesis catalysts to industrially relevant temperature and pressures ［J］. Appl Catal,1985(14):101-118.

［4］　Pearce R,Patterson W R. Catalysis and chemical Processes［M］. Blackie & Son Ltd Leonard Hill,1981.

［5］　《催化剂手册》翻译小组.催化剂手册——按元素分类［M］.北京:化学工业出版社,1982.

［6］　朱洪清.催化剂载体［M］.北京:化学工业出版社,1980.

［7］　史泰尔斯 A B.催化剂载体与负载型催化剂［M］.李大东,钟孝湘,译.北京:中国石化出版社,1992.

［8］　黄仲涛.基本有机化工理论基础［M］.北京:化学工业出版社,1980.

［9］　Chales N Satterfield.实用多相催化［M］.庞礼,译.北京:北京大学出版社,1990.

［10］　Wang X,Wang G,Guo H,Wang X. Ethylation of ethylbenzene to produce pare-diethyl benzene ［J］.Stud Surf Sci Catal,1997(105 Part B):1357-1364.

第2章 催化剂的表面吸附和孔内扩散

流固(气-固、液-固、气-液-固)多相催化反应包含反应物分子的孔内扩散、表面吸附、产物分子的脱附和孔内扩散步骤,因而多相催化反应的机理与吸附和扩散机理是不可分割的。本章主要介绍催化剂的表面吸附作用、表面积、孔结构和孔内扩散。

2.1 催化剂的物理吸附与化学吸附

当气体与固体表面接触时,固体表面上气体的浓度高于气相主体浓度的现象称为吸附现象。固体表面上气体浓度随时间增加而增大的过程,称为吸附过程;反之,气体浓度随时间增加而减小的过程,称为脱附过程。当吸附过程进行的速率和脱附过程进行的速率相等时,固体表面上气体浓度不随时间而改变,这种状态称为吸附平衡。吸附速率和吸附平衡的状态与吸附温度和压力有关。在恒定温度下进行的吸附过程称为等温吸附;在恒定压力下进行的吸附过程称为等压吸附。吸附气体的固体物质称为吸附剂,被吸附的气体称为吸附质。吸附质在吸附剂表面吸附后的状态称为吸附态。吸附态不稳定且与游离态不同。通常吸附发生在吸附剂表面的局部位置,这样的位置称为吸附中心(或吸附位)。对于催化剂来说,吸附中心常常是催化活性中心。吸附中心和吸附质分子共同构成表面吸附络合物,即表面活性中间物种。

2.1.1 物理吸附与化学吸附

根据吸附分子在固体表面吸附时的结合力不同,吸附可分为物理吸附和化学吸附[1]。物理吸附是靠分子间作用力,即范德华力实现的。由于这种作用力较弱,对吸附分子结构影响不大,可把物理吸附看成凝聚现象。化学吸附时,吸附分子与固体相互作用,改变了吸附分子的键合状态,吸附中心和吸附质之间发生了电子的重新调整和再分配。化学吸附力属于化学键力(静电和共价键力)。由于该作用力强,对吸附分子的结构有较大影响,可把化学吸附看作化学反应。化学吸附一般包含着实质的电子共享或电子转移,而不是简单的微扰或弱极化作用。

由于物理吸附和化学吸附的作用力本质不同,它们在吸附热、吸附速率、吸附活化能、吸附温度、选择性、吸附层数和吸附光谱等方面表现出一定差异。表 2-1 对物理吸附和化学吸附进行了对比,可作为判别的一般依据。但应指出,对某些实际的吸附过程要确切地知道其是物理吸附还是化学吸附仍然是很困难的。

表 2-1　　　　　　　　　　物理吸附与化学吸附的特性比较

	物理吸附	化学吸附
吸附热	$4\sim40$ kJ·mol^{-1}	$40\sim200$ kJ·mol^{-1}
吸附质	处于临界温度以下的所有气体	化学活性蒸气
吸附速率	不需活化,受扩散控制,速率快	需经活化,克服能垒,速率慢
活化能	≈凝聚热	≥化学吸附热
温度	接近气体沸点	高于气体沸点
选择性	无选择性,只要温度适宜,任何气体可在任何吸附剂上吸附	有选择性,与吸附质、吸附剂的特性有关
吸附层数	多层	单层
可逆性	可逆	可逆或不可逆
吸附态光谱	吸收峰的强度变化或波数位移	出现新的特征吸收峰

2.1.2　吸附位能曲线

吸附的微观过程——吸附过程中的能量关系以及物理吸附与化学吸附的转化关系,可以用吸附位能曲线形象地说明。吸附位能曲线表示吸附质分子所具有的位能与其距吸附表面距离之间的关系。图 2-1 是 H_2 在 Ni 表面吸附的位能曲线与吸附状态示意图。图 2-2 描述了 H_2 在 Ni 表面上吸附时的三种状态[2]。图 2-1 中纵坐标代表位能,横坐标代表分子(或原子)与催化剂表面间的距离,横坐标上的点表示分子的位能为零,即 H_2 远离 Ni 表面时的位能。曲线 P 表示 H_2 以范德华力吸附在 Ni 表面时位能的变化。曲线 C 表示 H 以化学键吸附在 Ni 表面时位能的变化。从曲线 P 可见,当 H_2 距 Ni 表面很远(>0.5 nm)时,位能为零。当它靠近 Ni 表面时,由于 H_2 与 Ni 表面之间存在着范德华力,借范德华力与表面结合,所以位能逐渐降低。达到平衡时位能最低,该位能差$-\Delta H_P$即为物理吸附热 q_P。越过最低点继续接近 Ni 表面时,位能迅速升高,这是因为 H_2 与 Ni 的原子核发生了正电排斥作用。

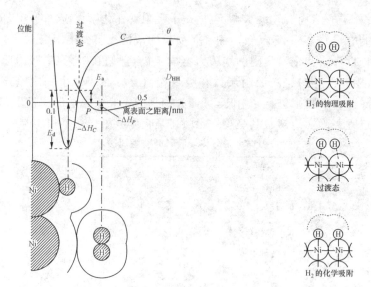

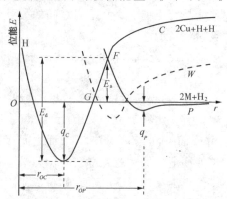

图 2-1　H_2 在 Ni 表面上吸附的位能曲线及吸附状态示意图　图 2-2　H_2 在 Ni 表面上吸附状态示意图

从曲线 C 可见,当 H_2 离表面很远时,即在大于 0.5 nm 处,H_2 解离为 H 需要一定能量 D_{HH}(即 H_2 的离解能,434 kJ·mol^{-1})。H 接近表面时,由于化学键的形成而使位能降低。当形成稳定化学键时,位能降至最低,该位能与 H_2 位能之差 $-\Delta H_C$ 称为 H_2 的化学吸附热 q_C。

从图 2-1 上还可以看出物理吸附对化学吸附过程的重要影响。物理吸附时,可使吸附分子以很低的位能接近表面,沿曲线 P 上升,吸收能量 E_a 后成为过渡态。因为过渡态不稳定,吸附分子的位能迅速沿曲线 C 下降至最低点达到化学吸附态,此过程可用图 2-2 表示。可见,由于物理吸附的存在,不需要事先把 H_2 解离为 H 后再发生化学吸附,而只要提供形成过渡态所需的较低能量 E_a 即可。E_a 称为吸附活化能。由于 $D_{HH} > E_a$,化学吸附起到了降低吸附分子离解能的作用。当由化学吸附转为物理吸附时,需要克服更高的能垒 E_d,E_d 称为脱附活化能。由图可见:

$$E_d = E_a + q_C$$

上式是吸附过程中关联吸附活化能、脱附活化能和吸附热的一个重要而普遍使用的公式。有的吸附体系中,除了发生物理吸附和化学吸附外,还存在弱化学吸附[3]。例如,H_2 在 Cu 表面上的吸附(图 2-3)。图

图 2-3　H_2 在 Cu 上的吸附位能曲线

中虚线 W 为弱化学吸附位能曲线。由于吸附作用力介于化学键和范德华力之间,

其吸附热大于 q_P，小于 q_C，与金属表面的距离小于 r_{OP} 而大于 r_{OC}。由图还可以看出，从物理吸附先转化为弱吸附，再转化为化学吸附，可进一步降低吸附活化能。

　　吸附在固体表面上的分子覆盖了部分固体表面，被覆盖的表面与总表面之比称为覆盖度 θ。当吸附分子在不同覆盖度的催化剂表面上发生吸附时，其位能曲线不同。如图 2-4 所示，随着表面覆盖度增加，吸附热减小，吸附活化能增加。图 2-5 给出了 H_2 在不同金属膜上的吸附热随表面覆盖度变化的曲线。可见，金属表面吸附 H_2 时随覆盖度增加吸附热减小，但在不同金属膜上吸附时，其变化规律不同。

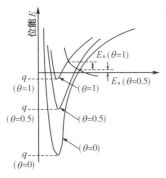
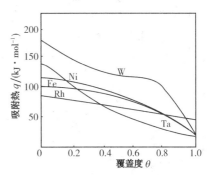

图 2-4　在不同覆盖度表面吸附的位能曲线　　　图 2-5　H_2 在不同金属膜上的吸附热与覆盖度间的关系

　　吸附热随表面覆盖度增加而减小的原因有多种。一般认为起决定作用的是催化剂表面的不均一性，即固体表面各部位能量不同，吸附首先发生在能量最高的部位，故起始吸附活化能小，吸附热大。随着吸附的进行，逐渐使用低能量的吸附中心，吸附活化能变大，吸附热变小。另一个因素是已吸附分子的排斥作用，当分子在一个吸附中心吸附后，会对将要占据相邻吸附中心的分子产生排斥作用，所以随着覆盖度增加，吸附热下降。

　　在多相催化研究中，常将吸附热随覆盖度的变化作为判断表面均匀与否的标志。如果吸附热不随覆盖度变化，则认为催化剂表面是均匀的，表面上所有吸附中心处于同一能级；如果吸附热随覆盖度呈线性变化，则吸附中心的数目按吸附热的大小呈线性分布；如果吸附热随覆盖度呈对数式变化，则吸附中心的数目按吸附热的大小呈指数分布。为此，常把吸附热 q 与覆盖度 θ 的关系图称为表面能谱图。可以用热脱附法研究催化剂表面及其能量的均一性。

2.1.3　吸附在多相催化反应中的作用

　　从上述位能曲线的描述中我们可以看出，反应物分子在催化剂表面发生化学吸附时，只要克服较小的吸附活化能 E_a 就可以使反应物分子发生解离或活化进行催化反应，由此大大地降低了反应所需能量，从而加速化学反应的进行。反应物分子能否发生化学吸附以及它的能量能否沿曲线 C 连续发生变化,取决于分子能否达到物理吸附和化学吸附曲线的交叉点(即过渡态)。要达到这一点,反应物分子应当具有比 E_a 大的能量。对于上述放热的化学吸附过程,吸附所放出的能量可以用来提高吸附分子的能量,从而使反应物分子的能量大于 E_a。通常多相催化反应需要在一定的反应温度下进行,这也可以提高反应物分子的能量,使其大于 E_a,从而保证反应物分子由物理吸附过渡到化学吸附,进行催化反应。

物理吸附时反应物分子的反应性能没有明显变化,因而与表面催化作用没有直接关系。但是,物理吸附可使催化剂表面反应物分子浓度增大,从而提高反应速度。物理吸附的反应物分子可以作为补充化学吸附的源泉,或者当表面存在自由基时,可参加连锁反应过程。也就是说,吸附过程是多相催化反应一个十分重要的步骤。

2.2 化学吸附类型和化学吸附态

2.2.1 化学吸附类型

1. 活化吸附与非活化吸附

化学吸附按其所需活化能的大小可分为活化吸附和非活化吸附[4],其位能图如图2-6所示。所谓活化吸附是指气体发生化学吸附时需要外加能量加以活化,吸附所需能量为吸附活化能,位能图中物理吸附与化学吸附位能线的交点在零位能线的上方,如图2-6(a)所示。相反,若气体进行化学吸附时不需要外加能量,称为非活化吸附,其位能图中物理吸附与化学吸附位能线的交点在零位能线上,如图2-6(b)所示。非活化吸附的特点是吸附速度快,所以有时把非活化吸附称为快化学吸附;相对地,把活化吸附称为慢化学吸附。

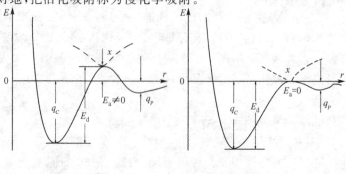

(a)活化吸附位能图   (b)非活化吸附位能图

图 2-6   活化吸附与非活化吸附

表 2-2 给出了各种气体在不同金属膜上进行活化吸附和非活化吸附的情况。

表 2-2　　　　　　　　　各种气体在不同金属膜上的化学吸附

气体	非活化吸附	活化吸附	0 ℃以下不发生化学吸附
H_2	W,Ta,Mo,Ti,Zr,Fe,Ni,Pd,Rh,Pt,Ba	—	Cu,Ag,Au,K,Zn,Cd,Al,In,Pb
CO	W,Ta,Mo,Ti,Zr,Fe,Ni,Pd,Rh,Pt,Ba	Al	Zn,Cd,In,Sn,Pb,Ag,K
C_2H_4	W,Ta,Mo,Ti,Zr,Fe,Ni,Pd,Rh,Pt,Ba,Cu,Au	Al	Zn,Cd,In,Sn,Pb,Ag,K
C_2H_2	W,Ta,Mo,Ti,Zr,Fe,Ni,Pd,Rh,Pt,Ba,Cu,Au	Al	Zn,Cd,In,Sn,Pb,Ag
O_2	除 Au 外所有金属	—	Au
N_2	W,Ta,Mo,Ti,Zr	Fe	与 H_2 同,Ni,Pd,Rh,Pt
CH_4	—	Fe,Co,Ni,Pd	—

2. 均匀吸附与非均匀吸附

化学吸附按表面活性中心能量分布的均一性又可分为均匀吸附与非均匀吸附。如果催化剂表面活性中心能量都一样,那么化学吸附时所有反应物分子与该表面上的活化中心形成具有相同能量的吸附键,称为均匀吸附;当催化剂表面上活化中心能量不同时,反应物分子吸附会形成具有不同键能的吸附键,这类吸附称为非均匀吸附。

3. 解离吸附与缔合吸附

化学吸附按吸附时分子化学键断裂情况可分为解离吸附和缔合吸附(非解离吸附)[5]。

(1)解离吸附

在催化剂表面上许多分子在化学吸附时都会发生化学键的断裂,因为这些分子的化学键不断裂就不能与催化剂表面吸附中心进行电子的转移或共享,分子以这种方式进行的化学吸附,称为解离吸附。例如,氢和饱和烃在金属上的吸附均属这种类型:

$$H_2 + 2M \longrightarrow 2HM$$
$$CH_4 + 2M \longrightarrow CH_3M + HM$$

分子解离吸附时化学键断裂既可发生均裂,也可发生异裂。均裂时吸附活性中间物种为自由基,异裂时吸附活性中间物种为离子(正离子或负离子)。

(2)缔合吸附

具有 π 电子或孤对电子的分子可以不必先解离即可发生化学吸附。分子以这种方式进行的化学吸附称为缔合吸附。例如,乙烯在金属表面发生化学吸附时,分子轨道重新杂化,碳原子从 sp^2 变成 sp^3,这样形成的两个自由价可与金属表面的吸附中心发生作用。可表示为

$$C_2H_4 + 2M \longrightarrow \begin{array}{c} H_2C-CH_2 \\ | \quad | \\ M \quad M \end{array}, \quad C_2H_4 + M \longrightarrow \begin{array}{c} H_2C=CH_2 \\ \vdots \\ M \end{array}$$

对于一氧化碳在金属上的化学吸附,可表示为

$$CO+2M \longrightarrow \underset{M \quad M}{\overset{\displaystyle O}{\underset{\displaystyle \;}{\overset{\|}{C}}}}, \qquad CO+M \longrightarrow \underset{M}{\overset{\displaystyle O}{\overset{\|}{C}}}$$

对于某些分子,如氧、氮、乙烯等,在金属表面,既可以发生解离吸附又可以发生缔合吸附:

$$O_2+2M \longrightarrow \underset{M \quad M}{\overset{O-O}{| \quad |}} \quad \underset{M \quad M^+}{\overset{2O}{\|}} \ 或\ \underset{M^+}{\overset{O^-}{|}}, \qquad N_2+2M \longrightarrow \underset{M \quad M}{\overset{N=N}{| \quad |}} \ 或\ \underset{M \quad M}{\overset{N-N}{\| \quad \|}} \quad \underset{M \quad M}{\overset{2N}{\| \quad \|}}$$

　　　　　(缔合吸附)　　(解离吸附)　　　　　　　　　(缔合吸附)　　(解离吸附)

虽然两种吸附都可能发生,但对于多相催化反应来说,一般解离吸附更有意义。要深入理解吸附分子与催化剂表面的键合方式,需要用分子轨道理论做一说明。以金属催化剂为例,用作催化剂的金属多为过渡金属,其电子轨道中具有未成对的 d 电子,提供表面自由电子,可与氢分子、烷烃分子形成的自由电子配对,形成共价吸附键。过渡金属原子还可提供空轨道,成为接受电子对的中心,并与给电子对的分子(如一氧化碳、烯烃、H_2S 等)产生配位吸附键。例如,H_2S(催化剂的烈性毒化物)的化学吸附可以表示为

$$H_2S+M \longrightarrow \underset{M}{\overset{\displaystyle HSH}{|}}$$

尽管有关化学吸附的理论还不尽完善,但通过大量试验和探索,仍得到了许多有价值的规律。如在各类烃中,吸附强度的变化规律为

$$炔烃 > 双烯烃 > 烯烃 > 烷烃$$

所以在加氢反应中,通常产物吸附比反应物弱。而在部分氧化反应中常常碰到与此相反的情况。Bond 于 1974 年发现,大多数金属对于某些简单气体和蒸气的吸附强度,遵从下列顺序:

$$O_2 > C_2H_2 > C_2H_4 > CO > H_2 > CO_2 > N_2$$

2.2.2　化学吸附态

化学吸附态一般是指分子或原子在固体催化剂表面进行化学吸附时的化学状态、电子结构及几何构型。化学吸附态及化学吸附物种的确定对于多相催化理论的研究具有重要意义。用于这方面研究的实验方法有:红外光谱(IR)、俄歇电子能谱(AES)、低能电子衍射(LEED)、高分辨电子能量损失谱(HREELS)、X 射线光电能谱(XPS)、紫外光电子能谱(UPS)、外观电位能谱(APS)、场离子发射以及质谱、闪脱附技术等[6]。近年来又发展了一些催化研究中的原位技术[7],一些现代理论工具,如量子化学、固体理论方法在吸附态研究中的应用也越来越多。同时,

随着络合物化学、金属有机化学的发展以及一些均相络合催化反应机理的阐明,人们可将过渡金属及其氧化物表面形成的化学吸附键与配位络合物或金属有机化合物中的有关化学键进行合理的关联类比。因此,人们对化学吸附态的认识在日趋深入,但是对目前已报道的一些化学吸附态仍有争论。

下面将讨论常遇到的几种物质的吸附态。

1. 氢的化学吸附态

(1)氢在金属表面上的吸附态

凡是对氢具有化学吸附能力的金属都能够催化氢-氘交换反应。这一事实表明,氢在金属上可能发生了均裂吸附,生成的吸附态表示如下:

$$H_2 + M\text{—}M \Longleftrightarrow \quad \underset{M\text{—}M}{|\quad|}^{H\quad H} \text{ 或 } \underset{M\text{—}M}{\diagdown\diagup}^{H\quad H}$$

表 2-3 列出了氢在最活泼的加氢和脱氢催化活性组分 ⅧB 族过渡金属上化学吸附时金属—氢键的生成能。由表可见,各种金属催化剂表面上的金属—氢键生成能彼此相近,与金属的种类和结构无关。人们用循环伏安法研究氢在铂电极上的电吸附-脱附过程和用闪脱附技术研究氢在金属钨的(111)晶面上的吸附时,发现两种金属上都分别存在着四种吸附态,但具体形式尚不清楚。

表 2-3　ⅧB 族金属表面上金属—氢键的生成能

金属	生成能/$(kJ \cdot mol^{-1})$	金属	生成能/$(kJ \cdot mol^{-1})$
Ir, Rh, Ru	≈270	Fe	287
Pt, Pd	≈275	Ni	280
Co	266		

(2)氢在金属氧化物表面上的吸附态

氢在金属氧化物表面吸附时会发生异裂。例如,室温下氢在 ZnO 表面上化学吸附和脱附的红外谱图显示,在 3 489 cm^{-1} 和 1 709 cm^{-1} 处有强吸收带,它们分别对应于 ZnOH 和 ZnH 两种吸附态。

$$H_2 + Zn^{2+}\, O^{2-} \Longleftrightarrow \quad \underset{Zn^{2+}\cdots\cdots O^{2-}}{\vdots\qquad\vdots}^{H^-\quad H^+}$$

2. 氧的化学吸附态

(1)氧在金属表面上的吸附态

一般金属表面能被氧完全氧化,生成表面金属氧化物,而且这种氧化作用可以快速深入到金属体相中。但有些金属(如钨)在形成单氧化物层后能阻止进一步氧化作用。氧在金属银(Ag)表面吸附时,可以生成多种吸附态,如 O_2 与一个 Ag 吸附中心作用时生成的是 O_2^- 吸附态。O_2 若吸附在两个相邻的 Ag 上则生成的是 O^- 吸附态。前者为分子型,后者为原子型。O^- 再与一个相邻的 Ag 吸附中心作用,则会生成 O^{2-}。

（2）氧在金属氧化物表面上的吸附态

氧在金属氧化物表面吸附时，可以呈现多种吸附态，即电中性的分子氧（O_2）和带负电荷的离子氧（O_2^-，O^-，O^{2-}）。分子氧吸附是可逆的，离子氧吸附是不可逆的。各种吸附态可按下式转化：

$$O_2(气) \xrightarrow{e} [O_2^-] \xrightarrow{e} 2[O^-] \xrightarrow{2e} 2O^{2-}（晶格）$$

3. 一氧化碳的化学吸附态

（1）一氧化碳在金属上的吸附态

一氧化碳在不同金属表面上可以发生分子态吸附，也可发生解离吸附。例如，123 K 时，一氧化碳在 Fe(100) 晶面上呈分子态吸附，当加热到 300 K 时发生解离吸附[8]。根据金属羰基络合物的光谱研究结果，一氧化碳在金属催化剂表面上的吸附态结构有直线型和桥型等吸附态。

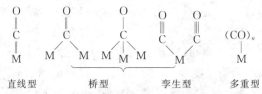

直线型　　　　桥型　　　　孪生型　　　多重型

直线型吸附态中的 C＝O 键的伸缩振动频率大于 2 000 cm^{-1}，桥型吸附态中 C＝O 键伸缩振动频率小于 1 900 cm^{-1}。也有人认为吸附态中还存在有孪生型和多重型。吸附的强弱次序为桥型＞孪生型＞直线型。

俄歇电子能谱和化学分析电子能谱（ESCA）研究表明，当一氧化碳化学吸附于 Pt 的（100）晶面时，确有部分 d 电子从金属表面转移给一氧化碳。图 2-7 是根据低能电子衍射强度，经 Fourier 分析得到的一氧化碳在 Pt 的（100）晶面上吸附的几何构型。

（2）一氧化碳在金属氧化物上的化学吸附态

一氧化碳在金属氧化物上的吸附是不可逆的，根据红外谱中 2 200 cm^{-1} 的吸收峰推断，一氧化碳与金属离子是以 σ 键结合的。

4. 烯烃的化学吸附态

（1）烯烃在金属表面上的吸附态

烯烃在过渡金属表面上既能发生缔合吸附也能发生解离吸附。这主要取决于温度、氢的分压和金属表面是否预吸附氢等条件。如乙烯在预吸附氢的金属表面上发生 σ 型（如Ni(111)晶面）和 π 型（如 Pt(100)晶面）两种缔合吸附：

σ 型二位吸附　　　　　π 型一位吸附

π 型成键情况可用 Dewar-Chatt-Duncanson 模型（图 2-8）表示。

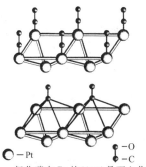

图 2-7　一氧化碳在 Pt 的(100)晶面上化学　　　　　图 2-8　烯烃与面心立方金属(100)晶面
　　　　　吸附时的几何构型　　　　　　　　　　　　　　　原子的成键模型

π 型吸附态与烯烃和过渡金属生成的 σ-π 络合物相似,如图 2-8 所示。当乙烯在没有吸附氢的过渡金属表面吸附时,可发生解离吸附,乙烯分子会失去部分或全部氢,吸附状态不稳定。当氢的分压增加时,脱氢的吸附态会重新加氢,生成烷基吸附态,气相中会出现乙烷。乙烯分子本身的氢也可以参加这种加氢和脱氢过程,有时在气相中也会出现乙烷。大部分烯烃都具有乙烯的这种氢转移特性。一般来说,共轭双烯烃在金属表面的化学吸附要强于单烯烃。

(2)烯烃在金属氧化物表面上的吸附态

烯烃在金属氧化物表面上吸附时,作为电子给予体吸附在正离子上。这种化学吸附要比在金属表面上的化学吸附弱一些,因为金属离子的 π 反馈能力比金属的 π 反馈能力弱,这是一种非解离吸附。

在覆盖度低的金属氧化物表面上,烯烃也能产生解离吸附。如丙烯在钼酸铋催化剂上吸附时,可借助金属离子邻位的氧负离子脱去一个氢,而形成烯丙基吸附态。

在酸性氧化物(Al_2O_3-SiO_2、分子筛等)表面上,烯烃与表面 B 酸中心作用产生正碳离子,也可以与 L 酸中心配位。

烯烃的各种化学吸附态之间在一定条件下可以相互转化。因此,通过吸附可催化烯烃双键异构化、顺反异构化和氢同位素交换等反应。

5. 炔烃的吸附态

(1)炔烃在金属表面上的吸附态

炔烃在金属表面上的吸附要比烯烃强。乙炔的吸附态尚缺乏实验证据。提出的吸附态有:

$$H—C\equiv C—H$$
$$\downarrow$$
$$—M—$$
π 型一位吸附

σ 型二位吸附

解离吸附

(2)炔烃在金属氧化物表面上的吸附态

关于炔烃分子在金属氧化物上的化学吸附研究得很少。已提出的吸附态有：

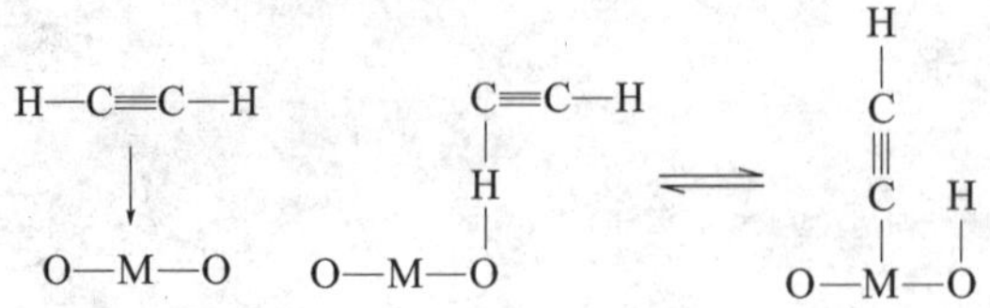

6.芳烃的化学吸附态

(1)芳烃在金属表面上的吸附态

苯在金属表面上的吸附，早期的模型有σ型六位和σ型二位吸附：

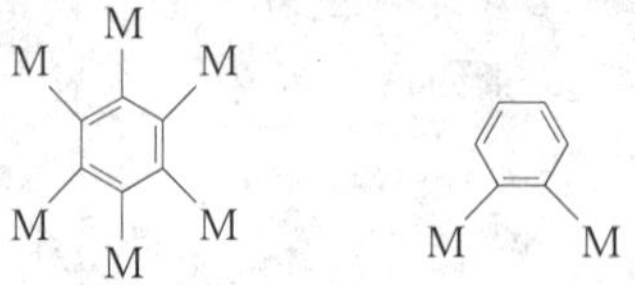

σ型六位吸附   σ型二位吸附

根据存在π-芳烃络合物的研究结果，又提出另一种缔合型吸附态$\eta^6\pi$。此外，室温下苯在镍、铁和铂膜上吸附时有氢气释放出来，这说明苯在金属表面上可能发生了解离吸附。

缔合吸附   解离吸附

(2)芳烃在酸性氧化物上的吸附态

烷基芳烃在酸性氧化物催化剂上的化学吸附态为烷基芳烃正碳离子，它们可以进行异构化、歧化、烷基转移等反应。

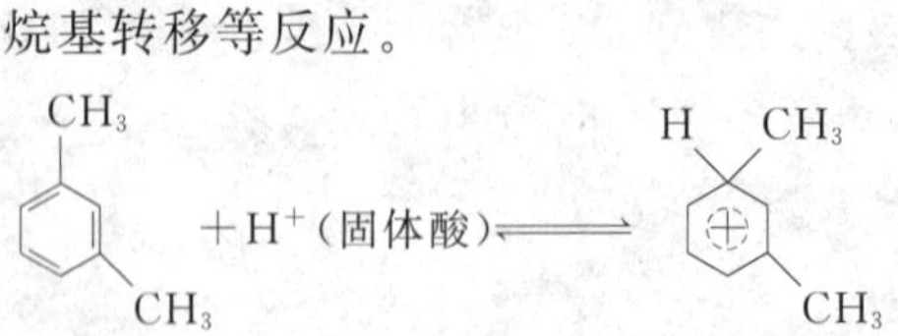

2.3 吸附平衡与等温方程

2.3.1 等温吸附线

吸附平衡通常有三种：等温吸附平衡、等压吸附平衡及等容吸附平衡。前者应用较广,后两者应用较少,故着重讨论等温吸附平衡。

所谓等温吸附平衡是指保持温度恒定、对应一定的压力、吸附达到平衡时催化剂表面存在一定吸附量。一系列压力与吸附量对应值绘成的曲线称为等温吸附线,或称吸附等温线。实验中所得到的等温线形状繁多,但国际纯粹与应用化学联合会(IUPAC)将物理吸附等温线[9]分为六种,如图 2-9 所示。

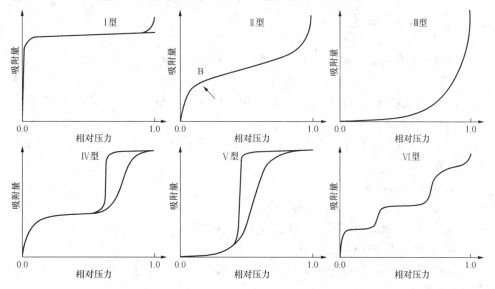

图 2-9　物理吸附等温线的六种类型

图中纵坐标为吸附量,横坐标为相对压力。图中 I 型等温线对应于 Langmuir 单层可逆吸附过程,对于微孔固体(孔径≤2 nm),如活性炭、硅胶、沸石分子筛等吸附时等温线平台可视为微孔完全被凝液填充。II 型等温线又称为 S 型等温线,通常发生于非孔或大孔(孔径>50 nm)固体上自由的单一多层可逆吸附过程,BET 等温线属于此类等温线,在 p/p_0 低压区处出现向上拐点 B,指示单分子层饱和吸附量。III 型等温线与 II 型类似,但向下凹,不出现 B 点,表明吸附剂与吸附分子间作用力很弱,这种等温线十分少见,水蒸气在石墨上的吸附会出现这种等温线。IV 型等温线通常出现在过渡性孔(2~50 nm)固体中的吸附,它与 II 型在 p/p_0 低压区相似,出现拐点 B;在 p/p_0 中压区会出现滞后环,即吸附等温线与脱附等温线不重合,这与毛细管凝聚的二次过程有关,多数工业催化剂吸附都会出现IV型等温线。V 型等温线很少遇到,而且难以解释,在 p/p_0 低压区与III型等温线相似,反映了吸附剂与吸附分子间作用力微弱,但在 p/p_0 高压区又表现出有孔填充。VI 型等温线是一种特殊类型的等温线[10],反映的是固体均匀表面上谐式多层吸附的结果(如氪在某些清洁的金属表面上的吸附)。实际上固体表面,尤其是催化剂表面,大都是不均匀的,因此很难遇到这种情况。

除上述吸附等温线外,吸附平衡规律的描述还有吸附等压线及吸附等量线(或称吸附等容线）。"吸附等压线"是在固定压力下吸附达到平衡时，吸附量与温度的关系曲线。"吸附等容线"是在固定吸附量吸附达到平衡时，压力与温度的关系曲线。等温线、等压线和等容线三者是相互关联的，由一类曲线可以求取另一类曲线。

2.3.2 等温方程

等温吸附平衡过程用数学模型方法来描述可得到等温方程，其中包括：Langmuir（朗格缪尔）等温方程、Freundlich（弗郎得力希）等温方程、Тёмкин（焦姆金）等温方程及 BET（Brunauer、Emmett 及 Teller）等温方程等。Langmuir 等温方程和 Freundlich 等温方程既可用于物理吸附，又可用于化学吸附；Тёмкин 等温方程只适用于化学吸附；BET 等温方程用于多层物理吸附。下面主要讨论比较常用的几个等温方程。

1. Langmuir 等温方程

Langmuir 等温方程依据的模型是：

(1)吸附剂表面是均匀的，各吸附中心能量相同；

(2)吸附分子间无相互作用；

(3)吸附是单分子层吸附，其吸附分子与吸附中心碰撞才能吸附，一个分子只占据一个吸附中心；

(4)一定条件下，吸附与脱附可建立动态平衡。

满足上述条件的吸附，就是 Langmuir 吸附，其吸附热 q 与覆盖度 θ 无关。

吸附速度 v_a 与压力 p、自由表面$(1-\theta)$成正比，即

$$v_a = ap(1-\theta)$$

式中，a 为吸附速度常数。

脱附速度 v_D 只与已覆盖的表面成正比，即

$$v_D = b\theta$$

式中，b 为脱附速度常数。

吸附达到平衡时，$v_a = v_D$。所以

$$ap(1-\theta) = b\theta \tag{2-1}$$

于是可得

$$\theta = \frac{ap}{b+ap} \tag{2-2}$$

若令 $\lambda = a/b$，则

$$\theta = \frac{\lambda p}{1+\lambda p} \tag{2-3}$$

式(2-3)即为 Langmuir 等温方程。因为 $\theta = V/V_m$，式(2-3)可改写为

$$\frac{V}{V_m}=\theta=\frac{\lambda p}{1+\lambda p}$$

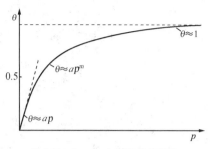

图 2-10　Langmuir 等温线的形状

式中,V_m 为一定压力下单吸附层的饱和吸附量。上式还可表示为

$$\frac{1}{V}=\frac{1}{V_m}+\frac{1}{V_m}\cdot\frac{1}{\lambda p}\qquad(2\text{-}4)$$

符合 Langmuir 等温方程的 θ-p 曲线如图2-10所示。由图可知,开始时吸附量随压力 p 增加而增加,当增加到某个压力以后,吸附达到饱和,即使再增加压力,吸附量也不再增加,图中的渐近线可以说明这一点。

下面讨论对动力学研究比较重要的 Langmuir 等温方程的两个极限情况。若吸附很弱或压力很低时,$\lambda p\ll1$,则可将式(2-3)简化为 $\theta=\lambda p$,即 θ 与吸附压力成正比,所以在 Langmuir 等温线的开始段接近一条直线。若吸附较强或压力很高时,$\lambda p\gg1$,则式(2-3)简化为 $\theta=1$,这相当于催化剂表面全部吸满而饱和,吸附量不再随压力变化而变化,等温线末端趋于一条渐近线。因此,一般 Langmuir 等温方程只适用于中等覆盖度的吸附过程。

上面讨论的是吸附时不解离的情况。当吸附分子在吸附时解离成两个物种,且各占一个吸附中心时,可以看成一个吸附分子同时与两个吸附中心建立吸附平衡,其吸附速度为 $v_a=ap(1-\theta)^2$。而脱附是吸附时解离出的每两个物种之间的复合。所以脱附速度为 $v_d=b\theta^2$。当吸附达到平衡时,$v_a=v_d$,则 $\theta/(1-\theta)=\lambda^{1/2}p^{1/2}$,即

$$\theta=\frac{\lambda^{1/2}p^{1/2}}{1+\lambda^{1/2}p^{1/2}}\qquad(2\text{-}5)$$

这与式(2-3)是一致的。在低压下式(2-5)可以简化为 $\theta=\lambda^{1/2}p^{1/2}$,即覆盖度与压力的平方根成正比。上述结论可以用来判断是否发生了解离吸附。

当发生不解离的竞争吸附时,即当 A、B 两种分子在同一表面上吸附,且各占一个吸附中心时,自由表面部分应为$(1-\theta_A-\theta_B)$,故 A 的吸附速度为

$$v_a=ap_A(1-\theta_A-\theta_B)$$

式中,p_A 是 A 的分压;θ_A 是 A 的覆盖度;θ_B 是 B 的覆盖度;a 是 A 的吸附速度常数。

A 的脱附速度应为 $v_d=b\theta_A$,吸附平衡时 $v_a=v_d$,所以

$$\frac{\theta_A}{1-\theta_A-\theta_B}=\lambda p_A\qquad(2\text{-}6)$$

式中,λ 含义同前,用同样方法可以得到 B 分子的吸附等温方程:

$$\frac{\theta_B}{1-\theta_A-\theta_B}=\lambda' p_B\qquad(2\text{-}7)$$

式中，$\lambda'=a'/b'$，a'、b'分别代表 B 分子吸附与脱附速度常数。

联立式(2-6)和式(2-7)，可分别求得 A 与 B 分子覆盖度与压力的关系式：

$$\theta_A=\frac{\lambda p_A}{1+\lambda p_A+\lambda' p_B} \tag{2-8}$$

$$\theta_B=\frac{\lambda' p_B}{1+\lambda p_A+\lambda' p_B} \tag{2-9}$$

从式(2-8)和式(2-9)可以看出，p_B 增加使 θ_A 变小，即 B 分子的存在会使 A 分子的吸附受到阻碍。同理，A 分子也会妨碍 B 分子的吸附。

上面得到了各种理想情况下的 Langmuir 等温方程，虽然是 θ-p 关系，因为 $\theta=V/V_m$，所以实际上也是 V-p 关系。

为了验证实际等温线是否与 Langmuir 等温方程相符，对单分子单中心吸附的情况，可用式(2-4)处理数据，如果是直线则符合，反之则不符合。为了验证实际过程是否是单分子解离成两个物种，且各在一个中心上吸附，则要用式(2-5)处理数据。但要把式(2-5)变换成 V 与 p 的关系。

2. Freundlich 等温方程

有些吸附体系不能用 Langmuir 等温方程处理，这是因为 Langmuir 吸附模型与实际情况不完全相符，所以在 Langmuir 等温方程之后，又有人提出其他等温方程，Freundlich 等温方程即为一例。这是一个经验方程，其形式如下：

$$V=kp^{\frac{1}{n}} \quad (n>1) \tag{2-10}$$

式中，V 为吸附体积；k 为常数，与温度、吸附剂种类、吸附剂比表面积所采用的单位有关；n 为常数，与温度有关，它表征吸附体系的性质。

将 Freundlich 等温方程两边取对数，得

$$\lg V=\lg k+\frac{1}{n}\lg p \tag{2-11}$$

将 $\lg V$ 对 $\lg p$ 作图应得直线。Freundlich 等温方程所描述的吸附平衡，是吸附热随 θ 的增加而对数下降的吸附体系的规律。它不适于压力较高的情况。由于吸附量与压力的分数指数成正比，所以在中等覆盖度时，它描绘的曲线形式与 Langmuir 等温方程描述的曲线类似。但 Freundlich 等温方程可用在较宽的吸附量区间，并适用于一些不服从 Langmuir 等温方程的体系。

3. Тёмкин 等温方程

这也是一个经验型吸附等温方程，它可以写成

$$\frac{V}{V_m}=\theta=\frac{1}{a}\ln c_0 p \tag{2-12}$$

式中，a、c_0 均为常数，与温度以及吸附体系性质有关；p 为压力；V、V_m 含义同前。

从式(2-12)看出，若以 θ 对 $\ln p$ 作图应得直线，由直线的斜率和截距可求得有关常数。

值得指出的是，Langmuir 等温方程和 Freundlich 等温方程对物理吸附、化学

吸附都适用,而 Těmkин 等温方程只适用于化学吸附。实验发现,等温线如果服从 Těmkин 等温方程,都在较小覆盖度范围内才有效,因为只有表面吸附中心的一部分能产生化学吸附。

4. BET 等温方程

物理吸附的多分子层理论是由 Brunauer、Emmett 和 Teller 三人于 1938 年提出的。其基本假设是:

(1)固体表面是均匀的,自由表面对所有分子的吸附机会相等,分子的吸附、脱附不受其他分子存在的影响;

(2)固体表面与气体分子的作用力为范德华力,因此在第一吸附层之上还可以进行第二层、第三层等多层吸附。

如图 2-11 所示,这样的吸附像气体凝聚一样。当吸附达到平衡时,表面上的各部分分别形成 0、1、2、3、…、i 个分子的吸附层,而每一层的形成速度与破

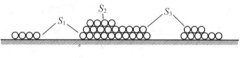

图 2-11　多分子层吸附模型

坏速度相等,这样就可以写出每一层的吸附平衡方程式。经过数学推导,可得到 BET 等温方程如下:

$$\frac{p}{V(p_0-p)}=\frac{1}{CV_m}\left[1+(C-1)\frac{p}{p_0}\right] \tag{2-13}$$

式中,p 为吸附平衡时的压力;p_0 为吸附气体在该温度下的饱和蒸气压;V 为平衡压力为 p 时的吸附量;V_m 为表面上形成单吸附层时所需气体体积;C 为与第一层吸附热有关的常数。

如果以 $p/[V(p_0-p)]$ 为纵坐标,p/p_0 为横坐标作图,可得到一条直线,直线的斜率为 $(C-1)/CV_m$,截距为 $1/CV_m$。所以,根据直线的斜率和截距就可以求出形成单分子层的吸附量 V_m 和常数 C。根据 V_m 和吸附分子的截面积,即可算得表面积 S。当相对压力 p/p_0 在 $0.05\sim0.35$ 时,实测值与理论值吻合较好。上述各种吸附等温方程可归纳成表 2-4。

表 2-4　　　　　　　　各种吸附等温方程的性质及应用范围

等温方程	基本假定	数学表达式	应用范围
Langmuir	q 与 θ 无关,理想吸附	$\dfrac{V}{V_m}=\theta=\dfrac{\lambda p}{1+\lambda p}$	化学吸附与物理吸附
Freundlich	q 随 θ 增加对数下降	$V=kp^{1/n}\quad(n>1)$	化学吸附与物理吸附
Těmkин	q 随 θ 增加线性下降	$\dfrac{V}{V_m}=\theta=\dfrac{1}{a}\ln c_0 p$	化学吸附
BET	多层吸附	$\dfrac{p}{V(p_0-p)}=\dfrac{1}{CV_m}+\dfrac{(C-1)}{CV_m}\dfrac{p}{p_0}$	物理吸附

2.4 催化剂的表面积及其测定

对于多相催化反应,催化剂表面是其反应进行的场所。一般而言,表面积愈大,催化剂的活性愈高。具有均匀表面的少数催化剂表现出其活性与表面积成比例关系。丁烷在铬-铝催化剂上脱氢就是一个很好的例子。如图 2-12 所示,其反应速度与表面积几乎成线性关系。但是,这种关系并不普遍,因为我们测得的表面积都是总表面积。而具有催化活性的表面积(即活性中心)只占总表面积的很少一部分,催化反应通常就发生在这些活性中心上。由于制备方法不同,这些中心不能均匀地分布在表面上,使得某一部分表面比另一部分表面更活泼,所以活性和表面积常常不成线性关系。再者,对于多孔性催化剂来说,它的表面绝大部分是颗粒的内表面。颗粒中孔的结构不同,物质传递方式也不同,会直接影响表面利用率,从而改变总反应速度。

尽管如此,测定表面积对催化剂的研究还是很重要的。其中一个重要的应用是通过测定表面积

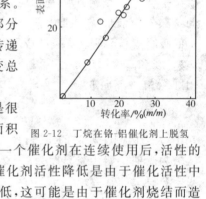

图 2-12 丁烷在铬-铝催化剂上脱氢

来研究和判断催化剂的失活机理和特性。如果一个催化剂在连续使用后,活性的降低比其表面积的降低严重得多,这时可推测催化剂活性降低是由于催化活性中心中毒所致。如果活性伴随表面积的降低而降低,这可能是由于催化剂烧结而造成的失活。催化剂的表面积测定也可用于估计载体和助催化剂作用,判断其增加了单位表面积活性还是增加了表面积。下面介绍一些测定比表面积的方法。

2.4.1 BET 法测定比表面积[11]

1. 测定原理和计算方法

催化剂表面积一般是根据 Brunauer、Emmett 和 Teller 提出的多层吸附理论及 BET 等温方程式(2-13)进行测定和计算的。

从式(2-13)可以看出,通过实验测得一系列对应的 p 和 V 值,然后将 $p/[V(p_0-p)]$ 对 p/p_0 作图(图2-13),可以得到一条直线。直线在纵轴上的截距是 $1/(V_mC)$,斜率为 $(C-1)/(V_mC)$,这样就可以求得 V_m,即

$$V_m = \frac{1}{斜率 + 截距}$$

比表面积定义为每克催化剂或吸附剂的总面积,用 S_g 表示。如果知道每个吸附分子的截面积,则可用下式求出催化剂的比表面积:

$$S_g = \frac{V_m}{V'} N_A A_m \qquad (2\text{-}14)$$

式中,V' 为吸附质的摩尔体积,22.4×10^3 cm³/mol;N_A 为阿伏加德罗常数;A_m 为一个吸附分子的截面积。

表 2-5 列出了常用物质的饱和蒸气压和分子截面积。

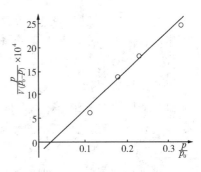

图 2-13　氮在硅胶上吸附的 BET 图

表 2-5　　　　　　　　　　一些物质的饱和蒸气压和分子截面积

吸附质	温度/K	饱和蒸气压 p_0/Pa	分子截面积 A_m/nm²
N_2	77.4	$1.013\ 3 \times 10^5$	0.162
Kr	77.4	$3.455\ 7 \times 10^2$	0.202
Ar	77.4	3.333×10^4	0.138
C_2H_6	293.2	9.879×10^3	0.40
CO_2	195.2	$1.013\ 3 \times 10^5$	0.195
CH_3OH	293.2	$1.279\ 8 \times 10^4$	0.25

当缺乏 A_m 的数据时,可按下式计算:

$$A_m = 1.091 \left(\frac{M}{\rho_L N_A} \right)^{2/3} \times 10^6 \qquad (2\text{-}15)$$

式中,M 为吸附质相对分子质量;ρ_L 为液态吸附质密度,g·cm⁻³。

按上式算得 N_2 的分子截面积 $A_m = 0.162$ nm²,但对其他吸附质分子算得的 A_m 值偏低。也可以根据 Emmett 等的建议,从液化或固化的吸附质密度计算:

$$A_m = 4 \times 0.866 \times \left(\frac{M}{4\sqrt{2} N_A \rho_S} \right)^{2/3} \qquad (2\text{-}16)$$

式中,ρ_S 为固态吸附质密度(将吸附当作液化,式中 ρ_S 改用 ρ_L)。

2. 测定比表面积的实验方法

通常比表面积大于 1 m²·g⁻¹ 的样品可用静态低温氮吸附容量法、重量法和色谱法进行测定。当吸附剂表面积较小时则用氪和氙吸附法。

(1)静态低温氮吸附容量法

静态低温氮吸附容量法是经典的比表面积测定方法,应用广泛,其实验装置如图2-14所示。其中量气管、各储气球的体积及活塞 A 上至压力计 0 点一段毛细管的体积是已知的,样品管中固体样品本身体积以外的空间称为死空间,是每次实验待测的。实验时,先将催化剂加热脱气处理,冷却后的样品放入样品管中,对系统进行抽真空。关闭活塞 A,然后打开活塞 B,将吸附气体导入各储气球,使量气管汞面在最大球的下线,压力计左臂汞面保持在 0 点,平衡后关闭活塞 B,并测定压力。打开活塞 A 进行吸附。待平衡后从体积、温度、压力的变化可计算出吸附量。将汞面逐次上升至各球下线,可测得一组压力对应的吸附量,代入 BET 方程中即可计算出样品的比表面积。

测定比表面积时的吸附一般是在低温下进行的,即将样品管浸在低温液体(如液氮)中,因为在低温下不易产生化学吸附。相对压力为 0.05~0.35 时可保证单层吸附,这样能得到较好结果。该法实验误差约为±10%。

(2)重量法

重量法的实验装置如图 2-15 所示。该法与容量法不同,样品的吸附量不是通过气体方程计算,而是在改变吸附质压力并达到平衡后,测量石英弹簧长度的变化,经换算求得吸附重量,然后用 BET 方程计算比表面积。

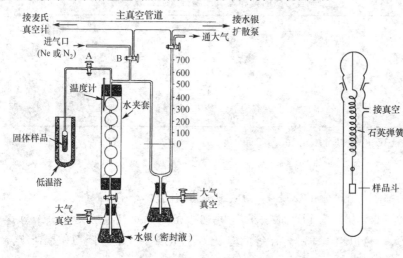

图 2-14 BET 装置(容量法)   图 2-15 吸附秤(重量法)

2.4.2 色谱法测定比表面积

前述 BET 法测定比表面积比较准确,通常视为标准方法。但是由于设备的安装和操作比较麻烦,特别是需要高真空操作,使该方法受到较大限制。目前最常使用的是色谱法。色谱法的优点是不需要高真空设备,方法简单、迅速,其流程如图 2-16 所示。但色谱法测定的比表面积没有 BET 法测定的准确。色谱法测定不同压力下的吸附量是根据色谱峰曲线下的面积求算的。色谱法测定比表面积时,载气一般采用 He 或 H₂,用 N₂ 作吸附质,吸附在液氮温度下进行。详细操作说明见大连理工大学有机化工专业实验讲义[12]。表 2-6 给出了常见固体催化剂和多孔材料的比表面积。

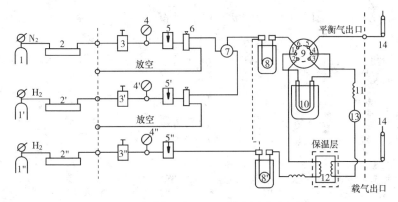

图 2-16　色谱法比表面积和孔径测定仪流程图

1—气瓶；2—干燥过滤器；3—稳压阀；4—压力表；5—阻力阀；6—三通阀；7—前混合器；

8—冷阱；9—切换阀；10—样品管；11—热交换管；12—热导池；13—后混合器；14—皂沫流量计

表 2-6　　　　　　　　　　　　　　某些催化剂和多孔材料的比表面积

催化剂	比表面积/($m^2 \cdot g^{-1}$)	催化剂	比表面积/($m^2 \cdot g^{-1}$)
Fe	0.6	Al_2O_3/Cr_2O_3	160
$Fe+Al_2O_3$	11	Al_2O_3、SiO_2 无定形	400
ZnO	1.6	沸石	400～800
$\alpha\text{-}Al_2O_3$	5	活性炭	800～1 000
$\eta\text{-}Al_2O_3$ 750 K 预热	215	MCM-41 介孔分子筛	>1 000
$\eta\text{-}Al_2O_3$ 900 K 预热	145		

2.5　催化剂的孔结构与孔内扩散

催化剂的表面积中绝大部分为内表面积，而且催化活性中心一般分布在内表面上。因此，反应物分子在被表面吸附之前，必须穿过催化剂内的细孔，即通过孔内扩散，才能到达内表面。这种扩散过程与催化剂的孔结构密切相关，不同孔结构中的扩散表现出不同的扩散规律，并表现出不同的表观反应动力学。此外，不同孔内扩散对催化反应的选择性也有影响。因此，研究孔结构对催化反应的影响具有重要意义。

2.5.1　催化剂的孔结构

催化剂的孔结构参数主要包括密度、比孔容积、孔隙率、平均孔半径、孔径分布等。下面分别予以介绍。

1. 催化剂的密度

催化剂的密度是指单位体积内含有的催化剂的质量，用 $\rho=m/V$ 表示。其中 V 代表催化剂的体积，m 代表催化剂的质量，通常用它的重量代替。对于堆积的多孔颗粒催化剂，表观体积(堆积体积)$V_堆$ 由三部分构成：颗粒之间的空隙 $V_隙$、颗粒内孔的体积 $V_孔$ 和催化剂骨架所占体积 $V_真$，即 $V_堆 = V_隙 + V_孔 + V_真$。对同一质量的多孔催化剂来说，采用不同的体积基准，则得到不同的密度值。催化剂的密度可分为四种。

(1)堆密度 $\rho_堆$

当 $V = V_堆$ 时求得的密度称为催化剂的堆密度。

$$\rho_堆 = \frac{m}{V_堆} = \frac{m}{V_隙 + V_孔 + V_真} \tag{2-17}$$

测定 $V_堆$ 通常是将催化剂放入适当直径的量筒中，敲打量筒至体积不变时测得的体积。

(2)颗粒密度(假密度)$\rho_假$

当 $V = V_堆 - V_隙$ 时求得的密度称为催化剂的颗粒密度，又称为假密度。

$$\rho_假 = \frac{m}{V_堆 - V_隙} = \frac{m}{V_孔 + V_真} \tag{2-18}$$

测定 $V_隙$ 通常采用汞置换法。汞置换法可测得半径大于 50 000 nm 的孔和空隙的体积，因为在常压下汞只能充满颗粒之间的空隙和进入孔半径大于 50 000 nm 的孔中。这样测得的 $\rho_假$ 又称为汞置换密度。

(3)真密度(骨架密度)$\rho_真$

当 $V = V_真$ 时求得的密度称为催化剂的真密度。

$$\rho_真 = \frac{m}{V_真} = \frac{m}{V_堆 - (V_隙 + V_孔)} \tag{2-19}$$

氦气可以进入并充满颗粒之间的空隙，也可以进入并充满颗粒内部的孔，所以用氦置换法可以测得 $V_隙 + V_孔$。这样测得的 $\rho_真$ 又称为氦置换密度。

(4)视密度 $\rho_视$

当用某种溶剂(如苯)去充填催化剂中骨架之外的各种空间，测得 $V_隙 + V_孔$，这样求得的真密度称为视密度，又称为溶剂置换密度。

$$\rho_视 = \frac{m}{V_堆 - (V_隙 + V_孔)} \tag{2-20}$$

因为溶剂分子不能全部进入并充满骨架之外的所有空间(如很细的孔)，因而 $\rho_视$ 是 $\rho_真$ 的近似值。当然对某一种多孔物质，如果溶剂选择的好，使溶剂分子几乎充满骨架之外所有空间，$\rho_视$ 就与 $\rho_真$ 非常接近。所以常用 $\rho_视$ 代替 $\rho_真$。$\rho_堆 - \rho_真$ 值越大，则说明空隙和孔的总体积占的比例越大；$\rho_假 - \rho_真$ 值越大，则说明颗粒孔体积占的比例越大。

2. 比孔容积(比孔容)

1 g 催化剂中颗粒内部细孔的总体积称为比孔容，以 V_g 表示。V_g 可由 $\rho_假$ 和 $\rho_真$ 求得：

$$V_g = \frac{1}{\rho_{假}} - \frac{1}{\rho_{真}} \qquad (2\text{-}21)$$

V_g 可用四氯化碳法直接测定。在一定的蒸气压下,使四氯化碳在催化剂的孔内凝聚并充满,凝聚了的四氯化碳的体积即为催化剂的内孔体积。不同孔径的催化剂需要在不同的分压下操作,产生凝聚现象所需要的孔半径 r 和相对压力 p/p_0 的对应关系可用 Kelvin 方程计算:

$$r = \frac{-2\sigma V \cos\varphi}{RT \ln \dfrac{p}{p_0}} \qquad (2\text{-}22)$$

当 $T = 298$ K 时,四氯化碳的表面张力 $\sigma = 2.61 \times 10^{-4}$ N·mol^{-1};摩尔体积 $V = 197$ cm^3·mol^{-1};接触角 $\varphi = 0°$。r 与 p/p_0 的关系计算结果见表 2-7。调节四氯化碳相对压力可使四氯化碳只在真正的孔中凝聚,而不在颗粒之间的空隙处凝聚。由表可知,当 $p/p_0 = 0.95$ 时,半径 r 小于 400 nm 的所有孔都可以被四氯化碳充满。此外,实验结果还表明,p/p_0 大于 0.95 时,催化剂颗粒间也发生凝聚,使所测的 V_g 偏高,所以通常采用 p/p_0 为 0.95。吸附质的制备方法是将 86.9 份体积的四氯化碳与 13.1 份体积的正十六烷混合。比孔容按下式计算:

$$V_g = \frac{m_2 - m_1}{m_1 \times d} \qquad (2\text{-}23)$$

式中,m_1 是样品质量;m_2 是催化剂孔内充满四氯化碳后的总质量;d 是实验温度下四氯化碳的密度。

表 2-7　　　　　　　　　　　r 与 p/p_0 间的对应值

p/p_0	r	p/p_0	r
0.995	4 000	0.95	400
0.99	2 000	0.90	200
0.98	1 000	0.80	90

3. 孔隙率

催化剂颗粒内细孔的体积占颗粒总体积的分数称为孔隙率,用 θ 表示,可由下式计算:

$$\theta = \frac{\dfrac{1}{\rho_{假}} - \dfrac{1}{\rho_{真}}}{\dfrac{1}{\rho_{假}}} = 1 - \frac{\rho_{假}}{\rho_{真}} \qquad (2\text{-}24)$$

又可写成

$$\theta = V_g \cdot \rho_{假} \qquad (2\text{-}25)$$

4. 平均孔半径

假设有 N 个大小一样的圆柱形孔,其内壁光滑,由颗粒表面深入颗粒中心。用 N 个圆柱形孔代替实际的孔,把它看作各种长度和半径的孔平均化的结果,以 $\bar{L}$ 表示圆柱形孔的平均长度,以 $\bar{r}$ 代表圆柱形孔的平均半径。

设每个颗粒的外表面积为 S_X，每单位外表面积上的孔数为 n_p，则每个颗粒的总孔数为 $n_p \cdot S_X$。因为颗粒的内表面由各圆柱形孔的孔壁构成，所以颗粒的内表面积为 $n_p \cdot S_X \cdot 2\pi \bar{r} \cdot \bar{L}$；另一方面，从实验可测量并计算出每个颗粒的总表面积为 $V_p \cdot \rho_假 \cdot S_g$。其中，$V_p$ 为每个颗粒的体积，S_g 为比表面积。因为颗粒的内表面积远远大于外表面积，故可忽略颗粒的外表面积，则

$$2\pi \cdot S_X \cdot n_p \cdot \bar{r} \cdot \bar{L} = V_p \cdot \rho_假 \cdot S_g \tag{2-26}$$

同样，由模型和实验可测值分别列出每个颗粒体积的表达式：

$$S_X \cdot n_p \cdot \pi \cdot \bar{r}^2 \cdot \bar{L} = V_p \cdot \rho_假 \cdot V_g \tag{2-27}$$

以式(2-26)除式(2-27)得

$$\bar{r} = \frac{2V_g}{S_g} \tag{2-28}$$

由式(2-28)可见，根据比孔容和比表面积可以求得平均孔半径 $\bar{r}$。同样，可以推导得到平均孔长度的计算式：

$$\bar{L} = \sqrt{2}\frac{V_p}{S_X} \tag{2-29}$$

由式(2-29)可见，平均孔长度是每个颗粒体积与颗粒外表面积的比值的 $\sqrt{2}$ 倍。对于球形、高径相等的圆柱体、正方体，V_p/S_X 为 $d_p/6$，d_p 为颗粒直径。代入式(2-29)得

$$\bar{L} = \frac{\sqrt{2}}{6}d_p \tag{2-30}$$

$\bar{r}$ 是从简化模型得到的，称为平均孔半径。实践中，人们可从测得的 V_g 和 S_g 计算催化剂的 $\bar{r}$ 值，并把它作为描述孔结构的一个平均指标。表 2-8 列出了一些实验结果及 $\bar{r}$ 的计算值。

表 2-8　　　　　　　　　　　某些催化剂及载体的 $\bar{r}$、S_g 及 V_g 值

催化剂	$S_g/(\text{m}^2 \cdot \text{g}^{-1})$	$V_g/(\text{cm}^3 \cdot \text{g}^{-1})$	$\bar{r}/\text{nm}$
活性炭	500~500	0.6~0.8	10~20
硅胶	200~600	0.4	15~100
SiO_2、Al_2O_3 裂解催化剂	200~500	0.2~0.7	33~150
活性黏土	150~225	0.4~0.52	100
活性氧化铝	175	0.338	45
Fe_2O_3	17.2	0.135	157
Fe_3O_4	3.8	0.211	1 110
Fe_2O_3-(8.9% Cr_2O_3)	26.8	0.225	168
Fe_3O_4-(8.9% Cr_2O_3)	21.2	0.228	215

5. 孔径分布

为考查催化剂颗粒内孔对反应速率的影响，只有孔的总容积和平均半径这两个参数是不够的，还须知道孔容积的分布，或称孔径分布。孔径分布反映的是孔容积随孔径大小变化的关系。测定孔径分布的方法很多，不同范围的孔径(大孔为 2 000~100 000 nm，过渡孔为 100~2 000 nm，微孔为 10~100 nm)有不同的测定

方法。通常过渡孔用压汞法、电子显微镜法、吸附曲线计算法(也叫毛细管凝聚法)测定,微孔用分子试探法测定,上述各种测定孔径分布方法详见文献[13]。

2.5.2　催化剂的孔内扩散

反应物分子在催化剂孔内的扩散,根据分子的平均自由程与孔径大小比值的不同,表现出不同的扩散规律,图 2-17 给出在一定压力下,氢-氮二组分体系扩散流通量与催化剂孔径大小之间的关系。

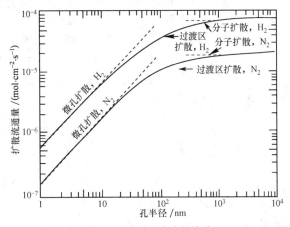

图 2-17　氢和氮扩散流通量与孔径大小的关系(0.1 MPa,298 K)

由图可见,当 $r>10^3$ nm 时,流通量与 r 无关,属于分子扩散,扩散的阻力主要来自分子间的碰撞。由于这类扩散不属于细孔内扩散范畴,这里不做讨论。下面重点讨论催化剂孔内存在的几种扩散形式,即 Knudsen(努森)扩散(微孔扩散)、过渡区扩散、构型扩散和表面扩散。

1. Knudsen 扩散(微孔扩散)

当气体浓度很低或者催化剂孔径很小时,分子与孔壁碰撞远比分子间的碰撞概率高,扩散的阻力主要来自分子与孔壁的碰撞,这种扩散称为 Knudsen 扩散,又称微孔扩散。Knudsen 扩散的扩散系数 D_K 可由下式求得:

$$D_K = 9\,700r\sqrt{\frac{T}{M}} \tag{2-31}$$

式中,r 是孔半径,cm;T 是温度,K;M 是吸附质的相对分子质量。

由式(2-31)可见,Knudsen 扩散系数与系统的压力无关,而与催化剂的孔半径、吸附质的相对分子质量及温度有关。

2. 过渡区扩散

过渡区扩散是介于 Knudsen 扩散和体相扩散之间的"过渡区"。在这一区域中,分子间的碰撞和分子与孔壁的碰撞都不能忽略,表现在扩散流通量与孔径的关

系图上呈现非线性关系。二组分体系过渡区扩散组合的流通量可表示为

$$N_1 = \frac{-(p/RT)\mathrm{d}Y_1/\mathrm{d}x}{\dfrac{1-(1+N_2/N_1)Y_1}{D_{12}}+\dfrac{1}{D_K}} \qquad (2\text{-}32)$$

式中，$\mathrm{d}Y_1/\mathrm{d}x$ 为组分 1 的浓度梯度；D_{12} 为体相扩散的有效扩散系数；D_K 为 Knudsen 扩散系数；N_1 和 N_2 分别为组分 1 和组分 2 的扩散通量。并流扩散时 N_2/N_1 为正值，逆流扩散时 N_2/N_1 为负值。

3. 构型扩散

这是含有丰富微孔的多孔物质（如沸石分子筛）所特有的扩散形式。当催化剂的孔径尺寸接近于分子大小，与反应物或产物分子的直径处于同一数量级时，在某一孔径的孔中，不同大小的分子或大小相近但空间构型不同的分子，扩散系数差别非常大。这种扩散系数与被吸附分子的大小和构型有关的扩散称为构型扩散[14]。在这种扩散方式中，分子尺寸的微小变化，都会引起其扩散系数的显著改变，如图2-18所示。例如反-2-丁烯分子与顺-2-丁烯分子仅差0.2 nm左右，可二者在CaA分子筛中的扩散系数相差 200 倍以上。因此，在 Pt/A 型沸石上反-2-丁烯的加氢反应速率比顺-2-丁烯快得多。其结果见表2-9。利用构型扩散的特点，可以打破反应平衡和热力学的限制，提高某一产品的选择性。例如，在改性 ZSM-5 沸石上直接合成对二乙苯就是利用在沸石分子筛孔道中对位扩散系数远比邻位和间位扩散系数大的特点来实现对二乙苯的高选择性的。有关沸石分子筛的择型催化可参考有关专著[15,16]。

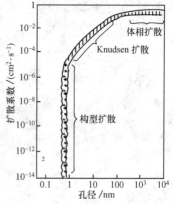

图 2-18 扩散类型示意图

表 2-9 顺-2-丁烯和反-2-丁烯混合物的加氢反应

温度/K	原料组成/%		产物组成/%			转化率/%(m/m)		$k_{反}/k_{顺}$
	顺	反	顺	反	正丁烷	顺	反	
393	78.7	21.3	37.1	17.0	45.9	52.9	20.2	3.3
376	78.7	21.3	57.3	19.8	22.9	27.2	7.1	4.3
371	78.7	21.3	69.4	20.9	9.7	11.8	1.8	7.0

4. 表面扩散

吸附于固体表面的分子有很大的移动性。通过分子在表面上的运动而产生的传质过程叫作表面扩散，其扩散的方向是表面浓度减小的方向。在扩散方向上，吸附量和分压都趋于降低，所以表面扩散和气体扩散过程是平行的。在多孔催化剂上，单位横截面积上的表面扩散流通量可以表示为

$$N_s = -\frac{D_s}{\tau_s}\rho_b S_g \frac{\mathrm{d}C_s}{\mathrm{d}x} \qquad (2\text{-}33)$$

其中

$$D_s = D_0 \exp(-E_s/RT) \tag{2-34}$$

式中，τ_s 为曲折系数，描述表面扩散的曲折路径；dC_s/dx 为表面浓度梯度；D_s 为表面扩散系数；D_0 为指前因子；ρ_b 为催化剂堆密度；S_g 为催化剂的比表面积；E_s 为表面扩散的活化能。

对于氢气、氮气、二氧化碳、甲烷、乙烷、丙烷和丁烷等气体在多孔玻璃、活性炭、硅胶和氧化铝等催化剂载体上的物理吸附，在通常温度范围内和低表面覆盖度下，D_s 的值一般为 $10^{-3} \sim 10^{-5}\,\mathrm{cm^2 \cdot s^{-1}}$。在大多数情况下，其表面扩散活化能 E_s 约为物理吸附活化能的一半。在个别情况下，E_s 的值可以接近物理吸附的活化能。

（王安杰）

参考文献

[1]　吉林大学化学系《催化作用基础》编写组. 催化作用基础[M]. 北京：科学出版社，1980.

[2]　Bond G C. 多相催化作用原理及应用[M]. 庞礼，李琬，张春都，译. 北京：北京大学出版社，1982.

[3]　黄开辉，万惠霖. 催化原理[M]. 蔡启瑞，审. 北京：科学出版社，1983.

[4]　德鲁斯 B A. 多相催化理论[M]. 北京大学化学系有机催化教研室，译. 北京：中国工业出版社，1963.

[5]　邓景发，唐敖庆. 催化作用原理导论[M]. 长春：吉林科学技术出版社，1984.

[6]　安德森 B R. 催化研究中的实验方法[M]. 中国科学院大连化学物理研究所，译. 北京：科学出版社，1987.

[7]　辛勤. 催化研究中的原位技术[M]. 北京：北京大学出版社，1993.

[8]　李新生，徐杰，林励吾. 催化新反应与新材料[M]. 郑州：河南科学技术出版社，1996.

[9]　Sing K S W, Lvcrett D H, Haul R A W, et al. Reporting physisorption data for gas/solid systems with special reference to the determination of surface area and porosity [J]. Pure & Appl Chem，1985，57(4)：603-619.

[10]　Rouqucrol J, Avnir D, Fairbridge C W, et al. Recommendations for the characterization of porous solids [J]. Pure & Appl Chem，1994，66(8)：1739-1758.

[11]　复旦大学. 物理化学实验[M]. 北京：人民教育出版社，1979.

[12]　韩翠英. 有机化工专业实验讲义. 大连：大连理工大学，1992.

[13]　刘希尧. 工业催化剂分析测试表征[M]. 北京：烃加工出版社，1990，55.

[14]　Weisz P B. Zeolites-New horizons in catalysis[J]. Chemtech，1973(3)：498-505.

[15]　Chen N Y, Weisz P B. Platinum catalyzed hydrogenation employing a phosphine-poisoned platinum-exchanged sodium mordenite zeolite [J]. Chem Eng Prog Symp Ser，1967 (73)：86.

[16]　陈西沅. 择形催化在工业中的应用 [M]. 谢钥刚，译. 北京：中国石化出版社，1992.

第3章 酸碱催化剂及其催化作用

3.1 酸碱催化剂的应用及其分类

3.1.1 酸碱催化剂的应用

通过酸碱催化剂进行的催化反应很多,已在石油化工、石油炼制生产过程中得到大量应用。这使得固体酸催化剂的研究获得飞速发展,特别是沸石分子筛作为酸催化剂和酸性载体,大大促进了石油炼制、石油化工催化技术的进步[1]。在环境保护意识日益增强的今天,沸石作为一种环境友好的高效催化剂,正逐步取代目前工业常用的硫酸、氢氟酸、三氯化铝等具有强腐蚀性和严重污染环境的液体酸催化剂。目前酸催化的主要工业过程见表 3-1。虽然目前碱催化剂研究也很活跃,但用于工业中较少。

表 3-1 工业上重要的酸催化剂及催化反应

反应类型	主要反应	催化剂典型代表
催化裂化	重油馏分→汽油＋柴油＋液化气＋干气	稀土超稳 Y 分子筛(REUSY)
烷烃异构化	C_5/C_6 正构烷烃→C_5/C_6 异构烷烃	卤化铂/氧化铝
芳烃异构化	间、邻二甲苯→对二甲苯	HZSM-5/Al_2O_3,HM/Al_2O_3
甲苯歧化	甲苯→二甲苯＋苯	HM 沸石或 HZSM-5
烷基转移	二异丙苯＋苯→异丙苯	Hβ 沸石
烷基化	异丁烷＋1-丁烯→异辛烷	HF,浓硫酸
芳烃烷基化	苯＋乙烯→乙苯	$AlCl_3$ 或 HZSM-5,Hβ 沸石
	苯＋丙烯→异丙苯	固体磷酸(SPA)或 Hβ 沸石,MCM-22
择形催化烷基化	乙苯＋乙烯→对二乙苯	改性 ZSM-5
柴油临氢降凝	柴油中直链烷烃→小分子烃	Ni/HZSM-5(双功能催化剂)
烃类芳构化	C_4～C_5 烷、烯烃→芳烃	GaZSM-5,ZnZSM-5
乙烯水合	乙烯＋水→乙醇	固体磷酸
酯化反应	RCOOH＋R'OH→RCOOR'	H_2SO_4,H_3PO_4 或离子交换树脂
	$2CH_3OH$→CH_3OCH_3	HZSM-5
醚化反应	甲醇＋异丁烯→甲基叔丁基醚	大孔离子交换树脂

3.1.2 酸碱催化剂的分类

可作为酸碱催化剂的物质种类很多,表 3-2 列出了各种固体酸碱和液体酸碱催化剂。

表 3-2 固体酸碱和液体酸碱催化剂

酸碱类型	催化剂
固体酸	天然黏土矿物:高岭土、膨润土、蒙脱土、天然沸石
	担载酸:H_2SO_4、H_3PO_4、CH_3COOH 等载于氧化硅、石英砂、氧化铝、硅藻土上
	阳离子交换树脂
	焦炭经 573 K 热处理
	金属氧化物及硫化物:ZnO、CdO、Al_2O_3、CeO_2、ZrO_2、TiO_2、As_2O_3、Bi_2O_3、Sb_2O_3、V_2O_5、Cr_2O_3、MoO_3、WO_3、CdS、ZnS 等
	氧化物混合物:SiO_2-Al_2O_3、SiO_2-TiO_2、SiO_2-MgO、Al_2O_3-Fe_2O_3、TiO_2-NiO、ZnO-Fe_2O_3、MoO_3-CoO-Al_2O_3、杂多酸、人工合成分子筛等
	金属盐:$MgSO_4$、$CaSO_4$、$SrSO_4$、$ZnSO_4$、$Al_2(SO_4)_3$、$FeSO_4$、$NiSO_4$、$(NH_4)_2SO_4$、$AlPO_4$、$Zr_3(PO_4)_4$、$SnCl_2$、$TiCl_4$、$AlCl_3$、BF_3、CuCl 等
固体碱	担载碱:NaOH、KOH 载于氧化硅或氧化铝上,碱金属及碱土金属分散于氧化硅、氧化铝上,K_2CO_3、Li_2CO_3 载于氧化硅上等
	阴离子交换树脂
	焦炭在 1 173 K 下热处理,或用 NH_3、$ZnCl_2$-NH_4Cl-CO_2 活化
	金属氧化物:Na_2O、K_2O、Cs_2O、BeO、MgO、CaO、SrO、BaO、ZnO、La_2O_3、CeO_4 等
	氧化物混合物:SiO_2-MgO、SiO_2-CaO、SiO_2-BaO、SiO_2-ZnO、ZnO-TiO_2、TiO-MgO 等
	金属盐:Na_2CO_3、K_2CO_3、$CaCO_3$、$SrCO_3$、$BaCO_3$、$(NH_4)_2CO_3$、KCN 等
	经碱金属或碱土金属改性的各种沸石分子筛
液体酸	H_2SO_4、H_3PO_4、HCl 水溶液、醋酸等
液体碱	NaOH 水溶液、KOH 水溶液等

由表 3-2 可以看出,酸碱催化剂主要是元素周期表中的主族元素从ⅠA到ⅦA的一些氢氧化物、氧化物、盐和酸,也有一部分是副族元素的氧化物和盐。这些物质的特点是:在反应中电子转移是成对的,即给出一对电子或获得一对电子。ⅠA、ⅡA族元素电负性小,易与氧生成氧化物并呈碱性;而ⅢA、ⅣA族元素的卤化物和氧化物具有酸性;ⅤA、ⅥA及ⅦA族元素电负性大,与氧生成氧化物呈酸性,水合后为无机酸。由此可见主族元素的化合物可作酸碱催化剂。

3.2 酸碱定义及酸碱中心的形成

3.2.1 酸碱定义

人们在实践中对酸碱的认识是不断深入的,因而提出了一系列酸碱理论,应用比较广泛的有四种。

1. 酸碱电离理论

该理论是 Arrhenius 于 19 世纪末提出的水-离子论。该理论认为,能在水溶液中电离出 H^+ 的物质叫酸,电离出 OH^- 的物质叫碱。

2. 酸碱质子理论

该理论是 Brönsted 在 20 世纪 20 年代提出的。该理论认为,凡是能提供质子(H^+)的物质称为酸(B 酸),凡是能接受质子的物质称为碱(B 碱)。例如

$$H_2SO_4 + H_2O \longrightarrow HSO_4^- + H_3O^+ \tag{3-1}$$
$$\text{B 酸} \quad \text{B 碱} \qquad \text{B 碱} \quad \text{B 酸}$$

B 酸给出质子后剩下的部分称为 B 碱;B 碱接受质子变成 B 酸。B 酸和 B 碱之间的变化实质上是质子的转移。

3. 酸碱电子理论

该理论是 Lewis 于 20 世纪 20 年代提出的。该理论认为,凡是能接受电子对的物质称为酸(L 酸),凡是能提供电子对的物质称为碱(L 碱)。例如

$$BF_3 + NH_3 \longrightarrow BF_3NH_3 \tag{3-2}$$
$$\text{L 酸} \quad \text{L 碱} \qquad \text{络合物}$$

L 酸可以是分子、原子团、正碳离子或具有电子层结构未被饱和的原子。L 酸与 L 碱的作用实质上是形成配键络合物。

在催化反应中最常使用的是 B 酸、B 碱和 L 酸、L 碱的概念。

4. 软硬酸碱理论

该理论是 Pearson 于 1963 年提出的。Pearson 在 Lewis 酸碱的理论基础上提出了酸碱有软硬之分,认为对外层电子抓得紧的酸为硬酸(HA),而对外层电子抓得松的酸为软酸(SA),介于二者之间的酸为交界酸。对于碱来说,电负性大,极化率小,对外层电子抓得紧,难于失去电子对的物质称为硬碱(HB);极化率大,电负性小,对外层电子抓得松,容易失去电子对的物质称为软碱(SB);介于二者之间的碱为交界碱。

软硬酸碱理论把金属络合物反应进一步扩展到一般有机化学反应中,使酸碱概念具有更加广泛的含义。软硬酸碱原则(SHAB 原则)是:软酸与软碱易形成稳定的络合物,硬酸与硬碱易形成稳定的络合物。而交界酸碱不论结合对象是软酸碱或硬酸碱,都能相互配位,但形成络合物的稳定性差。

3.2.2　酸碱中心的形成

在均相酸碱催化反应中,酸碱催化剂在溶液中可解离出 H^+ 或 OH^-;在多相酸碱催化反应中,催化剂为固体,它可提供质子(B)酸中心或非质子(L)酸中心和

碱中心。固体催化剂酸碱中心的形成有以下几种类型(以酸中心的形成为例)[2]。

1. 浸渍在载体上的无机酸酸中心的形成

用直接浸渍在载体上的无机酸作催化剂时,其催化作用与处于溶液形态的无机酸相同,均可直接提供 H^+。例如,H_3PO_3 浸渍在硅藻土或 SiO_2 上,为了使 H_3PO_3 能稳定地担载在载体上,通常在 $300\sim400$ ℃下焙烧,使其以正磷酸和焦磷酸形式存在,这样可提供 B 酸中心 H^+,使用过程中为防止正、焦磷酸变为偏磷酸(催化活性低),常加入微量水。

2. 卤化物酸中心的形成

卤化物作酸催化剂时起催化作用的是 L 酸中心,为更好地发挥其催化作用,通常可加入适量 HCl、HF、H_2O,使 L 酸中心转化为 B 酸中心。作用如下:

$$F\!:\!\overset{\overset{F}{\cdot\cdot}}{\underset{\underset{F}{\cdot\cdot}}{B}}\ +\ :\!\overset{\overset{H}{\cdot\cdot}}{O}\!:\!H \Longrightarrow H^+\left[\ :\!\overset{\overset{H}{\cdot\cdot}}{O}\!:\!\overset{\overset{F}{\cdot\cdot}}{\underset{\underset{F}{\cdot\cdot}}{B}}\!:\!F\ \right]^-$$

3. 金属盐酸中心的形成

(1)硫酸盐酸中心的形成

硫酸盐也是一类固体酸催化剂,包括酸性盐和中性盐。中性盐没有酸性,若加热、压缩或辐射照射,可以呈现不同酸性。下面以硫酸镍为例说明其酸中心的形成。

NiSO$_4$·H$_2$O

L酸中心

B酸中心
NiSO$_4$·xH$_2$O

NiSO$_4$

$NiSO_4 \cdot xH_2O$ 中的 x 为 $0\sim1$,Ni 的 6 配位轨道只有 5 个配位体,还有一个空轨道(sp^3d^2 杂化轨道),可接受一对电子成为 L 酸中心。在双边 Ni 离子作用下,水分子解离出 H^+,成为 B 酸中心。$NiSO_4 \cdot xH_2O$ 在此状态下具有最大酸性和催化活性。$FeSO_4$、$CoSO_4$、$CuSO_4$、$MgSO_4$ 及 $ZrSO_4$ 等都具有与 $NiSO_4$ 相似的一水化合物结构,它们也可以被认为具有酸中心,其结构与 $NiSO_4$ 相似[3]。上述盐类担载在

SiO_2 上，也可产生酸中心。水合硫酸盐如 $Al_2(SO_4)_3 \cdot 18H_2O$ 经加压处理可提高其表面酸性，但产生的酸中心为弱 B 酸中心。

(2)磷酸盐酸中心的形成

各种形式(无定型和结晶型)的金属磷酸盐都可以用作酸性催化剂或碱性催化剂。现以磷酸铝为例说明酸中心的形成。磷酸铝的酸性与 Al/P 比和—OH 含量有关。化学计量磷酸铝 Al/P＝1，经 600 ℃以下处理，其表面同时存在 B 酸中心和 L 酸中心。P 上的—OH 为酸性羟基，由于与相邻的 Al—OH 形成氢键，使其酸性增强，可视为 B 酸中心。在高温下抽真空处理时，—OH 缩合生成水，同时出现 L 酸中心。这种由 B 酸转化为 L 酸的过程如下：

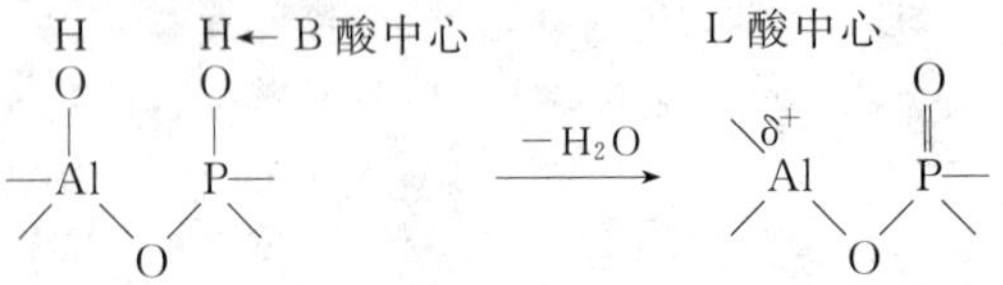

经脱水后铝磷氧化物中的 O 主要留在 P 上，P ＝O 键属共价键性质，所以 O 不能视为碱中心。

4. 阳离子交换树脂酸中心的形成

用苯乙烯与二乙烯基苯共聚可生成三维网络结构的凝胶型共聚物，制得的树脂可成型为球状颗粒。为了制备阳离子或阴离子交换树脂，需向共聚物中引入各种官能团。例如用硫酸使苯环磺化，引入磺酸基团，得到强酸性离子交换树脂；引入羧酸基团可制得弱酸性离子交换树脂。相反，向共聚物中引入季铵基可得到阴离子交换树脂，为强碱性。市场上买到的树脂官能团为—$SO_3^- M^+$ 盐类（M^+ 为 Na^+），为使其具有酸性，必须用 HCl 水溶液交换，使 Na^+ 被 H^+ 取代，成为 B 酸催化剂。阴离子交换树脂(具有官能团—$N^+(CH_3)_3 X^-$)需用碱溶液交换，即 OH^- 交换 X^-，成为 B 碱催化剂。全氟树脂经磺化产生的酸中心与上述相似，不再重述。

5. 氧化物酸碱中心的形成

大多数金属氧化物以及由它们组成的复合氧化物都具有酸性或碱性，有的甚至两种性质兼备。

(1)单氧化物酸碱中心的形成

ⅠA、ⅡA 族元素的氧化物常表现出碱性，而ⅢA 族和过渡金属氧化物却常呈现酸性。例如，Al_2O_3 表面经 670 K 以上热处理，得到的 γ-Al_2O_3 和 η-Al_2O_3 均具有酸中心和碱中心，形成如下：

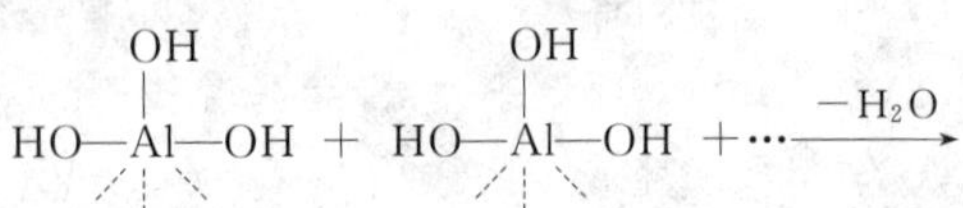

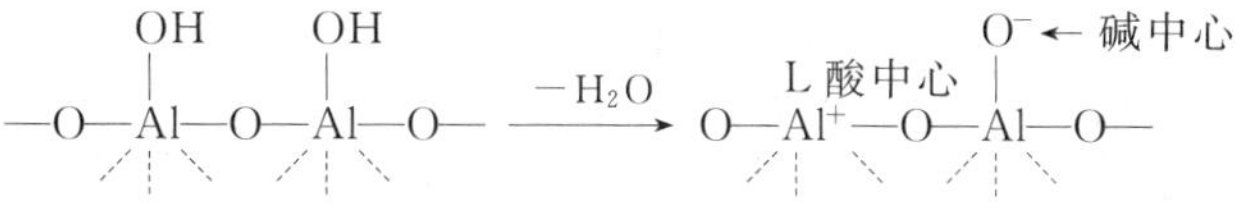

但上述 L 酸中心很易吸水转变为 B 酸中心：

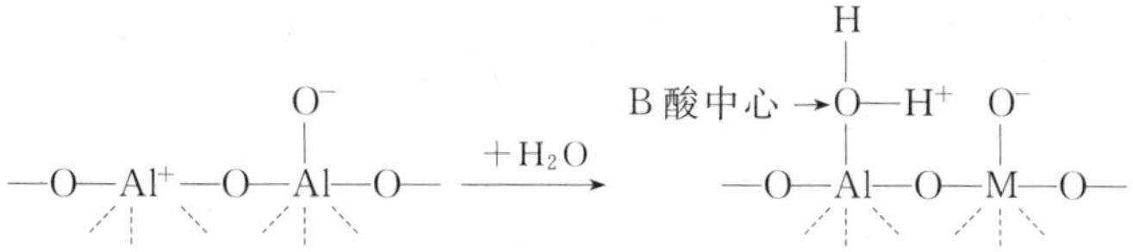

　　这表明氧化铝表面不仅有 L 酸中心、B 酸中心，还有碱中心，但 NH_3 在 Al_2O_3 上的化学吸附表征结果表明 B 酸很少。所以，Al_2O_3 表面以 L 酸中心为主。

　　又如，Cr_2O_3 表面也主要为 L 酸中心，Cr_2O_3 在脱—OH 后，未被氧覆盖的 Cr^{3+} 空轨道可以与碱性化合物形成配位键，呈现出 L 酸中心性质。

　　(2) 二组分混合金属氧化物酸中心的形成

　　最常见的混合氧化物为 SiO_2-Al_2O_3。硅胶和铝胶单独对烃类的催化裂化并无多大活性，但二者形成混合氧化物——硅酸铝却表现出很高活性。硅酸铝呈无定型时称为硅铝胶或无定型硅铝，而硅酸铝呈晶体时，即为各种类型的分子筛。硅酸铝的酸中心数目与强度均与铝含量有关。硅酸铝中的硅和铝均为四配位结合，Si^{4+} 与四个 O^{2-} 配位，形成 SiO_4 四面体，而半径与 Si^{4+} 相当的 Al^{3+} 同样也与四个 O^{2-} 配位，形成 AlO_4 四面体，因为 Al^{3+} 形成的四面体缺少一个正电荷，为保持电中性需有一个 H^+ 或阳离子来平衡负电荷，在此情况下 H^+ 作为 B 酸中心存在于催化剂表面上。Thomas[4] 提出的结构如下：

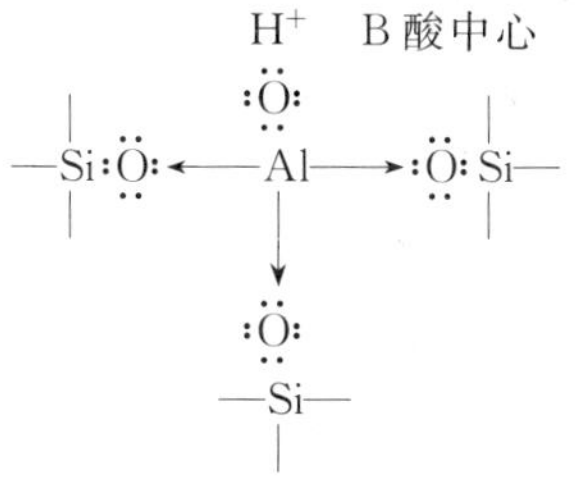

　　Al^{3+} 与 Si^{4+} 之间的 O 上的电子向 Si^{4+} 方向偏移，如箭头所示。当 Al^{3+} 上的—OH 与相邻的 Al^{3+} 上的—OH 结合脱水时，产生 L 酸中心，表示如下：

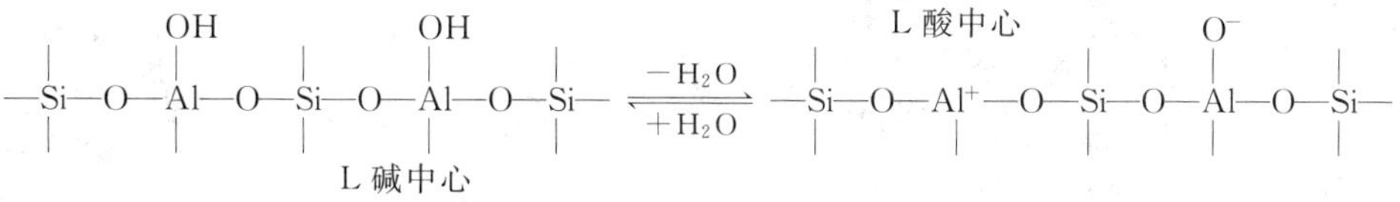

　　由上述两个表达式可以看出，B 酸中心和 L 酸中心可以相互转化。SiO_2-Al_2O_3 是二组分混合氧化物酸性催化剂中最典型的代表。其他两种元素的混合氧

化物也可生成酸中心。Thomas[4]认为,金属氧化物中加入价数不同或配位数不同的其他氧化物,同晶取代的结果产生了酸中心结构,如图 3-1 所示。常见的三种情况见表3-3。

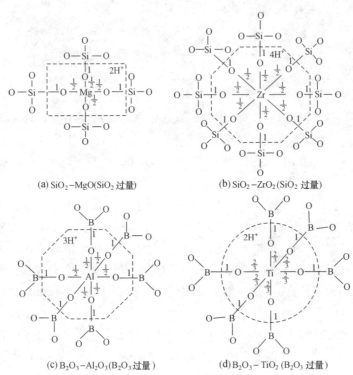

(a) SiO₂-MgO(SiO₂ 过量)   (b) SiO₂-ZrO₂(SiO₂ 过量)

(c) B₂O₃-Al₂O₃(B₂O₃ 过量)   (d) B₂O₃-TiO₂ (B₂O₃ 过量)

图 3-1   两种氧化物组成的酸中心结构模型

表 3-3   **二组分混合氧化物类型及典型示例**

混合氧化物状态	典型氧化物	阳离子价态	阳离子配位数
正离子价数不同而配位数相同	Al₂O₃-SiO₂	Si＝+4,Al＝+3	Si＝4,Al＝4
	MgO-SiO₂	Si＝+4,Mg＝+2	Si＝4,Mg＝4
正离子价数相同而配位数不同	SiO₂-ZrO₂	Si＝+4,Zr＝+4	Si＝4,Zr＝8
	Al₂O₃-B₂O₃	Al＝+3,B＝+3	Al＝6,B＝3
正离子价数和配位数均不同	TiO₂-B₂O₃	Ti＝+4,B＝+3	Ti＝6,B＝3
	ZrO₂-CdO	Zr＝+4,Cd＝+2	Zr＝8,Cd＝4

二组分混合氧化物产生的酸中心是 B 酸还是 L 酸,由 Tanabe[5](田部浩三)等提出的一种二组分氧化物酸中心生成机理新假说可以判断。根据这一假说,酸中心的生成是由于在二组分氧化物模型结构中负电荷或正电荷的过剩造成的。假说提出:

①C1 为第一种氧化物金属离子配位数,C2 为第二种氧化物金属离子配位数,两种金属离子混合前后配位数不变。

②氧的配位数混合后有可能改变,但所有氧化物混合后氧的配位数与主成分的配位数相同。

③已知配位数和金属离子电荷数,用图 3-1 模型可计算出整体混合氧化物的电荷数,负电荷过剩时可呈现 B 酸中心,而正电荷过剩时为 L 酸中心。

例如,在 TiO_2-SiO_2 二组分混合氧化物中,当 TiO_2 较 SiO_2 大量过量时,在 Si 上剩余电荷为 $\left(+\dfrac{4}{4}-\dfrac{2}{3}\right)\times 4=+\dfrac{4}{3}$,此时在 Si 上形成 L 酸中心。当 SiO_2 较 TiO_2 大量过量时,在 Ti 上的剩余电荷为 $\left(+\dfrac{4}{6}-\dfrac{2}{2}\right)\times 6=-2$,此时在 Ti 上形成 B 酸中心。

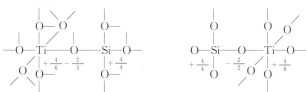

田部浩三关于二组分混合氧化物酸性中心模型的假说从理论上看不够充分,但实际应用起来还是有实用价值的。他对 31 例二组分混合氧化物是否有酸性的预测,理论与实验结果符合的有 28 例,符合率为 90%。Thomas 时代尚未提出 L 酸概念,而且那时氧的配位数尚未准确得出,使得按 Thomas 酸中心模型测得酸类型符合的仅有 15 例,符合率为 48%。

6. 杂多酸化合物酸中心的形成

杂多酸化合物是指杂多酸及其盐类。常见具有 Keggin 结构的杂多酸有磷钼酸、磷钨酸和硅钨酸。磷钨酸阴离子是由氧钨阴离子和氧磷阴离子缩合而成。表达式如下:

$$12WO_4^{2-}+HPO_4^{2-}+23H^+\longrightarrow(PW_{12}O_{40})^{3-}+12H_2O$$

由上式可见,缩合态的磷钨酸阴离子要有质子(H^+)相互配位。这种 H^+ 即为 B 酸中心,而且是一种强酸中心。

对金属杂多酸盐产生酸性提出五种机理:

①酸性杂多酸盐中的质子可给出 B 酸中心。

②制备时发生部分水解给出质子,如

$$[PW_{12}O_{40}]^{3-}+3H_2O\longrightarrow[PW_{11}O_{39}]^{7-}+WO_4^{2-}+6H^+$$

③与金属离子配位水的酸式解离给出质子,如

$$[Ni(H_2O)_m]^{2+}\longrightarrow[Ni(H_2O)_{m-1}(OH)]^++H^+$$

④金属离子提供 L 酸中心。

⑤金属离子还原产生质子,如

$$Ag^++\frac{1}{2}H_2\longrightarrow Ag+H^+$$

杂多酸与杂多酸盐的酸强度顺序为

$$H>Zr>Al>Zn>Mg>Ca>Na$$

从上述各种酸催化剂产生酸碱中心的讨论可以看出,固体酸表面的酸性质远较液体酸复杂,固体酸表面可以同时存在 B 酸中心、L 酸中心和碱中心;酸碱中心所处的环境不同,其酸强度和酸浓度也不同。因此对固体酸中心的研究是很重要的。

3.3　固体酸性质及其测定

3.3.1　固体酸性质

固体酸性质包括三方面,即酸中心的类型、酸中心的浓度(酸中心的数目)和酸中心的强度。

1. 酸中心的类型

通常与催化作用相关的酸中心分为 B 酸和 L 酸。B 酸和 L 酸的定义在上节已经叙述。表征固体酸的酸中心类型最常用的方法是碱分子吸附红外光谱法。后面将详细介绍。

2. 酸中心的浓度

酸中心的浓度又称酸量。对于稀溶液中的均相酸碱催化作用,液体酸催化剂的酸浓度是指单位体积内所含酸中心数目的多少,它可用 H^+ 毫克当量数·毫升$^{-1}$或者 H^+ 毫摩尔·毫升$^{-1}$来表示。对于多相酸碱催化作用,固体酸催化剂的酸浓度是指催化剂单位表面积或单位质量所含的酸中心数目的多少,它可用酸中心数·米$^{-2}$或 H^+ 毫摩尔·克$^{-1}$来表示。酸浓度测量方法很多,将在下面讨论酸强度测量时一并叙述。

3. 酸中心的强度

酸中心的强度又称酸强度。对 B 酸中心来说,是指给出质子能力的强弱。给出质子能力越强说明固体酸催化剂酸中心的强度越强;相反给出质子能力越弱,表明固体酸催化剂酸中心的强度越弱。对于 L 酸中心来说,是指接受电子对能力的强弱。接受电子对能力越强,表明固体酸催化剂酸中心的强度越强。

对稀溶液中的均相酸碱催化剂,可用 pH 来量度溶液的酸强度。当讨论浓溶液或固体酸催化剂的酸强度时,要引进一个新的量度函数 H_0,并称它为 Hammett 函数[6]或酸强度函数。H_0 的含义及测定,可从 Hammett 指示剂法测定原理得到解答。

3.3.2　固体酸表面酸性质的测定

1. Hammett 指示剂的胺滴定法

将某些指示剂吸附在固体酸表面上,根据颜色的变化来测定固体酸表面的酸强度。测定酸强度的指示剂本身为碱性分子,且不同指示剂具有不同接受质子或给出电子对的能力,即具有不同的 pK_a 值,见表 3-4。当碱性指示剂 B 与固体酸表面酸中心 H^+ 起作用,形成共轭酸时,共轭酸的解离平衡为

$$BH^+ \rightleftharpoons B + H^+$$

$$K_a = \frac{a_B a_{H^+}}{a_{BH^+}} = \frac{C_B r_B a_{H^+}}{C_{BH^+} r_{BH^+}} \tag{3-3}$$

式中,a 表示活度,r 表示活度系数。对式(3-3)取对数得

$$\lg K_a = \lg \frac{a_{H^+} r_B}{r_{BH^+}} + \lg \frac{C_B}{C_{BH^+}}$$

或者

$$-\lg \frac{a_{H^+} r_B}{r_{BH^+}} = -\lg K_a + \lg \frac{C_B}{C_{BH^+}} \tag{3-4}$$

定义

$$H_0 = -\lg \frac{a_{H^+} r_B}{r_{BH^+}} \tag{3-5}$$

令

$$-\lg K_a = pK_a$$

于是式(3-4)变为

$$H_0 = pK_a + \lg \frac{C_B}{C_{BH^+}} \tag{3-6}$$

从式(3-5)和式(3-6)可以看出,H_0 愈小,即负值越大,则 $\frac{a_{H^+} r_B}{r_{BH^+}}$ 愈大,$\frac{C_{BH^+}}{C_B}$ 也愈大,这表明固体酸表面给出质子使 B 转化为 BH^+ 的能力愈大,即酸强度愈强。由此可见,H_0 的大小代表了酸催化剂给出质子能力的强弱,因此称它为酸强度函数。

表 3-4　　　　　　　　　　　　测定酸强度的指示剂

指示剂	碱型色	酸型色	pK_a	$(H_2SO_4)/\%(m/m)^*$
中性红	黄	红	+6.8	8×10^{-8}
甲基红	黄	红	+4.6	—
苯偶氮萘胺	黄	红	+4.0	5×10^{-5}
二甲基黄	黄	红	+3.3	3×10^{-4}
2-氨基-5-偶氮甲苯	黄	红	+2.0	5×10^{-3}
苯偶氮二苯胺	黄	紫	+1.5	2×10^{-2}
4-二甲基偶氮-1-萘	黄	红	+1.2	3×10^{-2}

指示剂	碱型色	酸型色	pK_a	$(H_2SO_4)/\%(m/m)$*
结晶紫	蓝	黄	$+0.8$	0.1
对硝基苯偶氮-对硝基二苯胺	橙	紫	$+0.43$	—
二肉桂丙酮	黄	红	-3.0	48
苯亚甲基苯乙酮	无色	黄	-5.6	71
蒽醌	无色	黄	-8.2	90

* 对于某 pK_a 指示剂滴定达到等当点时，$C_{BH^+}=C_B$，从式(3-6)可看出，此时 $H_0=$pK_a，因此，可以从指示剂的 pK_a 得到固体酸的酸强度函数 H_0。

在稀溶液中，$r_{BH^+} \approx r_B$，$C_{H^+} \approx a_{H^+}$，则式(3-5)变为

$$H_0 = -\lg C_{H^+} = \text{pH}$$

即在稀溶液中 H_0 就等于 pH。

测定固体酸强度可选用多种不同 pK_a 值的指示剂，分别滴入装有催化剂的试管中，振荡使吸附达到平衡，若指示剂由碱型色变为酸型色，说明酸强度 $H_0 \leqslant$ pK_a，若指示剂仍为碱型色，说明酸强度 $H_0 >$ pK_a。为了测定某一酸强度下的酸中心浓度，可用正丁胺滴定，使由碱型色变为酸型色的催化剂再变为碱型色。所消耗的正丁胺量即为该酸强度下的酸中心浓度。详细测定方法见文献[7]。

采用 Hammett 指示剂正丁胺非水溶液滴定法测定固体酸酸性质，即可测定出酸中心的不同酸强度，同时还可测定某一酸强度下的酸浓度，从而测定出固体酸表面的酸分布。这种方法的优点是简单、直观；缺点是不能辨别出催化剂酸中心是 L 酸还是 B 酸，不能用来测量颜色较深的催化剂。

2. 气相碱性物质吸附法

碱性气体分子在酸中心上吸附时，酸中心酸强度愈强，分子吸附愈牢，吸附热愈大，分子愈不容易脱附。根据吸附热的变化，或根据脱附时所需温度的高低可以测定出酸中心的强度。固体酸表面吸附的碱性气体量就相当于固体酸表面的酸中心数。根据上述原理常用的测定方法有如下几种：

（1）碱吸附量热法

酸与碱反应时会放出中和热，中和热的大小与酸强度成正比。Auraux[8]首先用此法测定了几种沸石的酸强度（图 3-2）。

如图所示，NH_3 吸附在 HZSM-5 沸石上的中和热大于 NaZSM-5 沸石，这表明 HZSM-5 沸石上存在较强酸中心。这种方法的缺点是不能区别 B 酸和 L 酸中心，测定时需要较长的平衡时间，最初加入的 NH_3 受空间位阻及酸中心可抵达性等因素的影响，可能没有与最强酸中心作用，而是与易抵达的弱酸中心作用，继续加入 NH_3 才能到达较难抵达的强酸中心，因此给酸强度测定带来一些麻烦。

（2）碱脱附-TPD 法

吸附的碱性物质与不同酸强度中心作用时有不同的结合力，当催化剂吸附碱

性物质达到饱和后,进行程序升温脱附(TPD)。吸附在弱酸中心的碱性物质分子可在较低温度下脱附,而吸附在强酸中心的碱性物质分子则需要在较高的温度下才能脱附,还可得到不同温度下脱附出的碱性物质量,它们代表不同酸强度下的酸浓度。因此,该法可同时测定出固体酸催化剂的表面酸强度和酸浓度。常用的碱性分子为 NH_3(NH_3-TPD 谱图如图 3-3 所示),也可用正丁胺,后者碱性强于前者。虽然目前 NH_3-TPD 法已成为一种简单快速表征固体酸性质的方法,但也有局限性:

①不能区分 B 酸或 L 酸中心上脱附的 NH_3,以及从非酸位(如硅沸石)脱附的 NH_3;

②对于具有微孔结构的沸石,在沸石孔道及空腔中的吸附中心上进行 NH_3 脱附时,由于扩散限制,要在较高温度下才能进行。

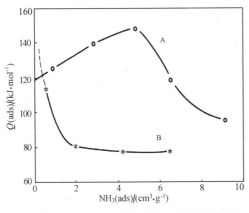

图 3-2　423 K 时 NH_3 吸附在 HZSM-5(A)和 NaZSM-5(B)上的中和热曲线

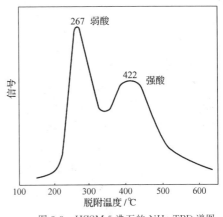

图 3-3　HZSM-5 沸石的 NH_3-TPD 谱图

(3)吸附碱的红外光谱(IR)法

红外光谱可直接测定酸性固体物质中的 O—H 键振动频率;O—H 键愈弱、振动频率愈低,酸强度愈高。

固体酸吸附吡啶的红外光谱可测定 B 酸和 L 酸。吡啶与 B 酸形成吡啶鎓离子,而与 L 酸形成配位键。红外光谱上 1 540 cm^{-1} 峰是吸附在 B 酸中心上的吡啶特征吸收峰,1 450 cm^{-1} 峰是吸附在 L 酸中心上的特征峰,1 490 cm^{-1} 是两种酸中心的总和峰。同样 NH_3 吸附在 B 酸中心的红外光谱特征峰为 3 120 cm^{-1} 和 1 450 cm^{-1},而吸附在 L 酸中心的红外光谱特征峰为 3 330 cm^{-1} 和 1 640 cm^{-1},如图 3-4 所示。

吡啶(或 NH_3)-红外光谱法不但能区分 B 酸和 L 酸,而且可由特征谱带的强度(面积)得到有关酸中心数目的信息。还可由吸附吡啶脱附温度的高低,定性检测出酸中心的强弱[9]。

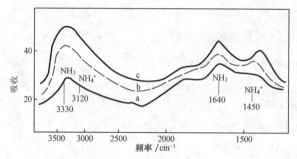

图 3-4 NH₃ 在硅铝胶上的红外吸附光谱

除上述方法外,也可采用 HMASNMR 测定羟基酸性,脉冲色谱法、分光光度法等测定固体酸性质。

3.3.3 超强酸

超强酸是指酸强度超过 $100\%H_2SO_4$ 的物质,其酸强度函数 $H_0<-11.9$。超强酸是 Olah 发现的,他发现硫酸中的—OH 被 Cl 或 F 取代生成的氯基硫酸或氟基硫酸的酸强度大于硫酸。这是因为 Cl 和 F 的电负性较大,吸引电子能力强,使 H^+—O^{2-} 键中 H^+ 更易解离成酸性强的质子。SbF_5、NbF_5、TaF_5、SO_3 中的 Sb^{5+}、Nb^{5+}、Ta^{5+} 和 S^{6+} 都具有较强的接受电子能力,故将这些物质加到酸中能更有效地削弱原来酸中的 H^+—O^{2-} 键和 H^+—X^- 键,表现出更强的酸性。表 3-5 列出了某些液体超强酸及其酸强度函数 H_0 值。

酸

H_0 −10.6   −13.8   −15.7

表 3-5   液体超强酸的酸强度函数

超强酸	酸强度函数 H_0	超强酸	酸强度函数 H_0
HF	−10.2	$FSO_3H\text{-}SbF_5(1:1)$	<-18
$100\%H_2SO_4$	−11.9	$ClSO_3H$	−13.8
$H_2SO_4\text{-}SO_3$	−14.14	$H_2SO_4\text{-}SO_3(1:1)$	−14.44
FSO_3H	−15.7	$FSO_3H\text{-}SO_3(1:0.1)$	−15.52
$HF\text{-}NbF_5$	−13.5	$FSO_3H\text{-}AsF_5(1:0.05)$	−16.61
$HF\text{-}TaF_5$	−13.5	$FSO_3H\text{-}SbF_5(1:0.2)$	−20
$HF\text{-}SbF_5$	−15.1	$FSO_3H\text{-}SbF_5(1:0.05)$	−18.24
$HF\text{-}SbF_5(1:1)^*$	<-20	$HF\text{-}SbF_5(1:0.03)$	−20.3
$FSO_3H\text{-}TaF_5(1:0.2)$	−16.7		

注:括号中是摩尔比。

除液体超强酸外,还合成出固体超强酸。田部浩三曾先后合成出十多种固体超强酸,其中 SbF_5-SiO_2・TiO_2、FSO_3H-SiO_2・ZrO_2、FSO_3H-SiO_2・Al_2O_3 和 SbF_5-TiO_2・ZrO_2 的酸强度均为 $100\%\ H_2SO_4$ 的 $500\sim1\ 000$ 倍。SbF_5 加入到 SiO_2・Al_2O_3 固体酸中使酸强度提高,这是因为 SiO_2・Al_2O_3 表面存在 Al^{3+}(L 酸中心),与 Al^{3+} 相邻的 O^{2-} 吸附 SbF_5 后,由于 SbF_5 配位使 O^{2-} 的电子转移到 SbF_5 上,Al^{3+} 中的电子移向 O^{2-},使 Al^{3+} 的正电性更强,表现出 L 酸强度特别高。这一过程表示如下:

表 3-6 给出了一些固体超强酸的酸性强度函数 H_0 值。

表 3-6　　　　　　　　固体超强酸的酸强度函数

超强酸	酸强度函数 H_0	超强酸	酸强度函数 H_0
SbF_5-SiO_2・ZrO_2	$-13.75 \geqslant H_0 > -14.52$	SO_4^{2-}-ZrO_2	$H_0 \leqslant -14.52$
SbF_5-SiO_2・Al_2O_3	$-13.75 > H_0 > -14.52$	SbF_5-SiO_2	$H_0 \leqslant -10.6$
SbF_5-SiO_2・TiO_2	$-13.16 > H_0 > -13.75$	SbF_5-TiO_2	$H_0 \leqslant -10.6$
SbF_5-TiO_2・ZrO_2	$-13.75 < H_0 < -13.16$	SbF_5-Al_2O_3	$H_0 \leqslant -10.6$
SO_4^{2-}-Fe_2O_3	$H_0 \leqslant -12.70$		

3.4　酸碱催化作用及其催化机理

酸碱催化分均相催化和多相催化两种。均相酸碱催化研究得比较成熟,已总结出一些规律,多相酸碱催化近年来发展较快,也得到某些规律,反映出人们对酸碱催化机理已有较明确的认识。

3.4.1　均相酸碱催化[10]

在水溶液中 H^+、OH^-、未解离的酸碱分子、B 酸、B 碱都可作为催化剂来催化一些反应。通常把在水溶液中只有 H^+(H_3^+O)或 OH^- 起催化作用,其他离子或分子无显著催化作用的过程称为特殊酸催化或特殊碱催化。如果催化过程是由 B 酸或 B 碱进行的,则称为 B 酸催化或 B 碱催化。

1.特殊酸碱催化

由 H^+ 进行催化反应的特殊酸催化通式为

$$A + H^+ \longrightarrow 产物 + H^+$$

式中,A 为反应物。

反应速率为

$$-\frac{d[A]}{dt} = k_{H^+}[H^+][A] \tag{3-7}$$

由于反应过程中不消耗 H^+,可把 $[H^+]$ 当作常数并入 k_{H^+} 中,于是式(3-7)变为

$$-\frac{d[A]}{dt} = k_表[A]$$

$k_表$ 称为假一级速率常数,$k_表$ 与 H^+ 浓度呈线性关系:

$$k_表 = k_{H^+}[H^+] \tag{3-8}$$

将式(3-8)取对数得

$$\lg k_表 = \lg k_{H^+} + \lg[H^+]$$

或者

$$\lg k_表 = \lg k_{H^+} - pH$$

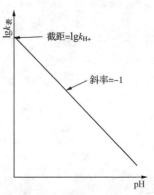

图 3-5　特殊酸碱催化的 $\lg k_表$-pH 图

将 $\lg k_表$ 对 pH 作图得到一条直线,如图 3-5 所示,直线斜率等于 -1,截距为 $\lg k_{H^+}$。因此,可通过在不同 pH 的溶液中进行酸催化反应,测得相应的 $k_表$,并用上述方法测得 k_{H^+}。k_{H^+} 为某种催化剂的催化系数,表示这种催化剂催化活性的大小。k_{H^+} 大,酸催化活性大;相反,k_{H^+} 小,活性也小。催化系数主要取决于催化剂自身的性质。由上述讨论还可以看出,酸催化反应速率与催化剂的酸强度 pH 和酸浓度 $[H^+]$ 也有关,即酸强度越强(pH 越小),给出质子能力越强,反应活性越高;酸中心浓度越大,反应活性也越高。

例如,用 H_2SO_4 催化醇脱水生成烯烃是特殊酸催化反应,反应中醇分子的羟基氧原子上含有孤对电子,可与质子结合形成锌盐,此时氧原子上带有正电荷,从而变为强吸电子基,使 C—O 键离解。脱水过程如下:

$$
\underset{\substack{\\ 醇}}{\overset{\substack{| \quad |}}{-\!\!\!\underset{|}{C}\!\!-\!\!\underset{\substack{|}}{C}\!\!-}}
\;\underset{快}{\overset{+H^+}{\rightleftharpoons}}\;
\underset{\substack{\\ 锌盐(R\overset{+}{O}H_2)}}{\overset{\substack{| \quad |}}{-\!\!\!\underset{H}{C}\!\!-\!\!\underset{\overset{+}{O}H_2}{C}\!\!-}}
\;\underset{慢}{\overset{-H_2O}{\longrightarrow}}\;
\underset{\substack{\\ 正碳离子}}{\overset{\substack{| \quad |}}{-\!\!\!\underset{H}{C}\!\!-\!\!\underset{}{C}\!\!-}}
\;\underset{快}{\overset{-H^+}{\rightleftharpoons}}\;
\underset{\substack{\\ 烯烃}}{\overset{\substack{| \quad |}}{-C\!=\!C-}}
$$

反应第一步是快速生成质子化的醇-锌盐;第二步是锌盐缓慢解离为正碳离子;第三步是 H^+ 快速从正碳离子中脱离,生成烯烃。第二步正碳离子生成是速率控制步骤。

由于醇脱水的速率控制步骤为正碳离子生成,正碳离子生成速率又取决于它的稳定性。在有机化学中已经指出正碳离子的稳定顺序为

$$叔碳离子 > 仲碳离子 > 伯碳离子$$

因此叔醇的脱水速率最快。

又如，双丙酮醇解离生成丙酮反应是特殊碱催化反应，其反应过程为

$$CH_3-\overset{\overset{\displaystyle OH}{|}}{\underset{\underset{\displaystyle CH_3}{|}}{C}}-CH_2-\overset{\overset{\displaystyle O}{\|}}{C}-CH_3+OH^- \underset{-H_2O}{\overset{快}{\rightleftharpoons}} CH_3-\overset{\overset{\displaystyle O^-}{|}}{\underset{\underset{\displaystyle CH_3}{|}}{C}}-CH_2-\overset{\overset{\displaystyle O}{\|}}{C}-CH_3 \overset{慢}{\longrightarrow}$$

$$CH_3-\overset{\overset{\displaystyle O}{\|}}{C}-CH_3+{}^-CH_2-\overset{\overset{\displaystyle O}{\|}}{C}-CH_3 \underset{H_2O}{\overset{快}{\longrightarrow}} CH_3-\overset{\overset{\displaystyle O}{\|}}{C}-CH_3+OH^-$$

反应第一步是 OH^- 从羟基中快速夺取一个 H^+ 生成水，同时生成一个阴离子中间物种；第二步是中间物种解离为一个丙酮分子和一个负碳离子，这步是速率控制步骤；第三步是负碳离子快速从水中获得 H^+，生成丙酮并再生出 OH^-。

有时催化剂上同时具有 B 酸和 B 碱，二者同时作用，这种催化剂可产生酸碱协同催化作用。人们曾发现在 $0.05\ mol \cdot L^{-1}$ 的 α-羟基吡啶酮溶液中，吡喃型葡萄糖两种异构体旋光转化速率比在相同浓度的苯酚和吡啶混合溶液中快 7 000 倍。其原因可能是酸碱协同催化的结果。通常酶催化具有特别高的效率，也可能是酸碱协同作用的结果。

2. 均相酸碱催化机理

由上述实例的反应机理可以看出，均相酸碱催化一般以离子型机理进行，即酸碱催化剂与反应物作用形成正碳离子或负碳离子中间物种，这些中间物种与另一反应物作用（或本身分解），生成产物并释放出催化剂（H^+ 或 OH^-），构成酸碱催化循环。在这些催化过程中均以质子转移步骤为特征。所以一些有质子转移的反应，如水合、脱水、酯化、水解、烷基化和脱烷基等反应，均可使用酸碱催化剂进行催化反应。

在上述反应机理中，质子转移是相当快的过程。这是因为质子不带电子，因而不存在电子结构或几何结构的影响。这就意味着质子在空间运动不受空间效应限制，容易在适当位置进攻反应分子。质子只是一个正电核，不存在电子壳层，半径是其他阳离子的 $1/10^5$ 倍。当质子与反应物分子靠近时，不会发生电子云之间的相互排斥作用，容易极化与它靠近的分子，有利于旧键的断裂与新键的形成。因此，当反应物分子含有容易接受质子的原子（如 N、O 等）或基团时，可形成不稳定的阳离子活性中间物种。对于 B 碱催化剂，反应物应为易给出质子的化合物，以便形成阴离子的活性中间物种。

3. Brönsted 规则

从前面讨论的酸催化反应机理得知，反应第一步是催化剂将质子转移给反应物。催化剂给出质子的难易，即催化剂的酸强度大小，将直接影响催化剂反应速率。一般用酸催化系数 k_a（与前节 k_{H^+} 相同）来表示催化活性大小。Brönsted 用实验证明了这一点。他从实验中归纳出，对一个给定的反应，酸的催化系数 k_a 与其电离常数 K_a 存在对应关系，即

$$k_a = G_a K_a^\alpha \tag{3-9}$$

式中，k_a 为酸催化系数；K_a 为酸电离常数；G_a 和 α 为常数，其值取决于反应种类和反应条件（溶剂种类、温度等）。

将式（3-9）取对数，得

$$\lg k_a = \lg G_a + \alpha \lg K_a \tag{3-10}$$

或

$$\lg k_a = \lg G_a - \alpha p K_a$$

用 $\lg k_a$ 对 pK_a 作图（图 3-6），可得一条直线，其斜率为 $-\alpha$。α 值为 0～1。α 值很小，表明反应对催化剂的酸强度（pK_a）不敏感，此时任何一种酸都是优良的质子给予者，反应与催化剂酸强度无关；相反，α 值接近 1，表明反应对催化剂酸强度很敏感，只有强酸中心才能催化该反应。

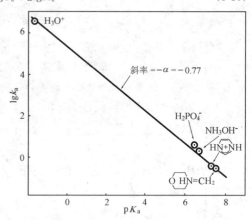

图 3-6 对氯苯甲醛肟酸催化的 $\lg k_a$ 对 pK_a 图

有些酸催化剂在反应过程中可以同时解离出两个或多个质子，在这种情况下就必须对上述方程做某些修正。

对酸催化反应为

$$k_a / p = G_a \left(\frac{q}{p} K_a \right)^\alpha \tag{3-11}$$

式中，p 为一个酸分子能放出的质子数；q 为一个共轭碱中能接受一个质子的等价位置数目。

同样，碱催化反应的关系表示如下：

$$k_b = G_b K_b^\beta \tag{3-12}$$

或

$$k_b / q = G_b \left(\frac{p}{q} K_b \right)^\beta \tag{3-13}$$

式中，k_b 为碱催化系数；K_b 为碱电离常数；G_b、β 为常数；p、q 意义与上述一致。

由式（3-11）和式（3-13）关联起来的酸碱催化反应中有关参数之间的变化规律，即为Brönsted规则。

Brönsted规则是从大量均相酸碱催化反应中得出的较普遍的经验规律，已经在实际应用中起到一定的指导作用。对于一个给定的反应，可用少数几个催化剂进行试验，测得它的催化系数后，即可用上述规则，由查到的几个催化剂的电离常数求得 G_a 和 α（或 G_b 和 β）常数，得到经验公式。用这个公式可从任意催化剂的 K_a（或 K_b）算出催化系数 k_a（或 k_b），预测催化剂的活性，从而为选择酸碱催化剂提供参考。

4. L 酸催化作用

对于 L 酸催化剂,由于酸强度和共价键的复杂性,至今尚未建立起类似 Brönsted 规则来预测催化剂活性。

均相 L 酸催化反应也属于离子型反应,著名的 Friedel-Crafts 反应就是一例,即在 $AlCl_3$ 催化剂作用下,苯与卤代烃反应,其机理为

$$\underset{\text{卤代烃}}{C_5H_{11}\ddot{:}\ddot{Cl}:} + \underset{\text{L 酸}}{Cl\ddot{:}\overset{\overset{\displaystyle Cl}{|}}{Al}\ddot{:}Cl} \longrightarrow \underset{\text{正碳离子}}{C_5H_{11}^+ + [AlCl_4]^-}$$

$$\bigcirc + C_5H_{11}^+ \longrightarrow \bigcirc\!\!-\!C_5H_{11} + H^+$$

$$[AlCl_4]^- + H^+ \Longrightarrow AlCl_3 + HCl \tag{3-14}$$

反应式(3-14)逆反应中 L 酸与 HCl(或者 H_2O)作用,可产生强 H^+,利用此性质可将 L 酸转变成酸强度很高的 B 酸催化剂。相反,在没有可给出质子的分子存在时,L 酸在催化反应中几乎起不了重要作用。

3.4.2　多相酸碱催化

多相酸碱催化常使用固体酸碱催化剂。在固体酸碱催化剂作用下,有机物可生成正离子、负离子。对烃类的酸催化多以正碳离子反应为特征。本节首先讨论正碳离子的形成及其反应规律。

1. 正碳离子的形成

(1)烷烃、环烷烃、烯烃、烷基芳烃与催化剂的 L 酸中心生成正碳离子。例如

$$RH + L \longrightarrow R^+ LH^-$$

$$\bigcirc + L \longrightarrow \bigcirc^+ + LH^-$$

$$H\!-\!CH_2\!-\!CH\!=\!CH_2 + L \longrightarrow \left[\underset{\text{烯丙基正碳离子}}{H_2C\overset{CH}{\diagdown\diagup}CH_2} \right]^+ + LH^-$$

$$\underset{\bigcirc}{\overset{\overset{\displaystyle H}{|}}{CH_3\!-\!C\!-\!CH_3}} + L \longrightarrow \underset{\bigcirc}{\overset{+}{CH_3\!-\!C\!-\!CH_3}} + LH^-$$

上述正碳离子的形成特点是以 L 酸中心夺取烃上的负氢离子(H^-)而形成正碳离子。

用 L 酸中心活化烃类生成正碳离子需要的能量较高,因此,多采用 B 酸中心活化反应分子,这就是上述 $AlCl_3$ 催化剂常与 HCl、H_2O 等一起作用使 L 酸中心转化为

B 酸中心的原因。

(2)烯烃、芳烃等不饱和烃与催化剂的 B 酸中心作用生成正碳离子。例如

$$H_3C-C=CH_2 + H^+ \longrightarrow H_3C-\overset{+}{C}-CH_3$$

上述正碳离子的形成特点是以 H^+ 与双键(或叁键)加成形成正碳离子,H^+ 与烯烃加成生成正碳离子所需活化能,远远小于 L 酸从反应物中夺取 H^- 所需活化能。因此,烯烃酸催化反应比烷烃快得多。例如,正十六烷裂解转化率为 42%,相同情况下,正十六碳烯转化率为 90%。

(3)烷烃、环烷烃、烯烃、烷基芳烃与 R^+ 的氢转移,可生成新的正碳离子。例如

$$R'H + R^+ \longrightarrow R'^+ + RH$$

$$CH_3-CH-CH_3 \quad +R^+ \longrightarrow \quad CH_3-\overset{+}{C}-CH_3 \quad +RH$$

通过氢转移可生成新的正碳离子,并使原来的正碳离子转为烃类。

2. 正碳离子反应规律

(1)正碳离子可通过氢转移而改变正碳离子位置。或者通过反复脱 H^+ 与加 H^+ 的办法,使正碳离子由一个碳原子转移到另一个碳原子上,最后脱 H^+ 生成双键转移了的烯烃,即产生双键异构化。例如

(2)正碳离子中的 $C-C^+$ 键为单键,因此可自由旋转,当旋转到两边的甲基处于相反位置时,再脱去 H^+,就会产生烯烃的顺反异构化。例如

顺反异构化速度很快,它与双键异构化速度为同一数量级。

（3）正碳离子中的烷基可进行转移，导致烯烃骨架异构化。例如

$$
\begin{array}{ccc}
& \overset{\displaystyle C}{\underset{\displaystyle C}{|}} & \\
C-C-C{=}C & \underset{-H^+}{\overset{+H^+}{\rightleftharpoons}} & C-\overset{C}{\underset{C}{|}}-C^{+}-C \xrightarrow{\text{甲基位移}} C-C^{+}-\overset{C}{\underset{C}{|}}-C \underset{+H^+}{\overset{-H^+}{\rightleftharpoons}} C-C{=}C-\overset{C}{\underset{C}{|}}-C
\end{array}
$$

这种烷基在不同位置碳侧链上的位移，相对较容易。而烷基由侧链转移到主链上，相对较难。例如

$$
C-\overset{C}{\underset{C}{|}}-C{=}C \underset{-H^+}{\overset{+H^+}{\rightleftharpoons}} C-\overset{C}{\underset{C}{|}}-\overset{+}{C}-C \xrightarrow{\text{氢转移}} C-C-\overset{C}{\underset{C}{|}}-\overset{+}{C} \xrightarrow{\text{甲基转移}}
$$

$$
C-C-\overset{C}{\underset{C}{|}}-\overset{+}{C}-C \underset{+H^+}{\overset{-H^+}{\rightleftharpoons}} C-C{=}C-C-C
$$

其根本原因可能是由叔正碳离子转变为伯正碳离子不易，因为叔正碳离子稳定性较高。骨架异构化反应比较困难，一般要在较强酸中心作用下才能进行，因而在烯烃骨架异构化的同时，也会产生顺反异构化和双键异构化。

（4）正碳离子可与烯烃加成，生成新的正碳离子，后者再脱 H^+，就会产生二聚体。例如

$$
C-\overset{+}{\underset{\displaystyle C}{C}} + C{=}C-C \longrightarrow C-C-C-\overset{+}{C}-C
$$

新的正碳离子还可继续与烯烃加成，导致烯烃聚合反应。

（5）正碳离子通过氢转移加 H^+ 或脱 H^+，可异构化，发生环的扩大或缩小。例如环己烷进行一系列反应：

其根本原因可能是由叔正碳离子转变为伯正碳离子不易。

（6）正碳离子足够大时，容易进行 β 位断裂，变成烯烃及更小的正碳离子。例如

$$
CH_3-\overset{\displaystyle H}{\underset{\alpha}{\overset{|}{C}}}-\underset{\beta}{CH_2}-CH_2-CH_2-CH_2-CH_2-CH_3 \longrightarrow CH_3-\overset{\displaystyle H}{\overset{|}{C}}{=}CH_2 + \overset{+}{C}H_2-CH_2-CH_2-CH_2-CH_3
$$

（7）正碳离子很不稳定，它易发生内部氢转移、异构化或与其他分子反应，其速

度一般大于正碳离子本身形成的速度,故正碳离子的形成常为反应控制步骤。

下面根据正碳离子生成和反应规律来分析丙烯与异丁烷生成异庚烷的反应过程。

$$C_3H_6 + i\text{-}C_4H_{10} \xrightarrow{\text{HF}} CH_3-CH-CH_2-CH-CH_3$$
$$\qquad\qquad\qquad\qquad\ \ |\qquad\quad\ \ |$$
$$\qquad\qquad\qquad\qquad\ \ CH_3\qquad\ CH_3$$

①正碳离子的形成

$$CH_3-CH=CH_2 + H^+ \longrightarrow CH_3-\overset{+}{C}H-CH_3$$

②正碳离子与带支链烷烃反应,生成新的正碳离子和新的烷烃

$$\qquad\qquad\qquad\qquad H$$
$$\qquad\qquad\qquad\qquad |$$
$$CH_3-\overset{+}{C}H-CH_3 + CH_3-C-CH_3 \longrightarrow CH_3-CH_2-CH_3 + CH_3-\overset{+}{C}-CH_3$$
$$\qquad\qquad\qquad\qquad\quad |\qquad\qquad\qquad\qquad\qquad\qquad\quad |$$
$$\qquad\qquad\qquad\qquad\quad CH_3\qquad\qquad\qquad\qquad\qquad\qquad CH_3$$

③正碳离子与烯烃加成,生成新的正碳离子

$$\qquad CH_3\qquad\qquad\qquad\qquad\qquad CH_3$$
$$\qquad |\qquad\qquad\qquad\qquad\qquad\qquad |$$
$$CH_3-\overset{+}{C} + CH_2=CH-CH_3 \longrightarrow CH_3-C-CH_2-\overset{+}{C}H-CH_3$$
$$\qquad |\qquad\qquad\qquad\qquad\qquad\qquad |$$
$$\qquad CH_3\qquad\qquad\qquad\qquad\qquad CH_3$$

④按正碳离子的稳定性发生甲基转移

$$\qquad CH_3\qquad\qquad\qquad\qquad\qquad\qquad\qquad CH_3$$
$$\qquad |\qquad\qquad\qquad\qquad\qquad\qquad\qquad\qquad |$$
$$CH_3-C-CH_2-\overset{+}{C}H-CH_3 \longrightarrow CH_3-\overset{+}{C}-CH_2-CH-CH_3$$
$$\qquad |\qquad\qquad\qquad\qquad\qquad\qquad\qquad\qquad |\qquad\qquad\qquad |$$
$$\qquad CH_3\qquad\qquad\qquad\qquad\qquad\qquad\qquad CH_3\qquad\quad CH_3$$

⑤重复步骤②

$$CH_3-\overset{+}{C}-CH_2-CH-CH_3 + CH_3-CH-CH_3 \longrightarrow CH_3-CH-CH_2-CH-CH_3 + CH_3-\overset{+}{C}-CH_3$$

3. 酸中心类型与催化活性、选择性的关系

对于不同的酸催化反应常要求不同类型的酸中心(L酸中心或B酸中心)。例如乙醇脱水制乙烯反应,用 $\gamma\text{-}Al_2O_3$ 作催化剂时,L酸起主要作用。红外吸收光谱及质谱分析表明,乙醇首先与催化剂表面上的L酸中心形成乙氧基,乙氧基在高温下与相邻—OH脱水生成乙烯;而在温度较低或乙醇分压较大情况下,两个乙氧基相互作用生成乙醚。反应机理如下:

$$C_2H_5OH + \quad\overset{\displaystyle |}{\underset{\displaystyle +}{O}}\ \ \overset{\displaystyle |}{O}\ \ \overset{\displaystyle |}{O}\ \ \overset{\displaystyle |}{O}$$
$$\qquad\qquad -O-Al-O-Al-O-\ \rightleftharpoons\ -O-Al-O-Al-O-\quad\xrightarrow{\text{高温}}$$

L酸中心　　O⁻

L碱中心

乙氧基　　C_2H_5

$$CH_2{=}CH_2 + H_2O + {-}O{-}Al{-}O{-}Al{-}O$$

$${-}O{-}Al{-}O{-}Al{-}O \xrightarrow{\text{低温}} C_2H_5OC_2H_5 + {-}O{-}Al{-}O{-}Al{-}O$$

相反,异丙苯裂解反应则要有 B 酸中心存在,反应机理如下:

$$CH_3{-}CH{-}CH_3 \rightleftharpoons \longrightarrow + CH_3{-}\overset{+}{C}H{-}CH_3 \underset{+H^+}{\overset{-H^+}{\rightleftharpoons}} CH_3{-}CH{=}CH_2 +$$

对另外一些反应,如烷烃裂化反应,则要 L 酸和 B 酸兼备。有人认为,烷烃裂化是通过 L 酸中心夺取烷烃分子中的 H⁻ 形成正碳离子。但对硅酸铝催化剂的实验结果表明,随催化剂脱水程度增加,L 酸中心数目增加,B 酸中心数目减少,同时催化活性也增加;但脱水到一定程度活性开始下降,这表明 B 酸中心数目也不宜太少。在实际生产中催化剂再生时有少量水蒸气存在,以保证 L 酸和 B 酸兼备。

4. 酸中心强度与催化活性、选择性的关系

不同类型的酸催化反应对酸中心强度的要求不一样。通过吡啶中毒方法使硅铝酸催化剂的酸中心强度逐渐减弱,并用这种局部中毒的催化剂进行各类反应,其活性明显不同,结果见表 3-7。

表 3-7 各类反应在碱局部中毒的硅铝酸催化剂上的反应活性

局部中毒吡啶吸附量/(mmol·g⁻¹)	反应活性/%				
	脱水	裂化(A)	双键转移及顺、反异构化	裂化(B)	骨架异构化
	异丁醇→丁烯	二聚异丁烯→丁烯等	正丁烯→异丁烯	异丁基苯→苯+丁烯	异丁烯→正丁烯
0(存在很强的酸中心)	均作为 100				
0.053（存在中等强度酸中心及弱酸中心）	100	100	100	1	微量
0.106	100	100	100	微量	0
0.149	100	22	1~10	微量	0
0.289（仅存在弱酸中心）	100	微量	微量	0	0
0.415	100	微量	微量	0	0
0.531	100	0	0	0	0

从表 3-7 中可以看出,骨架异构化需要的酸中心强度最强,其次是烷基芳烃脱烷基(裂化(B)),再次是异构烷烃裂化(裂化(A))和烯烃的双键异构化,脱水反应

所需酸中心强度最弱。这说明不同反应需要不同强度酸中心。

酸中心强度也会影响催化活性，这与前述均相催化反应规律一致，即酸强度增加，反应活性提高。

5. 酸中心数目(酸浓度)与催化活性的关系

许多实验表明，在一定酸强度范围内，催化剂的酸浓度与催化活性有很好的对应关系。如各种金属磷酸盐在不同温度下处理，可得到酸强度在$-3 < H_0 \leqslant 1.5$范围内的不同酸浓度的催化剂，用它们在225 ℃下进行异丙醇脱水反应，脱水转化率与催化剂酸浓度之间的关系如图3-7所示。异丙醇脱水转化率与催化剂酸浓度呈线性关系。但也有少数酸催化反应活性与酸浓度不呈线性关系。

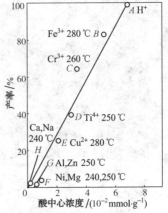

图3-7 异丙醇脱水反应活性与
金属磷酸盐酸浓度关系

综上所述，通过调整固体酸的酸强度或酸浓度可以调节酸催化反应的活性和选择性。

固体碱催化剂与固体酸催化剂相似，对异构化、芳烃侧链烷基化、烯烃聚合、醇醛缩合等反应也有催化作用，但这方面的研究比酸催化剂少得多。因此，本书不做讨论，读者可查阅一些相关文献。

3.5 沸石分子筛催化剂及其催化作用

沸石分子筛作为一种化工新材料近年来发展很快，应用也日益广泛。特别是在石油炼制和石油化工中得到广泛应用。20世纪50年代开始，沸石分子筛是作为干燥剂，其脱水后物料含水量可达$(1 \sim 10) \times 10^{-9}$；作为净化剂脱硫($H_2S$)、脱$CO_2$(天然气、裂解气中)比硅胶净化程度高$10 \sim 20$倍。后来又用于烃类分离，如从异构烷烃中分离出正构烷烃，即分子筛脱蜡。还可用KBaY分子筛从混合二甲苯中分离出对二甲苯。分子筛用作催化剂是在20世纪60年代后，由于对分子筛结构、物理化学性质进行了大量研究，人工合成沸石分子筛方面取得很大进展，使得分子筛作为催化裂化、加氢裂解、催化重整、芳烃及烷烃异构化、烷基化、歧化等过程的工业催化剂得以实现。近年来，沸石分子筛又作为环境友好的固体酸催化剂，正逐步取代目前工业上常用的硫酸、氢氟酸和三氯化铝等具有强腐蚀性的液体酸催化剂，应用于化工过程中。

沸石分子筛是一种水合结晶型硅酸盐，它具有均匀的微孔，其孔径与一般分子大小相当，由于其孔径可用来筛分大小不同的分子，故称为沸石分子筛，有时也叫分子筛沸石、泡沸石或分子筛。沸石分子筛包括天然和人工合成的两种。它通常是白色粉末,粒度为 0.5～10 μm 或更大,无毒、无味、无腐蚀性,不溶于水和有机溶剂,溶于强酸和强碱。

沸石分子筛具有独特的规整晶体结构,其中每一类沸石都具有一定尺寸、形状的孔道结构,并具有较大比表面积。大部分沸石分子筛表面具有较强的酸中心,同时晶孔内有强大的库仑场起极化作用。这些特性使它成为性能优异的催化剂。沸石分子筛还具有独特的择形催化作用和可调变性,因此,作为催化新材料具有强大的生命力。

3.5.1　沸石分子筛的组成与结构

1.沸石分子筛的组成

沸石分子筛是一种水合结晶硅铝酸盐,其化学组成表示如下:

$$M_{2/n}O \cdot Al_2O_3 \cdot mSiO_2 \cdot pH_2O$$

式中　M——金属阳离子或有机阳离子;

n——金属阳离子或有机阳离子的价数;

m——SiO_2 的摩尔数,数值上等于 SiO_2 和 Al_2O_3 的摩尔比,又简称硅铝比;

p——H_2O 的摩尔数。

人工合成的分子筛一般是金属 Na^+ 型沸石分子筛,即 $Na_2O \cdot Al_2O_3 \cdot mSiO_2 \cdot pH_2O$。由于沸石分子筛中的硅铝组成在一定范围内变化,并可用其他 3 价金属阳离子替代 Al_2O_3 中的 Al^{3+},或者用 5 价阳离子替代 SiO_2 中的 Si^{4+},还可以选用不同金属阳离子替代 Na^+,以及用有机胺或无机氨合成分子筛,这样可得到多种类型的分子筛,目前已达到几百种,其中最常用的有 A 型、X 型、Y 型、M(丝光沸石)型和 ZSM-5 型。表 3-8 列出几种常见分子筛型号、化学组成及孔径大小。

表 3-8　　　　　　几种常见分子筛型号、化学组成及孔径大小

型号	单胞典型化学组成	$n(Si)/n(Al)$	$n(SiO_2)/n(Al_2O_3)$	孔径大小/nm
3A	$K_{64}Na_{32}[(AlO_2)_{96}(SiO_2)_{96}] \cdot 216H_2O$	1	2	～0.3
4A	$Na_{96}[(AlO_2)_{96} \cdot (SiO_2)_{96}] \cdot 216H_2O$	1	2	～0.4
5A	$Ca_{34}Na_{28}[(AlO_2)_{96}(SiO_2)_{96}] \cdot 216H_2O$	1	2	～0.5
13X	$Na_{86}[(AlO_2)_{86}(SiO_2)_{106}] \cdot 264H_2O$	1.23	2.5	0.8～0.9
10X	$Ca_{38}Na_{10}[(AlO_2)_{86}(SiO_2)_{106}] \cdot 264H_2O$	1.23	2.5	0.9～1.0
Y	$Na_{56}[(AlO_2)_{56}(SiO_2)_{136}] \cdot 264H_2O$	2.45	4.9	0.9～1.0
M	$Na_8[(AlO_2)_8(SiO_2)_{40}] \cdot 24H_2O$	5.00	10	0.58～0.70
ZSM-5	$Na_3[(AlO_2)_3(SiO_2)_{93}] \cdot 46H_2O$	31.00	>30	0.52～0.58

不同硅铝比的分子筛耐酸、耐碱、耐热性不同。一般硅铝比 m 增加,耐酸性和耐热性增加,耐碱性降低。硅铝比不同,分子筛的结构和表面酸性质也不同。

2.沸石分子筛的结构

(1)结构单元

为了形象地说明沸石分子筛的结构,可把其结构视为由结构单元逐级堆砌而成。一级结构单元是 Si、Al 通过 sp³ 杂化轨道与 O 相连,形成以 Si 或 Al 为中心的正四面体,这是沸石的最基本结构单元,如图 3-8 所示。

(a) 立体示意图   (b) SiO₄四面体平面示意图   (c) AlO₄四面体平面示意图

图 3-8   SiO₄(或 AlO₄)各种示意图

二级结构单元是由硅氧四面体或铝氧四面体通过氧桥形成的环结构。图 3-9 (a)表示四元环及六元环,图 3-9(b)表示环的简化线条。

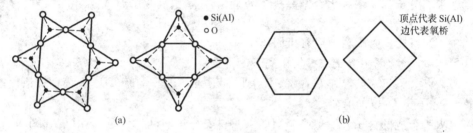

(a)   (b)

图 3-9   四元环及六元环的示意图

表 3-9 给出了多元环的最大直径。

表 3-9   多元环的最大直径

环的元数	最大直径/nm	环的元数	最大直径/nm
四元环	0.115	八元环	0.45
五元环	0.16	十元环	0.63
六元环	0.28	十二元环	0.80

二级结构单元还可以通过氧桥进一步连接成笼结构,其中包括若干种,如图 3-10 所示。

笼结构是构成各种沸石分子筛的主要结构单元。下面讨论几种主要沸石分子筛的结构。

(2)A 型沸石分子筛的结构

A 型沸石分子筛的骨架结构是由 β 笼和立方体笼构成的立方晶系结构,β 笼的 6 个四元环通过氧桥相互连接,构成 A 型沸石的主笼——α 笼,如图 3-11 所示。

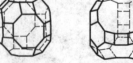

(a) α 笼   (b) 八面沸石笼   (c) 立方体笼(γ 笼)

(d) β 笼   (e) 六角柱笼   (f) 八角柱笼

图 3-10   笼结构示意图

α笼的最大孔口为八元环。A 型沸石的单胞组成为 $Na_{96}[Al_{96} \cdot Si_{96} \cdot O_{384}] \cdot 216H_2O$，96 个 Na^+ 中有 64 个 Na^+ 分布在 β笼的六元环上，其余 32 个 Na^+ 分布在 α笼的八元环上。分布在八元环上的 Na^+ 能挡住孔口，使 NaA 型沸石孔径尺寸约为 0.4 nm，故称为 4A 分子筛。NaA 型沸石中 70% 的 Na^+ 被 Ca^{2+} 交换，八元环孔径可增至 0.55 nm，此种沸石称为 5A 分子筛。相反，NaA 型沸石中 70% 的 Na^+ 被 K^+ 交换，八元环孔径缩小到 0.3 nm，此种沸石称为 3A 分子筛。

（3）八面沸石分子筛结构

八面沸石分子筛的骨架结构是由 β笼和六角柱笼构成，β笼中的 4 个六元环通过氧桥按正四面体方式相互连接，构成立方晶系，如图 3-12 所示。

β笼和六角柱笼围成八面沸石笼。八面沸石笼的最大孔口为十二元环，孔道尺寸为 0.9 nm。

八面沸石分子筛包括 X 型和 Y 型两种，两者差别在于铝含量不同。八面沸石的单胞中所含硅、铝原子总数都是 192。X 型和 Y 型沸石的单胞组成分别为 $Na_{86}[Al_{86} Si_{106} \cdot O_{384}] \cdot 264H_2O$ 和 $Na_{56}[Al_{56} \cdot Si_{136} \cdot O_{384}] \cdot 264H_2O$。八面沸石中的 Na^+ 在单胞中分布有三种位置，即 S_I、S_{II} 和 S_{III}，如图3-13 所示。S_I 位于六角柱笼的中心；S_{II} 位于 β笼的六元环中心；S_{III} 位于八面沸石笼中靠近 β笼连接的四元环上。Na^+ 在 S_I、S_{II} 和 S_{III} 位置上具体分布如下：

	S_I	S_{II}	S_{III}
X 型	16	32	38
Y 型	16	32	8

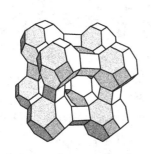 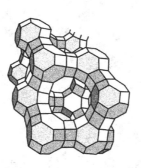 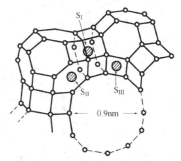

图 3-11　A 型沸石晶体结构图　　图 3-12　八面沸石分子筛结构　　图 3-13　八面沸石中 Na^+ 的分布

Na 型 X、Y 沸石用稀土阳离子交换后，某些阳离子分布有新改变，详见文献[11]。

（4）丝光沸石分子筛结构（M 型沸石）

丝光沸石分子筛的单胞结构是由大量双五元环通过氧桥连接而成，图 3-14 表示晶体结构中的某一层（ab 面）。丝光沸石中没有笼，而是层状结构，丝光沸石的 ab 面沿 c 轴方向向上排列，构成平行于 c 轴的许多筒形孔。筒形孔道有两种（图

3-14），一种孔口由八元环组成，由于层状排列不够规则，所以孔径约为0.28 nm；另一种由椭圆形十二元环组成，由于十二元环有一定程度的扭曲，其长轴直径为0.7 nm，短轴直径为0.58 nm，平均为0.66 nm，它是丝光沸石的主孔道。丝光沸石主孔道为一维孔道，故易堵塞。丝光沸石的典型单胞组成为 $Na_8[Al_8 \cdot Si_{40} \cdot O_{96}] \cdot 24H_2O$，8 个 Na^+ 中有 4 个位于主孔道周围的八元环的孔道中，另外 4 个 Na^+ 位置不定。

（5）ZSM 型沸石

ZSM(Zeolite Socony Mobil)型沸石是一个系列，常见有 ZSM-4、ZSM-5、ZSM-11、ZSM-12、ZSM-23、ZSM-35、ZSM-38 等。具有实用价值的是 ZSM-5 型沸石。ZSM-5 的基本结构单元由 8 个五元环构成，如图 3-15（a）所示。基本结构单元通过共用棱边连接成链，即为二级结构单元，如图 3-15（b）所示。链与链之间通过氧桥按对称面关系连接成片，如图3-15（c）所示。片与片之间通过二次螺旋轴连接成三维骨架结构，如图 3-16（a）所示。如图3-16（b）所示，三维骨架中包含两种相互交叉孔道，一种是平行于 c 轴的直孔道，孔口由椭圆形的十元环组成，长轴为 0.58 nm，短轴为 0.52 nm；另一种是平行于 ab 面的正弦形孔道，孔口为圆形，由十元环组成，直径为 0.54 nm。ZSM-5 沸石的结晶属于斜方晶系，其结构参数为 $a=20.1$，$b=19.9$，$c=13.4$。Na 型单胞组成为 $Na_n[Al_n \cdot Si_{96-n} \cdot O_{192}] \cdot 16H_2O$，其中 $n<27$，典型的为 3 左右。晶胞中 Na^+ 位于两种孔道交叉口附近。

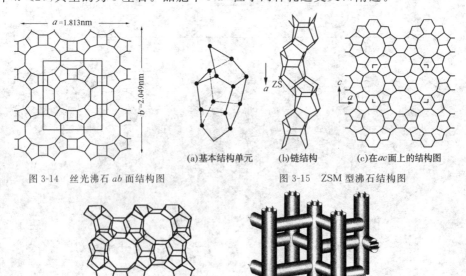

图 3-14 丝光沸石 ab 面结构图

（a）基本结构单元　（b）链结构　（c）在ac面上的结构图

图 3-15 ZSM 型沸石结构图

（a）直筒孔道结构　　（b）直孔道与之字形孔道交叉结构

图 3-16 ZSM-5 沸石孔道结构图

3.5.2　沸石分子筛的特性

1. 沸石分子筛的吸附特性

沸石分子筛与其他固体催化剂相比,具有很高的吸附量和独特的择形吸附性能。因此,作为吸附剂和催化剂它都是极好的材料。由于沸石分子筛具有空旷的骨架结构,所以骨架内孔体积占总体积的 $40\%\sim50\%$,多数沸石的孔体积为 $0.25\sim0.35\ \text{cm}^3\cdot\text{g}^{-1}$;加之沸石的比表面积很大,一般为 $300\sim1\,000\ \text{m}^2\cdot\text{g}^{-1}$,而且外表面占总表面不足 1%,主要为晶内表面。这种结构使沸石的吸附能力极强,孔内吸附物质的浓度远远高于体相物质的浓度,这对催化反应是极为有利的,相当于在催化中心附近作用物的浓度大大提高,从而可加速反应进行。

沸石分子筛由于硅铝比不同,产生亲水性和憎水性。对于低硅铝比沸石,带大量正电荷的阳离子使沸石孔道内具有强静电场,易吸附极性分子,对水的吸附能力远远大于烃类化合物,因此这类沸石具有亲水性(如 A 型沸石)。与之相反,高硅氢型沸石笼内无静电场,极化能力很弱,吸附质与沸石之间相互作用主要是色散力,对烃类分子的吸附能力大于水,因而这类沸石具有憎水性。高硅氢型沸石的另一特点是对饱和烃的吸附强于不饱和烃(烯烃、芳烃之类)。例如 HZSM-5,优先吸附饱和烃,对芳烃和烯烃吸附较弱,这是 HZSM-5 在烃类转化反应中具有高稳定性和低结焦速率的重要原因之一。

更主要的是沸石分子筛具有择形吸附性能,这是由它们规整的微孔晶体结构所赋予的。晶体中均匀排列的孔道和尺寸固定的孔径,决定了能进入沸石内部的物质分子大小。例如,在室温下 CaA 沸石能吸附正丁烷(0.43 nm)而不吸附异丁烷(0.5 nm),这表明 CaA 沸石的有效孔径为 $0.43\sim0.5$ nm,沸石的这种特性被广泛地用作选择吸附剂和具有择形催化作用的催化剂。

2. 沸石分子筛的离子交换特性

在讨论沸石分子筛结构时已经谈过,沸石是由 SiO_4 和 AlO_4 构成的。由于 AlO_4 中 Al 是 $+3$ 价,所以在 AlO_4 周围有过剩的负电荷,使 SiO_4 和 AlO_4 构成了阴离子骨架。为使沸石分子筛保持电中性,必须有阳离子来平衡骨架负电荷。在沸石合成中多以 Na^+ 来平衡负电荷,这种 Na^+ 可被各种阳离子交换。离子交换的程度可用 Na^+ 交换度来衡量,定义如下:

$$Na^+\ \text{交换度}\% = \frac{\text{交换下来的}\ Na_2O\ \text{量}}{\text{原来沸石中含的}\ Na_2O\ \text{量}}\times100\%$$

交换液中的 Na^+ 和沸石中 Na_2O 含量可用原子吸收光谱或者火焰光度计测量。

影响离子交换度的因素很多,其中包括:交换温度、交换时间、交换次数、交换压力、交换时搅拌状态、交换液的浓度和 pH。交换液的用量等。值得注意的是,对于 Y 型沸石分子筛,为提高交换度,常采用多次交换的方法,并加焙烧操作。即在两次交换之间可进行一次焙烧。因为在 Y 型沸石分子筛中 Na^+ 有三种位置,即 S_I、S_{II} 和 S_{III},交换时 S_{II} 和 S_{III} 位置上的 Na^+ 易被交换下来,而六方棱柱笼中心 S_I 位置上的 Na^+ 难以被交换下来,通过焙烧使交换的水合阳离子脱水,离子半径变小,可从 S_{III} 移至 S_I 位置上,进行下一次交换时在 S_I 上的阳离子又变为水合离子出不来,而空出来的 S_{III} 位置可继续进行离子交换,从而提高了离子交换度。目前工业上生产的 HY 沸石就是采用二交一焙的方法制备的。

不同离子交换沸石后,对沸石性质影响很大。用稀土离子交换的沸石,其耐热和耐水热性能明显提高,例如 NaY 沸石在空气中焙烧 3 小时保持结构不破坏的最高温度为 690 ℃,而稀土 Y 沸石为 912 ℃。用不同阳离子交换的沸石分子筛具有不同的酸碱性质,从而影响它的催化性能,下节我们将进行详细讨论。用不同阳离子交换的沸石分子筛还可改变其孔径大小,前面已谈过 NaA 型沸石通过用 K^+ 或 Ca^{2+} 交换可使孔径由 0.4 nm 变为 0.3 nm 或 0.5 nm。沸石分子筛孔径的改变,会直接影响其择形催化作用,这将在后面详述。

3.5.3 沸石分子筛的酸碱催化性质及其调变

沸石分子筛催化剂是固体酸碱催化剂的一种,和前面讨论过的固体酸碱催化剂一样,也是以离子机理进行催化反应的,该种催化剂的主要应用是酸催化反应。其反应规律与前述相同,这里主要讨论酸中心的形成、酸催化机理和催化性能的调变。

1. 沸石分子筛酸中心的形成和催化机理

(1)氢型和脱阳离子型沸石分子筛酸中心的形成

用 NH_4^+(铵盐水溶液)交换 Na^+ 型沸石,可得到 H 型沸石,由 H 型沸石脱水而得到脱阳离子型沸石。H 型和脱阳离子型沸石都有很高的催化活性。现以 NaY 型沸石为例说明酸中心的形成:

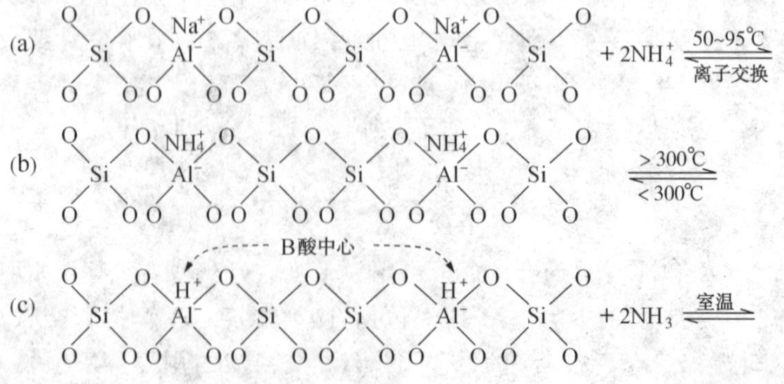

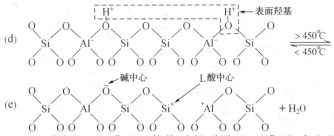

由式(c)可以看出 NH_4^+ 沸石经焙烧后得到了 H 型沸石,在室温下 H^+ 常与骨架氧结合为—OH。红外光谱数据表明,HY 分子筛表面常出现 3 640 cm⁻¹ 谱线,代表大笼酸性—OH。而吡啶吸附红外光谱则在 1 540 cm⁻¹ 出现 H^+ 酸吸附吡啶的特征峰。这些表征说明,有 B 酸中心存在于 HY 沸石表面上,正是它引起了一系列正碳离子反应。当 HY 沸石进一步焙烧,一部分表面—OH 脱水产生了 L 酸中心,此时吡啶吸附的红外光谱在 1 450 cm⁻¹ 处出现特征谱线,说明在脱阳离子沸石上有 L 酸中心存在,它是三配位的 Al,带有正电荷,可作为电子对或 H^- 的接受体,使烃类分子活化为正碳离子。实验表明,焙烧温度在 600 ℃ 左右时催化活性最大,可见形成的表面 L 酸发挥了重要作用。实验还表明,催化剂酸催化活性的最高峰并不与催化剂表面—OH 的最高含量相对应,而往往是经过局部脱水才能使催化剂活性达到高峰,个别甚至还要求基本上脱去全部表面—OH。对这一现象大多数人认为,表面—OH 只有少数或极少数为活性中心,而这少数或极少数的—OH 要具备一定的表面微环境或表面场,但所谓的微环境到现在还不清楚。

沸石分子筛中的 B 酸和 L 酸是可以相互转化的,低温有水存在时以 B 酸为主;相反,高温脱水时会导致以 L 酸为主;两个 B 酸中心形成一个 L 酸中心。

(2)多价阳离子交换后沸石分子筛酸中心的形成

当沸石分子筛中的 Na^+ 被 2 价或 3 价金属阳离子交换后,沸石中含有的吸附水或结晶水可与高价阳离子形成水合离子。干燥失水到一定程度时,金属阳离子对水分子的极化作用逐渐增强,最后解离出 H^+,生成 B 酸中心。分子筛内极化过程可用下式表示:

$$Me^{2+} + H_2O \Longleftrightarrow Me(H_2O)^{2+} \Longleftrightarrow Me(OH)^+ + H^+$$

H^+酸中心是引起酸催化反应的活性中心,如叔丁醇在 CaX 上的脱水反应。实验表明催化剂需要一定量的水分子活化,其需要水分子的数目相当于阳离子活性中心的数目。表面吸附红外光谱的数据也证明了稀土 Y(REY)分子筛表面有 3 640 cm^{-1} 的谱线。

阳离子交换沸石产生 B 酸中心,可以圆满地说明碱土金属阳离子交换后沸石的催化活性规律。实验中发现,随着交换碱土金属离子半径的减小,催化活性增加,其次序为

$$BeY > MgY > CaY > SrY > BaY、MgX > CaX > SrX > BaX$$

这一现象可以这样解释:当阳离子价数相同时,离子半径越小,对水的极化能力越强,质子酸性越强,故酸催化反应活性越高。

实验中还发现用 3 价稀土离子交换的 Y 型沸石较用 2 价碱土金属离子交换的 Y 型沸石用于异构化和裂化反应时具有较高催化活性。这是因为离子价数高,极化作用更强,可产生更多质子酸,如下式所示:

$$RE(H_2O)_2^{3+} \rightleftharpoons RE(OH)_2^+ + 2H^+$$

高价阳离子交换沸石分子筛产生 B 酸中心较好地说明了沸石酸催化作用。但用 Ag^+ 交换的 X 型沸石却比 CaX 沸石的质子酸浓度高 15 倍,这一矛盾还未得到解释,有待进一步探讨。

综上所述,沸石分子筛经阳离子(NH_4^+、H^+、高价阳离子)交换后可产生 B 酸中心,再经脱水可产生 L 酸中心,它们均可与反应物形成正碳离子,并按正碳离子机理进行催化转化,这一理论即为沸石分子筛固体酸催化理论。

(3)沸石中阳离子为活性中心的静电场极化活化理论

沸石中阳离子活性中心的静电场极化活化理论是在沸石分子筛研究早期提出的,又称静电场理论。这一理论认为阳离子在沸石晶体表面引起的静电场,能够把烃类分子诱导极化为正碳离子。例如,在 X 型沸石中,阳离子可能处于三种不同的位置,S_I 位置介于两个皱折的六氧环之间,阳离子与氧原子六配位(Ca—O 为 0.242 nm);S_{II} 位置在六元环孔口的旁边,在此位置上的阳离子,仅有三个氧的原子配位(Ca—O 为0.234 nm),阳离子在 S_{II} 位置上所受电子屏蔽比在 S_I 位置上所受氧的电子屏蔽小;而 S_{III} 位置在八面沸石笼的表面,在这里阳离子仅有两个氧原子与其配位,所受到的氧原子屏蔽最小。根据计算,S_{III} 位置上阳离子的剩余静电场是很大的,甚至在距离离子中心好几个 Å 处,其静电场强仍有 1 V/Å。有人认为这样的场强足以使C—H键产生极化,如图 3-17 所示。图中 $A^\oplus$ 是沸石分子筛表面与晶格联系的阳离子,它促使C—H键极化,但并不需要全部解离,其结果形成正碳离子,并按 3.4.2 节所述正碳离子机理进行酸催化反应。静电场理论较好地说明了阳离子电荷多少、离子半径大小对催化活性的影响。如在己烷异构化反应中催化剂活性顺序为 NaY < BaY < CaY < MgY。因为阳离子价数越高,离子半

径越小,静电场强越大,活性越高,具体数据见表 3-10。

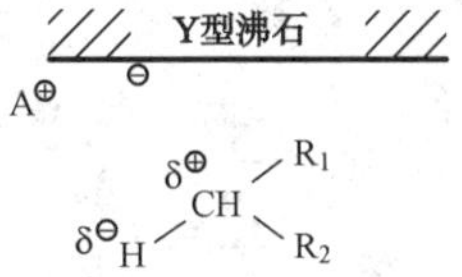

图 3-17　分子筛表面对 C—H 键的极化作用

表 3-10　不同金属 Y 型沸石的静电场强

金属 Y 类型	电荷数	离子半径/nm	静电场强/$(V \cdot nm^{-1})$
NaY	1	0.098	0.152
BaY	2	0.135	0.28
SrY	2	0.113	0.32
CaY	2	0.098	0.38
MgY	2	0.065	0.49

此外,沸石分子筛的硅铝比对静电场强影响也较大,己烷异构化活性 MgY>MgX,这是因为 X 型($n(SiO_2)/n(Al_2O_3)=1$)和 Y 型($n(SiO_2)/n(Al_2O_3)=2$)的硅铝比不同,静电场强不同,硅铝比越高,阴离子骨架中 Al 原子间距离越大,多价阳离子交换后对称程度越差,所以静电场强增加,极化作用提高,催化活性增加。

静电场理论较好地解释了阳离子交换沸石活性中心的产生和其酸催化作用,但用此理论无法解释 H 型沸石具有的酸催化活性。

(4)沸石分子筛催化活性中心的动态模型

近年来许多科学工作者研究表明,沸石分子筛中的质子、阳离子以及骨架中的氧离子都可以移动,为此提出了酸中心动态模型。

动态模型认为沸石表面上氧离子与阳离子的表面扩散,可导致 O—H 键解离,增强了酸强度。例如,骨架氧离子的转移,导致 L 酸中心的移动及质子酸强度的增加,可用下式描述:

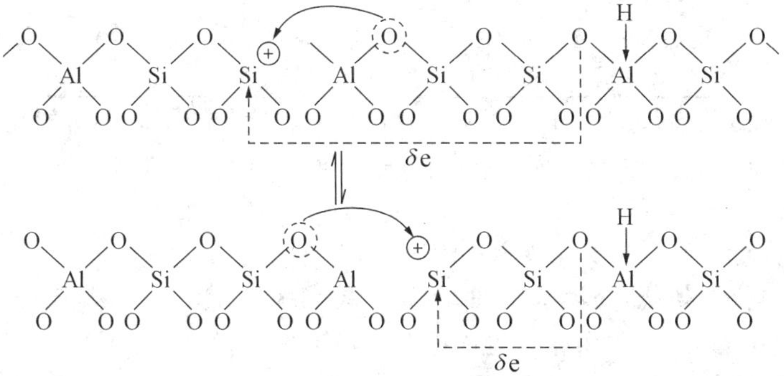

NMR 实验证实了表面质子酸的迁移。引人注意的是,吡啶吸附在酸中心 H^+ 上,增加了 H^+ 的迁移率。人们认为吡啶的吸附减弱了沸石与 H^+ 的键强,促使 H^+ 在固体表面更快地迁移,质子运动的跳跃频率给出了动态酸强度的新概念。

Tung 在研究 CaY 沸石用于正己烷异构化和裂化反应中,提出阳离子移动使电场强度产生涨落,导致催化活性产生。他认为催化剂不但要活化吸附反应物分子,还要使产物容易解吸,因此,沸石催化剂表面电场一方面要强到足以使正己烷分子极化为正碳离子,另一方面又要使表面电场弱到使产物容易解吸。于是提出表面电场具有时强时弱的动态概念。这种动态表面电场来源于阳离子的运动。前面已述阳离子处于不同位置时所产生的电场强度是不同的,如 Ca^{2+} 由 S_{II} 跳到空位 S_{III} 或由 S_1 跳到空位 S_{II} 时表面电场就会发生涨落,诱导出催化活性。

2. 沸石分子筛酸性质的调变

沸石分子筛酸性质的调变对沸石催化反应的活性和选择性都有很大影响,这也是沸石催化研究中的重点。通常考虑如下:

(1)合成具有不同硅铝比的沸石,或者将低硅沸石通过脱铝提高其硅铝比。在一定硅铝比的范围内,一般随硅铝比增加反应的活性和稳定性增加。

(2)通过调节交换阳离子的类型、数量,来调节沸石的酸强度和酸浓度,从而改变催化反应的选择性。如甲苯歧化反应:

如果采用中等孔径沸石 ZSM-5,再用适当离子改性调节其酸强度,就可达到选择性生成对二甲苯的目的,本实验的研究结果见表 3-11。由表可见,当载入磷离子后使表面强酸中心被中强酸中心所代替,Mg^{2+} 的载入也同样可杀死一些强酸中心,有利于歧化反应对位产物的生成,从而抑制了对位向其他异构体异构化。

表 3-11   交换不同阳离子对甲苯歧化、选择性和酸强度分布影响

催化剂	甲苯转化率/%	混合二甲苯中对二甲苯含量/%	总酸度/(mmol·g^{-1}催化剂)	酸度 H_0/(mmol·g^{-1})			
				6.8	4.8	3.3	-3.0
HZSM-5	36.88	27.21	1.30	1.30	1.10	0.90	0.80
PHZSM-5	17.51	66.00	0.85	0.85	0.18	0.12	0.05
MgHZSM-5	14.63	72.55	0.65	0.65	0.10	0.07	0.02
PMgZSM-5	18.00	90.01	1.00	1.00	0.20	0.05	0.01

如果载入过渡金属离子如 Cu、Ni 等,用 H_2 或者烃类还原时,可以产生质子酸,提高其催化活性。如用 H_2 还原 CuY 沸石可给出 H^+。

$$2Cu^{2+} + H_2 \longrightarrow 2Cu^+ + 2H^+$$

$$2Cu^+ + H_2 \longrightarrow 2Cu^0 + 2H^+$$

(3)通过高温焙烧、高温水热处理、预积炭或碱中毒,可以杀死沸石分子筛催化剂中的强酸中心,从而改变沸石的选择性和稳定性。

(4)通过改变反应气氛,如反应中通入少量 CO_2 或水汽可以提高酸中心浓度。

3.5.4　沸石分子筛的择形催化作用

上面我们已经谈到不同类型沸石分子筛具有大小不同的孔口。对同一类型的沸石分子筛通过离子交换可以改变其孔口大小。由于孔口大小不同,沸石分子筛作为催化剂时,对分子大小和形状具有明显的择形作用。只有比晶孔小的分子才可出入于晶孔。沸石分子筛对反应物和产物的形状和大小表现出的选择性催化作用,称为沸石分子筛的择形催化。

1. 沸石分子筛择形催化的分类

沸石分子筛的择形催化根据 Csicsery 的观点可分为三种[12]。

(1)反应物择形催化

当反应混合物中有些反应物分子的临界直径小于孔径时,可以进到晶孔内,与催化剂内表面相接触进行催化反应,而大于孔径的分子不能进入晶孔内,这样便产生反应物择形催化,如图 3-18(a)所示。

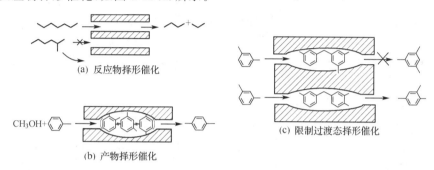

图 3-18 择形催化示意图

例如 2-丁醇的脱水反应,在高温低转化率的情况下,10X 沸石分子筛比 5A 沸石分子筛的活性(单位体积的速度常数)高 100~1 000 倍。10X 和 5A 沸石分子筛孔口分别为 0.9 nm 和 0.5 nm,2-丁醇的直径为 0.58 nm,可以进到 10X 沸石分子筛的晶孔内,而不能进到 5A 沸石分子筛的晶孔内,也就不能在 5A 沸石分子筛的内表面上进行脱水反应。只能利用 5A 沸石分子筛的外表面进行反应。如果 5A 沸石分子筛的晶粒直径为 1~5 μm,用此推算其外表面积的数量级恰好为 10X 沸石分子筛表面积的 0.01~0.001。反应物择形催化在工业上的重要应用是择形催化裂解。为了除去汽油中的正构烷烃,提高汽油中异构烷烃的比例,从而提高汽油辛烷值,在采用反应物择形催化时,异构烷烃不能通过沸石分子筛孔中,而直接流出反应器,而正构烷烃则可进入孔道内,在催化剂内表面的酸中心上进行裂化,变成小分子气体逸出。同样,柴油临氢降凝和重油馏分脱蜡都可采用上述方法,使正构烷烃在晶孔内临氢裂解为气体而除去。ZSM-5 沸石分子筛对此最有效。

(2)产物择形催化

反应产物中分子临界直径小于孔径的可从孔内逸出,成为最终产物,而分子临界直径大于孔径的则无法从孔内逸出,此时便产生了产物选择性,如图 3-18(b)所示。那些不能逸出孔道的分子可能出现如下几种情况:一是在孔内长期停留发生脱氢聚合而结焦,最终导致催化剂失活;二是不能逸出的产物分子进一步裂解或异构化,变为临界尺寸小于孔径的产物而逸出;三是不能逸出的产物浓度不断增加,达到热力学平衡时原料分子不再向该反应方向转化。

　　例如,本书作者[13]用改性 ZSM-5 沸石分子筛催化剂进行甲苯、甲醇烷基化反应,产物的对二甲苯选择性为 98%。一般烷基化产物含有对二甲苯($d=0.57$ nm)、间二甲苯($d=0.70$ nm)和邻二甲苯($d=0.74$ nm)。因为 ZSM-5 的孔口尺寸为 $0.52\sim0.58$ nm,对二甲苯容易从沸石孔中扩散出去,而间二甲苯和邻二甲苯扩散出去较难。实验表明前者的扩散速度是后二者的 10 000 倍。所以使用改性 ZSM-5 时,产物中得到高浓度的对二甲苯。利用产物择形催化,美国 Mobil 公司成功地开发了甲苯、乙烯烷基化生产对甲乙苯的反应。对甲乙苯经脱氢后得到对甲基苯乙烯,后者经聚合可得到性能优良的高分子材料。本书作者也成功地开发出乙苯与乙烯(乙醇)直接生产大于 98% 对二乙苯的新工艺,现已应用于工业生产中。对二乙苯是吸附分离对二甲苯的解吸剂,用此法生产的对二乙苯除满足国内需求,还出口国外。

(3)限制过渡态择形催化

　　反应物分子相互作用时可生成相应的过渡态,这需要一定空间。当催化剂空腔中的有效空间小于过渡态所需要的空间时,反应将被阻止,此时便产生限制过渡态择形催化,如图 3-18(c)所示。

　　例如,甲乙苯烷基转移反应,用 H-丝光沸石、HY 沸石和无定型硅铝三种催化剂催化烷基转移反应,平衡时的主要成分见表 3-12。

表 3-12　　　　　　　　　　　　　　　甲乙苯的烷基转移反应

催化剂	反应温度/K	1,3-二甲基-5-乙基苯 占全部 C_{10} 比例/%	1-甲基-3,5-二乙基苯 占全部 C_{11} 比例/%
H-丝光沸石	477	0.4	0.2
HY 沸石	477	31.3	16.1
无定型硅铝	588	30.6	19.6
热力学平衡组成	588	46.8	33.7

　　该反应是在酸催化剂作用下,一个烷基从一个分子转移到另一分子中,中间需经二苯基甲烷的过渡态,属于双分子反应,产物是单烷基苯和多种三烷基苯异构体。平衡时对称1,3,5-三烷基苯是异构体的主要组分。由表可见,在 588 K 下平衡混合物中的甲基二乙基苯中含有 33.7% 的 1-甲基-3,5-二乙基苯。在 HY 沸石和无定型硅铝催化剂作用下,1-甲基-3,5 二乙基苯含量较高;但在 H-丝光沸石作用下几乎没有出现 1-甲基-3,5 二乙基苯。这一结果不是由于产物择形催化造成的,而是因为 1-甲基-3,5 二乙基苯分子大小与 H-丝光沸石孔口相当,H-丝光沸石的孔道内没有足够空间满足其巨大过渡态的形成,而其他三种烷基苯因为过渡态较小,故能生成。

　　反应物和产物择形催化都是受扩散限制的,故其反应速率受催化剂颗粒(或沸石晶粒)大小的影响,而限制过渡态择形催化不受此影响。因此,可以用颗粒度不同的催化剂,通过实验来区分上述三种择形催化的类型。

除这三种择形催化之外,还有一种新的择形催化构思,即分子通道控制。

(4)分子通道控制

分子通道控制是一种特殊的形状选择性。在具有多于一种横截面孔道的沸石中将发生这种形状选择性。在这些沸石中反应物分子可以很容易地通过一种孔道而进入到沸石催化剂中,而产物则从另一种孔道中扩散出来。这样可使逆扩散减少到最小,从而增加反应速率。

前述已知,ZSM-5 沸石中有两种类型的孔道,二者均为十元环开口。一种孔道体系是正弦型近似圆形孔道,孔径为0.54 nm;另一种孔道体系是直孔道,孔径为 0.58 nm×0.52 nm。直链烷烃分子可以通过两种孔道,而 3-甲基戊烷和对二甲苯只能通过直孔道。因此可以认为,直链烷烃可以在两种孔道中自由扩散,而芳烃和异构石蜡烃优先在直孔道中扩散。反应物分子通过圆形之字形孔道进入,而较大产物分子

图 3-19　ZSM-5 沸石中分子通道控制示意图

容易通过椭圆形直孔道出去,如图 3-19 所示。认为活性中心在两种不同孔道的交叉截面上。这种构思不是反应结果,而是根据吸附数据推测的。

2. 沸石分子筛择形催化作用的影响因素及其调变

(1)择形催化的影响因素

从酸催化机理和上述择形催化作用的分类可知,影响沸石催化剂择形催化有两方面因素:其一是扩散和反应空间条件;其二是催化剂内、外表面酸性质。

在第 2 章中曾提到构型扩散,Weisz 指出[14]在择形催化作用中,当催化剂的孔结构尺寸接近分子大小时,分子的扩散就受到限制,并称此区域为"构型"扩散区。在此区域内,分子尺寸的微小变化都能导致扩散系数的很大变化,图 3-20 说明了这一点。该图是在研究 ZSM-5 沸石催化剂用于甲苯歧化和甲苯、甲醇烷基化高选择性生产对二甲苯反应中得到的。由图可见,对二甲苯($d=0.57$ nm)比间二甲苯($d=0.7$ nm)和邻二甲苯($d=0.74$ nm)分子稍微小一点(相差 0.13 nm),而扩散速率却相差 10^4。

同理,如果调变孔径或孔道弯曲度也同样会得到不同分子的扩散速率差。Yashima[15]等对选择性合成高对位烷基苯催化剂的活性和作用原理进行了大量研究,指出对位烷基苯的选择性除与催化剂的孔道尺寸有关外,也与催化剂酸强度有关。他认为有效地利用沸石结构的择形性,首先要选择合适的沸石,同时要调节沸石催化剂的酸强度,使酸中心在催化烷基化的同时,不催化二烷基苯异构化,使初产物中对位异构体不异构为间、邻异构体,才能使对位选择性提高。沸石催化剂的外表面不具有择形性,若除去外表面上的酸催化中心,使扩散至外表面的对位烷基苯不再产生异构化反应,也可提高对位烷基苯的选择性。

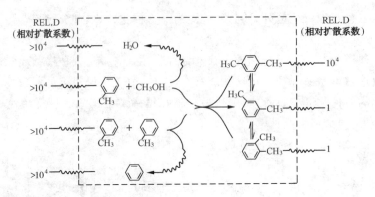

图 3-20　甲苯歧化和甲苯、甲醇烷基化生成对二甲苯反应扩散动力学

（2）调节择形催化剂的方法

调节沸石分子筛择形催化性能也要从上述两方面入手。

①改变分子在沸石孔内扩散条件，造成择形催化，可考虑如下方法：根据反应分子大小选择适宜的沸石分子筛催化剂，选择合适的催化剂颗粒度，特别是沸石分子筛的晶粒大小。例如在反应温度为 300 ℃时用不同晶粒大小的 HZSM-5 进行乙苯乙烯烷基化时，小晶粒沸石（0.02～0.2 μm）对二乙苯选择性为 31.1%，而大晶粒沸石（1～2 μm）对二乙苯选择性提高到 80.2%；将无机离子或化合物引入孔中，调节孔半径和弯曲度，或者部分堵塞孔口，调节孔口大小从而提高择形催化作用。例如用 P、Mg 改性上述催化剂，可使对二乙苯选择性提高到 90% 以上，若用硅酯进行孔口调节可使对二乙苯选择性提高到 95%，采用水蒸气处理和预积炭方法也可调节孔口尺寸，造成分子间扩散速率的差别。

②调节沸石内、外表面酸强度提高择形催化作用，可考虑如下方法：采用水蒸气处理和预积炭方法可杀死或覆盖催化剂内、外表面强酸中心，抑制催化异构化和裂解反应，采用适宜的氧化物（氧化镁、氧化钙、氧化锑）、磷酸、硼酸等化合物进行浸渍，调节沸石催化剂的酸强度，有利于烷基化反应，可抑制异构化裂解等反应进行；采用外表面硅烷化或碱中毒等方法使无择形性的外表面酸中心被覆盖或中毒，抑制在外表面进行异构化、裂化等反应。

除上述方法外，选择低压、高空速的反应条件也有利于对位选择性的提高。因为在此种条件下，可减少对位烷基苯产物在反应床层的停留时间，避免进行异构化反应，从而提高对位选择性。

3.6　典型酸催化剂催化反应剖析

沸石分子筛催化剂是固体酸催化剂中最重要，且使用最广泛的一类催化剂，特别是在石油炼制和石油化工方面广为使用。因其性能优良，取代了许多其他固体酸催化剂。

3.6.1　石油烃的催化裂化

催化裂化是在催化剂的作用下使较大烃类分子断裂,生成相对分子质量较小的烃分子,同时伴随一些副反应的过程。它是将石油中 200～500 ℃的重馏分油(减压馏分油、直馏轻柴油、焦化柴油和蜡油等)加工成汽油的重要方法之一。催化裂化不仅制得大量汽油,而且汽油质量好,辛烷值可达 80%～100%。此外催化裂化过程还能生成大量含烯烃的裂解气体,它们是有机合成工业中的宝贵原料。

催化裂化使用的催化剂均为固体酸催化剂,它的发展可分为三个阶段。1936年开始采用天然黏土催化剂,性能较差。20 世纪 40 年代后,使用了无定型硅酸铝类催化剂(又称硅铝胶 SiO_2-Al_2O_3),较前者有了较大改进,如抗硫性能强,机械性能较好,生产汽油辛烷值较高,但催化剂生焦率较高。20 世纪 60 年代,沸石分子筛催化剂被用到该过程中,催化性能有很大提高。因此被认为是催化裂化工业的一次革命,也是沸石分子筛用于工业催化的重大突破。

催化裂化使用的沸石分子筛催化剂与硅铝胶催化剂相比,有四个特点:
①活性高;
②选择性好,汽油组分中含饱和烃及芳烃多,汽油质量好;
③单程转化率提高,不易产生"过裂化",裂化效率较高;
④抗重金属污染性能好。

1. 酸催化裂化反应

裂化反应主要是 C—C 键的断裂,因此是吸热反应,在热力学上高温是有利的。烃类裂化包括如下反应:
(1)烷烃裂化生成烯烃和较小的烷烃
$$C_nH_{2n+2}\longrightarrow C_mH_{2m}+C_{n-m}H_{2(n-m)+2}$$
(2)烯烃裂化生成较小的烯烃
$$C_nH_{2n}\longrightarrow C_mH_{2m}+C_{n-m}H_{2(n-m)}$$
(3)烷基芳烃脱烷基生成苯和烯烃
$$\bigcirc\!\!\!+C_nH_{2n+1}\longrightarrow \bigcirc\!\!\!+C_nH_{2n}$$
(4)芳烃烷基侧链断裂生成芳烃和烯烃
$$\bigcirc\!\!\!+C_nH_{2n+1}\longrightarrow \bigcirc\!\!\!+C_mH_{2m+1}+C_{n-m}H_{2(n-m)}$$
(5)除环己烷外环烷烃裂化生成烯烃
$$C_nH_{2n}\longrightarrow C_mH_{2m}+C_{(n-m)}H_{2(n-m)}$$
上述诸反应为一次裂化,随后发生的二次反应对于决定最终产品组成很重要。

二次反应如下：

（6）氢转移

$$\text{环烷烃}+\text{烯烃}\longrightarrow\text{芳烃}+\text{烷烃}$$

$$\text{芳烃焦前身}+\text{烯烃}\longrightarrow\text{焦}+\text{烷烃}$$

（7）异构化

$$\text{烯烃}\longrightarrow\text{异构烯烃}$$

（8）烷基转移

$$\text{二甲苯}+\text{苯}\longrightarrow 2\ \text{甲苯}$$

（9）缩合反应

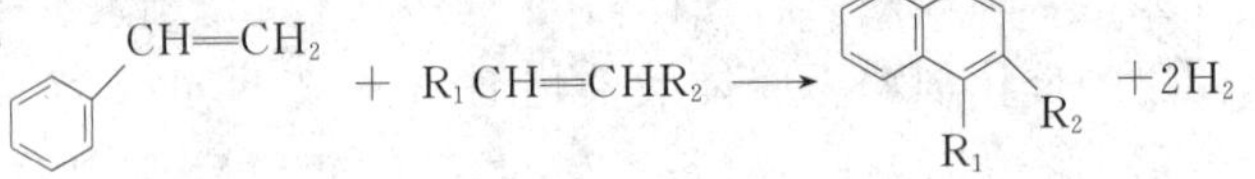

（10）低相对分子质量烯烃歧化

$$2H_2C{=}CHCH_2CH_3 \longrightarrow H_2C{=}CHCH_3 + CH_2{=}CHCH_2CH_2CH_3$$

在没有固体酸催化剂存在时，烃类裂化是采用高温热裂化，这是目前石油化工中生产乙烯、丙烯和一部分芳烃的重要手段，热裂化与催化裂化所得产物不同与二者的反应机理不同有关。

热裂化是烃类在高温下以自由基机理进行的裂化。烷烃热裂化的起始步骤是C—C键的均裂：

$$R_1{-}\overset{\displaystyle H}{\underset{\displaystyle H}{C}}{-}\overset{\displaystyle H}{\underset{\displaystyle H}{C}}{-}R_2 \longrightarrow R_1{-}\overset{\displaystyle H}{\underset{\displaystyle H}{C}}\cdot\ \cdot\overset{\displaystyle H}{\underset{\displaystyle H}{C}}{-}R_2$$

断裂后的自由基按β断裂生成乙烯和一个少两个碳的自由基：

$$RCH_2\overset{\beta}{\vdots}CH_2\overset{\alpha}{-}CH_2\cdot \longrightarrow \dot{R}CH_2 + CH_2{=}CH_2$$

较小的自由基可继续断裂，一直到最后生成甲基。甲基可从另一烃分子中得到一个氢，生成甲烷和一个仲烃自由基。后者可以继续进行一些自由基反应得到少量汽油馏分和α-烯烃。值得注意的是，自由基并不异构化，即不能使烷基转移或自由基从一个碳原子转移到相邻的碳原子上，故产物中乙烯产率高，甲烷产率也较高，α-烯烃产率低（C_3、C_4），没有异构体生成，烯烷比例高。

相反，在有固体酸存在时，烃可在酸中心上形成正碳离子：首先为伯碳离子，经H转移变为仲碳离子。

$$R_1{-}CH_2{-}CH_2{-}CH_3 \xrightarrow{\text{L 酸中心}} R_1{-}CH_2{-}\overset{+}{C}H{-}CH_3 + H^{-}\ L$$

正碳离子也按β键断裂，即

$$R_1\overset{\beta}{\vdots}CH_2\overset{\alpha}{-}\overset{+}{C}H{-}CH_3 \longrightarrow R_1^{+} + CH_2{=}CH{-}CH_3$$

生成的新正碳离子可以继续发生 β 断裂,直到 C_3 和 C_4 正碳离子不能进一步形成 C_1 或 C_2 正碳离子,所以催化裂化产物中 C_3 和 C_4 烯烃为主而甲烷和乙烯较少。由于正碳离子容易发生氢转移和甲基转移,从而使汽油产物中饱和烃、异构烃较多。

2. 沸石分子筛催化剂四大特点的分析

(1)催化剂的活性

Winter 报道了正十六烷裂化时稀土 HX(REHX)的活性是硅铝胶活性的 17 倍,而 REX 用于柴油裂化时活性是硅铝胶的 10 倍。REY 和稀土 HX(REHY)用于正己烷裂化时活性比硅铝胶大 10 000 倍。活性如此高的原因分析如下:

①沸石活性中心浓度较高,沸石酸中心密度比硅铝酸中心密度大 10~100 倍,一般为 50 倍。

②由于沸石细微孔结构的吸附性强,在酸中心附近烃浓度较高。即使在较高裂化温度下,在沸石孔中的烃浓度粗略估计是在硅铝胶较大孔中的 50 倍。己烷裂化对己烷浓度是一级反应,因此浓度增加 50 倍可使反应速率增加 50 倍。

③在沸石孔中静电场作用下,通过 C—H 键极化促使正碳离子的生成和反应。

三者总的作用结果使沸石分子筛具有非常高的活性。

(2)催化剂的选择性

沸石分子筛与硅铝胶相比,最显著的优点不在于活性改进,而在于选择性较好。用 REHX 沸石和硅铝胶所得到的产品分布不同,前者产品中 $C_5 \sim C_{10}$ 馏分较多,而 $C_3 \sim C_4$ 馏分较少。之所以能得到选择性较好的汽油产品是因为沸石催化剂的氢转移活性比链断裂活性相对较高。在沸石催化中较长碳链断裂的终止是由负氢离子转移到正碳离子或由氢转移至烯烃造成的。这些双分子氢转移反应的速率比较高,因为反应物在沸石孔中浓度高,使二级氢转移反应的速率比一级裂化反应速率增加得快。

图 3-21 给出硅铝胶和 Y 型沸石催化粗柴油裂解的产品分布比较图。从图中可以看出,Y 型沸石催化剂催化粗柴油裂解产物中芳烃和烷烃含量全都高于硅铝酸,而环烷烃与烯烃含量则低于硅铝酸。产品分布变化是由于两种催化剂的氢转移能力不同所致。

沸石催化剂比硅铝胶催化剂所得到的烯烃少得多,而烷烃多得多,说明沸石催化剂中氢转移速率较高,初期生成的大部分烯烃在脱附之前被氢饱和,生成烷烃。沸石催化剂氢转移能力强,导致环烷烃转化为芳烃,因此产物中芳烃远高于硅铝催化剂。

选择性好还表现在沸石催化剂产生气体烃(小于 C_4)产物和生成焦炭的量都远低于硅铝催化剂。

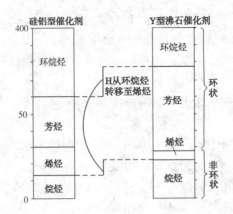

图 3-21　硅铝胶和 Y 型沸石催化的粗柴油裂化时产品分布的比较

沸石裂化选择性对其酸性中心强度的分布是很敏感的。酸中心的调变是通过高温焙烧和通入水蒸气来实现的，或将碱金属（NaOH）加到 REY 中，这样可除去最强酸中心，从而使焦炭和气体产率降低。由此可见，催化裂化过程并不希望很强的酸中心。为此工业常采用高温焙烧、水汽处理或预积炭、离子载入等方法调变 α 值小于 250，最好在 10～20。

3. 催化脱蜡工艺

除上述催化裂化工艺之外，石油炼制还有催化脱蜡工艺（又称临氢降凝）。这一工艺是特殊的临氢催化裂化过程，其目的是从重质油生产柴油、低倾点润滑油。它是美国飞马公司在 20 世纪 60 年代开始开发的，1974 年投入大规模工业化生产。

催化脱蜡是用 ZSM-5 沸石分子筛作催化剂，利用它的中等孔径具有择形催化的特点，造成反应物选择性催化。ZSM-5 沸石对烃类异构体之间的选择性，表现在它允许直链烷烃和一甲基取代烷烃进入沸石孔中，在临氢状态下使这些长链烃裂化为相对分子质量较低的烃，而带有多取代基的支链烷烃、环烷烃、芳烃不能进入孔道中，流出催化床层，从而达到减黏、降凝、脱蜡的目的。

3.6.2　芳烃的异构化、歧化、烷基转移反应

1. 芳烃的异构化

芳烃的异构化、歧化和烷基转移反应是石油化工中重要的工艺过程，它们可为聚酯生产提供对二甲苯原料。铂重整得到的 C_8 芳烃中只含有 20％左右的对二甲苯，分离后其余 80％左右的 C_8 芳烃（乙苯、间二甲苯、邻二甲苯）需经过异构化转化为对二甲苯。在固体酸催化剂作用下二甲苯可以进行异构化，但乙苯不能转化为二甲苯。欲使乙苯转化为二甲苯必须采用双功能催化剂，即同时具备酸功能和

加氢脱氢功能。因此异构化过程有两种类型，一种是只允许二甲苯异构化，另一种是使 C_8 芳烃馏分异构化。

（1）在酸催化剂上二甲苯异构化

二甲苯异构化所用催化剂有三种类型，反应温度低于 150 ℃ 时常用 HF-BF$_3$ 催化剂；反应温度在 250～450 ℃ 常用沸石催化剂，如丝光沸石、ZSM-5 沸石；反应温度在 380～500 ℃ 使用氧化铝或无定型硅铝酸盐催化剂，它们的酸强度中等。

在酸催化剂上二甲苯异构化（I），同时也伴随有歧化（D）反应生成甲苯和三甲苯，最后还会生成焦炭，导致催化剂失活。因此限制歧化反应是非常重要的。I/D 越大越好，同时希望有较高的对二甲苯生成。

在二甲苯异构化情况下，分子内烷基转移机理是可能的。以间二甲苯异构化为例：

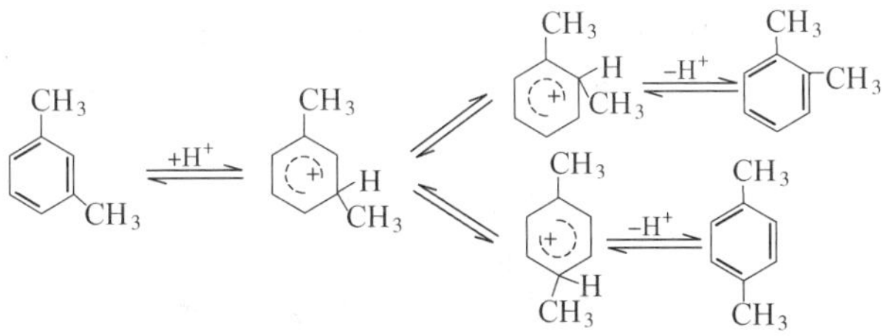

间二甲苯异构化选择性（对位/邻位比例）不取决于酸中心的特性，因为邻位和对位异构体的生成通过相同步骤进行。对于大孔酸催化剂对位/邻位比例为 1。但对于孔径较小的丝光沸石和 ZSM-5 沸石则对位大于邻位，特别是 ZSM-5 沸石，这是产物择形催化的表现，用 ZSM-5 沸石，可以使异构化产物中得到高浓度对二甲苯。

异构化和歧化的速度之比在很大程度上取决于沸石孔中酸中心浓度。异构化仅需要一个 B 酸中心，而双分子歧化需要一对 B 酸中心，因此歧化比异构化对沸石表面酸浓度变化更敏感。当用钠离子交换质子型丝光沸石，降低了酸中心浓度时，异构化选择性明显增加。此外 I/D 比值还取决于沸石孔大小，特别是活性中心附近的有效空间，歧化反应中双分子过渡态比异构化反应中分子内甲基转移所需空间要大得多，在中等孔径沸石中它们的形成会受到阻碍，产生限制过渡态择形催化，如果 I/D 比值在 ZSM-5 沸石上为 1 000，而在丝光沸石上为 70，在八面 Y 型沸石上则为 10～20。由此可见 ZSM-5 沸石用于异构化反应是十分有利的。

从异构化活性稳定性看，ZSM-5 沸石也是比较有利的，这是因为 ZSM-5 沸石具有过渡态选择性，限制大分子中间物形成。

（2）在双功能催化剂上 C_8 芳烃异构化

为了使乙苯异构化，所有工艺均使用双功能贵金属催化剂，固定床临氢操作，反应温度为 380～460 ℃。催化剂中的贵金属为铂，可以使用不同的酸性组分，如硅酸铝、氯化铝、氟化铝、丝光沸石和 ZSM-5 沸石。

根据铂/氧化铝催化剂上进行的乙苯异构化动力学研究,对乙苯异构化机理提出如下模式:

$$乙苯 \underset{(Pt)}{\overset{+2H_2}{\rightleftharpoons}} 乙基环己烯 \underset{(酸中心)}{\overset{+H^+}{\rightleftharpoons}} 乙基环己烷正碳离子 \underset{(酸中心)}{\rightleftharpoons}$$

$$二甲基环己烷正碳离子 \underset{(酸中心)}{\overset{-H^+}{\rightleftharpoons}} 二甲基环己烯 \underset{(Pt)}{\overset{-2H_2}{\rightleftharpoons}} 二甲苯$$

乙苯异构化为二甲苯可认为经过这五步,催化剂的加氢和脱氢活性足够高,比起中间烯烃异构化反应要快得多。所以反应慢步骤是乙基环己烷正碳离子重排为二甲基环己烷正碳离子,因此催化剂应具有足够酸强度。乙苯的歧化活性和稳定性与前述二甲苯相似,为提高异构化速率也要求催化剂具备中等酸强度,避免强酸中心。空间位阻效应表明用丝光沸石和 ZSM-5 沸石是有利的。

2. 甲苯歧化与甲苯＋C₉ 芳烃烷基转移

甲苯歧化反应是指由两个甲苯分子在酸催化剂作用下歧化生成一个苯分子和一个二甲苯分子。烷基转移反应是指一个甲苯分子和一个三甲苯分子在酸催化剂作用下生成两个二甲苯分子。两种反应方程式如下:

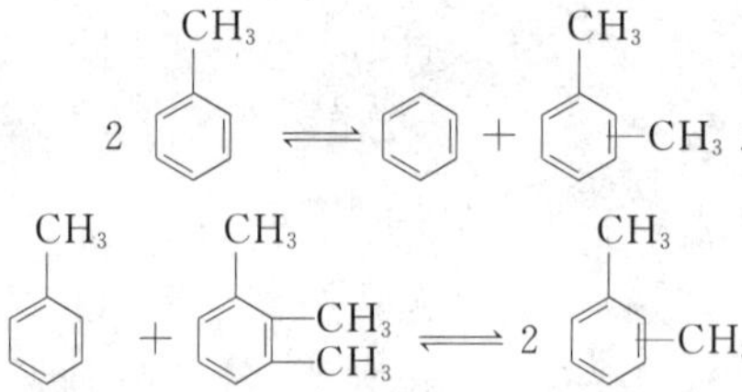

上述两个反应均以增产二甲苯为目的,它们与异构化装置结合在一起,构成生产对二甲苯的操作单元。我国引进的几套石油化工装置都有这一操作单元。

甲苯歧化和甲苯＋C₉ 芳烃烷基转移是在同一装置中进行的,所用催化剂均为沸石分子筛。目前我国使用的催化剂有稀土氢 Y 小球催化剂,反应装置为移动床反应器;丝光沸石条状催化剂,反应装置为固定床反应器。

稀土氢 Y 催化剂是以 REHY 为活性组分,稀土为铈,交换度 $40\% \sim 85\%$,硅铝胶为载体;为提高其耐磨性能,加入适量 α-Al₂O₃ 制成小球。在这种催化剂上,当甲苯歧化和甲苯＋C₉ 芳烃烷基转移两个反应同时进行时,甲苯转化率较低,$18\% \sim 20\%$(质量分数),容易积炭,所以需要频繁再生。

丝光沸石催化剂是以 H 丝光(HM)为活性组分,以 Al₂O₃ 为载体,制成条状。这种催化剂也同时进行歧化和烷基转移两种反应,甲苯转化率较高,在 40% 以上。临氢操作不容易积炭,所以不需要频繁再生。

关于甲苯歧化反应机理有两种说法:其一是单分子亲电取代反应 S_E1,其二是双分子亲电取代反应 S_E2。除上述主反应外,还伴随有甲苯脱甲基和异构化反应。特别是异构化反应,反应速率比歧化反应快。尽管甲苯亲电取代是邻、对位定位基,烷基化生成物应以对二甲苯和邻二甲苯为主,但是由于异构化作用,在大孔沸石催化剂上得到的最终产物仍为热力学平衡组成。即对二甲苯:间二甲苯:邻二甲苯＝1:2:1。用 REY 和 HM 沸石催化剂都是这样。HM 沸石催化剂略高于REY 催化剂,这可能是前面谈到的空间效应的关系。

烷基转移反应可以通过加入 C₉芳烃调节二甲苯的生成量,这是增产二甲苯的途径之一。

无论是歧化反应还是烷基转移反应,得到的混合二甲苯均需分离和异构化,才能够得到对二甲苯。如果能歧化直接得到对二甲苯,将使该过程大大简化。美国Mobil 公司发明的 ZSM-5 沸石经过适当处理(水蒸气钝化或离子改性)可以做到这一点。本书作者制备的 PMgZSM-5 和 PLaZSM-5 沸石催化剂用于甲苯歧化反应时,甲苯转化率为 15％,对位选择性高达 98％以上。这种高对位选择性是产物择形催化的结果。目前,文献报道[16]的最好的结果是将小晶粒 ZSM-5 沸石进行各种改性,其活性可提高到 30％,并且选择性可达 99％。

3.6.3　低碳烃芳构化制苯、甲苯和二甲苯

轻芳烃苯、甲苯和二甲苯(BTX)是基础化工原料,广泛用于合成纤维、树脂、橡胶和生产各种精细化学品,其市场需求量随着经济的增长不断攀升。二甲苯主要来源于石脑油蒸气裂解和石脑油重整两种传统工艺。目前上述工艺面临着石脑油资源短缺和扩能受限的问题。

低碳烃芳构化是固体酸催化的重要反应,不但可用于生产二甲苯,还在催化裂化工艺中发挥着提高汽油辛烷值、改善汽油品质的重要作用。低碳烃芳构化的主要优点是原料适应性强,来自石油炼制、石油化工和煤化工(如 MTO/MTP)生产装置以及油气田的 C₃、C₄气体组分(如丙丁烷液化气和混合 C₄液化气)和 C₅～C₈轻烃馏分(如凝析油、焦化加氢汽油、重整拔头油和抽余油)等,都可以作为芳构化原料。

1. 低碳烃芳构化的反应机理

以生产二甲苯为目的的低碳烃芳构化反应,通常以锌、镓改性的 HZSM-5 沸石为催化剂,在温度为 450～600 ℃、压力为 0.2～1.0 MPa、进料空速(单位时间内、单位质量催化剂上通过的原料质量)为 0.2～1.0 h⁻¹和非临氢条件下进行。芳构化反应极其复杂,想弄清其反应机理非常困难。目前对低碳烃芳构化过程比较一致的观点是,在 Brönsted 酸中心(骨架硅铝桥羟基)和 Lewis 酸中心(即锌、镓物种,如 Zn^{2+}、$(Zn-O-Zn)^{2+}$、GaH_2^+ 和 GaH^{2+})的协同催化下进行的,包括低碳烯烃聚合裂解、烯烃低聚物环化和异构,以及芳烃前驱体(六元环物种)脱氢和氢转移反应在内的正碳离子反应过程。

以丙烷芳构化为例(图 3-22),从丙烷原料到芳烃产物至少需要经历以下十个

步骤：丙烷在具有脱氢作用的 Lewis 酸中心吸附活化脱氢生成丙烯（D-1），丙烯脱附并向 Brönsted 酸中心迁移（M-2）；丙烯在 Brönsted 酸中心发生聚合-裂解反应，生成 $C_6^=\sim C_{10}^=$（3），$C_6^=\sim C_{10}^=$脱附并向 Lewis 酸中心迁移（M-4）；$C_6^=\sim C_{10}^=$在 Lewis 酸中心脱氢生成相应的二烯烃（D-5），二烯烃脱附并向 Brönsted 酸中心迁移（M-6）；$C_6^=\sim C_{10}^=$二烯烃在 Brönsted 酸中心发生环化和异构化反应，生成芳烃前驱体（环烯烃）（7），芳烃前驱体脱附并向 Lewis 酸中心迁移（M-8）；芳烃前驱体在 Lewis 酸中心脱氢（含氢转移）直至生成芳烃（D-9，D-10）。

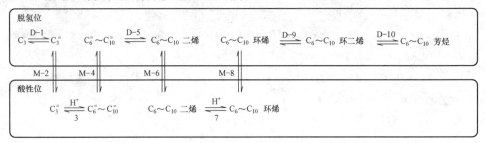

图 3-22　丙烷在金属改性 HZSM-5 催化剂上的 Brönsted 酸-Lewis 酸协同芳构化反应机理[17]

　　值得注意的是，在以上芳构化主反应发生的同时，还会伴随着发生一些副反应。其中，生成甲烷和乙烷的 C—C 键断裂反应（如氢解反应，图 3-23）和芳烃产物之间的缩合积炭反应（图 3-24）对芳构化反应影响最大。前者降低芳烃的选择性，增加贬值副产物；后者加速催化剂的积炭失活，使催化剂不得不频繁烧炭再生。

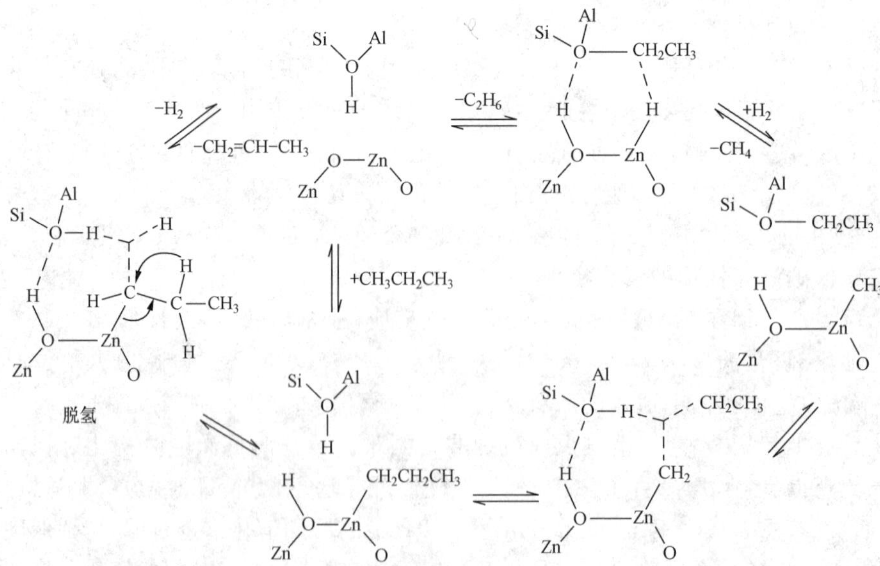

路径2   路径1

图 3-23　丙烷在锌改性沸石上活化时氢解副反应与脱氢活化主反应的竞争[18,19]

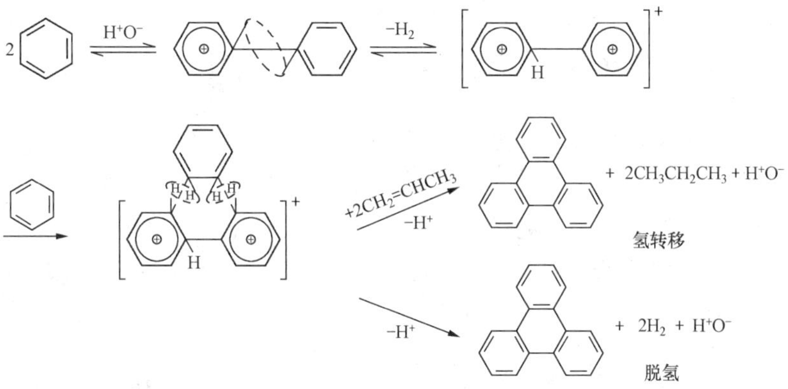

图 3-24　芳烃缩合积炭过程示意图

2.低碳烃芳构化技术的工业应用进展情况[20]

世界上最早的芳构化工艺是由英国 BP 与美国 UOP 公司联合开发的 Cyclar 工艺。该工艺以丙丁烷等液化石油气为原料,采用镓改性 ZSM-5 沸石催化剂和移动床反应-再生技术,于 1989 年底实现了工业化。在 Cyclar 工艺之后,又陆续出现了 M2-forming、Z-Forming、LNA、Alpha 和 Aroforming 等工艺。这些芳构化工艺将反应原料拓展到了含烯烃的液化气以及碳五以上轻石脑油组分,并且都采用固定床反应技术。但是,上述芳构化工艺都遇到了催化剂积炭失活快的严重挑战,因此均未能得到推广应用。

我国对低碳烃芳构化催化剂和工艺技术的研究可追溯到 20 世纪 80 年代,但工业应用进展缓慢,主要原因是基于微米沸石的芳构化催化剂积炭失活快,催化剂在固定床反应模式下反应-再生切换过于频繁,致使技术经济性很差。近年来的研究表明,纳米 ZSM-5 沸石在芳构化反应中具有较强的抗积炭失活能力。纳米沸石的优异抗积炭失活能力主要与以下因素有关:

(1)纳米沸石的孔道短,微孔扩散阻力小,有利于芳烃产物的扩散,能减少内部结焦机会;

(2)单位质量的纳米沸石具有更多的孔口,有利于降低外部积炭对孔口的堵塞;

(3)纳米沸石催化剂的晶间孔发达,容炭能力强。

目前大连理工大学开发的纳米 ZSM-5 沸石改性制备的液化气芳构化催化剂,在固定床反应器中可以连续运行 30 余天,已经在我国多地实现工业应用,为炼化副产物的深加工提供了重要手段。

3.7　固体酸碱催化的新进展

近 20 年来由于化学合成和表征技术的进步,促使开发各类新催化材料及催化反应快速发展,同样固体酸碱催化剂也取得了长足进步。本节将介绍近年来研究开发的新固体酸碱催化剂及酸性质的表征。

3.7.1 微孔沸石分子筛的多样化

1. 新型结构及新颖组成的微孔沸石分子筛

沸石分子筛作为固体酸碱催化剂应用最为广泛,近二十年又合成出许多具有新型结构和新颖组成的微孔分子筛。根据国际分子筛协会(IZA)结构委员会统计[21],2001 年合成分子筛骨架结构类型为 133 种,而到 2013 年上升到 204 种[21]。

分子筛骨架中的元素也出现很多新变化,除常规的硅铝酸盐外,又合成出锗酸盐、杂原子磷酸盐、亚磷酸盐等[22]。合成分子筛骨架还引入过渡金属元素和稀土元素。沸石分子筛中除用上述杂原子取代骨架中 T 原子外,还将骨架中 O 用 N 或 C 取代,生成含有骨架 N/C 杂原子的分子筛,简称含 N/C 分子筛[23]。由于 N、C 的电负性低于 O,因此含 N/C 分子筛的骨架碱性增强,同时在分子筛表面形成—NH—或—NH$_2$ 等基团,导致分子筛表面产生碱性中心;而—CH$_2$—基团会引起分子筛的亲水/疏水性能的变化,使催化性能发生变化。

3.5.1 节介绍的普通沸石分子筛的孔口多为八元环、十元环和十二元环。最近于吉红研究小组[22]合成出一些孔口尺寸更大的分子筛,如 ITQ-7(3D 12×12×12 环)、ITQ-15(2D 14×12 元环)、ITQ-44(3D 18×12×12 元环)、ITQ-43(3D 28×12×12 元环)。这些分子筛具有非常开放的骨架结构和超大孔体积,为开发大分子反应物催化提供了适宜的催化剂材料。

这些新型结构和多样化的组成赋予微孔分子筛不同寻常的催化特性,有利于新催化反应的开发和应用。

2. 微孔/微孔复合分子筛催化剂及其应用

微孔/微孔复合分子筛是指由两种或多种分子筛形成的共结晶,或具有两种或多种分子筛结构特征的复合分子筛材料。目前已经合成出的微孔/微孔复合分子筛很多,如 MCM-22/ZSM-35(TON/FER)、MCM-49/ZSM-5(MWW/MFI)、β 沸石/M 沸石(BEA/MOR)和 ZSM-5/ZSM-11(MFI/MEL)等,有的是两相共晶分子筛,有的是核壳结构分子筛。此类材料因存在两种或两种以上微孔孔道复合形成的特殊孔结构和酸性,往往具有不同于单一分子筛的性质,在催化反应过程中表现出协同效应和独特的催化性能。目前已应用于大规模工业生产的微孔/微孔复合分子筛是大连化学物理研究所开发的 ZSM-5/ZSM-11 共晶分子筛。ZSM-5 和 ZSM-11 分别具有 MFI 和 MEL 结构构型,二者相同的周期性结构单元(PerBU)使其易于生成共晶结构。如图 3-25 所示,PerBU 通过中心对称相连和镜像对称相连,可以分别得到 MFI 和 MEL 型分子筛,当 PerBU 通过中心对称相连和镜像对称相连混杂连接时,即可得到 MFI/MEL 共晶结构。该共晶分子筛应用于催化裂化干气制乙苯过程[24],具有活性高、选择性好及抗杂质能力强的特点,现已在国内投产 20 余套装置,形成每年 160 多万吨的乙苯生产规模,产生很高的经济效益。

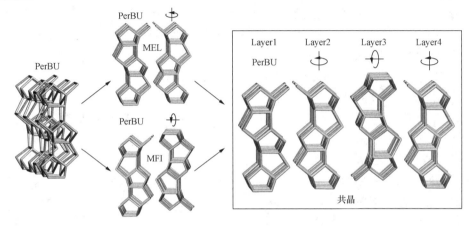

图 3-25　MFI/MEL 共晶分子筛结构示意图

3.7.2　多级复合孔催化剂及其应用

尽管微孔沸石分子筛催化剂已被广泛用于石油化工和石油加工等工业生产中,但是由于微孔孔道限制,有时会影响催化反应活性和寿命的进一步提高,特别是对一些分子直径较大的反应物无法进入孔道内进行催化反应。为解决此难题,目前已采取三种方法:

(1)降低分子筛粒度,制备纳米分子筛;

(2)合成孔口尺寸更大的分子筛;

(3)在现有微孔分子筛中创造出介孔或大孔,形成多级复合孔材料。

所谓多级复合孔材料是指微孔/介孔、介孔/大孔或者微孔/介孔/大孔组成的复合孔材料。其中微孔/介孔复合材料是研究得最多的一类多级孔材料,它是微孔沸石分子筛与介孔材料的有机复合体,兼具二者的优点。即微孔孔道为反应物提供活性中心和反应性能,而介孔/大孔孔道为反应物和产物提供畅通的扩散通道,二者结合发挥各级孔道的优势,在催化反应中表现出更优异的催化性能。有关微孔复合催化剂制备及反应在 10.2 节再做详述。

3.7.3 离子液体催化剂及其应用

目前,除使用固体酸碱催化剂外,石油化工、精细和制药化工以及环境保护等领域还在使用一些液体酸碱催化剂,如 H_2SO_4、HF、NaOH 等,易造成设备腐蚀和环境污染,因此迫切需要开发绿色环保酸碱催化剂。除上述分子筛类固体酸碱催化剂外,近 10 多年来,离子液体作为催化剂和溶剂也得到飞速发展。从有关离子液体的报道文献检索数目可以看出,1996～2000 年发表文献为 574 篇,2001～2005 年为 6 104 篇,2006～2010 年为 22 002 篇。

有关离子液体的特性、组成、制备和在环境催化中的应用在 8.7.3 节再做详述,这里仅介绍离子液体酸、碱性和功能离子液体的调变及其应用。

1. L 酸离子液体酸性调变

将 $AlCl_3$ 等 L 酸以不同比例与有机盐(烷基铵、烷基吡啶、烷基咪唑等)氯化物混合,制得 L 酸离子液体。其中氯铝酸离子液体酸性最强,通过调变 $AlCl_3$ 加入量可调变氯铝酸离子液体的酸碱性。以 1,3-二烷基咪唑氯铝酸盐为例调变如下:

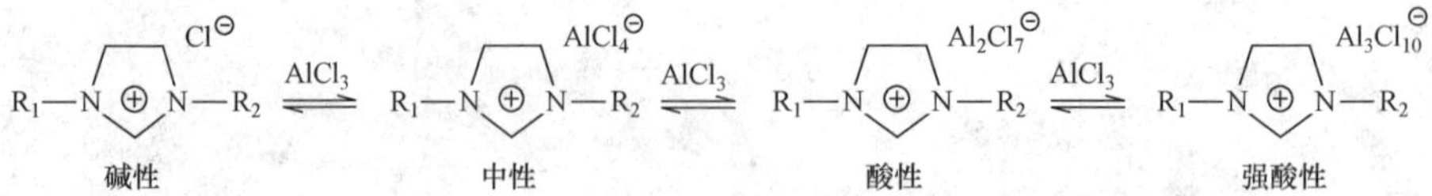

离子液体中 $AlCl_3$ 摩尔分数 $n_{(AlCl_3)}<0.5$ 时呈碱性,随 $AlCl_3$ 摩尔分数增加,离子液体依次呈中性、酸性和强酸性;当阴离子为 $Al_3Cl_{10}^-$ 或 $Al_4Cl_{13}^-$ 时,离子液体会呈现出超强酸性。由于氯铝酸盐离子液体在空气中吸潮,会逸出 HCl,溶解 HCl 的氯铝酸盐离子液体酸性会从弱 L 酸变为强 B 酸,体系就表现出超强酸性。因此离子液体可用于替代无机酸催化反应,例如离子液体成功地用于酸催化纤维素水解反应,详见 9.2.2 节。

2. 功能化离子液体的结构及应用

通过向离子液体的阳离子、阴离子中引入官能团,可赋予其特殊的功能,这一过程被称为离子液体的功能化,这种具有特殊功能的离子液体被称作功能化离子液体。

常见的 B 酸功能离子液体主要是咪唑类烷基磺酸、苯磺酸和羧酸功能的离子液体。如

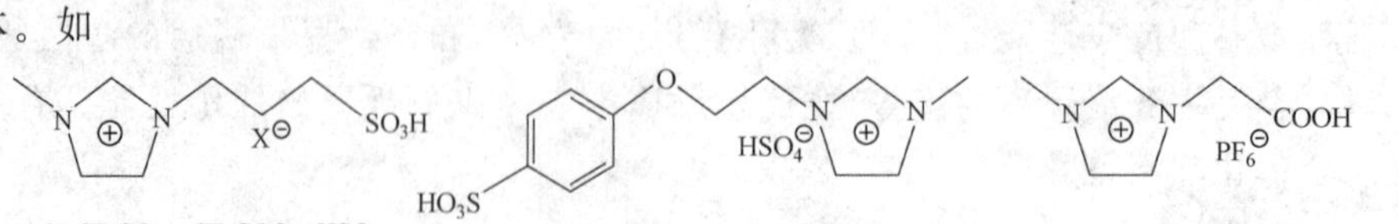

X=CF_3SO_3, CF_3COO, HSO_4
烷基磺酸功能离子液体　　苯磺酸功能离子液体　　羧酸功能离子液体

同样通过官能化也可获得 B 碱、L 碱和 B-L 复合碱离子液体,如

B 碱离子液体　　　　　　　　L 碱离子液体　　　　　　　B-L复合碱离子液体

　　磺酸、羧酸功能化离子液体对水稳定,克服了常规氯铝酸离子液体对水不稳定的缺点,可用于酯化反应、烷基化反应等。Liu[25]等利用丙磺酸和丁磺酸功能化的吡啶基离子液体作催化剂,研究了对甲苯酚与叔丁醇的烷基化反应,在最佳反应条件下,获得了 79% 的对甲苯酚转化率和 92% 的 2-叔丁基对甲苯酚选择性。

　　综上所述,离子液体的独特性能和灵活的可调变性,使离子液体作为清洁、高效的催化剂用于绿色催化转化和催化合成大有作为。但合成离子液体催化剂实现清洁、高效、低能耗、低成本还需进一步研究。

3.7.4　酸性质可调控的阳离子交换树脂类固体酸

　　3.2.2 节已介绍了阳离子交换树脂,它是固体酸催化剂中常用的一大类。目前这种固体酸的酸强度及酸密度仍然很难与液体酸催化剂相媲美,主要是因为阳离子交换树脂固体酸的酸强度和酸密度难以调控。最近,大连化学物理研究所杨启华研究组[26]将磺酸功能化的聚苯乙烯限域在纳米反应器内,通过超分子的自组装可以调控改变其聚集形态,如图3-26所示,从而实现了对固体酸酸密度和酸强度的有效调控。得到的固体酸催化剂在一系列重要的酸催化反应中表现出了高活性、高选择性和稳定性。通过对限域空间内超分子自组装行为的深入理解,为设计和发展高效固体酸催化剂提供了新的思路。

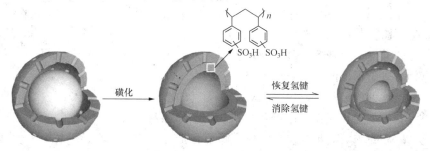

图 3-26　超分子自组装调控固体酸酸密度和酸强度原理示意图

　　除此之外,近年来也合成出具有酸碱催化性能的 MOFs 材料,这类材料作为催化剂容易调节其酸碱性质,可适用于各种催化反应,详见 10.3.3 节。

3.7.5　固体酸催化剂表征及催化反应机理研究的进展

无论催化剂的开发应用,还是催化反应机理研究,都离不开对催化剂酸碱性质的表征。在 3.3 节曾介绍过采用 Hammett 指示剂的胺滴定法、碱性吸附量热法、NH_3 脱附-TPD 和吸附吡啶红外光谱法测量固体酸的性质。前三种方法不能给出酸催化剂表面酸中心的种类(即 B 酸、L 酸),只能给出不同酸强度下的酸量;吡啶红外光谱法可以给出酸催化剂表面酸中心的种类,但该法不能用来对酸浓度进行准确的定量。

近十多年来,高分辨固体核磁共振(Solid-State NMR,SSNMR)技术在固体酸催化剂结构和酸性表征中取得很大进步。这种方法具有原子水平的识别、高分辨率以及可定量等优点[27]。相比常规表征方法,SSNMR 采用先进的探针分子技术、双共振和二维相关波谱等多种 SSNMR 技术相结合,可以用来表征固体酸催化剂的酸位种类、酸位强度、酸位浓度和酸位分布等性质。从而对固体酸催化剂表面酸性有更完整的认识,为深入了解催化反应途径和固体酸催化剂的研制提供了有力手段。有关 SSNMR 技术及基本原理详见文献[28]。

1. 用 SSNMR 表征催化剂的结构

固体酸催化剂如分子筛等无机材料的结构通常用 X 射线衍射表征其长程有序的结构,而 SSNMR 是确定其近程有序骨架结构的一种方法。^{29}Si 的 SSNMR 技术可以给出固体酸催化剂中 SiO_4 相邻的 Si 被其他 T 元素(如 Al、Ga 及 Ti 等)取代的情况。应用偶极相互作用的测量可判断三维沸石结构中硅的空间位置。通过进一步处理和理论计算可获得精准的硅与氧的原子坐标。^{27}Al 的 SSNMR 可以给出固体酸催化剂中骨架铝及非骨架结构的四、五与六配位铝的状况。

2. 采用 SSNMR 技术探讨活性中心特性

探讨固体酸催化剂活性中心酸位特性通常采用 SSNMR 技术,^{1}H MAS NMR[29]对于分子筛催化剂可区分四种不同的羟基:

(1)非酸性硅羟基 Si—OH;

(2)非骨架铝上的羟基 Al—OH;

(3)酸性的桥羟基 Si—OH—Al;

(4)存在氢键相互作用的羟基基团—OH(如羟基窝)。

^{27}Al MAS NMR 可以分辨出分子筛催化剂上与 Brönsted 酸(B 酸)和 Lewis 酸(L 酸)相关的铝,同时还给出骨架铝、各种配位的非骨架铝相互之间的空间邻近性,这种邻近性也会影响固体酸的酸强度。

利用探针分子化学吸附和 SSNMR 技术可进一步研究酸位的类型、强度、浓度和分布。常用的吸附探针分子有氘代吡啶、丙酮、三甲基膦、三烷基膦氧化物、氘代乙腈、全氟三丁胺等。用吡啶测定杂多酸 $H_3PW_{12}O_{40}$,发现其具有超强酸特性。

以三甲基膦为探针分子时,TMP-^{31}P SSNMR 法除用来确认催化剂上 B 酸的存在外,还能够用来表征 L 酸性的酸强度。用此法表征 SO_4^{2-}/Al_2O_3 催化剂时,发现硫酸化 Al_2O_3 除 L 酸中心较 Al_2O_3 增强外,还出现了 TMP 吸附在 B 酸中心的信号,可以认为硫酸化改性的金属氧化物会产生新的 B 酸强酸位,同时 L 酸中心强度也增加[30]。以三烷基膦氧(R_3PO)为探针分子比 TMP 为探针分子对 B 酸强度灵敏,最常使用三甲基膦氧(TMPO)。TMPO-^{31}P SSNMR 已广泛用于各类固体酸催化剂酸性表征,包括微孔/介孔分子筛、杂多酸负载氧化物和硫酸化氧化物,它能准确表征 B 酸和 L 酸。通过调节烷基基团(R)的大小,合理选择不同分子尺寸的 R_3PO 探针分子,可以得到酸性位置(孔道内或孔道外表面)和酸强度的表征,若与元素分析相结合还可获得酸位分布和酸浓度的定量信息。

3. SSNMR 方法研究固体酸催化剂结构与催化反应机理

前面已述用各种 NMR 方法均可表征出固体酸的酸特性,利用原位 SSNMR 也可研究酸催化反应机理。下面以固体酸 SO_4^{2-}/TiO_2 催化异丙醇降解为例,利用探针分子和原位 SSNMR 实验表征催化剂微观酸结构与催化活性的关系。TiO_2 和 SO_4^{2-}/TiO_2 表面 L 酸来自表面不饱和的 Ti^{4+}。TiO_2 硫酸化后产生 B 酸,是一种"酸性"的桥式羟基钛(Ti—OH—Ti)。用氘代吡啶为探针 NMR 表征 TiO_2 只测到 L 酸位,而 SO_4^{2-}/TiO_2 除 L 酸还出现三个强度相近的 B 酸位,酸性强度在 HZSM-5 和 $H_3PW_{12}O_{40}$ 之间,用 TMPO 探针 ^{31}P MAS NMR 表征与上述结果相似。中心 ^{13}C 标记的异丙醇在 TiO_2 吸附与催化降解反应表明,在 TiO_2 催化剂上没有异丙醇烷氧被光催化,只有氢键吸附异丙醇被氧化为丙酮,然后缓慢降解。在 SO_4^{2-}/TiO_2 催化剂上 ^{13}C MAS NMR 表明氢键吸附异丙醇被氧化为丙酮的反应较弱,而异丙醇在强 B 酸下转化为异丙基烷氧可直接光降解生成 CO_2。由此可见,TiO_2 和 SO_4^{2-}/TiO_2 催化异丙醇光降解反应途径不同。

(刘靖)

参考文献

[1]　高滋.沸石催化与分离技术[M].北京:中国石化出版社,1999.

[2]　田部浩三.新固体酸和碱及其催化作用[M].郑禄彬,译.北京:化学工业出版社,1992.

[3]　J Coing-Boyat, et al. Acad Sci, Paris,1963(256):1482.

[4]　Thomas C L. Ind Eng Chem,1949(41):2564.

[5]　Itoh M,Hattori H,Tanabe K. J Catal,1974(35):225.

[6]　Hammett L P,et al. J Am Chem Soc,1932(54):2721.

[7]　韩翠英.有机化工专业实验讲义.大连:大连理工大学,1992.

[8]　Auroux A,Vedrine J C. Stud Surf Sci Catal,1985(20):311.

［9］ 须泌华. 石油学报(石油加工),1988,4(2):66.

［10］ Piszkiewizo D. Kinefics of chemical and enzymecatalyzed reaction ［M］. New York:Oxford University,1997.

［11］ 陈连璋. 沸石分子筛催化［M］. 大连:大连理工大学出版社,1990.

［12］ Jule A Rabo. Zeolite Chemistry and Catalysis,1976.

［13］ 王桂茹,王祥生,李书纹,等. 混合稀土改性催化剂的制备及其应用:中国,9411024［P］.

［14］ Weisz P B. J Phys Chem,1960,64,382.

［15］ Yashima T. 精细化学品,1990,19(11):20.

［16］ Chamg C D,WO 93/12788 Sept 16 (1993).

［17］ Caerio G, Carvalho R H, Wang X, et al. Activation of C_2-C_4 alkanes over acid and bifunctional zeolite catalysts ［J］. J Mol Catal A, 2006, 255(1-2):131-158.

［18］ Stepanov A G, Arzumanov S S, Gabrienko A A, et al. Significant influence of Zn on activation of the C—H bonds of small alkanes by Brönsted acid sites of zeolite ［J］. Chem Phys Chem, 2008,9(17):2559-2563.

［19］ Gabrienko A A, Arzumanov S S, Freude D, et al. Propane aromatization on Zn modified zeolite BEA studied by solid state NMR in situ ［J］. J Phys Chem C, 2010, 114(29): 12681-12688.

［20］ 刘家旭. 异丁烷在改性纳米 HZSM-5 催化剂上的转化研究 ［D］. 大连:大连理工大学, 2013.

［21］ Baerlocher C H, Mecusker L B. http://www.iza-structure.org/databases/.

［22］ 于吉红,闫文付. 纳米孔材料化学:合成与制备(Ⅰ) ［M］. 北京:科学出版社, 2013: 3-24.

［23］ Yamamoto K, Tatsumi T. ZOL: a new type of organic-inorganic hybrid zeolites containing organic framework ［J］. Chem Mater, 2008, 20:972-980.

［24］ Wang Q, Zang S, Cai G, et al. Rear earth-ZSM-5/ZSM-11 cocrystalline zeolite: US, 586902［P］. 1999.

［25］ Liu X, Zhou J, Guo X, et al. SO_3 H-functionalized ionic liquids for selective alkylation of p-cresol with tert-butanol ［J］. Ind Eng Chem Res, 2008,47:5298-5303.

［26］ Zhang X, Zhao Y, Xu S, et al. Plystrrene Sulphonic acid resins with enhanced acid strength via macromolecular self-assembly within confined nanospace ［M］. Nat Commun, DOI:101038/n Comms 41701(2013).

［27］ Zheng A, Huang S, Liu S, et al. Acid properties of solid acid catalysts characterized by solid-state ^{31}P NMR of adsorbed phosphorous probe molecules ［J］. Phys Chem Chem Phys, 2011, 13:14889.

［28］ Zheng A, Huang S, Wang Q, et al. Progress in development and application of solid-state NMR for solid acid catalysis ［J］. Chinese Journal of Catalysis, 2013, 34(3): 436-472.

［29］ Jiao J, Altwasser S, Wang W, et al. State of aluminum in dealuminated, nonhydrated ze-

olites Y investigated by multinuclear solid-state NMR spectroscopy [J]. J Phys Chem B,
2004, 108:14305.

[30]　Yang J, Zhang M, Deng F, et al. Solid state NMR study of acid sites formed by adsorption of SO_3 onto $\gamma\text{-}Al_2O_3$ [J]. Chem Commun, 2003:884.

第4章 金属催化剂及其催化作用

4.1 金属催化剂的应用及其特性

4.1.1 金属催化剂的应用

金属催化剂是指催化剂的活性组分是纯金属或者合金。纯金属催化剂是指活性组分只由一种金属组成。这种催化剂可单独使用,也可负载在载体上。如生产硝酸用的铂催化剂就是铂网。但使用较多的是金属负载型催化剂,即将金属颗粒分散负载于载体上。这样可防止烧结,并有利于与反应物的接触。合金催化剂是指活性组分是由两种或两种以上金属组成。如 Ni-Cu、Pt-Re 等合金催化剂,合金催化剂也多为负载型催化剂。

金属催化剂应用范围很广,主要用于氧化-还原型催化反应。重要的工业金属催化剂及其反应见表 4-1。

表 4-1　　　　　　　重要的工业金属催化剂及催化反应示例

反应类型	主要反应	催化剂典型代表
	$N_2 + 3H_2 \rightleftharpoons 2NH_3$	$\alpha\text{-Fe-Al}_2O_3\text{-K}_2O\text{-CaO}$
	⬡ $+ 3H_2 \longrightarrow$ ⬡ (环己烷)	Ni/Al_2O_3
	⬡—OH $+ 3H_2 \longrightarrow$ ⬡—OH (环己醇)	Raney 镍
加氢	$N\equiv C-(CH_2)_4-C\equiv N + 4H_2 \longrightarrow H_2N-(CH_2)_6-NH_2$	Raney 镍-铬
	C=C (油脂) $+ H_2 \rightleftharpoons \overset{}{\underset{HH}{\text{C-C}}}$	Raney 镍,Ni-Cu/硅藻土
	$CO + 3H_2 \rightleftharpoons CH_4 + H_2O$	Ni/Al_2O_3
制氢	$C_mH_n + mH_2O \rightleftharpoons mCO + \left(m + \frac{1}{2}n\right)H_2$	$Ni/MgO\text{-}Al_2O_3\text{-}SiO_2\text{-}K_2O$

（续表）

反应类型	主要反应	催化剂典型代表
选择加氢	$R-C\equiv CH+H_2 \rightleftharpoons R-CH=CH_2$	Pd-Ag/13X
催化重整		Pt-Re/Al$_2$O$_3$
乙苯异构化		Pt/丝光沸石
氧化	$2NH_3+\dfrac{5}{2}O_2 \rightleftharpoons 2NO+3H_2O$	Pt-Rh 网
	$CO+\dfrac{1}{2}O_2 \rightleftharpoons CO_2$	Pt/蜂窝陶瓷
	$CH_3OH+\dfrac{1}{2}O_2 \rightleftharpoons HCHO+H_2O$	块状银，Ag(3.5%～4%)/惰性 Al$_2$O$_3$
	$C_2H_4+\dfrac{1}{2}O_2 \longrightarrow CH_2-CH_2$（环氧乙烷）	Ag/刚玉
	$CH_4+NH_3+\dfrac{3}{2}O_2 \longrightarrow HCN+3H_2O$	Pt-Rh 网

从表中可以看出，金属催化剂主要用于加氢、氢解和脱氢反应，也有一部分用于异构化和氧化反应。

4.1.2　金属催化剂的特性

从上节可以看出，常用作金属催化剂的元素是 d 区元素，即过渡金属元素（ⅠB、ⅥB、ⅦB和ⅧB族元素）。这些金属元素的外层电子排布和晶体结构见表4-2。从中可以看出，这些元素的外层电子排布的共同特点是最外层有 1～2 个 s 电子，次外层有 1～10 个 d 电子(Pd 最外层无 s 电子)。除 Pd 外这些元素的最外层或次外层均未被电子填满，具有只含一个 d 电子的 d 轨道，即能级中含有未成对的电子，在物理性质中表现出具有强的顺磁性或铁磁性；在化学吸附过程中，这些 d 电子可与被吸附物中的 s 电子或 p 电子配对，发生化学吸附，生成表面中间物种，使被吸附分子活化。

表 4-2　　过渡金属元素的外层电子排布和晶体结构

周期	族					
	ⅥB	ⅦB	ⅧB			ⅠB
4			Fe 铁　3d^{6}4s^2　体心立方	Co 钴 *　3d^{7}4s^2　面心立方	Ni 镍 *　3d^{8}4s^2　面心立方	Cu 铜　3d^{10}4s^1　面心立方
5	Mo 钼　4d^{5}5s^1　体心立方	Tc 锝　4d^{6}5s^1　六方密堆	Ru 钌　4d^{7}5s^1　六方密堆	Rh 铑　4d^{8}5s^1　面心立方	Pd 钯　4d^{10}5s^0　面心立方	Ag 银　4d^{10}5s^1　面心立方

周期	族					
	ⅥB	ⅦB	ⅧB			ⅠB
	W 钨	Re 铼	Os 锇	Ir 铱	Pt 铂	Au 金
6	$5d^4 6s^2$	$5d^5 6s^2$	$5d^6 6s^2$	$5d^7 6s^2$	$5d^8 6s^2$	$5d^{10} 6s^1$
	体心立方	六方密堆	六方密堆	面心立方	面心立方	面心立方

＊Ni 和 Co 晶体结构除面心立方外还有六方密堆。

对于 Pd 和 IB 族元素(Cu、Ag、Au),d 轨道是填满的(d^{10}),但相邻的 s 轨道没有被电子填满。尽管通常 s 轨道能级稍高于 d 轨道能级,但是 s 轨道与 d 轨道有重叠。因此,d 轨道电子仍可跃迁到 s 轨道上,这时 d 轨道可造成含有未成对电子的能级,从而发生化学吸附。

过渡金属作为固体催化剂通常是以金属晶体形式存在的,金属晶体中原子以不同的排列方式密堆积,形成多种晶体结构,金属晶体表面裸露着的原子可为化学吸附的分子提供很多吸附中心,被吸附的分子可以同时和 1、2、3 或 4 个金属原子形成吸附键,如果包括第 2 层原子参与吸附的可能性,那么金属催化剂可提供的吸附成键格局就更多了。所有这些吸附中心相互靠近,有利于吸附物种相互作用而进行反应。因此,金属催化剂可提供的各种各样的高密度吸附反应中心,这是金属催化剂表面的另一特点[1]。金属催化剂表面吸附活性中心的多样性既是金属催化剂的优点,同时也是它的缺点。因为吸附中心的多样性,几种竞争反应可以同时发生,从而降低了金属催化剂的选择性。此外,过渡金属催化剂在反应中的另一个重要作用是可将被吸附的双原子分子(如 H_2、N_2、O_2 等)解离为原子,然后将原子提供给另外的反应物或反应中间物种,进行各种化学反应。

4.2　金属催化剂的化学吸附

4.2.1　金属的电子组态与气体吸附能力间的关系

金属催化剂化学吸附能力取决于金属和气体分子的化学性质、结构及吸附条件。0 ℃时各种金属表面对代表性气体的吸附实验结果见表 4-3,表中 ○ 表示能吸附,× 表示不能吸附。表中把对大部分气体具有吸附能力的金属分为 A、B、C 三类。其中除 Ca、Sr 和 Ba 外,大部分属于过渡金属,这些金属共同的特征是都具有空 d 轨道。它们吸附时有的吸附热大,有的吸附热小。例如 A 类 W、Ta、Mo、Fe 和 Ir 对 H_2 的吸附热很大,而 C 类比 A、B 类的吸附热小些,属于较弱的化学吸附,C 类金属对烃的加氢和其他反应具有较高的催化活性。

表 4-3 各种金属对气体分子的化学吸附特性

分类	金属	气体						
		O_2	C_2H_2	C_2H_4	CO	H_2	CO_2	N_2
A	Ca、Sr、Ba、Ti、Zr、Hf、V、Nb、Ta、Mo、Cr、W、Fe、(Re)	○	○	○	○ *	○	○	○ *
B	Ni、(Co)	○	○	○	○□	○	○	×
C	Rh、Pd、Pt、(Ir)	○	○	○	○□	○	×	×
D	Al、Mn、Cu、Au	○	○	○	○	× *	×	×
E	K	○	○	×	×	×	×	×
F	Mg、Ag、Zn、Cd、In、Si、Ge、Sn、Pb、As、Sb、Bi	○	×	×	×	×	×	×
G	Se、Te	×	×	×	×	×	×	×

表中 A 类 * 是指 Ca、Sr、Ba 在高温时才能吸附 CO 和 N_2,表中 D 类 * 是指 H_2 在铜蒸发膜上低温时以原子状态吸附。在铜表面上 0 ℃首先产生快速吸附,然后发生慢速吸附。快速吸附可能是化学吸附,慢速吸附可能属于扩散。在铜粉上的吸附符合单分子层吸附规律,吸附热为 83.72～37.67 kJ/mol。在铜蒸发膜上 H_2 的化学吸附没有在铜粉上明显。

A、B、C 三类金属的化学吸附特性可用其未结合的 d 电子来解释,而未结合的 d 电子数则可由 Pauling 的价键理论求得。例如,金属 Ni 原子的电子组态是 $3d^8 4s^2$,外层共有 10 个电子。当 Ni 原子结合成金属晶体时,每个 Ni 原子以 d^2sp^3 或 d^3sp^2 杂化轨道和周围的 6 个 Ni 原子形成金属键。其中有 6 个电子参与金属成键,剩下的 4 个电子叫作未结合 d 电子。具有未结合 d 电子的金属催化剂容易产生化学吸附。不同过渡金属元素的未结合 d 电子数不同(表 4-4),它们产生化学吸附的能力不同,其催化性能也就不相同。金属表面原子和体相原子不同,裸露的表面原子与周围配位的原子数比体相中少,表面原子处于配位价键不饱和状态,它可以利用配位不饱和的杂化轨道与被吸附分子产生化学吸附。由于未结合的 d 电子所处能级要比杂化轨道的电子能级高,比较活泼,容易与吸附分子成键。但是,从吸附键电子云重叠的多少看,未结合 d 电子与吸附分子成键电子云重叠少,吸附较弱。相反,表面不饱和价键吸附分子没有未结合 d 电子活泼,但吸附成键后杂化轨道电子云重叠的较多,形成的吸附键较强。

表 4-4 金属原子的未结合 d 电子数

A 类	未结合 d 电子数	成键轨道	B、C 类	未结合 d 电子数	成键轨道
W	0	dsp	Ni	4	dsp
Ta	0	dsp	Pd	4	dsp
Mo	0	dsp	Rh	3	dsp
Ti	0	dsp	Pt	4	dsp
Zr	0	dsp			
Fe	2.2	dsp			
Ca	0	sp			
Ba	0	sp			
Sr	0	sp			

从表 4-3 还可以看出,被吸附的气体的性质也影响金属的吸附性能。气体化学性质越活泼,化学吸附越容易,并可被多数金属所吸附。如较活泼的氧,几乎能被所有金属吸附。

另外,吸附条件对金属催化剂的吸附也有一定影响。如低温有利于物理吸附,高温有利于化学吸附。这是因为化学吸附需要能量,温度升高,化学吸附量增加。但温度太高会导致脱附,使化学吸附量降低。压力增加对物理吸附和化学吸附都有利。因为压力增加,相当于气体浓度增加,即增加了吸附的推动力,所以压力增加有利于吸附。

4.2.2　金属催化剂的化学吸附与催化性能的关系

金属催化剂在化学吸附过程中,反应物粒子(分子、原子或基团)和催化剂表面催化中心(吸附中心)之间伴随有电子转移或共享,使二者之间形成化学键。化学键的性质取决于金属和反应物的本性,化学吸附的状态与金属催化剂的逸出功及反应物气体的电离势有关。

1. 金属催化剂的电子逸出功(又称脱出功)

金属催化剂的电子逸出功是指将电子从金属催化剂中移到外界(通常在真空环境中)所需做的最小功,或者说电子脱离金属表面所需要的最低能量。在金属能带图中表现为最高空能级与能带中最高填充电子能级的能量差,用 Φ 来表示。其大小代表金属失去电子的难易程度,或者说电子脱离金属表面的难易程度。金属不同,Φ 值也不相同。表 4-5 给出了一些金属的逸出功 Φ。

表 4-5　　　　　　　　　　　　　　一些过渡金属的逸出功

金属元素	Φ/eV	金属元素	Φ/eV	金属元素	Φ/eV
Fe	4.48	Cu	4.10	Ag	4.80
Co	4.41	Mo	4.20	W	4.53
Ni	4.61	Rh	4.48	Re	5.10
Cr	4.60	Pd	4.55	Pt	5.32

2. 反应物分子的电离势

反应物分子的电离势是指反应物分子将电子从反应物中移到外界所需的最小功,用 I 来表示。它的大小代表反应物分子失去电子的难易程度。在无机化学中曾提到,当原子中的电子被激发到不受原子核束缚的能级时,电子可以离核而去,成为自由电子。激发时所需的最小能量叫电离能,二者意义相同,都用 I 表示。不同反应物有不同的 I 值。

3. 化学吸附键和吸附状态

根据 Φ 和 I 的相对大小,反应物分子在金属催化剂表面上进行化学吸附时,电子转移有以下三种情况,形成三种吸附状态,如图 4-1 所示。

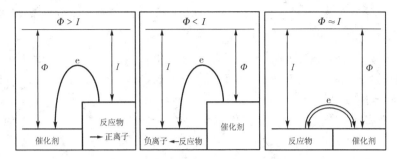

图 4-1　化学吸附电子转移与吸附状态

（1）当 $\Phi > I$ 时，电子将从反应物分子向金属催化剂表面转移，反应物分子变成吸附在金属催化剂表面上的正离子。反应物分子与催化剂活性中心吸附形成离子键，它的强弱程度取决于 Φ 与 I 的相对值，二者相差越大，离子键越强。这种正离子吸附层可以降低催化剂表面的电子逸出功。随着吸附量的增加，Φ 逐渐降低。

（2）当 $\Phi < I$ 时，电子将从金属催化剂表面向反应物分子转移，使反应物分子变成吸附在金属催化剂表面上的负离子。反应物分子与催化剂活性中心吸附也形成离子键，它的强弱程度同样取决于 Φ 与 I 的相对值，二者相差越大，离子键越强。这种负离子吸附层可以增加金属催化剂的电子逸出功。

（3）当反应物分子的电离势与金属催化剂的逸出功相近，即 $I \approx \Phi$ 时，电子难以由催化剂向反应物分子转移，或由反应物分子向催化剂转移，常常是二者各自提供一个电子而共享，形成共价键。这种吸附键通常吸附热较大，属于强吸附。实际上 I 和 Φ 不是绝对相等的，有时电子偏向于反应物分子，使其带负电，结果使金属催化剂的电子逸出功略有增加；相反，当电子偏向于催化剂时，反应物稍带正电荷，会引起金属催化剂的逸出功略有降低。

如果反应物带有孤立的电子对，而金属催化剂上有接受电子对的部位，反应物分子就会将孤立的电子对给予金属催化剂，而形成配价键结合，此部位相当于 L 酸中心。这种情况将在第 6 章介绍。

化学吸附后金属逸出功 Φ 发生变化，例如 O_2、H_2、N_2 和饱和烃在金属上被吸附时，金属把电子给予被吸附分子，在表面形成负电层：$Ni^+ N^-$、$Pt^+ H^-$、$W^+ O^-$ 等，使电子逸出困难，逸出功提高；而当 C_2H_4、C_2H_2、CO 及含氧、碳、氮的有机物吸附时，把电子给金属，金属表面形成正电层，使逸出功降低。

化学反应的控制步骤常常与化学吸附态有关。若反应控制步骤是生成的负离子吸附态时，要求金属表面容易给出电子，即 Φ 要小，才有利于造成这种吸附态。例如，对于某些氧化反应，常以 O^-、$O_2{}^-$、$O^=$ 等吸附态为控制步骤，催化剂的 Φ 越小，氧化反应的活化能越小。反应控制步骤是生成的正离子吸附态时，则要求金属催化剂表面容易得到电子，即 Φ 要大些，才有利于造成这种吸附态。例如氢氘交换反应，$NH_2D_2{}^+$ 为反应中的活性中间物种。实验结果表明，Φ 提高，反应活化能降低，因为 Φ 提高有利于 $NH_2D_2^+$ 的生成。反应控制步骤为形成共价吸附时，则要求金属催化剂的 Φ 和反应物的 I 相当为好。

对于不同反应，为达到所要求的合适的 Φ 值，可以通过向金属催化剂中加入助催化剂的方法来调变催化剂的 Φ 值，使之形成合适的化学吸附态，提高催化剂的活性和选择性。

（4）金属催化剂化学吸附与催化活性的关系

金属催化剂表面与反应物分子产生化学吸附时，常常被认为是生成了表面中间物种，化学吸附键的强弱或者说表面中间物种的稳定性与催化活性有直接关系。通常认为化学吸附键为中等，即表面中间物种的稳定性适中，这样的金属催化剂具有最好的催化活性。因为很弱的化学吸附将意味着催化剂对反应物分子的活化作用太小，不能生成足够量的活性中间物种进行催化反应；而很强的化学吸附，则意味着在催化剂表面上将形成一种稳定的化合物，它会覆盖大部分催化剂表面活性中心，使催化剂不能再进行化学吸附和反应。下述实例可以很好地说明这一点。

【例 4-1】 各种金属催化的甲酸分解反应，$HCOOH \longrightarrow H_2 + CO_2$。甲酸容易吸附于大多数金属表面上，红外光谱已证明，吸附的甲酸与金属生成中间物种，类似于表面金属甲酸盐，继而分解成金属、CO_2 和 H_2。由于表面中间物种好象是一个要被分解的金属甲酸盐分子，可以预料催化活性应与金属甲酸盐的稳定性有关。金属甲酸盐的稳定性可用其生成热表示，生成热越大，稳定性越高。以甲酸分解的金属催化活性对相应金属甲酸盐的生成热（代表金属甲酸盐的稳定性）作图，曲线是火山形曲线，如图 4-2 所示。图中纵坐标代表催化剂活性，用反应温度 T_r 表示，T_r 是指反应速度等于 $0.16\ \text{mol} \cdot \text{位}^{-1} \cdot \text{s}^{-1}$ 时的反应温度。横坐标是生成热，代表吸附强弱。火山曲线右边的金属（Fe、Co、Ni）反应速率低，是因为生成热大，说明表面中间物种稳定性好，表面几乎被稳定的甲酸盐所覆盖，不能继续进行化学吸附，而稳定的金属甲酸盐又不易分解。因此，它的分解速率将决定总的反应速率。在火山曲线左边的金属（Au、Ag）反应速率也低，是因为吸附表面中间物种生成热低，意味着生成金属甲酸盐的活化能垒是高的，因此，难以形成足够量的表面中间物种，这样一来表面中间物种生成速率将决定总的反应速率。只有火山曲线顶端附近的金属（Pt、Ir、Pd、Ru），才具有高的甲酸分解催化活性。这是因为这些金属甲酸盐具有中等的生成

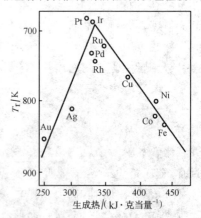

图 4-2 各种金属对甲酸分解的催化活性

热，既可生成足够量的表面中间物种，又容易进行后继的分解反应。

【例 4-2】 合成氨与氨分解反应[2]。金属催化剂吸附强弱对反应活性的影响如图 4-3 和图 4-4 所示。氮分子在金属催化剂表面上解离吸附生成氮原子，氮原子与氢结合生成氨。当氮原子与金属表面形成的吸附键很强时，很难与氢发生反应；相反，吸附微弱，在表面上只有少数氮原子，合成氨的速率也很低。

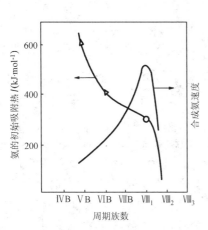

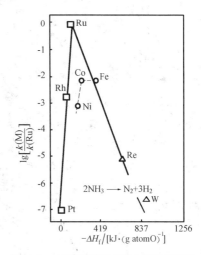

　　图 4-3　金属催化剂吸附强弱对反应活性的影响　　　图 4-4　金属催化活性与氨生成热的关系

　　只有中等的吸附强度才能得到最大反应速率(最好活性),此时大部分活性表面都吸附着氮原子,而其吸附键既不太强,也不太弱,有利于加氢生成氨。图 4-3 中的左边的纵坐标是氨的初始吸附热。由于吸附热随表面覆盖度变化而改变,常用初始吸附热来表示吸附键的强度。图右边的纵坐标是合成氨速率,横坐标则代表周期表中过渡金属的族数。ⅤB 和ⅥB 族金属与氮分子产生强吸附(吸附热高),形成稳定的金属氮化物,不易与氢反应;Ⅷ₁ 族金属是合成氨最好的催化剂(Fe、Ru),它可以使氮以原子态吸附且吸附强度适中,而Ⅷ₂ 和Ⅷ₃ 族金属吸附热很小,表明它很难吸附解离氮分子,因为它们的表面原子没有足够的未配对的电子与之相结合。在合成氨反应中,Ru 和 Fe 是最好的催化剂,这两种金属也是氨分解的良好催化剂,如图 4-4 所示,也是一条火山形曲线。图中纵坐标的反应速率是以 Ru 的反应速率作为比较标准的。横坐标是各种金属与氮生成氮化物的生成热。

　　钨对氨分解的催化活性不高,因为它与氮的键合太强了,形成一种稳定的氮化钨表面相。铂也不是一种好的氨分解催化剂,因为它不能与氮键合。Ru 和 Fe 都能化学吸附氮,并能解离N≡N 键,同样也能吸附氨中的 N,而且它们形成的是稳定性差的金属氮化物,有利于氮氢键的分解。所以它们是氨分解和氨合成的好催化剂。

　　在用金属催化剂的吸附热或吸附生成的中间物种的生成热(代表吸附键的稳定性)与催化活性关联时都有一定的局限性。因为在某些情况下,催化剂上中间物种吸附的强度与直接测定的吸附热几乎无关。这是因为催化反应中形成的中间吸附物种浓度很低,但活性很高,不易测准。此外还容易忽略吸附时的立体化学特性的影响。尽管如此,研究催化剂吸附强弱与其活性的火山曲线关系仍有一定意义。

4.3　金属催化剂电子因素与催化作用的关系

　　上面讨论了金属催化剂的化学吸附,这种化学吸附与金属催化剂的电子因素有直接关系。下面将讨论金属催化剂的电子因素的影响。本节采用两种理论进行描述,即能带理论与价键理论。

4.3.1　能带理论[2]

固体物理能带理论描述过渡金属的 d 状态时,采用了所谓的"d 带空穴"的概念,为说明"d 带空穴",先来讨论能带的形成。

1. 能带的形成

金属元素以单个原子状态存在时,电子层结构存在着分立的能级。当金属元素以晶体形式存在时,金属原子紧密堆积,原子轨道发生重叠,分立的电子能级扩展成为能带。金属在单个原子状态时,电子是属于一个原子的;而在晶体状态时,电子不属于某一个原子,而属于整个晶体,电子能在整个晶体中自由往来。通常把金属晶体中的电子能在整个晶体中自由往来的特征叫作电子共有化。由于晶体中原子的内外层电子轨道的重叠程度差别很大,一般只有最外层或次外层电子存在显著的共有化特征,而内层电子的状态同它们在单个原子中几乎没有什么明显的区别。因此,金属晶体中的电子兼有原子运动和共有化运动。电子共有化的规律为,电子共有化只能在能量相近的能级上发生。如金属镍,4s 能级中的电子只能与 4s 能级中的电子共有化,形成 4s 带;3d 能级中的电子只能与 3d 能级中的电子共有化,形成 3d 能带。

2. 共有化能带特点

电子共有化后,能带中的能级不能保持原有单个原子的能级,必须根据晶体所含原子的个数分裂成为和原子个数相同的互相非常接近的能级,形成所谓"共有化能级",能级共有化后有的能级的能量略有增加,有的能级的能量略有降低。

d 壳层的价电子的半径比外层 s 壳层价电子的半径小很多,当金属原子密堆积生成晶体时,d 壳层的电子云相互重叠较少,而 s 壳层的电子云重叠得特别多。因此,s 能级间的相互作用很强,s 能带通常很宽,约 20 eV。而 p 能级之间和 d 能级之间的相互作用比较弱,这些能带一般也比较窄,约 4 eV。

在元素周期表的同一周期中,从左到右,s、p 和 d 能带的相对位置是不同的。图 4-5 所示为周期表中同一周期三个不同位置上的元素的 d 能带、p 能带与 s 能带的相对位置。最左边的元素,s 能带最低,d 能带最高,d 能带与 s 能带没有重叠;最右边的元素,d 能带最低,并且与 s 能带重叠,p 能带最高;中间元素 s 能带最低,p 能带最高,s、p、d 三个能带相重叠。

3. 能带中电子填充的情况

由 Pauling 原理可知每个能级最多容纳 2 个电子。由 N 个原子组成的晶体,s 能带有 N 个共有化能级,所以 s 能带最多容纳 $2N$ 个电子;p 能带有 $3N$ 个共有化能级,最多可容纳 $6N$ 个电子;而 d 能带有 $5N$ 个共有化能级,可容纳 $10N$ 个电子。

　　在金属晶体能带中,通常电子总是处于较低的能级。由于元素总的电子数目和能带相对位置不同,在周期表的同一周期中,能带被电子充满的程度是有变化的。图 4-5 中的 1 个、6 个和 11 个价电子充满 3 个能带的次序是:靠近左边的元素仅有 s 能带被部分充满;靠近右边的元素 d 能带完全被充满,s 能带部分充满;中间的元素 s 能带和 d 能带均被部分充满。

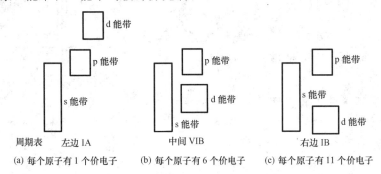

图 4-5　周期表同一周期中 s、p、d 能带的相对位置

4. 过渡金属晶体的能带结构

　　过渡金属晶体价电子涉及到 s 能带和 d 能带。前面已谈到 d 能带是狭窄的,可以容纳的电子数较多,故能级密度 $N(E)$ 大;s 能带较宽,能级上限很高,可以容纳的电子数少,故能级密度小,而且 s 能带与 d 能带重叠。当 s 能带与 d 能带重叠时,s 能带中的电子可填充到 d 能带中,从而使能量降低。图 4-6 所示为金属镍和铜的 4s、3d 能带重叠。金属镍没有充满电子的能带包括 3d 和 4s,而金属铜只有 s 能带没充满。镍原子单独存在时,3d 能级中有 8 个电子,4s 能级中有 2 个电子。以晶体存在时,由于 s 能带与 d 能带重叠,能带中电子填充发生变化。由磁化率测得 3d 能带中平均每个原子填充 9.4 个电子,而 4s 能带中平均每个原子填充 0.6 个电子。于是在镍原子的 d 能带中每个原子含有 0.6 个空穴,称为"d 带空穴",它相当于 0.6 个不成对的电子。过渡金属具有强的顺磁性或铁磁性,正是由这些不成对的电子引起的。铁磁性金属(Fe、Co、Ni)的"d 带空穴"数在数值上等于实验测得的磁矩。

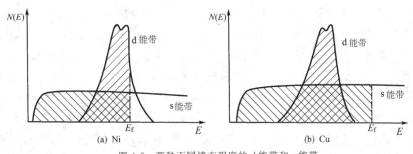

图 4-6　两种不同填充程度的 d 能带和 s 能带

用同样方法测得,钴能带为 $3d^{8.3}4s^{0.7}$,Fe 能带为 $3d^{7.8}4s^{0.2}$。故每个铁、钴、镍原子的"d 带空穴"数分别为 2.2、1.7 和 0.6。如图 4-7 所示,在同一周期中随着原子序数增加,空穴数降低。对于 10 电子 Pd 的 d 能带似乎被完全充满,但是,由于电子可以从 d 能带溢流到 s 能带,d 能带就不会被完全充满,而保留一定"d 带空穴"。这与 10 电子体系的铜不同,Cu 中 d 能带是足够低的(图 4-7),以致被完全充满。

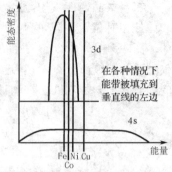

图 4-7　充填在 Fe、Co、Ni 和 Cu 的 3d 和 4s 能带的近似说明

5. 过渡金属催化剂"d 带空穴"与催化活性关系

过渡金属的"d 带空穴"和化学吸附以及催化活性间存在某种联系。由金属的磁性测量可以看出,化学吸附后磁化率相应减小,说明"d 带空穴"数减少,这直接证明了"d 带空穴"参与化学吸附和催化反应。由于过渡金属晶体具有"d 带空穴",这些不成对电子存在时,可与反应物分子的 s 或 p 电子作用,与被吸附物形成化学键。通常"d 带空穴"数目越多,接受反应物电子配位的数目也越多。反之,"d 带空穴"数目越少,接受反应物电子配位的数目就越少。只有当"d 带空穴"数目和反应物分子需要电子转移的数目相近时,产生的化学吸附是中等的,这样才能给出较好的催化活性。比如在合成氨反应中,控制步骤是 N 的化学吸附,在催化剂上吸附时,N 与吸附中心要有 3 个电子转移相配位。因此应选用空穴数为 3 左右的金属作催化剂好一些,从铁(2.2)、钴(1.7)、镍(0.6)三种金属来看,铁较为适合,实践也证明 α-铁作为合成氨的主催化剂效果最好。又如加氢反应,通常认为氢在金属催化剂上化学吸附时,与吸附中心转移配位电子数为 1,所以选用加氢催化剂时,镍和钴是合适的,尤其是镍具有较高活性。Pt 的"d 带空穴"数为 0.55,Pd 的"d 带空穴"数为 0.6,也均有较好的加氢活性。

4.3.2　价键理论[3]

Pauling 用另一种方法描述 d 电子状态,创立了价键理论。他将过渡金属中心金属键的 d% 概念与许多过渡金属的化学吸附及催化性质关联,得到一些规律性认识。价键理论假定金属晶体是单个原子通过价电子之间形成共价键结合而成,其共价键是由 nd、$(n+1)s$ 和 $(n+1)p$ 轨道参与的杂化轨道。参与杂化的 d 轨道称为成键 d 轨道,没有参与杂化的 d 轨道称为原子 d 轨道。杂化轨道中 d 轨道参与成分越多,则这种金属键的 d% 越高。d% 为 d 轨道参与金属键的百分数。同样,金属原子的电子也分成两类:一类是成键电子,它们填充到杂化轨道中,形成金属键;另一类是原子电子,或称未结合电子,它们填充到原子轨道中,对金属键形成不起作用,但与金属磁性和化学吸附有关。原子轨道除填充未结合电子外,还有一部分空的 d 轨道,这与能带理论中空穴的概念一致。根据磁化率的测定,并考虑到金属可能有的几种电子结构的共振,可计算出金属键的 d%。以 Ni 为例,原子的价电子共有 10 个($3d^8 4s^2$),金属晶体中的 Ni 是 6 价,在形成晶体时,每个 Ni 要有 6 个轨道参与成键。过渡金属原子的 nd、$(n+1)s$ 和 $(n+1)p$ 原子轨道的能量很接近,所以金属键由 nd、$(n+1)s$ 和 $(n+1)p$ 参与成键。根据磁化率测定,假定金属 Ni 有两种成键杂化轨道,即 Ni-A($d^2 sp^3$) 和 Ni-B($d^3 sp^2$),两者出现的概率分别为 30% 和 70%,如图 4-8 所示。可以看出,在 Ni-A 中,除 4 个原子电子占据 3 个 d 轨道外,杂化轨道 $d^2 sp^3$ 中 d 轨道成分为 2/6=0.33。在 Ni-B 中,除 4 个原子电子占据了两个 d 轨道外,杂化轨道 $d^3 sp^2$ 和一个空 p 轨道参与,所以 d 轨道成分为 3/7=0.43。在 Ni-A 结构中,金属键的 d% 为 33%;在 Ni-B 结构中,金属键的 d% 为 43%;每个 Ni 的平均 d% 为 30%×0.33+70%×0.43=40%,这个百分数叫作金属键的 d%。

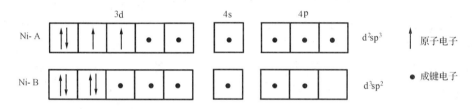

图 4-8　Ni-A 和 Ni-B 的电子状态

金属键的 d% 越大,相应的 d 能带中的电子越多,其中的"d 带空穴"越少。表 4-6 列出一些金属的 d%。

表 4-6　　　　　　　　　　　　　　过渡金属的 d%

金属	d%	金属	d%	金属	d%	金属	d%
Sc	20	Ni	40	Ru	50	W	43
Ti	27	Cu	36	Rh	50	Re	46
V	35	Y	19	Pd	46	Os	49
Cr	39	Zr	31	Ag	36	Ir	49
Mn	40	Nb	39	La	19	Pt	44
Fe	39.5	Mo	43	Hf	29	Au	—
Co	40	Tc	46	Ta	39		

许多学者曾将过渡金属的 d% 与化学吸附热和催化性能进行关联,得到一些规律性认识。Beeck[4] 等把实验求得的吸附热与 d% 关联,结果如图 4-9 所示。随着 d% 增加,吸附热降低。Beeck 认为这是由于金属中未充满电子的原子 d 轨道随 d% 增加而减少,而化学吸附是未充满电子的原子 d 轨道与吸附物成键。因而,随着 d% 增加吸附量降低,吸附热减少。在 d%>40% 后变化较小。

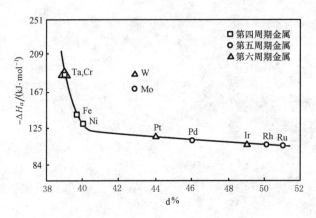

图 4-9 乙烯加氢反应中 H_2 的吸附热与金属 d％的关系

人们在研究乙烯在各种金属薄膜上催化加氢时，发现随金属 d％增加，加氢活性也增加，如图4-10所示。而 Sinfelt[5] 用Ⅶ和Ⅷ过渡金属作催化剂研究乙烷氢解反应时，发现 d％与催化剂活性变化出现顺变关系，结果如图4-11所示。图中实线代表在 205 ℃乙烷和氢分压分别为 3.04 kPa 和 20.27 kPa 时的催化活性，虚线代表 d％。但在甲酸分解反应中，催化活性与 d％没有形成很好的对应关系。Pauling 原理在某些方面受到一些限制。尽管Pauling在近期工作中对价电子数做了某些改变，但又与实验测得的磁矩发生矛盾。

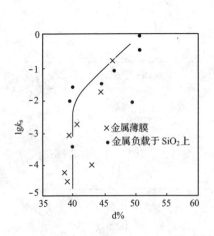

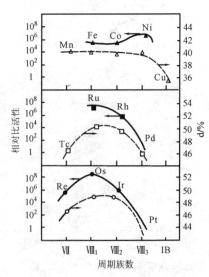

图 4-10 乙烯加氢催化剂活性和 d％相关图   图 4-11 金属对乙烷氢解反应的催化活性与 d％关系

4.4　金属催化剂晶体结构与催化作用的关系

4.4.1　金属催化剂的晶体结构

金属催化剂的晶体结构是指金属原子在晶体中的空间排列方式,其中包括:晶格——原子在晶体中的空间排列;晶格参数——原子间的距离和轴角;晶面花样——原子在晶面上的几何排列。

1. 晶格

晶体是由在空间排列得很有规律的微粒(原子、粒子、分子)组成的。对于金属,这种微粒是原子。原子在晶体中排列的空间格子(又称空间点阵)叫晶格。不同金属元素的晶格结构不同;即使同一种金属元素,在不同温度下,也会形成不同的晶格结构,即形成变体。目前,将晶体划分为 14 种晶格。对于金属晶体,有 3 种典型晶格。

(1)体心立方晶格

在正方体的中心还有一个晶格点,配位数为 8。属于这种晶格的金属单质有 Cr、V、Mo、W、γ-Fe 等。

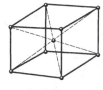

(a)体心立方晶格的晶胞及原子的堆积模型

(2)面心立方晶格

在正方体的六个面的中心处各有一个晶格点,配位数为 12。属于这种晶格的金属单质有 Cu、Ag、Au、Al、Fe、Ni、Co、Pt、Pd、Zr、Rh 等。

(3)六方密堆晶格

在六方棱柱体的中间还有三个晶格点,配位数为 12。属于这种晶格的金属单质有 Mg、Cd、Zn、Re、Ru、Os 及大部分镧系元素。

(b)面心立方晶格的晶胞及原子的堆积模型

金属的 3 种晶体结构如图 4-12 所示。

2. 晶格参数

晶格参数用于表示原子之间的间距(或称轴长)及轴角大小。

(1)立方晶格

晶轴 $a=b=c$,轴角 $\alpha=\beta=\gamma=90°$。

(2)六方密堆晶格

(c)六方密堆晶格的晶胞及原子的堆积模型

图 4-12　金属的 3 种晶体结构示意图

晶轴 $a=b\neq c$,轴角 $\alpha=\beta=90°$,$\gamma=120°$。

金属晶体的 a、b、c 和 α、β、γ 等参数均可用 X 射线测定。

3. 晶面花样

空间点阵可以从不同的方向划分为若干组平行的平面点阵,平面点阵在晶体外形上表现为晶面。晶面的符号通常用密勒指数(Miller index)表示。不同晶面的晶格参数和晶面花样不同。例如,面心立方晶体金属镍的不同晶面如图 4-13 所示。可见,金属晶体的晶面不同,原子间距和晶面花样都不相同,(100)晶面,原子间距离有两种,即 $a_1 = 0.351$ nm,$a_2 = 0.248$ nm,晶面花样为正方形,中心有一晶格点;(110)晶面,原子间距离也是两种,晶面花样为矩形;(111)晶面,原子间距离只有一种,$a = 0.248$ nm,晶面花样为正三角形。不同晶面表现出的催化性能不同。可以通过不同制备方法,制备出有利于催化过程所需要的晶面。

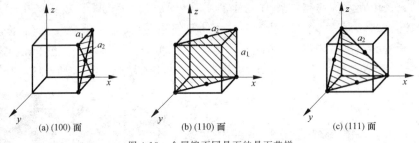

(a) (100) 面   (b) (110) 面   (c) (111) 面

图 4-13   金属镍不同晶面的晶面花样

4.4.2   晶体结构对催化作用的影响

金属催化剂晶体结构对催化作用的影响主要从几何因素与能量因素两方面进行讨论。金属催化剂的表面活性中心的位置称为吸附位。根据每一个反应物分子吸附在催化剂表面上所占的位数可分为独位吸附、双位吸附和多位吸附。对于独位吸附,金属催化剂的几何因素对催化作用影响较小。双位吸附同时涉及两个吸附位,所以金属催化剂吸附位的距离要与反应物分子的结构相适应。多位吸附同时涉及两个以上吸附位,这样不但要求催化剂吸附位的距离要合适,吸附位的排布(即晶面花样)也要适宜,才能达到较好的催化效果。对双位吸附和多位吸附,几何适应性和能量适应性的研究称为多位理论,这一理论的代表者是前苏联的巴兰金(Баландин)[6]。他认为表面结构反映了催化剂晶体内部结构,并提出催化作用的几何适应性与能量适应性的概念。其基本观点如下:反应物分子扩散到催化剂表面,首先物理吸附在催化剂活性中心上,然后反应物分子的指示基团(指分子中与催化剂接触进行反应的部分)与活性中心作用,于是分子发生变形,生成表面中间络合物(化学吸附),通过进一步催化反应,最后解吸成为产物。通常使分子变形的力是化学作用力,因而只有当分子与活性中心很靠近时(一般 0.1~0.2 nm)才能起作用。根据最省力原则,要求活性中心与反应分子间有一定的结构对应性,并且吸附不能太弱,也不能太强。因为太弱吸附速度太慢,太强则解吸速度太慢,只有适中才能满足能量适应的要求。

1. 多位理论的几何适应性

根据 Баландин 的基本观点，为力求其键长、键角变化不大，反应分子中指示基团的几何对称性与表面活性中心结构的对称性应相适应；由于化学吸附是近距离作用，对两个对称图形的大小也有严格的要求。例如丁醇脱氢反应(a)和脱水反应(b)，示意如下：

$$CH_3-CH_2-CH_2-\underset{\substack{|\ |\\ H\ H}}{\overset{K}{\underset{}{C-O}}}\underset{H}{} \longrightarrow CH_3-CH_2-CH_2-\overset{K}{C-O} \longrightarrow CH_3-CH_2-CH_2-\underset{H}{C}=O+H_2+2K \tag{a}$$

$$CH_3-CH_2-\underset{\substack{|\ |\\ H\ OH}}{\overset{K}{\underset{}{CH-CH_2}}} \longrightarrow CH_3-CH_2-\overset{K}{CH-CH_2} \longrightarrow CH_3-CH_2-CH=CH_2+H_2O+2K \tag{b}$$

方框内表示的是反应物的指示基团。有时表示反应历程，只写出指示基团部分，如上述两式可简写为

$$\underset{\substack{|\ |\\ H\ H}}{\overset{K}{\underset{K}{C-O}}} \longrightarrow \overset{K}{\underset{K}{C-O}} \longrightarrow \overset{K}{\underset{H-H}{C-O}} \tag{a}$$

$$\underset{\substack{|\ |\\ H\ OH}}{\overset{K}{\underset{K}{C-C}}} \longrightarrow \overset{K}{\underset{K}{C-C}} \longrightarrow \overset{K}{\underset{H-OH}{C-C}} \tag{b}$$

由于脱氢反应和脱水反应所涉及的基团不同，所以丁醇的指示基团吸附构型也不同，如图 4-14 所示。前者要求 C—H 键和 O—H 键断裂，键长分别为 0.108 nm 和 0.096 nm，而后者要求 C—O 键断裂，其键长为 0.143 nm，故脱氢反应较脱水反应要求的 K—K 距离也小一些。丁醇在 MgO 上脱氢或脱水反应，在 400～500 ℃下可以脱氢生成丁醛，也可以脱水生成丁烯。MgO 的正常面心立方晶格距离是 0.421 nm，当制备成紧密压缩晶格时，晶格距离是 0.416 nm，此时脱氢反应最活泼；但当制备的晶格距离是 0.424 nm 时，脱氢活性下降，而脱水活性增加。这一实验结果与理论预期的相符合。

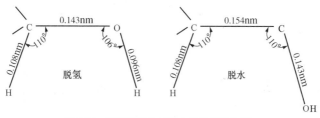

图 4-14　丁醇在脱氢与脱水时的吸附构型

　　对于双位吸附,两个活性中心的间距使反应物的键长和键角不变或变化较小时并不一定表现出最好的催化活性。如乙烯在金属 Ni 催化剂上的加氢反应。

　　通常认为,乙烯加氢机理中氢与乙烯是通过解离与不解离的双位(α、β)吸附,然后在表面上互相作用,形成半氢化的吸附态 $*CH_2CH_3$,最后进一步氢化为乙烷。

　　如果乙烯确如上面所述的那样是通过双位吸附而活化的,为了活化最省力,原则上除所欲断裂的键外,其他的键长和键角力求不变。这样就要求双位活性中心有一定的间距。例如,乙烯的双位吸附物如图 4-15 所示。乙烯在 Ni 表面吸附时 C 和 C 间距离为 0.154 nm,C 和 Ni 间距离为 0.182 nm。由图可得$(a-c)/2 = b\cos(180°-\theta)$,或 $\theta = \arccos[(c-a)/2b]$。当 Ni 和 Ni 间距为 a_1(2.48 nm)时,其 $\theta = 105°41'$;当 Ni 和 Ni 间距为 a_2(0.351 nm)时,其 $\theta = 122°57'$。碳原子为正四面体结构,θ 约为 109°28′,所以,乙烯在窄双位活性中心 a_1 上容易吸附,是一种强吸附,其加氢活性并不高。这是因为这种吸附产生的活性物种太稳定,不易进行下一步加氢反应。而乙烯在宽双位活性中心 a_2 上吸附较难,吸附成键造成分子内的张力较大,是一种弱吸附,但却给出高的加氢活性。实验也证明了这一点:在用阴极蒸发法制备沉淀于玻璃上的 Ni 膜时,当在 0.133 kPa 的 N_2 气氛中制备时得(110)面较多,而在真空下制备时得(100)、(110)、(111)面各占 1/3 的混合体。前者用于乙烯加氢反应活性比后者高 5 倍。因为在(110)面上宽双位 a_2 较多,有利于加氢。也有人认为,(110)面除提供乙烯吸附位外,还有较多的空位可提供氢的吸附。

　　Beeck 等研究了乙烯在过渡金属催化剂上的加氢反应的相对活性和原子之间距离的关系,结果如图 4-16 所示。从中可以看出,Rh 的活性最高,其晶格距离为 0.375 nm,可见具有表面化学吸附最适宜的原子间距并不一定具有最好的催化活性。Beeck 研究乙烯和 H_2 在不同金属膜上化学吸附时指出,原子间距在 0.375~0.39 nm 的 Pd、Pt、Rh 等吸附热最低,而乙烯加氢反应的相对活性最高。由此可见,在多相催化反应中,只有吸附热较小,吸附速度快,并且能使反应分子得到活化的化学吸附,才显示出较高的催化活性。

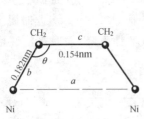
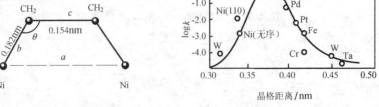

图 4-15　乙烯在 Ni 上吸附的示意图　　　图 4-16　晶格距离与乙烯加氢反应的相对活性关系

　　除双位吸附外还有多位吸附模型。其中讨论得比较深入的是环己烷脱氢和苯加氢的六位模型。对环己烷脱氢有活性的金属列于表 4-7。这些金属都属于面心立方晶体和六方密堆晶体。面心立方晶格的(111)面和六方密堆晶格的(001)面中原子排列方式相同,均为正三角形排布,这种排布的活性中心与环己烷的正六边形结构有着对应关系,当环己烷平铺在金属表面上时,如图 4-17 所示,图中标写1～6处是催化剂的 6 个吸附位,其中 1、2、3 活性中心吸附 6 个碳原子,4、5、6 活性中心各吸附 2 个氢原子。被拉的 2 个碳原子互相接近形成键长更短的双键,被拉的 2 个氢原子形成氢分子。但并不是所有面心立方和六方密堆金属都能作环己烷脱氢催化剂,因为除了晶面花样的对称性之外,还要求几何尺寸相匹配。根据计算,在力求其他键长、键角不变的条件下,要求金属的原子间距为0.249～0.277 nm。实验表明,表 4-6 列出的满足上述条件的大多数金属确实能使环己烷脱氢,仅 Zn、Cu 对环己烷脱氢不好。多位理论认为 Zn、Cu 虽然满足几何因素,但不能满足电子因素,或者说没有满足能量条件。因无足够的"d 带空穴"可供化学吸附之用,所以活性不好。Mo、V、Fe 虽然几何尺寸适应,但因为没有正三角形晶面花样,对环己烷脱氢无活性。多位理论者曾预言 Re 对环己烷脱氢是一种好的催化剂,而后为实验所证实。

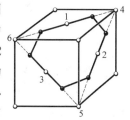

图 4-17　环己烷平面吸附在面心立方晶系(111)面上

表 4-7　　　　对环己烷脱氢显示活性的金属晶格及原子间距

金属	晶格	原子间距/nm	金属	晶格	原子间距/nm	
Pt	面心立方	0.277 46	Re	六方密堆	0.274 1	0.2760
Pd	面心立方	0.275 11	Tc	六方密堆	0.270 3	0.273 5
Ir	面心立方	0.271 4	Os	六方密堆	0.267 54	0.273 54
Rh	面心立方	0.269 01	Zn	六方密堆	0.266 49	—
Cu	面心立方	0.255 601	Ru	六方密堆	0.265 02	0.270 58
α-Co	面心立方	0.256 01	β-Co	六方密堆	0.249 4	0.268
Ni	面心立方	0.249 16	Ni	六方密堆	0.249	0.249

尽管几何对应原理对金属催化剂催化曾给予满意的解释,但它仍对某些催化现象难以说明。Баландин 认为这些问题可以从反应的能量角度来解释。因此,多位理论又提出能量适应性,认为能量适应性和几何适应性是密切相关的,选择催化剂时必须同时注意这两个方面。

2. 多位理论的能量适应性

要精细地考虑能量适应性问题,必须先知道反应的历程及作用的微观模型,多位理论只对双位催化反应提出模型[7],并认为最重要的能量因素是反应热(ΔH)和活化能(E_a),两者均可从键能数据求得。

对双位反应,设指示基团的反应为

$$AB+CD \longrightarrow AD+BC$$

$$\begin{matrix} & K & \\ A & | & D \\ | & & | \\ B & & C \\ & K & \end{matrix} \xrightarrow{\ E_1\ } \begin{matrix} & K & \\ A & & D \\ \vdots & & \vdots \\ B & & C \\ & K & \end{matrix} \xrightarrow{\ E_2\ } \begin{matrix} K & \\ A{-}D & \\ B{-}C & \\ K & \end{matrix}$$

即反应分为两步。第一步是反应物与催化剂作用,吸附成为表面活化络合物,放出能量 E_1;第二步为表面活化络合物解吸为产物,放出能量 E_2。两步中放出能量较少(或吸收能量较多)的那一步,反应速度较慢,是反应的控制步骤。从能量观点来说,欲使反应快,应设法使 E_1、E_2 相当。从下面公式推导可以看出:

$$E_1 = -(Q_{AB}+Q_{CD})+(Q_{AK}+Q_{BK}+Q_{CK}+Q_{DK}) \tag{4-1}$$

$$E_2 = (Q_{AD}+Q_{BC})-(Q_{AK}+Q_{BK}+Q_{CK}+Q_{DK}) \tag{4-2}$$

式中,Q_{AB} 是 A、B 两原子间的键能;Q_{AK}、Q_{BK} 是 A 原子、B 原子与催化剂 K 间的键能,其余同此。令总反应的能量(反应热),即反应物与产物的键能差为 u

$$u = Q_{AD}+Q_{BC}-(Q_{AB}+Q_{CD})=Q_{AD}+Q_{BC}-Q_{AB}-Q_{CD} \tag{4-3}$$

反应物与产物的总键能和为 s

$$s = Q_{AB}+Q_{CD}+Q_{AD}+Q_{BC} \tag{4-4}$$

催化剂的吸附位能为 q(吸附势)

$$q = Q_{AK}+Q_{BK}+Q_{CK}+Q_{DK} \tag{4-5}$$

将 u、s、q 分别代入式(4-1)和式(4-2)得

$$E_1 = q+\frac{1}{2}(u-s)=q+\frac{1}{2}u-\frac{1}{2}s=-Q_{AB}-Q_{CD}+q \tag{4-6}$$

$$E_2 = -q+\frac{1}{2}(u+s)=-q+\frac{1}{2}s+\frac{1}{2}u=Q_{AD}+Q_{BC}-q \tag{4-7}$$

当反应确定后,即反应物、产物确定,则 Q_{AB}、Q_{CD}、Q_{AD} 和 Q_{BC} 确定,s、u 也确定,与催化剂种类无关。E_1、E_2 只随 q 变化,而 q 值与催化剂有关,不同的催化剂 q 值不同。所以 E_1、E_2 的变化与改变催化剂有关。将 E_1 和 E_2 分别对 q 作图,则得两条相交的直线(称为火山形曲线),如图 4-18 所示。

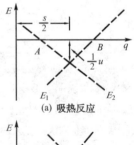

(a) 吸热反应

两条直线的斜率分别为 +1 和 -1,E_1 的截距为 $-Q_{AB}-Q_{CD}$,E_2 的截距为 $Q_{AD}+Q_{BC}$,在相交点上 $E_1=E_2$,从能量上看,相当于最适宜的催化剂,即最活泼催化剂的吸附势应相当于火山形曲线最高点。由式(4-6)和式(4-7)可求得交点的坐标值为 $q=\frac{1}{2}s$,$E_1=E_2=\frac{1}{2}u$。对于吸热反应(u 为负值),交点在横坐标之下;对于放热反应(u 为正值),交点在横坐标之上。最适宜的催化剂的吸附位能大致等于键能和

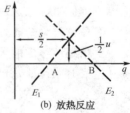

(b) 放热反应

图 4-18 E_1 和 E_2 与 q 关系图

的一半；活化能大致等于反应热的一半，这就是选择催化剂时的能量适应原则。实际应用时，可先由 Q_{AB}、Q_{CD}、Q_{AD} 和 Q_{BC} 求得 $\frac{1}{2}u$ 和 $\frac{1}{2}s$，然后做动力学实验，求出活化能 ε。值得注意的是，上述讨论都是表示反应物分子中的键完全断裂。但实际上键并不发生完全断裂，而是变形，因此实测的活化能 ε 与上述表示的 E 的定量关系 Баландин 最初提出：

$$\varepsilon = -\frac{3}{4}E \tag{4-8}$$

式（4-8）只能当作经验式。在某些情况下用下列式子更符合实验事实：

$$\varepsilon_1 = A + rE_1 \tag{4-9}$$
$$\varepsilon_2 = A(1-r)E_2 \tag{4-10}$$

A、r 均为常数，对于一般有机反应 $r = 3/4$，对于无机反应 $r = 1/2$。

对于放热反应，q 值最好在峰形线的顶点，此时 $E_1 = E_2 = \frac{1}{2}u$，$q = \frac{1}{2}s$。这相当于反应分两步走，能量相同。对吸热反应，q 落在图中 A、B 点之间，活化能为零或负值，都算是最佳值。可见，我们可以根据上述原则，从合适的 q 值来选择催化剂。但 q 的数据不易获得。下面介绍多位理论对 q 值的求法。

反应分子指示基团与催化剂表面原子间的键能估计，是多位理论研究的一个重要课题。但是由热化学方法、光谱方法、吸附法、统计方法计算键能，都不能真正代表实际的表面络合物的键能，因为表面络合物的真实状态还是未知数。目前，一般是先求出化合物中对应的键能，再加上校正项。校正方法一种是与催化剂表面的不饱和性、分散度、粗糙度有关的校正项；另一种是由于取代基团的影响而加的校正项（例如共轭效应与诱导效应）。

Баландин 提出了类似于自洽的由动力学求出表面键能的方法。这种方法的优点在于，所求的键能能够反映出表面的一些效应。具体步骤是：先假设 $\varepsilon = -\frac{3}{4}E$ 的关系成立，由动力学实验求得活化能 ε 后，再求 E，最后应用式（4-1）和式（4-2）联立求出 Q_{AK} 等。

例如，求 Q_{HK}、Q_{CK} 和 Q_{OK} 的键能，可以设计三个反应：

①烃类脱氢：

$$\boxed{\begin{array}{c} C\!-\!C \\ |\quad| \\ H\ \ H \end{array}}$$

$$E_1 = -2Q_{CH} + 2Q_{CK} + 2Q_{HK} \tag{4-11}$$

②醇类脱氢：

$$\boxed{\begin{array}{c} C—O \\ | \quad | \\ H \quad H \end{array}}$$

$$E_2 = -Q_{CH} - Q_{OH} + Q_{CK} + Q_{OK} + 2Q_{HK} \tag{4-12}$$

③醇类脱水：

$$\boxed{\begin{array}{c} C—C \\ | \quad | \\ H \quad OH \end{array}}$$

$$E_3 = -Q_{CH} - Q_{CO} + 2Q_{CK} + Q_{OK} + Q_{HK} \tag{4-13}$$

将 $Q_{CH} = 378.3 \text{ kJ} \cdot \text{mol}^{-1}$、$Q_{OH} = 462.3 \text{ kJ} \cdot \text{mol}^{-1}$、$Q_{CO} = 297.2 \text{kJ} \cdot \text{mol}^{-1}$ 分别代入式(4-11)~式(4-13)中，就可得到 Q_{HK}、Q_{OK} 和 Q_{CK}。

多位理论还提出一系列选择金属催化剂的方法。一种方法是根据反应类型及催化剂类型先找出可能的催化剂，然后由动力学实验求出活化能 ε，并由方程(4-6)估计 E_1。

$$E_1 = q^* + \frac{1}{2}u - \frac{1}{2}s$$

可求出 q^*，如果 q^* 与 $\frac{1}{2}s$ 几乎相等，表示此催化剂已很理想；如果相差得很远，则要改变催化剂组分；当 q^* 与 $\frac{1}{2}s$ 差不多，则可进一步改善催化剂制备方法，以改变表面粗糙度、分散度、晶格参数等以便 $q^* = \frac{1}{2}s$。虽然多位理论较好地解释了一些催化作用并成功地预言若干催化反应的发生，然而，也有人对 Баландин 的多位理论提出异议。Clark[8] 认为尽管有一定实验事实支持该理论观点，但从更多事实看，体相晶格参数与催化作用之间的关联正确与否值得怀疑。Clark 的主要意见是"通过低能电子衍射和电子显微镜等观察，发现催化剂表面存在大量缺陷。那么体相晶格参数对表面几何对应的意义就不是很大了"。因此，还需进一步研究以全面阐明催化现象的复杂性和多样性。

4.4.3 金属催化剂晶格缺陷和不均一表面对催化剂性能的影响

1. 金属催化剂晶格缺陷及其对催化作用的影响

由于催化剂制备条件的影响，金属催化剂晶格中的原子排列并非是规整的理想晶格，常常产生晶格缺陷。晶格缺陷通常分为两种，即点缺陷和线缺陷。

点缺陷是指在金属晶格上缺少原子或者有多余的原子(又称间隙原子)，如图4-19 所示。图 4-19(a)表示完整晶格；图 4-19(b)表示原子离开完整晶格变成间隙原子，这种缺陷称为弗兰克尔(Frankel)缺陷；图 4-19(c)表示原子离开完整晶格而排列到晶体表面，这种缺陷称为肖特基(Schottky)缺陷。有三种原因造成点缺陷。

（1）机械点缺陷：在机械作用下常常造成某些晶格点上缺少原子或晶格点间出现间隙原子。

（2）电子缺陷：在热和光的作用下晶格上出现不正常离子。

（3）化学缺陷：在制备时，化学过程产生局外原子或离子，出现在晶格点上或晶格之间。

线缺陷是指一排原子发生位移，又称位错。位错通常分为两种，即边位错和螺旋位错，如图 4-20 所示。图 4-20（a）为边位错，又称泰勒位错，晶格之间发生平移；图 4-20（b）为螺旋位错，又称勃格斯位错，它是晶格受扭力作用而产生的。

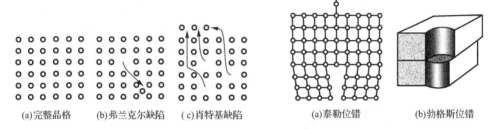

(a)完整晶格　　(b)弗兰克尔缺陷　　(c)肖特基缺陷　　　　　　(a)泰勒位错　　　　　(b)勃格斯位错

图 4-19　点缺陷图　　　　　　　　　　　　　　　　图 4-20　线缺陷图

通常在制备催化剂中，位错和点缺陷往往同时存在。人们在实验中观察到位错和点缺陷的存在与催化剂的活性有关联。如金属 Ni 催化剂催化苯加氢生成环己烷时，Ni 经过冷轧处理后，催化活性增加很多，而经过退火处理后催化活性降低。这被认为是由于冷轧处理可增加催化剂的位错和点缺陷。而位错和点缺陷附近的原子有较高的能量，增加了价键不饱和性，容易与反应物分子作用，故表现出活性较高。相反，退火处理会使催化剂中位错和点缺陷数目减少，故表现出活性较低。同样，人们在利用 Cu、Pt 和 Ni 作催化剂对肉桂酸加氢、乙烯加氢、乙醇脱水、双氧水分解、正氢-仲氢的转移、蚁酸分解等反应进行研究时，得到与上述 Ni 加氢反应相同的结果，即将金属催化剂经过冷轧处理，催化剂活性提高；金属催化剂经过退火处理，活性降低。但也有相反的情况，在某些反应中，催化剂虽然有位错和点缺陷，但对催化活性基本没有影响。人们对此还不十分清楚，有待进一步深入研究。

2. 金属催化剂不均一表面对催化作用的影响

近年来，随着表面分析技术的发展，人们用低能电子衍射、俄歇能谱、紫外光电子能谱及质谱等研究 Pt 单晶的表面结构，直接观察到晶体表面存在着晶阶、晶弯和晶台等不均一表面，如图 4-21 所示。还发现不同部位有不同的催化活性。

在考查 H_2-D_2 同位素交换反应和正庚烷脱氢芳构化成甲苯及裂解结焦等反应时，发现 Pt（111）晶面与其他晶面所形成的晶阶对 H_2-D_2 同位素交换反应的催化活性比平坦的Pt（111）面高几个数量级。在这种晶阶上进行芳构化要比在平坦

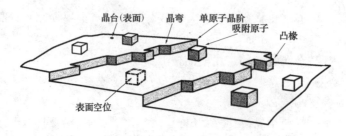

图 4-21   不均一表面示意图

的 Pt(111) 面上快得多。但是只有在 Pt(111) 晶面(或晶台)上形成一层结构规整
的焦炭后,才会在晶阶上开始发生芳构化反应。台阶中的弯曲处越多,伴随的裂解
反应深度越大。这被认为是使 H—H、D—D、C—H 键断裂所用的活性中心主要
在晶阶及晶阶弯曲处。这种活性表面构造的空间概念与前面所述的多位理论的看
法不大相同。晶阶对于 H—H、D—D 键断裂有较高的活性,可能是此处电子云密
度较大的缘故;从空间因素来看,晶阶边缘好象"刀口",要断裂的键碰着"刀口"上
暴露的 Pt 原子,要比碰在平坦晶面(111)上的 Pt 原子时所需克服的排斥力小。在
负载型高分散的金属催化剂表面上这些结构更多,对催化剂影响也更大。

4.5   负载型金属催化剂及其催化作用

4.5.1   金属分散度与催化活性的关系

对于多相催化反应,反应主要是在固体催化剂表面上进行的,因此,金属原子
能较多地分布在外表面层(即表相中),就可大大提高这些金属原子的利用率。这
就涉及金属的分散度。所谓分散度是指金属晶粒大小而言的。晶粒大,分散度小;
反之,晶粒小,分散度大。在负载型催化剂中分散度是指金属在载体表面上的晶粒
大小。如果金属在载体表面上呈微晶状态或原子团及原子状态分布时,就称作高
分散负载型金属催化剂。分散度也可表示为

$$分散度(D) = \frac{表相原子数}{(表相+体相)原子数}$$

金属催化剂分散度不同(即金属颗粒大小不同),其表相和体相分布的原子数
不同,见表 4-8。

表 4-8　　　　　　　　　　晶粒大小不同的铂晶体的性质

晶粒棱边原子数	晶粒棱边长度/nm	表面原子分数	晶粒的总原子数	表面原子的平均配位数	晶粒棱边原子数	晶粒棱边长度/nm	表面原子分数	晶粒的总原子数	表面原子的平均配位数
2	0.55	1	6	4.00	11	3.025	0.45	891	8.38
3	0.895	0.95	19	6.00	12	3.300	0.42	1 156	8.44
4	1.10	0.87	44	6.94	13	3.575	0.39	1 469	8.47
5	1.375	0.78	85	7.46	14	3.875	0.37	1 834	8.53
6	1.65	0.70	146	7.76	15	4.125	0.35	2 255	8.56
7	1.925	0.63	231	7.97	16	4.400	0.33	2 736	8.59
8	2.200	0.57	344	8.12	17	4.675	0.31	3 281	8.62
9	2.475	0.53	489	8.23	18	4.950	0.30	3 894	8.64
10	2.750	0.49	670	8.31					

　　晶粒大小还直接影响着表面原子所处位置。通常表面上的原子有三种类型，即处于晶角上的、晶棱上的和晶面上的。晶粒大小不同，晶角、晶棱和晶面原子分数不同，如图 4-22 所示。由图可见，金属晶粒大小除影响表面原子占晶体总原子数的分数外，还影响着晶体总原子数和表面原子的平均配位数。当晶体大小从 0.55 nm 增加到 5.0 nm 时，表面原子的平均配位数从 4 增加到 8.64，而较小的晶粒变化影响更显著。如果催化剂的活性取决于平均表面原子分数，晶粒越小变化越明显。如果活性取决于角原子数目，随晶体变大活性在很大范围内是要连续下降的。

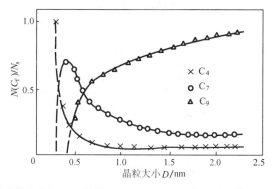

图 4-22　Pt 八面体微粒中晶角（C_4）、晶棱（C_7）以及晶面（C_9）占表面原子百分率与晶粒大小的关系

　　晶粒大小对活性的影响也可能是能量因素而不是几何因素。配位数低的表面原子吸附分子的能力比配位数较高的表面原子更强烈。小晶体（约 1.0 nm）的熔融温度（℃）大约只有块状金属熔融温度的一半，极小晶体的外表面原子有可能不是处于由晶体结构预测的相对位置上，它们的振幅有可能大一点，原子间的距离稍短。甚至它们的铁磁性质发生变化，例如金属镍为铁磁性的，高度分散小于 10 nm 时，在磁场中有很大的顺磁性（超顺磁性），离开磁场无磁性，即变为顺磁性。

　　对不同反应要求金属催化剂具有不同大小的晶粒。鲁宾斯坦曾用 Ni/Al$_2$O$_3$ 催化剂对醇和环己烷脱氢反应进行了研究，发现晶粒大小在 6.0～8.0 nm 时活性最好。他又做了许多实验，最后得出结论：分散度是影响催化剂活性的一个主要原因，在于催化剂在一定粒度下给出最大有效表面积。

为了提高催化剂活性和节省贵金属的使用量，工业催化剂均采用制备分散度大一些的负载型催化剂，但此时要加一些结构型助催化剂，或者合金型催化剂，以保证金属小颗粒不产生熔聚。但也不是所有催化剂都要求制成高分散度的，对一些热效应大或者金属催化剂本身活性很高的，常常不要求高分散度，因为活性过高。热效应过大，往往会破坏催化系统正常操作。如乙烯氧化制环氧乙烷的银催化剂，晶粒为 30～60 nm。

综上所述，在讨论金属催化剂晶粒大小（即分散度）对催化作用的影响时，可从下述三点考虑：

（1）在反应中起作用的活性部位的性质。由于晶粒大小的改变，会使晶粒表面上活性部位的相对比例起变化，从几何因素影响催化反应。

（2）载体对金属催化行为是有影响的。当载体对催化活性影响越大时，金属晶粒变得越小，可以预料载体的影响会变得越大。

（3）晶粒大小对催化作用的影响可从电子因素方面考虑，正如上面所述，极小晶粒的电子性质与本体金属的电子性质不同，也将影响其催化性质。

4.5.2　金属催化反应的结构敏感行为

布达特（Baudart）和泰勒（Taylor）提出，把金属催化反应分为两类：结构敏感（structure-sensitive）反应和结构不敏感（structure-insensitive）反应。结构敏感（也称 demanding）反应是指反应速率对金属表面的微细结构变化敏感的反应，这类反应的反应速率依赖于晶粒的大小、载体的性质等。结构不敏感（也称 facile）反应是指反应速率不受表面微细结构变化影响的反应。当催化剂制备方法、预处理方法、晶粒大小或载体改变时，催化剂的比活性（单位金属表面积或每个表面金属原子的反应速率）并不受影响。

根据最近的总结，负载金属催化剂的分散度（D）和以转换频率（TOF）表示的每个表面原子单位时间内的活性之间在不同催化反应中存在着不同关系。可分为四类：

（1）TOF 与 D 无关；

（2）TOF 随 D 增加；

（3）TOF 随 D 减小；

（4）TOF 对 D 有最大值。

各类典型反应见表 4-9[9]。由表可以看出，(1)类属于结构不敏感反应，(2)、(3)、(4)类属于结构敏感反应。

表 4-9　　　　　　　　　　　　　　按 *TOF* 和 *D* 关系的反应分类

类别	典型反应	催化剂
TOF 与 *D* 无关	$2H_2 + O_2 \Longrightarrow 2H_2O$	Pt/SiO_2
	乙烯、苯加氢	Pt/Al_2O_3
	环丙烷、甲基环丙烷氢解	Pt/SiO_2,Pt/Al_2O_3
	环己烷脱氢	Pt/Al_2O_3
D 小,*TOF* 大	乙烷、丙烷加氢分解	$Ni/SiO_2\text{-}Al_2O_3$,
	正戊烷加氢分解	$Pt/$炭黑,Rh/Al_2O_3
	环己烷加氢分解	Pt/Al_2O_3
	2,2-二甲基丙烷加氢分解	Pt/Al_2O_3
	正庚烷加氢分解	Pt/Al_2O_3
	丙烯加氢	Ni/Al_2O_3
D 小,*TOF* 也小	丙烷氧化	Pt/Al_2O_3
	丙烯氧化	Pt/Al_2O_3
	$CO + \frac{1}{2}O_2 \Longrightarrow CO_2$	Pt/SiO_2
	环丙烷加氢开环	Rh/Al_2O_3
	$CO + H_2 \longrightarrow CH_4$	Ni/SiO_2
	$CO + H_2 \longrightarrow C_nH_m$	Ru/Al_2O_3,Co/Al_2O_3
	$CO + H_2 \longrightarrow C_2H_5OH$	Rh/SiO_2
	$N_2 + 3H_2 \Longrightarrow 2NH_3$	Fe/MgO
TOF 有最大值	$H_2 + D_2 \Longrightarrow 2HD$	Pd/C,Pd/SiO_2
	苯加氢	Ni/SiO_2
	苯加氢	Rh/SiO_2

由表可见,金属 Pt 催化含有 C—H 键变化的烃类反应(如加氢、脱氢反应)是结构不敏感反应。例如,Boudart 等[10]发现环丙烷加氢的比催化活性基本上与 Pt 的分散度无关,也与载体无关。从高分散度的 0.6% Pt/Al_2O_3 催化剂(分散度为 0.73)变到 Pt 箔(分散度为 4×10^{-5})时,比活性几乎没有变化。Poltrak 等证明 Pt 晶粒为 1.0~7.0 nm 时,很多化合物加氢的比催化活性与 Pt 晶粒大小无关。苯加氢、环己烷和甲基环戊烷脱氢也均为结构不敏感反应。正己烷异构化为甲基环戊烷,正己烷芳构化为苯及新戊烷的异构化反应也是结构不敏感反应。对于结构不敏感反应催化剂,金属形成合金时,对加氢、脱氢反应也没有影响。但是,当金属分散度接近于 1 时,这种结构不敏感反应就可能发生变化。但对负载在 SiO_2 上的 Pd、Ni 和 Rh 金属催化剂对苯加氢和氢氘交换反应却为结构敏感反应。已经观测到当晶粒大小为 1.2 nm 时,苯在 Ni 上加氢的比速率最大值变小。

与含有 C—H 键的反应相反,C—C 键的反应和一些其他反应,例如氧化反应,是结构敏感反应。如乙烷加氢裂化的比催化活性随催化剂晶粒变小而显著增加。Poltrak 等使用他们在上述加氢研究中所使用的同一组 Pt 催化剂,在氧化反应中也观测到,当催化剂晶粒增大时比活性有明显增加,并且晶粒影响是发生在晶粒大小为 0.8~5.0 nm 的范围内,结构敏感反应在改变载体时也会显著影响比活性。如在氨氧化反应中,高度分散于 SiO_2 上的 Pt 的活性(以单位金属表面积为基准),比同样高度分散于 Al_2O_3 上的 Pt 的活性约高 10 倍。这种影响可以用载体对金属晶体表面微细结构的影响来解释，也可用对活性有影响的载体的诱导电子效应来解释。加氢裂化反应对合金催化剂是敏感的，它们的速率随表面上活性组分浓度的下降而显著减小。在含有 C—C 键的反应中，晶粒越小，比活性越高。

4.5.3　金属与载体的相互作用

G. M. Schuab 等曾试图根据载体中的费米能级对与载体接触的金属电子性质产生的影响，来讨论金属与载体之间的相互作用。他们通过向载体中添加各种价态的氧化物（如 NiO、BeO、CeO$_2$、TeO$_2$ 等）来调整载体（如 Al$_2$O$_3$）的费米能级，观察载体对金属电子浓度的影响，探讨金属和载体之间的相互作用。实验结果表明存在着电子从载体向金属转移或者从金属向载体的转移。

金属负载型催化剂在制备的各步过程中都会发生金属-载体间的相互作用，这些作用表现在最终对催化剂性能的影响上。金属-载体相互作用可归纳为三种。第一种是两者相互作用局限在金属颗粒和载体的接触部位，在界面部位分散的金属原子可保持阳离子性质，它们会对金属表面原子的电性质产生影响，进而影响催化剂吸附和催化性能。这种影响与金属粒度关系很大，对小于 1.5 nm 的金属粒子有显著影响，而对较大颗粒影响较小，如图 4-23(a) 所示。第二种是当分散度特别大时，分散为细小粒子的金属溶于载体氧化物的晶格中，或生成混合氧化物。这样，金属催化剂会受到很大影响，这种影响与高分散金属和载体的组成关系很大，如图 4-23(b) 所示。第三种是金属颗粒表面被来自载体氧化物涂饰。载体涂饰物可能与载体化学组成相同，也可能被部分还原。这种涂饰会导致金属-氧化物接触部位的表面金属原子的电性质改变，这将影响其催化性能，如图 4-23(c) 所示。研究结果表明，在烷烃氢解反应中，一旦载体氧化物向金属颗粒表面迁移，产生氧化物涂饰时，氢解速度呈数量级下降，如图 4-24 所示。图中乙烷氢解催化剂还原温度从 250 ℃升高到 500 ℃，氢解速度下降约 5 个数量级，这是因为高温还原产生TiO$_2$ 涂饰所致。前面已述，氢解反应为结构敏感反应，它需要多个 Rh 基团催化中心进行 C—C 键断裂，迁移到金属颗粒表面的 TiO$_x$ 物种破坏了 Rh 基团催化中心，致使活性下降。但对结构不敏感反应影响很小，如图中的环己烷脱氢反应转换频率变化很小。这说明环己烷脱氢活性不因 Rh 基团催化中心的破坏而明显下降。

近十几年来，关于载体和金属之间强相互作用（SMSI）的研究十分活跃[11]。Tauster[12] 等发现负载在 TiO$_2$ 上的多种贵金属催化剂，在高温下经 H$_2$ 处理后会完全失去对 H$_2$ 和 CO 的吸附，而催化剂自身在结构上并没发生变化，再经低温处理，又恢复了对 H$_2$ 和 CO 的吸附活性。他们认为这是金属与载体的强相互作用的结果。除 TiO$_2$ 外，负载 Ir 的 Nb$_2$O$_5$、V$_2$O$_5$、MnO 等也存在上述现象。TiO$_2$ 负载金属催化剂对于 CO 加氢有特别高的活性,它比 SiO_2 和 Al_2O_3 负载金属的活性高很多。TiO_2 负载 Rh、Pd 和 Pt 催化剂对 H_2 或 CO 还原 NO 活性有所提高。H_2 和 CO 化学吸附随着催化剂还原温度的提高而下降,TEM 测定表明不是由于金属烧结,而是由于金属表面被 TiO_x 部分涂饰,以及金属粒子由于载体表面湿润性改进而变成平坦的形状。这些都提供了二者强相互作用的证据。

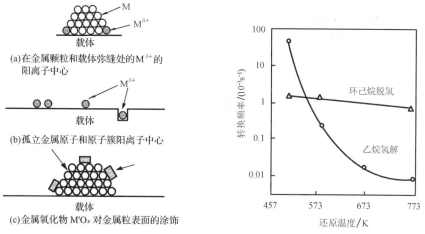

图 4-23　金属-载体相互作用的三种情况　　图 4-24　Rh/TiO_x 的还原温度对乙烷氢解活性的影响

这种强相互作用状态下的金属催化剂反应性能有着下列变化趋势:

(1)对结构不敏感反应,如加氢反应,活性下降不到一个数量级,但使部分加氢反应的选择性增强。

(2)对结构敏感反应,如氢解反应,活性骤然下降几个数量级。

(3)对 CO 加氢反应,活性提高约一个数量级,高级烃产物的选择性增加。

4.5.4　负载金属催化剂的氢溢流现象[13]

美国依里诺斯州工学院在进行环己烷脱氢生成苯的研究时,使用 Pt/Al_2O_3 作催化剂,并用大量惰性氧化铝进行稀释,催化剂与惰性氧化铝比率为 $1:80\sim 1:5\,000$。例如,将 2.4 g 催化剂分散于 1.2 kg 的惰性氧化铝中,在进料速度为 2.9 mol·h^{-1} 条件下可获得 $50\%\sim 60\%$ 的转化率。

为解释这一结果,人们推测:催化剂粒子可能活化了其周围惰性的氧化铝,而被活化的氧化铝体积远远大于催化剂粒子的体积,催化剂和被活化的氧化铝同时催化这一反应,才能导致活性如此之高。他们假定了以下动力学反应步骤:

(1)氢在 Pt/Al_2O_3 上解离并迁移到周围的惰性氧化铝上;

(2)迁移中的氢原子可活化途中的惰性氧化铝;

(3)周围已被活化的氧化铝上的氢原子,使环己烷按下列方式进行脱氢反应:

$$H_2 \overset{Pt}{\rightleftharpoons} 2H\cdot$$

$$2H\cdot \overset{Al_2O_3}{\rightleftharpoons} 2H^+ + 2e^-$$

$$nH\cdot + m\bigcirc \rightleftharpoons m\bigcirc + \frac{1}{2}(n+6m)H_2$$

$$2H\cdot \overset{Pt}{\rightleftharpoons} H_2(g)$$

这一假定使每个粒子的有效催化体积从 0.003 8 mL 增长到相当大的数值。上述实验引起了人们的极大关注和怀疑。

1964 年古别尔(Khoobiar)第一个用实验直接证明了氢溢流(spill over)现象,他把 WO 与 Pt/Al$_2$O$_3$ 机械地混合后,发现在室温下 WO 即可被氢还原而生成蓝色的 HWO。根据第一届国际溢流会议(1983 年于法国里昂召开)的建议,把溢流定义为:被吸附的活性物种从一个相向另一个相转移,另一个相是不能直接吸附生成该物种的相。溢流的结果将导致另一相被活化并参与反应。以氢溢流为例,氢分子首先被金属 M(M=Pt、Pd、Ni 等)吸附和解离

$$H_2 + M \rightleftharpoons H_2M$$

$$H_2M + M \rightleftharpoons 2H_a \cdot M$$

然后,吸附在金属上的 H·,像二维气体似的越过相界面转移到载体(θ)上

$$H_aM + \theta \longrightarrow M + H_{sp}\theta$$

氢溢流可引起氢吸附速率和吸附量的增加;氢溢流使许多金属氧化物(如 Co$_3$O$_4$、V$_2$O$_5$、Ni$_3$O$_4$、CuO 等)的还原温度下降;氢溢流能将本来是惰性的耐火材料氧化物诱发出催化活性,例如使 SiO$_2$ 转变成特殊的加氢催化剂,使它在 423 K 下就对乙烯加氢有活性,并且不被 O$_2$ 或 H$_2$O 毒化;氢溢流还能防止催化剂失活,可使沉积在金属活性中心周围和载体上的积炭物种重新加氢而去掉,使毒化贵金属的 S 生成 H$_2$S 而消失。大量实验表明,溢流现象不仅发生于氢,而且 O$_2$、CO、NO 和石油烃类均表现出存在着溢流现象。如在 Pt/Al$_2$O$_3$ 催化剂上积炭的氧化过程中,也存在着氧溢流。

溢流现象表明,催化剂表面上的吸附物种是流动的。溢流现象增加了多相催化的复杂性,但也有助于对多相催化反应的理解。它解释了催化重整中高速的脱氢反应等。氢溢流现象增加了我们对催化作用的基本理解,可以认为,在加氢反应中,活性物种不只是氢原子,而应该是 H·、H$^+$、H$_2^-$、H$_2^+$ 和 H$^-$ 的混合物。同理,氧化反应中,其活性物种应是 O·、O$^-$、O^{2-} 和 O$_2^-$ 的混合物。

4.6 合金催化剂及其催化作用

20 世纪 50 年代人们在调变金属催化剂的催化性能时,试图依据能带理论,采用合金办法调变金属催化剂的"d 带空穴",从而改变催化性能。将过渡金属含有

"d 带空穴"的组分（Ni、Pt、Pd）与不含"d 带空穴"但具有未配对的 s 电子的第 I 副族元素（Cu、Ag、Au）组成合金（Ni-Cu、Pd-Ag、Pt-Au 等）。在苯乙烯加氢反应实验中发现随合金中 Cu、Ag、Au 含量的增加，催化活性降低。其原因被认为是 Cu、Ag、Au 等元素中的 s 电子填充到 Ni、Pt、Pd 的"d 带空穴"中去，使过渡金属的"d 带空穴"数减少所致。20 世纪 70 年代，随着表面分析技术的发展和合金理论研究的深化，人们认识到对 Ni-Cu 合金用上述理论解释是不正确的，应从多方面去探讨合金的催化作用。下面将讨论合金的组成和催化作用。

4.6.1　合金的分类和表面富集

1. 合金的分类

根据合金的体相性质和表面组成可将合金分为三类：

（1）机械混合

各金属原子仍保持其原来的晶体结构，只是粉碎后机械地混合在一起。这种机械混合常用于晶格结构不同的金属，它不符合化学计量。

（2）化合物合金

两种金属符合化合物计量的比例，金属原子间靠化学力结合组成金属化合物。这种合金常用于晶格相同或相近，原子半径差不多的金属。生成这种有序的合金是强放热的，以 $\Delta H_f \ll 0$ 和 $(E_{AA} + E_{BB})/2 \ll E_{AB}$（$E_{AA}$ 代表金属 A—A 键键能，E_{BB}、E_{AB} 同理）为特征。在这些体系中以异核原子簇形式分散，且不发生微晶的析出或相分离现象。但是，由于在形成 A—B 键时自由能减小很多，常常生成有序的金属间化合物，如常见的 Pt-Sn 合金中的 PtSn 和 Pt_3Sn；Ni-Al、Cu-Pd、Cu-Pt 和 Pt-Sn 也可形成金属间化合物。合金的表面组成取决于晶面。

（3）固溶体

介于上述两者之间，这是一种固态溶液，其中一种金属可视为溶剂，另一种较少的金属可视为溶解在溶剂中的溶质。固溶体通常分为填隙式和替代式两种。当一种原子无规则地溶解在另一种金属晶体的间隙位置中时，称为填隙式固溶体。其中填隙的原子半径一般较小。当一种原子无规则地替代另一种金属晶格中的原子时，称为替代式固溶体。合金为中等放热的，即从元素生成合金的生成焓 $\Delta H_f \leqslant 0$，且 $|\Delta H_f|$ 小，键能关系为 $(E_{AA} + E_{BB})/2 \approx E_{AB}$ 时，在任何温度下，体系达到平衡时，全部浓度范围内都以单一相的固溶体存在，没有生成金属簇的趋势。A 原子和 B 原子是混乱分布的，在厚度不超过几个原子的表面层中，含有较低表面自由能的组分富集在表面层（含量较高），Pd-Ag 就属于这类合金。若合金为吸热的，合金的 $\Delta H_f > 0$，$(E_{AA} + E_{BB})/2 > E_{AB}$，在温度 $T > \Delta H_f/\Delta S_f$ 时，平衡合金的体相中生成 A 原子簇和 B 原子簇。这是因为 A—A 键和 B—B 键比 A—B 键更强。在温度 $T < \Delta H_f/\Delta S_f$ 时，存在一个混合区域，平衡合金有两

个组成不同的相。吸热的 Cu-Ni 合金,其临界温度约为 320 ℃,高于此温度为单相,低于此温度为两相,其合金的相图如图 4-25 所示。由图可见,在混合围线以下的点,在 100 ℃时其组成范围为含 Cu 2%~80%,存在两个相,它们的组成从曲线与温度水平线的两个交点处即可找出。

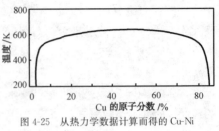

图 4-25　从热力学数据计算而得的 Cu-Ni
合金的相图

用蒸发法制得厚约 20 nm 的 Cu-Ni 膜,在 200 ℃左右分离成一个处于外层的富铜相(80%Cu,20%Ni),和一个类似樱桃的微晶核心的富镍相(2%Cu,98%Ni)。富铜相的组成在很宽的合金组成范围内都不发生变化。

2. 合金的表面富集

大多数合金都会发生表面富集现象,使其合金的表相组成与体相组成不同。如 Ni-Cu 合金,当体相 Ni 的原子分数为 0.9 时,表相 Ni 的原子分数只有 0.1。可见大量 Cu 在表面富集。表面富集由如下两个因素决定:

(1)合金中表面自由能较低(升华热较低)的组分容易在表面富集。因此表面自由能的很小差别就会造成很大的表面富集。

(2)合金表相组成与接触的气体性质有关,与气体有较高吸附热的组分容易在表面富集。

合金的表相组成对催化剂的催化性能的影响往往比体相更直接,也更重要。从下文的合金催化剂几何因素的影响可以看得更清楚。

4.6.2　合金的电子效应和几何效应与催化作用的关系

工业上常用的合金催化剂有 Ni-Cu、Pd-Ag、Pd-Au 等,这些合金催化剂中一部分为过渡金属元素 Ni、Pt、Pd 等,它们的电子结构特点是原子轨道没填满电子,也就是说具有"d 带空穴";而另一部分是第 I 副族元素 Cu、Ag、Au 等,它们的电子结构特点是原子 d 轨道被电子填满,但具有未成对的 s 电子。正如前面所述,从能带理论出发,认为当二者形成合金时,Cu、Ag 和 Au 中的 s 电子有可能转移到 Ni、Pd、Pt 的"d 带空穴"中,使得合金催化剂的"d 带空穴"数变小,从电子因素来看,这将会引起合金催化剂的催化活性发生变化。但是近 30 多年来的一些研究结果表明,对 Ni-Cu 合金催化剂来说,即使合金中 Cu 含量超过 60%,每个 Ni 的"d 带空穴"数仍为 0.5±0.1[14]。

这说明合金中 Cu 电子大部分仍然定域在 Cu 原子中,而 Ni 的"d 带空穴"仍大部分定域在 Ni 中。Ni 的电子性质或化学特性并不因与 Cu 形成合金而发生显著变化,这与能带理论的推测不相符。Ni 的电子结构不因 Cu 的引入形成合金而有很大变化,这是因为 Cu-Ni 合金是一种吸热合金,在此合金中可能形成 Ni 原子簇,而 Ni 和 Cu 的电子相互作用并不大。相反,对放热合金 Pd-Ag 而言,情况就不一样了。合金中 Pd 含量小于 35% 时,每个 Pd 原子的"d 带空穴"数从 0.4 降至 0.15[14]。而从 X 射线光电子能谱的数据表明,随 Ag 的加入 Pd 的"d 带空穴"被填满。这是因为 Pd-Ag 合金两个不同原子间成键作用比 Cu-Ni 合金大,即 $E_{AB}>(E_{AA}+E_{BB})/2$,所以 Pd 的电子结构受合金的影响会产生电子效应。人们对 Cu-Ni 和 Pd-Ag 合金的电子因素和几何因素对金属催化剂催化作用的影响进行了较多研究,主要以烃类加氢、脱氢反应(结构不敏感型)和氢解反应(结构敏感型)为例。图 4-26 所示为氢在 Cu-Ni 合金催化剂上的吸附[15]与合金组成的关系。图中强吸附氢是通过起始吸附等温线及抽真空 10 min 后所得等温线之差求得。

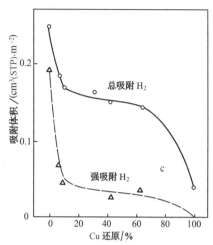

图 4-26　氢在 Cu-Ni 合金催化剂上的吸附与 Cu 含量之间关系

结果表明,少量 Cu 的加入立即引起强吸附氢的剧烈减少。这说明富集的表面 Cu 尽管数量不多(<10%),但却覆盖了富镍相。当 Cu 含量>15% 时,发生相分离,而且富镍相完全被 Cu 包起,此时外层富铜相的组成不随 Cu 含量的增加而改变,即表面组成变化不大,所以总吸附氢量和强吸附氢量变化不大。由此可见,氢化学吸附不是电子效应引起的,而是 Cu 表面富集的作用。从图 4-27 和图 4-28 可以看出,这种合金表面富集也直接影响了 Cu-Ni 合金催化剂的催化活性。

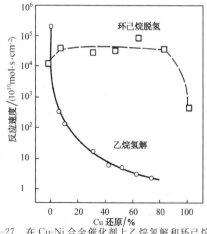

图 4-27　在 Cu-Ni 合金催化剂上乙烷氢解和环己烷脱氢反应的催化活性与合金组成的关系

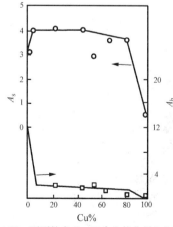

图 4-28　环丙烷在 Cu-Ni 合金催化剂上的氢解活性与 Cu 含量关系(As—环丙烷的总转化率;A_h—氢解转化率)

图 4-27 表明,当 Ni 中加入 20％Cu 时,乙烷氢解为甲烷的反应速度降低约 4 个数量级,而环己烷脱氢速度只是略有增加,然后变得与合金组成无关,直到接近纯 Cu 时,速率才迅速下降。从图 4-28 给出的环丙烷在 Cu-Ni 合金上进行的加氢反应与氢解反应,其规律与上述类似。由于环丙烷中的 C—C 键的伸缩性,其开环很像双键加氢(生成丙烷),而不像氢解反应生成甲烷和乙烷。前者由于 C—H 键断裂容易发生,所以合金化影响并不明显。而对于 C—C 键的断裂,由于发生氢解反应,金属表面至少有一对相邻金属原子与两个碳原子成键,才能进行氢解反应。当 Ni 和 Cu 形成合金时,由于 Cu 的富集,Ni 的表面双位数减少,而且吸附强度降低,因而导致氢解反应速度大大降低。双位吸附减少是一种几何效应,而吸附强度降低是一种电子效应。由此可见合金中的几何效应和电子效应对催化作用都有影响,前者对结构敏感型反应影响更大一些。

Pt-Au 合金化对催化作用中几何效应影响更显著。Pt 能催化中等链长的正构烷烃脱氢环化、异构化和氢解等反应(如重整过程)。图 4-29 给出 Pt-Au 合金的组成对正己烷反应选择性的影响。在 Pt 含量较低(1％～12.5％)时,Pt 溶于 Au 中,并均匀地分散在 Au 中(可能有原子簇存在),由于 Au 的表面自由能较低,因而 Au 高度富集在表面层。

如图 4-29 所示,当 Pt 在合金中含量为 1％～4.8％时,表面分散单个的 Pt 或者少量 Pt 原子簇。若将此合金负载于硅胶上,则只进行异构化反应,而环化和氢解反应几乎不能进行。当合金中含 Pt 10％时,则异构化和脱氢环化反应同时进

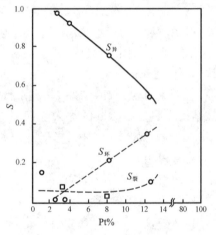

图 4-29 Pt-Au 合金的组成对正己烷反应选择性的影响(360 ℃)($S_异$、$S_环$、$S_裂$ 分别表示转化为甲基环戊烷、环化产物、氢解产物的分数)

行,氢解反应仍难以进行。当 Pt 含量非常高(纯 Pt)时,异构化、脱氢和氢解反应均可进行。三者活性差别最大是当 Pt 含量为 0～10％时,而不是 10％～100％。磁性测量表明磁化率变化最大是发生在 Au 含量最低之处,而 Pt 在 Au 中含量很少时,磁化率变化很小[24]。这一结果用电子效应难以给出清晰的说明,而从几何效应考虑可给出较好说明。因为氢解反应需要较多 Pt 组成的大集团,脱氢环化需要较少的 Pt 集团,而异构化则需要最少的 Pt 原子集团。如果异构化是按单分子机理进行的,在 Pt 原子高分散于大量 Au 中,单个 Pt 也能进行异构化;对脱氢环化反应至少需在两个相邻的金属原子上进行,由于 Au 的分隔,这样活性中心变少,活性较异构化低;对于氢解反应,由于合金表面上存在较多的 Au,作为反应活

性中心 Pt 大集团存在的概率更小,所以在 Pt 含量较低时氢解反应几乎不能进行。可见合金作用是调变金属催化剂的一种有效方法,它除了影响催化活性外,也影响反应的选择性。

4.7　典型金属催化剂催化作用剖析

金属催化剂是目前化学工业、石油炼制和环境污染治理方面应用最多的一大类催化剂,现就其中几个典型催化过程进行剖析。

4.7.1　合成氨工业催化剂

工业上使用的合成氨催化剂以 Fe_3O_4 为主催化剂,Al_2O_3、K_2O、CaO 和 MgO 等为助催化剂。合成氨催化剂通常是用天然磁铁矿和少量助剂在电熔炉里熔融,在室温下冷却制备的。

氨的合成为放热可逆反应:

$$N_2 + 3H_2 \Longrightarrow 2NH_3, \quad \Delta H_{500℃} = -108.8 \text{ kJ} \cdot \text{mol}^{-1} \tag{4-14}$$

操作温度通常为 $400 \sim 500$ ℃,压力为 $15 \sim 30$ MPa。

1. 主催化剂的结构

主催化剂磁铁矿 Fe_3O_4 与天然矿物尖晶石 $MgAl_2O_4$ 的结构相似,尖晶石单胞含 8 个 $MgAl_2O_4$,而 Fe_3O_4 的单胞也含有 8 个 Fe_3O_4。二者的氧离子均属面心立方紧密堆积,阳离子处于氧离子八面体空隙或四面体空隙中,Fe_3O_4 单胞表示为

$$Fe^{3+} [Fe^{2+} \cdot Fe^{3+}] O_4$$

单胞中有 8 个 Fe^{3+}　　　单胞中共有 16 个铁离子,Fe^{2+}、Fe^{3+} 各占一半
(处在四面体空隙)　　　　(处在八面体空隙)

所以称为反尖晶石结构。

在高温熔融(约 1 550 ℃以上)条件下,与 $Fe^{2+} \cdot Fe^{3+}$ 离子半径近似的离子(Si^{4+}、Al^{3+}、Ca^{2+}、Mg^{2+}、K^+ 等),可取代 Fe^{2+} 或 Fe^{3+},生成混晶。还原时晶粒中全部氧被除去,但结构并不收缩,可制得与还原前磁铁矿体积相等的多孔铁。据相结构分析为 α-Fe,即体心立方结构,它是主催化剂。电子探针观察表明,α-Fe 微粒中掺入少量助剂,作为隔开微晶的难还原且耐高温的物质存在于 α-Fe 微晶之间。还原过程中助剂分布得更均匀。实验发现还原过程温度的控制、还原气体组成、线速、压力及助剂种类和含量等对还原后颗粒大小、细孔半径及分布等均有重要影响。

2. 各种助催化剂的作用及其最佳含量

(1)Al_2O_3

　　Al_2O_3 是一种结构型助催化剂,它在高温下的稳定形态是 α-Al_2O_3;但在熔铁催化剂中,Al_2O_3 可能生成 $FeAl_2O_4$、$K_2Al_2O_4$ 等尖晶石型混晶结构,成为高熔点且难还原组分,隔开 α-Fe 微晶,以阻止 α-Fe 的烧结。Al_2O_3 的加入增加了催化剂的比表面积(如 Al_2O_3 含量为 10.2% 时,催化剂比表面积为 13.2 $m^2 \cdot g^{-1}$;而 Al_2O_3 含量为 0.15% 时,催化剂比表面积只有 1 $m^2 \cdot g^{-1}$)。Al_2O_3 与 K_2O 有协同作用,使合成氨活性大增。这是因为 Al_2O_3 将表面游离的 K_2O 束缚住,生成铝酸钾,减少 K_2O 的流失。此外,Al_2O_3 还可增加催化剂对 S、Cl 等的抗毒性能。

　　Al_2O_3 加入量要合适,过多会使自由铁含量下降,还原速度减慢。Al_2O_3 表面还能吸附 NH_3,使生成的 NH_3 不能及时脱附,导致活性降低。因此,Al_2O_3 加入量要适中,而且还要与其他助剂添加种类和数量协调,通常为 2.5%～5%,最佳量为 3%～4%。

　　(2)K_2O

　　K_2O 是一种电子助催化剂,由于 K_2O 的加入,使 α-Fe 的电子逸出功降低。这被认为是包围着 α-Fe 微晶的 $K_2Al_2O_4$ 以其 K^+ 向外、AlO_2^- 向内,造成表面正电场,使金属 α-Fe 的电子逸出功降低。促进电子输出给 N_2,从而提高催化活性。K_2O 通常表相浓度大于体相浓度,可见 K^+ 是在固体表面层。K_2O 能促进 α-Fe 烧结,使比表面积下降,导致孔半径增大。不含 K_2O 的样品平均孔径为 28.4 nm,含少量 K_2O 的样品平均孔径为 36.4 nm,含大量 K_2O 的样品平均孔径则为 48.4 nm。

　　此外,K_2O 可中和 Al_2O_3 的酸性,使 Al_2O_3 吸附 NH_3 减弱,有利于 NH_3^* 解吸。K_2O 的最佳含量为 1.2%～1.8%。

　　(3)CaO

　　制备催化剂时,加入 CaO 能使 Al_2O_3 与磁铁矿的熔融温度降低,熔融液的黏滞性大大降低,因而使 Al_2O_3 在熔铁中均匀分布。有些数据说明 CaO 也有抗烧结作用和降低电子输出功的作用,以及增加催化剂抗 H_2S 和 Cl 等毒物的能力。CaO 的最佳添加量为 2.5%～3.5%。

　　(4)MgO

　　MgO 与 CaO 作用相似,MgO 与 CaO 同时存在时能显著提高催化剂的低温活性。相对 Al_2O_3 来说,MgO 较易使催化剂还原。实验表明,加入 MgO 还可改变催化剂的耐热性能。MgO 的最佳加入量为 3.5%～5%。

　　(5)SiO_2

　　SiO_2 的主要作用是改善催化剂的物理结构,使 K^+ 分布更均匀或调节表面 K^+。而其最佳含量将随 K_2O 的含量而改变,与其他助催化剂含量也有关。

　　总的说来,助催化剂的各种成分是互相联系、互相制约的,它们通过对 α-Fe 微晶大小及其分布、α-Fe 电子逸出功等的改变使催化剂活性、稳定性达到最佳值。

3. 合成氨催化反应机理

自从 1913 年世界上第一个合成氨工厂诞生以来,已有 100 多年的历史,这期间国际上围绕着合成氨催化剂进行了极其大量的基础研究工作,大大促进了催化学科的发展。合成氨的精细反应机理如图 4-30 所示,图中描述了 Fe(111) 晶面的催化过程,其中 N_2 的解离是控制步骤。大量研究表明,Fe 催化剂属于结构敏感型催化剂。Boudart 等的实验结果表明,Fe 负载量过小、分散度过大是不利的。当 Fe 颗粒平均直径小于 30 nm 时,氨合成的催化活性明显下降。这说明 N_2 在催化剂表面化学吸附时是几个 Fe 原子同时起作用。实验结果还指出 α-Fe 的 (111) 晶面是起催化作用的主要晶面[16]。

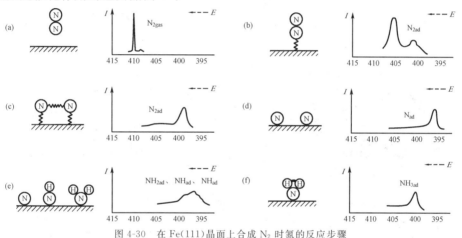

图 4-30　在 Fe(111) 晶面上合成 N_2 时氮的反应步骤

Brill 等提出了 4-Fe 原子簇活性中心模型,如图 4-31(a) 所示;Boudart 等提出了 C_7 原子簇活性位模型,如图 4-31(b) 所示,这属于一种 C_7 位,即体心原子的最近邻有 7 个 Fe 同时起作用;我国的戴安邦、忻新泉和黄开辉也提出了“敞口锅”式的 7-Fe 原子簇活性中心模型与垂直插入式的吸附机理,如图 4-31(c) 所示;4-Fe 原子簇 N 吸附中心和 6-Fe 原子簇反应中心模型,以及斜交式端基加三侧基络合活化的吸附机理,如图 4-31(d) 所示。后者中关于优先与表面的 3 个原子之一做端基络合的主要根据是表面 Fe 比底端 Fe 的价键不饱和性大,反馈电子给端基络合物的能力应该大的多。电子逸出功和表面接触电位的测定表明,在 Fe 催化剂上 N 的化学吸附态为带负电荷的。金属反馈电子使 N 带部分负电荷,对于削弱三重键和形成有利于加氢的极化方向是很重要的。Fe 催化剂中 K_2O 的存在可使催化剂电子逸出功降低,显然对 N_2 从 Fe 表面得到负电荷是有利的。实验表明吸附氢对 N 的化学吸附量和化学吸附速度以及对氨的生成速度都有明显的影响。

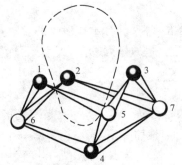

(a) Brill 等提出的 4-Fe 原子簇活性中心模型

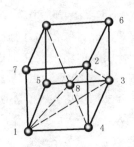

(b) Boudart 等提出的 C_7 原子簇活性位模型

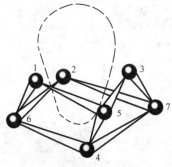

(c) 从水平方向看的 "敞口锅" 式
7-Fe 原子排列和分子氮的吸附模型

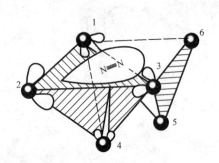

(d) 分子氮 6-Fe 原子簇中心的斜交式
端基加三侧基络合活化吸附模型

图 4-31 原子簇反应中心模型

从最近生物固氮催化剂——固氮酶的研究中得知,固氮酶活性中心也是一种含一个钼和若干铁离子组成的多核原子簇,而在这种活性中心上的络合活化方式也是多核络合。可见酶催化与多相、均相催化在催化原理上有不少共同之处,可以互为借鉴。

4.7.2　乙烯环氧化工业催化剂

乙烯环氧化生产环氧乙烷采用负载银催化剂。主催化剂为银(Ag),载体为耐热 $\alpha\text{-Al}_2\text{O}_3$(刚玉)小球、SiC(金刚砂)等,助催化剂为 Ba、Al、Ca、Ce、Au 或 Pt 等,采用浸渍法制备负载银催化剂。乙烯环氧化反应采用气固相反应,反应温度一般在 220～280 ℃,该反应为放热反应。

主反应: $CH_2{=}CH_2 + \dfrac{1}{2}O_2 \longrightarrow CH_2{-\!\!-}CH_2 \quad\ \Delta H = -122.2 \text{ kJ} \cdot \text{mol}^{-1}(280\ ℃)$
$$\underset{O}{\underbrace{}}$$

(4-15)

副反应为深度氧化生成 CO_2 和 H_2O,为强放热反应,$\Delta H = 1\,327 \text{ kJ} \cdot \text{mol}^{-1}$。

1. 主催化剂

银被负载在低表面大孔载体上,银的负载量为 $5\% \sim 35\%$。对于乙烯环氧化反应,银催化剂是一种结构敏感型催化剂,因此负载银颗粒大小、载体性质及助催化剂等都对其有很大影响。制备银催化剂的关键是使银能牢固地负载在载体上。

2. 助催化剂

银催化剂中的助催化剂组分通常包括碱土金属、碱金属、稀土金属及贵金属,其中最常见的是 Ca 和 Ba。例如,加入钡盐在反应条件下转变为 $BaCO_3$,它能和银原子充分混杂在一起。随钡盐加入量增加,活性提高。当钡盐含量为 $6\% \sim 8\%$ (m/m)时达到最大值。钡盐含量再增加,其活性降低,而选择性随 BaO 含量增加而降低。钡盐和钙盐被认为起结构型助催化剂作用,它们可以把银颗粒隔开,防止银烧结。同时还观察到它们也是电子型助催化剂,可将银的电子逸出功从 4.40 eV 降低到 3.80 eV,从而提高其催化活性。

碱金属离子 Na^+、K^+、卤族元素离子 Cl^-、Br^-、I^- 及 S^{2-}、SO_4^{2-} 等加入银催化剂可以提高其选择性,KCl 可使选择性达到或接近 80%。Shingu 用碱修饰银,当乙烯转化率为6.2%时,C_2H_4O 的选择性高达 100%。用 NaCl 修饰的银催化剂可使选择性达到 90%[17]。选择性提高的原因是调节银催化剂的电子逸出功使 O_2 活化形式主要以 O_2^- 为主。而 Cl^-、S^{2-}、SO_4^{2-} 等负离子富集在催化剂表面形成负电场,提高电子逸出功,也有利于 O_2^- 吸附物种生成。

3. 乙烯环氧化机理

通常认为乙烯在银催化剂上环氧化机理如下:

$$2Ag + O_2 = Ag_2O_2(吸附) \tag{4-16}$$

$$Ag_2O_2 + C_2H_4 \longrightarrow C_2H_4O + Ag_2O \tag{4-17}$$

$$4Ag_2O + C_2H_4 \longrightarrow 2CO + 2H_2O + 8Ag \tag{4-18}$$

$$CO + Ag_2O = CO_2 + 2Ag \tag{4-19}$$

这个机理符合于大量实验结果,其最大选择性小于 80%。但是最近发现一些工业银催化剂的环氧乙烷选择性大于 80%,这一结果与上述反应机理相矛盾。H. Mimoun 根据均相配合物催化剂在氧插入反应中的作用机理研究结果提出如下机理[18]:

$$(4-20)$$

$$(4-21)$$

$$CH_2 = Ag + O_2 \longrightarrow Ag = O + HCHO \tag{4-22}$$

由于甲醛及其氧化物甲酸都是强还原剂,可将氧化银重新还原为银,构成催化循环。按照这一机理,反应化学计量式为

$$7C_2H_4 + 6O_2 \longrightarrow 6C_2H_4O + 2CO_2 + 2H_2O \tag{4-23}$$

按化学计量式计算，其最大选择性为85%。目前我国生产的银催化剂的环氧乙烷选择性已达83%。

近年来，经过各国催化学者的努力，对长期以来具有争议的乙烯环氧化机理得到了较为一致的结论。主要结论有如下几点[19]：

(1)吸附态原子氧(O_a)是乙烯银催化氧化的关键氧种，弱吸附(亲电子性)O_a 参与乙烯选择氧化，强吸附(亲核性)O_a 参与乙烯完全氧化，可以用下式表示：

选择氧化
完全氧化
CH₂—CH₂⁺
δ⁻O
CH₂—CH₂
δ⁺
O
δ⁻
O
OH
C
CH₂+H₂O

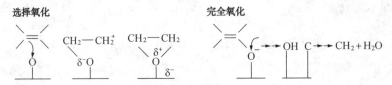

(2)高氧覆盖度导致弱吸附态原子氧，低氧覆盖度导致强吸附态原子氧。凡是能减弱 O_a 与银之间的键能的环境(如吸附碳原子)将有利于乙烯的选择氧化。

(3)在银表面易发生分子氧的解离吸附，并形成银下表层的原子氧。且银表面的吸附态原子氧随着氧的覆盖导致弱吸附态特性，使银成为此项工艺唯一有效的催化剂。

(4)既然吸附态原子氧为乙烯环氧化主、副反应的关键氧种，则没有必要对环氧乙烷选择性设一个6/7的上限。

4.7.3 催化重整工业催化剂

1.催化重整反应

催化重整是提高汽油辛烷值、制取芳烃的重要手段，是炼油加工过程中的重要部分。催化重整反应比较复杂，既有电子转移反应，也有质子转移反应。下面列出其代表性反应：

(1)环烷烃脱氢芳构化反应

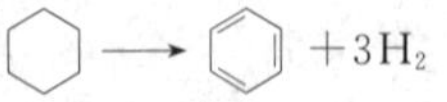

+3H₂

(4-24)

CH₃
CH₃
+3H₂

(4-25)

(2)烷烃芳构化反应

烷烃经脱氢环化转化为环烷烃，再进一步脱氢转化为芳烃：

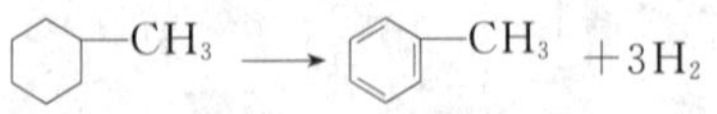

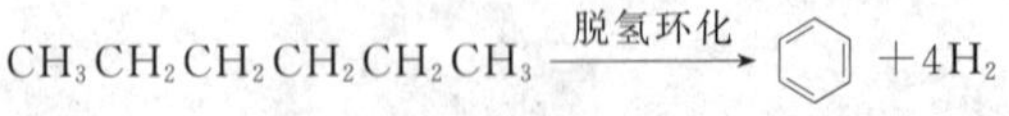

CH₃CH₂CH₂CH₂CH₂CH₃
脱氢环化
+4H₂

(4-26)

上述两种反应均可生产大量芳烃，既可提高汽油辛烷值，又可生产大量苯、甲苯和二甲苯化工产品，同时还可得到大量氢气。

(3)异构化反应

正构烷烃异构为异构烷烃，可提高汽油辛烷值：

$$CH_3CH_2CH_2CH_2CH_2CH_3 \longrightarrow CH_3CH_2CH_2CH_2\underset{\underset{CH_3}{|}}{C}HCH_3 \tag{4-27}$$

烯烃加氢异构为异构烷烃：

$$CH_3CH_2CH_2CH_2CH_2CH=CH_2 + H_2 \longrightarrow CH_3CH_2CH_2CH_2\underset{\underset{CH_3}{|}}{C}HCH_3 \tag{4-28}$$

（4）加氢裂化反应

在氢气存在下，大分子烃可裂解为小分子烯烃，进一步加氢成为小分子饱和烃，也可提高辛烷值：

$$C_8H_{18} + H_2 \longrightarrow C_5H_{12} + C_3H_8 \tag{4-29}$$

（5）其他反应

包括脱硫、脱氮、脱氢以及积炭等副反应。

2. 催化重整催化剂

从上述催化重整反应可以看出，重整催化剂既要具有脱氢、加氢功能的电子转移金属组分，又要具有异构化、环化等功能的质子转移的酸性组分，因此，它是一种双功能催化剂。工业常用催化剂是金属 Pt 负载于酸性载体上的负载型金属催化剂，Pt 的浓度通常为 $0.1\% \sim 1\%$，Pt 在载体上的分散度很关键，一般晶粒要小于 5 nm，载体常用 $\gamma\text{-Al}_2O_3$ 或沸石分子筛（丝光或 ZSM-5），载体也是活性组分的一种，可用助催化剂 HF 或 HCl 调节其酸中心强度。最新研制的催化剂中采用合金催化剂 Pt-Re 或 Pt-Ir，其中 Re 和 Ir 是结构型助催化剂，它可提高 Pt 的稳定性，防止 Pt 粒因高温烧结引起 Pt 比表面积减小而造成的电子转移活性下降。

3. 催化重整反应机理

催化重整反应中金属组分的加氢、脱氢功能与酸组分的异构化、环化和加氢裂化功能，是通过烯烃（关键性中间物）发生作用的。Mills 最早提出重整反应机理，如图 4-32 所示。

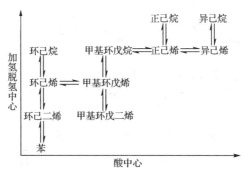

图 4-32　环己烷的重整反应图示

图中平行于纵坐标的反应发生在重整催化剂的金属中心上，而平行于横坐标的反应发生在催化剂的酸性中心上。这一系列连串步骤中每一个中间产物都能依次在两类活性中心上来回转移,才能得到最终产物。图 4-33 更为明显地表现了这一过程。

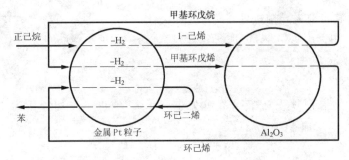

图 4-33　双功能催化机理示意图

由图可见,如果反应物或中间产物只能在一类活性中心上进行反应,就不能使连串反应进行下去,得不到最终目的产物,反而会引起一系列副反应。影响双功能催化效果的因素:首先考虑两种组分的活性中心,强弱必须搭配适宜,并考虑两者的相互影响;还要考虑两种活性中心来回转移迅速,这就要求 Pt 在 Al_2O_3 上分散度适宜。通常 $1\sim0.1\ \mu m$ 为好;如果 Pt 微粒大到 $100\sim1\ 000\ \mu m$,催化剂活性就会很差;如果 Pt 微粒过细,则两种活性中心互相重叠,相互干扰,也得不到良好的催化效果。

4.8　金属催化剂开发与应用进展

金属催化剂是固体催化剂中研究最早、最深入,同时也是获得最广泛应用的一类催化剂。近年来,合成氨的钌(Ru)催化剂、乙烯环氧化的银(Ag)催化剂、金(Au)催化剂以及非晶态合金催化剂等都取得了新的进展。特别值得提出的是,以"纳米限域催化"新概念为基础制备出一系列金属单原子、金属纳米粒子催化剂,这些催化剂表现出优异的催化性能。

4.8.1　甲烷高效转化研究的重大突破

甲烷是储量丰富、价格低廉、可替代石油资源生产液体燃料和基础化学品的一种非石油资源。但因以四面体对称的甲烷分子非常稳定,甲烷分子的 C—H 键选择性活化和定向转化一直是国内外催化研究的热点和难点。包信和研究团队[20-23]以"纳米限域催化"新概念为基础,创造性地构建了具有高催化活性的单中心低价铁原子,通过两个碳原子和一个硅原子镶嵌在氧化硅或碳化硅晶格中,形成高温稳定的催化活性中心,使甲烷分子在无氧条件下,在配位不饱和的单铁中心上催化脱氢,生成表面吸附态的甲基物种、自由基,后者在气相中进行偶联反应,生成乙烯、芳烃(苯、萘等)化学品。在反应温度为 $1\ 090\ ℃$、空速为 $21.4\ L/(g\cdot h)$ 条件下,甲烷单程转化率达 48.1%,乙烯选择性 48.4%,碳原子总选择性 99%。在此条件下催化剂连续反应 60 h,仍保持极好的稳定性,使甲烷高效转化研究获得重大突破。

甲烷通过这种直接催化转化制化学品与传统天然气转化路线以及甲醇转化制化学品(见本书 9.1 节)相比,彻底摒弃了高能耗的合成气制备和多步骤合成燃料及化学品的过程,大大地缩短了工艺路线,反应本身实现了 CO_2 零排放,反应原料原子利用率达到 100%。该团队还研究了过渡金属(Fe、Fe-Co、Rh-Mn、Ru 等)封装在碳纳米管的腔中,发现限域在纳米管腔中的纳米金属粒子物化性质和催化性能发生变化,改变其对吸附分子的活化模式和反应途径,从而调变催化剂的催化性能。例如制备的类石墨烯碳层封装的纳米钴-铁催化剂用于强酸条件下电解水制氢反应,其性能接近于通常采用的 40% Pt/C 催化剂。利用碳纳米管封装的纳米 Fe 催化剂可替代传统的贵金属 Pt/C 催化剂作为燃料电池的催化剂。

4.8.2　合成氨的钌催化剂的开发

20 世纪初,在 Harber 等成功开发了铁基合成氨催化剂后,人们始终没有停止过对合成氨催化剂的研究与开发,直到今天这种研究仍在继续。20 世纪 30 年代,Zenghelis 和 Stathis 首次报道了合成氨的钌催化剂的活性,但在当时钌的催化活性较铁的略差[24]。1992 年第一个非铁的合成氨催化剂由凯洛格公司(现 KBR 公司)应用于其 KAAP(Kellogg 合成氨生产)工艺中。这种钌催化剂以石墨化的碳为载体、$Ru_3(CO)_{12}$ 为活性组分前驱体制成,可在 300 ℃、8.5 MPa 下使用,其活性是传统熔铁催化剂的 10~20 倍,但由于钌催化剂的价格昂贵、活性高等特点,需要改进合成氨的工艺与其相适应。随着化肥工业的发展,我国合成氨催化剂发展十分迅速,近十年来在钌催化剂上也做了大量的研究,钌与碳纳米管、活性炭组成的合成氨催化体系取得了突破性的进展,反应过程中催化剂活性和稳定性均达到了国际先进水平[25]。

4.8.3　银催化乙烯环氧化催化剂选择性的突破

环氧乙烷是乙烯工业衍生物中仅次于聚乙烯和聚氯乙烯的重要有机化工产品,目前环氧乙烷的生产均采用氧气直接氧化法。银催化乙烯环氧化是金属催化烯烃环氧化的成功范例。银催化剂的寿命一般在 3~5 年,由于在乙烯环氧化制环氧乙烷的生产成本中,原料乙烯通常占 70% 以上,因此环氧乙烷的选择性尤为重要。通过添加助剂来提高环氧乙烷的选择性是高性能银基催化剂的研究重点。20世纪 90 年代,Shell 公司推出的银-铼-铯(Ag-Re-Cs)催化剂,其初始选择性在 90%

左右,推翻了 P. A. Kitty 和 W. M. Sachter 提出的乙烯在银催化剂上氧化为环氧乙烷的选择性最高不超过 85.7% 的理论。还有一些公司也开发出相应的催化剂,初始选择性均为 88% ～ 90%。北京燕山石化研究院开发的 YS-8810 催化剂,连续运转一年后,选择性可稳定在 88%[26]。

4.8.4　金催化剂的崛起

长期以来,金一直被认为是化学性质最不活泼的、最稳定的一种金属。然而 20 世纪 80 年代一个重大的发现改变了人们对金的化学性质的认识。当金粒子小到纳米尺寸时,其对许多化学反应具有不寻常的选择催化作用[27]。因此近年来对金催化剂的研究异常活跃。

Arcadi 等在 2009 年发表于 Chem. Rev. 的综述中针对金化学做了详尽的描述。Fürstner 等在 2007 年发表于 Angew. Chem. 的一篇报道中针对金化学的本质进行了深入探讨。环氧丙烷广泛用于聚亚胺酯的生产,最近研究表明,用金催化剂既可保持高选择性,又可使转化率有较大的改善[28]。Haruta 课题组[29]将 NaOH 改性的 Au/TS-1 应用于丙烯环氧化反应,得到了约 10% 的丙烯转化率和 90% 的 PO 选择性。许多公司纷纷申请使用金催化剂直接生产环氧丙烷的专利,工业规模的试验厂很快投入运行。金催化剂还可用于 CO 的低温选择氧化。台湾联合实验室开发了一种颗粒直径为几纳米的金负载 Fe_2O_3 和 TiO_2 催化剂,高温下对低浓度($1.0 \times 10^{-5} \sim 10 \times 10^{-5}$)和高浓度($1.0 \times 10^{-2}$)的 CO 氧化都非常有效[30]。对金催化剂除了进行一些基础催化的研究外,也已使其进入到商业应用。重要中间体醋酸乙烯单体的生产是第一个以金为催化剂组分的工业过程[31],2001 年 BP 公司用 Au/Pd 或 Au/Pd/KOAC 负载 SiO_2 微球为催化剂,采用流化床反应器,实现了工业化。氯乙烯是聚氯乙烯的单体,是一种大宗化工产品,工业使用 $HgCl_2$/C 催化剂进行乙炔的氢氯化反应合成氯乙烯[32],催化剂失活快且 $HgCl_2$ 有毒。将金负载于活性炭上制备的催化剂用于此反应时,催化剂失活速度慢,且活性是工业催化剂的三倍。此外,环己烷在 1% Au/ZSM-5 催化剂上还可用于氧化制环己酮;日本触媒株式社报道的 Au/TiO_2-SiO_2 能够在甲醇中直接催化乙二醇选择氧化制取乙醇酸甲酯;Au/C 催化剂还可用来催化 D-葡萄糖选择氧化制取 D-葡萄糖酸;使用 Au-Pd/Al_2O_3 催化剂可用于双氧水合成,比目前使用的工业催化剂 Pd/Al_2O_3 效果更好[33];Au-Pd/SiO_2 催化剂可用于加氢精制油品馏分,而 Au/SiO_2 或 Au/Al_2O_3 催化剂可催化二烯烃选择加氢为烯烃。

4.8.5　非晶态合金的工业应用

本章前面介绍的金属催化剂均为晶态的单金属或合金。而非晶态合金与晶态

合金不同,其特点如下:

(1)非晶态合金是一种长程无序而短程有序的体相结构,可形成更多的催化活性中心;

(2)非晶态合金表面缺陷多,表面原子不饱和度大,表面能高,导致活性中心活性较高;

(3)非晶态合金组成不受相平衡限制,便于调节各组分的含量,为寻找适宜的催化剂提供有利条件。

闵恩泽、宗保宁等[34]采用传统急冷法和化学法集成制备的非晶态镍骨架合金催化剂的比表面积高于 Raney Ni,通过向 Ni-P 非晶态合金中引入稀土元素 Y 提高了 Ni-P 非晶态合金的稳定性,使应用广泛的 Ni-P 非晶态合金加氢性能产生了质的飞跃。为此获得了 2005 年国家科技发明一等奖。目前该催化剂已成功应用于己内酰胺加氢工业生产中。此外,这种 Ni-Y-P 非晶态合金催化剂的加氢活性优于 Raney Ni 催化剂,可以使烯烃、炔烃和硝基化合物在较低的温度下加氢饱和,是一种非常有应用前景的新型加氢催化剂。由于非晶态合金催化剂具有良好的磁性,可以满足磁稳定床对固体催化剂的要求。在磁稳定床中,外加磁场可以有效地防止颗粒催化剂被带出,实现高空速操作。此外,镍基非晶态合金还被应用于硝基苯液相催化加氢制苯胺[35]、氯代硝基苯催化加氢制氯代苯胺等工艺中。

化学还原法制备的钌基非晶态合金催化剂,融合了纳米粒子和非晶态合金的结构特点,在苯选择加氢反应中表现出高活性和高环己烯选择性。尤其是负载型钌基非晶态合金催化剂具有贵金属利用率高和易于工业化等优点,有着明显的竞争优势。目前,郑州大学已经建立了一套完整的非晶态合金催化剂催化苯选择加氢制环己烯催化体系,并用于工业生产中,苯转化率为 70%,环己烯选择性高达 80%[36]。

(郭新闻)

参考文献

[1]　赫格达斯 L L. 催化剂设计——进展与展望[M].彭少逸,郭燮贤,闵恩泽,等,译.北京:烃加工出版社,1989.

[2]　邓景发.催化作用原理导论[M].长春:吉林科学技术出版社,1981.

[3]　Pauling L. The nature of the chemical bond [M]. New York:Cornell University Press,1960.

[4]　Beeck O. Disc Faraday Soc,1950,8:118.

[5]　Sinfelt J H. Adv Catal,1973,23:91.

[6]　Баландин А А. Ж. Р. Ф. Х. О. 1929,61:909.

[7]　Balandin A A. Adv Catal,1969:191.

[8]　Clark A. The theory of adsorption and catalysis [M]. London:Academic press,1970.

[9] Schuab G M, Block J, Schultze G. Angew Chem,1959,71:101.

[10] Boudart M, et al. J Catal,1966,6:92.

[11] Tauster S T. Acc Chem Res, 1987,20:389.

[12] Tauster S T,Fung S C,Garten R L. J Am Chem Soc,1978,100:170.

[13] 史泰尔斯 A B. 催化剂载体与负载型催化剂. 李大东,钟孝湘,译. 北京:中国石化出版社,1992.

[14] Graselli R K, Suresh D D. J Catal, 1972,25:273.

[15] Sinfelt J H, et al. J Catal,1974,24:283.

[16] Spencer N D,et al. Na J Catal, 1982,74:129.

[17] Ayame A, et al. J Catal,1983,79:233.

[18] Mimoun H. Rev Inst Fr Pet,1978,33:259.

[19] 张式. 石油化工,1995,24:586.

[20] Guo X G, Fang G Z, Li G, et al. Direct, Nonoxidative Conversion of Methane to Ethylene, Aromatics, and Hydrogen [J], Science, 2014, 344: 616-619.

[21] Xiao J P, Pan X L, Guo S J, et al. Toward Fundamentals of Confined Catalysis in Carbon Nanotubes [J], J. Am. Chem. Soc. 2015, 137: 477-482.

[22] Pan X L, Fan Z L, Chen W, et al. Enhanced ethanol production inside carbon—nanotube reactors containing catalytic particles [J], Nature Materials, 2007, 6: 507-511.

[23] CHen W, Fan Z L, Pan X L, et al. Effect of Confinement in Carbon Nanotubes on the Activity of Fischer—Tropsch Iron Catalyst [J], J Am Chem Soc 2008, 130: 9414-9419.

[24] 刘化章. 氨合成催化剂的进展[J]. 工业催化, 2005, 13(5):1-8.

[25] 王奕森, 张永强. 氨合成催化剂的研究进展[J]. 内蒙古石油化工, 2010, 4:7-8.

[26] 苗静, 王延吉. 乙烯环氧化制环氧乙烷银催化剂研究进展[J]. 工业催化, 2005, 13(4): 44-47.

[27] Bond G C, Thompson D T. Catalysis by gold [J]. Catalysis reviews-science and engineering, 1999,41:319-388.

[28] Haruta M. Gold as a novel catalyst in the 21st century: Preparation, working mechanism and applications [J]. Gold Bulletin, 2004, 37:27.

[29] Huang J H, Taker T, Akita T, et al. Gold clusters supported on alkaline treated TS-1 for highly efficient propene epoxidation with H_2 and O_2[J]. Appl Catal B, 2010, 95:430-438.

[30] Wu K C, Tung Y L, Chen Y L, et al. Catalytic oxidation of carbon monoxide over gold/iron hydroxide catalyst at ambient conditions [J]. Appl Catal B: Env, 2004, 53: 111-116.

[31] Arii S, Mortin F, Renouprez A J, et al. Oxidation of CO on gold supported catalysts prepared by laser vaporization: direct evidence of support contribution [J]. J Am Chem Soc, 2004, 126: 1199-1205.

[32] Haruta M. When gold is not noble: catalysis by nanoparticles [J]. Chem Record, 2003,

3:75-87.

[33] Edwards J K, Solsona B E, Landon P, et al. Direct synthesis of hydrogen peroxide from H$_2$ and O$_2$ using TiO$_2$ supported Au-Pd catalysts [J]. J Catal, 2005, 236:69-79.

[34] 闵恩泽. 石油化工——从案例寻求自主创新之路 [M]. 北京:化学工业出版社, 2009:50.

[35] 郭方,吕连海. 氯代硝基苯催化加氢制备氯代苯胺的研究进展 [J]. 化工进展, 2007, 26 (1):1-6.

[36] Sun H J, Jiang H B, Li S H, et al. Selective hydrogenation of benzene to cyclohexaneover nano composite Ru-Mn/ZrO$_2$ catalysts [J]. Chinese J Catal, 2013, 34:684-694.

第5章 过渡金属氧(硫)化物催化剂及其催化作用

5.1 过渡金属氧(硫)化物催化剂的结构类型及其应用

5.1.1 过渡金属氧(硫)化物催化剂的应用及其特点

1.过渡金属氧化物催化剂的应用

过渡金属氧化物催化剂是工业催化剂中很重要的一类催化剂,这类催化剂主要用于氧化还原型催化反应过程。已实现工业应用的催化剂见表5-1。

表 5-1 过渡金属氧化物催化剂的工业应用

反应类型	催化主反应式	催化剂	主催化剂	助催化剂
选择氧化及氧化	$C_3H_6 + O_2 \longrightarrow$ $CH_2{=}CH{-}CHO + H_2O$	$MoO_3\text{-}Bi_2O_3\text{-}P_2O_5$(Fe、Co、Ni 氧化物)	$MoO_3\text{-}Bi_2O_3$	P_2O_5(Fe、Co、Ni 氧化物)
	$C_3H_6 + \frac{3}{2}O_2 \longrightarrow$ $CH_2{=}CH{-}COOH + H_2O$	钼酸钴+$MoTe_2O_5$	钼酸钴	$MoTe_2O_5$
	$C_4H_8 + 2O_2 \longrightarrow 2CH_3COOH$	Mo+W+V 氧化物+适量 Fe、Ti、Al、Cu 等氧化物	Mo+W+V 氧化物	适量 Fe、Ti、Al、Cu 等氧化物
	$SO_2 + \frac{1}{2}O_2 \longrightarrow SO_3$	V_2O_5+K_2SO_4+硅藻土	V_2O_5	K_2SO_4(硅藻土载体)
	$2NH_3 + \frac{5}{2}O_2 \longrightarrow 2NO + 3H_2O$	V_2O_5+K_2SO_4+硅藻土	V_2O_5	K_2SO_4(硅藻土载体)
氨氧化	$C_3H_6 + NH_3 + \frac{3}{2}O_2 \longrightarrow$ $CH_2{=}CH{-}CN + 3H_2O$	$MoO_3\text{-}Bi_2O_3\text{-}P_2O_5\text{-}Fe_2O_3\text{-}Co_2O_3$	$MoO_3\text{-}Bi_2O_3$	$P_2O_5\text{-}Fe_2O_3\text{-}Co_2O_3$

(续表)

反应类型	催化主反应式	催化剂	主催化剂	助催化剂
氧化脱氢	$C_4H_{10}+O_2 \longrightarrow C_4H_6+2H_2O$	P-Sn-Bi 氧化物	Sn-Bi 氧化物	P_2O_5
	$C_4H_8+\dfrac{1}{2}O_2 \longrightarrow C_4H_6+H_2O$	P-Sn-Bi 氧化物	Sn-Bi 氧化物	P_2O_5
	$C_4H_8+3O_2 \longrightarrow C_4H_2O_3+3H_2O$	$V_2O_5\text{-}P_2O_5\text{-}TiO_2$	V_2O_5	P_2O_5(TiO_2 载体)
	$C_6H_6+\dfrac{9}{2}O_2 \longrightarrow C_4H_2O_3+2H_2O+2CO_2$	V_2O_5-(Ag、Si、Ni、P 等氧化物)、Al_2O_3	V_2O_5	Ag、Si、Ni、P 等氧化物(Al_2O_3 载体)
	$C_{10}H_8+\dfrac{9}{2}O_2 \longrightarrow C_8H_4O_3+2H_2O+2CO_2$	V_2O_5-(P、Ti、Ag、K 等氧化物)-硫酸盐+硅藻土	V_2O_5	P、Ti、Ag、K 等氧化物-硫酸盐（硅藻土）载体
	$C_8H_{10}+3O_2 \longrightarrow C_8H_4O_3+3H_2O$	V_2O_5-(P、Ti、Cr、K 等氧化物)-大孔硅胶	V_2O_5	P、Ti、Cr、K 等氧化物-硫酸盐（大孔硅胶载体）
脱氢	$C_8H_{10} \longrightarrow C_8H_8+H_2$ $C_4H_8 \longrightarrow C_4H_6+H_2$	Fe_2O_3-Cr_2O_3-K_2O-CeO_2-水泥	Fe_2O_3	Cr_2O_3-K_2O-CeO_2（水泥载体）
加氢	$CO+2H_2 \longrightarrow CH_3OH$	ZnO-CuO-Cr_2O_3	CuO-ZnO	Cr_2O_3
加氢脱硫	$RSH+H_2 \longrightarrow RH+H_2S$![S]$+4H_2 \longrightarrow C_4H_{10}+H_2S$	Co_3O_4-MoO_3-Al_2O_3 NiO-MoO_3-Al_2O_3	MoO_3	Co_3O_4-NiO(Al_2O_3 载体)
加氢脱硫	$RSH+H_2 \longrightarrow RH+H_2S$ $RSR'+2H_2 \longrightarrow RH+R'H+H_2S$ $C_4H_4S+4H_2 \longrightarrow C_4H_{10}+H_2S$	MoO_3-Co_3O_4-Al_2O_3	MoO_3	Co_3O_4(Al_2O_3 载体)
聚合与加成	$n(C_2H_4) \longrightarrow \text{—}(C_2H_4)_{\overline{n}}$（中等聚合） $3C_2H_2 \longrightarrow C_6H_6$（苯）	Cr_2O_3-SiO_2-Al_2O_3（少量） Nb_2O_5-SiO_2	Cr_2O_3 Nb_2O_5	SiO_2-Al_2O_3（少量）（又为载体） SiO_2

　　由表 5-1 可以看出,用作金属氧化物催化剂的物质主要是过渡金属元素ⅣB~ⅧB 和ⅠB、ⅡB 族元素的氧化物。而且催化剂多由两种或多种氧化物组成。这些物质具有半导体性质,所以又称氧化物催化剂为半导体催化剂。

　　这些氧化物能用于氧化还原型催化反应,与过渡金属氧化物的电子结构特性有关。

2. 过渡金属氧化物催化剂的电子特性[1]

　　(1)过渡金属氧化物中金属阳离子的 d 电子层容易失去或得到电子,具有较强的氧化还原性能。因为过渡金属氧化物中的阳离子的最高填充轨道和最低空轨道均是 d 轨道和 f 轨道或者由它们参与形成的杂化轨道,这些轨道未被电子占有时对反应物分子具有亲电性,可起氧化作用;相反,这些轨道被电子占有时,对反应物分子具有亲核性,可以起还原作用。此外,这些轨道如与反应物分子轨道匹配时,还可以对反应物空轨道进行电子反馈,从而削弱反应物分子的化学键。

　　(2)过渡金属氧化物具有半导体性质。因为过渡金属氧化物受气氛和杂质的影响,容易产生偏离化学计量的组成,或者由于引入杂质原子或离子使其具有半导体性质。其中有些半导体氧化物可以提供空穴能级接受被吸附反应物的电子;有些半导体氧化物则可以提供电子能级供给反应物电子,从而进行氧化还原反应。

（3）过渡金属氧化物中金属离子内层价轨道保留原子轨道特性,当与外来轨道相遇时可重新劈裂,组成新的轨道,在能级分裂过程中产生的晶体场稳定化能可对化学吸附作出贡献,从而影响催化反应。

（4）过渡金属氧化物催化剂和过渡金属催化剂都可以催化氧化还原型反应,过渡金属氧化物催化剂比过渡金属催化剂更优越的是它耐热、抗毒性能强,过渡金属氧化物还具有光敏、热敏、杂质敏感性能,因此便于催化剂的调变。

5.1.2 过渡金属氧化物催化剂的结构类型

1. M_2O 型氧化物和 MO 型氧化物

（1）M_2O 型氧化物

ⅠB 族元素 Cu 和 Ag 的氧化物是具有共价键成分较多的 Cu_2O 晶体结构,金属配位数是直线型 2 配位(sp 杂化),而 O 的配位数是四面体型的 4 配位(sp^3 杂化)。晶体结构如图 5-1 所示。Cu_2O 是 CO 加氢合成甲醇的优良催化剂。

小球代表 Cu、大球代表 O;
图中虚线包围部分不是 Cu_2O
结构中真实单位晶胞的大小,
真实单位晶胞是它的 1/8。
Pn3m, Z=2, a=0.427nm, Cu—O=0.184nm,
 Cu—Cu=0.301nm, O—O=0.369nm

图 5-1 Cu_2O 晶体骨架结构

（2）MO 型氧化物

MO 型氧化物的代表结构是 NaCl 型和纤维锌矿型结构。形成哪一种晶型主要取决于结合键是离子键还是共价键,也与阳离子和阴离子半径比有关。

NaCl 型结构是离子键结合,M^{2+} 和 O^{2-} 的配位数都是 6,为正八面体结构。这种类型的过渡金属氧化物有 TiO、VO、MnO、FeO、CoO。它们在高温下是立方晶系,在低温下容易偏离理想结构变为三方晶系或四方晶系。

纤维锌矿型过渡金属氧化物中 M^{2+} 和 O^{2-} 为四面体形的四配位结构,4 个 M^{2+}—O^{2-} 不一定等价。这种类型氧化物有 ZnO、PdO、PtO、CuO、AgO 和 NbO。CuO、PdO 和 PtO 晶体结构表现出共价结合特征,M^{2+} 为 dsp^2 杂化轨道,形成平面正方形结构,O^{2-} 位于正方形 4 个角上。AgO 同 CuO 结构类似,根据晶体学分析,认为 AgO 中有两种银离子,不是 $Ag^{2+}O$ 的形式,而是 $Ag^+Ag^{3+}O_2$,直线上的 2 个 Ag^+—O^{2-} 键长为 0.218 nm,其他 2 个键长为 0.266 nm,而 4 个 Ag^{3+}—O^{2-} 键长都是 0.205 nm。ZnO 中 3 个 Zn^{2+}—O^{2-} 键长为 0.197 3 nm,剩下 1 个 Zn^{2+}—O^{2-} 键长为 0.199 2 nm。

2. M_2O_3 型氧化物

(1)M_2O_3 型氧化物的代表结构为刚玉型和 C-M_2O_3 型结构。刚玉型结构中氧原子为六方密堆排布,氧原子层间形成的八面体间隙中有 2/3 被 M^{3+} 所占据,M^{3+} 的配位数是 6,O^{2-} 的配位数是 4。这类过渡金属氧化物有 Fe_2O_3、V_2O_3、Ti_2O_3、Cr_2O_3、Rh_2O_3 等。Fe_2O_3 中有 γ 型变晶结构,它属于尖晶石型结构。

(2)C-M_2O_3 型结构与萤石型结构密切相关,是将它的 $\frac{1}{4}O^{2-}$ 取走后形成的结构,如图 5-2 所示。

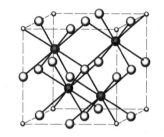

图 5-2　γ-Bi_2O_3(C-M_2O_3)的晶体结构

图中小白球代表被取走的 O^{2-},黑球代表 M^{3+},大白球代表 O^{2-}。由于从八配位中除去 2 个 O^{2-},M^{3+} 的配位数是 6。这类过渡金属氧化物有 Mn_2O_3、Sc_2O_3、Y_2O_3 和 Bi_2O_3。γ-Bi_2O_3(立方晶系)就是上述 C-M_2O_3 型结构,Bi_2O_3 还有 β 相(四方晶系)、α 相(单斜晶系)。它们是钼铋系选择氧化反应的主要催化剂组分。

3. MO_2 型氧化物

MO_2 型氧化物有萤石、金红石和硅石三种主要结构。三种结构主要取决于 M^{4+} 同 O^{2-} 的半径比 $r_{M^{4+}}/r_{O^{2-}}$,比值大的是萤石型结构,其次是金红石型结构,小的为硅石型结构。硅石型结构为相当强的共价晶体。过渡金属氧化物主要为萤石型和金红石型结构。萤石型结构包括 ZrO_2、HfO_2、CeO_2、ThO_2 和 VO_2 等,金红石型结构包括 TiO_2、VO_2、CrO_2、MoO_2、WO_2 和 MnO_2 等。

4. M_2O_5 型氧化物和 MO_3 型氧化物

(1)M_2O_5 型氧化物

M_2O_5 型氧化物中 V_2O_5 是最重要的多相选择氧化催化剂,它是一种层状结构,如图 5-3 所示。V^{5+} 被 6 个 O^{2-} 包围,但与正规八面体相差较大,实际上只与 5 个 O^{2-} 相结合,形成歪曲的三角双锥体五配位结构。

(2)MO_3 型氧化物

MO_3 型氧化物最简单的空间晶格是 ReO_3 的结构,如图 5-4 所示。M^{6+} 与 6 个 O^{2-} 形成六配位的八面体,八面体通过共点与周围 6 个八面体连接起来。WO_3 和 MoO_3 均属此类氧化物,常用作选择氧化催化剂。MoO_3 是一种层状结构。

Mo 与 6 个 O 配位形成八面体,这些八面体以共棱方式形成沿 c 轴方向的 Z

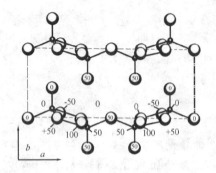

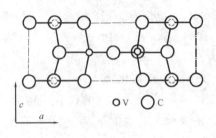

○ V　○ C

图 5-3　V_2O_5 晶体结构

字型链,这些链彼此之间以共点连接形成层(平行于 ac
面),然后这些层在 b 轴方向堆积成为层状晶体。

过渡金属氧化物作为催化剂被使用更多的是多组分
氧化物催化剂(复合氧化物催化剂和杂多酸盐)。其中最
重要的有钼铋系复氧化物(MoO_3-Bi_2O_3)催化剂、CoO-
MoO_3(NiO-MoO_3)系复氧化物催化剂和尖晶石型复氧化
物催化剂。

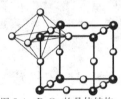

图 5-4　ReO_3 的晶体结构
(O_h^1−Pm3m,Z=1,
晶格常数 a=0.374 nm)

5.2　金属氧化物中的缺陷和半导体性质

过渡金属氧化物具有热不稳定性,加热时容易失去或得到氧,使其组成变为非
化学计量化合物。非化学计量化合物具有半导体特性。20 世纪 50 年代
Волъкенштейн[2] 提出半导体催化剂催化作用的电子理论,把半导体的催化活性与
其电子逸出功和电导率相关联,用来解释一些催化现象和反应规律。为说明这一
理论,首先介绍一下半导体的能带结构和形成。

5.2.1　半导体的能带结构和类型

1.半导体的能带结构

金属氧化物催化剂和金属催化剂一样,在形成晶体时由于原子的密堆积也会
产生能级的重叠,电子能级发生扩展而形成能带。在正常情况下电子总是占有较
低的能级,即电子首先填充能级最低的能带。而能级较高的能带可能没有被充满
或没有被填充。凡是能被电子充满的能带叫作满带。满带中的电子不能从一个能
级跃迁到另一个能级,因此,满带中的电子不能导电。凡是没有被电子充满的能带
和根本没有填充电子的能带分别称为导带和空带。在外电场作用下导带中的电子
能从一个能级跃迁到另一个能级,所以导带中的电子能导电。在导带(空带)和满

带之间没有能级,不能填充电子,这个区间叫作禁带。导体(金属)、半导体(金属氧化物)和绝缘体的最大差别是三者禁带宽度不同,如图 5-5 所示。

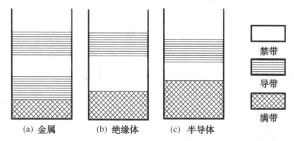

图 5-5　按照电子性质分类的固体的能带模型示意图

　　可见,金属、半导体和绝缘体的能带结构差别很大。金属的满带与导带相联在一起,导带中有自由电子,在电场作用下自由电子可以移动,产生电流,其电阻特别小。当温度升高时,由于电子碰撞概率增加,致使电阻也随之增大,电导率下降。绝缘体满带和导带间的宽度(禁带宽度)较宽,通常为 $5 \sim 10$ eV,满带中的价电子难以激发到导带中去,它不存在自由电子和空穴,电阻也很大,因此不能导电,电阻对温度变化也不敏感。

　　半导体介于导体和绝缘体之间,它的禁带很窄,通常为 $0.2 \sim 3$ eV。只有在绝对零度时,满带才被电子充满,此时半导体与绝缘体无区别。当温度高于绝对零度,由于电子本身的热运动的能量可使电子由满带激发到空带中,空带中有了导电电子,空带变成了导带,使半导体靠电子进行导电,这是半导体导电的一个原因。电子从满带激发到空带,满带留下带正电荷的空穴,空穴可以从一个能级跃迁到另一个能级,靠空穴导电,这是半导体导电的另一个原因。实际上空穴导电是邻近能级的电子补充空穴位置,产生新的空穴,它又被邻近能级电子补充,如此补充下去,如同空穴在流动,其实,仍然是电子流动引起空穴位置的变化。

2. 半导体的分类

　　根据半导体导电情况,可将其分为 n 型半导体、p 型半导体和本征半导体。

　　上述半导体导电既有电子导电,又有空穴导电,这种半导体称为本征半导体。本征半导体在禁带中没有出现杂质能级。

　　当金属氧化物的组成非化学计量或引入杂质离子或原子时,可产生 n 型半导体或 p 型半导体。通常杂质是以原子、离子或基团分布在金属氧化物晶体中,存在于晶格表面或晶粒交界处。这些杂质可引起半导体禁带中出现杂质能级,即在禁带中出现新的能级。这种能级如果出现在靠近导带下部,称为施主能级。在施主能级上的自由电子很容易激发到导带中,产生自由电子导电。这种半导体称为 n 型半导体。反之,如果出现的杂质能级靠近满带上部,称为受主能级。在受主能级上有空穴存在,很容易接受满带中跃迁的电子,使满带产生正电空穴,并进行空穴导电。这种半导体称为 p 型半导体。这两种半导体的能级示意图如图 5-6 所示。

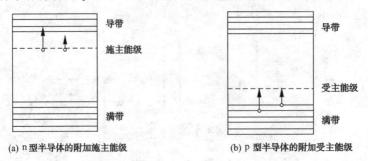

(a) n 型半导体的附加施主能级　　　　　(b) p 型半导体的附加受主能级

图 5-6　n 型和 p 型半导体的能级示意图

n 型和 p 型半导体比本征半导体更易导电。因为 n 型半导体由施主能级上的电子跃迁到空带上所克服的电离能远远小于本征半导体。同样,p 型半导体满带中电子跃迁到受主能级也十分容易。例如,在本征半导体纯硅单晶中加入杂质磷或硼可生成 n 型半导体和 p 型半导体。硅单晶的禁带宽度为 1.1 eV,而施主杂质磷产生的施主能级与空带之间宽度为 0.044 eV;硼产生的受主能级与满带之间宽度为 0.045 eV。可见,n 型和 p 型半导体是很容易导电的。

5.2.2　n 型和 p 型半导体的生成

1. n 型半导体的生成

(1)含有过量金属原子的非化学计量化合物可生成 n 型半导体。例如,氧化锌中有多余的锌原子存在,这是在氧化锌制备时分解或还原引起的,反应式为

$$ZnO \longrightarrow Zn + \frac{1}{2}O_2, \quad ZnO + H_2 \longrightarrow Zn + H_2O \tag{5-1}$$

锌原子处于晶格间隙,如下面所示。间隙锌原子上的电子被束缚在间隙锌离子上,这些电子不参与共有化能级,有自己的能级,即前述的施主杂质能级。被束缚的电子很容易跃迁到导带,成为导电电子,生成 n 型半导体。

$$
\begin{array}{cccccc}
Zn^{2+} & O^{2-} & Zn^{2+} & O^{2-} & Zn^{2+} & O^{2-} \\
O^{2-} & Zn^{2+} & O^{2-} & Zn^{2+} & O^{2-} & Zn^{2+} \\
& & \boxed{Zn^+ e} & & & \\
Zn^{2+} & O^{2-} & Zn^{2+} & O^{2-} & Zn^{2+} & O^{2-} \\
O^{2-} & Zn^{2+} & O^{2-} & Zn^{2+} & O^{2-} & Zn^{2+}
\end{array}
$$

又如,当氧化锌晶体存在着 O^{2-} 缺位,为保持氧化锌电中性,附近的 Zn^{2+} 变成 Zn^+,且在缺位上形成束缚电子 e。束缚电子 e 也有自己的能级,即施主能级,电子可跃迁到导带成为导电电子,形成 n 型半导体。表示式为

$$
\begin{array}{cccccc}
Zn^{2+} & O^{2-} & Zn^{+} & O^{2-} & Zn^{2+} & O^{2-} \\
O^{2-} & Zn^{2+} & \boxed{e} & Zn^{2+} & O^{2-} & Zn^{2+} \\
Zn^{2+} & O^{2-} & Zn^{+} & O^{2-} & Zn^{2+} & O^{2-} \\
O^{2-} & Zn^{2+} & O^{2-} & Zn^{2+} & O^{2-} & Zn^{2+}
\end{array}
$$

(2)用高价离子取代晶格中的正离子,可生成 n 型半导体。例如,氧化锌中的 Zn^{2+} 被 Al^{3+} 取代,为了保持电中性,晶格上的一个 Zn^{2+} 变为 Zn^{+},用一个负电荷平衡 Al^{3+} 引起施主能级的出现,生成 n 型半导体,表示式为

$$
\begin{array}{cccccc}
Zn^{2+} & O^{2-} & Zn^{2+} & O^{2-} & Zn^{2+} & O^{2-} \\
O^{2-} & Zn^{2+} & O^{2-} & Al^{3+} & O^{2-} & Zn^{2+} \\
Zn^{2+} & O^{2-} & Zn^{+} & \boxed{e} & O^{2-} & Zn^{2+} \\
O^{2-} & Zn^{2+} & O^{2-} & Zn^{2+} & O^{2-} & Zn^{2+}
\end{array}
$$

(3)通过向氧化物晶格间隙掺入电负性小的杂质原子,可生成 n 型半导体。例如,氧化锌中掺入锂(Li),由于 Li 的电负性小,它很容易把电子给予邻近的 Zn^{2+} 而生成 $Zn^{+}(Li+Zn^{2+}\rightarrow Li^{+}+Zn^{+})$,可把 Zn^{+} 看成 Zn^{2+} 束缚 1 个电子 e,这个电子可跃迁到导带成为自由电子,生成 n 型半导体。

Zn、Zn^{+}、Al^{3+}、Li 均可在氧化锌中提供自由电子,统称它们为施主杂质,在能带图中形成施主能级,靠自由电子导电。因此,n 型半导体导电主要取决于导带中的自由电子数。提高温度及施主能级位置,增加施主杂质的浓度都可提高 n 型半导体的导电性能。

2. p 型半导体的生成

(1)氧化物中正离子缺位的非化学计量化合物可生成 p 型半导体。例如,氧化镍(NiO),由于氧化条件变化可产生过量 O^{2-},相当于 Ni^{2+} 缺位,缺少 2 个正电荷,为使整个晶体保持电中性,在缺位附近必有 2 个 Ni^{2+},束缚一个正电荷空穴,这样就在满带附近出现一个受主能级,它可以接受满带跃迁的电子,使满带出现正空穴,形成空穴导电,生成 p 型半导体。表示式为

$$
\begin{array}{ccccc}
Ni^{2+} & O^{2-} & Ni^{2+} & O^{2-} & Ni^{2+} \\
O^{2-} & \square & O^{2-} & Ni^{2+\oplus} & O^{2-} \\
Ni^{2+} & O^{2-} & Ni^{2+} & O^{2-} & Ni^{2+} \\
O^{2-} & Ni^{2+\oplus} & O^{2-} & Ni^{2+} & O^{2-}
\end{array}
$$

(2)用低价正离子取代晶格中正离子,可生成 p 型半导体。例如,Li^{+} 取代 Ni^{2+} 的位置,这相当于晶体减少了一个正电荷,为保持晶体电中性,在 Li^{+} 附近应有 1 个 Ni^{2+} 变成 Ni^{3+},它相当于 Ni^{2+} 束缚一个正电荷,$Ni^{2+\oplus}$ 形成附加的受主能级,生成 p 型半导体,表示式为

$$
\begin{array}{ccccc}
Ni^{2+} & O^{2-} & Ni^{2+} & O^{2-} & Ni^{2+} \\
O^{2-} & Ni^{2+\oplus} & O^{2-} & Li^{+} & O^{2-} \\
Ni^{2+} & O^{2-} & Ni^{2+} & O^{2-} & Ni^{2+} \\
O^{2-} & Ni^{2+} & O^{2-} & Ni^{2+} & O^{2-}
\end{array}
$$

(3)通过向晶格掺入电负性大的间隙原子,可生成 p 型半导体。例如,将 F 掺

入 NiO 中,由于 F 的电负性比 Ni 大,因此 F 可从邻近的 Ni 上夺取电子成为 F^-,同时产生一个 Ni^{3+},它相当于 Ni^{2+} 束缚一个正电荷,产生空穴导电,生成 p 型半导体。

$Ni^{2+\oplus}$、Li^+ 和 F 统称为受主杂质,它在能带图上形成一个受主能级,靠空穴导电。因此,降低温度及受主能级的位置或增加受主杂质的浓度,都可以使 p 型半导体的导电能力提高。

综上所述,杂质能级的产生有两种原因:其一是制备过程中造成的晶体缺陷和处理时产生非化学计量;其二是通过掺杂来调节 n 型或 p 型半导体杂质能级,以便调节催化剂的费米能级和逸出功。

5.2.3 杂质对半导体催化剂费米能级、逸出功和电导率的影响

1. 半导体催化剂的费米能级、逸出功

费米能级 E_f 是表征半导体性质的重要物理量。它是半导体中电子的平均位能,和电子逸出功 Φ 有直接关系。逸出功 Φ 是指把一个电子从半导体内部拉到外部变为自由电子时所需的最低能量。换句话说,逸出功是克服电子平均位能所需的能量。费米能级高低和逸出功大小可用来衡量半导体给出电子的难易。图 5-7 为不同类型半导体的费米能级和逸出功,可以看出,从费米能级到导带顶之间的能量差就是逸出功。不同类型半导体逸出功大小也不同,即

n 型半导体＜本征半导体＜p 型半导体

(a) 本征半导体   (b) n 型半导体   (c) p 型半导体

图 5-7 不同类型半导体的费米能级和逸出功示意图

2. 杂质对半导体催化剂的费米能级、逸出功和电导率的影响

(1) 对 n 型半导体加入施主型杂质,可使其费米能级升高,逸出功减小,电导率增大。例如,ZnO 中加入高价阳离子 Al^{3+} 时,Al^{3+} 起了施主杂质作用。相反,向 n 型半导体中加入受主杂质,可使其费米能级降低,逸出功增加,电导率减小。例如,向 ZnO 中加入低价阳离子 Li^+,Li^+ 起了受主杂质作用,当 2 个 Li^+ 取代 2 个 Zn^{2+} 时,必有 2 个间隙 Zn 变成 Zn^+,反应式为

$$Li_2O + 2Zn + \frac{1}{2}O_2 \longrightarrow 2Li^+ + 2Zn^+ + 2O^{2-} \qquad (5-2)$$

这就失去了一部分 ZnO 的施主能级,因而使电导率减小。

（2）对 p 型半导体,当加入施主型杂质时,可使费米能级升高,逸出功减小,电导率减小。例如,向 NiO 中加入高价阳离子 La^{3+},每当 1 个 La^{3+} 取代 1 个 Ni^{2+},半导体中就失去 1 个正电荷,反应式为

$$3O^{2-}+2Ni^{2+\oplus}+La_2O_3 \longrightarrow 2Ni^{2+}+2La^{3+}+5O^{2-}+\frac{1}{2}O_2 \tag{5-3}$$

由于空穴减少,故电导率减小。

相反,若掺入受主杂质,p 型半导体的费米能级降低,逸出功增加,电导率增大。例如,向 NiO 中加入低价阳离子 Li^+,每当 1 个 Li^+ 取代一个 Ni^{2+} 就应出现一个 $Ni^{2+\oplus}$,反应式为

$$2Ni^{2+}+Li_2O+\frac{1}{2}O_2 \longrightarrow 2Ni^{2+\oplus}+2Li^++2O^{2-} \tag{5-4}$$

由于空穴增加,电导率增大。

总结施主杂质和受主杂质对半导体 E_f、Φ 和电导率的影响见表 5-2。

表 5-2　　　　施主、受主杂质对半导体 E_f、Φ 和电导率的影响

杂质类型	E_f	Φ	电导率变化	
			n 型半导体	p 型半导体
施主杂质	升高	减小	增大	减小
受主杂质	降低	增加	减小	增大

5.3　半导体催化剂的化学吸附与半导体电子催化理论

5.3.1　半导体催化剂的化学吸附[3]

在半导体催化剂上不同类型气体分子的化学吸附状况不同,对半导体催化剂的电导率和逸出功影响也不同。

1.受电子气体在 n 型和 p 型半导体催化剂上的化学吸附

当受电子气体氧吸附在 n 型半导体上时,由于氧的电负性很大,容易夺取导带中的自由电子(由施主能级转移而来),随氧压的增大(即吸附氧量增加),导带中的自由电子数减少,使电导率减小。另一方面,由于氧夺取电子形成 O_2^-、O^- 或 O^{2-} 吸附态。随着温度升高,容易出现后面的吸附态 O^{2-},在氧化物表面上形成一层负电荷层,它不利于施主杂质能级中电子向导带转移,导致生成氧负离子减少,致使氧离子覆盖度是有限的。当氧吸附在 p 型半导体上时,由于氧的存在,相当于增加了受主杂质,它可接受满带中跃迁的电子,有利于满带中电子的跃迁,使满带中空

穴增加,因此随氧压力增加,电导率增大。另一方面,由于满带中存在大量的电子,氧以负离子态吸附可以一直进行,可使氧负离子覆盖度很高。这就解释了 p 型氧化物(Cu_2O、NiO、CoO 等)比 n 型氧化物(ZnO、TiO_2、V_2O_5、Fe_2O_3 等)具有更高氧化活性的原因。因为受电子气体吸附于表面时产生负电荷层,它起到了受主杂质的作用,因此对 n 型和 p 型半导体的 E_f、$\varPhi$ 和电导率也有影响,见表 5-3。

表 5-3 施电子气体和受电子气体在半导体表面上吸附时对 E_f、$\varPhi$ 和电导率的影响

吸附气体	半导体类型	吸附物种	吸附和发生的变化				
			吸附位置	吸附状态	E_f	$\varPhi$	电导率
受电子气体 (O_2)	n 型(V_2O_5)	$O_2 \rightarrow O^{2-}$、O^-、O_2^{2-}、O_2^-	$V^{4+} \rightarrow V^{5+}$ (晶格上)	负离子气体吸附在高价金属离子上	降低	增加	减小
	p 型(Cu_2O)	$O_2 \rightarrow O^{2-}$、O^-、O_2^{2-}、O_2^-	$Cu^+ \rightarrow Cu^{2+}$ (晶格上)	负离子气体吸附在高价金属离子上	降低	增加	增大
施电子气体 (H_2)	n 型(ZnO)	$\frac{1}{2}H_2 \rightarrow H^+$	$Zn^{2+} \rightarrow Zn^+$,Zn (间隙位置)	正离子气体吸附在低价金属离子上	升高	减小	增大
	p 型(NiO)	$\frac{1}{2}H_2 \rightarrow H^+$	$Ni^{3+} \rightarrow Ni^{2+}$,$Ni^{3+}$ (晶格上)	正离子气体吸附在低价金属离子上	升高	减小	减小

2. 施电子气体在 n 型和 p 型半导体催化剂上的化学吸附

与氧的吸附相反,施电子气体(如 H_2)在 n 型和 p 型氧化物上以正离子(H^+)吸附态吸附于表面,表面形成正电荷层,起施主杂质的作用,因此对 n 型和 p 型半导体的 E_f、$\varPhi$ 和电导率都有影响,见表 5-3。表 5-3 中的规律与表 5-2 中的规律是一致的。

半导体催化作用的电子理论把表面吸附的反应物分子视为半导体的施主或受主杂质,因此当它们吸附在半导体表面时,对半导体的性质也将产生影响,表 5-3 的结果再次说明了这一点。

3. 半导体催化剂上化学吸附键类型

气体在不同类型半导体催化剂上化学吸附时会产生不同的吸附态。一些常见气体分子在半导体催化剂上吸附的带电情况见表 5-4。

表 5-4 一些常见气体分子在半导体催化剂上吸附的带电情况

催化剂	吸附气体							
	O_2	CO	H_2	C_3H_6	C_3H_7OH	C_2H_5OH	$(CH_3)_2CO$	C_6H_6
NiO(p 型)	−	+	弱	+	+	+	+	+
CuO(本征)	−	+	弱	+	+	+	+	+
ZnO(n 型)	−	弱	弱	+	+	+	+	+
V_2O_5(n 型)	−	+	弱	+	+	+	+	+

由表 5-4 可见,通常情况下气体分子被化学吸附后所带电荷的性质只与气体分子的本性有关,与催化剂类型无关。例如,丙烯在 n 型半导体 ZnO、V_2O_5,p 型半导体 NiO 及本征半导体 CuO 上产生化学吸附时均带正电荷。而半导体类型不同,只在供

给被吸附分子电子或空穴方式上有所不同。例如,丙烯在 p 型半导体 NiO 上产生化学吸附时,丙烯中电子转移到满带的空穴中;相反,丙烯在 n 型半导体 ZnO 上产生化学吸附时,丙烯中电子转移到导带中。

根据化学吸附状态可分为三种吸附类型:

(1)弱键吸附

半导体催化剂的自由电子或空穴没有参与吸附键的形成,吸附分子仍保持电中性。

(2)受主键吸附(强 n 键吸附)

受主键吸附是指吸附分子从半导体催化剂表面得到电子,吸附分子以负离子态吸附。例如上述 O_2 的吸附。

(3)施主键吸附(强 p 键吸附)

施主键吸附是指吸附分子将电子转移给半导体表面,吸附分子以正离子态吸附。例如上述丙烯的吸附。

5.3.2　氧化物催化剂的半导体机理

1.半导体催化反应的电子机理

在半导体催化剂上发生的催化反应通常伴有反应物与催化剂之间的电子转移,即反应物在半导体催化剂表面化学吸附形成单电子键、双电子键或离子键,使反应物分子被活化,然后进行一系列化学反应。

例如 $A+B \longrightarrow C$,其反应机理表示如右图所示。由反应机理可见,反应物在催化剂表面不同部位上形成不同的吸附态,相互作用生成产物,而半导体催化剂成为反应中电子转移的桥梁。也可以将半导体催化剂视为一个电子泵,它把电子从一种反应物输送到另一种反应物,使反应不断循环下去。两种反应物吸附键电子转移快慢将直接影响总反应速度,哪步电子转移慢,哪步便成为控制步骤。当施主键吸附慢时称为施主型反应;相反,当受主键吸附慢时称为受主型反应。不同类型的反应调变半导体催化剂的方法也不同。

2.半导体催化反应的电子机理实例

(1)CO 在 NiO 上的氧化反应

$$CO(g) + \frac{1}{2}O_2(g) \longrightarrow CO_2(g), \quad \Delta H = -272 \text{ kJ} \cdot \text{mol}^{-1} \tag{5-5}$$

NiO 为 p 型半导体,由空穴导电。O_2 在其上吸附时(30 ℃),NiO 由黄绿色变为黑色,电导率由 10^{-11} $\Omega^{-1} \cdot \text{cm}^{-1}$ 上升为 10^{-7} $\Omega^{-1} \cdot \text{cm}^{-1}$。电导率的变化说明 O 与 NiO 之间发生了电子转移,NiO 中出现新的 Ni^{3+},吸附气态 O_2 变为 $O^-_{(吸)}$。

量热法测得微分吸附热为41.8 kJ·mol^{-1}（中等覆盖度）。因此可将 O_2 在 NiO 上的吸附过程表示为

$$Ni^{2+} + \frac{1}{2}O_2(g) \longrightarrow O_{(吸)}^- + Ni^{3+}, \quad q_{吸} = 41.8 \text{ kJ·mol}^{-1} \tag{5-6}$$

可见 O_2 在 NiO 上的吸附为受主键吸附。CO 在洁净的 NiO 表面上吸附时，其微分吸附热为 33.5 kJ·mol^{-1}。而在已吸附 O_2 的 NiO 的表面上吸附时，微分吸附热增加很多，高达 293 kJ·mol^{-1}，这说明 CO 在 NiO 表面上不是单纯化学吸附，而是与已吸附的 $O_{(吸)}^-$ 发生了化学反应。反应产物检测到 CO_2，此时 NiO 又变为原来的黄绿色，电导率也降至原来数值。说明 Ni^{3+} 从表面上消失。吸附 CO 量为吸附 O_2 量的 2 倍。说明 O_2 的吸附为解离吸附，1 个 O_2 在表面上形成 $2O_{(吸)}^-$，每个 $O_{(吸)}^-$ 与 1 个 CO 反应生成 CO_2。

如果氧化生成的 CO_2 吸附在催化剂表面上，则 CO 的氧化机理为

$$Ni^{2+} + \frac{1}{2}O_2(g) \longrightarrow O_{(吸)}^- + Ni^{3+} \qquad q_{吸} = -41.8 \text{ kJ·mol}^{-1} \tag{5-7}$$

$$O_{(吸)}^- + Ni^{3+} + CO(g) \longrightarrow CO_{2(吸)} + Ni^{2+} \qquad q_{吸} = -293 \text{ kJ·mol}^{-1} \tag{5-8}$$

$$CO_{2(吸)} \longrightarrow CO_2(g) \qquad q_{脱} = +62.8 \text{ kJ·mol}^{-1} \tag{5-9}$$

$$\overline{CO(g) + \frac{1}{2}O_2(g) \longrightarrow CO_2(g) \qquad \Delta H = -272 \text{ kJ·mol}^{-1}} \tag{5-10}$$

根据反应机理计算的反应热与由标准生成焓 $\Delta H_f^{\ominus}$ 计算的反应热（-283 kJ·mol^{-1}）十分接近。这充分证明了上述机理是可能的。实验还表明，在上述反应中 CO 吸附速度小于 O_2 的吸附速度，这一反应为施主型反应，当半导体催化剂中加入受主杂质 Li^+ 时，可以大大提高其反应速度。

（2）丁烯在 $Cr_2O_3\text{-}Al_2O_3$ 催化剂上的脱氢反应

Cr_2O_3 由 $Cr(OH)_3$ 焙烧脱水制得。水合 Cr_2O_3 的表面被羟基覆盖，没有催化活性。若在 450 ℃下焙烧，相邻羟基脱水，产生配位不完全的 Cr^{3+}：

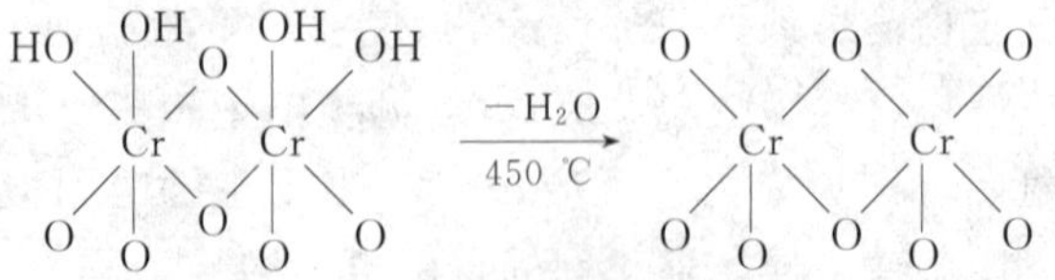

$Cr_2O_3\text{-}Al_2O_3$ 催化剂为两性半导体，其导电性与所处环境有关。在还原性气氛下，晶体表面有更多 O^{2-} 失去，使 Cr_2O_3 配位数变为 3 或 4，表示如下：

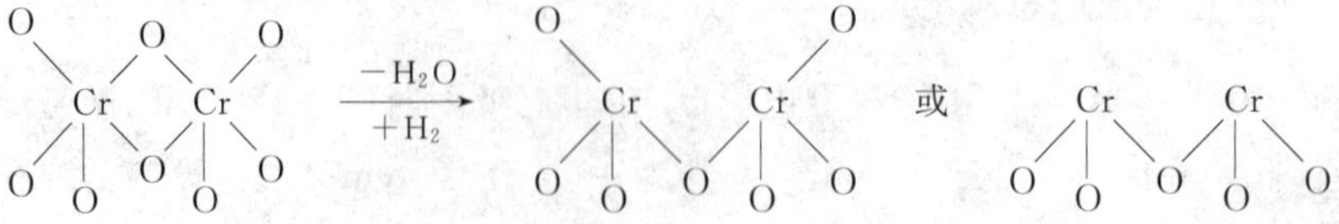

同时有相当量的 Cr^{3+} 被还原为 Cr^{2+}：

$$H_2 + O^{2-} \longrightarrow H_2O + 2e^- \tag{5-11}$$

$$2Cr^{3+} + 2e^- \longrightarrow 2Cr^{2+} \tag{5-12}$$

Cr^{2+} 可视为 Cr^{3+} 束缚一个自由电子，随温度升高，自由电子可在正离子间移动，显示出 n 型半导体特性。相反，在氧化气氛中由于表面吸附氧，Cr_2O_3 催化剂将电子给予氧：$\frac{1}{2}O_2 + 2e^- \longrightarrow O^{2-}$，使铬离子的氧化态和配位数都升高，产生配位不完全的 Cr^{4+}、Cr^{5+} 和 Cr^{6+}，导致正电荷增加，并在晶格中迁移，显示出 p 型半导体特性。

Marciliy 等[4]还发现具有 p 型半导体性能的 Cr_2O_3-Al_2O_3，在高温下与烃接触时立即变成 n 型半导体。实验表明丁烷在 Cr_2O_3-Al_2O_3 催化剂上脱氢，催化活性中心为 Cr^{2+}，当丁烷在 Cr^{2+} 上进行化学吸附时，烷烃中的 C—H 键发生均裂，形成烷基自由基，它从 Cr^{2+} 中心上捕获一个电子形成强受主键，成为本反应的控制步骤(即为受主型反应)，其机理如下：

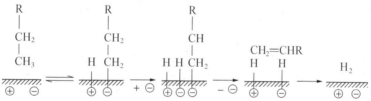

其中，⊖和⊕分别代表催化剂上的自由电子和空穴。

催化剂中的⊖和⊕浓度取决于催化剂的费米能级 E_f。E_f 升高，⊖浓度增加，对于受主型反应有利，可提高其催化活性；相反，E_f 降低，⊖浓度减小，导致催化活性降低。Carra[5]关于杂质 Na_2O 和 Li_2O 对 Cr_2O_3-Al_2O_3 催化丁烷脱氢变为丁烯催化活性影响的研究，完全证明了这一点。杂质 Na_2O 和 Li_2O 加入到 Cr_2O_3-Al_2O_3 晶体中有两种方式：一是同晶取代；一是以间隙离子存在。这主要取决于杂质离子的半径。对本反应体系，Al^{3+}、Cr^{3+}、Li^+ 和 Na^+ 的半径分别为 0.05 nm、0.069 nm、0.006 nm 和 0.095 nm。从离子半径大小可以看出，Li^+ 比 Na^+ 更容易同晶取代 Cr^{3+} 和 Al^{3+}。当 Li^+ 和 Na^+ 同晶取代 Cr^{3+} 时，Li^+ 和 Na^+ 起受主杂质作用，减少催化剂中的自由电子，降低 E_f，从而引起受主型反应活性降低。从图 5-8 可以看出，随 Li_2O 加入量增加，反应活性明显降低。当 Na_2O 加入量 <1% 时，活性随 Na_2O 加入量增加反应活性降低，其原因与 Li_2O 反应活性降低原因相同。当 Na_2O 加入量 >1% 时，随 Na_2O 加入量增加反应活性又开始升高。

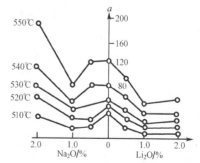

图 5-8　Cr_2O_3-Al_2O_3 催化剂中 Na_2O 或 Li_2O 的含量对反应速率的影响（a 为最初的脱氢反应速率）

由于 Na^+ 半径较大,当 Na_2O 含量<1%时,以同晶取代存在于晶格点上,与 Li_2O 影响相同。当 Na_2O 含量>1%时,有部分 Na^+ 存在于晶格间隙,它就作为施电子体,为催化剂提供 1 个电子,因而对受主型反应是有利的,从而使反应活性提高。Masson 实验进一步证明了这一点。他用离子半径更大的 K^+(0.133 nm)、Rh^+(0.148 nm)和 Cs^+(0.169 nm)的碱性氧化物作为施主型杂质掺杂到上述催化剂中,结果表明其反应活性有更大的提高。

5.4 过渡金属氧化物催化剂的氧化还原机理

5.4.1 金属—氧键强度对催化反应的影响[6]

用过渡金属氧化物催化多相氧化反应,通常是通过催化剂的反复氧化还原进行的。因此,常常将反应分为氧化反应和还原反应两步进行讨论。例如,乙烯完全氧化反应式为

$$\frac{1}{6}C_2H_4 + \frac{1}{2}O_2 \longrightarrow \frac{1}{3}CO_2 + \frac{1}{3}H_2O, \quad \Delta H^\ominus = -220.6 \text{ kJ} \cdot (\text{g atomO})^{-1} \quad (5\text{-}13)$$

用 M 表示催化剂的低价氧化状态,MO 表示高价氧化状态,金属氧化物催化剂催化上述乙烯反应包括两个过程:

$$M + \frac{1}{2}O_2 \longrightarrow MO \quad (5\text{-}14)$$

$$\frac{1}{6}C_2H_4 + MO \longrightarrow \frac{1}{3}CO_2 + \frac{1}{3}H_2O + M \quad (5\text{-}15)$$

这是一个串联反应,过程较慢的一步将决定反应式(5-13)的反应速率。用各种金属氧化物的生成焓与乙烯完全氧化活性关联,结果如图 5-9 所示。

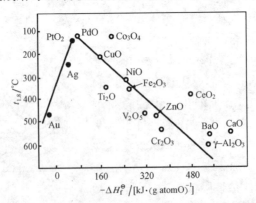

图 5-9　乙烯完全氧化的活性和氧化物生成焓的关系

图中纵坐标 $t_{1.8}$ 代表乙烯转化率达到1.8%时的反应温度,温度越低表示反应

活性越高；横坐标$-\Delta H_{\mathrm{f}}^{\ominus}$代表氧化物的生成焓，表示"金属—氧"键的强弱。由图可见，氧化物生成焓与乙烯氧化反应活性成火山曲线关系。曲线顶端附近是PdO，其生成焓$\Delta H_{\mathrm{f}}^{\ominus} = -85.4\ \mathrm{kJ \cdot (g\ atomO)^{-1}}$，而乙烯完全氧化反应(式(5-13))的反应焓$\Delta H^{\ominus} = -220.6\ \mathrm{kJ \cdot (g\ atomO)^{-1}}$；按照Ъаландинин的能量适应原理，$\Delta H_{\mathrm{f}}^{\ominus} \approx \frac{1}{2}\Delta H^{\ominus}$时活性最大，PdO的$\Delta H_{\mathrm{f}}^{\ominus}$与$\frac{1}{2}\Delta H^{\ominus}$接近，表现出活性最高。这说明乙烯被氧化，PdO被还原(式(5-15))和还原的Pd被气相氧氧化(式(5-14))的反应速率相当，故给出最好活性。

顶端左侧的氧化物催化剂(如Au、Ag)生成焓小，说明它们的金属—氧键较弱，容易把氧给反应物，但却难以被氧氧化。所以式(5-14)为控制步骤。换句话说，Ag和Au难以提供足够的$\mathrm{Ag_2O}$和$\mathrm{Au_2O}$参与反应，所以催化活性不高。相反，顶端右侧的氧化物(如$\mathrm{Cr_2O_3}$、ZnO等)生成焓大，说明它们的金属—氧键特别强，不容易把氧给予反应物，却容易生成氧化物，故式(5-15)为控制步骤，此时反应物难以被氧化，所以表现出反应活性也不高。

在研究氧化物催化剂催化丙烯完全氧化和烯丙基型氧化与氧化物催化剂生成焓的关系时也发现了与乙烯氧化类似的规律，其结果如图5-10所示。图5-10(a)为丙烯完全氧化的活性与氧化物催化剂生成焓的关系，图5-10(b)为烯丙基型氧化的活性与氧化物催化剂生成焓的关系。

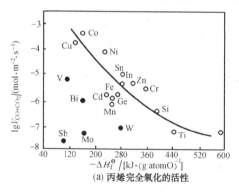
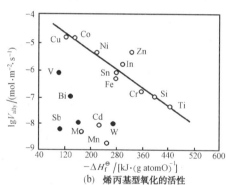

(a)　丙烯完全氧化的活性　　　　　　　(b)　烯丙基型氧化的活性

图 5-10　氧化物催化剂的生成焓和氧化活性的关系

由图可见，不管是完全氧化还是烯丙基型氧化都有一些氧化物催化剂(图中圈)的生成焓与催化活性有很好关联，可以看成火山曲线仅露出右边的一侧。我们把这类氧化物催化剂记作第一组氧化物催化剂。但是图中的黑点代表的氧化物催化剂的生成焓对上述两种类型氧化反应活性没有很好的对应关系。我们把这类氧化物记作第二组氧化物催化剂。然而，第二组氧化物催化剂是实际应用中较好的催化剂。Gelbshtein等[7]在考查1-丁烯完全氧化活化能(E)和氧化物催化剂氧同位素交换反应(指气相氧同固体表面接触时将与固体所有的氧包括吸附氧和晶格氧之间发生氧交换)活化能(E_0)的关系时,发现E与E_0一致的氧化物催化剂与第一组氧化物催化剂相对应,而E比E_0小很多的氧化物催化剂与第二组氧化物催化剂相对应。E_0是表示氧化物催化剂表面金属—氧键(M—O)强弱的参数,它与$\Delta H_f^{\ominus}$有良好对应关系。由此可见,对第一组氧化物催化剂无论是完全氧化还是烯丙基型氧化,M—O键的强弱是决定活性的主要原因,速度控制步骤与M—O键的断开的难易有关。M—O键能较小,氧离子活性高,容易进攻反应物;而M—O键能较大,氧离子活性较低,选择氧化的选择性高。而第二组氧化物催化剂则不然,它们依赖于表面(或晶格)氧离子的反应性能。

人们在研究金属氧化物催化剂上吸附氧(O_2^-,O^-)所具有的反应性能时发现,丙烯完全氧化的反应活性与氧化物催化剂在560 ℃以下氧的脱附量有很好的对应关系,如图5-11所示。图中纵坐标代表完全氧化活性,横坐标是氧化物催化剂上吸附氧在560 ℃下总脱附量(具体数值见表5-5)。可以看出,在第一组氧化物催化剂上(表5-5中的A和B)吸附氧参与了多相催化氧化反应;而第二组(表5-5中的C)氧化物催化剂观察不到氧的脱附峰。这说明丙烯部分氧化活性同吸附氧没有对应关系,这种反应是由晶格氧参与的氧化反应,其反应控制步骤不是M—O断裂过程,而是烯烃的氢解离过程。这与氧交换反应研究结果是一致的。

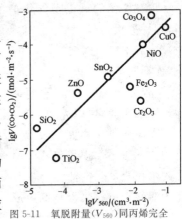

图 5-11　氧脱附量(V_{560})同丙烯完全氧化活性速度$V_{(CO_2+CO)}$

表 5-5		氧化物吸附氧的升温脱附[①]			
分类	氧化物	峰值温度 t_m/℃ (升温速度 $\beta=20$ ℃·min^{-1})			截至 560 ℃的脱附氧量 V_{560}/(cm³·m⁻²)
A	Al_2O_3	65			2.05×10^{-4}
	SiO_2	100			2.99×10^{-5}
	Cr_2O_3		450[②]	530	2.13×10^{-2}
	MnO_2	(50)	270	360[②] 540	6.54×10^{-2}
	Fe_2O_3	(55)	350[②]	486	4.05×10^{-3}
	Co_3O_4	(30)	165	380[②]	3.30×10^{-2}
	NiO	(35)	335[②]	425 550	1.12×10^{-2}
	CuO		125	390[②]	1.42×10^{-1}
B	TiO_2	(120)[②]	230		5.52×10^{-5}
	ZnO	(190)[②]	(320)		2.45×10^{-4}
	SnO_2	(80)	(150)[②]		2.11×10^{-3}
C	V_2O_5				0
	MoO_3				0
	Bi_2O_3				0
	WO_3				0
	Bi_2O_3-MoO_3				0

注:①在氧气中降温时吸附氧,但括号内是在特定吸附条件下出现的峰;

②是O^{2-}的脱附峰。其高温一侧的峰可能是O^-或O^{2-},其低温一侧的峰可能是O_2。

5.4.2　金属氧化物催化剂氧化还原机理

过渡金属氧化物催化剂在催化烃类氧化反应中,反应产物中的氧常常不是直接来自气相中的氧,而是来自金属氧化物中的晶格氧(5.4.1 节讨论的第二组氧化物催化剂),气相中的氧只是用来补充催化剂在反应中消耗的晶格氧。图 5-12 表示了这种氧化还原过程。

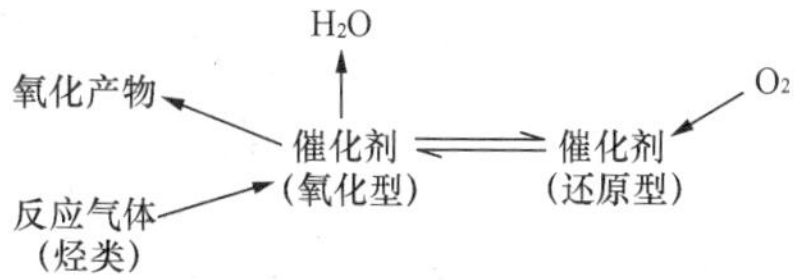

这种机理被称为 Mars-Van Krevelen 氧化还原机理。Keulks[8] 和 Wragg[9] 等的研究揭示出晶格氧参与了氧化反应。例如 Keulks 在 $Mo^{16}O_3$-$Bi_2^{16}O_3$ 催化剂上用纯 $^{18}O_2$ 氧化丙烯,发现开始生成的产物丙烯醛中的氧是 ^{16}O,几乎见不到 ^{18}O。反应式为

$$CH_2=CH-CH_3 \xrightarrow[Mo^{16}O_3-Bi_2^{16}O_3]{^{18}O_2} CH_2=CH-CH^{16}O \qquad (5-16)$$

随反应时间延长,^{18}O 逐渐地进入产物,如图 5-13 所示。这一结果表明,反应开始后催化剂被还原,^{18}O 即能进入晶格,并和反应物作用。相反,Wragg 先将 $Mo^{16}O_3$-$Bi_2^{16}O_3$ 与 $^{18}O_2$ 进行氧交换,然后用 ^{18}O 交换后的 $Mo^{16}O_3$-$Bi_2^{16}O_3$ 作催化剂,用 $^{16}O_2$ 与丙烯反应,发现生成的产物丙烯醛中有 ^{18}O。反应式为

$$CH_2=CH-CH_3 \xrightarrow[Mo^{18}O_3-Bi_2^{18}O_3]{^{16}O_2} CH_2=CH-CH^{18}O \qquad (5-17)$$

上述结果清楚地表明是晶格氧参与了氧化反应。

图右上方图示:

$$H_2O$$
氧化产物 ← 催化剂(氧化型) ⇌ 催化剂(还原型) ← O_2
反应气体(烃类)

图 5-12　氧化物在催化烃类氧化反应中的氧化还原(Redox)机理

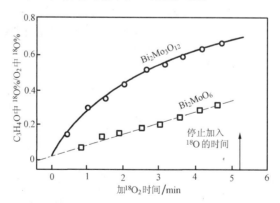

图 5-13　在不同钼酸铋催化剂上 $^{18}O_2$ 和丙烯反应时进入产物中的 ^{18}O

所有能催化这类反应的催化剂,不仅在生成产物时能被还原,而且还能接着被重新氧化,并使气相中的氧转化成晶格氧来补充还原时形成的空位(失去氧造成的)。

对于 MoO_3-Bi_2O_3 催化剂中哪一种晶格氧具有氧化反应生成丙烯醛的活性尚有一些争议,Shirasaki[10] 等认为 Bi_2O_3 层中氧被消耗,同时由 MoO_3 层的氧向

Bi_2O_3 层移动供给。而正井等[11]则认为是 Mo 键合的氧在氧化反应中被消耗，Bi_2O_3 部分则起着氧进入催化剂入口的作用。Trifiro 等认为 $Mo(O_t)_3$（O_T 表示末端氧）是烯烃氧化反应中的活性物种，这与正井的观点一致，但这些都尚未定论，有待进一步研究。

在多相氧化反应中，金属氧化物催化剂的氧化还原状态是决定活性、选择性的重要因素。Fattore、Misono 等[12]用烯烃还原金属氧化物时发现，随着还原状态的变化烯烃被氧化的活性及选择性发生很大变化。这被认为是还原状态变化时表面晶格氧的浓度及反应性能发生变化，引起反应物的吸附性能受到影响。当气相氧不存在时，让金属氧化物同丙烯反应（还原反应），丙烯被氧化生成各种氧化物，同时金属氧化物被还原。由于金属氧化物不同，还原程度也不同，氧化反应也不同。可将金属氧化物分为两类：

（1）只有表面层被还原的氧化物。如 TiO_2、Cr_2O_3、ZnO、In_2O_3、SnO_2 等。

（2）还原进行到体相的氧化物。如 V_2O_5、MnO_2、Fe_2O_3、Co_3O_4、NiO、Bi_2O_3、MoO_3、WO_3 等。

这种差异来源于金属氧化物的热力学稳定性。第一类金属氧化物晶格氧脱离所需要的标准自由能变化（$\Delta G^{\ominus}$），比起靠丙烯氧化补偿的那部分能量远远大得多，体相还原在热力学上是困难的，这类氧化物催化剂在还原反应中被利用的氧局限于表面残存的一部分吸附氧，及伴随各种晶格缺陷生成的少量活性氧。相反，第二类金属氧化物在热力学上有利于还原反应进行，在还原反应中可消耗掉体相晶格氧，引起金属氧化物向低价转变。

丙烯在金属氧化物催化剂上的多相氧化，多数是按照氧化还原机理进行的。按此机理，氧并不是气相直接供给的，多相氧化反应也就是催化剂被还原的过程。图 5-14 给出了氧化物生成焓 $\Delta H_f^{\ominus}$ 与金属氧化物晶格氧化反应活性的关系。

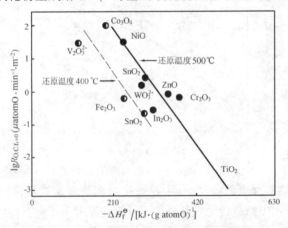

图 5-14   初期氧消耗速度同相当 1g 原子氧的氧化物生成焓的相互关系

图中纵坐标表示还原时间 $t_r=0$ 时，单位表面积氧化物上氧的消耗速度；横坐标表示氧化物生成焓 $\Delta H_f^{\ominus}$。由图可见，$\Delta H_f^{\ominus}$ 越小，即金属—氧键越弱，氧的消耗速度越大，金属氧化物越易还原。这说明金属—氧键可影响晶格氧的还原速度。这一关系与氧化反应中的火山型序列是一致的。反映出在气固相氧化反应中氧化物的还原过程是一重要阶段。还原过程不仅影响催化反应活性，也影响其选择性。在研究 MnO_2 还原过程中，根据 X 射线衍射和还原度确认还原过程是 $MnO_2 \longrightarrow$ $Mn_2O_3 \longrightarrow Mn_3O_4 \longrightarrow MnO$。还原反应在还原度为 42% 时停止($MnO_{1.31}$)。还原度与丙烯氧化转化率如图 5-15 所示。

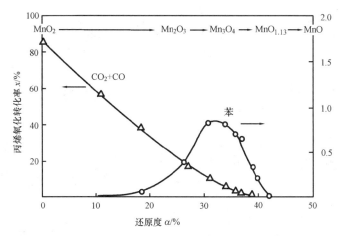

图 5-15　还原度与丙烯氧化转化率关系(MnO_2 被丙烯还原的温度 t:453 ℃;
接触时间 W/F:2.0 g·s·mL^{-1};丙烯分压 $p_{C_3H_6}$:10.13 kPa)

由图可见，完全氧化产物 CO_2 和 CO 随还原度增加而单调减少，而苯(BEN)的生成率在还原度为 25%(相当于 Mn_2O_3)附近增大，在 33%(相当于 Mn_3O_4)附近最高。这说明 Mn_3O_4 是生成苯的活性物质，意味着在多相氧化反应的条件下可通过调节催化剂的还原状态(不同氧化态金属氧化物)来提高催化剂的选择性。

5.5　过渡金属氧化物中晶体场的影响

前面已经论述用半导体的电子理论和氧化还原机理来说明过渡金属氧化物催化剂的催化作用，但有些催化现象用这些理论无法说明。例如 Dowden 等[13]在各种氧化物上研究 H_2-D_2 交换反应时发现，第四周期过渡元素的各种氧化物在 90 K 时，H_2-D_2 交换活性与金属离子的 d 电子数之间出现了双峰现象，如图 5-16 所示。活性最高峰值分别为 Cr_2O_3、Co_3O_4 和 NiO，而活性最低值出现在 MnO、Fe_2O_3、TiO_2 和 CuO 处。以后在一系列反应中也出现了类似结果，如图 5-17 所示。

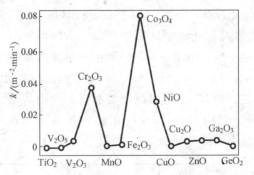

图 5-16 金属氧化物上的 H_2-D_2 交换反应的速度常数

从这些结果可以得到如下一些结论:

(1)第一个峰大多出现在电子构型为 d_3 的氧化物(Cr_2O_3)处。

(2)第二个峰大多出现在电子构型为 $d_6 \sim d_7$ 的氧化物(Co_3O_4)处。

(3)d_0、d_5 和 d_{10} 电子构型的氧化物(TiO_2、Fe_2O_3、MnO、CuO)几乎在所有反应中活性都是最低的。

这一实验结果无法用前面介绍的半导体电子理论和氧化还原机理解释。而 d 电子构型明显地影响催化反应活性。因此,人们采用了晶体场理论对这一催化现象进行说明,并得到满意的解释。

过渡金属络合物中央离子的 d 电子状态显著地影响着络合物的立体化学及催化性能。同样,过渡金属氧化物晶体可看作络合物,其中过渡金属阳离子可视为中央离子,而 O^{2-} 可视为配位体,并与金属阳离子以静电结合。这样一来晶体场理论和配位场理论都适用于考虑过渡金属离子的电子状态,两个理论在 d 轨道能级分裂等主要问题上结论基本相同,为便于理解,本书采用了晶体场理论进行讨论。

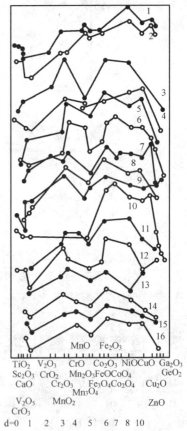

图 5-17 第四周期金属氧化物在不同反应中以对数单位表示的相对催化活性

5.5.1　过渡金属氧化物晶体场稳定化能

1. d 轨道能级的分裂

晶体场理论认为中央离子与其周围配位体的相互作用,纯粹是静电作用。由于配位体形成的静电场不可能具有球对称性,中央离子的 d 轨道能级在配位体的电场作用下,会分裂为几个能量不同的小组,即产生中央离子的 d 轨道能级分裂。过渡金属氧化物常为正八面体构型,可视为正八面体络合物,过渡金属离子位于正八面体的中心。当没有配位体时,金属离子的 5 个 d 轨道具有相同的能量,即具有五重简并的 d 电子轨道。当有 6 个相同的配位体 O^{2-},各沿 x、y 和 z 坐标轴的正方向或负方向接近金属离子时,金属离子的 d_{z^2} 和 $d_{x^2-y^2}$ 两个轨道则处于和配位体 O^{2-} 迎头相碰的位置(图 5-18(a)),使这两个轨道中的电子受到带负电荷的配位体 O^{2-} 的强烈推斥,导致这两个轨道的能量升高。而其余 3 个 d 轨道 d_{xy}、d_{yz}、d_{xz} 的最大值方向,正好穿插在配位体 O^{2-} 之间(图 5-18(b)),因而处于 3 个轨道中的电子

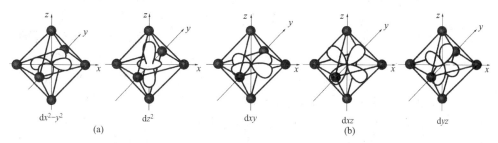

$$dx^2-y^2 \qquad dz^2 \qquad dxy \qquad dxz \qquad dyz$$
$$\text{(a)} \qquad\qquad\qquad\qquad \text{(b)}$$

图 5-18　正八面体络合物的 d 轨道和配位体

受到带负电荷的配位体 O^{2-} 的推斥较弱,故这些轨道的能量降低。可见,在八面体构型的过渡金属氧化物中,配位体 O^{2-} 的电场使得过渡金属中央离子的 d 轨道分裂为两组:一组是能量较高的 d_{z^2} 和 $d_{x^2-y^2}$ 轨道,叫作 d_r 轨道;另一组是能量较低的 d_{xy}、d_{yz} 和 d_{xz} 轨道,叫作 d_ε 轨道,这里 d_r 和 d_ε 是晶体场理论所用的符号。图 5-19 所示为八面体场中 d 轨道能级的分裂。根据量子力学的原理,在外电场作用下,d 轨道的平均能量是不变的。因此,在分裂前和分裂后 5 个 d 轨道的总能量应相等。设分裂前 d 轨道的能量为计算能量的零点,并令 d_r 和 d_ε 的能级间隔为 Δ 时(Δ 称为分离能),则

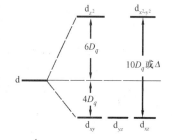

图 5-19　八面体场中 d 轨道能级分裂

$$E_{d_r} - E_{d_\varepsilon} = \Delta, \quad 2E_{d_r} + 3E_{d_\varepsilon} = 0$$

为方便起见,通常将 Δ 等分为 10 份,即令 $\Delta = 10D_q$,联立上两式,可计算出 d_r 和 d_ε 轨道的能量分别为

$$E_{d_r} = \frac{3}{5}\Delta = 6D_q , \quad E_{d_\varepsilon} = -\frac{2}{5}\Delta = -4D_q$$

D_q 是晶体场强度的衡量,场越强,D_q 的数值越大。不同氧化物中过渡金属离子的 $10D_q$ 值(Δ)不同,见表 5-6。

表 5-6 氧化物中过渡金属离子的 $10D_q$ 值

d电子数	离子	$10D_q$/kJ	d电子数	离子	$10D_q$/kJ	d电子数	离子	$10D_q$/kJ
0	Sc^{2+}	0	4	Cr^{2+}	163.3	7	Co^{2+}	117.2
1	Ti^{3+}	209.3		Mn^{3+}	221.9		Ni^{3+}	—
2	Ti^{2+}	—	5	Mn^{2+}	92.1	8	Ni^{2+}	96.3
	V^{3+}	200.9		Fe^{3+}	142.3	9	Cu^{2+}	154.9
3	V^{2+}	146.5		Fe^{2+}	125.6	10	Cu^+ , Zn^{2+}	0
	Cr^{3+}	192.6	6	Co^{3+}	221.9			

对于自由的过渡金属离子,5 个 d 轨道能级相同,根据洪特规则,d 电子将尽可能分占各个 d 轨道,而且自旋方向平行,因为这种体系的能量最低。当一个轨道已被一个电子占据,要将第二个电子填入此轨道并与之配对时,第二个电子与原有电子之间存在着一定的排斥作用。克服这种排斥作用所需要的能量,称为电子成对能,用符号 p 表示。对过渡金属氧化物在 O^{2-} 配位体场中,金属离子的 d 轨道发生能级分裂,此时要将电子填入 d 轨道必须考虑两个因素,即能级分裂因素和电子自旋因素;电子配对能 p 的影响是使电子优先占据能量较低的轨道,分裂能 Δ 的影响是使电子尽可能分占不同的 d 轨道,并保持自旋平行。当这两个因素不发生矛盾时,只能得到一种电子排布;当两个因素发生矛盾时,则可能得到两种排布,见表 5-7。对于八面体络合物来说,分裂能 Δ 和成对能 p 的影响,对于 d^1、d^2、d^3、d^8、d^9 和 d^{10} 都是一致的,故只有一种稳定的电子排布。而对于 d^4、d^5、d^6 和 d^7,若 $\Delta > p$,则电子应尽可能填入能量较低的轨道,出现强场低自旋的电子排布;若 $\Delta < p$,则电子应尽可能分占不同的 d 轨道并保持自旋平行,出现弱场高自旋的电子排布。

2. 晶体场的稳定化能

晶体场稳定化能($CFSE$)的定义是:d 电子处于未分裂的 d 轨道的总能量和它们进入分裂的 d 轨道后的总能量之差,即 d 电子从未分裂的 d 轨道进入分裂后的 d 轨道所产生的总能量的下降值。

例如,Fe^{2+} 有 6 个 d 电子,它在弱八面体场中采取高自旋构型 $(d_r)^4(d_\varepsilon)^2$,故其 $CFSE$ 为

$$CFSE = 0 - (4E_{d_r} + 2E_{d_\varepsilon}) = -4 \times (-4D_q) - 2 \times 6D_q = 4D_q \qquad (5-18)$$

同样,其他 d 电子数发生变化时,正八面体在弱场和强场中的 $CFSE$ 也随之变化,结果见表 5-7。

表 5-7　　　　　正八面体晶体场中的自旋和晶体场稳定化能(以 D_q 为单位)

d电子数	弱场高自旋排布			强场低自旋排布		
	d_r	d_ε	CFSE	d_r	d_ε	CFSE
0			0			0
1	↑		4	↑		4
2	↑　↑		8	↑　↑		8
3	↑　↑　↑		12	↑　↑　↑		12
4	↑　↑	↑	6	↑↓　↑	↑	16
5	↑　↑	↑　↑	0	↑↓　↑↓	↑	20
6	↑↓　↑	↑　↑	4	↑↓　↑↓　↑↓		24
7	↑↓　↑↓	↑　↑	8	↑↓　↑↓　↑↓	↑	18
8	↑↓　↑↓	↑↓　↑　↑	12	↑↓　↑↓　↑↓	↑　↑	12
9	↑↓　↑↓	↑↓　↑↓　↑	6	↑↓　↑↓　↑↓	↑↓　↑	6
10	↑↓　↑↓	↑↓　↑↓　↑↓	0	↑↓　↑↓　↑↓	↑↓　↑↓	0

5.5.2　晶体场稳定化能对催化作用的影响

在均相亲核取代反应中,随络合物中配位数的改变而引起的 CFSE 的变化明显地影响到反应的速度[14]。在六配位的八面体配合物中,按 SN-1 机理反应时将形成五配位中间过渡状态构型,而按 SN-2 机理反应时将形成七配位中间过渡状态构型。络合物从原来的六配位构型变成过渡状态的构型时,所产生的 CFSE 差值影响到反应的活化能或者反应的速度。表 5-8 列出了由 Basolo 和 Pearson 提供的 CFSE 差值。

表 5-8　　　　　　　　晶体场活化能(ΔE)(以 D_q 为单位)

d电子数	SN-1 机理		SN-2 机理	
	正八面体→正方锥体		正八面体→五角双锥体	
	ΔE(弱场)	ΔE(强场)	ΔE(弱场)	ΔE(强场)
0	0	0	0	0
1	-0.57	-0.57	-1.28	-1.28
2	-1.14	-1.14	-2.56	-2.56
3	2.00	2.00	4.26	4.26
4	-3.14	1.43	1.07	2.98
5	0	0.86	0	1.70
6	-0.57	4.00	-1.28	8.52
7	-1.14	-1.14	-2.56	5.34
8	2.00	2.00	4.26	4.26
9	-3.14	-3.14	1.07	1.07
10	0	0	0	0

Dowden 等利用同样原理来解释氧化物催化剂表面金属离子吸附过程,把被吸附物看作一种配位体,当表面裸露的金属离子吸附一个反应物分子时,就会增加

一个配位数,从而引起 CFSE 的变化[15]。例如,在岩盐型结构氧化物(100)晶面,金属离子的配位构型通过吸附会从正方锥体(五配位)变成八面体(六配位),如果吸附分子和金属离子周围的 O^{2-} 相同,那么 CFSE 的变化相当于表 5-8 中由正八面体→正方锥体(SN-1)的 ΔE 值。由表中数值可以看出,吸附作用对弱场中电子构型为 d^3 和 d^8 离子,以及对强场中电子构型为 d^3、d^6 和 d^8 离子的 CFSE 是有利的;相反,对反应物脱附来说,则对弱场中的 d^4 和 d^9 离子以及对强场中的 d^2、d^7、d^9 离子的 CFSE 是有利的。

　　Dowden 等利用上述结果,很好地解释了在第四周期过渡金属氧化物上催化 H_2-D_2 交换反应活性得到的双峰结果(图 5-16)。由表 5-8 可以看出,含 d^3(Cr^{3+})、d^6(Co^{3+})、d^8(Ni^{2+})金属离子的氧化物具有较快的反应速度,是因为这些金属离子在化学吸附时 CFSE 有较大的变化,有利于化学吸附。对于脱附过程,虽然与上述电子构型并不适应,但与它们共存的还原状态的离子(Cr^{2+}、Co^{2+}、Ni^+ 等)还是适应的。然而,在均相配位体取代反应中,d^3 和 d^6 电子构型的配合物活性却最低,这与上述结果正好相反。这一矛盾有待进一步深入研究。

　　过渡金属氧化物体相中的金属离子通常处于八面体中央,与 6 个 O^{2-} 相配位,处于配位饱和状态。但是金属氧化物的表面金属离子却处于配位不饱和状态。例如,NiO 晶体的(100)晶面上的金属离子,周围只有 5 个 O^{2-} 与之配位,是正方锥体,如图 5-20(a)所示。在(110)晶面上的金属离子与之配位的只有 4 个 O^{2-},对称性从正八面体变成了正四面体,如图 5-20(b)所示。在(111)晶面上的晶体边缘的金属离子与之相配位的只有 3 个 O^{2-},变成了平面三角形,如图 5-20(c)所示。配位不饱和的金属离子化学吸附时,它的配位数和对称性都会发生变化。在(100)晶面上吸附时,会使正四面体变成正方锥体,再变成正八面体;在(111)晶面上吸附时,则会发生由三角形——正方锥体——正八面体的变化。这些变化都会引起 CFSE 的变化,从而影响催化过程。Haber 等[16]对 NiO 中 Ni^{2+}(d^8)的不同晶面上的吸附作用进行研究,吸附前后 CFSE 的变化值见表 5-9。

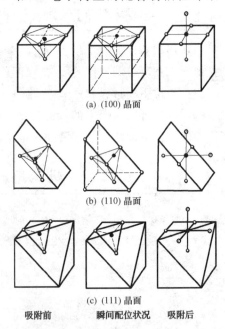

(a) (100) 晶面

(b) (110) 晶面

(c) (111) 晶面

吸附前　　　瞬间配位状况　　　吸附后

● 代表 Ni^{2+};○ 代表晶格氧;⊖ 代表吸附氧

图 5-20　化学吸附氧前后 Ni 表面配位数的变化

　　由表 5-9 可以看出,从换算成每单位氧原子的 CFSE 变化,可判断哪个表面对吸附最有利。(110)晶面的 CFSE 值变化最大,它可为吸附提供更多能量,因此在覆盖度不大时,氧将优先吸附在(110)晶面上。然而这个模型没有考虑吸附氧脱附时的电子转移有使 Ni^{2+} 的电荷发生变化的问题;另外,从晶面的稳定性考虑,过于不稳定的(110)晶面也很难成为吸附的主体。总之,由 Dowden 等提出的晶体场理论模型,由于把吸附过分简单化的缺点,在以后很长一段时间内,没有获得进一步发展。

表 5-9　　　　　　　　　　氧吸附在 NiO 上时 CFSE 的变化

晶面	吸附氧之前			吸附氧之后			每个吸附氧原子净得到 CFSE (D_q)
	配位状态	CFSE (D_q)	吸附氧原子数	配位状态	CFSE (D_q)	净得 CFSE (D_q)	
(100)	四方锥体	−10	1	八面体	−12	2	2
(110)	四面体	−3.6	2	八面体	−12	8.4	4.2
(111)	三角形	−10.9	3	八面体	−12	1.1	0.4

直到 20 世纪 80 年代末期,Che 等[17]对过渡金属氧化物多相催化体系中氧化物表面过渡金属离子在配位化学中的作用进行了广泛讨论,提出了一些新的模型。尽管晶体场理论用来说明过渡金属氧化物的催化作用还局限在少数一些反应中,但作为找出均相与多相催化反应中起催化作用的金属离子的共同特性还是十分有意义的。

5.6　过渡金属氧化物催化剂典型催化过程分析

5.6.1　钼铋系复氧化物催化剂催化的丙烯胺氧化制丙烯腈

钼铋系复氧化物催化剂广泛用于烯烃的选择氧化和氧化脱氢反应中,并已成功地用于丙烯胺氧化制丙烯腈、丙烯选择氧化制丙烯醛、丁烯氧化脱氢制丁二烯的工业生产中。

1. 钼酸铋复氧化物的晶体结构与活性部位

钼酸铋复氧化物催化剂对烯烃的活性中间物种烯丙基的形成和部分氧化的良好活性与它的结构有密切关系。从 MoO_3-Bi_2O_3 相图及 X 射线衍射分析,最常见的有催化活性的三种相是:

(1)α 相,$Bi_2O_3 \cdot 3MoO_3$(Bi/Mo＝2/3);

(2)β 相,$Bi_2O_3 \cdot 2MoO_3$(Bi/Mo＝1/1);

(3)γ 相,$Bi_2O_3 \cdot MoO_3$(Bi/Mo＝2/1)。

合成的 α、β、γ 相钼酸铋的晶体结构与天然钼铋矿结构类似。钼铋矿是由 $(Bi_2O_2)^{2+}$ 层与 $(MoO_2)^{2+}$ 层通过 $(O^{2-})_n$ 联接起来的层状结构,如图 5-21 所示。$(MoO_2)^{2+}$ 层面中 Mo^{6+} 的配位数为 6,形成八面体构型,而 Bi^{3+} 的配位数为 5,形成非常扭曲的金字塔构型。$(O^{2-})_n$ 层夹在 $[(MoO_2)^{2+}]_n$ 层（A 层）和 $[(Bi_2O_2)^{2+}]_n$ 层（B 层）之间,在 b 轴方向 α、β 和 γ 相的结构组成如下:

α 相:BO AO AOAO BO AO AO AO

β 相:BO AO AO BO AO AO

γ 相:BO AO BO AO BO AO

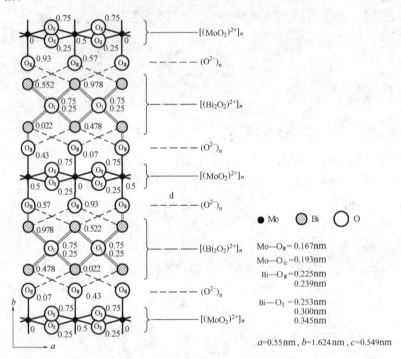

图 5-21 Bi_2O_3-MoO_3(钼铋矿)的晶体结构[(001)面投影图]

α、β 和 γ 相钼酸铋对烯烃部分氧化都有活性,其中 β 相活性和选择性最高。Batist 认为 Mo^{6+} 共点八面体是选择氧化不可缺少的,它可以转变为有一空配位的四方锥结构,后者被认为是选择氧化的活性部位。而 β 相有利于 $[(MoO_2)^{2+}]_n$ 层脱氧转变为一空位的四方锥结构。Cesari 等[18]推测钼酸铋体系优越的烯丙基型氧化活性是由于 Bi^{3+} 对 π-烯丙基中间体的生成能力强和 Mo^{6+} 作为氧载体作用的复合效果。

2. 烯丙基型反应机理

丙烯在钼酸铋催化剂上进行上述部分氧化反应都是按烯丙基型反应机理进行的。第一次脱氢是钼酸铋催化剂表面上的晶体氧夺取丙烯分子中紧邻双键的碳原子上的正氢离子,形成一个共轭稳定的烯丙基:

$$CH_2{=}CH{-}CH_3 + Mo^{6+}{=}O^{2-} \longrightarrow CH_2 \cdots CH \cdots CH_2 + OH^- + e^- \quad (5{-}19)$$
$$\qquad\qquad\qquad\qquad\qquad\qquad\qquad\qquad | $$
$$\qquad\qquad\qquad\qquad\qquad\qquad\qquad\quad Mo^{6+}$$

这一步是整个反应的控制步骤。人们通过用同位素标记的烯烃为反应物在钼酸铋催化剂上进行丙烯催化氧化反应和通过动力学中的同位素效应[19]的研究都证实了烯丙基的存在。第二次脱氢是从烯丙基的任一端脱下一个 H^+，形成一个不对称的亚甲基型吸附物：$CH_2=CH-\dot{C}H$。这一中间物种非常活泼，容易与表面晶格氧结合生成丙烯醛，或与氨吸附物种 $\dot{N}H$ 结合生成丙烯腈中间物种，转化为稳定产物或中间物种，晶格氧与两次脱下的 $2H^+$ 结合生成水。反应如下：

$$H^+ + CH_2 = CH = CH_2 + 2O^{2-} \longrightarrow CH_2=CHCHO + H_2O + 3e^- \tag{5-20}$$

Aschmore 等[20]对钼酸铋催化剂的电子自旋共振研究表明，反应中丙烯通过化学吸附将电子转移给催化剂中的 Mo^{6+}，Mo^{6+} 被还原为 Mo^{5+}（没有 Bi^{3+} 存在时；有 Bi^{3+} 存在时没有观察到 Mo^{5+} 信号，这是因为转移给 Mo^{6+} 的电子迅速转移给 Bi^{3+}，并使其还原为 Bi^{2+}）。气体 O_2 吸附于 Bi^{2+}，夺取 Bi^{2+} 的电子生成 O^{2-} 补充氧化反应消耗的晶格氧，表面被 O_2 迅速地自氧化。(式(5-21)中的□代表晶格氧空位)。

$$O_2 + 2\square + 4e^- \longrightarrow 2O^{2-}_{晶格} \tag{5-21}$$

如果两个烯丙基结合，可生成己二烯和苯。由此可见，烯丙基型选择氧化机理是按前述还原氧化(Mars-Van Krevelen)机理进行的，即烯烃催化氧化分两步进行：

(1)烯烃分子与金属氧化物催化剂相互作用，烃被氧化，而氧化物被还原；

(2)被还原的氧化物催化剂重新被气相氧氧化，催化剂复原为起始状态，构成催化循环。在该催化循环中起氧化作用的媒介物是氧化物的晶格氧离子。

3. 丙烯胺氧化合成丙烯腈

丙烯胺是合成纤维、橡胶和塑料的单体，它们是有机合成的重要原料，可制造合成羊毛(腈纶)、丁腈橡胶、ABS 树酯、己二腈(尼龙 66)等。

丙烯胺氧化制丙烯腈工业上所用催化剂是多组分钼铋系复氧化物催化剂。第一代磷、钼、铋($Bi_9PMo_{12}O_{52}$)催化剂载体为 SiO_2；第二代是锑、铀($UO_3Sb_2O_3$)催化剂；第三代是磷、钼、铋、铁、钴、镍七组分催化剂，例如代号为 41 号的工业催化剂是由 50%(质量分数)的 $Ni_{2.5}Co_{4.5}Fe_3BiP_{0.5}Mo_{12}O_{50.3}$ 负载于 50%(质量分数)的 SiO_2 载体组成。这类催化剂的活性组分是 MoO_3 和 Bi_2O_3。其中 Mo 为第一活性组分，其高价金属阳离子的电负性较大，Mo^{6+} 为 2.1，Mo^{4+} 为 1.6，是受电子组分，能吸附活化丙烯和氨；Bi 是第二活性组分，其低价金属离子的电负性较小，Bi^{3+} 为 1.9，Bi^+ 为 1.7，是给电子组分，能吸附活化氧。丙烯胺氧化反应化学式如下：

$$CH_2=CH-CH_3 + \frac{3}{2}O_2 + NH_3 \longrightarrow CH_2=CH-CN + 3H_2O \tag{5-22}$$

在钼酸铋催化剂上，上述反应的电子转移机理示意如下：

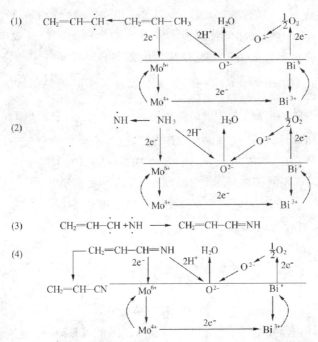

从上述示意反应机理可以看出,起催化作用的是表面或表面若干层的钼、氧和铋离子组成的活性中心,晶体内部的钼铋组分并不参与反应。因此,用共沉淀法制备该催化剂,钼铋利用率不高,增加了催化剂造价。所以,采用负载于 SiO_2 载体的负载型催化剂,既降低了催化剂成本,又改善了催化剂的传质和传热效率。

动力学实验结果表明,反应速率对氨和氧是零级反应,即原料中氨和氧的浓度高于某一最低值后,反应速率与氨和氧的浓度无关。因此氨与丙烯配比通常为 1:1.1,氨略有过量,是为了防止副产物丙烯醛的生成。丙烯与氧气的配比通常为 1:2(理论比值为 1:1.5),氧略有过量,可避免 Mo^{6+} 还原为 Mo^{4+}、Bi^{3+} 还原为 Bi^+ 以及导致烃类与水产生水煤气反应。丙烯腈的生成仅与丙烯分压的一次方成正比,即 $r=k \cdot p_{C_3H_6}$。由此可见,反应控制步骤是丙烯的吸附。丙烯在催化剂上是施主键吸附,故反应为施主型反应。为提高整个反应速度,应加入适量的受主杂质。

Fe 在催化剂中以 Fe_2O_3 形式存在,是一种电子型助催化剂。Fe^{3+} 取代晶格中的 Mo^{6+} 可促进 p 型半导体导电,此时 Fe^{3+} 相当于受主杂质,降低了费米能级,因而能加快丙烯的吸附速率,从而加速反应进行。七组分催化剂中加入的 CoO 和 NiO 可代替部分 Bi_2O_3,其作用与 Fe_2O_3 相同,也是电子型助催化剂。Fe-Co 和 Fe-Ni 复氧化物共存还可抑制丙烯直接深度氧化的副反应,提高选择性。

P_2O_5 是一种结构型助催化剂。X 射线衍射分析证明,当 MoO_3-Bi_2O_3 催化剂中加入0.2%(质量分数)的磷时,可使 α 相转变为 β 相;但加入量过大时,会使 β 相破坏。因此催化剂中磷含量应控制在 $0.2\% \sim 1.5\%$，保持 $Mo:P = 12:1$（原子比）为好。

由于磷钼酸铋和磷钼酸铁具有微弱的酸性，这种酸性催化中心会导致烃类裂解和积炭反应，因此，催化剂中加入适量 K_2O，用来中和酸性。

5.6.2 钒系复氧化物催化剂催化 C_4 烃选择氧化制顺酐

以 V_2O_5 为主体的钒系复氧化物催化剂广泛用于 SO_2 氧化制 SO_3 以及烷类的选择氧化制苯酐、顺酐等。

1. V_2O_5 的晶体结构及其活性部位

V_2O_5 的单胞（$V_{12}O_{30}$）中离子排列如图 5-22(a)所示，钒中心离子与邻接的 6 个氧原子距离不同，如图 5-22(b)所示。

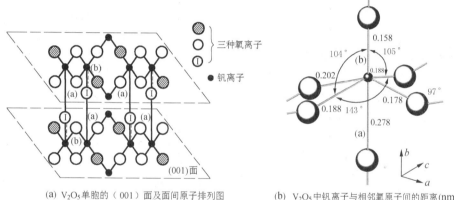

(a) V_2O_5单胞的（001）面及面间原子排列图   (b) V_2O_5中钒离子与相邻氧原子间的距离(nm)

图 5-22 V_2O_5 的晶体结构

由于 V—O(a)键长较长（0.278 nm），沿（001）面方向易劈裂，催化剂颗粒的（001）面容易露出，使 V—O(b)（0.158 nm）作为 V＝O 暴露于表面。寺西[21]提出 V_2O_5 系催化剂的氧化活性同 V＝O 有关。V_2O_5 易被还原气体（如 H_2、烃类、SO_2）还原，V_2O_5 与 $V_2O_{4.33}$ 间容易互相转变以满足氧化还原需要。

2. V_2O_5 催化剂催化 C_4 烃选择氧化制顺丁烯二酸酐

顺丁烯二酸酐是合成树脂、聚酯树脂与醇酸树脂的原料。工业上由苯的气相氧化法制得。近年来又直接由正丁烷选择氧化制得，这样可使顺酐产品价格减半。常用催化剂与苯氧化法相似，是钒磷或钒钼复氧化物，再添加少量其他氧化物。正丁烷氧化的催化剂为 $V_2O_5:P_2O_5:TiO_2:CuO:Li_2O = 23.8:25.9:49.6:0.51:6.29$。

正丁烷氧化为顺丁烯二酸酐的机理，可能是丁烷或丁烯通过烯丙基中间物种转变为丁二烯，然后氧化环化脱氢为呋喃，再转变为顺酐。示意图如下：

正丁烷 $\xrightarrow{\text{脱氢}}$ $CH_2=CH-CH_2-CH_3$ $\xrightarrow{-H}$ $CH_2=CH-CH=CH_2$（烯丙基） $\xrightarrow{-H}$ $CH_2=CH-CH=CH_2$

$[O]$"表面" ... $\xrightarrow{-H}$ ... $\xrightarrow{-H}$ ... $\xrightarrow{[O]\text{"表面"}}_{-H}$ ... $\xrightarrow{[O]\text{"表面"}}_{-H}$ ...

正丁烷 $\longrightarrow$ $CH_2=CH-CH_2-CH_3$ $\longrightarrow$ $CH_2-CH-CH_2$ $\xrightarrow{93\%}$ ...

↓ 12%~13% ｜ 81% 转化率 ↓ 7%

副反应 副反应 ↓ 50% 副反应

对 V_2O_5-P_2O_5 系催化剂，Kacirek 等[22]提出如下机理：由上述机理可以看出正丁烷氧化制顺酐的副反应较多。如何提高该反应的选择性是该催化过程的一个亟需解决的问题，单纯用 V_2O_5 为催化剂是难以解决的。为此人们通过加各种助催化剂来提高选择性。在 V_2O_5-MoO_3 体系中加入 MoO_3 助催化剂认为可使 $V=O$ 松动，促进烯丙基中间物种形成，从而改善选择性。因为 V_2O_5 是一种 n 型半导体，由于有一些氧离子缺位，结构中存在少量 V^{4+}，当 V_2O_5 中加入少量 MoO_3，Mo^{6+} 同晶取代 V^{5+}，为保持电中性将有与 Mo^{6+} 等摩尔数的 V^{5+} 转化为 V^{4+}，致使顺酐收率提高。据报道，MoO_3 的加入还可抑制顺酐二次氧化反应，使选择性提高。P_2O_5 助催化剂的加入也可提高选择性，它可使丁烯氧化脱氢为丁二烯的选择性由 43% 提高到 88%，使丁二烯转化为呋喃的选择性由 72% 提高到 93%；但呋喃氧化为顺酐的选择性却由 60% 降到 50%，这可能是由于 P_2O_5 促进呋喃生成高聚物所致。

5.6.3 尖晶石型复氧化物催化剂催化乙苯脱氢制苯乙烯

尖晶石型复氧化物催化剂广泛用于烃类脱氢（例如，乙苯脱氢制苯乙烯，丁烯脱氢制丁二烯）及 $CO+H_2O$ 变换为 CO_2+H_2 等重要化工过程。

1. 尖晶石型复氧化物催化剂的晶体结构

尖晶石是一种天然矿物质（$MgAl_2O_4$）。与此种结构相同的复氧化物还有很多，构成尖晶石型复氧化物系列。尖晶石的化学组成通式为 AB_2O_4。尖晶石属立方晶系，它是由 O^{2-} 组成正四面体（A）和正八面体（B）密堆积而成，每个晶胞中含 8 个正四面体和 16 个正八面体，正四面体中心（T）和正八面体中心（O）分别被 M^{2+} 和 M^{3+} 金属阳离子占据，八面体相互之间及八面体与四面体之间分别通过共边和共角连接而成。尖晶石的结构如图 5-23 所示。

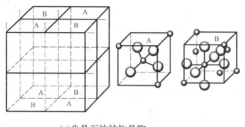

(a)尖晶石的结构晶胞　　　　　　　　　　(b)八面体和四面体之间连接方式

图 5-23　尖晶石结构

氧化催化剂常采用 Fe_3O_4(磁铁矿)和 Fe_2O_3。Fe_2O_3 常见晶型有 α 型和 γ 型。$γ\text{-}Fe_2O_3$ 是一种尖晶石结构,其中 8 个四面体中心和 16 个八面体中心分别被 Fe^{2+} 和 Fe^{3+} 占据。$γ\text{-}Fe_2O_3$ 是一种亚稳定相,加热到 400 ℃ 以上不可逆转地变为 $α\text{-}Fe_2O_3$。$γ\text{-}Fe_2O_3$ 中的晶格氧与 $α\text{-}Fe_2O_3$ 中的晶格氧相比,在热力学上具有较高化学势,因此 $γ\text{-}Fe_2O_3$ 对 1-丁烯的还原反应活性明显高于 $α\text{-}Fe_2O_3$。

Fe_3O_4 是一种反尖晶石结构,氧的四面体中心被 Fe^{3+} 所占有,而氧的八面体中心被 Fe^{3+} 和 Fe^{2+} 所占有。低温下从铁氧化得到的 $γ\text{-}Fe_2O_3$ 结构与 Fe_3O_4 非常相近。

2. 铁铬系催化剂催化乙苯脱氢制苯乙烯

苯乙烯是合成树脂聚苯乙烯、ABS、合成橡胶、丁苯橡胶的主要原料。目前合成苯乙烯采用乙苯直接脱氢的方法。反应式如下:

$$\text{(苯环)} C_2H_5 \rightleftharpoons \text{(苯环)} C_2H_3 + H_2, \quad \Delta H = 125.14 \text{ kJ} \cdot \text{mol}^{-1}(627 \text{ ℃}) \qquad (5\text{-}23)$$

乙苯脱氢是强吸热反应,为提高其转化率和选择性,反应过程中需添加大量水蒸气或惰性气体来降低分压,以便降低反应温度。

工业上使用的乙苯脱氢催化剂牌号很多,铁铬系壳牌催化剂反应性能较好。壳牌 105 催化剂的组成为 7% K_2O,2% Cr_2O_3,91% $α\text{-}Fe_2O_3$。因为 $α\text{-}Fe_2O_3$ 和 $γ\text{-}Fe_2O_3$ 在 400~500 ℃ 可转化为 Fe_3O_4,该催化剂的主催化剂为 Fe_3O_4(反应温度为 580~630 ℃)。

Cr_2O_3 是一种结构型助催化剂。铬可以通过与氧化铁形成固溶体等形式分散于氧化铁的结构中,由于铬比铁难还原,所以铬的存在可阻止氧化铁因还原而烧结。

K_2O 是一种电子型助催化剂。K_2O 本身无催化活性,但能大大促进 Fe_2O_3(工作状态为 Fe_3O_4)的乙苯脱氢活性,使乙苯脱氢转化为苯乙烯的活性增加一个数量级以上。这是因为 Fe_2O_3 为 n 型半导体,而作为受主杂质的 K_2O 加入催化剂中,因为 K^+ 的半径(0.133 nm)比 Cr^{3+}(0.069 nm)和 Fe^{3+}(0.06 nm)的半径大得多,因此不能取代 Cr^{3+} 和 Fe^{3+},只能存在于晶格间隙,这相当于表面带正电荷,促使表面能级下降,导致 n 型半导体给出电子能力增强,加速电子转移脱氢过程。除此之外,K_2O 还可抑制副反应,提高选择性。乙苯在酸中心作用下可脱乙基生成苯,加入 K_2O 可中和催化剂表面酸中心,从而抑制乙苯脱乙基反应进行,减少副产物苯的生成。K_2O 还可以促进催化剂的消炭作用。催化剂表面积炭是有机催化反应中常见的副反应,积炭会覆盖催化中心和阻塞孔道,不及时除去会使催化剂失活。K_2O 的存在可促进积炭进行水煤气转化反应,即 $C + H_2O \longrightarrow CO + H_2$,产生的 H_2 对催化剂有微还原作用,这对选择性是有利的。

尽管尖晶石型催化剂发现较早,但其微观作用机理仍未澄清。20 世纪 70 年代 Певедев[23] 进行了乙苯催化脱氢转化为苯乙烯的反应动力学研究,提出反应按 Langmuir-Hinshwood 双位机理进行,脱氢反应速率控制步骤是被吸附乙苯与表面自由活性中心(σ)之间的相互作用,反应机理表述为

5.6.4　氧化钴(镍)-氧化钼(钨)加氢脱硫催化剂催化作用

加氢脱硫是石油精制的重要过程,通常称为"氢加工"反应。加氢脱硫是将含硫的石油化合物和天然气转化为烃类和 H_2S,使硫从石油产品和天然气中脱除。它在经济上的重要性与裂化和重整相当。

1. 加氢脱硫催化剂的组成与结构

工业使用的加氢脱硫催化剂最常采用的是 γ-Al_2O_3 负载 CoO-MoO_3 催化剂。MoO_3 含量为 $6.5\% \sim 12\%$(质量分数),CoO 含量为 $4\% \sim 5\%$(质量分数),也可用 WO_3 替代 MoO_3,用 NiO 替代 CoO。MoO_3 是该催化剂的主要催化剂。MoO_3 在载体 γ-Al_2O_3 上的结合可能存在多种形式,其中一种是 Mo 离子在载体的影响下与周围 4 个 O^{2-} 配位,使 Mo 离子与载体作用很强,致使在高温下也不被还原,通常称此相为 A 相。由于 Mo 离子难以还原,故此相无催化能力。另一种是 MoO_3 与载体作用很弱,使 MoO_3 自成一体,因而具有高还原性,通常称此相为 B 相。尽管 B 相易还原,但它能与硫牢固结合转化为 MoS_2,也不能作活性相。只有第三种,MoO_3 单层覆盖在载体上,受到载体的微扰作用,这种作用比 A 相弱一些,但又比 B 相强一些,在钴的存在下此相容易被部分还原而具有活性。此相称为 C 相。

C 相加氢脱硫具有活性是因为 C 相被还原时 Mo 离子部分与 O^{2-} 连接,部分与 S^{2-} 连接,而且硫化后的 C 相,Mo 离子旁边有表面阴离子空位,可供络合吸附活化含硫化合物中的硫,吸附强度适中,有利于 H_2S 的脱附。

CoO 在 $\gamma\text{-}Al_2O_3$ 上的负载也有多种情况。一种是 Co 离子在 Al_2O_3 表面的四配位的 Al^{3+} 空位上(约占 75%),其余分布在六配位的 Al^{3+} 空位上,此相称为 δ 相。由于受晶格的影响,δ 相中的 Co 离子不易被 H_2 还原。另一种是氧化钴负载于 Al_2O_3 表面自成一相,以 Co_3O_4 形式存在,此相称为 β 相。β 相中的 Co 离子容易被 H_2 还原为 Co。δ 相与 β 相同时存在于催化剂表面上,两者的比例对 C 相的 MoO_3 的还原有影响。当 β 相多时,Co_3O_4 还原为 Co 后,易促进 MoO_3 的还原,提供空位与低价阳离子。反之,δ 相中的 Co 离子既与 Al_2O_3 相连接,又与 MoO_3 相连接,使 Co 离子不易被还原,同时也使 MoO_3 还原速度减慢,但却稳定了晶相。

从上述对 CoO 作用的分析可以看出,CoO 是一种电子型助催化剂,它可以加速 Mo 离子的电子转移。CoO 还是一种结构型助催化剂,它可以阻止载体烧结,使 MoO_3 相稳定。这是因为处在 δ 相的 Co 离子不易被还原,它既连接 Al_2O_3,又连接 MoO_3,从而使 MoO_3 还原后塌方凝聚成 C 相(活性相),在 Co—O—Al 相的隔离之下稳定下来。

工业催化剂中还会有 $(100\sim500)\times10^{-6}$ Na^+,Na^+ 存在可促进加氢脱硫活性增加。这是因为 Na^+ 占据了 Al_2O_3 表面的空位,使 Co 组分的 β 相增加,从而使 Co 金属组分增加,促进 MoO_3 的还原,致使加氢脱硫活性增加。但 Na^+ 浓度过大也不好,最适宜量为 $(100\sim500)\times10^{-6}$。

2. 加氢脱硫催化剂的作用机理

汽油馏分中含有机硫化物种类很多,这里以汽油中最不活泼的硫化物——噻吩为例进行讨论。噻吩加氢脱硫反应如下:

$$C_4H_4S + 2H_2 \longrightarrow C_4H_6 + H_2S \tag{5-24}$$

反应动力学方程式为

$$r_{HDS} = \frac{kp_S p_{H_2}}{(1 + K_{ar}p_{ar} + K_{H_2S}p_{H_2S})^2} \tag{5-25}$$

式中,$K_{ar}p_{ar}$ 代表芳烃竞争吸附项。

由反应动力学和催化剂的结构讨论可以看出:吸附的中间物种包括氢、H_2S、含硫化合物,后两者占据了阴离子空位。可以认为反应至少经过三个基元表面反应步骤:

$$2(H_2 \longrightarrow 2H_{吸}) \tag{5-26}$$

$$C_4H_4S + \square + 2H_{吸} + 2e^- \longrightarrow C_4H_6 + S^{2-} \tag{5-27}$$

$$S^{2-} + 2H_{吸} \longrightarrow H_2S + \square + 2e^- \tag{5-28}$$

式中,$H_{吸}$ 代表吸附的 H;□ 代表阴离子空位;e^- 代表电子。

其中 Co 可以通过如下途径发挥作用

$$Co^{2+}+H_2+2S^{2-}\longrightarrow Co+2HS^-$$

或者

$$2Co^{2+}+H_2+2S^{2-}\longrightarrow 2Co^++2HS^-$$

即当噻吩分子被吸附在前述的阴离子空位上时,可分别从 Mo^{3+} 和 HS^- 接受电子和质子。Mo^{3+} 电子的给予是通过下面方式进行的,即

$$2Mo^{3+}\longrightarrow 2Mo^{4+}+2e^-$$

Co 可以将电子转移给 Mo^{4+},使其还原为 Mo^{3+}。Ni-Mo 催化剂与 Co-Mo 催化剂反应机理相同。上述反应机理如图 5-24 所示[24]。

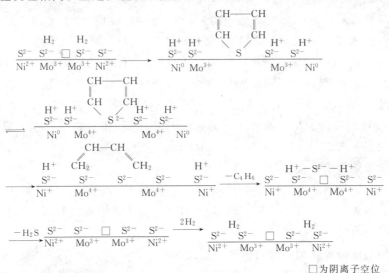

□为阴离子空位

图 5-24　噻吩加氢脱硫机理示意图

5.7　过渡金属氧化物催化剂的研究进展

5.7.1　概　述

过渡金属氧化物具有氧化还原和酸碱两方面的催化功能,是多相催化剂家族中的重要成员。过渡金属氧化物的氧化还原性源于金属阳离子的变价特点,该特点有利于电子的转移和晶格氧负离子的离去和补充。而酸碱性分别来自于表面上的金属离子和氧离子,前者有空的 d 电子轨道,后者有非键电子对。

提高过渡金属氧化物催化剂性能和扩展应用范围是多相催化剂领域的长期研究课题。近年来这方面值得一提的研究热点是纳米氧化物、有序介孔氧化物和晶

面择优氧化物。其中,纳米氧化物和有序介孔氧化物均可增大氧化物的比表面积和孔道尺寸,前者可增加表面上配位不饱和的缺欠位(平台、边缘、皱褶和空位)和 M—OH,M—O—M,M≡O,M—O 官能团(M 表示金属离子,O 表示氧空位),从而增加活性中心;后者可改善物料扩散性能。因此,通过制备纳米氧化物和有序介孔氧化物,可以提高过渡金属氧化物的催化活性和稳定性。晶面择优氧化物其实也就是具有特殊形态的纳米氧化物。它集纳米尺度效应和形态效应于一体,旨在通过控制合成特定形态的过渡金属氧化物纳米微晶,选择性地暴露出微晶体对反应最有利的晶面,从而更好地提高反应活性和选择性。

有关纳米氧化物和有序介孔氧化物催化剂的催化性能和制备方法可参阅有关文献[25,26]及 10.2 节。本节主要对晶面择优氧化物的最新研究进展做概括介绍。

5.7.2　晶面择优过渡金属氧化物的催化性能[27]

人们对晶面择优过渡金属氧化物的关注,源于对过渡金属纳米微晶体的晶面和形态与催化性能密切关系的观察。人们在研究贵金属 Pt 纳米粒子时发现:四面体 Pt 粒子主要暴露的是(111)晶面,它对铁氰络离子与硫代硫酸根离子间的电子转移反应(氧化还原反应)的催化活性高于立方体 Pt 粒子,后者主要暴露(100)晶面[27]。除了金属 Pt 之外,常见的其他贵金属如 Pd、Rh 和 Ag 也都有晶面择优(或者形态依赖)催化现象。

由于调控金属氧化物形状的难度相对较大,所以对于晶面择优过渡金属氧化物催化剂的研究相对滞后。但是,近年来这方面的研究工作取得了突出进展,过渡金属氧化物晶面择优作为催化剂和催化载体都展现出很大的催化潜能[28]。下面对几种晶面择优过渡金属氧化物的催化作用做简单介绍。

1.氧化钛

TiO_2 是典型的 n 型半导体氧化物,常以金红石、锐钛矿及其混合物的形式存在。金红石的结构紧密、稳定性高。TiO_2 纳米材料的催化性能不仅取决于晶相,也依赖于微晶形态(或者微晶所暴露)的晶面。研究发现锐钛矿型 TiO_2 晶面能的大小顺序:(001)晶面>(100)晶面>(101)晶面。在水热合成 TiO_2 时,卤素氟离子(F^-)能选择性地吸附在(001)晶面上,从而稳定和充分暴露这种高能量的晶面。用这种方法得到的纳米薄片和四角双锥型锐钛矿 TiO_2 在水分解和有机物降解反应中显示了出众的光催化活性。

晶面择优 TiO_2 除了可以直接作为光催化剂使用以外,还可以作为负载金属的载体。TiO_2 本身是一种还原型氧化物载体,当负载金属后的催化剂在氢气中进行高温还原时,TiO_2 载体也发生部分还原,生成的 TiO_x 会迁移到金属表面,对金属进行修饰,发生金属-载体强相互作用,从而显著地影响金属的形态、化学吸附行为和催化作用。用 TiO_2 制备的最有名的负载型催化剂当属纳米金催化剂（Au/锐钛矿 TiO_2），它能在很低的温度下选择氧化 CO[29]。

2. 氧化锰

氧化锰作为催化剂主要用于催化氧化反应，它有多种价态（+2，+3，+4 价）和多种晶相。其中，最常用的是 MnO_2，它可以 α（单斜）、β（金红石型）、δ（层状）和 ε（六角密堆）晶体形式存在。氧化锰的形态影响在电化学反应和 CO、甲醛和芳烃化合物的催化氧化反应中都会碰到。例如，α-MnO_2 纳米棒在甲苯氧化、汽车尾气净化（CO 还原 NO）反应中活性高。原因是它的表面氧空穴多，有利于氧的活化，低温氧化还原性能好。

氧化锰的氧化还原性质能够诱导 IB 族金属与之产生强相互作用，从而影响负载催化剂的性能。例如[30]，由于 α-MnO_2 纳米棒的供氧效率高，它在 CO 催化氧化反应中的反应速率是 β-MnO_2 纳米棒的两倍。然而，当把 Ag 负载于两种氧化锰纳米棒上，后者的反应速率是前者的两倍。这种反差是由于 β-MnO_2 纳米棒能与 Ag 纳米粒子产生较强的相互作用，致使载体上的氧向金属上溢流的速度更快。再如，在苯甲醇氧化制苯甲醛（安息香醛）的反应中，苯甲醇在 Au/β-MnO_2 纳米棒催化剂作用下转化率可达到 40.7%。在相同反应条件下 Au/β-MnO_2 普通纳米粒子催化剂上的转化率只有 13.6%。这主要是因为 β-MnO_2 纳米棒载体暴露最多的是（110）晶面，而 β-MnO_2 普通纳米粒子暴露最多的是（001）和（111）晶面。对于活化分子氧来说，（110）晶面比（001）和（111）晶面更活泼。另一方面，Au 与 β-MnO_2 纳米棒载体之间的强相互作用改变了界面处金物种的化学状态，促进了反应物苯甲醇的氢转移活化（金物种受氢）。

3. 氧化铁

氧化铁催化剂的突出优点是便宜、易得、热稳定性高、环境友好、有利于工业应用。Fe_2O_3 有 α、β、γ、ε 四种晶型。其中，α-Fe_2O_3 和 γ-Fe_2O_3 应用最广。α-Fe_2O_3 具有刚玉型结构，γ-Fe_2O_3 具有立方结构。Fe_3O_4 具有立方反尖晶石结构，同时含有 Fe^{2+} 和 Fe^{3+}。其中，Fe^{3+} 占据四面体位，Fe^{2+} 和 Fe^{3+} 一起占据八面体位。总体上说，Fe_3O_4 可以看成是八面体层和八面体-四面体混合层沿（111）方向的重叠。

Fe_2O_3 既可以作催化剂活性组分，也可以作载体。当 Fe_2O_3 作催化剂时，不仅要考虑尺寸、晶相因素，还要考虑形态因素。Fe_2O_3 形态显著影响催化剂性能的例子也很多。例如，α-Fe_2O_3 纳米棒有利于暴露（110）晶面，它对于 CO 催化氧化和 CH_4 催化燃烧反应的活性非常高。而 γ-Fe_2O_3 是由 6 个（100）晶面、8 个（111）晶面和 12 个（110）晶面围成的多面体纳米粒子，它在苯乙烯氧化制苯甲醛的反应中活性和选择性均高于球形纳米粒子。γ-Fe_2O_3 多面体的优异氧化性能源于（110）活性晶面的大量暴露。

Fe_3O_4 纳米粒子已被用作磁性载体，用于从液固相反应中分离固体催化剂。

近年来人们正在研究 Fe_3O_4 纳米粒子与贵金属纳米粒子[31-34](如 Pt、Pt-Pd 合金、Pd、Au)的自组装。通过自组装得到的纳米复合材料通常具有哑铃状和花瓣状异质结构,催化性能可得到显著改进。实验已经证实,在 Fe_3O_4 负载的 Au 催化剂上,Au 纳米粒子落位于暴露(111)晶面的八面体上。在环己烷氧化脱氢反应中,Au/Fe_3O_4 催化剂的苯选择性可达 82%,而 Au/Fe_2O_3 催化剂的苯选择性只能达到 25%[35]。Au/Fe_3O_4 催化剂不仅选择性高,而且在氧化脱氢反应的苛刻条件下稳定性也较好。这主要得益于 Au/Fe_3O_4 催化剂中能形成 Au-O-Fe 结构,Au 纳米粒子被载体所稳定。

4. 氧化钴

具有尖晶石结构的 Co_3O_4 是一种重要的钴氧化物,它通常以削角八面体晶体形态存在。当把 Co_3O_4 制成不同形态的纳米粒子时,会表现出不同的催化性能。例如,在 CO 的催化氧化和甲烷的催化燃烧反应中[36-38],Co_3O_4 纳米带、纳米薄片和纳米线的活性都优于纳米立方体;在汽车尾气净化(CO 还原 NO)反应中[36,39-40],Co_3O_4 纳米棒不仅催化活性高,而且对氮气的选择性也高,催化性能接近贵金属催化剂 Rh。研究发现,Co_3O_4 纳米带、纳米薄片、纳米线和纳米棒的优异催化性能均归因于这些纳米粒子能暴露出较多含有 Co^{3+} 的活性表面,如(110)晶面。

具有特殊形状的 Co_3O_4 同样也是负载贵金属的好载体。比如,将用 Co_3O_4 纳米薄片负载的 Pd 催化剂用于甲烷催化燃烧反应时,其活性高于以 Co_3O_4 纳米带和纳米立方体为载体的催化剂。这是因为,PdO 的(111)面与 Co_3O_4 纳米薄片(主要暴露(112)面)之间的几何匹配性强化了金属与载体之间的相互作用,产生的活性中心有利于甲烷 C—H 键的活化。用 Co_3O_4 纳米棒制备的 Au/Co_3O_4 和 Ag/Co_3O_4 催化剂分别在低浓度乙烯氧化和硝基酚还原反应中表现出最好的催化性能,其原因是 Co_3O_4 纳米棒的(110)面能与 Au 和 Ag 粒子发生强相互作用。另外值得一提的是,利用 Co_3O_4 纳米棒的表面上(110)面暴露多,以及(110)面与负载贵金属之间易产生强相互作用的优势可以对 Rh、Pt 等贵金属进行单原子负载。Co_3O_4 的(110)面有两种表面组成:一种表面组成是 2 个 Co^{2+}(四面体位)、2 个 Co^{3+}(八面体位)和 4 个 O^{2-};另一种表面组成是 2 个 Co^{3+} 和 4 个 O^{2-}。Co_3O_4 的(110)面与负载贵金属产生强相互作用的位点是 O^{2-}。研究表明,用 Co_3O_4 纳米棒固定的 Pt 单原子对 CO 水煤气变换反应催化活性(TOF 值)提高了 570 倍[41]。

5. 氧化镧

La_2O_3 是一种碱性稀土氧化物,可以进行碱催化反应。在存放时或在化学反应条件下,La_2O_3 易于从周围环境中吸收水和二氧化碳生成 $La_2O_2CO_3$。$La_2O_2CO_3$ 有时就是氧化镧起催化作用的真正组分。由于 $(La_2O_2^{2+})_n$ 和 CO_3^{2-} 的堆积方式不同,$La_2O_2CO_3$ 可能以四面体、单斜和六方晶体结构存在。

  La_2O_3 微晶形态对催化性能的影响可以用下面的例子说明[42,43]：当以球形 La_2O_3 负载 Cu 催化剂来催化 1-辛醇脱氢制 1-辛醛时，可以得到 63% 的 1-辛醛产率。在这个催化反应中，1-辛醇首先在 La_2O_3 的碱中心上活化脱氢，接着氢原子由附近的金属 Cu 转移、重组脱附为氢分子。进一步提高该反应产率的关键在于使 La_2O_3 的碱性和 Cu 的金属性匹配。当然这不是一件容易的事情。幸运的是，当用 La_2O_3 纳米棒为载体来负载 Cu 时，所得催化剂的1-辛醛产率达到了 97%。用 CO_2-TPD 方法研究表明，La_2O_3 纳米棒上大量暴露的 (110) 晶面上有 La^{3+}-O^{2-} 离子对，产生了中等强度的碱中心。用这种棒状载体制备的负载 Cu 催化剂碱性-金属性的强弱相匹配，能够发挥出双功能催化的优势。

6. 氧化铈

  CeO_2 具有立方萤石晶体结构，可用作多相催化剂的主要活性组分或者结构和电子型助剂。储氧功能是 CeO_2 一大特点，这个特点已被用于制备三效催化剂，解决汽车尾气污染问题。CeO_2 的储氧作用源于 Ce^{4+} 和 Ce^{3+} 之间快速和可逆的氧化-还原反应。当 Ce^{3+} 变成 Ce^{4+} 时气相中的氧分子先进入 CeO_2；当 Ce^{4+} 变成 Ce^{3+} 时晶格中的氧离子进入反应产物分子中。理论和实验研究都表明，表面以 (100) 和 (110) 晶面为主的 CeO_2 微晶供氧效率高。因此，通过形态调控使 CeO_2 微晶尽可能多地暴露 (100) 和 (110) 晶面，是一种提高 CeO_2 储氧能力的有效手段。

  人们已经用 CO 催化氧化和 CO 水煤气变换这两个探针反应研究了 CeO_2 微晶形态对其催化性能的影响，发现 CeO_2 纳米棒（主要暴露 (110) 和 (100) 晶面）的活性最高，纳米立方体（主要暴露 (100) 晶面）次之，纳米八面体（主要暴露 (111) 和 (001) 晶面）最差。晶面活性次序：(110) 晶面＞(100) 晶面＞(111) 晶面。

  CeO_2 也是一种能与贵金属产生强相互作用的催化剂载体。它作为载体的两个重要作用是：

  (1) 通过氧化还原催化循环建立起气相分子氧向晶格氧转化的通道，为氧化反应持续地提供活性氧物种；

  (2) 分散和稳定贵金属纳米粒子。

  这两种作用其实都与表面氧空位有关，而氧空位又与 CeO_2 纳米粒子的尺度和形态密切相关。从供氧反应来看，CeO_2 无疑是一个地地道道的活性载体。关于 CeO_2 载体形态对负载型催化剂性能的影响，可以用以下例子说明：在 CO 催化氧化反应和水煤气变换反应中，用 CeO_2 纳米棒负载的 Au 催化剂在大多数情况下都表现出比纳米立方体和球形纳米粒子更高的催化活性。CeO_2 纳米棒的优势在于构成其表面的 (110) 和 (100) 晶面与金属之间的作用力强，能够稳定较小的金原子簇以产生更多的活性中心。相比之下，CeO_2 的 (110) 晶面由于有大量的氧空位而对 Au 粒子的作用力最强，以至于改变了 Au 的价态，有时竟使在 CeO_2 纳米棒上负载的 Au 物种大部分呈 +1 和（或）+3 价态。值得强调的是，载体与金属之间的强相互作用可以稳定高分散的金属粒子,延缓金属纳米粒子的烧结失活[44]。

　　除过渡金属氧化物纳米粒子形态对催化性能影响外,主族金属氧化物也都存在形态-催化性能对应关系。

　　以 MgO 为载体时,也观察到形态对催化剂性能的影响。下面的例子足以说明调节 MgO 载体形态的重要性:当用裸露(100)晶面的六方形 MgO 纳米板负载 Pd 时,(100)晶面可以金属和载体间的单电子转移(氧化-还原)反应来固定和活化单个 Pd,这种 Pd/MgO 催化剂在室温下就能把乙炔通过三聚环化反应转化成苯。

　　综上所述,过渡金属氧化物不管是直接作催化剂,还是作为贵金属的载体,催化剂的催化性能都与过渡金属氧化物的纳米粒子形态密切相关。特别值得指出的是,作为贵金属载体时,纳米粒子的不同形态可导致其与贵金属之间的相互作用发生变化,从而影响催化剂性能。本书在十多年前曾提到金属与载体的相互作用(4.5.3 节)。限于当时的研究水平,还没弄清这种作用的本质。通过近十多年的研究,人们显然对这种相互作用的本质有了较清楚的认识。利用金属氧化物与贵金属的协同作用,有望开发出更多更高水平的催化剂与催化反应。

(郭洪臣)

参考文献

[1]　黄开辉,万惠霖.催化原理[M].北京:科学出版社,1983.

[2]　Ф. Ф. Волъкенштейн,Проблемщ пнетпкй пкаталпа,1995,8:78.

[3]　Bielanski A,Haber. J Catal Rev,1979,19(1):1.

[4]　Marciliy C H. J Catal,1972,24(2):256.

[5]　Carra,S. J Catal,9(2),1967,154:54.

[6]　浩山哲郎.金属氧化物及其催化作用[M].黄敏明,译.合肥:中国科学技术大学出版社,1991.

[7]　Gelbshtein A I. Storoeva,S S. Mischenko Yu A. Proc. 4th Int. Congr Catal,Moscow,1968:297.

[8]　Keulks G W. J Catal,1970,19:232.

[9]　Wragg R D. J Catal,1971,22:49.

[10]　Otsuka T,Miura H,Morikawa Y,et al. J Catal,1973,36:240.

[11]　正井满夫,土井秀树.多成分系酸化物触媒汇为成分の役割[M].触媒学会小讨论会,福冈,1976.

[12]　Misono M,Nozawa Y,Yoneda Y. Proc 6th Intern Congr Catal,London Preprint,1976,A29.

[13]　Dowden D A,Mckezie N,Trapnell B M W. Proc Roy Soc London,1956,A237:247.

[14]　Basolo F,Pearson R G. Mechanism of Inorganic Chemistry [M].2nd ed. John Wiley &.Sons,1958.

[15]　Dowden D A. Catal Rev,1971,5:1.

[16]　Haber J. Stone F S, Trans. Faraday Soc, 1963,59:192.

[17]　Che M, Bonneviot L. Pure and Appl Chem, 1988,60:1369.

[18]　Cesari M, Perego G, Zazzetta A, et al. J Inorg Nucl Chem, 1971,33:3595.

[19]　Adams,Tenning C R. J Catal,1963,2:63.

[20]　Saucier K M, et al. J Catal,1971,23:270.

[21]　多罗间公雄,寺西士一郎,服部石开太郎,等. 日化,1960,81:1038.

[22]　Kacirek H. Lechert H. // Katzer J R. Molecular Sieves-Ⅱ. ACS Symposium Series, 1977,40:244.

[23]　Девецев н н. Кин и Кат, 1977,186:1441.

[24]　盖茨 B C,卡泽 J R, 舒特 G C A. 催化过程的化学[M]. 徐晓,译. 北京:化学工业出版社,1988.

[25]　Semagina N, Kiwi-Minsker L. Recent advances in the liquid-phase synthesis of metal nanostructures with controlled shape and size for catalysis [J]. Catal Rev-Sci Eng, 2009, 51:147-217.

[26]　Goesmann H, Feldmann C. Nanoparticulate functional materials [J]. Angew Chem Int Ed, 2010, 49: 1362-1395.

[27]　Narayanan R., El-Sayed M. A.. Changing catalytic activity during colloidal platinum nanocatalysis due to shape changes:? electron-transfer reaction [J]. J Am Chem Soc, 2004, 126(24):7194-7195.

[28]　Li Y, Shen W J. Morphology-dependent nanocatalysts: Rod-shaped oxides [J]. Chem Soc Rev, 2014, 43(5):1543-1574.

[29]　Haruta M, Tsubota S, Kobayashi T, et al. Low-temperature oxidation of CO over gold supported on TiO_2, α-Fe_2O_3, and Co_3O_4[J]. J Catal, 1993, 144(1):175-192.

[30]　Xu R, Wang X, Wang D et al. Surface structure effects in nanocrystal MnO_2 and Ag/MnO_2 catalytic oxidation of CO [J]. J Catal, 2006, 237(2):426-430.

[31]　Wang C, Daimon H, Sun S, et al. Dumbbell-like Pt-Fe_3O_4 nanoparticles and their enhanced catalysis for oxygen reduction reaction [J]. Nano Lett, 2009, 9(4):1493-1496.

[32]　Sun X, Guo S, Chung C S, et al. A sensitive H_2O_2 assay based on dumbbell-like Pt Pd-Fe_3O_4 nanoparticles [J]. Adv Mater, 2013, 25(1):132-136.

[33]　Chen S T, Si R, Taylor E, et al. Synthesis of Pd/Fe_3O_4 hybrid nanocatalysts with controllable interface and enhanced catalytic activities for CO oxidation [J]. J Phys Chem C, 2012, 116(23):12969-12976.

[34]　Lin F H, Doong R A. Bifunctional Au-Fe_3O_4 heterostructures for magnetically recyclable catalysis of nitrophenol reduction [J]. J Phys Chem C, 2011, 115(14):6591-6598.

[35]　Goergen S, Yin C, Yang M, et al. Structure sensitivity of oxidative dehydrogenation

of cyclohexane over FeO_x and Au/Fe_3O_4 nanocrystals [J]. ACS Catal, 2013, 3(4): 529-539.

[36]　Hu L H, Sun K Q, Peng Q, et al. Surface active sites on Co_3O_4 nanobelt and nanocube model catalysts for CO oxidation [J]. Nano Res, 2010, 3(5):363-368.

[37]　Sun Y, Lv P, Yang J Y, et al. Ultrathin Co_3O_4 nanowires with high catalytic oxidation of CO [J]. Chem Commun, 2011, 47(40):11279-11281.

[38]　Hu L, Peng Q, Li Y, et al. Selective synthesis of Co_3O_4 nanocrystal with different shape and crystal plane effect on catalytic property for methane combustion [J]. J Am Chem Soc, 2008, 130(48):16136-1637.

[39]　Meng B, Zhao Z, Wang X, et al. Selective catalytic reduction of nitrogen oxides by ammonia over Co_3O_4 nanocrystals with different shapes [J]. Appl Catal B: Environ, 2013, 129(0):491-500.

[40]　Zhang S R, Shan J J, Zhu Y, et al. Restructuring transition metal oxide nanorods for 100% selectivity in reduction of nitric oxide with carbon monoxide [J]. Nano Lett, 2013, 13(7):3310-3314.

[41]　Zhang S, Shan J J, Zhu Y, et al. WGS catalysis and in situ studies of CoO_{1-x}, Pt-Con/Co_3O_4, and PtmCom/CoO_{1-x} nanorod catalysts [J]. J Am Chem Soc, 2013, 135 (22):8283-8293.

[42]　Shi R, Wang F, Ta N, et al. A highly efficient Cu/La_2O_3 catalyst for transfer dehydrogenation of primary aliphatic alcohols [J]. Green Chem, 2010, 12(1):108-113.

[43]　Wang F, Shi R J, Liu Z Q, et al. Highly efficient dehydrogenation of primary aliphatic alcohols catalyzed by cu nanoparticles dispersed on rod-shaped $La_2O_2CO_3$ [J]. ACS Catal, 2013, 3(5):890-894.

[44]　Ta N, Liu J, Chenna S, et al. Stabilized gold nanoparticles on ceria nanorods by strong interfacial anchoring [J]. J Am Chem Soc, 2012, 134(51):20585-20588.

第6章　络合催化剂及其催化作用

6.1　络合催化剂的应用及化学成键作用

6.1.1　络合催化剂的应用[1]

　　"络合催化"一词是意大利学者 Natta 于 1957 年首先提出来的,通常是指在均相(液相)系统中催化剂和反应物之间由于配位作用而进行的催化反应,包括催化剂与反应物发生络合活化作用,从开始直至反应完成的一切过程。

　　络合催化剂多是过渡金属络合物、过渡金属有机化合物及其盐类。由于络合催化具有效率高、选择性好、可在温和条件(低温低压)下操作等特点,在石油化工过程和高分子聚合过程中得到应用。其中包括聚合、氧化、加氢、羰基合成等反应,见表 6-1。

表 6-1　　　　　　　　　络合催化剂的工业应用实例

反应类型	主要反应	典型催化剂
烃类氧化	$CH_2{=}CH_2 + \frac{1}{2}O_2 \longrightarrow CH_3CHO$ $H_3C{-}\bigcirc{-}CH_3 + 3O_2 \longrightarrow HOOC{-}\bigcirc{-}COOH\ +2H_2O$	$PdCl_2\text{-}CuCl_2(H_2O)$ Co/Mn 离子
烯烃聚合	$n(C_3H_6) \longrightarrow \{C_3H_6\}_n$ $3CH_2{=}CH{-}CH{=}CH_2 \longrightarrow \bigcirc\ (1,5,9\text{-环十二碳三烯})$	$\alpha\text{-}TiCl_3\text{-}Al(Et)_2Cl$ $TiCl_4/Al_2Cl_3(C_2H_5)_3$
羰基合成	$CH_3CH{=}CH_2 + CO + H_2 \longrightarrow CH_3CH_2CH_2CHO$ $CH_3CH{=}CH_2 + CO + 2H_2 \longrightarrow CH_3CH_2CH_2CH_2OH$ $CH_3OH + CO \longrightarrow CH_3COOH$	$Co_2(CO)_6(P_{iBu_3})_2$ $Fe(CO)_5\text{-}C_4H_8NH\text{-}n\text{-}C_4H_9\text{-}H_2O$ $RhCl(CO)(P_{Ph_3}{\blacktriangle\blacktriangle})_2 + CH_3I$

（续表）

反应类型	主要反应	典型催化剂
选择加氢	$(CH_2)_{10}\left[\begin{array}{c} \end{array}\right] + 2H\begin{array}{c}\parallel CH_2 \\ CH_2\end{array} \longrightarrow$	$[Co(CO)_3(P_{iBu_3}▲)]_2$
	$\begin{array}{c}HO\\HO\end{array}$—$\begin{array}{c}CO_2H\\C=C\\H\quad NHCOR\end{array}$ $+ H_2 \longrightarrow$ $\begin{array}{c}HO\\HO\end{array}$—$CH_2-CH^*$$\begin{array}{c}CO_2H\\NHCOR\end{array}$	$[Rh(PR_3^*)_2(二烯)]^+$

▲P_{iBu_3}——三异丁基膦；　▲▲P_{Ph_3}——三苯基膦

6.1.2　过渡金属络合物化学成键作用

由上节可知,具有络合催化作用的催化剂主要是由过渡金属元素构成的中心离子(或原子)和在中心离子(或原子)周围的具有孤对电子的配位体组成的络合物。因此,络合催化作用和过渡金属的电子结构密切相关。更确切地说,过渡金属络合物的形成与过渡金属的 d 电子状态有密切联系。下面讨论过渡金属络合物的成键理论。

1. 络合物成键的价键理论[2]

价键理论认为,络合物的中心离子(或原子)应具有空的价电子轨道,而配位体应具有孤对电子,后者将孤对电子配位到中心离子(或原子)的空轨道中,形成化学键,这就是配价键。过渡金属离子(或原子)作为络合物中心是有利的,因为过渡金属的 d^0（Sc^{3+} 和 Ti^{4+} 可视为 d^0 组态）到 d^{10}（Cu^+、Ag^+、Zn^{2+} 等可视为 d^{10} 组态）的 nd、$(n+1)s$ 和 $(n+1)p$ 9 个轨道能量差不多,其中有的轨道本来就是空的,有的可以腾空出来,这样就可提供较多轨道形成配价键。例如[$PdCl_4$]$^{2-}$,具有正方形构型,中心离子 Pd^{2+} 在正方形中心,4 个配位体位于正方形顶点。Pd^{2+} 的外层电子排布如下:

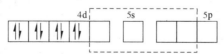

价电子层中的 1 个 4d 轨道和 5s、5p 轨道都空着,可组成 dsp^2 杂化轨道,与 4 个配位体形成配价键,生成正方形结构的络合物。根据分子轨道理论,中心离子

（或原子）采用杂化轨道与配位体相互作用，杂化轨道不同，形成的络合物的几何构型也不同，杂化轨道与几何构型的关系见表 6-2。

表 6-2　　　　　　　　　　　　　杂化轨道与络合物的几何构型

配位数	杂化轨道	杂化轨道夹角	几何构型	举例
2	sp	180°	直线	$(AgCl_2)^-$
4	sp^3	109°28′	正四面体	$[Zn(NH_3)_4]^{2+}$
4	dsp^2	90°	正方形	$(PdCl_4)^{2-}$
6	d^{2}sp^3	90°	正八面体	$(PtCl_6)^{2-}$

2. 络合物成键的晶体场理论

尽管价键理论从轨道杂化概念出发解释络合物的结构和性能之间的关系取得了一些成功，但仍有些现象难以说明。于是人们又利用晶体场理论来研究络合物。

晶体场理论的要点，我们在第 5 章中已经论述述，用于说明络合物的形成是依据过渡金属中心离子（或原子）原来五重简并的 d 轨道在配位体的作用下可发生能级分裂，产生晶体场稳定化能（CFSE），这给络合物带来的额外能量，增加了络合物的成键效果。若把中心离子（或原子）与配位体之间的作用看作纯粹的静电作用，则可计算出轨道能级分裂能（Δ）的大小。由于能级分裂使轨道能级有了高低之分，d 电子的排布也将发生变化。在不违背 Pauling 原理，并考虑到静电排斥作用的前提下，电子应优先占据能量最低的轨道。对八面体络合物的 d^1、d^2 和 d^3，只有一种电子构型，而 d^4、d^5、d^6 和 d^7 则有两种构型。究竟是哪一种构型，则与电子成对能（P）和分裂能的相对大小有关。若使电子成对所付出的能量大于使电子分占能级轨道所需的能量，即 P>Δ，体系则采取电子不成对、分占各轨道的排布，即为弱场高自旋电子构型；反之，当 P<Δ 时，体系则采取电子成对、优先占有低能轨道的排布，即为强场低自旋的电子构型。通常各种金属离子的电子成对能变化不大，所以主要取决于分裂能的大小。

3. 络合物成键的分子轨道理论

尽管晶体场理论解释了络合物中的一些实验事实，但由于它只强调中心离子（或原子）与配位体之间的静电结合，而忽略了二者之间的共价结合，有些实验结果无法说明。特别是对于金属有机化合物和羰基络合物，难以用晶体场理论解释。于是人们提出用分子轨道理论来讨论络合物的形成。

分子轨道理论认为，中心离子（或原子）和配位体之间可形成某种程度的共价键，用分子轨道理论来讨论络合物中的共价键，称为络合物的分子轨道理论。这种用分子轨道理论修改的晶体场理论，统称为配位场理论。

（1）络合物中 σ 键的形成

络合物的中心离子（或原子）为过渡金属，例如第四周期元素外层原子轨道包括 $3d_{xy}$、$3d_{yz}$、$3d_{xz}$、$3d_{x^2-y^2}$、$3d_{z^2}$、$4s$、$4p_x$、$4p_y$、$4p_z$ 等 9 种轨道，后 6 种轨道的电子云极大值方向是沿着 x、y、z 三个坐标轴或作球对称分布指向配位体，可与配位体的

σ轨道组成 σ 共价键。能与中心金属离子(或原子)轨道形成 σ 键的配位体轨道可以是 s、p 轨道,或其杂化轨道,也可以是成键的 σ 轨道或 π 轨道等,它们形成的配位体-金属离子键轴是圆柱形对称的,即具有 σ 对称性。按照分子轨道理论,6 个配位体的 σ 轨道可自身先组成 6 组与中心离子(或原子)轨道对称性一致的配位体群轨道,当它们与中心离子(或原子)的 6 个原子轨道重叠时,就生成 6 个成键的 σ 轨道和 6 个反键的 σ^* 轨道,而中心离子(或原子)原来的 $3d_{xy}$、$3d_{yz}$ 和 $3d_{xz}$ 轨道称为非键轨道,因为它们既不是成键轨道,也不是反键轨道。

(2)络合物中 π 键的形成

金属的 p_x、p_y、p_z 轨道还可和对称性合适的配位体轨道形成 π 键。此外中心离子(或原子)的 d_{xy}、d_{yz} 和 d_{xz} 三种轨道是夹在坐标轴之间,只能与对称性相匹配且能量相近的配位体轨道形成 π 键。这种共价键往往是由一方提供一对电子而形成 π 键,故又称 π 配键。配位体中的 π 轨道可以是 p 轨道、d 轨道或者二者组合,也可以是反键 σ^* 轨道、反键 π^* 轨道。当配位体的 π 轨道的能量比中心离子(或原子)低能量的 d_{xy}、d_{yz} 和 d_{xz} 轨道的能量低,并充满电子时,如 Cl^- 的 p 轨道,则络合成键时,配位体是电子给予者;相反,若配位体的 π 轨道的能量比中心离子(或原子)低能量的 d_{xy}、d_{yz} 和 d_{xz} 轨道的能量高,且 π 轨道是空的,如含双键配位体的 π^* 反键轨道,则络合成键时,中心离子(或原子)是电子给予者,而配位体是电子接受者,这就是反馈 π 键。

6.2　络合催化剂的形成与络合物的反应

6.2.1　过渡金属 d 电子组态与络合物配位数的关系[3]

络合催化剂的中心离子(或原子)通常为过渡金属。为能形成稳定的过渡金属络合物,过渡金属和配位体所提供的价电子最好是恰好能填满能级较低的分子轨道和非键(9 个)轨道。由于低能级轨道有限,多于这些轨道两倍数目的电子将不得不填充高能级轨道。因此,若过渡金属的 d 电子数越多,则由配位体所提供的价电子数就越少,即能够容纳的配位体数目越少,过渡金属 d 电子数与络合物配位体数目的关系见表 6-3。

表 6-3　　过渡金属 d 电子数与络合物配位体数目的关系

络合物	d 电子数	配位体数	总价电子数
$[Mo(CN)_8]^{3-}$,$[Mo(CN)_8]^{4-}$	d^1,d^2	8	17,18
$[M(CN)_6]^{3-}$ (M=Cr、Mn、Fe、Co、Ru)	d^3,d^4,d^5,d^6	6	15~18
$[Co(CN)_5]^{3-}$,$[Ni(CN)_5]^{3-}$	d^7,d^8	5	17~18

（续表）

络合物	d电子数	配位体数	总价电子数
$[PdCl_4]^{2-}$	d^8	4（正方形）	16
$[Cu(CN)_4]^{2-}$，$Ni(CO)_4$	d^{10}	4（正四面体）	18
$[Ag(CN)_2]^{1-}$，$[Au(CN)_2]^{1-}$	d^{10}	2	14

由表 6-3 可见,中心离子（或原子）的 d 电子数越多,其配位体数目越少。其中以总价电子数为 18 的络合物最为稳定,称为 18 电子规则。而超过这个数目的络合物一般是不稳定的,这是因为多余的电子不能填入 9 个成键轨道中,而被迫进入反键轨道,因而降低了络合物的稳定性。例如,当稳定的 d^6 络合物$[Co(CN)_6]^{3-}$中 Co^{3+} 再接受一个电子时,总价电子数等于 19,其中有一个电子将被迫进入反键轨道,使得络合物的稳定性降低。因此,必须减少一个配位体,变成五配位 d^7 的络合物:

$$[Co(CN)_6]^{3-} \longrightarrow [Co(CN)_6]^{4-} \longrightarrow [Co(CN)_5]^{3-} + CN^-$$

$$d^6(18) \qquad\qquad d^7(19) \qquad\qquad d^7(17)$$

很稳定 　　　　　 不稳定 　　　　　 稳定

18 电子规则被广泛地用来预测金属有机化合物的稳定性,可定性解释一些络合物的稳定性。

6.2.2 络合催化剂中常见的配位体及其分类[4]

络合催化剂的中心离子（或原子）主要为过渡金属,那么哪些物质常作络合催化剂的配位体呢? 下面介绍络合催化剂中常见的配位体及其分类。

1. 常见配位体

配位体通常是含有孤对电子的离子或中性分子,包括如下一些物质:

(1)卤素配位体:Cl^-、Br^-、I^-、F^-;

(2)含氧配位体:H_2O、OH^-（其中 H_2O 配位体由氧提供孤对电子）;

(3)含氮配位体:NH_3（由氮提供孤对电子）;

(4)含磷配位体:PR_3（$R=C_4H_9$、苯基等,磷提供孤对电子）;

(5)含碳配位体:CN^-、CO 等（其中 CO 由碳提供孤对电子）;

此外还有 H^- 和带 π 键的化合物。

另一种配位体是只含一个电子的自由基,如 $H\cdot$、烷基自由基（$C_2H_5\cdot$）等。

2. 配位体类型

不同配位体与络合中心离子（或原子）结合时成键情况不同。通常可分为四类:

(1)只含一个可与中心离子（或原子）作用的满轨道（孤对电子）的配位体,如 NH_3 和 H_2O。NH_3 中氮上的孤对电子、H_2O 中氧上的孤对电子可与中心离子（或原子)的空轨道形成配价键,形成的键是绕金属与配位体轴线旋转对称的,即为 σ 键。

(2)只含有一个电子的单电子轨道配位体,如氢自由基(H·)和烷基自由基(C_2H_5·)。它们可与一个半充满的金属轨道电子配对,形成的键也为 σ 键。在成键的同时伴随一个电子从金属的非键轨道转移到成键轨道,即金属氧化的过程。

(3)含有两个或更多个满轨道(孤对电子),可同时与金属的两个空轨道配位的配位体,包括 Cl^-、Br^-、I^-、F^-、OH^-。配位体与中心离子(或原子)成键如图 6-1 所示。

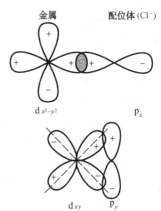

图 6-1　含两个满轨道的配位体与含两个空轨道的金属成键(配位体可以是 Cl^-、Br^-、I^-、F^- 或 OH^-)

配位体的 p_x 轨道的孤对电子与金属的 $d_{x^2-y^2}$ 轨道形成 σ 配价键;而配位体的 p_y 轨道的孤对电子与金属的 d_{xy} 空轨道形成配价键时必须取垂直于金属-配位体轴线方向,形成一个没有旋转对称性的键,称为 π 键。σ 键和 π 键的电子均由配位体提供。称这类配位体为 π-给予体配位体。

(4)既含有满轨道又含有空轨道且可与中心离子(或原子)作用的配位体,如 CO、烯烃和膦类等。这类配位体可用满轨道与中心离子(或原子)的空轨道形成 σ 配价键,还可以用它们空的反键轨道接受中心离子(或原子)满 d 轨道反馈的电子,形成反馈 π^* 键。这类配位体对络合催化极为重要,将在 6.3.2 节详细讨论。

6.2.3　络合物氧化加成与还原消除反应

反应物 X—Y 与金属络合催化剂反应时,X—Y 键断裂,加成到金属中心上,使金属中心形式电荷[5]增加,这就叫氧化加成反应。它的逆反应由于金属形式电荷减少,故称为还原消除反应。氧化加成反应根据金属中心形式电荷增加数目不同可分为两种:一种是形式电荷增加+2 的反应;另一种是形式电荷增加+1 的反应。两种反应式如下:

$$M+X-Y \rightleftharpoons \begin{matrix} X \\ | \\ M-Y \end{matrix}$$

$$2M+X-Y \rightleftharpoons M-X+M-Y$$

1. 金属中心的形式电荷增加+2 的氧化加成

络合物金属中心的 d 电子为偶数时,可发生这种氧化加成反应。例如常见的 Vaska 络合物 $IrCl(CO)L_2$(L 为配位体,常为三苯基膦(P_{ph_3})等),Ir 的外层价电子排列为 $5d^7 6s^2$,Ir 离子为+1 价时,Ir 的电子排列为 $5d^6 6s^2$。金属中心提供 8 个电子,4 个配位体分别提供 2 个电子,成为 16 电子中心;按 18 电子填满还少 2 个电子,这就意味着金属中心可进一步与 1 个供给 2 个电子的配位体相键合,这种情况称为配位不饱和。当 Vaska 络合物分别与卤素分子(X_2)、HBr、H_2、CH_3I 等发生氧化加成后,金属中心 Ir 成为配位饱和的 18 电子结构,反应式如右图所示。

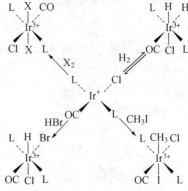

一般来说配位不饱和的络合物有利于氧化加成。若有给电子型配位体(如膦)存在时,更容易进行氧化加成。相反,若有受电子型配位体(如 CO)存在时,氧化加成就变得困难。此外,配位体或反应物的立体效应也是影响反应速度的重要因素。

2. 金属中心的形式电荷增加+1 的氧化加成

羰基 Co 使 H_2 均裂,金属中心 Co 的形式电荷增加+1,发生氧化加成反应如下:

$$[Co_2(CO)_7] + CO \rightleftharpoons Co_2^0(CO)_8 \xrightarrow{H_2} 2HCo^+(CO)_4$$

金属 Co 的价电子排布为 $3d^7 4s^2$,与 4 个 CO 分子络合成为 17 电子络合物,即 $Co_2(CO)_8$,再与均裂的 H 络合成为稳定的 18 电子络合物,同时 Co^0 被氧化为 Co^+,金属中心的形式电荷增加+1。

在许多催化过程中,氧化加成是很关键的一步。通过氧化加成与金属络合物配位的最常见的化合物是 H_2、RX、HX、RCOX(X=卤素)等。这些共价分子与金属中心离子(或原子)加成时,H—H、R—X 和 H—X 型进行 σ 键断裂,同时生成带有 σ 键的配位络合物。

氧化加成的逆反应为还原消除反应。还原消除反应作为许多络合催化反应中的产物,生成步骤是很重要的。在 6.4 节中将进行详述。

6.2.4 配位体取代反应和对位效应

1. 配位体取代反应

配位体取代是络合反应的途径之一。在比较配位体取代反应的速度时,常用到晶体场活化能(Crystal Field Activation Energy,CFAE)。由于原络合物与中间态构型不同(设 d^n 不变),引起晶体场稳定化能(CFSE)的变化(CFSE 的概念见第 5 章),其差值称为 CFAE,即晶体场效应对反应活化能的贡献。以八面体络合物为例,当发生亲核取代反应时,若为 SN-1 机理,中间态是四方锥(或三角双锥)构型;若为 SN-2 机理,中间

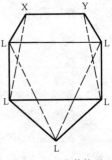

图 6-2 八面楔体构型

态则是七配位的八面楔体(或五角双锥)构型,如图 6-2 所示。图中,X 表示被取代基团,Y 表示取代基团。由于反应络合物与各种取代反应的中间态构型不同引起 CFSE 变化,从而得到不同的 CFAE。表6-4～表 6-6 列出了 CFAE 的计算值。

表 6-4 　　　　　　　　　八面体→四方锥的 *CFAE* 　　　　　　(单位:D_q)

d电子组态	强场		弱场	
	CFSE(四方锥)	CFAE	CFSE(四方锥)	CFAE
d^0	0	0	0	0
d^1	4.57	−0.57	4.57	−0.57
d^2	9.14	−1.14	9.14	−1.14
d^3	10.00	2.00	10.00	2.00
d^4	14.57	1.43	9.14	−3.14
d^5	19.14	0.86	0	0
d^6	20.00	4.00	4.57	−0.57
d^7	19.14	−1.14	9.14	−1.14
d^8	10.00	2.00	10.00	2.00
d^9	9.14	−3.14	9.14	−3.14
d^{10}	0	0	0	0

表 6-5 　　　　　　　　　八面体→五角双锥的 *CFAE* 　　　　　　(单位:D_q)

d电子组态	强场		弱场	
	CFSE(五角双锥)	CFAE	CFSE(五角双锥)	CFAE
d^0	0	0	0	0
d^1	5.28	−1.28	5.28	−1.28
d^2	10.56	−2.56	10.56	−2.56
d^3	7.74	4.26	7.74	4.26
d^4	13.02	2.98	4.93	1.07
d^5	18.30	1.70	0	0
d^6	15.48	8.52	5.28	−1.28
d^7	12.66	5.34	10.56	−2.56
d^8	7.74	4.26	7.74	4.26
d^9	4.93	1.07	4.93	1.07
d^{10}	0	0	0	0

表 6-6 　　　　　　　　　八面体→八面楔体的 *CFAE* 　　　　　　(单位:D_q)

d电子组态	强场		弱场	
	CFSE(八面楔体)	CFAE	CFSE(八面楔体)	CFAE
d^0	0	0	0	0
d^1	6.08	−2.08	6.08	−2.08
d^2	8.68	−0.68	8.68	−0.68
d^3	10.20	1.80	10.20	1.80
d^4	16.26	−0.26	8.79	−2.79
d^5	18.86	1.14	0	0
d^6	20.37	3.63	6.08	−2.08
d^7	18.98	−0.98	8.68	−0.68
d^8	10.20	1.80	10.20	1.80
d^9	8.79	−2.79	8.79	−2.79
d^{10}	0	0	0	0

由表可见,不管机理如何,由于伴随着 $CFSE$ 的损失,强场 d^3、d^6、d^8 和弱场 d^3、d^8 电子体系的取代反应是比较慢的;而对于强场 d^0、d^1、d^2、d^{10} 及弱场 d^0、d^1、d^2、d^5、d^{10} 电子体系,由于不会损失 $CFSE$,反应比较快。不过,在任一体系中,$CFAE$ 只是键能的一小部分,因此,这些表只能用来讨论仅 d 电子数不同的同一种络合物的取代反应的速度差别。

2. 对位效应

在络合物这一整体中,配位体与中心离子(或原子)之间以及诸配位体之间都是相互影响的。对位效应是从一个侧面总结出来的配位体间相互影响的规律性。例如图 6-3 中的络合物中,配位体 L 和 X 互相处于对位(即反位)位置。当配位体 X 被另一基团 Y 取代时,处于 X 对位的配位体 L 对上述取代反应的速度有一定影响,这种影响称为对位效应。如 X 被快速取代,我们就说配位体 L 具有强的对位效应。当然,处于邻位的配位体对于 X 的取代也是有影响的,不过,当我们说某一络合物显示对位效应时,这种对位配位体的影响一般大于邻位配位体的影响。

各种基团对位效应的相对大小是在化学实践中比较出来的。例如,$[Pt(NH_3)_4]^{2+}$ 络合物中 NH_3 被取代时对位效应影响大小排列如下:

CN、CO、C_2H_4、$NO > PR_3$、$SR_2 > NO_2^- > I^-$、$SCN^- > Br^- > Cl^- > NH_3$、吡啶、$RNH_2 > OH^- > H_2O$

对位效应的理论解释主要有下面两种:一种是基于静电模型的配位体极化和 σ 键理论,另一种是 σ-π 键理论。极化模型如图6-3所示。若 L 为强的负配位体,极化率 $L > X$,Pt^{2+} 上的正电荷使 L 产生诱导偶极;反过来,这一诱导偶极又使 Pt^{2+} 产生相应的诱导偶极,且后者的取向正好排斥 X 的负电荷,因此,Pt—X 键就会变长减弱,使 X 容易被取代。

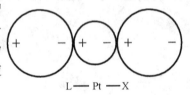

图 6-3　对位效应的极化模型

尽管极化模型有其成功的地方,但也会得出某些与事实不符的结论。例如按极化理论,Pt 的诱导偶极将主要取决于配位体 L 的净电荷以及 L—Pt 键间距。在净电荷相等的条件下,这个距离越小,Pt 的诱导偶极越大。由此即可得出 F^- 比 I^- 的对位效应大的结论,但这是与实验事实相矛盾的。为了解决极化模型遇到的困难,人们认为必须考虑络合物中 σ 共价键的存在,即电负性小,高度极化的配位体易与 Pt 形成共价键。因此,对位效应大的对位配位体一般是比较强的还原剂。显然,这个模型能说明 I^- 比 F^- 的对位效应大,解决了极化模型所不能解决的问题。同时,这个模型也证明了 Pt 比 Pd 或 Ni 的对位效应大,因为 Pt 是三者中电负性最大的元素。然而,这个模型也并非尽善尽美。例如,由这一模型可以得出,阳离子络合物的对位效应要比阴离子络合物大,因为在阳离子络合物中,电子从配位体传递到金属应该更容易。事实上,阴离子或中性络合物的对位效应更明显。这个问题可从 σ-π 键模型得到解释。如前所述,C_2H_4、R_3P 和 CO 等能与过渡金属形成

σ-π络合物,通过 π 键电子可从金属中心反馈给配位体,因而使金属中心电荷密度降低,有利于亲核配位体 Y 取代 X(图6-4)。

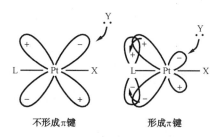

图 6-4　对位效应的 σ-π 键模型

6.2.5　σ-π 型配位体的重排、插入与转移反应

1. 含碳配位体的 σ-π 重排

烯烃与过渡金属中心形成的 σ-π 络合物容易发生重排反应,生成对应的烷基 σ络合物,二者达成平衡,表示如下:

$$M \underset{\text{电子接受体}}{\overset{\text{电子给予体}}{\rightleftharpoons}} \begin{array}{c} CH_2 \\ CH \\ R-CH \end{array} \qquad M-CH_2-CH=CHR$$

$$\text{σ-π 型络合物} \qquad\qquad\qquad \text{σ 型络合物}$$

当络合物中存在碱性配位体(σ给予体,如膦化物)时,平衡向右移动,在金属中心与碳之间形成定域的 σ 键,成为 σ 型络合物;当络合物中存在电子接受体(如 Cl^-)时,则平衡向左移动,有利于 σ-π 络合物的生成。这是因为 σ 含碳配位体仅提供一个电子给络合物,而 π 丙烯基配位体可提供三个电子给络合物。在电子给予体型配位体存在时,有利于 σ 络合物存在;相反,在电子接受体型配位体存在时,有利于 σ-π 络合物存在。

2. 邻位插入与邻位重排

用齐格勒(Ziegler)-纳塔(Natta)催化剂催化乙烯(或丙烯)聚合反应时,络合活化的乙烯分子为 σ-π 型络合物。通过插入到金属中心 M 与 σ 型配位体之间进行聚合反应,通常称这类反应为插入反应。一般认为邻位插入反应是经过极化的四元环过渡态进行的,反应过程表示如下:

Cossee[6]在讨论丙烯定向聚合机理时,对链的增长提出了邻位转移机理,他认为不是σ-π配位的单体分子插进 M—R 键之间,而是σ配位的 R 转移到邻位的烯烃分子上,即邻位转移机理。转移过程如下:

$$
\begin{array}{ccc}
& \overset{R}{\underset{\mid}{M}} + \begin{array}{c} CHCH_3 \\ \parallel \\ CH_2 \end{array} & \xrightarrow{\text{络合}} & \overset{R}{\underset{\mid}{M}}\begin{array}{c} CHCH_3 \\ \\ CH_2 \end{array} & \longrightarrow & -M-CH_2-\overset{CH_3}{\underset{\mid}{CHR}}
\end{array}
$$

式中,□代表络合催化空位。

在丙烯聚合机理中,对于插入反应的表示方法,Ledwith[7]与 Cossee 相同。但是 Wovaro 等用量子化学计算的结果与邻位插入机理更符合。

一般来说,当σ-π键比较稳定、σ键比较活泼时,容易发生邻位转移反应;相反,σ-π键比较弱,而σ键结合力较强,则可能发生邻位插入反应。

6.3　络合空位的形成、反应物的活化和络合催化剂的调变

6.3.1　络合空位的形成

过渡金属络合物对反应物分子,如一氧化碳、烯烃和炔烃等具有强的亲和力,易于形成络合物而使其活化。为将这些物质引入络合物中,过渡金属必须提供合适的络合空位。

由前述可知,不同的d^n电子组态具有不同数目的配位体,这些配位体都达到饱和的配位数,如d^6组态的金属,六配位是饱和的;d^8组态时,五配位是饱和的;d^{10}组态时,四配位是饱和的。络合物的配位数低于饱和配位数,就称作配位不饱和,或者说具有络合空位。

提供络合空位有如下几种方法:

(1)通过改变络合物中金属离子(或原子)的对称性环境可以提供络合空位。以乙烯聚合的催化剂 $TiCl_4$-AlR_3 为例,$TiCl_4$ 是四面体构型,在这种对称环境中,金属是配位饱和的。当 AlR_3 与之靠近时,在 Ti 和 Al 之间形成了相当稳定的桥式结构,使一个 R 基转移到 Ti 离子的配位上,四面体构型的络合物转变为具有一个络合空位的八面体构型的络合物,这一空位就是乙烯分子在活性中心的立足点。

(2)配位不饱和还包括潜在的不饱和或由溶剂分子暂时占据的络合空位。如金属 Pt 和 Pd 的四配位膦络合物 $M(P_{Ph_3})_4$(M=Pt 或 Pd),此络合物是配位饱和的,但在溶液中容易解离出配位体 P_{Ph_3},生成二配位的络合物造成络合空位,因此在许多反应中能用作催化剂。这种在形式上是配位饱和的,而实际上却保留有络

合空位的络合物可称为潜在不饱和的络合物。

另一种情况是,络合空位暂由溶剂(S)占据,但它极易被反应物分子(如烯烃)所取代,如下所示:

$$Rh(P_{Ph_3})_3Cl + S \Longrightarrow Rh(P_{Ph_3})_2ClS + P_{Ph_3}$$

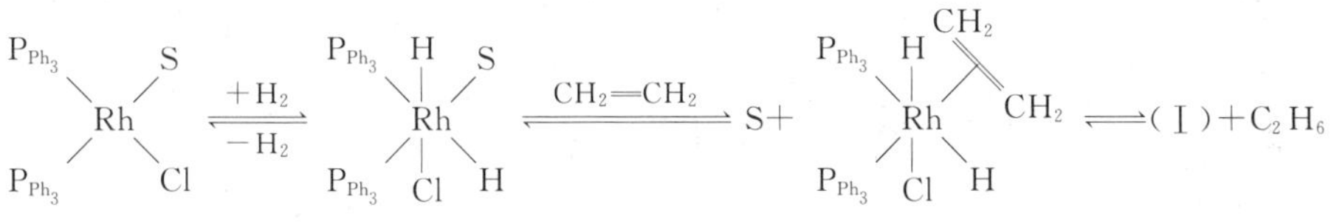

$$
\underset{(\text{I})}{\overset{P_{Ph_3} \quad S}{\underset{P_{Ph_3} \quad Cl}{Rh}}}
\underset{-H_2}{\overset{+H_2}{\Longrightarrow}}
\underset{P_{Ph_3} \quad Cl}{\overset{P_{Ph_3} \quad H \quad S}{Rh}}_H
\overset{CH_2=\!\!=CH_2}{\Longrightarrow} S +
\underset{P_{Ph_3} \quad Cl}{\overset{P_{Ph_3} \quad H \quad CH_2}{Rh}}_H \!\!\!CH_2
\Longrightarrow (\text{I}) + C_2H_6
$$

(3)为使一些饱和而稳定的络合物,如 $Fe(CO)_5$,提供络合空位,必须采用辐射或加热的方法,使其释放出部分配位体,如

$$Fe(CO)_5 \xrightarrow{\text{辐射或加热}} Fe(CO)_4 + CO$$

6.3.2　反应物的活化

络合催化反应最常见的反应物有烯(炔)烃、CO 和 H_2 等,下面分别讨论这些反应物的活化。

1. 烯烃的活化

烯烃与络合催化剂金属中心是以 σ-π 键结合。例如,乙烯与 Pd^{2+} 的络合活化,乙烯分子中有一个满的 π 成键轨道,还有一个空的 $π^*$ 反键轨道。

当乙烯与 Pd^{2+} 络合时,Pd^{2+} 中的一个 dsp^2 杂化轨道接受乙烯 π 成键轨道上的电子对形成 σ 键,同时 Pd^{2+} 的已充填电子的 d_{rz} 轨道与乙烯的 $π^*$ 反键空轨道形成 π 反馈键,二者构成 σ-π 键,如图6-5所示。由于乙烯的成键 π 电子部分进入 Pd^{2+} 的空 dsp^2 杂化轨道,而 Pd^{2+} 的 d_{rz} 电子又部分进入乙烯的 $π^*$ 反键轨道,相当于把乙烯 π 成键轨道的电子部分激发到能量较高的 $π^*$ 反键轨道,导致双键的削弱,从而活化了乙烯的 π 键。

烯烃与金属中心形成的 σ 给予键和 π 反馈键贡献的大小,与金属和烯烃的种类及周围配位体环境有关。现以两个极端例子进行讨论。当金属离子氧化价态较高(如 Pd^{2+}、Pt^{2+})时,烯烃与之络合,σ 电子给予占支配地位;烯烃双键电子云密度越大,越容易向金属给予 σ 电子,从而形成稳定键合。游离烯烃通常易受到亲电试剂进攻。但是,当烯烃与 Pd^{2+} 络合时,烯烃却易受到亲核试剂的进攻。6.4.2 节我们将讨论的乙烯氧化制乙醛反应,就是利用 OH^- 或 H_2O 向配位在 Pd^{2+} 上的乙烯亲核进攻的反应。

相反,当金属中心为低价态离子(或原子),如 Ni 或 Pd 时,d 电子较多,反馈 d 电子能力较强,在与烯烃键合时,π 反馈键占支配地位;烯烃上的取代基的吸电子性越强,也越易接受金属 d 电子反馈到烯烃的 π* 反键轨道。此时烯烃的 C ═C 双键键长较 σ 给予键占支配地位时明显变长,如图 6-6 所示。这种倾向在烯烃中存在氟(F)等吸电子基团时特别显著。

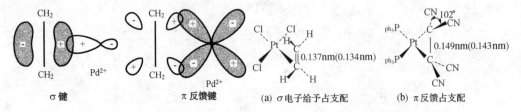

图 6-5 乙烯与金属离子形成 σ-π 键示意图

(a) σ电子给予占支配   (b) π 反馈占支配

图 6-6 配位烯烃的 C ═C 键长

(括号内的数值为游离状态的 C ═C 键长)

炔的络合活化与烯烃相似,这里就不再重述了。

2. CO 的络合活化

金属与 CO 键合和金属与烯烃键合一样,由 σ 电子给予和 π 反馈两部分组成,如图 6-7 所示。金属中心的 dsp^2 杂化空轨道接受了 CO 中的 C 原子上的孤对电子,形成 σ 给予键,同时金属中心的满电子 d_{xz} 轨道将电子反馈给 CO 的 π* 反键轨道,形成 π 反馈键。σ-π 键实际效果是将 CO 成键轨道中的电子拉到反键轨道中,使 CO 的 C—O 键削弱,有利于 CO 与其他反应物进行反应。若金属中心与强给电子配位体(如膦类化合物)相连时,则电子由金属向 CO 的 π* 反键轨道转移增强,即 π 反馈占优势,可使 CO 更易被活化。

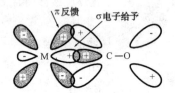

图 6-7 金属-CO 的成键方式

3. H_2 的络合活化

络合催化加氢反应,首先要活化 H_2,活化途径有两种。

(1)H_2 的均裂

用于烯烃加氢的 Wikinson 型催化剂,如 $RhCl(P_{Ph_3})_3$ 活化 H_2,是通过对 16 个价电子的四配位 Rh^+ 络合物的氧化加成反应实现的,氧化加成产物为六配位的八面体络合物,叫作双氢基络合物,反应如下:

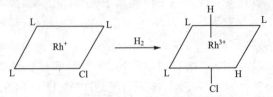

H_2 可能有两种方式接近金属中心:一种是"端基式",另一种是"侧基式"。"端基式是由氢的 σ* 反键轨道与金属 d_{xz} 或 d_{yz} 轨道作用,形成(类)π 键。

H_2 与金属中心 Rh^+ 络合也可看作是通过 σ-π 键合的,如图 6-8 所示。金属中

心的杂化轨道接受 H_2 的 σ 电子对;金属中心将满电子的 d_{rz} 轨道中的电子反馈给 H_2 的空 σ^* 反键轨道,与 σ^* 反键轨道形成 π 反馈键。它相当于 H_2 中一个电子由 σ 成键轨道跃迁到 σ^* 反键轨道的过程,从而使 H—H 键受到削弱,以至断裂。H_2 与金属中心形成的 σ-π 结合可能是以 π 反馈键为主。因为常用的金属中心大部分是低氧化态的,含 d 电子较多的过渡金属络合物有利于反馈键;生成的氢基络合物中氢基是带有部分负电荷的 $H^{\delta-}$ 配位体。另外,从金属中心上其他配位体的影响也可以说明这一点。如 $RhCl(P_{(iBu)_3})_2L$ 型络合催化剂,当 L 为 CO 或 C_2H_4 时,由于 π 反馈作用较强,Rh 金属离子上的电子云的密度降低,金属离子 π 反馈电子能力削弱,H_2 活化受到抑制;反

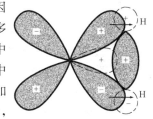

图 6-8　H_2 的络合活化

之,L 为叔丁基膦取代时,由于膦给电子作用较强,金属离子的电子云密度提高,增强金属离子 π 反馈能力,有利于双氢基络离子的形成。

(2)H_2 的异裂

双氢基和单氢基络合物的形成也可以通过 H—H 键的异裂完成。例如:

$$[Ru^{(3+)}Cl_6]^{3-} + H_2 \rightleftharpoons [Ru^{(3+)}HCl_5]^{3-} + H^+ + Cl^-$$

异裂机理如下:

$$M—X + H_2 \longrightarrow \begin{matrix} M^{\delta+} \cdots\cdots X^{\delta-} \\ \vdots \qquad\qquad \vdots \\ H^{\delta-} \cdots\cdots H^{\delta+} \end{matrix} \longrightarrow M—H^- + X—H^+$$

显然,H^- 与金属离子络合,实质上也可看作催化剂上配位体的置换反应。在此,金属离子除了极化 H—H 键外,还能稳定异裂产生的 H^-,从而降低反应的活化能。在这种催化剂中还需有一种适当强度的碱,用以稳定异裂产生的 H^+,通常为溶剂 H_2O,或者是被置换出来的配位体,如 Cl^- 等。由此可见,适当增强配位体的碱性,能提高金属络合物异裂 H_2 的催化活性。

H_2 的络合活化实质上是 σ 键的活化。除 H_2 的 σ 键活化之外,第ⅧB 族过渡金属络合物还能活化均裂许多小分子化合物,包括 HCl、Cl_2、RX、O_2 等。例如前述 Vaska 络合物 $IrX(CO)(P_{Ph_3})_2$,活化 H—X(如 H—OH、H—Cl 等)σ 键,在活性中心正、负离子对的极化作用下通过异裂活化,进行络合催化反应。

6.3.3　络合催化剂的调变

过渡金属络合催化剂的中心离子(或原子)和配位体的性质,以及它们相结合的几何构型都是影响催化活性的重要因素。高效络合催化剂选择的关键,首先在于寻找合适的中心离子(或原子)和配位体。

络合催化剂要使中心离子(或原子)对反应物具有一定的络合能力,络合能力弱了不能使络合的分子被活化,故不能进行催化反应;络合能力太强使中心离子(或原子)与反应物结合太牢固,不易进行重排或配位体交换,因此也没有催化活性。尽管活化反应物的是中心离子(或原子),但其他配位体也可以调节、影响中心离子(或原子)的络合能力,从而影响络合催化作用[8]。下面首先讨论配位体对中心离子(或原子)电子因素的影响。

1. 通过 σ 电子系统所产生的影响

假定金属中心和配位体之间的关系可用$M^{\delta+}—L^{\delta-}$简化模型描述,即过渡金属离子带正电荷,所有金属—配位体键都或多或少被极化了。当配位体 L_1 被电子给予性比较强的配位体 L_2 取代时,金属中心的正电荷密度就会降低,削弱了金属中心与其他配位体之间的 σ 键,这种削弱作用主要影响那些本来就不太稳定的 M—R 之类的键,使其变得更活泼。显然这与前面讨论的对位效应中的极化模型的 σ 键模型是一致的。

2. 通过 π 电子系统所产生的影响

具有合适对称性轨道(如烯烃和 CO 的 π^* 反键轨道,有机膦化物中磷的空 d 轨道等)的配位体,能与过渡金属形成 π 键。在某些情况下,π 电子的影响比 σ 电子更重要。能够作为 π 接受体的配位体,可以从其他配位体与金属形成的 π 键上拉走电子,这时的金属 d 轨道起了电子"导体"的作用,如图 6-9 所示。

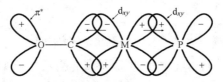

图 6-9　配位体间(通过 π 电子体系)的相互影响

CO 中 C—O 键的强弱取决于金属反馈给它的 π^* 反键轨道的电子密度。反馈的电子越多,C—O 键越弱。如果络合物中其他的 π 接受体配位体能从 CO 的 π^* 反键轨道拉走 M 反馈给它的部分电子,则 C—O 键增强。显然,C—O 键强弱与其他 π 接受性的强弱有关。对于 $MX(CO)L_n$ 型络合物,固定金属 M 和其他配位体 L_n,只改变 X,其 π 接受性强弱顺序如下:

$$NO \approx CO > PF_3 > PCl_3 > PCl_2C_6H_5 > PCl(C_6H_5)_2 > P(C_6H_5)_3$$

$$PCl_2(OC_2H_5) > P(OC_6H_5)_3 > P(OC_2H_5)_3 \approx P(OCH_3)_3 > P(CH_3)_3 > P(C_2H_5)_3$$

$$PR_3 \approx AsR_3 \approx SbR_3$$

从上述 π 接受电子的顺序可见,CO 是 π 接受电子极强的 σ-π 型配位体,它对其他同类型的 σ-π 的配位体与活性中心的结合起着削弱作用。

P_{Ph_3}、PR_3、As_{Ph_3} 等膦、胂类配位体既是强的 σ 给予型配位体,又有空的 d 轨道能与活性中心的 d_{xz} 或 d_{yz} 轨道重叠。但是,总的说来,它们是强 σ 给予型配位体,能增强活性中心给出电子的能力。因此,它们既能增强活性中心对烯、炔、CO、N_2等(一般是 π 受型为主的 σ-π 型配位体)反应物分子的络合能力,又能削弱活性中心对 σ 给予型配位体(如 R 等)的络合能力,使得这些 σ 给予型配位体变得比较活泼。

此外,络合催化剂的某些配位体还可能构成空间影响因素,从而对催化反应的定向性、选择性施加影响。

综上所述,对于过渡金属络合催化剂,配位体的改变对调变催化剂的活性和选择性是很重要的一种方式。

6.4　络合催化机理及络合催化实例分析

6.4.1　络合催化的一般机理

络合催化机理既不同于金属、半导体催化机理,也不同于酸碱催化机理,它是通过络合催化剂对反应物的络合作用,使反应物容易进行反应的过程。一般机理可用如下通式表示:

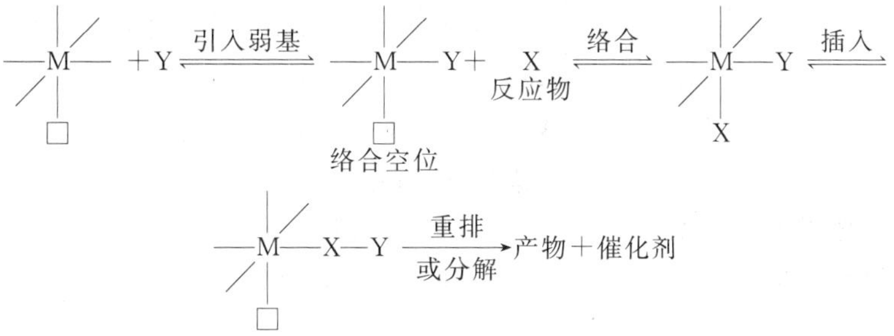

其中,M 为络合中心金属原子(或离子);Y 为弱基;Y—M 形成不稳定的配位键;X为反应物分子;□为络合空位。络合催化机理的主要步骤可归纳为络合、插入及空位的恢复。

向络合催化剂中引入烷基(—R)、氢基(—H)和羟基(—OH)等配位体,形成的 M—Y 键属于不稳定的配位键,这些键容易进行插入反应,引入的基团 Y 称为弱基。向络合催化剂中引入弱基的方法在 6.2.3 节已经详述。引入弱基可在络合反应之前进行,也可在络合反应之后进行,要根据具体催化过程而定。络合催化剂为使反应物与之络合,必须提供络合空位,6.3.1 节已述提供络合空位的各种方法。反应物分子在络合空位处与络合催化剂配位,通过络合配位使反应物活化,对烯(炔)、CO 和 H_2 的活化如 6.3.2 节所述。不同反应物活化方式也不同,但它们的共同特点是削弱了反应物的双键或多键,使之容易断裂。络合活化的反应物插入相邻的弱配位键之间，生成一个新的配位体，同时留下络合空位。正如通式所示，X 插入相邻的顺位 M—Y 键，与 Y 结合成单一配位体—XY，并留下络合空位

□。新的络合物 —M—XY 通过裂解或重排，得到产物，同时使络合催化剂再生

复原 —M— ，继续进行新一轮的催化过程，构成络合催化循环。

6.4.2 络合催化剂的催化作用实例分析

1.乙烯氧化制乙醛

乙醛是有机合成工业的重要原料。工业上生产乙醛的方法，目前主要有，以乙烯为原料的液相乙烯直接氧化法，以乙炔为原料的液相水合法，乙醇氧化法及烷烃氧化法，其中前两种采用较多。

乙烯在氯化钯及氯化铜溶液中氧化成乙醛的方法于 1959 年实现工业化，至今仍为生产乙醛的常用方法。此方法也称为瓦克（Wacker）法。该法生产乙醛分一步法和两步法。一步法是将过量的乙烯和氧同时通入装有催化剂溶液的反应器中进行反应，反应后用水吸收乙醛，得到含乙醛的水溶液，在反应的同时催化剂进行再生，没反应完的乙烯则循环使用。两步法是将乙烯和催化剂溶液同时通入氧化反应器中，反应后将生成的乙醛分离出来，催化剂溶液再送入另一个再生反应器中，通空气加以再生。无论哪种方法，乙烯氧化制乙醛反应的选择性均在 95% 以上，副产物主要是 CO_2、醋酸、草酸和微量的气态氯代烃。反应在常温常压下就可较快地进行。乙烯氧化反应化学方程式如下：

$$C_2H_4 + PdCl_2 + H_2O \longrightarrow CH_3CHO + Pd + 2HCl \tag{6-1}$$

$$Pd + 2CuCl_2 \longrightarrow PdCl_2 + 2CuCl \tag{6-2}$$

$$2CuCl + 2HCl + \frac{1}{2}O_2 \longrightarrow 2CuCl_2 + H_2O \tag{6-3}$$

总反应式：
$$C_2H_4 + \frac{1}{2}O_2 \xrightarrow{PdCl_2 \cdot CuCl_2} CH_3CHO \tag{6-4}$$

乙烯络合催化氧化生成乙醛，反应速率方程为

$$\frac{-d[C_2H_4]}{dt} = K \frac{[(PdCl_4)^{2-}][C_2H_4]}{[Cl^-]^2[H^+]} \tag{6-5}$$

25 ℃时，Pd^{2+} 在盐酸溶液中有 97.7% 以上是以络离子（$PdCl_4$）$^{2-}$ 形式存在的。根据上述方程式，提出了如下乙烯氧化生成乙醛的反应机理。

(1)烯烃-钯 σ-π 络合反应

$PdCl_2$ 在盐酸溶液中主要以络离子 $(PdCl_4)^{2-}$ 的形式存在,用原子轨道理论可做如下解释。Pd^{2+} 的电子组态为 $4d^8 5s^0 5p^0$,处于基态时 8 个电子的分布如下:

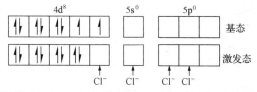

当与 Cl^- 作用成为激发态时,8 个电子填满 4 个 d 轨道,而另一个 d 轨道与 5s、5p 轨道发生 dsp^2 杂化,4 个配位体 Cl^- 以配位键的形式与杂化轨道成键,形成正方形构型的络离子 $(PdCl_4)^{2-}$。

乙烯取代配位体 Cl^-,生成钯 σ-π 络合物。

$$
\begin{bmatrix} & Cl & \\ Cl & | & \\ & Pd & Cl \\ & | & \\ & Cl & \end{bmatrix}^{2-} + CH_2{=}CH_2 \rightleftharpoons \begin{bmatrix} & Cl & CH_2 \\ Cl & | & \| \\ & Pd & \\ & | & CH_2 \\ & Cl & \end{bmatrix}^{-} + Cl^-
$$

乙烯与 Pd^{2+} 络合以后,使乙烯的 C=C 键增长了,由 0.134 nm 增长到 0.147 nm,这表明络合的结果使双键削弱而被活化,这就为乙烯的双键打开创造了条件。生成的 σ-π 络合物是以 σ 给予为主,使乙烯带部分正电荷,有利于—OH 进攻。

(2)引入弱基反应

生成的烯烃-钯 σ-π 络合物在水溶液中发生水解:

$$
\begin{bmatrix} & Cl & CH_2 \\ Cl{-}Pd{-}\| \\ & Cl & CH_2 \end{bmatrix}^{-} + H_2O \rightleftharpoons \begin{bmatrix} & Cl & CH_2 \\ Cl{-}Pd{-}\| \\ & OH & CH_2 \end{bmatrix} + Cl^- + H^+
$$

$$
\Downarrow \qquad \Downarrow
$$

$$
\begin{bmatrix} & Cl & CH_2 \\ Cl{-}Pd{-}\| \\ & H_2O & CH_2 \end{bmatrix} + Cl^-
$$

配位体 Cl^- 被 H_2O 取代,并迅速脱去 H^+,络合物中引入—OH,形成烯烃-羟基 σ-π 络合物。

(3)插入反应

烯烃-羟基 σ-π 络合物发生顺式插入反应。使配位的乙烯打开双键,插入到金属—氧(Pd—O)键中去,转化为 σ 络合物,同时产生络合空位(□表示)。

$$
\begin{bmatrix} & Cl & CH_2 \\ Cl{-}Pd{\cdots}\| \\ & OH & CH_2 \end{bmatrix}^{-} \rightleftharpoons \begin{bmatrix} & Cl & \\ Cl{-}Pd{-}CH_2{-}CH_2{-}OH \\ & \square & \end{bmatrix}^{-}
$$

σ-π 络合物　　　　　　　　　σ 络合物

（4）重排和分解

上述的 σ 络合物很不稳定，迅速发生重排和氢转移，得到产物乙醛和不稳定的钯氢络合物，后者分解析出金属钯。

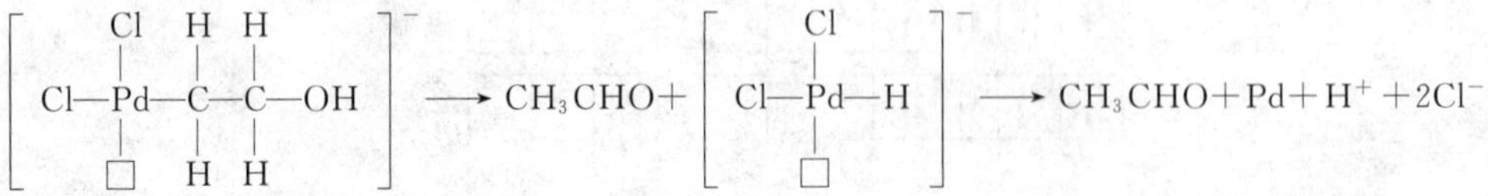

$$\begin{bmatrix} & Cl & H & H & \\ & | & | & | & \\ Cl{-}Pd{-}C{-}C{-}OH \\ & | & | & | & \\ & \Box & H & H & \end{bmatrix}^- \longrightarrow CH_3CHO + \begin{bmatrix} & Cl & \\ & | & \\ Cl{-}Pd{-}H \\ & | & \\ & \Box & \end{bmatrix}^- \longrightarrow CH_3CHO + Pd + H^+ + 2Cl^-$$

（5）催化剂的复原——钯的氧化

由上述反应可以看出，络合催化剂氧化乙烯生成乙醛，络合物中心 Pd^{2+} 被还原为 Pd，为使反应连续进行，金属钯需经氧化铜氧化后再参与催化反应，构成催化循环。

$$Pd + 2CuCl_2 \longrightarrow PdCl_2 + 2CuCl$$

$$2CuCl + 2HCl + \frac{1}{2}O_2 \longrightarrow 2CuCl_2 + H_2O$$

从上述机理分析我们可以看出：

①乙烯氧化生成乙醛，不是由氧气或空气直接氧化，而是由水提供氧，所以反应必须在水溶液中进行；要求络合催化剂不但容易进行 σ-π 络合，而且也容易进行 Cl^- 与 OH^- 的取代反应，将弱基—OH 引入络合物中。例如，与钯同一族的镍和铂元素也具有类似的络合特性，镍络合活化乙烯能力较差，但促进 Cl^- 和 OH^- 取代能力很强；而铂络合活化乙烯能力很强，但不易促进 Cl^- 和 OH^- 的取代反应，因此，镍和铂都没有表现出良好的络合催化作用。只有钯，既可络合活化乙烯，又能促进 Cl^- 和 OH^- 的取代反应，故钯表现出良好的络合催化活性。由此可见，在选择络合物中心离子时，除考虑 σ-π 络合能力外，还要考虑对配位体的取代能力。

②尽管动力学方程式中 Cl^- 和 H^+ 是在分母项中，但反应中必须有足够的 HCl 存在。因为足够的 Cl^- 可使 Pd^{2+} 以 $[PdCl_4]^{2-}$ 形式存在，从而进行络合催化。通常游离 Cl^- 在 $0.2\ mol \cdot L^{-1}$ 以上，pH<2 时，存在形式主要为 $[PdCl_4]^{2-}$。

③络合催化剂反应后，Pd 不能靠氧直接氧化为 Pd^{2+}，而要通过 $CuCl_2$ 氧化剂氧化为 Pd^{2+}，Cu^{2+} 被还原为 Cu^+，Cu^+ 容易被氧氧化为 Cu^{2+}，使 CuCl 氧化为 $CuCl_2$，构成了催化剂的再生循环。$CuCl_2$ 称为再生剂。可见，反应体系中必须加入足够量的 $CuCl_2$。通常加入 Cu^{2+} 是 Pd^{2+} 的 100 倍，并通入氧气。

④在该反应中络合催化剂中心离子 Pd^{2+} 还原为 Pd，又被氧化为 Pd^{2+}，再生剂 Cu^{2+} 还原为 Cu^+，再被氧化为 Cu^{2+}，反应物活化经由络合催化剂与反应物之间明显的电子转移过程，而且是 Pd^{2+} 与 Cu^{2+} 共同完成，因此该催化过程是非缔合共氧化催化循环过程，其催化循环示意图有如下两种表示方式。

在 Wacker 法中用醋酸代替水时，可以制得醋酸乙烯，其反应如下：

$$PdCl_2 + C_2H_4 + CH_3COOH \longrightarrow CH_3COOC_2H_3 + Pd + 2HCl \qquad (6\text{-}6)$$

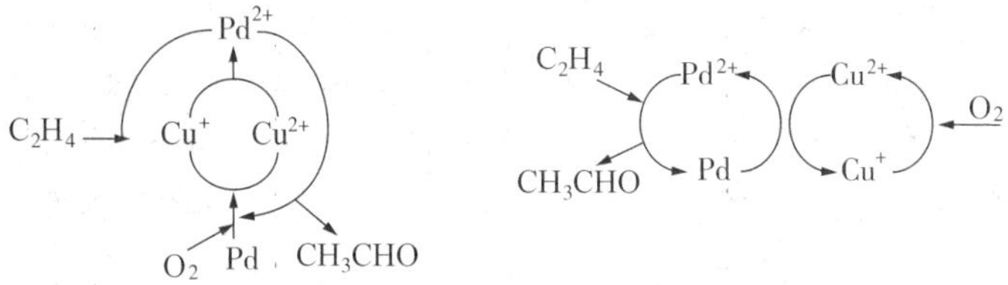

$$Pd+2CuCl_2 \longrightarrow PdCl_2+2CuCl \tag{6-7}$$

$$2CuCl+2HCl+\frac{1}{2}O_2 \longrightarrow 2CuCl_2+H_2O \tag{6-8}$$

总反应式：

$$C_2H_4+CH_3COOH+\frac{1}{2}O_2 \longrightarrow CH_3COOC_2H_3+H_2O \tag{6-9}$$

2. 烯烃聚合反应

络合催化剂成功地用于各种烯烃的聚合反应，可合成出各种高分子化合物。例如固体塑料、橡胶和一些液体高分子化合物。这些材料在工业、农业、国防、交通及日常生活和尖端科学技术方面都得到广泛应用，因此络合催化聚合反应得以广泛深入地研究。

烯烃的定向聚合所采用的催化剂是齐格勒(Ziegler)-纳塔(Natta)催化剂，简称齐-纳(Z-N)催化剂。其主要催化剂是 $TiCl_4$ 或 $TiCl_3$，其次是烷基铝化合物。这种催化剂能使许多烯烃单体聚合成线型的、立体规整的高分子化合物。对于 α-烯烃(如丙烯)的定向聚合产物有三种不同立体构型，分别为等规、间规和无规聚合物，如图 6-10 所示。

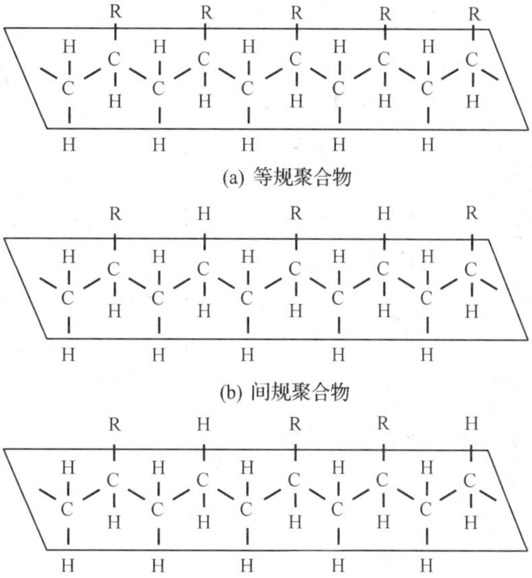

(a) 等规聚合物

(b) 间规聚合物

(c) 无规聚合物

图 6-10　聚丙烯立体构型示意图

尽管对烯烃聚合机理存在各种观点，但总的步骤与上述络合催化的一般机理是一致的，即包括络合反应、插入反应和空位中心复位三个步骤。

(1)乙烯的阴离子络合配位聚合机理

乙烯聚合最常用的络合催化剂是[$(Cp)_2TiCl_2+AlEt_2Cl$]，其中 Cp 代表环戊二烯基($—C_5H_5$)，Et 代表乙基($—C_2H_5$)。主催化剂为$(Cp)_2TiCl_2$，催化活性中心是连有烷基的 Ti 离子。该催化体系中有机铝化合物是不可缺少的，它具有还原和烷基化作用，即在烷基化反应中它将烷基连接到 Ti 离子上，引入弱基(烷基)，可供后继插入反应，使链增长反应进行。此外，由于有机铝化合物中的 Al^{3+} 半径小(0.051 nm)，诱导作用使得 Ti—C 键部分极化，导致 Ti 离子的形式正电荷增加，有利于烯烃的络合，而烷基中与 Ti 离子相连的碳原子上部分负电荷增加(有点像碳阴离子)，这种聚合机理被称为阴离子络合配位机理。具体过程如下：

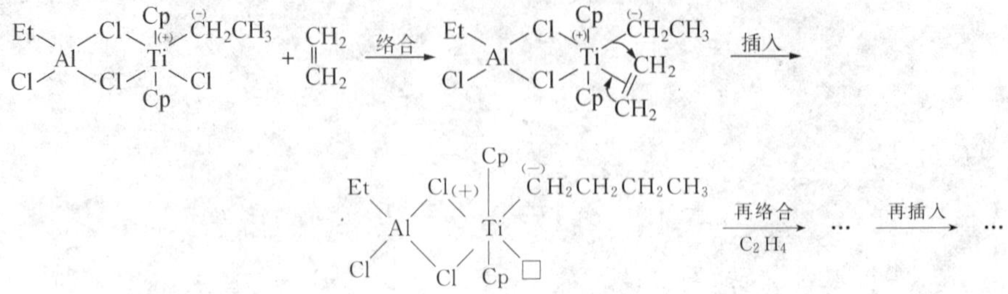

催化剂络合乙烯分子形成 σ-π 络合，活化了乙烯分子的双键，有利于插入反应进行，腾出的空位可再络合，再插入，以此循环到聚合物相对分子质量一定时为止。

聚合物相对分子质量可通过加入阻聚剂来控制。如不加阻聚剂，上述聚合体系相对分子质量大小由 β-氢转移而定：

$$M—CH_2—CH_2—CH_2—CH_2 \sim\sim\sim \longrightarrow M—H + CH_2═CH—CH_2—CH_2\sim\sim\sim$$

$$M—H \xrightarrow{+C_2H_4} M—CH_2—CH_3$$

β-氢转移的难易取决于络合物中心离子的电子亲合力，而这种亲和力又与其配位体性质和中心离子的价态有关。用上述催化剂催化乙烯聚合可得到固体的高分子聚合物。当上述络合催化剂 Ti 离子上的两个配位体 Cp 被 Cl^- 替换后，由于β-氢转移能力较强，聚合产物为相对分子质量较小的液体产物。这是因为 Cl^- 亲电子能力强，使 Ti 离子的电子亲和力增大，β-氢转移能力增加。除配位体影响之外，金属离子的价态也有影响，Ti(Ⅳ)＞Ti(Ⅲ)。由此可见，可通过调节配位体类型来调节聚合物相对分子质量的大小。

(2)丙烯的定向聚合

用上述均相络合催化剂进行丙烯聚合得不到等规聚合物，在低温(−78 ℃)下可得到间规聚合物，否则只能得到无规聚合物。这是因为均相络合催化剂的活性中心不能提供适宜的空间位阻，使—CH_3 朝一个方向排布。只有用多相 Z-N 催化剂才能得到等规聚合物。

丙烯定向聚合生产中常用催化剂为 δ-$TiCl_3$-Al(*i*-Bu)$_3$(*i*-Bu 为异丁基)，再加上活性剂三苯氧膦或六甲基膦酰三胺。丙烯聚合机理与乙烯聚合机理基本相同，但如何使丙烯定向聚合且使甲基位于主链的一侧呢？大量研究结果表明，$TiCl_3$ 的结晶结构有四种异构体，即 α、γ、δ 和 β，其中前三种 $TiCl_3$ 具有甲基定向性。丙烯聚合反应机理如下：

根据此机理,反应物丙烯首先与配位数不饱和的络合催化剂配位,形成 σ-π 络合物,双键平行于 R—Ti—Cl,—CH₃ 伸向晶面外,然后进行插入反应,在 Ti 离子和烷基之间插入一个丙烯,腾出空位(5),—R 在(1)位受到较多 Cl⁻ 的排斥,容易跳回(5)位上,活性中心复位,再进行丙烯络合,再次插入,依此循环下去完成聚合过程。

定向聚合按柯西(Cossee)的单金属活性中心理论[9]可解释为,络合物催化剂的活性中心 Ti^{3+} 具有正八面体的立体构型(采用 d^2sp^3 杂化轨道),配位数为 6,其中 4 个被 Cl⁻ 占据,1 个被烷基—R 占据,1 个是络合空位,暴露出的平面四方形 (1)、(2)、(3)、(4),其中(3)、(4)大部分嵌入晶体内部,而(1)、(2)、(5)3 个配位体在晶面,但空间障碍大小不一样。

柯西机理虽然解释了乙烯、丙烯的聚合反应,但理论上提出的空位中心跳来跳去,能量从何而来尚有一些争议。催化剂中加入活性剂的作用[10]是组成了活性更大的活性中心络合物;改变了烷基金属的化学组成,使聚合活性提高;覆盖非等规聚合活性中心;把聚合反应生成的毒物(如 $AlEtCl_2$)转化为无毒物质。

1969 年后,聚乙烯、聚丙烯催化剂改为负载型钛系催化剂,将 $TiCl_4$ 化学络合负载于 MgO 载体上,或将 $TiCl_4$ 振磨负载于 $MgCl_2$ 载体上,使用时用烷基铝活化,这种负载型催化剂,由于高分散使其活性大大提高,每克催化剂可生产 250 千克聚乙烯,因此这种聚乙烯和聚丙烯不必脱灰。

3. 羰基合成

在合成化学中,羰基合成具有重大意义,它是以不饱和烃类为原料,如烯烃、炔烃与 CO、H_2、H_2O 或 ROH 等作用,在过渡金属络合催化下,生成碳数增加的含氧化合物的过程。例如

$$RCH{=}CH_2 + CO + H_2 \xrightarrow[\text{或 } Co_2(CO)_8]{HCo(CO)_4} RCH_2CH_2CHO（氢醛化）$$

$$RCH{=}CH_2 + CO + 2H_2 \xrightarrow[\text{或 } Co_2(CO)_8]{HCo(CO)_4} RCH_2CH_2CH_2OH（氢羟甲基化）$$

$$RCH{=}CH_2 + CO + H_2O \xrightarrow{Ni(CO)_4} RCH_2CH_2COOH(氢羧基化)$$

$$RCH{=}CH_2 + CO + R'OH \xrightarrow{HCo(CO)_4} RCH_2CH_2COOR'(氢酯基化)$$

催化剂多为铁、钴、镍、铑、钯等金属络合物。用得最多的催化剂是羰基钴,其次是羰基镍。近年来还发展了以铑、钯的络合物作为催化剂。

羰基合成反应催化机理一般分五个步骤,即催化剂与烯烃发生 σ-π 络合、插入反应、与 CO 络合、再插入反应、分解或重排反应。例如

$$CH_2{=}CH_2 + CO + H_2 \xrightarrow{HCo(CO)_4} CH_3CH_2CHO$$

第一代催化剂为 $Co_2(CO)_8$,它在反应气氛下可与 H_2 作用,生成真正的催化剂 $HCo(CO)_4$。反应式如下:

$$Co_2(CO)_8 + H_2 \longrightarrow 2HCo(CO)_4$$

$HCo(CO)_4$ 的分子构型如图 6-11 所示,它是被歪曲的双三角锥。$HCo(CO)_4$ 中 Co 的电子结构如图 6-12 所示。H 提供 1 个电子与 Co 的 1 个单电子组成共价 σ 键,4 个 CO 与 Co 则形成配价键。

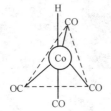

图 6-11 $HCo(CO)_4$ 分子构型

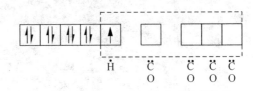

图 6-12 $HCo(CO)_4$ 中 Co 的电子构型

在反应条件下

$$HCo(CO)_4 \rightleftharpoons HCo(CO)_3 + CO$$

这就为络合反应提供了空位中心。

(1) σ-π 络合反应

(2) 插入反应

(3) 再络合反应

（4）再插入反应

$$CO{-}\underset{CO}{\overset{\overset{\displaystyle C_2H_5}{|}}{Co}}{-}CO \longrightarrow CO{-}\underset{CO}{\overset{\overset{\displaystyle CO}{|}}{\underset{\displaystyle C_2H_5}{Co}}}{-}\square$$

（5）氢解反应

$$CO{-}\underset{CO}{\overset{\overset{\displaystyle C_2H_5}{\overset{|}{CO}}}{Co}}{-}\square + H_2 \longrightarrow CO{-}\underset{CO}{\overset{\overset{\displaystyle H}{|}}{Co}}{-}\square + C_2H_5CHO$$

在使用过程中发现 $Co_2(CO)_8$ 催化剂的稳定性差,易分解出 CO。为防止分解,需提高合成压力,这样造成设备投资和操作费用增加;此外还有较多支链副产物生成。当以合成醇为目的时,催化剂加氢性能差,主要为醛,还需另行加氢。为克服上述缺点,近年来用有机膦配位体代替部分 CO 配位体,如 $Co_2(CO)_6(PBu_3)_2$ 为催化剂,大大加快了羰基化反应速度,提高了催化剂的稳定性和加氢性能。

将有机膦配位体(三丁基膦)引入羰基钴催化剂中,有机膦配位体比 CO 具有更强的 σ 给予性,较弱的 π 反馈接受性能,因而增强活性中心对 CO 的络合能力,使反应压力由原来的 $10\sim30$ MPa 降低到 $0.7\sim1.5$ MPa。有机膦配位体的引入增强了活化氢的能力,有利于络合催化生成的醛进一步加氢。还可从空间因素解释有机膦配位体的引入使直链产物增加。

20 世纪 60 年代末,由于甲醇工业($CO+2H_2 \underset{催化剂}{\overset{高温高压}{\rightleftharpoons}} CH_3OH$)中采用新的铜系催化剂,出现了低、中压合成甲醇的新工艺,使其成本下降,为羰基化制醋酸创造了有利条件。与此同时,低压下甲醇羰基化的新催化剂也研制成功,并于 1971 年建厂投产。这种新催化剂具有高活性和高选择性,并使操作压力由约 60.0 MPa 降为约 1.0 MPa,从而降低了建厂投资和生产成本,把甲醇羰基化法提高了到一个新的水平。

据报道,这种新催化剂为三苯基膦羰基氯化铑($RhCl(CO)(P_{Ph_3})_2$)或三氯化铑($RhCl_3\cdot3H_2O$),其最佳选择性分别为99.8%和99%。

反应物系中包括 CO、甲醇、催化剂、碘甲烷(助催化剂)及乙酸(用作溶剂)等。动力学测定表明,反应速度对甲醇、CO 浓度均为零级,对催化剂和碘甲烷浓度则为一级,因此动力学方程式可写成

$$\frac{\mathrm{d}p}{\mathrm{d}t}=k[CH_3I][催化剂] \tag{6-10}$$

Roth[11] 和 Foster[12] 提出了如下反应机理:

$$CH_3OH+HI \rightleftharpoons CH_3I+H_2O$$

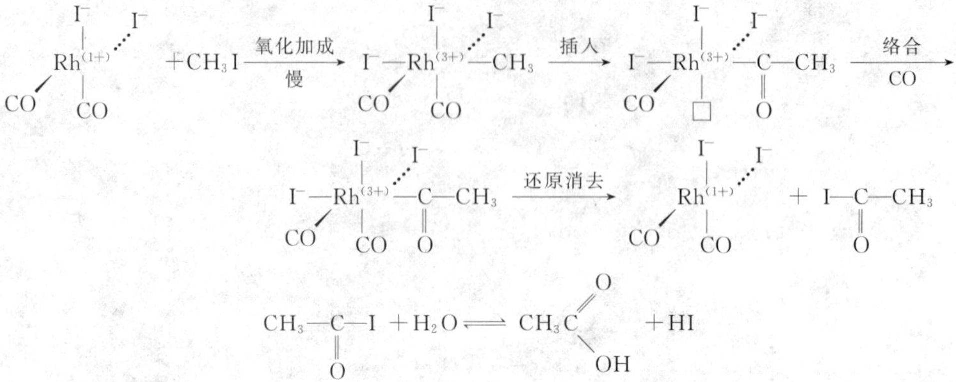

$$CH_3-\overset{O}{\underset{}{C}}-I + H_2O \Longrightarrow CH_3C\overset{O}{\underset{OH}{}} + HI$$

4. 加氢反应

用于加氢反应的络合催化剂是 Wilkinson 催化剂，即 $RhCl(P_{Ph_3})_3$，它在 25 ℃，0.1 MPa 下可使烯、炔高效率加氢。此反应的催化活性中心是解离一个分子的膦配位体形成配位不饱和络合物(1)(见下式)，再与 H_2 发生氧化加成，形成二氢基络合物(2)，此过程正如前述反应物 H_2 的活化过程。

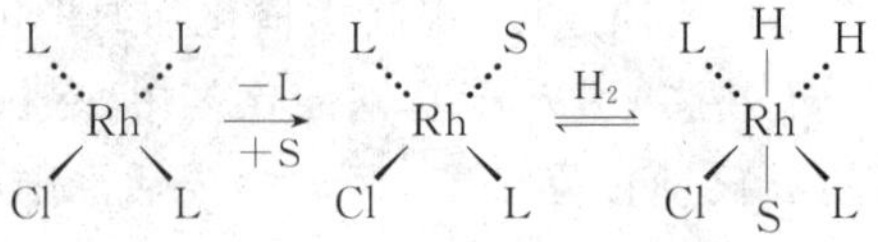

络合催化剂活性中心对烯烃加氢反应如下：

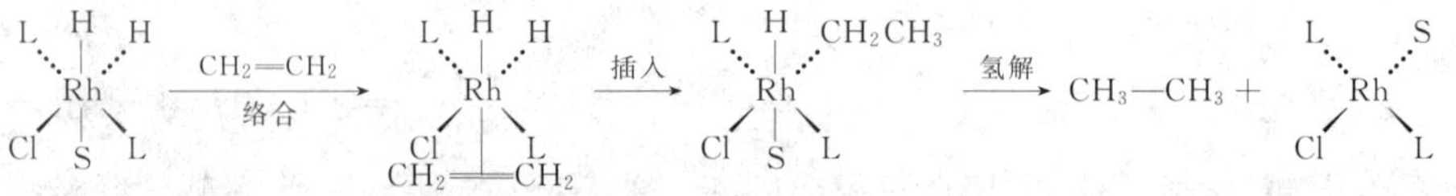

该加氢过程反应控制步骤为 Rh—H 键上烯烃的插入，在很大程度上受到立体效应影响，使其烯烃加氢速度顺序如下：

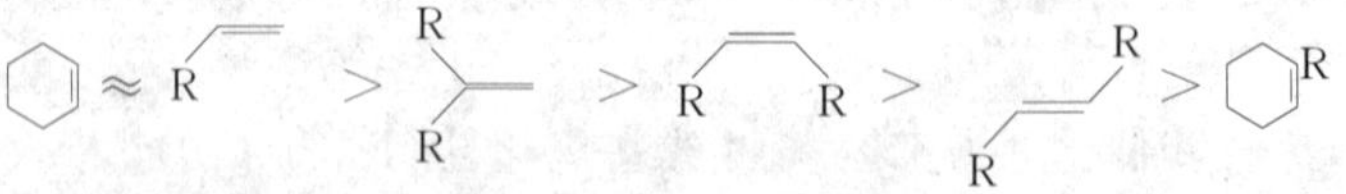

1-甲基环己烯的加氢速度约为环己烯的 1/50。用电子给予性强的配位体取代 P_{Ph_3} 配位体可使反应速度加快，但用更强给电子配位体取代时催化活性反倒明显降低。

均相络合催化加氢最主要的应用是选择加氢和不对称加氢。例如，用 $[Co(CO)_3(PBu_3)]_2$ 催化剂可将丁二烯的环三聚体 1,5,9-环十二碳三烯高选择地加氢为十二单烯，后者进一步转变为二元酸，成为聚酰胺原料。反应如下：

改变金属中心的配位体，控制均相加氢，最出色的例子是不对称加氢。如治疗

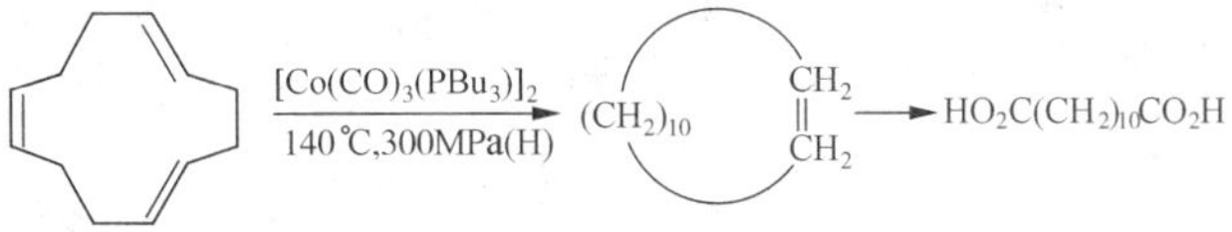
[Co(CO)3(PBu3)]2
140℃,300MPa(H)
(CH2)10
CH2
CH2
HO2C(CH2)10CO2H

帕金森氏病的特效药L-多巴(L-二羟基苯丙氨酸),就是通过采用具有光学活性的配位体的铑金属络合物进行不对称加氢反应合成的。反应如下:

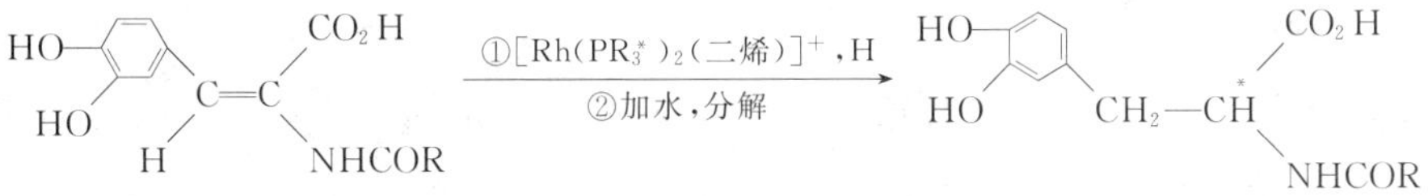
HO
HO
H
C═C
CO2 H
NHCOR
①[Rh(PR3*)2(二烯)]+,H
②加水,分解
HO
HO
CH2—CH
CO2 H
NHCOR

由此可见,通过配位体调节不仅可以改变络合催化剂的反应活性,更重要的是可以改变络合催化剂的选择性,其中包括光学选择性。加之络合催化反应条件温和,用于新化合物(如药物)的合成大有前途。

6.5 络合催化剂的固相化及金属原子簇催化剂

6.5.1 均相络合催化剂的优缺点

均相催化和多相催化各有优缺点,其发展也是互相促进的,但从催化技术的发展方向来看,在下列几个基本问题上,均相催化表现出突出的优点,因而具有很大的发展潜力。

(1)高选择性

由于固体催化剂表面是不均匀的,故在表面上往往存在着多种类型的活性中心;同时,对于结构复杂的反应物分子,有可能几个官能团同时被吸附于固体表面上,都处在有利于反应的状态;加之固体催化剂孔道内的扩散作用,这些都将引起多种反应同时发生,影响反应的选择性。而均相催化剂在反应中呈分子状态存在,具有相同的性质;由于催化剂分子直径小,结构复杂的反应物分子不可能几个官能团同时都靠近某一催化剂的分子,加之又无内扩散影响,所以均相催化具有良好的选择性。

(2)反应条件温和

均相催化反应通常可在较温和的条件下进行,即采用较温和的反应温度,常压或不太高的反应压力。

(3)反应机理研究深入

在均相催化中,将研究对象约束在分子级的范围内,因而对于活性中心结构的研究就比对固体催化剂复杂表面的研究有利得多。同时,在均相系统中动力学数据的求取与解释都比多相系统更为可靠。因此,为探讨和认识催化作用的机理提供了有利的条件,从而对新催化系统的预见和设计也就比多相催化系统有利得多。

均相催化具有较多的优点,但也存在一定的缺点。

(1)分离困难

由于催化剂、反应物、产物都处在同一个体系里,使它们的分离不如多相催化容易;也导致催化剂的回收较麻烦,造成设备多,流程较复杂。

(2)腐蚀性

均相催化反应往往在酸性或碱性条件下进行,这就对反应设备有较严重的腐蚀作用,因而对设备的材质要求较高。

(3)催化剂的热稳定性差

绝大多数均相络合催化剂在高温下是不稳定的,容易分解,使之必须在较低温度下进行反应,因此,转化率较低。

(4)催化剂的成本较高

对于络合催化剂,通常采用贵金属,如 Pd、Pt、Rh、Co 等,因而催化剂的造价较高。

如何发挥均相催化的优点,克服其缺点是一个重要的研究课题,近几年来对于把均相催化剂活性物质固定在载体上,即均相催化剂固相化的研究取得了较好的效果。

6.5.2　均相络合催化剂的固相化

关于络合催化剂的固相化方法有多种,下面简单介绍几种较成熟的方法。

1. 浸渍法

将原来液相络合催化剂负载在多孔载体上。通常是把含活性组分的溶剂作为浸渍液,选择适宜的多孔物质,如 Al_2O_3、SiO_2 等作为载体,进行浸渍,使络合物均匀分散在载体上,然后经过干燥、活化即得固体催化剂。此法简单易行,但因结合不牢容易流失或分解。

2. 化学键合法

将可溶性络合催化剂化学键合在高分子固体表面上,制成不溶于反应介质的固体催化剂。高分子载体包括有机载体和无机载体,如聚乙烯,聚苯乙烯、硅胶、离子交换树脂等。化学键合法分为配位络合法、离子交换法等。配位络合法是将载体经化学处理,使其表面具有能提供孤对电子的功能团,例如,将其肼化、膦化或胺化,利用 P、As、N 的孤对电子与过渡金属络合物中心金属离子(或原子)进行配位络合,即可制得化学键合的固相化催化剂。

例如,聚苯乙烯高分子小球通过膦化引入—P_{Ph_3},然后与络合催化剂键合,反应如下：

$$\text{CH}_2\text{P}_{\text{Ph}_3} + \text{RhCl}_3 \longrightarrow \text{CH}_2-\overset{\overset{\displaystyle \text{Ph}}{|}}{\underset{\underset{\displaystyle \text{Ph}}{|}}{\text{P}}}-\text{RhCl}_3$$

离子交换法是将活性组分通过离子交换固载在交换树脂上。

$$\begin{matrix} -\text{SO}_3\text{Na} \\ \\ -\text{SO}_3\text{Na} \end{matrix} + \text{Pt(NH}_3)_4\text{Cl}_2 \longrightarrow \begin{matrix} -\text{SO}_3 \\ \\ -\text{SO}_3 \end{matrix}\text{Pt(NH}_3)_4 + 2\text{NaCl}$$

化学键合的固体催化剂，活性组分与载体键合较牢，不易流失和分解。活性组分以单独的离子或络离子状态分布在载体表面上，每个活性基团都有机会与反应物分子接触，由于具有均相催化的功能团，仍然具有较高的选择性，同时解决了催化剂分离困难的问题。

6.5.3　金属原子簇催化剂

金属原子簇催化剂是近年来催化领域中引人注意的一类新型催化剂。由于金属原子簇在结构上的特殊性，在基础研究中，它可以作为分子或原子在金属催化剂表面吸附以及催化反应的模型进行研究；在应用方面，催化 $CO+H_2$ 合成乙二醇等显示出独特催化性能，有望开发出高选择性催化剂，因此受到关注。金属原子簇中包含有多个金属原子，原子之间以金属键键合，每个金属原子又与配位体相互键合，生成多核络合物。这种多核络合物称为金属簇化合物。常见的有三核、四核、六核金属簇化合物。如 $[\text{Re}_3\text{Cl}_{12}]^{3-}$、$\text{Rh}_2\text{Fe}_5(\pi\text{-}C_5H_5)_{12}(CO)_8$、$\text{Rh}_4(CO)_{12}$、$[\text{Mo}_6\text{Cl}_8]^{4+}$ 等，如图 6-13 所示。

金属簇化合物在均相催化反应中有重要意义，它和单核络合催化剂比较，可同时对反应物提供几个活性位，使反应物发生多位络合，因此表现出许多单核络合物所没有的催化功能。例如，在均相系统中利用单核络合物目前尚不能催化 $CO+$ H_2 合成乙二醇，但利用 Rh 的金属簇化合物则能催化 $CO+H_2$ 反应合成乙二醇及三碳醇类，反应如下：

$$2CO+3H_2 \xrightarrow{[\text{Rh}_{13}(CO)_{24}H_3]^{2-}} \underset{\overset{|}{OH}}{\text{CH}_2}-\underset{\overset{|}{OH}}{\text{CH}_2}$$

$$[\text{CH}_3\text{CH(OH)CH}_2(\text{OH}) \text{及} (\text{HO)CH}_2\text{CH(OH)CH}_2(\text{OH})]$$

因为这些反应的第一步至少要同时利用两个金属中心，而单核络合物不能提供。

金属簇化合物的特点是有一定数目的金属原子，有一定的空间构型，金属原子间有一定的距离且以金属键结合。

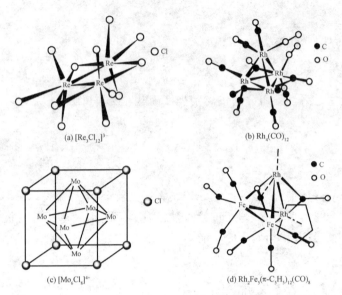

(a) $[Re_3Cl_{12}]^{3-}$ (b) $Rh_4(CO)_{12}$

(c) $[Mo_6Cl_8]^{4+}$ (d) $Rh_2Fe_2(\pi\text{-}C_5H_5)_{12}(CO)_8$

图 6-13　金属原子簇化合物的构型

由于金属簇化合物具有不同数目的金属原子,在吸附反应物分子时,其吸附中心数目不同,使被吸附的分子变形不同,而形成不同的吸附态。例如,CO、乙炔在不同数目的金属原子簇上进行化学吸附时,C—O、C—C 键的键长是不同的,如下所示:

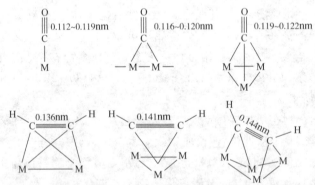

由此可见,不同的金属原子簇可将反应物分子化学吸附、变形活化到不同的程度,如果活化程度合适,就有利于某一催化过程的进行。

将均相催化中有关金属原子簇结构的概念运用于多相催化中,可将极细小的金属晶粒视为金属原子簇。金属原子簇的骨架十分类似于金属催化剂表面参与反应的某些活性中心的结构,如晶角、晶阶等。金属原子簇可与多个配位体络合;同样,金属小晶粒表面由于键的不饱和也具有多种配位体的可能。

因此,可以用金属原子簇的概念来解释某些多相催化中催化剂的作用机理。例如,CO ＋ H₂合成烃的反应中,可以设想反应的第一步是在金属表面上形成

CH_3—M 键,此时需要同时涉及几个金属原子:

$$
—M—M—M— + CO + H_2 \longrightarrow \quad \begin{array}{c} H \quad CO \ H \\ | \quad \ | \quad | \\ —M—M—M— \end{array} \quad \xrightarrow{H_2}
$$

$$
\begin{array}{c} H \ H—C=O \ H \\ | \quad | \quad | \\ —M——M——M— \end{array} \xrightarrow{H_2} \begin{array}{c} H \\ | \\ H \ H—C—OH \ H \\ | \quad | \quad | \\ —M——M——M— \end{array} \longrightarrow \begin{array}{c} CH_3 \\ | \\ —M—M—M— \ + H_2O \end{array}
$$

一旦 CH_3—M 键形成,则可由 CO 插入反应而生成后继产物,此时可能是由一个金属原子或几个金属原子起作用:

$$
\begin{array}{c} O \\ \| \\ R \ C \\ \diagdown \ | \\ —M— \end{array} \xrightarrow{CO} \begin{array}{c} R \\ O \quad | \\ \| \quad C=O \\ \diagdown \ | \\ —M— \end{array} \xrightarrow{H_2} \begin{array}{c} R \\ O \quad CHOH \\ \| \quad | \\ —M— \end{array} \xrightarrow[-H_2O]{H_2}
$$

$$
\begin{array}{c} O \\ \| \\ C \quad CH_2R \\ \diagdown \ | \\ —M— \end{array} \xrightarrow{CO} \begin{array}{c} O \\ \| \\ RCH_2 \ C \\ \diagdown \\ O \quad | \\ \| \quad C \\ —M— \end{array} \xrightarrow{H_2} \cdots
$$

除了用同一种金属合成金属原子簇化合物外,还可合成含有几种不同金属的金属原子簇化合物,如 $Co_2Fe(CO)_9S$、$Co_2Os(CO)_{11}$、$FeCo_3(CO)_{12}H$ 等。这种多金属的金属原子簇结构可与合金相类比,在研究重整反应的多金属重整催化剂时,利用多金属原子簇的概念可给出较好的说明。

6.6　络合催化剂研究进展及应用

络合催化剂及其应用近年来取得快速发展,本节将主要对茂金属催化剂、后过渡金属催化剂及手性催化剂进行介绍。

6.6.1　茂金属催化剂

6.4.2 节中曾详细介绍了 Ziegler-Natta(Z-N)络合催化剂催化乙烯、丙烯聚合反应。20 世纪 90 年代以来,世界各大石化公司都使用茂金属催化剂,推动了聚乙烯(PE)和聚丙烯(PP)的技术进步。茂金属催化剂一般由两个环戊二烯基(Cp)与钛原子配位,形成具有夹心结构的二茂钛。研究者把具有类似二茂钛结构的夹心结构化合物及其类似物统称为茂金属催化剂。其主催化剂最常用的是过渡金属锆（Zr）、铪（Hf）、钛（Ti）、钒（V）等的化合物（氯化物），配体主要有环戊二烯、取代的环戊二烯、茚、芴等，助催化剂主要有烷基铝、烷基铝氧烷（MAO）和硼等。

目前已经开发的茂金属催化剂有三种：普通茂金属催化剂（a）、桥链茂金属催化剂（b）和限制几何形状的茂金属催化剂（c）。其结构如下：

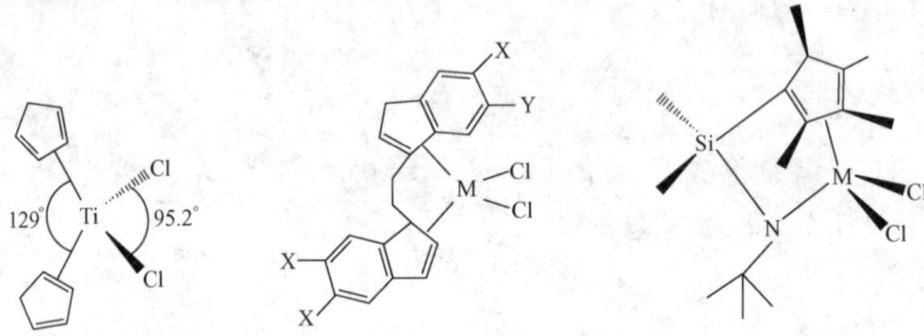

（a）两个 Cp 基夹持的二茂钛催化剂　（b）桥链茂金属催化剂　（c）限制几何形状的茂金属催化剂

陶氏（Dow）公司研制出的"限制几何形状"催化剂（SSC）体系，可用于生产乙烯和 α-烯烃的共聚产品。其催化剂是以ⅣB 族元素为基础的过渡金属，用氨基取代一个 Cp，用烷基或硅烷基桥接杂原子的环戊二烯基以共价键结合，由于 N 替代 Cp 提供空间给共聚体，能增加相对分子质量和聚合物柔性，打开了立规结构控制的大门。与 Z-N 催化剂相比，茂金属催化剂显示出更多的优越性，表现为聚合活性高，比 Z-N 催化剂的活性高 10 倍以上；产品可调性高，因茂金属催化剂活性中心单一，可通过操作条件改变调控聚合物相对分子质量及微观结构，也为聚合工艺提供了多样性条件。陶氏旗下的联合碳化物公司（UCC）开发出一种桥链茂金属催化剂，它是以含有外消旋和内消旋立体异构混合物的二甲基硅烷（二甲基茚）-二氯化锆为代表的面型手性催化剂。菲纳公司用双催化剂体系（两种茂金属催化剂或 Z-N/茂金属混合催化剂）或多段反应或多反应器的方法制备双峰或相对分子质量分布较宽的聚烯烃。Basell 公司开发了 Avant 茂金属催化剂-锆基单中心催化剂，生产相对分子质量分布宽、刚性高的产品的催化剂和负载型茂金属催化剂。埃克森美孚使用混合茂金属（锆）或过渡金属（镍）二亚胺催化剂，生产双峰、相对分子质量分布宽的聚丙烯。采用两个或多个茂金属催化剂体系和几个反应器串联或并联的方法，制备丙烯均聚物/共聚物。在茂金属催化剂中，用各种不同的烷基取代基，使相对分子质量分布范围可以从很窄到很宽。

2000 年，Bazan[13] 报道了一种由三甲基膦（PMe₃）配位的二甲基单茂铬配合物（$C_p^*CrMe_2(PMe_3)$），可以催化乙烯齐聚。Theopold[14] 报道了用吡啶、二苯基膦、四氢呋喃、乙腈等修饰的单茂铬配合物，能以中等的活性催化乙烯聚合，得到的聚乙烯具有很大的相对分子质量，具有较窄的相对分子质量分布。Jin[15] 课题组报道了一系列非桥联环戊二烯基β-双亚胺铬和茚满酮铬基配合物，在少量的烷基铝活化下,催化剂可以催化乙烯聚合,得到的聚乙烯产品具有很大的相对分子质量;Mu[16]课题组报道了一系列环戊二烯基水杨醛亚胺基铬配合物,在少量烷基铝的作用下,可以高效率地催化乙烯聚合得到线性聚乙烯。亚胺上取代基越小,环戊二烯上供电子取代基越多,催化剂活性越高;空间位阻较小的烷基铝能更好地催化聚合。

综上所述,茂金属催化剂在聚合工业中可视为继 Z-N 催化聚合以来的第二次革命。对于世界聚烯烃工业的飞速发展,这些新型工业催化剂的研发功不可没。

6.6.2　非茂后过渡金属催化剂

后过渡金属催化剂是指 Ni、Co、Fe 和 Pd 组成的配合物聚合催化剂,这类催化剂同样具有单活性中心。但与传统 Z-N 催化剂和茂金属催化剂有很大差别,它可以催化含有极性官能团的单体与烯烃进行共聚,而前两者不能,所以称其为"非茂型的"。非茂后过渡金属催化剂允许 L 碱的存在,而 L 碱对 Z-N 催化剂和茂金属催化剂来说是毒物。镍系后金属催化剂包括双亚胺型、P-O 型和 N-O 型等。P-O 型镍系催化剂是一类以 P-O 型阴离子为配体与 Ni^{2+} 形成的中性配合物催化剂。N-O 型镍系催化剂为含 N、O 配位原子的镍系烯烃催化剂,研究主要集中在配体为取代含氮杂环羧酸和含羟基席夫碱的两类镍配合物上。除上述三类镍系烯烃聚合催化剂外,目前还有一些含 P-P 及双核配合物的镍系烯烃催化剂。

Popeney 等[17]报道了中心金属分别为 Ni 和 Pd 的二亚胺基配合物,具有较好的高温稳定性,并且由于金属位上 Cl 的吸电子作用,使得该配合物催化丙烯聚合时能够产生较大相对分子质量和支化度的聚丙烯,这是以往研究的 Pd 基烯烃聚合催化剂难以实现的。Pourtaghi-Zahed 等[18]报道了两种镍基 α-二亚胺型配合物,并将二者与甲基铝氧烷(MAO)共同组成烯烃聚合催化体系,当两种催化剂质量比为 1∶1 时,该催化剂对乙烯-丙烯共聚具有最高的活性,此时继续增加 MAO 的含量并不影响催化剂的活性。

Fe、Co 系单活性中心催化剂是聚烯烃催化剂的最新研究热点。Freemantle 等[19]认为,这是自 Kaminsky 发现茂锆/MAO 高活性催化剂后,在聚烯烃领域取得的第一次真正的进步。Fe、Co 系催化剂具有稳定性高、聚合活性高、易合成、污染少、成本低、耐受杂原子和极性基团等优点;制备的聚乙烯具有更宽的相对分子质量分布;能够催化某些极性单体的聚合。与 Ni、Pd 系催化剂不同,Fe、Co 系催化剂催化乙烯聚合仅得到线性产物,即使是在高温、低乙烯压力条件下,使用更大体积的配体,也得不到支化的聚乙烯。

除此之外,比较典型的有 Timonen[20]研究的 Rh、Pt 三齿硫取代大环配体的配位物作为乙烯聚合的催化剂。认为配合物的大环配位基能够占据金属的一侧起保护作用,留下另一侧作为聚合用的活性中心。但该配合物对乙烯聚合的活性不高。Nomura 等[21]合成了 NNN 三配位的 Ru 化合物来催化乙烯的均聚及乙烯、丁烯的共聚。该催化剂的性能同样受反应温度、助催化剂 MAO 的种类、溶剂环境等因素的影响。H-NMR 表征结果表明,得到的 PE 与用 Fe 系催化剂得到的一样,也是没有支链的。

6.6.3　不对称催化合成

不对称催化合成的研究始于 20 世纪 60 年代后期,在 90 年代得到迅速发展。不对称合成使用的催化剂要求具有较高的选择性和活性,产物还应具有较高的光学纯度。最早使用的催化剂是酶类。近二十年来陆续出现了不对称金属配合物和生物碱等不对称合成催化剂。不对称合成金属配合物催化剂中心金属多为过渡金属ⅧB 族和ⅠB 族元素,如 Ni、Co、Fe、Ru、Rh、Pd、Ir、Pt 和 Cu 等;常用的载体有手性膦化物、手性胺类化合物、手性醇类化合物、手性酰胺类化合物、手性二肟、手性亚砜和手性冠醚等,其中应用最多的是手性膦化物。有机小分子手性催化近年来得到了很大的发展,成为手性催化领域的一个热点。目前,已成功地实现了包括 Adol、Diels-Alder、Friedel-Crafts、Baylis-Hillman、Mannich、Michael 加成、硅氰化、卤化、胺化、胺氧化、环氧化、Biginelli、膦氢化等反应在内的多种类型的手性催化反应。罗三中和程津培课题组[22]报道了手性二胺催化的不对称 Aldol 反应。以简单的脂肪酮为底物,最高能以大于 99% 的对映选择性和大于 12∶1 的非对映选择性得到顺式 Aldol 产物。李灿和杨启华研究组[23~26]在笼状结构介孔材料的纳米笼中封装手性催化剂的方法,实现纳米反应器中的手性催化。通过介孔材料的表面性能修饰及催化剂数量的调控,在多相手性催化反应中获得高手性选择性和高催化活性。他们发现纳米反应器中的手性催化剂显示双中心活化耦合反应加速效应。通过特殊的纳米反应器封口技术将均相手性催化剂限阈在笼形纳米反应器中,同时反应物和产物分子可以在纳米反应器中自由进出。该方法制备的催化剂兼具均相催化剂高活性、高手性选择性和多相催化剂易分离、易工业化的优点。

手性催化在生物催化体系中也取得了一定成果。Reetz[27]等通过将具有催化活性的金属催化剂植入到宿主蛋白中,发展了人造金属酶(artificial metalloenzyme)催化体系。

综上所述,手性催化研究在过去几十年中已经取得了很大的成功,是目前化学学科最为活跃的研究领域之一。但总体而言,高效的手性催化合成方法仍然处于发展阶段,在手性工业合成中的应用也非常有限。因此,突破传统思路,通过对理论、概念和方法的创新来设计开发新型高效的手性催化反应或催化剂,是所有化学家今后共同的任务。

(郭新闻)

参考文献

[1] 干鲷真信,市川腾.均相催化与多相催化入门——未来的催化化学[M].陆世维,译.北京:宇航出版社,1990.

[2] 邓景发.催化作用原理导论[M].长春:吉林科学技术出版社,1981.

[3] 黄开辉,万惠霖.催化原理[M].北京:科学出版社,1983.

[4] Gates B,Katzer J,Schnit G. Chemistry of catalytic processes [M]. McGraw-Hill Book Company,1979.

[5] 干鲷真信,译."化学ヒシナフ有机金属化学の基楚"丸善(1981).

[6] Cossee P. The stereo chemistry of Macromolecules [M]. Ketley A D,ed. Vol. 1,145-175, Marcel Dekker,New York,1967.

[7] Ledwith A, Sherrington D C. Reactivity, mechanism and structure in polymer chemistry [J]. John Wiley,1974:383.

[8] Kacirek H,Lechert H J. Phy Chem 1976,80:1291 .

[9] Cossee P,Arlman E J. J Catal ,1964,3:80-99.

[10] Lewis J A. J Appl Chem, 1958,8:223.

[11] Roth J F, Craddock J H, Hershman A,et al. Chemtech,1971:600.

[12] Forster D. J Am Chem Soc,1976(98):846.

[13] Rogers J S, Bazan G C. Oligomerization-transmetalation reactions of CpCrMe₂(PMe₃)/ methylalumin- oxane catalysts [J]. Chem Commun, 2000, 36: 1209-1210.

[14] Thomas B J, Noh S K, Schulte G K, et al. Paramagnetic alkylchromium compounds as homogeneous catalysts for the polymerization of ethylene [J]. J Am Chem Soc, 1991, 113: 893-902.

[15] Huang Y, Jin G X. Half-sandwich chromium(Ⅲ) complexes bearing β-ketoiminato and β-diketiminate ligands as catalysts for ethylene polymerization [J]. Dalton Trans, 2009, 38: 767-769.

[16] Xu T Q, Mu Y, Gao W, et al. Highly acitive half-metallocene chromium(Ⅲ) catalyst for ethylene polymerization activated by trialkylaluminum [J]. J Am Chem Soc, 2007, 129: 2236-2237.

[17] Popeney C S, Levins C M, Guan Z. Systematic investigation of ligand substitution effects in cyclophane-based nickel(Ⅱ) and palladium(Ⅱ) olefin polymerization catalysts [J]. Organometallics, 2011, 30: 2432-2452.

[18] Pourtaghi-Zahed H, Zohuri G H. Synthesis and characterization of ethylene-propylene co-polymer and polyethylene using α-diiminenickel catalysts [J]. Journal of Polymer Reaserch, 2012, 19: 1-8.

[19] Freemantle M. New catalysts to polymerize olefins [J]. Chemical & Engineering News, 1998, 15: 11-12.

［20］ Timonen S, Pakkanen T A. Novel single-site catalysts containing a platinum group metal and macrocyclic sulfur ligand for ethylene polymerization ［J］. J Mol Cat, 1996, 111: 267-272.

［21］ Nomura K, Wart S. Olefin Polymerization by the (Pybox) RuX$_2$(ethylene)-MAO Catalyst System ［J］. Macromolecules, 1999, 32: 4732.

［22］ Luo S Z , Xu H, Li J, et al. A simple primary-tertiary diamine-bronsted acid catalyst for asymmetric direct aldol reactions of linear aliphatic ketones ［J］. J Am Chem Soc, 2007, 129: 3074-3075.

［23］ Yang H Q, Li J , Yang J , et al. Asymmetric reactions on chiral catalysts entrapped within a mesoporous cage ［J］. Chem Commun, 2007, 1086-1088.

［24］ Yang H Q, Zhang L, Su W G, et al. Asymmetric ring-opening of epoxides on chiral Co (salen) catalyst synthesized in SBA-16 through "ship in a bottle" strategy ［J］. J Catal, 2007, 248:204-212.

［25］ Bai S Y, Yang H Q, WangP, et al. Enhancement of catalytic performance in asymmetric transfer hydrogenation by microenvironment engineering of the nanocage ［J］. Chem Commun, 2010, 46:8145-8147.

［26］ Li B, Bai S Y, Wang X F, et al. Hydration of epoxides on ［CoⅢ(salen)］encapsulated in silica—based nanoreactors ［J］. Chem Int Ed, 2012, 51:11517-11521.

［27］ Reetz M T, Jiao N. Copper-phthalocyanine conjugates of serum albumins as enantioselective catalysts in Diels-Alder reactions ［J］. Angew Chem Int Ed, 2006, 45: 2416-2419.

第7章 催化剂的选择、制备、使用与再生

随着化学工业的迅速发展,科学地选择催化剂显得越来越重要和迫切。近20多年来,由于新的现代化仪器分析技术的进步、新催化材料的出现、金属有机多相催化的发展及理论化学和计算机技术的应用,对人们认识催化作用给予了巨大的推动,导致新催化剂和催化技术的出现。但是,至今还没有关于催化剂选择的统一理论,需要借助于物理化学和催化等相关学科总结出的一些局部的规律,来指导催化剂的选择。尽管这些局部的规律用于选择工业催化剂时会有很大的局限性,但却可以大大减少筛选催化剂实验的工作量,节省人力、物力和时间。不再像90多年前德国化学家研制合成氨催化剂那样,试验了2万多个配方。

7.1 催化剂的选择目的[1]

工业催化剂的选择根据目的不同,大致可分为三种类型:一是不断改进现有催化剂的性能;二是利用现有廉价原料,为合成有用的化工产品寻找、开发合适的催化剂;三是为化工新产品和环境友好工艺的开发研制催化剂。下面将对各种类型进行详述。

7.1.1 现有催化剂的改进

改进现有工业生产中使用的催化剂性能是一项非常重要的工作,使用中的各种催化剂必须不断改进和更新,推出新一代催化剂,才能保持其市场竞争力,因此,这种改进工作是无止境的。

改进催化剂的工作主要包括提高催化剂的活性、选择性和延长催化剂的寿命,以便提高生产能力和产品质量;寻找廉价的制备催化剂所用的原材料及简化制备方法,以便降低催化剂制造成本;改进催化剂使用条件,即降低反应温度、压力等,从而降低催化过程操作费用。例如,对一个年产30万吨的合成氨工厂,如果在相同操作条件下,通过改进催化剂,使催化活性提高1%,那么每年就可增产3 000吨

合成氨,其经济效益是十分显著的。同样,对一个年产 45 万吨的乙烯装置,当乙炔选择加氢催化剂的选择性提高 0.5% 时(即指乙炔加氢为乙烯,而不被加氢为乙烷),每年可增产乙烯 2 250 吨,这也是相当可观的。

对于烃类选择氧化制取含氧化合物来说,提高催化剂的选择性更为重要。例如,丙烯胺氧化制丙烯腈,索亥俄公司 1959 年使用第一代磷钼铋催化剂时,每吨丙烯腈消耗丙烯 1.4 吨;1966 年使用第二代铀-锑催化剂时丙烯消耗定额降到 1.25 吨;1972 年使用第三代锑-铁催化剂时丙烯消耗定额降到 1.1 吨以下。由于这种大吨位的工业用催化剂不断地改进和更新,使化学工业获得更大的经济效益。

延长催化剂在工业装置中的使用时间,是许多工业催化剂的改进方向。由于催化剂不易失活,可减少催化剂再生和更换时间,从而提高生产能力。例如,Pt 重整催化剂由单金属(Pt/Al_2O_3)催化剂发展到双金属($Pt\text{-}Re/Al_2O_3$)或多金属催化剂,其催化活性和稳定性均有很大提高。如图 7-1 所示,多金属催化剂 $K_x\text{-}130$ 的活性和稳定性明显高于单金属(Pt)和双金属(Pt-Re)催化剂。

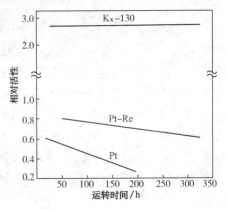

图 7-1 几种重整催化剂相对活性和稳定性的比较

对于放热可逆化学反应过程,降低反应温度,可以提高化学平衡转化率。因此,这类反应使用的催化剂在低温下具有高催化活性是很必要的。例如,一氧化碳加氢合成甲醇反应,采用高压法合成甲醇使用 $ZnO\text{-}Gr_2O_3$ 系催化剂时,反应温度需 400 ℃左右才具有足够活性,此时平衡转化率较低,为此必须在高压(25~30 MPa)下进行反应。当使用具有低温高活性的 $CuO\text{-}ZnO$ 系催化剂时,反应温度降为 200 ℃左右,这样可达到较高的平衡转化率,反应压力也降低到 5 MPa,致使生产成本降低了 10% 左右。

许多催化过程都使用贵金属催化剂(Pt、Pd、Re、Rh 等),寻找廉价金属原料来替代贵金属,或者降低贵金属使用量,都可降低催化剂生产成本,这也是催化剂改进的一个方向。对于非贵金属催化剂,提高其使用效率也是很重要的。例如,聚乙烯使用的第一代 Ziegler 型催化剂,每克钛只能生产几百克聚乙烯,混在聚乙烯中的钛相对含量较高,需进行后处理(除灰)除去钛。改进后的高效负载型钛催化剂,每克钛可生产出几十万克甚至几百万克聚乙烯,这样,产物中钛含量极低,不必脱除钛。催化剂的改进不仅提高了钛的利用率,也简化了生产过程,从而大大降低了生产成本。

7.1.2　利用廉价原料研制开发化工产品所需催化剂[2,3]

在石油化工产品中,原料费用占总成本的 60%～70%,使用廉价原料替代原来较贵的原料生产化工产品,可大大降低生产成本,从而带来巨大的经济效益。因此为利用廉价原料合成化工产品而寻找开发催化剂,已成为技术突破的途径之一。例如,前面讲到醋酸的生产,最初使用乙炔为原料(从煤出发的路线),利用 $HgCl_2$ 为催化剂,乙炔水合制乙醛后再氧化为醋酸。20 世纪 50 年代成功开发出 $PdCl_2$-$CuCl_2$ 均相络合催化剂后,可以从乙烯出发直接氧化制乙醛。然后在醋酸钴和锰的作用下进一步氧化为醋酸。用乙烯替代乙炔降低了生产成本,因此,乙烯法在 20 世纪 60 年代被广泛采用。20 世纪 70 年代孟山都公司成功开发出铑络合催化剂用于催化甲醇低压羰基化制醋酸。由于该法操作条件缓和,原料便宜(可不依赖于石油原料),催化剂性能稳定,活性高(甲醇转化率接近 100%),选择性好(以甲醇计醋酸选择性高达 99%),副反应少,产品质量高,在技术和经济上都明显优于乙醛氧化法,因而,迅速占领醋酸生产市场。

又如,顺酐生产中原料路线改变,导致催化剂和新工艺过程的开发。20 世纪 70 年代以前,苯氧化制顺酐是唯一的工艺路线。20 世纪 60 年代到 70 年代,法国、美国和日本曾分别开发出以正丁烯和混合 C_4 馏分为原料生产顺酐的工业装置。但由于苯氧化法原料来源充足,催化剂选择性高,加之工艺成熟,顺酐生产没有改变以苯氧化法为主的状态。1974 年美国孟山都公司实现了正丁烷氧化制顺酐的工业化。由于正丁烷价格仅为苯的一半,并且毒性小于苯,在经济和环保上十分有利。因而,以正丁烷为原料生产顺酐的工艺迅速得到推广,到 1993 年已占到 59.5%,随之而来也开发研制出适宜于正丁烷氧化制顺酐的催化剂。

从上述两例可以看出,利用廉价原料开发低成本新催化技术和催化剂是化工技术发展的有效途径。因此,目前人们正致力于研究开发用低碳烷烃(C_2～C_4)替代烯烃,烷烃直接官能团化制造醇、醛和腈等化工产品,利用甲醇制造化工产品,以及选择氧化烃类转化成含氧化合物。这些原料路线的改变势必要求选择相应的催化剂,从而促使催化技术迅速发展。

7.1.3　为化工新产品和环境友好工艺的开发而研制催化剂

随着社会发展,人们对生活质量的要求也越来越高,要求提供更多的新的化工产品。这在药物、高分子化合物、生物制品及精细专用化学品等合成领域尤为突出。现代新催化技术还要求在合成这些化工产品时不造成环境污染。

聚合物在人类日常生活中的用途已经是不胜枚举。诸如人们身上穿的衣服(聚酯、尼纶和腈纶等纺织品)、脚上穿的鞋(聚氨酯鞋底)、各种交通用车轮(聚异戊二烯合成橡胶)、各种沙发(聚亚胺酯)家具、包装袋等。现在人们还在制造开发一些新产品,例如已经开发出的聚对苯撑对苯二甲酰胺纤维,其强度可与钢丝相媲美,但同体积材料质量只是钢丝的 1/5。这种新产品就是通过 12 种以上催化剂制成的。这种材料已经打入汽车工业,用以替代轮胎的径向钢带,它的高强度和抗撞击能力以及质量轻的优点,使之成为未来飞机和汽车工业的首选材料。此外,这种新材料还可用作士兵和警察的防弹衣,一件薄的防弹衣可以很舒服地穿在衬衫里面,并且能像钢板一样有效地阻止子弹。

又如,治疗帕金森氏病的药物 L-多巴(L-二羟基苯丙氨酸)分子,它有两种异构体:左旋分子是药物有效成分,而右旋分子是非活性的。在最初合成中,生产出来的产物是上述二者数量相当的混合物,需经昂贵的分离方法才可能将两者分开。1974 年孟山都公司开发出具有高选择性的催化剂,只合成生产左旋型 L-多巴分子,使 L-多巴生产成本大大降低。这一发明被认为是催化工业中的一项重要成果。

为了从源头根除环境污染,人们日益重视环境友好化学[4],又称绿色化学。这里最有说服力的一个例子是 4-甲基噻唑的生产。4-甲基噻唑是制造杀菌剂的原料,以前采用化学计量方法进行合成时要五步才能完成。反应步骤如下:

$$Cl_2 + CH_3COCH_3 \longrightarrow ClCH_2COCH_3 + HCl$$

$$CS_2 + 2NH_3 \longrightarrow NH_2CSSNH_4$$

4-甲基噻唑

从上述五步反应可以看出,使用的原料和中间产物大都具有腐蚀性和毒性,如 Cl_2、CS_2、NH_3、$NaOH$ 及中间产物等。它们对设备腐蚀和环境污染都很严重,此外还有制备步骤多、流程长的缺点。与此形成鲜明对比的是,用新的催化方法生产上述目的产物只需两步就可完成:

这里所采用的 C_s-沸石催化剂无污染,无腐蚀,只有一种中间产物,所用原料也简单。

综上所述,新催化剂和催化技术的发展,可为化学工业中各部门生产新的产品提供保证,特别是聚合物、药物和生物衍生物产品等领域;催化剂科学的发展将对新产品的开发产生巨大影响;环境友好催化工艺的开发,可为化学工业可持续性发展打下基础,造福于全人类。

7.2　选择催化剂组分常用方法

在前面几章中已对各类催化剂的催化作用机理和常用的催化剂进行了讨论。这些理论对如何选择催化剂具有一定的启发和指导意义,但距离开发出有效的工业催化剂所需的理论还有较大距离。因此,在选择催化剂组分时还需借助大量实验。目前常见的选择催化剂的方法归纳如下。

7.2.1　利用元素周期表进行催化剂活性组分的选择[1,5]

元素周期表是将所有元素按原子序数递增的顺序排列而成的,它反映了物质特性与相关的外层电子构型的关系。人们在实践中已发现许多对于不同类型反应有效的催化剂活性组分,它们符合周期表中的一些规律。在进一步选择新催化剂或改进原有催化剂时,可借鉴已有催化剂,利用周期表中同一族元素的相似性进行选择。因为同一族元素具有相近的化学性质,表现出近似的催化功能。前述 V_2O_5 是选择氧化常用催化剂,而同一族元素的氧化物 Nb_2O_5 和 Ta_2O_5 也有选择氧化性能。丁烷和丁烯选择氧化制顺酐工业上使用 MoO_3-V_2O_5 系催化剂,同一族元素的氧化物 WO_3 也具有同样的功能。金属加氢常用 Fe、Co、Ni 等第ⅧB族元素,同一族元素 Re、Rh、Pd、Pt 等也具有优良的加氢性能,元素周期表中各组元素见附录中的元素周期表。其中 s 组元素(主族元素)包括ⅠA、ⅡA族碱金属和碱土金属元素。这些元素及其氧化物均具有碱性,例如金属 Na 和 K,NaOH、K_2O、MgO 等可作碱催化组分;而 p 组元素,即ⅢA～ⅦA族元素和它们的化合物常具有酸性,例如 Al_2O_3、SiO_2-Al_2O_3、H_3PO_4、H_2SO_4、HCl 等,p 组元素和其化合物常用作酸催化剂。d 组元素和 f 组元素为过渡族元素,其单质和氧化物具有氧化还原特性,因此常用金属、金属氧化物和络合物作氧化还原型催化剂。然而,这也不是绝对的,有些过渡金属氧化物或盐也具有酸催化性能,如 Cr_2O_3、$NiSO_4$、$FeCl_3$ 等也可作酸催化剂;同样,p组元素(如 Sn、Sb、Pb、Bi)的氧化物也具有半导体特性,也可用于氧化还原反应。此外,p组元素中ⅣA、ⅤA、ⅥA 和ⅦA 族元素能提供孤对电子,所以多用作络合催化剂的配位体。

显然,电子构型不是影响催化剂催化作用的唯一因素。因为同一族的元素既使电子构型相同,催化活性也不一定相同,如用碱土金属 Be、Mg、Ca、Sr、Ba 的二价阳离子交换 Y 分子筛,它们的催化活性随离子半径增大而下降,这就说明除电子构型外,原子(或离子)的半径不同、核电荷数不同,也将影响电场强度,从而影响催化性能。前面已述固体催化剂中原子(或离子)的间距不同,晶体结构不同,也将从空间因素方面影响催化作用。尽管如此,根据周期表所总结出来的规律,加之估计这些物质结构参数的影响,再结合催化作用的理论,考虑同族元素中位置的变化,对选择催化剂组分还是很有帮助的。

另外,从元素周期表的同一周期元素性质着眼对催化剂选择也是有用的。同一周期元素位置变化时,电子构型改变,而且晶体构造也可能改变,所以,同一周期元素的变化比同一族元素的变化影响要大一些。

如图 7-2 和图 7-3 所示,过渡金属的原子半径和逸出功有一部分(ⅤB~ⅡB)随同一周期的原子序数变化不大。原子半径大小决定晶体的结构,晶体结构和逸出功又直接与这些元素的催化性能有关,说明这些元素可能具有相似的催化特性。

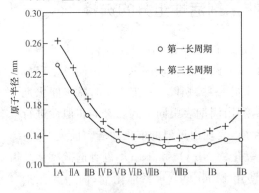

图 7-2　长周期过渡金属元素的原子半径

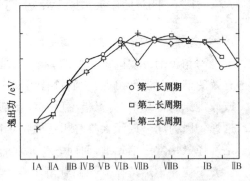

图 7-3　长周期过渡金属元素的逸出功

例如,第三长周期中 Pt、Ir、Os、Re 半径在 0.135~0.139 nm 之间,晶体构型都有正三角形原子排布,其中 Re、Os 为六方密堆,Pt、Ir 为面心立方晶体。它们都有催化环己烷脱氢或苯加氢的能力。应该注意,周期表中不同族的元素,当它们存在于化合物中时,可能具有相同的电子构型。第一长周期中相邻 4 个元素(Ti、V、Cr、Mn)的价电子数不同,但 Ti^{4+}、V^{5+}、Cr^{6+}、Mn^{7+} 均为氩的电子构型,这 $(1s^2 2s^2 2p^6 3s^2 3p^6)$ 种核电荷数不同,但电子构型相同的离子称为电子异构体。由于电子构形相同,就会出现具有相近的催化功能的可能性。例如某些络合催化剂的中心离子就有可能用电子异构体相互代替。

　　同一类型反应可选用不同化合态的物质作催化剂,以加氢反应为例,可选用不同化合态且具有不同加氢活性的物质,如图 7-4 所示。

　　利用元素周期律,可为那些具有相似反应机理的催化过程选择催化剂的活性组分及助催化剂。这些都是基于对催化剂的化学特性的认识。除此之外,催化剂还具有几何结构、孔道体系、比表面积等,这些对催化作用影响很大的非化学特性因素,在选择催化剂时也要予以注意。

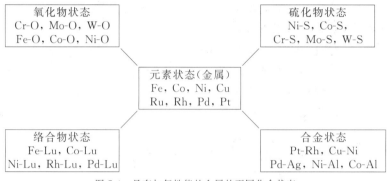

图 7-4　具有加氢性能的金属的不同化合状态

7.2.2　利用催化功能组合构思催化剂

　　有许多催化反应是由一系列化学过程串联来完成的。前述烃类的重整反应就是由一系列脱氢、加氢反应与异构化、环化反应构成的。在所涉及的各步反应中需要不同催化功能的活性中心。如脱氢反应需要有促进电子转移的活性中心,异构化反应则需要有质子转移能力的活性中心。所以,在选择催化剂时应考虑各自的不同要求,必要时进行功能组合。重整催化剂 Pt/Al_2O_3 是双功能催化剂的一个典型代表。不同功能的活性中心都是影响催化效果的主要因素,为使反应顺利进行,要合理搭配功能中心。对于 Pt/Al_2O_3 催化剂而言,金属和氧化物两种组分之间除各自有独特性能外,二者之间还会相互影响。金属会影响 Al_2O_3 固体酸的酸强度和酸浓度;相反,Al_2O_3 固体酸又会影响金属 Pt 的逸出功。所以,它们不同于机械混合,二者的性能必须合理搭配起来。若搭配不好,在重整中会出现下述问题:Pt 用量过大,脱氢活性虽高,但环化、异构化等酸催化步骤将成为重整总反应速率的控制步骤;由于脱氢后的中间物种来不及转化而越积越多,则部分 Pt 中心会被覆盖,引起催化剂结焦。因此,工业 Pt/Al_2O_3 催化剂对 Al_2O_3 的要求是比表面积大,孔径合适,便于 Pt 分布,而且酸性适当。近年来,用分子筛代替 Al_2O_3 在提高催化性能上取得了重要突破。

此外,为改善催化剂中 Pt 的热稳定性和寿命,可在催化剂中加入高熔点金属 Re、Ir 等结构型助催化剂。Re、Ir 因能与 Pt 生成合金从而使 Pt 热稳定性提高,防止 Pt 微粒长大。工业 Pt-Re 重整催化剂就是为此目的而制备的。实践表明 Re 的加入还降低了结焦。设计良好的重整催化剂还应使反应物易于在两种活性中心上来回转移,这就要求 Pt 和 Al_2O_3 之间的分散度适宜,而且金属 Pt 的微粒大小要适当,一般认为在 $2\sim5$ nm 为好。这时重整反应速度较快。

在开发新的催化系统和进行功能组合之前,首先要根据已有的反应机理知识,将总包反应解析为一系列的简单反应,然后根据催化作用的基础知识,为各步反应设计相应活性组分。可按以下步骤进行:

(1)分析总包反应机理(按均相反应的知识来设想),并对所虚拟的各反应步骤的反应热力学和动力学有所估量。一般考虑以下几点:

①在动力学上反应分子数不应高于双分子,因为三分子反应是罕见的。

②在热力学上平衡常数极小的反应是不现实的,因为经历这样的过程,中间物种浓度太低。

③应抛弃反应热过大的吸热反应,因为这类反应的活化能太高,在动力学上是不利的。

④在合理的范围内,应该选用所经历步骤最少的反应机理。

根据上述原则,可以拟定出反应机理,比如重整反应,由异己烷制苯要经过六步基本反应,使它们组合起来方能达到目的。

(2)根据拟定机理,进一步比较各步骤的相对速度,决定其控制步骤,由此,有针对性地考虑所需催化剂。对于多功能催化反应,至少要有两种以上活性组分,缺一不可。因为所经历的反应机理中涉及两种以上活性中心来加速催化反应。这样可初步确定催化剂的活性组分。

(3)催化剂功能强度的调节。

我们在前面已经讨论过不同催化反应要求不同功能和强度的活性中心。在氧化反应中,如果希望部分氧化制取含氧化合物,常采用半导体催化剂(金属氧化物或硫化物),而完全氧化常用金属催化剂 Pt、Pd 等。又如加氢反应,对同一种元素而言,金属的加氢功能强于其氧化物或硫化物,而同一金属的络合物又较金属的加氢功能强。所以,不同加氢深度可选用不同强度的加氢催化剂。如果没有合适的强度,可通过加助催化剂或载体等来调节其功能的强度。对于多功能催化剂,为了调节其功能的相对强度,可用强化某种功能的方法,也可用削弱某种功能的方法。强化功能强度可利用选择适宜的化合状态的活性组分(如上面所提到的用于加氢的不同化合态金属,其加氢强度不同);削弱功能强度可通过调整活性组分,也可用加入某种毒物的方法,使其选择性中毒。

(4)选择适宜载体、成型及制备方法。许多专著对此已有讨论[6-8],此处不再详述。

　　由以上讨论可见,功能组合法是选择新催化剂组分的一条很有用的途径。

7.3　催化剂的制备与催化剂的预处理

　　固体催化剂的催化性能主要取决于它的化学组成和结构。然而由于制备方法不同,尽管化学成分和用量完全一样,所得到的催化剂的催化性能可能会有很大差异。因此,必须慎重选择催化剂的制备方法,并严格控制制备过程中的每一步指标,才能获得各种性能都很优异的工业催化剂。现介绍几种主要制备方法。

7.3.1　催化剂制备的主要方法

1. 沉淀法

　　沉淀法是制备催化剂最常用的一种方法,可用于制备单组分及多组分催化剂。此法是在搅拌情况下将沉淀剂加入到金属盐的水溶液中,生成沉淀物质,再将后者过滤、洗净、干燥和焙烧,制得相应的氧化物。

　　沉淀过程是一个化学反应过程。由沉淀法制备催化剂,其活性和选择性受很多因素影响。

　　(1)沉淀剂和金属盐类的性质直接影响沉淀过程。通常沉淀剂多用氨气、氨水、碳酸铵等物质。因为这些物质在洗涤和热处理时容易除去;而不用 KOH 和 NaOH,因为某些催化剂不希望残留 K^+ 或 Na^+,再者 KOH 价格较高。金属盐类多选用硝酸盐、碳酸盐、有机酸盐,因为这些盐的酸根在焙烧过程中可分解为气体跑掉,而不残留于催化剂中。相反,若采用氯化物或硫酸盐,焙烧后残留的阴离子(Cl^- 或 SO_4^{2-})有时会对金属催化剂起强毒化作用。

　　(2)沉淀反应条件。其中包括沉淀剂和金属盐类水溶液浓度、沉淀反应温度、pH、加料顺序、搅拌强度、沉淀物的生成速度和沉淀时间,以及沉淀物的洗涤和干燥方法等。沉淀剂和金属盐溶液的浓度、沉淀温度、搅拌强度等将直接影响沉淀产物的晶核生成和晶体生长,从而影响催化剂的分散度、孔隙度和颗粒形状,这必然会影响催化剂的催化性能。因此,必须选择适宜的温度、浓度和搅拌条件,以满足沉淀产物催化性能要求。在采用共沉淀法制备多组分催化剂时,沉淀反应的 pH 影响较大,因为不同氢氧化物沉淀需要不同 pH,而且各组分的溶度积也是不同的,这就有可能使制备的沉淀物不均匀。因此 pH 的选择必须使各种沉淀物的形成速度比较接近,以保证沉淀物均匀。或者可以采用分步沉淀法。除此之外,其他影响因素也是不可忽视的。

　　(3)用沉淀法制备催化剂时,沉淀终点的控制和防止杂质的引入也是很重要的。既要防止沉淀不完全，又要防止沉淀剂过量，以免在沉淀中带来外来离子。

(4)必须注意沉淀物的洗涤。通常将所得的沉淀物洗至中性为止。这样可尽量将 OH^- 和 NO_3^- 及其他阳离子洗掉，以免带入杂质。

沉淀法制得的凝胶或溶胶在一定温度、压力和 pH 下晶化可得到各种类型的分子筛[9-11]，分子筛再经过各种改性可以制备出各种酸、碱或多功能催化剂。

2. 浸渍法

浸渍法是制备负载型催化剂最常使用的方法。一般是将一定形状、尺寸的载体浸泡在含有活性组分(主、助催化剂)的水溶液中。当浸渍平衡后，分离剩余液体，此时活性组分以离子或化合物形式附着在固体上。浸渍后的固体经干燥、煅烧活化等处理，即可得到所需要的催化剂。

浸渍所用活性物质应具有溶解度大、结构稳定、在煅烧时可分解为稳定的活性化合物等特点，常采用硝酸盐、醋酸盐或铵盐配制浸渍液，这些盐类煅烧后可分解逸出，不致带入其他离子。

浸渍法有如下几种：

(1)过量溶液浸渍法

将多孔性载体浸入到过量的活性组分溶液中，稍稍减压(一般为 $40\sim53$ kPa)或微微加热，使载体孔隙中的空气排出。数分钟后活性组分就能充分渗透进入载体的孔隙中，用过滤或倾析法除去过剩的溶液。

(2)等体积溶液浸渍法

当某些载体能从溶液中选择性地吸附活性组分时，不宜用过量溶液浸渍。在这种情况下，可预先测定载体吸收溶液的能力，然后加入正好能使载体完全浸透所需的溶液量。这种方法称为等体积溶液浸渍法。应用此法可省去过滤多余浸渍溶液的步骤，而且便于控制催化剂中活性组分的含量。

(3)多次浸渍法

若固体的孔容较低，活性组分在液体中的溶解度甚小，或者载入活性组分量过大时，一次浸渍不能达到最终成品中所需要的活性组分含量。此时可采用多次浸渍法，第一次浸渍后将固体干燥(或焙烧)，使溶质固定下来，再进行第二次浸渍。为了防止活性组分分布不均匀，可用稀溶液进行多次浸渍。

多组分溶液浸渍时，由于各组分的吸附能力不同，会使吸附能力强的活性组分富集于孔口，而吸附能力弱的组分分布在孔内，造成分布不均，改进的方法之一是用分步浸渍法分别载上各种组分。

(4)蒸气相浸渍

当活性组分是易挥发的化合物时，可采用蒸气相浸渍，即将活性组分从气相直接沉积到载体上。利用这种方法能随时补充易挥发活性组分的损失，使催化剂保持活性。

浸渍法的优缺点：

用浸渍法制备的催化剂具有许多用沉淀法得到的催化剂所不具备的优点。浸渍法所制得的催化剂,其表面积与孔结构接近于所用载体的数值,因此,可通过选择适宜的载体控制催化剂的宏观结构。另外,利用浸渍法可在合适的操作条件下,使活性组分均匀地以薄层附着在载体表面上,因此会大大提高活性组分的利用率,这对以贵金属为活性组分的场合尤为重要。此外,浸渍法工艺简单,技术易于掌握。值得注意的是,由于活性组分常常是物理附着在载体表面上,因此,在使用中有时会因附着不牢而流失活性组分。

除用浸渍法将活性组分引入催化剂中,还可采用离子交换法。该方法是利用溶液中的离子与固体催化剂中的某种可交换的离子进行离子置换。最常见的是离子交换树脂和分子筛中的 Na^+ 交换,这在第 3 章中已叙述。

3. 热分解法

热分解法也称为固相反应法(或干法)。该法采用可加热分解的盐类,如硝酸盐、磷酸盐、甲酸盐、醋酸盐、草酸盐等为原料经煅烧分解得到相应氧化物。热分解后的产物是一种微细粒子的凝聚体,它的结构和形状与原料的化学种类、热分解的温度、分解的气氛(周围气体的性质)及分解时间有关。而凝聚体的结构将直接影响催化剂活性及选择性。所以采用热分解法制备催化剂要注意原料及分解条件的选择。

(1)原料的影响

制备重金属或碱土金属氧化物及过渡金属氧化物,通常选用硝酸盐或碳酸盐。如用碳酸盐可制备 Co、Ni、Pd、Mg、Zn、Cd、Cu、Ca、Sr 和 Ba 的氧化物,但碱土金属的硝酸盐热解法却得不到氧化物,而是亚硝酸盐。

制备过渡金属低价氧化物如 FeO、MnO 等,常用草酸盐,但此法制得的产物不纯。

除用盐热分解制备氧化物外,用氢氧化物热分解也可达到同样目的。如 Cr、Sn、Al、Mg、Zn、Cu、Cd、Sr、Ba 和稀有元素的氢氧化物煅烧后可变成纯粹氧化物。也可用酸酐热分解制备相应氧化物,如从钼酸酐、钨酸酐、硼酸酐、钒酸酐、铌酸酐、铂酸酐及硅酸酐等热分解制备相应的氧化物。

通常不用卤化物或硫酸盐热分解,一方面分解温度高,另一方面容易带入 Cl^- 和 SO_4^{2-}。

(2)热分解条件对分解产物的影响

热分解温度和时间直接影响分解产物的颗粒度,随分解温度升高和分解时间延长,产物的颗粒度增大,见表 7-1;热分解的气氛对产物颗粒大小影响也很大,表 7-2 给出了热分解气氛和时间对颗粒大小的影响。由表可见热分解气氛对产物颗粒的影响非常明显,真空和干燥气氛中产物颗粒较小,而空气中含水蒸气、NH_3 或

HCl 时制得的颗粒较大。热分解时需要足够氧气。此外热分解升温速度也有
影响。

表 7-1　由 MgCO₃ 制备 MgO 时煅烧温度与时间对 MgO 晶粒大小的影响

温度/℃	D/nm				
	0.5h	1h	2h	4h	6h
650	5.7	5.9	6.6	6.6	7.4
750	6.8	8.0	10.8	16.4	22.1
850	8.0	10.8	15.4	23.7	36.1
950	9.1	15.4	30.7	>100	

表 7-2　由 MgCO₃ 制备 MgO 时气氛及煅烧时间对 MgO 晶粒大小的影响(850 ℃)

热分解气氛	D/nm			$I/(mg \cdot g^{-1})$		
	煅烧时间 1h	2h	4h	1h	2h	4h
排气(0.4~1.33 kPa)	10.8	15.4	23.7	239	180	125
干燥空气(101.3 kPa)	18.4	20.1	24.4	133	120	114
湿空气(水分 1.33 kPa)	36.8	51	51	71	60	56
H₂(80 kPa)	36.8	44	66.5	68	60	36
CO(80 kPa)	55	64	65	50	44	42
水蒸气(101.3 kPa)	>100	—	—	46	36	34
NH₃+空气	>100	—	—	41	37	30
HCl+空气	>100	—	—	8	6	5

* I 表示对 I₂ 的比吸附量。

综上所述,用热分解法制备氧化物催化剂时,由于有些金属化合物可生成多种
价态的氧化物,所以必须严格控制制备条件,才能制得性能良好的催化剂。

4. 熔融法

熔融法是将所要求组分的粉状混合物在高温条件下进行烧结或熔融。其过程
如下:

固体的粉碎→高温熔融或烧结→冷却→破碎成一定的粒度

例如制备合成氨用铁催化剂是将磁铁矿(Fe₃O₄)、碳酸钾、氧化铝于 1 600 ℃
高温熔融,冷却后破碎到几毫米的粒度,然后在氢气或合成气中还原,制得 α-Fe-
K₂O-Al₂O₃ 催化剂。

熔融法制备催化剂时熔融温度对催化剂性能影响较大。

把熔融法与滤沥法结合起来可以制备加氢催化剂——雷尼镍(Raney Ni)。这
种制备方法首先是把具有催化活性的金属与能溶于碱的另一种金属熔融制成合
金,再粉碎成粉末,然后用碱滤沥法溶去另一种金属组分,即得到骨架结构的金属
催化剂。这种金属因具有多孔性骨架结构,所以称为骨架催化剂。骨架金属呈现
很高的加氢、脱氢活性。通常用镍与铝熔融为合金,也可用硅、镁等与镍制得合金,
再用滤沥法除去铝、硅、镁等制得骨架镍催化剂。用这种方法还可制备其他活泼的
金属骨架催化剂,如铁、钴、铜、铬、锰、银等。

　　除制备一种金属的骨架催化剂外,还可将几种活泼金属适当组合制得多组分金属骨架催化剂。其中比较重要的是由三元合金(如铝、铁、镍)将铝溶去,制成多组元骨架催化剂,如 Fe-Ni、Ni-Cu、Fe-Co、Ni-Co、Ni-W、Ni-Mo、Ni-Ag 等。这种多组元金属骨架催化剂可以进一步调节金属骨架催化剂的活性或选择性。用滤沥法制备催化剂时,滤沥的温度和碱的浓度直接影响催化剂颗粒大小。随滤沥温度提高,碱液浓度增大,颗粒变小。

5. 还原法

　　由上述各种制备方法可以看出,除了熔融与滤沥相结合可制得金属催化剂之外,其他方法制得的催化剂均为氧化物,欲将其转化为金属催化剂必须进行还原。

　　应用还原法制备金属粉末,可用熔盐电解法、碳还原法和一氧化碳或氢还原法。用氢气还原金属氧化物或金属盐,制备的金属粉末纯度高,而且大多数粒子是多孔的。因此还原法是制备金属催化剂最常用的方法。除用纯氢还原外,在某些情况下,也可用水煤气($CO + H_2$)、氮与氢的混合物、纯一氧化碳、氢与氨的混合物、甲醇或乙醇蒸气等进行还原反应。

　　还原的金属颗粒大小与分布、粒子形态、表面状态等取决于还原条件,通常随还原温度升高,平均颗粒半径增大,还原气中含水也易使颗粒增大。

　　制备负载金属催化剂也常用氢气在高温下还原氧化物的方法。为了安全,通常采用氮氢混合气进行还原。还原时氢气与氧化物中的氧结合生成水。为及时将水带走,需要过量的氢气,因为水蒸气的存在会加速氧化物的烧结。同时水还会引起金属催化剂中毒。例如,熔融法制备的磁铁矿,使用前要将其还原为金属铁,而水能引起铁中毒。因此,还原的金属铁应尽量避免与水接触。催化剂的还原可在催化剂制备过程中进行,还原后金属催化剂要用氮气保护,因为还原后的金属催化剂非常活泼,容易吸附氧或其他气体,为保持新鲜的金属催化剂表面,须用惰性气体保护。有时也有意识地让还原后的金属轻微地氧化一薄层,这样做可以使新鲜的金属表面得到钝化保护,待使用时再轻度还原即可。

　　在大多数情况下,还原工作在化工厂的反应器中原位进行。因为在还原时需大量氢气,在化工厂比在催化剂制备工厂更易获得氢源,还可避免催化剂还原过程中产生自燃危险。这就是通常所说的催化剂的预处理过程。

7.3.2　催化剂的预处理(活化)

　　大部分工业催化剂使用前都需要进行预处理。预处理通常是在催化剂装入反应设备后进行的。预处理是指由某些原始化合物转变成活性相。例如,上述过渡金属氧化物还原为金属催化剂,硫化使氧化物转变成相应的金属硫化物等。除此之外,为了降低催化剂初始活性所带来的副反应,也常用预处理法进行杀活,或者通过外表面毒化法提高其择形催化作用。

1. 氧化物或盐类加氢还原为金属催化剂

上述合成氨催化剂装入反应塔使用前需进行还原预处理,使磁铁矿还原为金属。催化剂颗粒越小,还原金属铁暴露在水中的时间越短,催化剂比活性越高。在催化剂还原期间,必须防止床层下部(出口)产生的水反向扩散,与已还原的上层金属接触,引起上层已还原的催化剂中毒。通常还原过程采用高空速,尽量降低还原温度和压力,在低还原速度下保持低水蒸气浓度,从而将水中毒降到最低限度。另外,还原开始一旦有铁生成,床层中少量氮气就会发生合成氨的反应,由于合成氨是放热反应,会导致床层温度上升,这样又会加速还原速度,控制不当,就会使铁晶粒长大,导致催化剂烧结。所以还原必须保持在低压和低温下进行,减少氨的生成。通常控制反应器出口水浓度小于 10 000 $\mu g/g$。

负载型金属催化剂活化还原是决定催化剂性能好坏非常关键的一步。如常用的加氢催化剂 Ni/SiO_2,在还原过程中还原温度不同,金属镍微晶大小分布也完全不同,如图 7-5 所示。温度低时得到的晶粒小,而且晶粒大小分布集中。

同样还原气氢气流速对还原镍微晶大小分布影响也很大。如图 7-6 所示,尽管氢气流速大容易带走水,但氢气流速太大还原程度降低。此外,还原气氢气的纯度也必须保证。

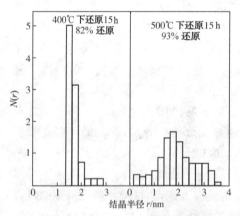

图 7-5 还原温度对微晶大小分布的影响($17\%Ni/SiO_2$)

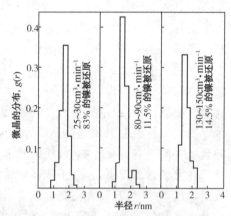

图 7-6 在 400 ℃下对 $25\%Ni/SiO_2$ 进行还原时氢气流速对还原程度的影响

为了得到令人满意的还原结果,必须严格按照操作程序进行。严格控制反应条件,才能得到金属均匀分布的催化剂。有关催化剂的预处理、还原活化操作程序通常由催化剂生产厂家提供。

2. 金属氧化物硫化制备金属硫化物催化剂

金属硫化物催化剂是通过金属氧化物在反应器中进行硫化预处理得到的。在第 5 章已经讨论过石油部分加氢脱硫、脱氮过程中最常见的催化剂是氧化铝负载氧化钼,并以钴或镍作为助催化剂的负载型催化剂。该催化剂使用前应先进行硫化预处理,使之变为硫化物。化工厂中通常采用含硫原料,如 CS_2 或 H_2S 进行硫化预处理。在硫化预处理时必须当心,不要使催化剂在变成硫化物之前被氢还原,因为还原的金属很难再被硫化,还容易引起某些不希望的副反应。在硫化过程中也要像还原过程一样选择适宜的硫化条件,其中包括硫化温度,含硫气体的流量、硫化物含量、硫化时间等。

上述过渡金属硫化物可用于石油馏分的加氢脱硫、脱氮。此外,铂族金属硫化物还可用于选择加氢、重整等反应。以铂族金属 Ru、Rh、Pd、Os、Ir、Pt 为催化剂,尽管催化剂成本较高,但由于它们的活性高、选择性高、寿命长、可多次再生及废催化剂可回收等优点,仍被广泛使用。铂重整催化剂就是很好的例子。新鲜的铂重整催化剂使用前一般先还原,然后再用含几百 $\mu g/g$ 硫化物的原料预处理,数天后,再把上述原料改换成不含硫的铂重整原料油。铂重整催化剂失活后可再生,然后用氢气还原。还原后的铂也要进行上述硫化预处理。这种硫化预处理是用硫使金属铂进行选择性中毒,以降低催化剂加氢裂化初始活性,否则烃在铂上进行裂化生成大量轻烃气体,并放出大量热,使催化剂床层过热,铂金属晶粒长大,导致活性降低,产量降低。

值得一提的是,用硫化预处理铂族金属制得的金属硫化物作为多烯烃、乙炔或芳烃的选择加氢催化剂也具有极高的选择性。如在 200 ℃、0.7 MPa 下,硫化铂/氧化铝、硫化钯/氧化铝和硫化钌/碳等催化剂催化丁二烯加氢为丁烯时,其选择性高达 100%。

3. 择形催化剂的预积炭处理和外表面覆盖、孔口收缩预处理

(1)预积炭[12]

在采用沸石作固体酸催化剂时,发现随着进料时间的延长,催化剂表面积炭会引起选择性上升。由此总结出沸石催化剂预积炭改性的方法。

例如,在固定床反应器中,HZSM-5 沸石催化剂按以下不同方法进行处理:

①在 873 K 下对沸石以 0.04 ml · g^{-1} · min^{-1} 进水流量进行水蒸气处理 2h;

②在 873 K 下对沸石以 0.04 ml · g^{-1} · min^{-1} 的流量注射甲苯进行处理(反应预积炭);

③对沸石先进行预积炭处理,再进行深度水蒸气处理。

然后分别考查其甲苯乙基化反应的活性和选择性,结果见表 7-3。可以看出,用不同方法处理的 HZSM-5 沸石对位选择性的提高顺序为

未处理<水蒸气处理<预积炭处理<预积炭+水蒸气处理

而活性的顺序刚好相反。预积炭对沸石表面酸性和有效孔径的改变可能比高温水蒸气处理(脱铝)所引起的变化要大些,故对提高对位选择性的效果较好。预积炭处理可与其他改性方法配合使用。例如,由表 7-3 可见,积炭和水蒸气配合使用

的双重改性效果能使对位选择性显著提高,但催化剂活性降低太多,这对于实际应用是不利的。因此,如何选择预积炭条件(如温度、积炭试剂和积炭量等)以及如何使用预积炭改性,应具体问题具体分析。

表 7-3　　　　　　　预积炭处理对沸石型催化剂(HZSM-5)的改性效果

处理方式	反应活性/%	对位选择性/%	处理方式	反应活性/%	对位选择性/%
未经处理	36	33	预积炭处理	21	67.6
水蒸气处理	26	57.3	水蒸气+预积炭处理	5	95.1

(2)外表面覆盖、孔口收缩预处理[13-15]

化学气相沉积(CVD)方法是对沸石催化剂进行外表面覆盖、孔口收缩预处理十分有效的方法。这种预处理的一般做法是用正硅酸四甲酯(分子直径为 0.89 nm)或正硅酸四乙酯(分子直径为 0.96 nm)的蒸气分子和沸石催化剂接触,通过与沸石表面酸中心的化学反应,使有机硅先与沸石骨架形成如 $(RO)_3Si-O-Al$结构,然后经焙烧处理以氧化硅的形式"覆盖"在酸中心上。对于 HZSM-5 型沸石,因所用硅酯的尺寸比沸石孔口尺寸(0.53~0.56nm)大得多,所以改性结果是使其外表面的酸中心被消除。CVD 改性还可调节沸石孔口尺寸。因为在沸石外表面形成的硅膜皆由 $Si-O-Si$ 单元构成,而沸石晶格存在 $Si-O-Al$ 单元。由于 $Si-O-Si$ 和 $Si-O-Al$ 在键长和键角上的差异,使硅膜的 $Si-O-Si$ 键伸入沸石孔口造成孔口收缩。用这种方法预处理 HZSM-5 沸石可使芳烃对位烷基选择性大大提高。

例如,用 SiO_2 沉积法制备高选择性合成对二乙苯催化剂,可将 HZSM-5 装入固定床反应器中,在 540 ℃下用湿空气处理 4h,然后用饱和水蒸气吹扫并冷却反应器至 320 ℃。在 $1.01×10^5$ Pa 和 320 ℃下,用含 2% $Si(OC_2H_5)_4$ 的乙苯,以 $3.5\ h^{-1}$ 的进料空速处理催化剂 6 h,之后升温使有机硅分解制成成品催化剂。在 $1.01×10^5$ Pa 和 330~400 ℃、乙苯进料空速为 $3.5\ h^{-1}$ 条件下进行乙苯歧化反应,乙苯转化率约为 20%,对二乙苯选择性达到 98%(在相同条件下,预处理前的催化剂的对二乙苯选择性不大于 50%,催化剂单程运转时间约 20 天)。该催化剂和催化反应已经在台湾实现工业化,用于乙苯歧化生产对二乙苯。

又如,用 0.1 μm 的 ZSM-5 沸石小晶体制成形状选择性催化剂用于甲苯歧化制对二甲苯。在固定床反应器中装入经氧化硅预改性的 HZSM-5 催化剂,用含 1%混合硅酮(苯基甲基硅酮:二甲基硅酮=1:1)的甲苯在空速为 $4.0\ h^{-1}$、温度为 480 ℃、压力为 $3.5×10^6$ Pa 和氢/烃比为 2 的条件下对催化剂进行预处理。当反应 1 h 时,甲苯转化率为 56%,对二甲苯选择性 22%;当反应 174 h 后,转化率和选择性分别达到 25%和 91%。

通过这些实例,可以看出催化剂预处理对改善沸石型催化剂的催化性能作用很大。

7.4　催化剂失活与再生

工业使用的催化剂随着运转时间的延长,催化剂的活性会逐渐降低,或者完全失去活性,这种现象叫作催化剂失活。导致催化剂失活的原因较多,归纳起来有三种,即催化剂中毒、催化剂烧结与催化剂积炭。

7.4.1　催化剂中毒

催化剂中毒是指催化剂在微量毒物作用下丧失活性和选择性。催化剂中毒会大大地缩短其使用寿命,这是工业生产所不希望的。毒物通常是反应原料包含的杂质,或者催化剂本身的某些杂质。它们在反应条件下与活性组分作用而使催化剂失去活性,反应产物、副产物及中间物种也可能引起催化剂的中毒。毒物与催化剂和催化反应体系存在对应关系,因此不同类型的催化剂,毒物也不一样。

1. 催化剂毒物分类

(1)按照毒物作用的强弱可分为强毒物、中强毒物和弱毒物。

一般毒物强度可用当原料转化 50% 时,致使反应速度降低 1 倍的毒物浓度来表示。强毒物、中强毒物和弱毒物的浓度分别为 $10^{-7}\,mol\cdot L^{-1}$、$10^{-5}\,mol\cdot L^{-1}$ 和大于 $10^{-3}\,mol\cdot L^{-1}$。

(2)按照毒化作用的特性可分为永久中毒和暂时中毒。

用无毒气体吹扫或除去进料中的毒物,催化剂活性可复原的,即中毒作用是可逆的,这种情况称为暂时中毒;相反,永久中毒是不可逆的,即用无毒气体吹扫或除去进料中的杂质,催化剂仍不能复原,这种情况称为永久中毒。

(3)按毒化作用机理可把毒物分为两类。

一种是毒物强烈地化学吸附(其中包括共价键和离子键)在催化剂的活性中心上,对催化剂活性中心大量覆盖,造成活性中心减少;另一种是毒物与催化剂活性中心发生化学作用,变为无活性的物质。前者通常表现为暂时中毒,而后者为永久中毒。

不同类型的反应使用不同的催化剂,造成中毒的物质也不同。

2. 不同类型催化剂的中毒

(1)金属催化剂的毒物及消除中毒的方法

容易引起金属催化剂中毒的物质主要有如下三种:

①具有不饱和键的分子。具有不饱和键的分子,如双烯、炔烃、CO、噻吩等,在催化剂表面上很容易使双键或叁键打开而强吸附,与催化剂 d 轨道成键,占据活性中心,致使活性下降,这种毒化是暂时的。采用加氢的方法,可使不饱和键变成饱和键而恢复活性中心。

②含有元素周期表中的ⅤA族和ⅥA族的非金属元素及其化合物。这种非金属元素及其化合物见表 7-4 和表 7-5。

表 7-4 ⅤA和ⅥA族毒物

ⅤA			ⅥA		
元素	毒物	无毒物	元素	毒物	无毒物
	NH_3	NH_4^+	O	O_2	
N	(结构式)	(结构式)	S	$H_2S, R_2S, RSSR$ RSH, SO_3^{2-}	SO_4^{2-} RSO_3H R_2SO_2
P	PH_3	PO_4^{3-}	Se	H_2Se, SeO_3^{2-}	SeO_4^{2-}
As	AsH_3	AsO_4^{3-}	Te	H_2Te, TeO_3^{2-}	TeO_4^{2-}
Sb	SbH_3	SbO_4^{3-}			

表 7-5 毒物及相应的无毒物结构

毒物结构	相应的无毒物结构	毒物结构	相应的无毒物结构
(结构式)	(结构式)	(结构式)	(结构式)

由表可以看出,含有ⅤA族和ⅥA族的某些非金属元素及其化合物有些状态可引起金属催化剂的中毒。例如,NH_3、H_2S 等。而这些元素有的化合物并不引起金属催化剂的中毒。例如,PO_4^{3-}、SO_4^{2-} 和 NH_4^+ 等。当化合物中含有孤对电子时则具有毒性。例如 SO_3^{2-}、H_2S 和 NH_3 等,这些毒物的孤对电子被催化剂活性中心强吸附,降低金属催化剂中的"d带空穴"数或覆盖催化中心致使催化剂中毒。当选择适当氧化剂将毒物氧化为无毒物质时,就可使金属催化剂的活性复原。

③使催化剂中毒的金属元素及其化合物

对金属催化剂有毒化作用的金属有 Pb、Hg、Cd、Sb、Bi、Zn、Cu、Fe 等。从金属离子的外层电子轨道排布(见表 7-6)可以看出,有些金属离子具有毒化作用,有毒性的金属离子中 d 轨道全部占用,或者每个轨道中只被 1 个电子占用,即有较多的 d 电子,它们容易填充到金属催化剂的"d带空穴"中,导致永久中毒。这类毒物引起的中毒无法消除,只能更换新催化剂。相反,d 轨道是空的或者电子较少的金属离子是无毒的,如 La^{3+}、Th^{4+}、Cu^{2+}、Cr^{3+} 等。

　　催化剂中毒不仅影响催化剂活性,也会影响催化剂的选择性,人们有时也会用这种办法适当毒化催化剂来提高催化剂的选择性。如乙烯氧化制环氧乙烷,为减少完全氧化的副反应发生,在反应原料中加入微量 C_2H_4Cl 毒化部分催化中心,使选择性由 60% 提高到 70%。

表 7-6　　　　　　　　　　　　　金属离子的毒性

金属离子				外层轨道的电子排布		对 Pt 的毒性
Cu^+	Zn^{2+}			3d ⊙ ⊙ ⊙ ⊙ ⊙	4s ○	有毒
Cu^{2+}				3d ⊙ ⊙ ⊙ ⊙ ○	4s ○	有毒
Ag^+	Cd^{2+}	In^{3+}		4d ⊙ ⊙ ⊙ ⊙ ⊙	5s ○	有毒
			Sn^{2+}	4d ⊙ ⊙ ⊙ ⊙ ⊙	5s ○	有毒
Au^+	Hg^{2+}			5d ⊙ ⊙ ⊙ ⊙ ⊙	6s ○	有毒
	Hg^+			5d ⊙ ⊙ ⊙ ⊙ ⊙	6s ○	有毒
	Ti^+	Pb^{2+}	Bi^{3+}	5d ⊙ ⊙ ⊙ ⊙ ⊙	6s ⊙	有毒
Cr^{2+}				3d ⊙ ○ ○ ○ ○	4s ○	无毒
Cr^{3+}				3d ⊙ ⊙ ○ ○ ○	4s ○	无毒
Mn^{2+}				3d ⊙ ⊙ ○ ○ ○	4s ○	有毒
Fe^{3+}				3d ⊙ ⊙ ○ ○ ○	4s ○	有毒
Co^{2+}				3d ⊙ ⊙ ⊙ ○ ○	4s ○	有毒
Ni^{2+}				3d ⊙ ⊙ ⊙ ⊙ ○	4s ○	有毒

　　(2)金属氧化物催化剂的中毒

　　上节我们已经讨论过金属催化剂容易中毒。因此,人们对金属催化剂的中毒研究较多。而金属氧化物催化剂与金属催化剂相比,对毒物没有那么敏感,因此对金属氧化物催化剂中毒的研究报道较少。根据第 5 章所述,金属氧化物通常具有半导体特性。半导体催化剂毒物与反应类型有关。对受主型反应,受主杂质会引起催化剂中毒;相反,对施主型反应,施主杂质同样会导致催化剂中毒。此外,一些吸附非常强的化合物也会覆盖催化中心,导致催化剂失活。由于金属氧化物催化剂可在较高反应温度下使用,使得某些毒物在高温下失去毒化作用。例如,砷对 V_2O_5 是一种毒物,当反应温度大于 $500\ ℃$ 时,V_2O_5 对砷的毒化作用就不敏感了。

　　(3)酸碱催化剂的中毒

　　固体酸中心可被碱性化合物毒化;相反,固体碱中心可被酸性化合物毒化。存在于石油原料中的碱性有机分子常常可使固体酸催化剂失活,最常见的碱性有机化合物是含氮有机化合物,其中包括碱性的吡啶、喹啉、胺类、二氢吲哚、六氢咔唑等,还有非碱性的吡咯、吲哚、咔唑等。固体酸对这些毒物的敏感性与含氮化合物的碱性关联得很好,如图 7-7 所示。实际的工业原料含有多种类型的毒物。为避免固体催化剂中毒,可进行预加氢处理,除去含氮有机化合物。

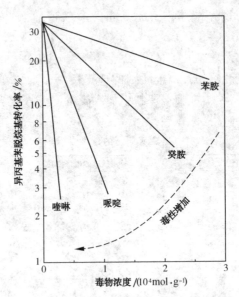

图 7-7　碱性含氮化合物使酸性催化剂中毒的情况

　　有时为避免强酸中心造成的裂解和积炭等副反应,人们会有意识地用少量碱性有机化合物毒化强酸中心提高固体酸催化剂的选择性。

7.4.2　催化剂烧结

　　催化剂在高温下反应一定时间后,活性组分的晶粒长大,比表面积缩小,这种现象称为催化剂烧结。催化剂烧结是因为在高温下,负载在载体上的高分散的活性组分的小晶粒具有较大自由能,加之表面晶格质点的热振动产生位移,逐渐由小晶粒聚集为大晶粒,导致活性表面减小,活性降低,甚至失去活性。对金属催化剂活性表面,当反应温度约为金属熔点的 1/3 时,就会引起金属表面原子的迁移,当反应温度高于其熔点的 1/2 时,体相原子也会变得容易流动。高分散态金属烧结的机理如图 7-8 所示。

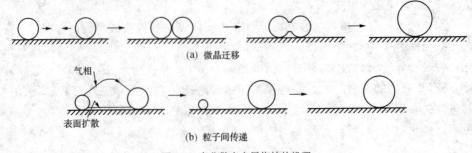

图 7-8　高分散态金属烧结的机理

由图可见,金属烧结一方面是微晶迁移相互碰撞聚集在一起;另一方面,较小微晶具有很大的自由能,增加了小微晶的蒸气压和蒸发性,产生表面扩散(粒子间传递),而在较大微晶表面上冷凝,使晶粒长大。引起催化剂烧结的主要原因有:温度的波动、反应或再生过程中的气氛以及催化剂自身的组成结构。

催化剂在反应或再生操作过程中由于操作条件选择不当或反应控制不够严格,引起催化剂床层温度的波动,很容易造成催化剂烧结。为避免上述情况发生,对放热反应或者热效应较大的反应,一定要控制催化转化的深度和反应床层热量的带出,保持床层温度平稳,不产生局部热点。对高分散金属催化剂,再生过程也很重要,这将在 7.4.4 节详述。

催化剂在反应或再生过程中气氛不适也会引起催化剂的烧结。例如在反应过程中 Ni/SiO_2 催化剂暴露于含 CO 气氛时,镍会生成羰基镍而导致表面迁移。同样,Pt/Al_2O_3 催化剂在再生过程中,氧化气氛会引起挥发性 PtO_2 分子生成,导致表面迁移。因此,无论反应或再生都要注意避免存在引起烧结的气氛。

改善催化剂烧结的最根本方法还是要从催化剂的设计和制备入手。

第一,利用助催化剂来阻止移动微晶之间发生碰撞。在 4.7.3 节中已经介绍过,$Pt-Re/Al_2O_3$ 催化剂中 Re 组分即为结构型助催化剂,它可阻止 Pt 的移动。又如,在低温水煤气转换工艺中使用的 $Cu-ZnO-Al_2O_3$ 催化剂,ZnO 保护铜微晶,使它难于迁移,从而阻止 Cu 的烧结。

第二,添加起选择吸附作用的助催化剂可限制微晶间的转移作用。上述 $Cu-ZnO-Al_2O_3$ 催化剂在有 Cl_2 存在时仍可发生烧结,而由于具有大表面积的 ZnO 优先吸附 Cl_2,所以 ZnO 又以选择吸附剂的形式保护了铜微晶。

第三,通过载体基质的改性作用可减缓微晶和原子的迁移速率,从而阻止烧结发生。例如,常用的加氢催化剂 Ni/Al_2O_3,由于载体 Al_2O_3 表面具有阳离子空位,成为吸附镍的位置,还可阻止镍的迁移。当添加 MgO 时,MgO 可与 Al_2O_3 形成 $MgAl_2O_4$(铝镁尖晶石)表面,引起镍在表面上的“跳跃移动”,导致烧结。但是将镍填充在 $MgAl_2O_4$ 某些空位中,可以抑制微晶迁移作用。催化剂烧结,除导致表面积减小、活性降低外,还会使孔道堵塞,反应物无法进入内表面,活性降得更低。烧结作用不仅影响催化活性,还会影响催化剂的选择性。因为烧结后,金属晶粒大小发生变化,在第 4 章中我们曾经讲过,在不同大小微晶表面可进行不同类型的催化反应,这种平行反应的发生会导致催化剂的选择性变坏。

对于负载在 Al_2O_3 上的金属 Pt,在有 Cl^- 存在下,Pt 可以进行再分散,Cl^- 在有氧或无氧存在下都可引起 Pt/Al_2O_3 的再分散。Cl^- 存在于气相中或存在于载体中都会起到再分散的作用。

7.4.3　催化剂积炭[16]

前两节谈到中毒与烧结会引起催化剂失活,特别是金属催化剂,这两种因素很容易导致催化剂失活。还有一种催化剂失活的主要因素,即催化剂积炭。不管哪种类型催化剂在催化烃类转化反应时,都会由于积炭的生成而覆盖催化剂的表面,或堵塞催化剂的孔道,导致催化剂失活。这种失活通常是可逆的,通过烧焦过程可以使活性恢复。下面对于不同类型催化剂产生积炭结焦的情况不同分别进行讨论。

1. 酸催化剂的积炭结焦

在固体酸(如硅酸铝、沸石分子筛)催化剂和双功能催化剂的酸性载体上的酸中心都可导致积炭。生成积炭的程度与酸性有直接关系。在微孔中积炭以两种形式存在,一种(大多数)是以类似于石墨的无规则结构形式存在,其 C/H 比为 $0.4 \sim 0.5$。另一种是以杂乱的多棱角环大分子形式存在。酸性积炭来源于芳烃和烯烃,它们有时存在于原料中,有时是反应过程生成的中间物种,这些分子很容易在酸中心上形成正碳离子,进而与烯烃聚合或者裂解脱氢,生成积炭聚集体。增加酸中心的强度或浓度都会促使积炭的生成。由于生成积炭的反应与酸催化反应的主要机制是相同的,因而很难控制酸催化剂的积炭,通常采用沸石催化剂通过抑制中间物种的大小来降低积炭生成速率。在第 3 章中提到的 ZSM-5 沸石分子筛具有不易积炭的特性就是其中一例。通过碱中毒处理也是有效的,通常用少量钾或碱土金属元素处理可得到较好效果。最为有效的是通过烧炭使催化剂再生,这将在下面详述。

2. 金属、金属氧化物(硫化物)催化剂的积炭结焦

在具有脱氢功能的金属、金属氧化物催化剂上,烃类会逐步脱氢,导致生成炭,其结焦形式与酸催化剂结焦形式不同。脱氢作用和缔合氢解作用会使生成的积炭以表面碳化物形式或以假石墨形式存在。而在双功能催化剂上生成的积炭会以上述多种积炭形式存在。

为了抑制金属-酸多功能催化剂的积炭,可采用临氢操作,或采用少量的硫进行预硫化处理金属,使氢解部位中毒,从而减少积炭的生成。最为有效的是采用双金属来调节金属催化剂的晶面结构,减少有利于积炭的晶面结构,从而降低积炭生成速率。例如,双金属铂铼重整催化剂,铂与铼的结合使催化剂稳定性得到大大改善,铼显示出既可以抑制积炭、又可抑制烧结的双重作用,使催化剂的失活速率和再生频率大大降低了。

除上述两种积炭外,在烃类蒸气转化反应中 CO 和 CH_4 在催化活性部位上会发生离解反应,生成积炭,反应如下:

$$2CO \Longrightarrow C + CO_2 \tag{7-1}$$

$$CH_4 \rightleftharpoons C + 2H_2 \tag{7-2}$$

$$CO + H_2 \rightleftharpoons C + H_2O \tag{7-3}$$

当反应温度为 600~750 ℃时,只有反应(7-2)可能发生。热力学有利于反应(7-1)和(7-3)的逆过程,即消炭反应。但催化剂必须具有足够的活性,来抵消由反应(7-2)所产生的炭沉积。和前面讨论的一样,利用钾的促进作用可以做到这一点。

除上述各因素之外,还有如下一些因素也可以导致催化剂失活:

(1)催化剂颗粒破碎。由于催化剂机械强度较差或使用中操作不当,都会导致催化剂破碎,出现反应器管道堵塞、产生沟流、压力降增加或不规则的床层特性,从而引起反应器出现局部过热,破坏正常催化反应进行。因此,工业催化剂必须具有良好的机械强度,才能保证催化剂的使用寿命。

(2)使用过程中形成污垢。这里所说的形成污垢是指反应器中的各种碎屑或上游设备带来的水锈等污垢沉积在催化剂的颗粒表面上覆盖催化中心,堵塞催化剂孔道,致使催化剂失活。遇到这种情况只能更换催化剂,并采取屏蔽和保护装置来防止污垢的沉积。

(3)催化剂有效组分流失和挥发。过高的反应温度可能导致催化剂活性组分或助催化剂因气化而挥发损失。如钼催化剂就会挥发,含 KOH 或 K_2CO_3 的催化剂中钾也会挥发。有些组分会被反应中水蒸气溶解携带而出,例如 H_3PO_4/Al_2O_3 中的 H_3PO_4 就会产生流失。这种流失只能在催化过程中进行部分补充来维持催化反应进行。

7.4.4　催化剂再生

积炭失活的催化剂可通过烧焦使催化剂再生。在烧焦前通常用惰性气体或水蒸气吹扫催化剂。将吸附的有机物解吸吹出。结焦催化剂再生过程最主要的是把炭燃烧转化为 CO_2 或 CO 时所放出的热量及时移出床层,避免床层飞温而引起的催化剂烧结。最有效和常用的办法是采用程序升温,从 300 ℃到 500 ℃逐步升温;同时初始烧焦采用低浓度氧含量(如初始 0.1% 氧含量),随着烧炭过程进行,逐步提高氧含量和温度,最后达到 4%~5% 氧含量。同时控制燃烧产生的烟道气中 CO 和 CO_2 的浓度,保持二者分别小于 1.0% 和 0.5%(体积)。因为工业上再生烟道气常常需要循环,因而有时还需限制水蒸气含量(不大于 0.2 g·m^{-3})。催化剂再生可在反应装置中原位进行,也可从反应器中卸出,在体外再生,即采用专门装置进行催化剂再生。这些需根据催化剂反应过程而定。固定床催化反应装置为使催化反应能连续进行,通常有两个反应器并联使用,其中一个进行再生,另一个进行反应,两个反应器切换使用。

　　对易积炭的催化裂化过程通常采用频繁再生,即移动床或流化床催化-再生操作模式,详见催化裂化工艺操作[17]。

(郭洪臣)

参考文献

[1]　王文兴. 工业催化[M]. 北京:化学工业出版社,1978.

[2]　闵恩泽. 工业催化剂的研制与开发——我的实践与探索[M]. 北京:中国石化出版社,1997.

[3]　陈庆龄. 第七届全国石油化工催化会议论文集[C]. 1996:170.

[4]　Roger A Sheldon,Jihad Dakka. Catal Today,1994(19):215.

[5]　黄仲涛. 基本有机化工理论基础[M]. 北京:化学工业出版社,1980.

[6]　黄仲涛,彭峰. 工业催化剂设计与开发[M]. 广州:华南理工大学出版社,1991.

[7]　利奇 B E. 工业应用催化[M]. 第2卷. 朱洪法,译. 北京:中国石化出版社,1992.

[8]　James T Rechardson. 催化剂开发原理[M]. 黄仲涛,等,编译. 广州:华南理工大学出版社,1993.

[9]　布亚诺夫. 催化剂生产科学原理[M]. 伍治华,薛蕃芙,译. 北京:中国石化出版社,1991.

[10]　中国科学院大连化学物理研究所分子筛组. 沸石分子筛[M]. 北京:科学出版社,1978.

[11]　徐如人,庞文琴,屠昆岗,等. 沸石分子筛的结构与合成[M]. 长春:吉林大学出版社,1987.

[12]　曾昭槐. 择形催化[M]. 北京:中国石化出版社,1994.

[13]　王桂茹,王祥生,李书纹,等. 硅/镁——混合稀土改性催化剂的制备及其应用:中国,9411024[P]. 1994.

[14]　Wang I,et al. U S,4950835[P]. 1990.

[15]　Chang C D,WO93/17788,1993.

[16]　马萨古托夫 P M. 石油加工和石油化学中催化剂再生[M]. 刘忠惠,译. 北京:中国石化出版社,1992.

[17]　盖茨 B C,等. 催化过程的化学[M]. 徐晓,等,译. 北京:化学工业出版社,1985.

第8章　环境催化

环境催化是指用于减少环境不容物(environmental unacceptable compounds)排放的催化技术[1]。目前,全球环境污染问题日益严重,已使人们认识到环境恶化日益威胁着人类的生存和发展。因此,保护环境、消除污染已成为现代科学技术领域中的一项紧迫任务。催化在解决环境污染问题方面起着重要作用。20 世纪 90年代以来,环境催化已得到飞速发展,在所有催化剂中用于环境保护的催化剂所占比例日益攀升。人们正在利用催化技术保护环境,使催化技术成为提高生活质量和保证可持续发展的核心技术。

8.1　环境催化的特点和研究内容

8.1.1　环境催化的特点

用于环境保护的催化剂,在原理上与前面各章所叙述的相同,但由于环境保护工作的特点,环境催化又有别于其他催化过程,有自己独特之处。首先,环境催化与化学和炼油催化不同的是,环境催化的反应条件往往取决于上游单元。例如,三效催化剂的反应条件取决于汽车尾气排出状况。这使得进料量和反应条件不能像一般化学催化过程那样能够调整到使转化率或选择性最高的状态。其次,环境催化涉及的范围更广,除了炼油和化学过程废物排放外,还包括其他类型的生产过程(电子、农业和食品工业、造纸、皮革业等)产生的污染物排放,以及日常生活和运输过程的排放等。这就意味着环境催化将催化概念由化学化工推广到整个工业生产和日常生活领域中的污染治理。因此,环境催化剂更为繁杂多样。再次,与化学和炼油催化相比,环境催化反应条件更为苛刻,常常在极低或极高的温度下、以极高的空速或在超低的浓度下反应。有时进料组成变化很快,并且存在不可消除的毒物,这给环境催化剂和催化反应带来极大难度。例如,一般多相催化剂反应温度多在 200~500 ℃,而环境催化(CO 氧化、污水净化等)则必须在低温下进行。相反,催化燃烧必须在 900 ℃以上的高温下进行。

8.1.2　环境催化对催化剂的要求

　　环境催化对催化剂的要求更加苛刻,归纳如下:

　　(1)要求处理的有害物质含量很低,通常只有千分之几,甚至百万分之几。例如,硝酸厂尾气中含氮的氧化物为 $0.2\%\sim0.5\%$;含氰废水中氰含量小于 $1\ 000$ g/g,处理后要求有害物质降至 g/g 级或 10^{-3} g/g 级。因此要求催化剂具有极高的催化效率。

　　(2)要求处理气体或液体量大。例如,60 万千瓦火力发电厂锅炉排放的尾气量约为 $1.6\times10^6\ m^3\cdot h^{-1}$;城市排水,每天以几百万吨计。这就要求治理所用催化剂除高活性外,还必须有足够的强度,能承受如此巨大的冲刷和压力降。

　　(3)在被处理的气体或液体中,经常含有多种物质,如粉尘、重金属、含氮及含硫化合物、卤化物、O_2、CO、CO_2、H_2O、碳氢化合物等,因此要求催化剂抗毒性能强、化学稳定性高、选择性好。

　　(4)被处理的气体或液体组成或含量和温度等反应条件经常剧烈变动(如汽车尾气),因此要求催化剂在很宽的反应条件下仍具有高活性、高强度和高稳定性。此外还要考虑治理后不会造成二次污染,催化剂价格便宜等。

8.1.3　环境催化的研究内容

　　环境催化所涉及的研究内容非常广泛,如污水处理、机动车尾气排放控制、大气中氮氧化物(NO_x)的脱除、含硫化合物和可挥发性有机组分($VOCs$)的转化以及温室气体的消除和转化等。作为一个新兴的研究领域,环境催化还包括开发一些被称为绿色化工或环境友好的工艺。例如,不影响生态的新型炼油、化学以及非化学催化过程;使废物排放最小化的催化技术和副产物少、选择性高的新催化反应过程;能够更有效地利用能源的催化技术与工艺(催化燃烧、燃料电池中的催化技术等);降低燃油车辆对环境污染的催化技术(不仅指用于控制废气排放的催化剂,还包括在发动机内用于提高燃烧性能和散热器中用于消除臭氧排放的催化剂)以及炼油工业中生产新型燃料的催化过程(超低硫燃料、重整燃料、将重馏分油转化为清洁燃料等)都属于环境催化的范畴。从广义上讲,其他一些用到催化技术的领域,例如对于使用者友好的技术(开发智能或自清洁材料等)、降低室内污染(臭氧、甲醛以及其他室内有机污染物的转化,能够杀菌的光催化空气净化等)、消除污染点污染的催化技术(被污染的土壤和水源的恢复,其中包括军事原因造成的污染)也都可归属为环境催化。此外,还应考虑到催化剂本身在使用时和废弃后不对环境造成污染。

图 8-1 形象地总结了目前环境催化的研究内容[1]。如图 8-1 所示，环境催化目前正由对污染的消除转向对污染的预防。对污染的控制方法主要可分为以下三种：

(1)对污染的治理。如将污染物转化成无害物质或回收加以利用。

(2)在生产过程或化学反应过程中减少污染的排放，直至无污染排放。

(3)用新的原料、催化剂取代对环境有害的物质，或开辟新的副产物少、选择性高的催化反应路径。

随着国民经济的飞速发展以及煤和石油等不可再生的化石资源的日趋匮乏，环境催化将面临越来越多的新的挑战和课题。除了消除已经产生的污染物以及利用催化技术预防或减少污染外，环境催化还应该包括将废弃物或低附加值的副产物再利用或再资源化。下面将讨论一些重要的环境催化剂与催化技术。

图 8-1　环境催化研究示意图

8.2　机动车尾气净化催化技术

随着城市的发展和机动车的增加，向大气中排放的污染物日益增加。如何降低机动车尾气排放，减少对环境造成的污染，已成为人们关注的问题。

8.2.1 汽油机汽车尾气净化催化技术

汽车尾气的主要成分包括一氧化碳(CO)、碳氢化合物、氮氧化物(NO_x)、硫氧化物(SO_x)、颗粒物(铅化合物、黑烟、油雾等)、臭气(甲醛、丙烯醛等)等,其中 CO、碳氢化合物及 NO_x 是汽车污染控制所涉及的主要大气污染成分。

汽车尾气净化技术主要包括两个方面:机内净化和机外净化。机内净化主要是改善发动机燃烧状况,以降低有害物质的生成。如改进进气系统、供油系统和燃烧室结构等。这些技术与汽车发动机设计及制造水平密切相关。机内净化只能减少有害气体的生成,而不能除去已经生成的有害气体。机外净化是在尾气排出汽缸进入大气之前,利用转化装置将其中的有害成分转化为无害气体。尾气转化装置包括:

(1)热反应器。向排气口喷入新鲜空气,并加强排气管保温,利用尾气本身的热量使 CO、碳氢化合物继续氧化,转化为相对无害的 CO_2 和 H_2O。

(2)催化反应器。利用催化剂将 CO、碳氢化合物和 NO_x 转化为 CO_2、H_2O 和 N_2。由于汽油燃烧过程中,有害气体的生成不可避免,热反应器对 CO 和碳氢化合物的转化效率有限,且不能对 NO_x 进行转化,因此,催化反应是解决尾气污染最根本有效的办法。

汽车尾气净化催化剂的研究始于 20 世纪 60 年代。20 世纪 70 年代,首先得到应用的催化剂主要是以 Pt、Pd 为活性组分的 Pt-Pd 氧化型催化剂,这种催化剂主要将尾气中的 CO 和碳氢化合物氧化为 CO_2 和 H_2O。由于当时的汽车尾气排放法规也只对 CO 和碳氢化合物的排放进行控制,因此这种 Pt-Pd 催化剂满足了当时的排放要求。在外形上,最初使用时催化剂多为颗粒状,后来又采用了整体式的圆形或椭圆形的蜂窝陶瓷载体催化剂。

进入 20 世纪 80 年代后,排放法规对 NO_x 的排放进行了限量,Pt-Pd 催化剂已不能满足对 NO_x 的控制要求。进一步研究发现,贵金属 Rh 对 NO_x 的还原反应有很好的催化活性。在原来 Pt-Pd 氧化型催化剂的基础上,引入 Rh 并进行改性制得的催化剂,能同时有效地对 CO、碳氢化合物和 NO_x 进行催化转化,这就是三效催化剂(three way conversion catalyst,TWC)。

1.三效催化剂尾气净化原理

三效催化剂闭环控制系统是目前世界上最常用的汽车尾气催化净化系统。在这个系统中,汽油机排气中的三种主要污染物 CO、碳氢化合物和 NO_x 能同时被高效率地净化。对车用三效催化剂的主要要求有[2]:

(1)起燃温度低,有利于降低汽车冷启动时的排气污染物排放;

(2)有较高的储氧能力,以补偿过量空气系数的波动;

(3)耐高温,不易热老化;

（4）对杂质不敏感，不易中毒；

（5）极少产生 H_2S、NH_3 等物质；

（6）价格适中。

在三效催化剂上发生的化学反应如下：

氮的氧化物（NO_x）的还原，以 NO 为例：

$$NO + CO = \frac{1}{2}N_2 + CO_2 \qquad (8-1)$$

$$NO + H_2 = \frac{1}{2}N_2 + H_2O \qquad (8-2)$$

Rh 对 N_2 的生成具有良好的活性和选择性，它是催化剂的主要部分。

一氧化碳（CO）和碳氢化合物（HC）的氧化：

$$CO + \frac{1}{2}O_2 = CO_2 \qquad (8-3)$$

$$4HC + 5O_2 = 4CO_2 + 2H_2O \qquad (8-4)$$

Pt、Pd 是除去 CO 和碳氢化合物的有效金属组分。

其他反应：

$$2HC + 4H_2O = 2CO_2 + 5H_2 \qquad (8-5)$$

$$CO + H_2O = CO_2 + H_2 \qquad (8-6)$$

从以上反应方程式可看出，汽车尾气净化同时包括氧化和还原反应。三效催化转化器虽然能同时降低三种排气污染物，但是只有在空燃比等于 14.6 时才能达到最优化[3]。因为 NO_x 的还原需要 H_2、CO 和碳氢化合物等作为还原剂。

2. 三效催化剂组成

三效催化剂通常是以贵金属 Pt、Rh 和 Pd 为活性组分，堇青石为第一载体，γ-Al_2O_3 为第二载体（活性涂层）。将 γ-Al_2O_3 涂覆在熔点达 1 350 ℃ 的堇青石上，并向 γ-Al_2O_3 中加入 Ce、La、Ba、Zr 等作为改性助剂。它们能增强氧化铝的热稳定性，减少比表面积的损失，并能提高贵金属的分散度，防止金属聚集，还能促进水煤气转化。活性组分均通过浸渍的方法，分散在大比表面积的 γ-Al_2O_3 上。

对于三效催化剂来说，Pt、Pd 主要氧化 CO、碳氢化合物，Rh 主要还原 NO_x。其中 Pd 对 CO 和不饱和碳氢化合物的氧化活性比 Pt 好，耐热性能也比 Pt 好。但 Pd 的抗中毒能力不如 Pt，Pt 对饱和碳氢化合物的活性比 Pd 好。当空燃比在 14.25~14.85 时，三种活性组分的单金属和复合金属的活性顺序如下[3]：

氧化碳氢化合物、CO：　Pt-Rh=Pd-Rh > Pd > Rh > Pt

还原 NO_x：　　　　　　Pt-Rh ≥ Pd-Rh > Rh > Pd > Pt

活性涂层 γ-Al_2O_3 附着于堇青石载体表面，提供大的比表面积来担载铂族贵金属或其他催化组分。对活性涂层的基本要求是：对载体附着性好且附着均匀、比表面积大、高温稳定性好。但是 γ-Al_2O_3 是 Al_2O_3 的过渡态，在高温 800 ℃ 以上不稳定,会转变为无活性、比表面积很小的 α-Al_2O_3,从而使催化剂的活性下降。为防止 γ-Al_2O_3 的高温劣化,通常要加入 Ce、La 等稀土元素或碱土元素作为助剂,提高 γ-Al_2O_3 高温热稳定性。

三效催化剂载体,不仅指分散活性组分及改性助剂的高比表面积物质 γ-Al_2O_3,还包括多孔结构的陶瓷——堇青石($2MgO \cdot 2Al_2O_3 \cdot 5SiO_2$,$47 \sim 62$ 孔/cm^2)。这种陶瓷载体具有一组薄壁的平行通道,它减少了压力降,强度高、几何表面积大,适于在高温条件下使用。

另外,作为三效催化剂载体也有使用整体金属(monolithic metal)材料的。这是一种极薄的螺旋状或波纹状合金,主要优点是热性能好。由于其热容低,所以能够被迅速加热或冷却。这样,一方面减少了催化剂在低温下的工作时间,提高了效率;另一方面又避免催化剂长时间暴露在高温下,减少了高温失活的可能性。但金属载体催化转化器成本太高,而且重量大。一般将它做成小催化转化器,安装在陶瓷主催化转化器的前面,用来改善主催化转化器的冷启动性能;或者用于摩托车的催化转化器,以增强其抗震性能。

三效催化剂常用的助剂有 Ce,少量的 La、Y、Nd、Sm 以及碱土金属 Ba、Sr、Ca、Mg 等。具有贮氧功能的 CeO_2 作为助剂加入三效催化剂中能显著降低由于空燃比变化而对催化剂的性能造成的不良影响,从而扩大操作弹性。由于 Ce 具有变价($+3$、$+4$)特点,在发动机瞬时富油而造成排气瞬时缺氧时,四价铈(CeO_2)可变成三价铈(Ce_2O_3)而放出氧,反之结合氧:

$$2CeO_2 \rightleftharpoons Ce_2O_3 + \frac{1}{2}O_2 \qquad (8\text{-}7)$$

这就是所谓的贮氧作用。

尽管贵金属催化剂催化性能很好,但考虑到贵金属的来源及经济的限制,人们对非贵金属三效催化剂的研究也较多。主要以过渡金属氧化物(ZnO、Cr_2O_3、TiO_2、CaO、MgO、FeO、CuO、Co_3O_4、NiO、MnO_2、CeO_2 和 La_2O_3 等)及其尖晶石、钙钛矿结构复合氧化物为活性组分。它们对 CO、碳氢化合物、NO_x 的活性顺序如下[3]:

氧化 CO: $Co_3O_4 > CuO$-$Cr_2O_3/Al_2O_3 > Fe_2O_3 > CuO > Cr_2O_3$

氧化 C_2H_4: CuO-Cr_2O_3-$Al_2O_3 > Fe_2O_3 > Co_3O_4 > Cr_2O_3$

NO_x 还原 CO:$Fe_2O_3 > CuCr_2O_4 > CuO > Cr_2O_3 > NiO > CO_3O_4 > MnO_2 > V_2O_5$

由于单组分氧化物耐热性差、活性低、起燃温度高,在使用上受到限制,因此一般采用多组分的复合型氧化物为催化剂,通过复合活性组分的配方和采用适当的制备技术,使其性能接近贵金属催化剂。

3. 三效催化剂存在的问题

尽管三效催化剂具有良好的催化性能,其制备和应用技术也已相当成熟,但它还是存在以下几方面问题：

（1）催化转化率不能满足更苛刻的要求。大多数催化剂高温活性好，低温活性差，这极大地影响了催化转化效果。

（2）催化剂易热失效。这也是自汽车尾气净化催化剂研制以来一直未能根本解决的问题。热失效是因为催化剂在高温作用下发生烧结和晶粒长大，导致活性下降。

（3）催化剂中毒失效可以分为化学中毒和机械中毒。前者是废气与催化剂中的活性物质发生化学反应，引起活性下降；后者是毒物强烈吸附在催化剂的表面，从而阻碍反应物在催化剂表面的吸附引起活性下降。高温下催化剂的热劣化和 S、P、Pb 中毒极大地缩短了催化剂的使用寿命。

（4）冷启动问题。汽车尾气中 60%～80% 的有毒气体是在冷启动 2 min 内产生的，要有效处理好这个阶段的废气必须着手改善催化剂的低温活性，以提高尾气的低温催化转化。

（5）贫燃时催化效率降低，使常规的三效催化剂能控制 CO 和碳氢化合物排放，但几乎无法控制 NO_x 的排放。

（6）为控制 NO_x 的排放，可在尾气中注入一种还原剂——NH_3，使它在内燃机中与 NO_x 反应形成无害的物质。但这种方法实用价值有限，因为若控制不好，NH_3 本身就是一种污染物。此外，通过 NO_x 的分解治理 NO_x 是较有吸引力的方法，此法不需要还原剂。反应方程式如下：

$$2NO \longrightarrow N_2 + O_2 \tag{8-8}$$

在温度低于 900 ℃时，NO 的分解在热力学上是允许的，但是活化能太高。使用金属离子交换沸石催化剂可以在富氧条件下有效地分解 NO_x。但总体而言，在这方面还没有突破性进展，对 NO_x 催化还原的效率还有待于进一步提高。

（7）热稳定性不高。大多数催化剂的热稳定性还不太理想，其耐热冲击能力弱，热抗震性能差。

（8）目前汽车广泛使用的催化剂大多还是贵金属或贵金属掺杂其他金属氧化物型，成本仍然很高。

综上所述，提高涂层的热稳定性和净化器使用寿命；开发转化尾气中 NO_x 的技术和材料，提高低温活性和贫燃条件下的 NO_x 还原转化率；降低成本、减少贵金属用量或开发以 Pd 代替 Pt 的技术等仍是目前研究的热点。

8.2.2　柴油机汽车尾气净化催化技术

柴油机主要应用于大功率机械，包括公交、大卡车、建筑采矿设备等。近年来，由于柴油价格便宜、柴油机的燃油经济性、可靠性、耐久性以及强劲的动力，使其也逐渐应用于轻型汽车中。柴油机通过尾气排放的有害物主要有 CO、碳氢化合物、NO$_x$、SO$_2$ 和颗粒排放物(PM)。柴油机由于空燃比高、氧过量,使燃油燃烧充分,节省了燃料,增大了功率,降低了 CO、碳氢化合物和 CO$_2$ 的排放。但高氧浓度导致了 NO$_x$ 和颗粒物的大量排放。因此对于柴油机尾气来说,NO$_x$ 和颗粒物成为主要治理对象。

柴油机尾气比汽油机尾气治理技术更为复杂。柴油机尾气中气、液、固三相共存。气相中主要是可挥发性碳氢化合物、CO、NO$_x$ 和 SO$_2$ 等;液态、固相混合在一起形成颗粒物。颗粒物主要由固态碳、液态未燃烃以及少量吸附的硫酸或硫酸盐组成。燃油中的 S 燃烧后形成 SO$_2$,一部分被氧化为 SO$_3$ 并与水分、其他离子接触形成硫酸和硫酸盐;液态烃主要是未燃烧完全的烃和润滑油,二者共称为可溶性有机物(SOF),形成气溶胶黏附于固态碳上。

柴油机尾气净化化学反应分为氧化型、还原型和自分解型三种,其化学反应与汽油机尾气的反应类似,即氧化型(见反应式(8-3)与(8-4))、还原型(见反应式(8-1)与(8-2))和自分解型(见反应式(8-8))。

自分解型反应是一种反应速度很慢的反应。由于没有很好的有效催化剂,所以是一种难于使用的方法。对于还原型反应,尾气要有还原的条件。汽油机因尾气贫氧,且 CO 含量高,具有还原的条件。而柴油机是在富氧燃烧条件下进行的,空燃比高达 20。由于柴油机排放的尾气中含氧量高,所以氧化型反应比较适合于柴油机的净化。这样一来,氧化-还原型的三效催化剂不适用于柴油机汽车尾气处理。

柴油机加装氧化型催化转换器是一种有效的机外净化排气中的可燃气体和可溶性有机物的方法。氧化型催化转换器中催化剂以 Pt、Pd 贵金属作为活性组分,能使碳氢化合物、CO 减少 50%,颗粒粉尘减少 50%～70%,其中多环芳烃和硝基多环芳烃也有明显减少,还可有效地减少排气的臭味[4]。但是,氧化型催化转换器的缺点是会将排气中的 SO$_2$ 氧化为 SO$_3$,生成硫酸雾或固态硫酸盐颗粒,额外增加颗粒物质的排放量。所以柴油机氧化型催化转换器一般适用于含硫量较低的柴油燃料;并要求催化剂及载体、发动机运行工况、发动机特性、废气的流速和催化转换器的大小以及废气流入转换器的进口温度等正常,才可使净化效果达到最佳。

对柴油机尾气中的 NO$_x$,常用 NO$_x$ 催化转化器,在温度为 350～550 ℃的范围内进行催化转化,可使柴油机的 NO$_x$ 排放降低 20%～30%[4]。NO$_x$ 催化转化技术可分为催化热分解和选择性的催化还原反应两种。催化热分解是利用由沸石、V 和 Mo 构成催化剂来降低 NO$_x$ 热分解反应的活化能,使 NO$_x$ 分解成无毒的 N$_2$,该方法简单且反应生成物无毒。选择性催化还原反应是在排气中喷入饱和的烃类和 NO$_x$,反应生成物为 N$_2$、CO$_2$ 和 H$_2$O,此反应将会生成额外的 CO$_2$。

8.3　排烟脱硫、脱氮技术

8.3.1　催化脱除 NO_x

氮的氧化物 NO_x（包括 N_2O、NO 和 NO_2）是形成光化学烟雾、破坏高空臭氧层、引起温室效应、形成酸雨的主要来源。它的排放主要来自煤和油的燃烧（电厂和锅炉的烟道气、机动车排气及硝酸厂、炼铁厂、水泥厂、玻璃厂及其他有关化工厂排气），全世界人为排放 NO_x 总量每年已超过 $5×10^5$ 吨。

催化消除 NO_x 有两种方法，其中最成熟的方法是以氨为还原剂，当排气的含氧量在 5％ 以下时，选择催化还原（SCR）可使 NO_x 转化为 N_2 和 H_2O。该过程的反应温度为 $200\sim450$ ℃，所用催化剂为钛基氧化物（Ti-V、Ti-W）。但是此类装置费用昂贵，而且 NH_3 泄漏会造成二次污染。在含氧量大于 5％ 的过量氧条件下，反而会因 NH_3 氧化成 NO_x 造成新的污染。另一种方法是 NO_x 直接催化分解，此方法无须添加还原剂，因此使用安全、成本低。但该法反应温度较高，转化率最大时的反应温度区较狭窄（$550\sim600$ ℃）。这种方法最主要的问题是当气氛中氧含量高时，NO_x 难以分解。因为这时氧的脱附成为反应的控制步骤。此外，在富氧燃烧的排气中，烃类还原剂可以在较低反应温度下将 NO_x 还原为 H_2O、N_2 和 CO_2，也成为 NO_x 选择氧化催化过程的研究热点。

1. NH_3 作还原剂的选择催化还原

以 TiO_2 或 TiO_2/SiO_2 为载体，V_2O_5、MoO_3、WO_3 和 Cr_2O_3 为活性组分的催化剂都可用作选择催化还原催化剂。其中 V_2O_5/TiO_2 最为常用。选择催化还原催化剂一般用于发电厂、废弃物焚化炉以及燃气轮机。

煤燃烧后产生的烟道气与 NH_3 一起流经选择催化还原反应器。选择催化还原反应器一般置于废气预热器和空气预热器之间，烟道气粉尘很大，反应器在所谓"高粉尘"状态下工作。因此要求催化剂有很高的耐磨性，这也是选择 TiO_2 作载体的重要原因之一。

除 NH_3 之外，CH_4、CO、H_2 都可作还原剂，但由于 NH_3 活性高，而且有氧存在时能够提高其反应速率，因此常选 NH_3 作还原剂。在 V_2O_5/TiO_2 催化剂上总的反应方程式为

$$4NO+4NH_3+O_2 =\!=\!= 4N_2+6H_2O \tag{8-9}$$

$$6NO_2+8NH_3 =\!=\!= 7N_2+12H_2O \tag{8-10}$$

选择催化还原催化剂常用共浸渍法制备，其活性取决于载体上 V_2O_5 的担载量和分散度。但是 TiO_2 与 V_2O_5 间作用力很强，不利于催化剂活性的提高。为了降低 TiO_2 对活性组分的影响，载体中常引入 SiO_2。V_2O_5 是一种结构敏感的催化

剂,(010)面的 V═O 键在反应中起关键作用。但到目前为止,选择催化还原反应在 V_2O_5 催化剂上的反应机理尚无定论。Langmuir-Hinshelwood(L-H)机理与 Eley-Rideal(E-R)机理是最常见的两个机理模型。与 L-H 机理相比,E-R 机理更被认可。L-H 机理认为反应是在吸附的 NO_2 和 NH_4^+ 之间进行;而 E-L 机理则认为,NH_3 强烈吸附在催化剂表面,生成 NH_4^+,之后与气相反应物中的 NO 反应生成 H_2O、N_2 和 V—OH。后者被晶格氧或气相反应物中的分子氧氧化生成 V^{5+}═O,反应方程式如下:

$$NO+NH_3+V═O \Longrightarrow N_2+H_2O+V-OH \tag{8-11}$$

$$2V-OH+O \Longrightarrow 2V-O+H_2O \tag{8-12}$$

除 TiO_2 或 TiO_2/SiO_2 担载的 V_2O_5 非贵金属催化剂外,也可用贵金属作选择催化还原反应的催化剂。但贵金属催化剂容易因重金属、磷和砷而中毒,因 SO_x、卤素而失活,因飞尘而被污染,因而在选择催化还原反应中的应用受到限制。此外,还有一些新型催化剂,如分子筛催化剂、碳作载体的催化剂、氧化铬催化剂、混合氧化物催化剂等。用 NH_3 作还原剂的催化剂,其缺点是 NH_3 价格较高,而且在未完全反应的情况下会带来二次污染,因此还需进一步开发新的催化技术。

2. 烃类作还原剂在富氧条件下的选择催化还原

富氧条件下烃类选择性催化还原 NO 可表示为

$$NO+O_2+烃 \longrightarrow N_2+CO_2+H_2O \tag{8-13}$$

20 世纪 90 年代初,Iwamoto[5] 和 Held[6] 报道了 Cu-ZSM-5 及相关金属离子交换的沸石对上述反应的催化作用,引起了人们对这一方法的关注。人们已对以贵金属和部分过渡金属、稀土金属氧化物等为活性组分的催化剂进行了大量考查,一般可将它们分为如下三类:

(1)金属离子交换的沸石催化剂:除 Cu-ZSM-5 外,还研究了 Co、Ag、Fe、Ga、In、H、Ce、Zn、Mn、Ni、Ca、La 等离子交换的沸石催化剂。主要沸石类型为 ZSM-5,其次还有丝光沸石、镁碱沸石、Y 型沸石和 L 型沸石等。

(2)金属氧化物催化剂:包括以 Al_2O_3、SiO_2、TiO_2、ZrO_2 等为载体的负载型金属氧化物,Al_2O_3、TiO_2、SiO_2、ZrO_2、Cr_2O_3、稀土氧化物和 Al_2O_3、SiO_2、TiO_2、ZrO_2 与 ZnO 相互构成的双金属氧化物,以及 $LaAlO_3$ 等稀土钙钛矿型复合金属氧化物。

(3)贵金属催化剂:Pt、Pd、Rh 和 Au 等以原子形态,或交换在沸石上,或负载在 Al_2O_3、SiO_2、TiO_2、ZrO_2 上。

用于催化还原 NO 的还原剂包括低碳烃和含氧低烃,可将它们分为选择性和非选择性两类。前者在一定的条件下优先与 NO 作用,而后者则优先被 O_2 氧化。Iwamoto 等曾报道对于 Cu-ZSM-5 为催化剂,C_2H_4、C_3H_6 和 C_4H_8 不饱和烃为选择性还原剂,而 CH_4、C_2H_6 等饱和烃为非选择性还原剂[5]。但这并不是普遍适用的规律,在 Co 和 Ga 离子交换的沸石上,CH_4 和 C_2H_6 也能够选择性还原 NO。一般说来,不饱和烃的还原性优于相应的饱和烃。

对催化剂性能影响最大的排气组分是 O_2、H_2O 和 SO_2。无氧条件下,烃类几乎不能还原 NO。O_2 能显著提高碳烃类选择催化还原 NO 的活性。这一规律几乎适用于所有催化剂体系[5]。但过高的 O_2 浓度会导致催化剂活性降低,尤其是高温区域的活性,原因是 O_2 氧化碳氢化合物的能力随 O_2 含量和反应温度的升高而增大。H_2O 会引起除 Pt 之外的贵金属和过渡金属离子交换的沸石催化剂失活,失活程度随 H_2O 的含量、接触时间和反应温度升高而增大。

关于烃类选择性催化还原 NO 的机理尚不十分清楚。但已在此方面进行了大量的研究,并提出了一些可能的机理,大体可分为如下两类:

(1)NO 与烃类不直接作用机理

这种机理认为 NO 与烃类或它们的中间产物之间并不直接接触,而是交替作用于催化剂表面,实现 NO 还原。以金属离子交换的沸石为例,NO 首先吸附在金属离子位置,直接分解为 N_2 和表面氧物种。然后烃类和这些表面氧物种快速反应使活性位置复原。O_2 的作用是避免金属离子被还原为低活性或无活性的原子态金属。

(2)NO 与烃类直接作用机理

这种机理认为在 NO 还原为 N_2 的过程中,NO 与烃类或它们的中间产物之间发生直接接触,含碳沉积物、部分氧化的烃类或烃类自身是活性物种,反应物被还原为 N_2。

8.3.2　催化脱除 SO_x

SO_x 同 NO_x 一样是形成酸雨的主要原因。SO_x(SO_2 及 SO_3)主要来自含硫燃料(煤和油)的燃烧,以及含硫矿石的加工及含硫化工厂废气的排放等。

1. 催化脱硫工艺

根据废气排放中 SO_2 的浓度和其他具体工厂条件,有多种脱硫方法。其中主要有亚硫酸钠、氨-石灰或钠-石灰等双碱法,石灰浆等湿式吸收法,催化氧化法和吸附法等。采用非催化过程的石灰浆湿式吸收法吸收速度比较快,脱硫率一般可达 90% ~ 95%。即先吸收并反应生成 $CaSO_3 \cdot 5H_2O$,再氧化生成 $CaSO_4 \cdot 2H_2O$,但此法脱硫要处理大量固体废弃物和废水,装置庞大,副产物硫酸钙无法有效利用。所以应用催化方法脱除 SO_x 引起人们极大的关注。

用催化法脱硫消除烟道气中的 SO_2,化学反应简单,反应方程式为

$$SO_2 + \frac{1}{2}O_2 \rightleftharpoons SO_3$$

(8-14)

生成的 SO_3 被水吸收后生成硫酸：

$$SO_3 + H_2O \Longrightarrow H_2SO_4 \tag{8-15}$$

H_2S 和 SO_2 反应生成 S 和 H_2O 的 Claus 工艺是另一个消除 SO_2 的途径。该工艺用活性氧化铝或新型的铁基组分为催化剂，产物为硫，需要使用 H_2S 并控制 H_2S 的含量。Wellrnan-Lord 工艺是先将低浓度的 SO_2 用低浓度的 Na_2SO_3 水溶液吸收并反应生成 $NaHSO_3$，再加热分解生成 SO_2，然后用 CH_4 或 H_2S（即 Claus 工艺）催化还原成单质硫。也有使用 V_2O_5 作催化剂，使 SO_2 催化氧化生成 SO_3，再用水吸收生成 H_2SO_4，但成本较高。

工业上已经采用以钒和活性炭为催化剂的工艺处理电厂烟道气：

（1）用钒作催化剂的催化氧化法

电厂排放烟道气时，首先要经静电除尘，除去夹带的固体微粒。然后经加热炉将烟道气升温到反应温度，进行催化氧化，使 SO_2 转化为 SO_3，再被水吸收为硫酸。钒催化剂在使用过程中每年要经过四次过筛，除去使用中的粉碎物，以保证反应顺利进行。这种方法可将烟道气中 85% 的 SO_2 除去。

（2）活性炭催化法

活性炭有极大的比表面积，有很大的吸附能力，在一定条件下还能起催化作用。可以利用活性炭吸附富集在烟气中的微量 SO_2，并使之转化。德国鲁齐公司用活性炭固定床吸附 SO_2，并在吸附时将 SO_2 氧化为 SO_3，后者可以用水吸收，生成硫酸，反应方程式如下：

$$SO_2 + \frac{1}{2}O_2 \xrightarrow{\text{活性炭}} SO_3 \xrightarrow{+H_2O} H_2SO_4 \tag{8-16}$$

可用水将活性炭微孔中的 H_2SO_4 洗出，得到 10%～20% 的硫酸。

2. 催化脱硫催化剂

正在研究的催化剂有以下几种[7]：

（1）单一金属氧化物

早期研究曾对不同金属氧化物脱硫性能进行筛选，以期得到脱硫能力较强的金属氧化物。适宜的金属氧化物应该既能将 SO_2 催化氧化为 SO_3，又能吸附 SO_3 形成金属硫酸盐，还能在还原再生时脱除被吸附的 SO_3。金属氧化物能同时起到催化剂和吸附剂的作用。另外，氧化和吸附过程受内扩散控制，因此增加催化剂活性中心数目和孔道面积对反应是有利的。由于热力学和动力学因素的限制，只有少数几种金属氧化物有应用前景。铈氧化物可在较宽的温度范围吸附 SO_2，并在相似温度下还原。铈氧化物通常负载于 γ-Al_2O_3 上，吸附速度较快。MgO 可在 670～850 ℃ 吸收 SO_2 形成稳定的 $MgSO_4$。MgO 不仅可在表面与 SO_2 形成硫酸盐物种，而且在体相和亚表层都可形成硫酸盐，因此硫容较大。但反应速率受 O_2 浓度影响，随 O_2 浓度增加而增大；另外，MgO 还原再生困难且失活较快。用 CuO

也可脱除 SO_2，将 $4\% \sim 6\%$ 的 CuO 浸渍到 γ-Al_2O_3 中，$300 \sim 500$ ℃能很好地吸收 SO_2，并且热再生温度较高（大于 700 ℃），还原再生温度在 400 ℃左右，因此可在相同温度下吸收和再生，还原气以 H_2 或 CO/H_2 混合气较好。但总的说来，单一金属氧化物饱和硫容较小，限制了实际应用，因此人们对复合金属氧化物催化剂进行了研究。

（2）尖晶石型复合金属氧化物

复合金属氧化物克服了单一金属氧化物吸附容量低、还原困难的缺点，特别在高温脱硫方面显示出优势。代表性的催化剂有 Mg-Al 尖晶石催化剂和浸渍了氧化铁的 Mg-Al 尖晶石催化剂（$MgO \cdot MgAl_{2-x}Fe_xO_4$）。

（3）层状双羟基复合金属氧化物

层状双羟基复合金属氧化物是一种具有层状微孔结构的类天然黏土材料，具有很大的比表面积，层间有可交换的阴离子，可由两种以上金属盐类合成。分子式为 $[M^{2+}_{1-x}M^{3+}_x(OH)_2A^{n-}_{x/n} \cdot yH_2O]$。其中，$M^{2+}$ 和 M^{3+} 分别代表二价和三价金属阳离子，A^{n-} 为层间平衡阴离子。层状双羟基复合金属氧化物既可用于低温脱硫，也可用于高温脱硫。低温时，层状双羟基复合金属氧化物保持完整层状结构，SO_2 气体与层间阴离子发生离子交换而达到脱硫的目的。高温时，层状双羟基复合金属氧化物发生结构变化形成混合金属氧化物的固体溶液。这种固体溶液的特点是：碱性强；比表面积大；金属活性中心高度分散。因而适合用作高温脱硫剂。

8.3.3 同时催化脱除 SO_x 和 NO_x

由于热电厂烟道气中同时含 NO_x 和 SO_x，因而迫切需要开发同时脱除 NO_x 和 SO_x 的技术。目前实际使用的装置仍是分步进行的。例如，以煤为燃料的电厂一般可先用前述的选择催化还原法除去 NO_x，然后用石灰石法除去 SO_x，但此类装置的设计十分复杂，因此急待开发出一种新的 NO_x/SO_x 脱除技术。

离开锅炉的烟道气先经过高温电除尘装置，除至粉尘小于 $20~mg/m^3$，工作温度约为 460 ℃。然后进入除 NO_x 的反应器，用 NH_3 将 NO_x 还原为 N_2 和 H_2O，所用催化剂可以是以分子筛为载体的，也可以是常见的选择催化还原体系。前者有被残余的粉尘堵塞的可能；而后者在 $400 \sim 460$ ℃具有基本稳定的 NO_x 转化率，使得它能适应因发电厂负荷变化而引起的温度波动。脱除了 NO_x 后的烟道气立即进入反应器的后半段，将 SO_2 氧化为 SO_3。这时烟道气温度仍在 400 ℃以上。V_2O_5 催化剂可将 SO_x 氧化为 SO_3。由于 V_2O_5 在 $400 \sim 450$ ℃氧化 SO_x 的反应转化率高且稳定，这就使得它能与选择催化还原法除 NO_x 的催化剂相配合。之后再经几段冷却，其中 SO_x 与水蒸气结合生成硫酸，用冷凝法回收，可得到 70% 的工业硫酸。用这种方法 SO_x 的转化率可达 95% 以上，并且没有浆料和固体颗粒循环问题,没有再生步骤,不产生需处理的废物和废水。其中的关键问题是如何有效地俘获细小的硫酸雾滴,并处理由此带来的设备腐蚀问题。在已经应用的丹麦 Halder Topsøe 公司的 SNOX 过程中,选择催化还原仍用常规的 NH_3 法,可脱除 $93\% \sim 97\%$ 的 SO_2 和 90% 的 NO_x。而在德国 Degussa 公司的 DESONOX 过程中,则将分子筛催化剂用于脱 NO_x 和选择催化还原过程。

8.4 催化燃烧

高温火焰燃烧往往不能使燃料完全燃烧,导致在燃烧过程中,除生成 CO_2 和 H_2O 外,还会发生副反应(超过 1 300 ℃),产生 NO_x、CO 及致癌的烃类。例如在热电厂,若用天然气作为燃料,燃烧产物只有 CO_2 和 H_2O,并且比所有含碳燃料所产生的 CO_2 都少,因而对减少环境污染和降低温室效应有利。但是天然气的火焰燃烧温度高于 1 800 ℃,可使空气中的 N_2 和 O_2 结合生成 NO_x。另外含硫天然气燃烧时还释放 SO_x。

目前,处理有机废气的方法很多,如吸附法、吸收法、冷凝法等。而采用催化燃烧改善燃烧过程、促进完全燃烧、降低燃烧温度是降低生成有毒物质副反应的最有效途径。燃料的催化燃烧和火焰燃烧有本质不同。对于催化燃烧,有机物质氧化发生在固体催化剂表面,同时产生 CO_2 和 H_2O。它不形成火焰,催化氧化反应温度低,大大抑制了空气中的 N_2 氧化为 NO_x。而且催化剂的选择性催化作用,有可能会抑制燃料中含氮化合物(RNH)的氧化过程,使其主要生成 N_2。这种对污染控制的方法远比前述的有害废气的催化消除更为彻底和经济。

催化燃烧可以分为四种情况(图 8-2)[8]:

(1)在低温下燃烧,受多相氧化反应的控制,这是动力学控制燃烧。

(2)在比较高的温度下燃烧,无论是反应动力学,或是在催化剂气孔上,燃料-空气扩散速度都对催化燃烧速度有影响,这种燃烧属内部扩散控制。

(3)进一步提高燃烧温度,催化燃烧速度变化很小,这种燃烧的反应速度取决于燃料-空气混合物向催化剂表面的扩散速度。

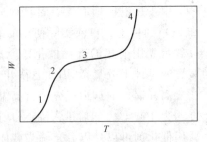

图 8-2 催化燃烧反应速度与温度的关系
(1—动力学控制;2—内部扩散控制;3—扩散控制;4—在催化剂表面剧烈燃烧)

(4)在高温下燃烧,加快了催化剂表面氧化反应,均相燃烧占优势,使燃烧速度大大增加。

燃烧温度超过 1 000 ℃的高热负载大功率加热设备,都在第(4)种燃烧状况下工作,这种燃烧状况称为催化助燃。

　　自从 Davy 首次发现甲烷在 Pd、Pt 等贵金属丝上的催化燃烧现象以来,催化燃烧的理论研究迅速发展,应用研究也取得了显著的成就。对于催化剂的研究经历了贵金属催化剂、过渡金属氧化物催化剂和复氧化物催化剂几个阶段。

　　早期催化燃烧的研究是以贵金属作为催化剂,以甲烷、CO 等低碳烃作为底物,重点是基础理论的探索研究。作为催化剂的贵金属常负载于 γ-Al$_2$O$_3$ 等载体上,使得贵金属呈高分散状态。载体 γ-Al$_2$O$_3$ 不仅起结构支撑作用,而且具有分散效应。催化剂对甲烷的起燃温度为 600 ℃,当反应温度达 900 ℃时,其转化率达 98%,可实现甲烷的催化燃烧。贵金属催化剂的优点是具有较高的比活性、低温活性和良好的抗硫性,缺点是高温易烧结、价格昂贵。

　　作为取代贵金属的催化剂,氧化性较强的过渡金属氧化物对甲烷等烃类和 CO 亦具有较高的活性,例如 MnO$_x$、CoO$_x$ 等,起燃温度可达 350 ℃。单一氧化物活性仍不理想,并且随着反应温度的提高易产生相变,而且不同价态活性差别明显。因此已被复氧化物所代替。

　　一般认为,复氧化物之间由于存在结构或电子调变等相互作用,活性比相应的单一氧化物要高。复氧化物催化剂主要有钙钛矿型(ABO$_3$)和尖晶石型(AB$_2$O$_4$)两种。常见的钙钛矿型复氧化物催化剂有 BaCuO$_3$ 和 LaMnO$_3$ 等。由于纯钙钛矿型催化剂活性并不理想,辅之以稀土金属添加形成多种替代结构缺陷,催化活性明显提高。尖晶石型催化剂具有优良的深度氧化催化活性,例如,对 CO 的催化燃烧起燃点落在低温区(约 80 ℃),对烃类亦可在低温区实现完全氧化。

8.5 氯氟烃的催化治理

　　自 19 世纪 90 年代 Swartz 首次开发出用于生产氯氟烃(CFCs)的商业化 SbCl$_5$ 催化剂后,DuPont 公司在 20 世纪 30 年代实现了 CFCs 的商业化。从此,CFCs 因其非常稳定、无毒且不易燃烧而被广泛地用来作为致冷剂、发泡剂、气溶胶喷射剂、溶剂和清洗剂等。

　　但到了 20 世纪 80 年代,人们发现这些非常稳定的 CFCs 与大气臭氧层的破坏有关。这些稳定的 CFCs 难以在对流层内分解。当它们直接到达距地表(10～50)km 的较高的平流层后,由于受到强烈的紫外线照射而分解,释放出氯原子,使臭氧分解。1 个氯原子可以破坏 1 万个臭氧分子,减少了平流层中的臭氧,甚至形成臭氧"空洞",造成到达地球表面的有害紫外线增加。此类破坏臭氧的物质通称臭氧耗尽物质(ODS)。另外 CFCs 也是导致温室效应的气体之一。

　　能够破坏 CFCs 的化学反应有氧化、分解、加氢和氢解等。但最彻底的方法是开发新的能够替代 CFCs 的化合物。替代 CFCs 的化合物可以是一些含氢的氟化烃类(HCFCs 和 HFCs)。由于这些化合物在到达平流层以前,可以在对流层中被羟基分解,不致造成对臭氧层破坏。例如,HFC-134a(化学式为 CH_2FCF_3)可以替代 CFC-12(化学式为 CCl_2F_2)作为致冷剂,HCFC-123(化学式为 $CHCl_2CF_3$)和 HCFC-141b(化学式为 CH_3CCl_2F)可以替代 CFC-11(化学式为 $CFCl_3$)作为发泡剂。在选择性合成这些含氢的氟氯化物时,催化剂起了决定性的作用。有很多类型的催化剂,包括金属卤化物、铬的氧化物以及三氟化铝等均可以用于在高温下的氟化反应。例如,$Cr_2O_3/MgO/Al_2O_3$、Cr^{3+}/AlF_3 以及 Zn/Al_2O_3 可用于四氯乙烯和 HF 反应生成 HCFC-123、HCFC-124 和 HCFC-125,而 $AlCl_3$ 则可用于将 HCFC-134 异构化生成 HCFC-134a。总的说来,该领域是一个新兴的领域,尚有大量反应和催化剂有待于进一步开发。

8.6　水污染治理

　　水是人类生活和工农业生产不可缺少的自然资源。随着工农业生产的发展和人口的增长,水污染问题日益严重。尤其是低剂量难降解物水溶液的处理,尤为困难。寻求一种高效、可行、廉价的污水处理方法已成为环境科学工作者努力的目标。生物酶催化降解和光催化氧化法在化工污水处理中已得到广泛应用。对于生物酶难以降解的化合物,光催化氧化法具有独特优势,是一种重要的水污染处理方法。

　　光催化氧化法就是利用氧化物的半导体的特性,在光的照射下吸收光子,进行氧化反应,把有害化合物分解为二氧化碳、水和无机盐。自 1976 年 Frank 等开展半导体催化光解水中污染物的试验后,利用半导体光催化氧化水中污染物的工作日益为人们所重视。原因如下:

　　(1)利用半导体光催化氧化降解水中污染物不同于以往单纯用物理方法、化学方法和生物方法的水处理过程,它不需要复杂的处理流程,不产生进一步的化学污染,处理速度又比微生物法快。

　　(2)半导体光催化氧化是非选择性氧化过程,可以处理各种无机和有机污染物,并使它们矿化,是一种广谱性的氧化处理方法。

　　(3)半导体光催化氧化过程有可能利用阳光资源,这不仅解决了能源问题,而且可以利用最为洁净的自然能源,不产生新的污染。

8.6.1　反应机理

　　目前光催化处理水中有机污染物的催化剂多数是一些过渡金属氧化物或硫化物,这类物质都具有半导体特性。当能量高于带隙能的光辐射照射半导体时,就可将处于价带上的电子激发到导带上,从而在价带上产生空穴(h^+),即在半导体表面产生具有高度活性的空穴（h^+）和电子（e^-）。半导体表面的空穴和电子组成了一个具有强氧化还原特性的氧化还原体系，吸附在半导体表面的 H_2O 和溶解氧则与空穴和电子发生作用，产生高度活性的羟基自由基 $OH\cdot$。以 TiO_2 为例：

$$TiO_2 + h\nu \longrightarrow h^+ + e^- \tag{8-17}$$

$$h^+ + H_2O \longrightarrow OH\cdot + H^+ \tag{8-18}$$

$$e^- + O_2 \longrightarrow O_2^- \tag{8-19}$$

$$O_2^- + H^+ \longrightarrow HO_2\cdot \tag{8-20}$$

$$2HO_2\cdot \longrightarrow O_2 + H_2O_2 \tag{8-21}$$

$$H_2O_2 + O_2^- \longrightarrow OH\cdot + OH^- + O_2 \tag{8-22}$$

$$H_2O_2 + h\nu \longrightarrow 2OH\cdot \tag{8-23}$$

$$h^+ + OH^- \longrightarrow OH\cdot \tag{8-24}$$

半导体表面产生的大量羟基自由基 $OH\cdot$ 作为强氧化剂，与有机物反应并使之氧化，实现了光能与化学能之间的转化，起到了光解水中有机污染物的作用。比如脂肪烃的光解反应可归纳为如下步骤：

$$R-CH_2-CH_3 + 2OH\cdot \longrightarrow R-CH_2-CH_2-OH + H_2O \tag{8-25}$$

$$R-CH_2-CH_2-OH \longrightarrow R-CH_2-CHO + H_2 \tag{8-26}$$

$$R-CH_2-CHO + H_2O \longrightarrow R-CH_2-COOH + H_2 \tag{8-27}$$

$$R-CH_2-COOH \longrightarrow R-CH_3 + CO_2 \tag{8-28}$$

每生成一个 CO_2，脂肪烃即减少一个碳链，直至转化完全。

8.6.2 半导体光催化剂

如上所述，目前常用的半导体催化剂大多是过渡金属的氧化物或硫化物如 TiO_2、WO_3、ZnO、SnO_2、CdO、Fe_2O_3、CdS、ZnS 等。这些半导体材料在能量高于其禁带值的光照射下，其价电子会发生带间跃迁，从价带跃迁至导带，从而产生电子和空穴，形成氧化还原体系。电子和空穴可以立即复合恢复至起始状态，也可以被吸附在催化剂表面的水和氧俘获发生反应，产生自由基。复合和俘获相互竞争，若能延长电子和空穴在半导体表面的寿命，会有利于俘获，也就能提高催化光解的效率。

在上述催化剂中，TiO_2 带隙较宽（$3.2\ eV$），光催化活性最好，并且它的化学性能和光化学性能十分稳定，耐强酸强碱，耐光腐蚀，无毒性，因而常选择 TiO_2 作为光催化剂。

研究发现，吸附在半导体表面的 O_2 是电子的接受体。提高电子向 O_2 的输送速率，是阻止电子与空穴复合的有效途径。此外在半导体近表浅层内淀积贵金属，构成电子捕获阱，增加 O_2 被还原的机会，是有效延长电子寿命、减少光生载流子间复合的有效方法。还可采用在半导体中掺杂金属离子的办法来改善其性能，阻止光生载流子与空穴的复合。这是因为掺杂金属离子后可能在半导体晶格中产生缺陷或改变结晶度,产生电子或空穴的阱,从而延长了半导体的光催化寿命,防止快速复合。不过,金属离子掺杂的情况还是比较复杂的,往往因掺杂的离子种类不同、浓度不同,产生的效果可能截然相反。

目前常用的半导体催化剂带隙能相对较高。若要充分利用太阳光能量或可见光,需对半导体材料进行光敏化处理。所谓光敏化处理,是指将一些光活性化合物,如叶绿酸、曙红、玫瑰红等染料吸附于半导体表面。在可见光照射条件下,这些物质被激发,电子注入半导体导带,导致半导体导带电位降低,从而扩大半导体激发波长范围,提高可见光利用率。

研制复合半导体,利用两种甚至多种半导体组分性质差异的互补性,可以提高催化剂的活性。目前复合半导体多数是二组分,这类复合半导体光活性都比单个半导体的高。活性提高的原因在于不同性能的半导体的导带和价带的差异,使光生电子聚集在一种半导体的导带而空穴聚集在另一种半导体的价带,光生载流子得到充分分离,大大提高了光解效率。在研制这类复合半导体催化剂时,除了注意制备方法外,还要注意各种半导体组分的配比。不同的组分配比,对光催化剂性能影响很大。

8.6.3　光催化反应器

光催化氧化反应中,如何选择催化反应器也是一个很重要的问题。理想的反应器既可使污水和半导体催化剂有较好的接触,又能充分利用光源能量。

光催化反应器可分为间歇式反应器和连续式反应器。早期的反应器为悬浮液型反应器,半导体催化剂微粒与待处理废水以一定比例组成悬浮液,通过环形或直形石英管,光源直接照射反应管。这类反应器虽然结构简单,能处理废水,但处理完成后,水和催化剂的分离回收过程较复杂、困难。此外,由于悬浮液对光的散射,能接受光辐射的液层厚度很有限。

另一类反应器为固定床型反应器。在这类反应器中,催化剂被固定在载体上,使待处理废水流经载体表面与催化剂接触,并经光照射发生光解作用。在实际制作这类反应器时,通常将催化剂烧结、固化在玻璃板上或管道壁上。这种反应器的优点是省去了液固分离过程。但在使用中发现,由于仅有部分催化剂表面能与废水接触,使催化剂实际使用面积减少,致使效率有所下降。为此,人们又在固定床型反应器基础上提出了在光导纤维上镀载薄薄的催化剂层,并将多根这类光导纤维组成集束置入一个反应管内。该反应管类似于管式热交换器,大大提高了催化剂与废水的接触面积,充分利用了光能,但价格较昂贵。

除上述反应器外,目前在试用的反应器还有光电化学催化反应器。在这类反应器中,将导电玻璃涂上半导体氧化物制成光透电极,用该电极作为工作电极(正极),与铂电极、甘汞电极构成一个三电极电池。在近紫外光照射电极的情况下,在一对工作电极上外加直流低电压,将光激发产生的电子通过外电路驱赶到反向电极上,阻止了电子和空穴的复合。由于光电催化无需电子捕获剂,所以溶解氧和无机电解质不影响催化效率。载有催化剂的光透电极稳定、牢固、反应装置简单。

8.7　清洁燃料的生产和环境友好催化技术的开发

以上介绍的环境催化局限于对污染物的治理。如果按照 8.1 节控制污染的方法,那么生产清洁燃料(清洁汽油、柴油)、开发新型能源(如燃料电池)、开辟新的无害化催化反应途径、用环境友好的催化剂(固体酸碱、分子筛等)代替传统催化剂(液体酸碱等)以及改变催化反应的形式(如由均相催化转变为多相催化)等都可以归属为从源头上对环境污染的治理,也是对污染进行治理的最有效途径之一。近年来,从源头上治理污染的催化技术发展最快的是清洁燃料的生产和环境友好催化工艺的开发。

8.7.1　清洁汽油和柴油的生产

1.清洁汽油

汽油的组成对其燃烧性能和汽车尾气的排放有着重要的影响。烯烃是汽油中高辛烷值组分,因此人们一度采用提高汽油中的烯烃含量的方法提高辛烷值。但是,烯烃受热不稳定,在发动机进油系统、喷嘴和汽缸内都可以形成胶质和沉淀,导致发动机效率下降,排放增加。烯烃蒸气进入大气会形成臭氧,还会形成有毒的二烯烃。此外,汽油中的烯烃还会增加发动机尾气中的 NO_x 含量,加重环境污染。

芳烃也是汽油理想的高辛烷值组分。但芳烃燃烧后可导致尾气中含有致癌性物质,并且增加汽缸的积炭,使尾气污染物排放增加。降低汽油中芳烃含量可以大幅度降低尾气中芳烃、CO、碳氢化合物和 NO_x 的排放量。实验表明,芳烃含量从 43% 降低到 13%,汽油馏出温度从 191 ℃ 降低到 136 ℃,能使碳氢化合物含量下降 29%,NO_x 含量下降 30%[9]。汽油中芳烃含量还对尾气中 CO_2 的含量有直接的影响,当汽油中的芳烃含量从 50% 减少到 20% 时,汽车尾气中 CO_2 含量可以减少 5%。

汽油中苯是一种对人体危害极大的致癌物质。不论是汽油所含的苯,还是在汽车中燃烧所形成的苯,都会严重污染空气,必须尽量脱除。在汽油中加入含氧化合物,如 MTBE(甲基叔丁基醚)等,除了可以提高汽油辛烷值外,还对控制汽车尾气中的有毒物有帮助。但 MTBE 不能生物降解,会污染地下水,因而需要开发

MTBE 的替代物。汽油中的硫燃烧产物 SO_x 不仅会污染大气,造成酸雨,使 CO、碳氢化合物和 NO_x 排放量增加;还会毒害尾气催化转换器中的催化剂,造成催化剂失活。

总的说来,烯烃和芳烃都是汽油中高辛烷值组分,因此如何在不影响汽油辛烷值的情况下脱硫限制芳烃含量和烯烃含量是生产清洁汽油的主要任务。下面简要介绍一下汽油降烯烃技术:

由于成品汽油中的烯烃主要来自催化裂化(FCC)汽油,所以降低催化裂化汽油中烯烃的含量是首要问题。国内外技术主要有两种。一种是采用催化裂化助剂和新型催化剂配方,增加氢转移反应,使烯烃饱和;添加沸石分子筛如 ZSM-5,使汽油中的烯烃有选择性地裂化成 C_3 和 C_4 烯烃;采用高硅铝比沸石,增加异构化反应,提高饱和烃和烯烃的异构化程度,降低辛烷值损失。另一种是采用催化裂化汽油醚化技术,通过对汽油中的正构烯烃进行骨架异构化,然后再与醇类进行醚化反应,使部分烯烃饱和。

在上述工艺中轻烃烷基化是降低汽油中烯烃、芳烃以及硫含量,提高辛烷值的有效手段。汽油中调入烷基化油后,可以起到以下作用:提高汽油辛烷值;稀释催化裂化汽油组分中的烯烃和 S、N 等有害杂质;对重整汽油中的芳烃(包括苯)的含量也有稀释作用。国外对 C_3、C_4 烯烃的烷基化研究较多。早期的烷基化反应主要以液体酸(HF 和 H_2SO_4)为催化剂,不仅对人体危害大,对设备腐蚀严重,并且在废料处理方面也存在问题。因此固体酸催化的烷基化工艺逐渐取代了液体酸催化的烷基化工艺。用于烷基化反应的催化剂主要有杂多酸和沸石分子筛等,这也是用环境友好型催化剂代替传统催化剂的实例。

我国汽油的特点是高烯烃、低芳烃,成品调和汽油中的催化裂化汽油比例非常高。通过芳构化反应,将汽油中部分烯烃转化为芳烃和烷烃,在保证辛烷值不损失的情况下大幅度降低汽油的烯烃含量,更适合我国国情。通过在 ZSM-5 沸石中加入一些金属(如 Zn、Ga、Pt、Ni、Cd 等)得到的改性催化剂可直接将烯烃及其混合物转化为芳烃,芳烃产率和选择性都大为改善。最近,大连理工大学王祥生等利用纳米 HZSM-5 反应活性和选择性高、抗积炭能力强以及金属活性组分担载量高等特点,开发出了用于汽油芳构化降烯烃的改性纳米 HZSM-5 催化剂。该催化剂显示出优异的降烯烃活性和稳定性,并有降苯脱硫功能,为我国催化裂化汽油降烯烃开辟了一条新的道路。

2. 柴油加氢精制

对于柴油机汽车来说,柴油改质、生产清洁燃料仍是目前控制柴油机排放的有效方法。柴油改质所面临的问题主要有脱硫脱芳、合理提高十六烷值等。这都是通过加氢精制过程实现的,而加氢精制催化剂又是柴油加氢精制工艺的核心。柴油中含硫有机化合物经汽车发动机燃烧后会形成 SO_x,排入大气后不仅对人体健康有害,而且还是形成酸雨的直接原因,是造成大气污染的主要因素之一。因此深度加氢脱硫催化剂的开发也就成为目前生产清洁柴油亟待解决的问题。

　　石油中的含硫化合物可分为非杂环与杂环两类。前者主要包括硫醇和硫醚类化合物,易于脱除。后者主要包括噻吩(T)及其烷基或苯基取代物。图 8-3 是几种有代表性的杂环含硫化合物的结构。其中,大分子的二苯并噻吩(DBT)及其烷基取代物(DBTs)是石油中最难脱除的含硫化合物。这是因为 DBT 结构中噻吩环与相连的两个苯环处于同一平面,硫原子在接近活性中心时空间位阻很大,因而加氢反应速率很低。特别当 4 位和 6 位被烷基取代后空间位阻会更大,其加氢脱硫活性在同类化合物中也更低。传统的加氢脱硫(HDS)催化剂虽然对噻吩类含硫化合物有足够的活性,但对稠环的 DBT 及其衍生物的反应活性却很低。因此迫切要求开发对 DBT 类大分子含硫化合物具有高活性的深度加氢脱硫催化剂。

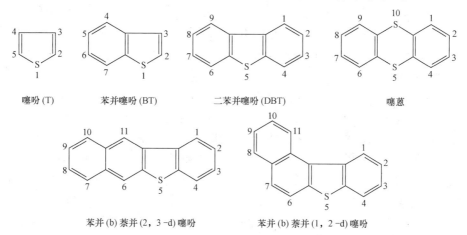

图 8-3　石油馏分油中含硫化合物的结构

　　传统的加氢脱硫催化剂一般以 Co-Mo、Ni-Mo 和 Ni-W 作为金属活性组分,典型的载体材料有 Al_2O_3、无定形硅酸铝、二氧化硅、沸石分子筛、硅藻土以及 MgO 等。所制得的氧化态催化剂在反应前需要进行硫化。上述三种催化剂各有其特点,应用范围也不尽相同。它们的氢解活性按下列顺序递减:Co-Mo>Ni-Mo>Ni-W;而加氢活性则相反:Co-Mo<Ni-Mo<Ni-W。因此一般加氢脱硫反应常用 Co 作助剂,对加氢活性要求较高的加氢脱氮(HDN)反应和处理不饱和度较高的原料时用 Ni 作助剂。由于 W 和 Al_2O_3 能形成很强的 W—O—Al 键,因此与 Mo 系催化剂相比,W 系催化剂硫化比较困难。但 Ni-W 混合物的硫化物是目前公认的耐硫的、加氢活性最高的非贵金属催化剂。

　　加氢脱硫催化剂的研发主要是从改进活性组分的担载方法、筛选活性更高的组分和寻找更好的载体三方面展开的。改进担载方法通常用金属有机络合物作前体以提高活性组分的分散度,从而提高催化剂活性。但该方法制备成本高,而且当硫含量降至更低时无法满足要求,因而近年来对高效深度加氢脱硫催化剂的开发主要集中在后两方面。就筛选活性更高的组分而言,Ru、Pt 等贵金属虽然有很高的催化活性,但它们的价格十分昂贵。另外,贵金属催化剂一般都不耐硫、氮,很容易因中毒而失活,也是制约它们在加氢脱硫反应中应用的一个重要原因。与之相比,传统的 Co、Ni、Mo、W 的硫化物在过渡金属硫化物中有着最高的性能价格比。近年来,Mo 和 W 的氮化物和碳化物因其高活性,尤其是高加氢脱氮活性,引起了人们的重视;但这些氮化物和碳化物在热力学上是不稳定的,当有 H_2S 以及有机硫化物存在时,会转化为相应的硫化物。最近,过渡金属磷化物作为高活性的加氢脱硫催化剂引起了人们的注意。在已经研究过的 ⅥB 族元素的磷化物中,MoP 和 WP 的活性高于相应硫化物催化剂,在 ⅧB 族元素的磷化物中,Ni_2P 活性最高。

在载体的选择上,由于良好的机械性能、再生性能、优异的结构及低廉的价格,传统的加氢精制催化剂一般都采用 Al_2O_3 作载体。但 Al_2O_3 与过渡金属氧化物间有很强的相互作用,这种强相互作用对加氢脱硫催化剂的活性不利。根据制备条件,Co 和 Ni 等助剂离子甚至能够生成尖晶石结构的 $CoAl_2O_4$ 和 $NiAl_2O_4$,影响催化剂活性。

活性炭与金属氧化物之间相互作用较弱,另外由于活性炭还具有其他一些如高比表面积、孔容和孔径可调等优良性质,越来越受到人们的关注。许多研究结果都表明,与传统的 Al_2O_3 作载体的催化剂相比,活性炭担载的催化剂有更高的活性和较低的结焦倾向。影响活性炭材料应用的主要因素是微孔率高,在大分子催化反应中,微孔无法利用,反而会浪费沉积在其中的过渡金属;而大多数中孔活性炭材料的强度都很差,密度或比表面积都很低。与 Al_2O_3 不同,SiO_2 表面羟基和氧桥因处于饱和状态而呈中性,使 SiO_2 与活性组分间相互作用很弱,不利于活性组分的分散,制约了 SiO_2 的应用。

除上述几种载体之外,酸性载体也是目前研究的一个热点。在酸性载体中,研究最多的是无定形硅酸铝、TiO_2 和 Y 分子筛。一般说来,负载于酸性载体上的催化剂都表现出很高的加氢脱硫活性;但酸性载体本身也或多或少存在一些不足之处,如对沸石作载体的催化剂来说,由于加氢裂化活性过高,在加氢脱硫反应条件下容易因结焦而失活。

总的来说,上述各种载体要么孔径和比表面积都较小,要么孔径分布不均匀,因此不适于处理大分子含硫有机化合物。最近以 MCM-41 为代表的中孔分子筛以其孔径分布均匀、比表面积大、表面酸强度适中且可调等特点逐渐引起了人们的注意。王安杰等[10]用全硅 MCM-41 作载体,担载 Ni-Mo、Co-Mo 以及 Ni-W 制备了深度加氢脱硫催化剂。研究结果表明,全硅 MCM-41 是一种优良的深度加氢脱硫催化剂载体;但与传统沸石分子筛不同的是,这些中孔分子筛的骨架本身是由无定形的硅氧聚合物组成的,水热稳定性较差。因此如何提高中孔分子筛水热稳定性,是目前研究的热点之一。

3. 馏分油的氧化脱硫

传统的加氢脱硫过程需要较高的温度和压力,且使用昂贵的氢气作为反应物。为了降低生产成本,实现超深度脱硫,人们开发了很多新的非加氢脱硫技术,如氧化脱硫、吸附脱硫、络合法脱硫以及生物脱硫等。其中,氧化脱硫因其具有反应条件温和、工艺简单、非临氢操作等特点,成为近年来一个新的研究热点。

就杂环含硫化合物反应特性而言,由于 DBT 类含硫化合物空间位阻较大,很难通过加氢方法完全脱除。但是,DBT 结构中的硫原子因噻吩环与两侧苯环相连,使其电子云密度较噻吩类和苯并噻吩类化合物高,因而易被氧化。尤其在 4 位和 6 位被烷基取代后,DBT 上的硫原子电子云密度进一步提高,更容易被氧化。氧化反应的活性顺序:4,6-DMDBT > 4-MDBT > DBT > BT > T,与加氢脱硫反应活性正好相反[11],具有互补性,见表 8-1。因此,如果用传统加氢脱硫催化剂脱除绝大部分含硫化合物后,再用氧化脱硫法脱除残余的 DBT 类稠环含硫化合物,可以发挥加氢脱硫和氧化脱硫各自所长,实现深度脱硫或零排放的目标。

表 8-1　　典型含硫化合物的电子云密度及其加氢和氧化反应活性比较

含硫化合物	结构	电子云密度	加氢反应相对速率	氧化反应相对速率[a]
4,6-DMDBT		5.760	6.7	167
4-MDBT		5.759	9	136
DBT		5.758	100	100
BT		5.739	1 330	12.5
T		5.696	2 250	—

a 根据反应速率常数计算而得。

氧化脱硫技术在 20 世纪 70 年代出现,以其反应条件温和以及不需要氢源等特点受到关注。氧化脱硫技术主要包括两个步骤,即含硫化合物氧化成砜以及砜的富集回收。其中,含硫化合物的选择氧化是氧化脱硫技术的关键。以 DBT 为例(图 8-4),一般认为含硫化合物首先与活性氧物种反应生成亚砜,亚砜再与活性氧物种反应生成砜。

在氧化脱硫反应中,常用的氧化剂主要为过氧化氢和过氧酸等。Otsuki 等[11]研究了双氧水-甲酸体系对模型化合物 SR-LGO(硫含量 1.35 %(质量分数))和

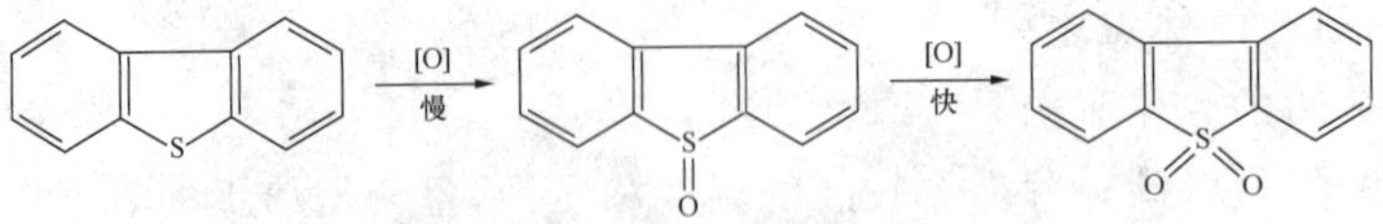

图 8-4　DBT 氧化脱硫反应路径示意图

VGO(硫含量2.17%(质量分数))的氧化反应活性以及用极性溶剂(乙腈、甲醇、二甲基甲酰胺等)萃取后的脱硫率。他们发现该方法可将 SR-LGO 中 DBT 类化合物脱除至 10^{-6} 以下,且总硫含量可降至 0.1% 左右。由此可见,氧化法能有效脱除 DBT 类化合物。分别以乙酸和双氧水作为催化剂和氧化剂的体系的氧化脱硫反应已经研究得比较深入。除有机酸外,Te 等[12]报道了以杂多酸金属盐为催化剂,氧化 DBT 类含硫有机化合物的研究。在对以各种杂多酸盐为前驱物的催化剂的考查中,发现催化剂的活性顺序:磷钨酸＞磷钼酸＞硅钼酸＞硅钨酸;DBT 类含硫有机化合物的氧化活性顺序:DBT ＞ 4-MDBT ＞ 4,6-DMDBT。这与 Otsuki 等[11]报道的双氧水-甲酸体系的氧化活性顺序不同。可能的原因是 DBT 类有机含硫化合物的脱硫受到两个因素的影响,即电子效应和空间位阻效应。甲基取代的 DBT 类含硫化合物难以吸附到磷钨酸催化剂上,因此以空间位阻效应的影响为主;而在双氧水-甲酸体系中甲酸的分子较小,甲基取代的 DBT 类含硫化合物很容易与催化剂接触,因此以电子效应为主。

近年来,以双氧水作氧化剂的非均相氧化脱硫体系的研究也取得了较大进展。Hulea 等[13]用含钛的沸石为催化剂,考查了噻吩、BT 和 DBT 的氧化脱硫反应活性,发现对于2,5-二甲基噻吩和噻吩等小分子含硫化合物,TS-1 表现出很高的催化活性。催化剂的活性顺序:TS-1 ＞ Ti-β ＞ Ti-HMS。对于 BT 和 DBT,由于分子较大,难以进入 TS-1 的孔道内;而对于沸石孔道尺寸较大的 Ti-β 和 Ti-HMS 则表现出较高活性;Ti-β 和 Ti-HMS 相比之下,由于 Ti-β 的沸石孔道为十二元环结构,DBT 的扩散阻力较大,因此 Ti-HMS 的活性高于 Ti-β。

在双氧水作氧化剂的氧化脱硫工艺中,多采用间歇釜作反应器。由于双氧水与反应油品不相溶,两相需要充分混合,才可使催化效果更好;而反应后油、水两相需要分离,会导致油品的液收损失;此外,还存在液相间交叉污染和大量废水排放问题,因此限制了以双氧水作氧化剂的氧化-萃取脱硫工艺在炼油厂大规模生产中的应用。针对以上问题,出现了以叔丁基过氧化氢或过氧化氢异丙苯等油溶性过氧化物取代水溶性的双氧水作氧化剂。由于在反应过程中避免了油水两相混合,可以实现连续生产。Wang 等[14]选用叔丁基过氧化氢作为氧化剂,以 MoO_3-Al_2O_3 作催化剂,80 ℃时,4,6-DMDBT 转化率可达 90%。王安杰等[15]最近提出了一种固定床氧化脱硫新工艺。在该工艺中,一小部分燃料油经过氧化反应器,用空气将其中的烷基芳烃氧化成有机过氧化物,生成的过氧化物作为活性氧携带者与大股馏分油混合后进入氧化脱硫反应器,在反应器中 DBT 等稠环含硫化合物被氧化生成相应的亚砜和砜,生成的亚砜和砜经过极性吸附剂富集脱除。该技术特点是:整个系统只需提供氧气即可实现氧化脱硫,所以原子经济性好;氧化剂采用空气氧化部分馏分油或烷基苯(如异丙苯或丁苯等)获得,过氧化物在氧化脱硫反应中释放氧原子后无须回收;有机过氧化物和燃料油处于同一相,反应效率高;能够采用固定床反应器,实现连续操作,与加氢脱硫工艺组合可实现超深度脱硫。

此外,也有用空气作氧化剂将馏分油中的含硫化合物氧化的报道。Shiraishi 等[16]报道了在紫外光照射和光敏剂的作用下用空气氧化轻油,再通过溶剂萃取的方法可实现深度脱硫。Matsuzawa 等[17]则用 TiO_2 和空气光催化氧化了 DBT 和 4,6-DMDBT。但是在光催化氧化脱硫反应中存在光生载流子复合较快,反应速率较低等问题。

对于氧化脱硫产物的富集和回收,常采用萃取、吸附或者蒸馏的方法。砜类的沸点高于相应的硫醚,因此可以用蒸馏的方法除去氧化后油品中的砜类。此法的缺点是柴油中的重组分会与砜类一起留在分馏塔底,油品损失较大。在萃取脱砜研究中,Otsuki 等[11]发现,除了甲醇外,二甲基甲酰胺、二甲基亚砜、乙腈都是很好的萃取溶剂。用上述溶剂萃取 10 次后,柴油中硫的质量分数下降到了 0.01%。

8.7.2　生物柴油

生物燃料是指以生物质为原料生产的液体燃料。生物柴油(biodiesel)是生物燃料的一种,也是一种清洁的矿物燃油替代品。根据 1992 年美国生物柴油协会(National Biodiesel Board,NBB)的定义,生物柴油是指以植物、动物油脂等可再生生物资源生产的可用于压燃式发动机的清洁替代燃油。由于生物柴油来源于植物或动物油脂,因而具有如下优点:

(1)可再生性。作为可再生资源,可通过农业或畜牧业得到。

(2)燃烧性能好。生物柴油十六烷值高,燃烧性能优于普通柴油;燃烧残留物呈微酸性,能够延长催化剂和发动机机油的使用寿命。

(3)具有良好的低温启动性能。

(4)环保性能优良。尾气中有毒有机物和 CO 排放量仅为普通柴油的 10%、颗粒物为 20%。排放指标可满足欧洲Ⅱ号和Ⅳ号排放标准;同时能够减少二氧化碳的生成量,二氧化硫和硫化物的排放也可减少约 30%。

(5)较好的安全性能。闪点高,易于运输、储存。

(6)较好的润滑性能。可降低喷油泵、发动机缸体和连杆的磨损率,延长其使用寿命。

生物柴油也存在一些缺点:生物柴油具有腐蚀性和吸水性,能对设备造成腐蚀;生物柴油运动黏度高、雾化能力低;另外,生物柴油还存在稳定性差、NO_x 排放量高及成本较高等问题。

生物柴油生产方法主要有直接混合法、微乳液法、高温裂解法、化学酯交换法、生物酶催化法以及超临界甲醇法等。

直接混合法是指将植物油与矿物柴油按一定比例混合后作为发动机燃料使用。直接混合法生产的柴油存在黏度高、易变质、燃烧不完全等缺点。

微乳液法是指将动、植物油与溶剂混合制成较原动、植物油黏度低的微乳状液体。这一方法主要解决了动、植物油黏度高的问题。

高温裂解法是在常压、快速加热、超短反应时间的条件下,使生物质中的有机高聚物迅速断裂为短链分子,并使结炭和产气降到最低限度,从而最大限度地获得燃油。但高温裂解法的反应产物难以控制,而且得到的主要产品是生物汽油,生物柴油只是其副产品,同时热解设备价格昂贵。

化学酯交换法是目前生物柴油的主要生产方法,即用动、植物油脂和甲醇或乙醇等低碳醇在酸或者碱催化和高温($230\sim250$ ℃)条件下进行酯交换反应,生成相应的脂肪酸甲酯或乙酯,经洗涤干燥即可得生物柴油,生产过程中可产生副产品甘油。反应方程式为

$$
\begin{array}{c}
CH_2COOR_1 \\
| \\
CHCOOR_2 \\
| \\
CH_2COOR_3
\end{array}
+ 3CH_3OH \longrightarrow
\begin{array}{c}
CH_3COOR_1 \\
CH_3COOR_2 \\
CH_3COOR_3
\end{array}
+
\begin{array}{c}
CH_2OH \\
| \\
CHOH \\
| \\
CH_2OH
\end{array}
\tag{8-29}
$$

可以用于酯交换反应的催化剂有碱($NaOH$、KOH、$NaOMe$、$KOMe$、有机胺等)、酸(硫酸、磺酸、盐酸等)、酶等。在无水情况下,碱催化剂酯交换活性通常比酸催化剂高。传统生产过程采用在甲醇中溶解度较大的碱金属氢氧化物作为均相催化剂。在均相反应中,油的转化率高,可以达到 99％以上,而且后续分离成本低。但在均相反应中催化剂不容易与产物分离,合成产物中存在的酸、碱催化剂必须在反应后进行中和及水洗,产生大量的污水。均相酸、碱催化剂随产品流出,不能重复使用,带来较高的成本。同时,酸、碱催化剂对设备腐蚀也比较严重。使用固体催化剂(固体酸、碱及固定化酶催化剂)可以解决产物与催化剂分离的问题,是环境友好过程。用于生物柴油生产的固体催化剂主要有树脂、黏土、分子筛、复合氧化物、固定化酶、硫酸盐、碳酸盐等。其中,负载型碱土金属是很好的催化剂体系,在醇中的溶解度较低,同时又具有相当的碱度,表现出良好的催化酯交换反应性能。化学酯交换法合成生物柴油的缺点是:工艺复杂;醇过量,后续工艺必须有相应的醇回收装置,能耗高;脂肪中不饱和脂肪酸在高温下容易变质,色泽深;酯化产物难于回收,成本高等。

生物酶催化法合成生物柴油主要是用动、植物油脂和低碳醇通过脂肪酶进行转酯化反应,制备相应的脂肪酸甲酯及乙酯,可以在一定程度上解决上述问题。该

法的特点是：条件温和、醇用量小、无污染排放。但存在的问题是：尽管脂肪酶对长链脂肪醇的酯化或转酯化有效，但对短链脂肪醇（如甲醇或乙醇等）转化率低，一般仅为 40%～60%；短链醇对酶有一定的毒性，能够缩短酶的使用寿命；副产物甘油和水难以回收，能够抑制产物的形成和毒化固定化酶，降低固定化酶的使用寿命。

超临界甲醇法是近几年发展起来的一种制备生物柴油的方法。经过超临界处理的甲醇能在无催化剂存在的条件下与油脂发生酯交换反应，产率高于普通催化过程，同时还可避免使用催化剂的分离过程，使酯交换过程更加简单、安全和高效。但反应中甲醇需进行超临界处理，反应所需温度较高，且甲醇必须过量。

8.7.3 环境友好催化剂及催化技术的开发

绿色化学又称为环境友好化学，目的是把现有的化学和化工生产技术路线从"先污染，后治理"变为"从源头上根除污染"。利用化学技术和方法，减少或杜绝有害的原料和催化剂的使用以及副产物的生成，实现有害物质的零排放。在绿色化学基础上发展起来的技术称为环境友好技术或清洁生产技术。目前研究的重点之一是开发新的原子经济反应和环境友好催化技术。其中，设计和使用降低或消除污染物、副产物以及废物流出的高选择性催化过程和新型催化剂，显得格外重要。

以环氧丙烷生产为例，工业上主要采用氯醇法和 Halcon 法生产。氯醇法污染严重，而 Halcon 法设备投资巨大，并且受到联产品销路的制约。因此，开发适应时代要求的全新环氧丙烷生产技术势在必行。大连理工大学王祥生等[18]近年来以四丙基溴化铵代替四丙基氢氧化铵作模板剂，合成出廉价的 TS-1，并以此为催化剂，用丙烯和双氧水反应制环氧丙烷，副产物为水，是一个高选择性的清洁工艺。此外，诸如用沸石分子筛择形催化高选择性地生产对二乙苯，以及前文（8.7.1节）所述的在汽油烷基化反应中用杂多酸或沸石分子筛等固体酸代替液体酸作催化剂，消除了污染等都是很好的实例。

下面将根据绿色化学近几年的研究进展，对膜催化技术、超临界流体和室温离子液体在绿色催化反应过程中的应用做简要介绍。

1. 膜催化技术

膜催化技术是将膜的分离功能与催化反应相耦合的一种新技术。该技术将催化材料制成膜反应器或将催化剂置于膜反应器中，在催化反应发生的同时可以有选择地、及时地将产物移出反应体系，打破化学平衡的限制，在较温和的条件下获得较高的产率，同时大大抑制了副反应的发生，控制了反应的进程和深度，提高了反应的选择性。

膜催化技术中，关键是膜材料。理想的膜应该具有较高的通透量、较好的选择性、高的热稳定性和化学稳定性，有时还需要有较高的催化活性。膜的功能主要有

两种:

(1)膜是反应区的一个分离元件,具有分离功能;

(2)膜具有催化活性,膜本身是催化剂或是用催化活性物质进行处理而具有催化功能,同时又有选择性透过的功能。

膜催化研究初期,由于主要局限于生物工程领域,反应条件比较温和,催化剂主要是酶,因此有机聚合物成为制备膜的主要材料。通常是将活性组分固定于膜的表面或膜内,使膜同时具有催化功能。但当反应温度达到 200 ℃以上时,有机高分子催化膜容易分解或损坏,从而限制了它在工业中的应用。而无机膜由于具有热稳定性高、机械性能好、结构稳定(耐高温和高压)、孔径可以调控、高选择分离功能及抗化学及微生物腐蚀等特点,在膜催化研究中越来越受到重视。

常见的无机膜有金属膜、合金膜、多孔陶瓷膜、多孔玻璃膜、复合膜以及近几年来出现的沸石分子筛膜、氧离子导体膜、氧离子-电子导体膜等。无机膜的制备方法主要有以下几种:采用固态粒子烧结法制备载体及过滤膜;采用溶胶-凝胶法制备超滤膜、微孔膜;采用分相法制备玻璃膜;采用金属浇铸、物理气相沉积、化学气相沉积、电镀等专业技术制备致密膜和微孔膜。为了提高膜对某种组分的选择性渗透,改善膜的内孔孔径,提高膜的稳定性等,经常需要对膜孔进行修饰或表面改性。常见的方法主要有:溶胶-凝胶法、化学气相沉积法、化学镀、溅射以及电化学气相沉积法等。

目前,膜催化技术主要应用在烃类的加氢、脱氢以及催化氧化等反应中。在催化加氢反应中,氢气通过膜沿着反应器径向渗透,在反应区均匀分布,能够更有效地控制加氢反应,避免或减少副反应发生,进而提高加氢反应的选择性;而对于脱氢反应,通过金属膜透氢可以使受热力学平衡限制的反应发生平衡移动,使得反应转化率高于理论平衡转化率。Weyten 等[19]用 Pd-Ag 膜反应器进行丙烷催化脱氢合成丙烯反应,在常压、500 ℃、Cr_2O_3/γ-Al_2O_3 作催化剂、丙烷进料速度为 35.3×10^{-6} mol/s 的条件下,丙烯产率为 38%,高于平衡产率两倍,丙烯选择性也高于在传统活塞流反应器中进行反应时的选择性。致密金属膜、微孔陶瓷膜或微孔不锈钢膜制成的膜反应器,也常用于烃类的选择性氧化反应。Diakov 和 Varma[20]采用双套管膜反应器,在温度为 200~250 ℃的条件下进行甲醇选择氧化制甲醛的模拟和实验研究。一端密封的微孔不锈钢膜管作内管,催化剂 Fe-Mo-O 装填在内管与外管的间隙中。甲醇汽化后直接进入催化床层,氧气通过膜管渗透到催化床层与甲醇反应。实验与模拟的结果都表明,在膜反应器中深度氧化副反应少,产品甲醛产率高于在传统反应器中的产率。

膜催化研究中存在的主要问题有:①高选择性膜的制备;②高温下的设备密封;③膜的污染与稳定性问题;④膜催化反应过程的数学模拟等。这些问题都有待进一步解决。

2. 超临界流体

临界点是指气、液两相共存线的终结点。此时气液两相的相对密度一致,差别消失。超临界流体(supercritical fluids,SCF)是一种温度和压力都处于临界点以上、性质介于液体和气体之间的流体。SCF 有近似于气体的流动行为,黏度小、传质系数大,有与液体相近的溶解能力和传热系数。此外,SCF 还具有区别于气体和液体的明显特征:可以得到处于气态和液态之间的任一密度;在临界点附近,压力的微小变化可导致密度的巨大变化。由于黏度、介电常数、扩散系数、溶解度都与密度相关,因此可通过调节压力来控制 SCF 的物化性质。

在 SCF 状态下进行化学反应时,由于 SCF 的高溶解能力和高扩散性,能将反应物甚至催化剂溶解在 SCF 中,使传统的多相反应转化为均相反应,消除了反应物与催化剂之间的扩散限制,有利于提高反应速率。利用 SCF 对温度和压力敏感的溶解性能,选择合适的温度和压力条件,能有效地控制反应活性和选择性,及时分离反应产物,促使反应向有利于目标产物的方向进行。此外,还可以利用 SCF 优异的溶解能力抽提出催化剂表面上的积炭、结焦和毒物,延长催化剂的使用寿命。在超临界反应中,一般常采用 CO_2、H_2O 等作为流体,污染小,有利于环境保护。

由于具有以上的独特性质,在 SCF 中进行的催化加氢、催化氧化、烷基化、高分子聚合、酶催化以及前文所述的生物柴油制备(8.7.2 节)等研究都取得了很大的进展。如在不对称催化加氢反应中,反应溶剂类型对其立体选择性有很大的影响。通常只在有限范围的溶剂中反应才可能达到高的立体选择性,而这些溶剂往往都会造成环境污染。利用超临界 CO_2 作为反应介质代替常规有机溶剂,不但对环境友好,且可通过控制压力和温度,使反应介质对立体选择性的效应达到最佳化。Burk 等[33]曾利用该原理对具有潜手性的 α-烯胺的催化加氢进行了研究。他们用铑金属配合物作催化剂,通过与有机溶剂诸如甲醇、正己烷等比较,发现超临界 CO_2 中所得的对映体超量(90.9% e.e)至少与常规溶剂持平。对于 β,β-双取代烯胺反应后所得产物的对映体超量,也远远超过在常规溶剂中的反应所得。

3. 室温离子液体

室温离子液体(room temperature ionic liquid,RTIL)又称室温熔盐,是由有机阳离子和无机或有机阴离子构成的、在室温或室温附近温度下呈液态的离子化合物。一般离子化合物只有在高温状态下才能变成液态,而离子液体在室温附近很大的温度范围内均为液态。原因是普通的离子化合物由于阴、阳离子间离子键作用较强,因而具有较高的熔、沸点和硬度。如 NaCl,阴、阳离子半径相似,在晶体中紧密堆积,每个离子只能在晶格点阵中做振动和有限摆动,熔点达 804 ℃。如果改变离子大小,使阴、阳离子半径相差很大,减小较大离子的对称性,破坏有序的晶体结构,使离子不能做有效堆积,减小离子间作用力,降低晶格能,可以使离子化合物的熔点下降,室温下可能成为液态。

与传统的有机溶剂相比,离子液体具有如下特点:

(1)液体状态温度范围宽,从低于或接近室温到300 ℃;

(2)不易燃烧和爆炸,不易氧化,具有良好的物理和化学稳定性;

(3)没有显著的蒸气压,不易挥发,消除了挥发性有机化合物(VOC)环境污染问题;

(4)对大量的无机和有机物质都表现出良好的溶解能力,且具有溶剂和催化剂的双重功能,可作为许多化学反应的溶剂或催化活性载体;

(5)极性较强且酸性可调、黏度低、密度大,可以形成两相或多相体系,适合作分离溶剂或构成反应-分离耦合新体系;

(6)离子液体的物化特性会随着阳离子和阴离子的不同而发生较大变化,可以根据需要合成出具有不同特性的离子液体。

由于离子液体具有以上独特性质,一方面,可以使它作为新型绿色溶剂,从而避免大量易挥发溶剂所带来的环境污染问题;另一方面,离子液体也为催化反应提供了一个新的反应环境。作为反应介质,既可起到促进反应的作用,有时更直接起着溶剂和催化剂的双重作用,进而实现环境友好、绿色催化的目标。

理论上讲,改变不同的阳离子-阴离子组合可设计合成许多种离子液体,但目前研究的离子液体仍为数不多。已知的室温离子液体按阳离子可分为普通的季铵盐类、季镂盐类、烷基取代的吡啶盐类和烷基取代的咪唑盐类等几类,其中,烷基取代的咪唑离子液体研究最多。室温离子液体按阴离子可分为金属类(如 $CuCl_2^-$)和非金属类(如 BF_4^- 和 PF_4^-)。按 Lewis 酸性,可分为可调酸、碱性离子液体(如 $AlCl_4^-$)和中性离子液体(如 BF_4^- 和 PF_4^- 等)。还可按阴离子的组成分为两类:一类是多核阴离子,如 $Al_2Cl_7^-$ 、 $Al_3Cl_{10}^-$ 和 $Au_2Cl_7^-$ 等,这类阴离子是由相应的酸制成的,一般对水和空气不稳定;另一类是单核阴离子,如 BF_4^- 、 PF_6^- 等,这类阴离子往往呈碱性或中性。表 8-2 列出了几种常见的室温离子液体的组成。

表 8-2　　　　　　　　　　　　　几种常见的室温离子液体的组成

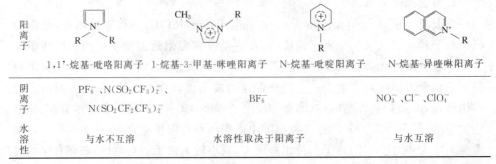

阳离子	1,1'-烷基-吡咯阳离子	1-烷基-3-甲基-咪唑阳离子	N-烷基-吡啶阳离子	N-烷基-异喹啉阳离子
阴离子	PF_6^- 、 $N(SO_2CF_3)_2^-$ 、 $N(SO_2CF_2CF_3)_2^-$	BF_6^-		NO_3^- 、 Cl^- 、 ClO_4^-
水溶性	与水不互溶	水溶性取决于阳离子		与水互溶

阴、阳离子对室温离子液体的性质有很大影响。熔点是离子液体的重要参数

之一,离子液体的熔点与其结构的定量关系目前还不十分明确,但一般而言,结构对称性越低、分子间作用力越弱、阴、阳离子电荷分布越均匀,离子液体的熔点就越低。离子液体的黏度一般随阳离子中烷基链长度的增加而增加,同时还受阴离子大小和几何形状的影响。另外,随着阳离子中烷基链的增长,离子液体表面张力降低,而油溶性增加。

离子液体可用于取代有机溶剂作为反应溶剂。利用离子液体的极性可调控性,选择不同的阳离子-阴离子组合可与水或有机物形成一相或多相体系。利用反应物、产物和催化剂在离子液体和水中不同的溶解性,实现反应-分离的耦合,同时由于离子液体可重复使用,避免了使用有机溶剂时所造成的污染。还可以通过调节离子液体组成调变体系的酸性,作溶剂的同时还可用于催化如酯化、烷基化和酰基化等一些酸碱催化的反应。传统的酯化反应一般用浓硫酸作催化剂,生产过程中产生大量的酸性废水,同时带来设备腐蚀及环境污染等问题,另外产物的提取分离非常困难且需要大量的挥发性有机溶剂。当采用室温离子液体作催化剂和溶剂时,不仅可以得到很好的转化率与产率,而且与传统方法相比,具有两个明显优势:

(1)反应的产物酯类不溶于离子液体,可以很容易地分离出来;

(2)离子液体再经过高温脱水处理后可以重复使用。

何鸣元等[22]报道了一种简单的 Brönsted 酸离子液体,它是由 1-甲基咪唑与 HBF_4 水溶液直接混合搅拌,再除去多余的水制备而成的。在醇、酸摩尔比为 1∶1 的条件下,这种离子液体对一系列酯化反应都表现出良好的催化性能,反应 2 h 后转化率一般都在 95% 以上,而酯的选择性则可达到 100%。这是因为酯化反应是一个热力学平衡控制的反应,及时除去水可以提高转化率;而过强的酸性又会导致其他副反应,因此这种由 1-甲基咪唑与 HBF_4 合成的离子液体因酸性适中,而且水溶性好表现出最佳的催化性能。

付-克反应是指芳香族化合物与烷基化剂或酰基化剂发生在芳环上的烷基化或酰基化反应,在合成精细化学品、医药及农药中间体以及石油化工领域中有着重要的地位。传统工艺一般采用浓硫酸、氢氟酸及无水三氯化铝催化。液体酸腐蚀性强、污染严重,不是环境友好的催化过程。而离子液体催化作为环境友好催化工艺受到了广泛关注,在付-克反应中具有广阔的应用前景。Steichen 等[23]研究了一系列 R_xNH_x-$AlCl_3$ 型离子液体催化的苯与十二烯(苯与十二烯摩尔比为 8∶1)烷基化反应,发现含一个烷基的烷基胺氯铝酸盐是良好的烷基化催化剂;采用二甲胺氯铝酸盐离子液体催化剂,反应可瞬间完成,烯烃转化率大于 99%。Sherif 等[24]研究了[BMIM]Cl-$AlCl_3$、Et_3NHCl-$AlCl_3$ 及 Me_3NHCl-$AlCl_3$ 催化苯与十二烯(摩尔比为 13∶1,80 ℃反应 15 min)在 N_2 保护下的烷基化反应,催化剂均表现出良好的催化活性,且催化剂可以重复使用。有机铵阳离子、有机鏻阳离子与 H_2SO_4、H_3PO_4 等络合得到离子液体也是性能优良的烷基化催化剂。

超临界 CO_2 和离子液体都是良好的环境友好溶剂。一般情况下,超临界 CO_2 在离子液体中具有很大的溶解度,而离子液体则几乎不溶于超临界 CO_2,即不对称互溶性,并且两者之间的溶解度可以通过调节 CO_2 相的压力来调变。用超临界 CO_2 从离子液体中萃取的产物纯净,无离子液体和催化剂流失,还可实现反应过程的连续流动操作,CO_2 也可回收再利用,能够较好地解决催化剂与产物的分离问题,具有良好的应用前景和发展潜力。

8.8 废弃资源的利用

我国人均资源匮乏,多年来资源的高强度开发及低效利用,加剧了资源供需的矛盾,资源短缺和资源低效利用已成为制约我国经济社会可持续发展的重要瓶颈。资源综合利用是解决可持续发展中合理利用资源和防治污染这两个核心问题的根本途径,在我国经济社会发展中具有十分重要的战略地位。采用高效、环保的先进技术对资源开采、生产过程中的主料、辅料和伴生料综合利用,对再生资源综合利用,既可以缓解资源匮乏问题,又可以解决环境污染问题。另一方面,随着全球人口的剧增,社会生产力水平的提高,人类社会经济活动产生的大量废弃资源对自然生态环境造成了严重的污染和危害,甚至已经成为威胁人类自身生存与发展的一个因素。废弃资源的利用或再资源化,不仅能有效地治理污染和改善环境,而且也是缓解自然资源短缺的重要途径之一。废弃资源的利用涉及的内容非常广泛,其中有很多过程,如纤维素、甲烷、CO_2 以及液化气等低碳资源的利用等,都涉及了催化。下面简要介绍一下 CO_2 的催化利用和催化降解废旧塑料制汽油和柴油。

8.8.1 CO_2 的催化利用

大量使用化石燃料,导致大气中 CO_2 大量积累,是造成温室效应的原因之一。与脱除 SO_x、NO_x 不同,CO_2 排放量太大,从燃烧尾气中除去实际上无法实现。所以节能和开发不含碳的燃料要比 CO_2 治理重要得多。

减少 CO_2 向大气中的排放量有多种方案。可以应用多种工艺从烟道气中回收 CO_2。例如化学吸收、膜技术分离 CO_2,以及利用双气体汽轮机和蒸汽与 CO_2 气体汽轮机循环等方法回收 CO_2。另一个重要的研究方向是将 CO_2 作为碳资源加以利用,将 CO_2 转换为汽油、甲醇、合成液态碳氢化合物等。据估计,约有总量三分之一的 CO_2 是以浓度很高的状态存在的,它来自于发电厂、钢铁厂、水泥厂和石油化工厂等。这部分浓缩的,或是已经和其他气体分离的 CO_2,可以设法转化成有用的化合物。Inui 等[25]研究以两步反应串联进行:第一步,用 La 改性的 Cu-Zn-Cr-Al-O 还原态催化剂将 CO_2 加氢合成甲醇;第二步,用 H-Fe-Silicate 催化剂(类似 ZSM-5 沸石的结构,Si 和 Fe 的原子比为 400),将甲醇转化为汽油。和 CO 加氢反应相比较,反应总压力从 4.8 MPa 提高到了 8.0 MPa,反应温度相同,均为 250 ℃。

可见,CO_2 的反应活性比较低。这是因为 CO_2 非常稳定,活化比较困难。Johnston 等[26]首次发现光照条件下 CO_2 插入到过渡金属 C—M 键之间并分离得到产物,说明 CO_2 可以在光照和温和的反应条件下被金属有机物活化,为 CO_2 的活化提供了一种新方法。最近,高大彬等[27]在光促进温和条件下用 CO_2 代替 CO,以一系列不同类型的卤代烃及烯烃为底物,用非贵金属钴盐(如 $Co(OAc)_2$、$Co(acac)_2$、CoSalen、CoTPP、CoPc、$Co(Ph_3P)_2Cl_2$)作催化剂,在常温常压下实现了羰基化反应,有选择地得到了甲酯化产物。以 CO_2 为 C_1 源合成酸及酯,CO_2 中的三个原子全都变成了产物中的原子,因此具有良好的原子经济性,最大限度地利用了原料;另外,CO_2 是地球上丰富的碳源,用 CO_2 代替 CO 进行温和条件下的羰基化反应,可以减少环境污染。

另一条可行的途径是将 CO_2 作为一种活性较为温和的氧化剂,从 CO_2 和低碳烷烃分子出发,通过不同的化学反应途径来高选择性地制取高附加值产品。例如,用 CO_2 氧化低碳烷烃、CH_4-CO_2 重整制合成气、CO_2 氧化 CH_4 偶联制 C_2H_4 和 C_2H_6、CO_2 氧化低碳烷烃脱氢制烯烃、CO_2 氧化低碳烷烃芳构化、CO_2 氧化乙苯脱氢制苯乙烯等。在这些反应中,催化剂都发挥了核心作用。

8.8.2　催化降解废旧塑料制汽油和柴油

塑料制品的大量使用在给人们生产生活带来便利的同时也造成了严重的环境污染。填埋或焚烧、回收利用以及开发可降解塑料是目前治理塑料废弃物污染的重要途径。填埋处理不能从根本上解决污染问题,并且由于塑料制品密度小、体积大、不易腐烂,不仅会占用大量土地,而且被占用的土地长期得不到恢复,影响土地的可持续利用。焚烧塑料会释放出二噁英等有害气体,造成二次污染。回收利用不仅有益于环保,而且增加了对废弃资源的利用途径。催化降解废旧塑料制汽油和柴油等燃料油是塑料回收利用的一个重要方法。在石油资源日益枯竭的今天,这种方法具有重要的意义。

废旧塑料制取燃料油主要有高温裂解和催化降解两种方法。高温裂解一般是在反应器中将废旧塑料加热到分解温度(600~900 ℃)将其分解,再经吸收、净化得到可利用分解物。高温裂解反应温度高、生成的烃类沸点范围宽、回收利用价值低[28]。催化降解不仅反应温度低、出油率高,而且能够控制产物分布,所产出的油品稳定,不饱和烃少,能得到品位较高的汽油。废旧塑料催化降解工艺包括两部分:先经过高温裂解反应,再对高温裂解油催化裂解得到高质量的油。常用的塑料有聚乙烯、聚丙烯、聚苯乙烯、聚氯乙烯等。塑料裂解是一个分子数增大的反应,因此降低压力有利于反应的进行,并有利于气体产物的生成。但为使燃料油产率达到最大值,必须选择合适的反应压力。催化降解所用催化剂一般为固体酸,常用的有无定形硅铝、沸石分子筛及介孔材料等。以无定形硅铝和介孔材料作催化剂制得的油品中烯烃含量较高,在放置过程中容易聚合或被氧化;而以沸石分子筛作催化剂制得的油品富含芳烃,烯烃含量较低。目前催化降解废旧塑料主要面临以下几方面的问题[29]:

(1)塑料中含有聚氯乙烯,在高温裂解中产生氯化氢气体,严重腐蚀设备;

(2)塑料的导热性差,达到热分解温度的时间较长;

(3)碳残渣黏附于反应器壁上,不利于连续排出;

(4)塑料受热产生高黏度熔化物,难以输送;

(5)催化剂的使用寿命和活性较低;

(6)废旧塑料虽然量多,但收集困难,不便于长途运输;

(7)催化剂制备成本高,目前还没有完全适合于废旧塑料制燃油的催化剂。

(王安杰　李翔)

参考文献

[1] Centi G, Ciambelli P, Perathoner S, et al. Environmental catalysis: trends and outlook [J]. Catalysis Today, 2002, 75(1-4): 3-15.

[2] 陈盛樑,罗宇,黄川,等. 汽车尾气三效催化转化器及其最新进展[J]. 重庆大学学报,2002,25 (9): 90-93.

[3] 叶青,金钧,陈永宝. 汽车尾气三效催化剂的现状、发展及动向[J]. 北京工业大学学报, 2000, 26(1): 112-117.

[4] 蒋镇宇,朱会田,张建军. 车用柴油机尾气排放与综合控制[J]. 内燃机,2002,1: 29-33.

[5] Sato S, Yu-u Y, Yahiro H, et al. Cu/ZSM-5 zeolite as highly active catalyst for removal of nitrogen monoxide from emission of diesel engines [J]. Applied Catalysis, 1991, 70(1): L1-L5.

[6] Held W, König A, Richter T, et al. Catalytic NO_x reduction in net oxidizing exhaust gas [J]. SAE Paper, 900496, 1990.

[7] 卓广澜,陈银飞,蔡晔,等. 脱除 SO_2 的催化方法研究进展[J]. 化工生产与技术,1999, 1: 18-21.

[8] 范恩荣. 催化燃烧方法概况[J]. 煤气与热力,1997,4: 32-35.

[9] Sahoo S K, Viswanadham N, Ray N, et al. Studies on acidity, activity and coke deactivation of ZSM-5 during n-heptane aromatization [J]. Applied Catalysis A: General, 2001, 205(1-2): 1-10.

[10] Wang A, Wang Y, Kabe T, et al. Hydrodesulfurization of dibenzothiophene over siliceous MCM-41-supported catalysts: I. Sulfided Co-Mo catalysts [J]. Journal of Cataly-

sis，2001，199(1)：19-29.

[11] Otsuki S，Nonaka T，Takashima N，et al. Oxidative desulfurization of light gas oil and vacuum gas oil by oxidation and solvent extraction [J]. Energy & Fuels，2000，14(6)：1232-1239.

[12] Te M，Fairbridge C，Ring Z. Oxidation reactivities of dibenzothiophenes in polyoxometalate/H_2O_2 and formic acid/H_2O_2 systems [J]. Applied Catalysis A：General，2001，219 (1-2)：267-280.

[13] Hulea V，Fajula F，Bousquet J. Mild oxidation with H_2O_2 over Ti-containing molecular sieves—a very efficient method for removing aromatic sulfur compounds from fuels [J]. Journal of Catalysis，2001，198(2)：179-186.

[14] Wang D H，Qian E W，Amano H，et al. Oxidative desulfurization of fuel oil：Part I. Oxidation of dibenzothiophenes using tert-butyl hydroperoxide [J]. Applied Catalysis A：General，2003，253(1)：91-99.

[15] 王安杰. 一种固定床氧化脱硫反应方法：中国，200510046741.4[P]. 2006-01-25.

[16] Shiraishi Y，Hirai T，Komasawa I. A deep desulfurization process for light oil by photochemical reaction in an organic two-phase liquid-liquid extraction system [J]. Industrial and Engineering Chemistry Research，1998，37(1)：203-211.

[17] Matsuzawa S，Tanaka J，Sato S，et al. Photocatalytic oxidation of dibenzothiophenes in acetonitrile using TiO_2：effect of hydrogen peroxide and ultrasound irradiation [J]. Journal of Photochemistry and Photobiology A：Chemistry，2002，149(1-3)：183-189.

[18] Wang X，Guo X. Synthesis，characterization and catalytic properties of low cost titanium silicalite [J]. Catalysis Today，1999，51(1)：177-186.

[19] Weyten H，Luyten J，Keizer K，et al. Membrane performance：the key issues for dehydrogenation reactions in a catalytic membrane reactor [J]. Catalysis Today，2000，56(1-3)：3-11.

[20] Diakov V，Varma A. Reactant distribution by inert membrane enhances packed-bed reactor stability [J]. Chemical Engineering Science，2002，57(7)：1099-1105.

[21] Burk M J，Feng S，Gross M F，et al. Asymmetric catalytic hydrogenation reactions in supercritical carbon dioxide [J]. Journal of the American Chemical Society，1995，117 (31)：8277-8278.

[22] Zhu H P，Yang F，Tang J，et al. Brönsted acidic ionic liquid 1-methylimidazolium tetrafluoroborate：a green catalyst and recyclable medium for esterification [J]. Green Chemistry，2003，5(1)：38-39.

[23] Steichen D S，Shyu L. In-situ formation of an ionic liquid alkylation catalyst in a reactor-by separate addition of a metal halide and a base to reduce corrosion problems and absorb the exotherm of catalyst formation：World Patent，WO9850153-A[P]. 1998-11-12.

[24] Sherif F G，Shyu L，Greco C C，Talma A G，et al. New low temperature ionic liquid catalyst for detergent production-comprises a metal halide and an alkyl-containing amine

hydrohalide salt：CN，1225617A［P］．1999-08-11.

［25］ Inui T，Takeguchi T，Kohama A，et al．Selective gasoline synthesis from CO_2 on a highly active methanol synthesis catalyst and an H-Fe-Silicate of MFI structure ［J］．Studies in Surface Science and Catalysis，1993，75：1453-1466.

［26］ Johnston R F，Cooper J C．The first example of photochemically activated carbon dioxide insertion into transition-metal-carbon bonds ［J］．Organometallics，1987，6（11）：2448-2449.

［27］ 孙妍，尹静梅，高大彬，等．温和条件下卤代烃的光促进羰基化反应［J］．化学通报（网络版），2003，66(1)：W038.

［28］ 许翩翩，张藩贤．废旧塑料催化裂解制备汽油［J］．化工环保，1998，18(1)：20-24.

［29］ 常玉宏．浅谈废塑料生产汽油、柴油的最佳生产工艺及设备［J］．塑料通讯，1996，3：16-18.

第9章 非石油资源催化转化制取燃料及化学品

9.1 分子筛催化的 C_1 化学新反应

从非石油资源——煤或天然气出发,通过 C_1 化学路线制备化学品的研究开发最初源于 20 世纪 70 年代两次石油危机对世界经济的严重冲击。世界主要发达国家和一些发展中国家均加大投入以开辟非石油资源制取烃类和其他化学品的技术路线,由此发展的甲醇、二甲醚和合成气的转化成为联系煤或天然气化工和石油化工的桥梁。由于从天然气或煤制合成气再生产甲醇的技术已经成熟并大规模化,甲醇和二甲醚等 C_1 原料逐渐发展成为世界最大宗的化工商品, C_1 化学新反应分子筛催化剂和过程的开发成为非石油路线制取燃料和化学品的关键技术。本节主要介绍两大类 C_1 化学反应,即甲醇转化制烯烃和芳烃,二甲醚羰基化制烃类含氧化合物(乙醇、乙酸和乙酸甲酯等)。

9.1.1 甲醇制烯烃

甲醇制烯烃(MTO)是将甲醇转化为乙烯、丙烯等低碳烯烃的反应,是煤制烯烃工艺路线的核心技术。甲醇制烯烃工艺开辟了由煤或天然气生产基本有机化工原料的新工艺路线,是最有希望替代传统的以石油为原料制取烯烃的路线,也是实现煤化工向石油化工延伸发展的有效途径。

1. 甲醇转化烃类的反应模式

甲醇在中孔 ZSM-5 沸石催化剂上转化为各种烃类的途径可归纳为三种模式:

$$①2CH_3OH \underset{+H_2O}{\overset{-H_2O}{\rightleftharpoons}} CH_3OCH_3 \xrightarrow{-H_2O} C_2^= \sim C_5^= \longrightarrow \left\{ \begin{array}{l} 烷烃 \\ 芳烃 \\ 环烷烃 \\ C_{6+}烯烃 \end{array} \right.$$

$$②2CH_3OH \rightleftharpoons CH_3OCH_3 + H_2O$$
烯烃

$$③2CH_3OH \overset{-H_2O}{\rightleftharpoons} CH_3OCH_3$$
$$H_2C=CH_2(CH_2=CHCH_3)$$
高级燃料
烷烃   芳烃

模式①、③均是由甲醇→甲醚→产物,二者的区别是模式③认为生成的烷烃可能进一步裂解,生成低碳烯烃;模式②与模式①不同之处是前者也可由甲醇直接生成烯烃。

2. 分子筛催化甲醇制烯烃的反应机理

自从 20 世纪 70 年代 Mobil 公司的研究人员意外地发现甲醇能够在 ZSM-5 分子筛上转化为烃类产品(多为汽油组分)[1]后,分子筛催化甲醇转化的反应机理就引起了人们极大的兴趣。该反应是从只有一个碳原子的甲醇分子出发得到具有 C—C 键的烃类产物,这在当时是非常出乎人们意料的。为了解释 C—C 键是如何从甲醇产生的,研究人员提出了 20 多种可能的机理模型。本书主要介绍其中具有代表性的两种机理,即直接反应机理和更为公认的间接反应机理。

(1)碳烯(carbene)和类碳烯机理

Venuto 等人认为,吸附在沸石表面上的甲醇脱水,可生成二价类碳烯物种,然后再聚合为烯烃:

$$H-CH_2-OH \longrightarrow H_2O + :CH_2$$
$$n :CH_2 \longrightarrow (CH_2)_n (n=2,3,4,5)$$

Swabb[2]等认为甲醇通过 α-消去生成烯烃,其中键的断裂是由沸石晶格上的酸中心和碱中心共同作用的结果:

碱中心 $\Big| O---H---\underset{H_2}{C}---\overset{}{O}---H \overset{\oplus}{\longrightarrow} O$ B酸中心

　　Chang[1]等提出甲醇转化为乙烯是通过碳烯插入的机理,即首先甲醇或二甲醚发生α-消去反应生成亚甲基,接着生成起始表面键合的正碳离子,进一步通过沸石为媒介,引起:CH_2和CH_3^+相互作用,按如下模式进行:

$$CH_3OH \xrightarrow{H-Zeo} CH_3\overset{+}{O}H_2 \begin{array}{c} \overset{a}{\rightleftharpoons} [:CH_2+H_3\overset{+}{O}]\cdot Zeo^- \\ \Big\| c \longrightarrow H_2C=CH_2+H-Zeo \\ \underset{b}{\rightleftharpoons} [CH_3^++H_2O]\cdot Zeo^- \end{array}$$

式中,a 为 α-消去生成亚甲基(:CH_2);b 为脱水生成正碳离子(CH_3^+);c 为:CH_2和 CH_3^+ 作用生成乙烯和 H^+。

　　(2)甲基碳离子($CH_3^{\delta+}$)机理[3]

　　Ono 提出的甲基碳离子机理如下:

$$CH_3OH+HOZ \longrightarrow Z-O^{\delta-}+CH_3^{\delta+}+H_2O$$

$$Z-O^{\delta-}+CH_3^{\delta+}+CH_3OH \longrightarrow Z-O^- \left[\begin{array}{c} H \\ | \\ CH_2-OH \\ | \\ H_3C \end{array} \right]^+ \longrightarrow$$

$$CH_3CH_2OH(HOZ) \longrightarrow H_2C=CH_2+H_2O+HOZ$$

　　除上述两种机理外,还有链反应机理、氧正离子和叶里德机理、自由基机理等,详见其他参考文献[4]。通常称这些机理为直接机理,即初始的产物直接来自甲醇或相关 C_1 物种之间的反应,大多数直接机理的实验证据并不充分。迄今为止,第一个 C—C 键的生成机理仍未得到圆满的解决,但这似乎并没有影响到人们探究甲醇转化反应机理的研究进程。近二十年来最为重要的进展是一种被称为“烃池机理”的间接机理的提出,并得到大量实验事实的支持。本书将从以下几个方面对分子筛催化甲醇转化反应的烃池机理进行阐述。

　　(3)烃池机理

　　①烃池机理的提出

　　理论研究证实甲醇通过直接机理产生 C—C 键是非常困难的,初始的含有C—C 键的物种可能来自反应体系中微量的杂质。研究发现,向反应体系中加入少量的芳烃(如甲苯)能够大幅提高甲醇在 ZSM-5 上的转化率,因此称芳烃为反应的“共催化剂”[5]。当 SAPO-34 分子筛被应用于甲醇转化反应后,发现乙烯和丙烯的选择性得到大幅提高。为了研究乙烯、丙烯在 SAPO-34 上的甲醇转化反应中的作用,Dahl 和 Kolboe 等[6]将乙醇和丙醇(脱水生成相应的乙烯、丙烯)分别与^{13}C-甲醇共进料反应,发现 SAPO-34 上烯烃的反应活性很低,大部分的产物直接来自甲醇。据此,他们提出在 SAPO-34 上有一个被吸附的“烃池”,它不停地与甲醇反应,并连续不断地生成乙烯、丙烯、丁烯等产物。这就是最初的烃池机理模型(图 9-1)[6],该模型中的烃池是一个模糊的概念,对它的组成、结构、作用机理等均没有具体的描述。

②烃池物种的确认

烃池机理提出以后，第一个 C—C 键是如何生成的似乎已经不是十分重要，人们的兴趣被吸引到研究烃池究竟是什么物种，它是如何发挥作用的。于是进行了对甲醇反应过程中催化剂上产生的积炭物种的表征及其反应活性的测定，并与产物的生成进行了关联。

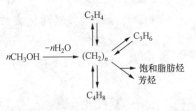

图 9-1 甲醇制烯烃反应的烃池机理模型[6]

Haw 和 Hunger 等研究小组通过固体核磁共振发现催化剂上存在大量的芳烃物种，而且随着芳烃物种含量的增加，甲醇的转化率升高。Kolbe 等[7]研究了被限制在 SAPO-34 纳米笼中的有机物种的反应活性，发现多甲基取代的芳烃是活泼的反应中间体。此外，还发现在 ZSM-5 分子筛上存在二甲基环戊二烯正碳离子。随后的研究发现在其他分子筛上，芳烃也是比较活泼的反应中间体。刘中民等[8]研究了新型分子筛材料 DNL-6 上的甲醇制烯烃反应，在真实甲醇转化反应体系中，同时观察到七甲基苯基正碳离子（heptaMB$^+$）及其去质子化物（HMMC）的存在，并验证了它们在甲醇制烯烃反应过程中的作用。目前已经被发现的作为烃池物种的正碳离子包括环戊烯基正碳离子和苯基正碳离子，如图 9-2 所示。这些正碳离子的结构与分子筛的结构密切相关。

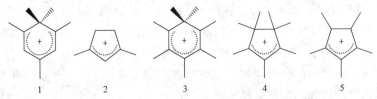

图 9-2 固体核磁共振观察到的正碳离子

1—1,1,2,4,6-五甲基苯基正碳离子；2—1,3-二甲基环戊基正碳离子；3—七甲基苯基正碳离子；4—七甲基环戊基正碳离子；5—五甲基环戊基正碳离子

③烯烃的生成途径

将原位固体核磁共振和 $^{12}C/^{13}C$ 瞬时切换实验等手段应用于甲醇转化反应的研究中，可以对烃池物种与烯烃的生成进行考查和关联，进一步明确甲醇通过烃池转化成烯烃产物的反应途径。另外，理论计算方法也在研究甲醇制烯烃反应中烯烃的生成机理方面起到了非常重要的作用。

在基于芳烃物种的烃池机理中，烯烃可以通过两种反应机理生成：苯环侧链烷基化机理和修边机理。在侧链烷基化机理中，甲醇与苯环外双键发生烷基化反应生成长链烷基，进而烷基裂解生成相应的烯烃（图 9-3 右侧）。修边机理是指通过环收缩-扩张的方式将烃池物种上的烷基脱除而产生烯烃的反应途径（图 9-3 左侧）。上述两种机理都在一定程度上得到实验事实的支持和理论计算方法的验证[9]。

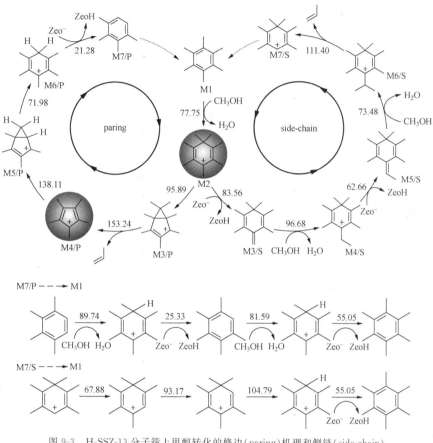

图 9-3 H-SSZ-13 分子筛上甲醇转化的修边（paring）机理和侧链（side-chain）
烷基化机理的催化循环和能垒的理论计算（kJ/mol）[9]

④分子筛结构对反应机理和产物选择性的影响

虽然已经有多种不同结构和组成的分子筛被用于甲醇制烯烃反应中，但 ZSM-5 和 SAPO-34 仍然是性能最好的催化剂。因此，大量的机理方面的研究工作也是围绕这两种分子筛上甲醇的转化反应开展的。当不同结构的分子筛应用于甲醇转化反应时，产物的选择性表现出非常大的差异。造成这种差异的一部分原因来自分子筛孔道尺寸对产物形状的择形效应，例如 ZSM-5 和 SAPO-34 的孔口分别为十元环（约 0.56 nm）和八元环（约 0.38 nm），因此，芳烃是 ZSM-5 上甲醇转化反应的产物之一，而 SAPO-34 的产物中没有芳烃；另一部分原因是，不同的分子筛结构对甲醇转化反应的机理也会产生影响，从而也会造成产物选择性的差异。

由于 SAPO-34 分子筛中存在超笼，被限制在纳米笼中的多甲基芳烃是甲醇转化反应的活性中心，产物乙烯、丙烯主要通过芳烃物种参与的烃池机理而产生；在

ZSM-5分子筛上,乙烯、丙烯(及更高级烯烃)的生成机理存在差异:乙烯主要通过芳烃物种参与的烃池机理产生;丙烯和高级烯烃则主要通过烯烃甲基化-裂解的机理产生。而在孔道尺寸与ZSM-5相当,但结构不同的一维十元环直孔道的ZSM-22分子筛上,甲醇的转化反应表现出不同的现象。高空速下的甲醇转化反应表现出极低的甲醇转化率和产物收率;而在适当的反应温度和相对较低的空速下,甲醇转化率可以达到100%。同位素实验研究表明烯烃甲基化-裂解机理是反应的主要途径[10]。这与ZSM-22催化甲醇转化反应的产物中乙烯的选择性较低、丙烯及其以上烯烃的选择性较高,且几乎没有芳烃的反应特征相一致。同样为一维十元环直孔道的ZSM-23和EU-1分子筛上的甲醇转化反应也表现出类似的产物选择性特征。综上所述,甲醇在酸性分子筛上转化生成烯烃的反应是一个极其复杂的催化过程,包含了多个反应步骤并存在多种反应途径,整体的反应网络如图9-4所示。

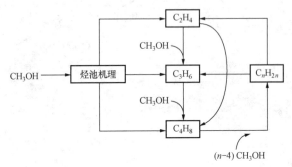

图9-4   甲醇在分子筛上转化反应网络示意图

3. 甲醇制烯烃催化剂

甲醇转化制烯烃催化剂经历了十元环沸石分子筛、八元环小孔沸石分子筛和硅磷铝小孔分子筛的发展过程。

ZSM-5沸石分子筛是具有十元环交叉孔道结构的硅铝分子筛,其独特的孔道结构和酸性质在甲醇转化反应中表现出优良的反应活性和稳定性。但是由于ZSM-5分子筛的酸性太强,烯烃的生成选择性较低。通过引入金属杂原子和表面修饰对ZSM-5催化剂进行改性,可使其酸性降低,空间结构限制增加,提高甲醇制烯烃反应中的低碳烯烃选择性。

除了十元环的ZSM-5分子筛外,其他孔径的沸石分子筛材料也被用于甲醇制烯烃反应研究。大孔沸石(如Y、X、β和丝光沸石等)的反应产物中低碳烯烃的选择性较差,同时还生成芳烃等副产物。八元环小孔沸石如CHA、毛沸石、T型沸石、ZK-5、TMA-OFF、ZSM-34、ZSM-35等,在低甲醇转化率条件下主要生成低碳烯烃($C_2^=$～$C_4^=$),而在高转化率条件下得到的是大量的低碳烷烃。这主要源于狭窄孔口不但对产物的生成具有择形效应,也使得积炭产物更易生成,同时积炭脱除

H_2 导致烯烃加氢生成小分子的烷烃。

SAPO 系列分子筛具有从六元环到十二元环的孔道结构，孔径为 $0.3\sim0.8$ nm，并且具有中等强度的酸性，可适应不同尺寸的分子吸附、扩散和反应。梁娟等发现具有 CHA 结构的 SAPO-34 分子筛（图 9-5）用于催化甲醇转化反应过程可获得极高的低碳烯烃选择性，乙烯和丙烯的选择性高达 90%，而丁烯及 C_4 以上的产物生成则被极大地抑制。

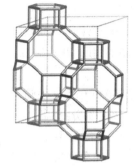

图 9-5　SAPO-34 分子筛的结构

这里主要介绍具有代表性和工业应用价值的 ZSM-5 和 SAPO-34 催化剂。

（1）ZSM-5 分子筛

早期的催化剂主要使用氢型 ZSM-5 分子筛。通过控制硅铝比调变分子筛的酸量。在不同硅铝比的 ZSM-5 上的甲醇转化反应表明，低碳烯烃的产率随硅铝比的增加而提高，较低的酸密度有利于低碳烯烃的形成。比较不同硅铝比的 ZSM-5 催化甲醇制丙烯时，也发现随硅铝比的增加，烷烃和芳烃的选择性快速下降，丙烯的选择性快速增加。当 ZSM-5 的硅铝比为 360 时，在 460 ℃、甲醇和水的摩尔比为 1：5、质量空速为 0.75 h^{-1} 条件下，丙烯的选择性可以达到 51.5%。除选择适宜的硅铝比外，ZSM-5 分子筛改性也是很重要的。ZSM-5 催化剂改性的目的是降低 ZSM-5 的酸强度和修饰分子筛的孔道。主要的改性方法如下：

①水热处理法

一般是在 $400\sim1\,000$ ℃下对 ZSM-5 进行水蒸气处理，脱除分子筛中的骨架铝，提高骨架硅铝比，从而降低催化剂的酸性，并且可以稳定分子筛的骨架结构，提高催化剂抗积炭能力。

②磷和金属元素改性法

采用磷和金属元素改性是修饰 ZSM-5 分子筛的常用方法。ZSM-5 进行磷修饰后分子筛的活性降低，但烯烃的选择性大幅度增加。通过对磷改性后分子筛的酸性表征发现，虽然分子筛引入磷后酸量变化不大，但是强酸位大大减少，抑制了芳烃和积炭的形成。并且由于磷存在于分子筛孔道内，减小分子筛孔道尺寸，有利于低碳烯烃的形成。金属元素（Mg、Ca、Mo、Ni 等）改性与磷改性的原理类似，都是修饰 ZSM-5 的强酸中心，达到提高烯烃收率的目的。

③孔道修饰改性法

孔道修饰是通过将金属离子等物质引入 ZSM-5 的孔道，减少分子筛的孔道体积，从而限制芳烃等大分子的生成。Ag、La、Ca、Ga、In 和 Cu 等金属离子曾用于修饰，其中 Ag 和 La 修饰的 ZSM-5 分子筛表现出烯烃选择性增加，但由于金属离子占据了孔道，影响产物扩散，导致改性的催化剂容易积炭而加快催化剂失活。

尽管改性后的 ZSM-5 可以提高烯烃的收率,但是仍然无法限制高碳烃类的生成,和小孔 SAPO-34 催化剂相比,其低碳烯烃选择性仍较低,因此 ZSM-5 分子筛目前更多应用于甲醇制丙烯(MTP)、甲醇制芳烃(MTA)和甲醇制汽油(MTG)的过程。

(2)SAPO-34 分子筛

SAPO-34 分子筛具有椭球形笼和三维孔道结构。CHA 笼的尺寸为 1.1 nm×0.65 nm,每个笼通过侧面的 6 个八元环与其他笼相通,八元环孔道的孔径是 0.38 nm。在甲醇转化反应中,这种狭窄孔口只允许 $C_1 \sim C_3$ 烃类分子和正构烃类分子自由进出孔道,抑制了异构烃和芳烃的生成,从而可高选择性的制取乙烯和丙烯。在甲醇制烯烃过程中使用 SAPO-34 作催化剂,可获得 90%~95% 的 $C_2 \sim C_4$ 烯烃产率,而没有芳香族化合物和支链异构物生成。但是,由于其孔口较小,容易积炭,使得催化剂快速失活。因此人们希望通过酸性的调变和晶粒尺寸的改变来改善其催化反应性能,提升低碳烯烃选择性,延缓积炭引起的失活的发生。

①调变 SAPO-34 分子筛中硅含量来改变分子筛的酸性中心

SAPO-34 分子筛的表面酸性主要来源于桥连羟基(Si—OH—Al)的 B 酸中心。理论上 SAPO-34 的酸性与硅含量和硅分布有关,因此可以在合成中通过调节引入的硅含量来控制其酸密度。较低的酸密度有助于降低甲醇制烯烃反应中丙烷的选择性,使乙烯和丙烯的选择性增加,但酸密度太低会导致催化剂活性过低。

②引入金属离子调变 SAPO-34 分子筛的催化性能

金属离子引入分子筛的方法一般有两种:一种是在合成的晶化过程中加入金属盐;另一种是先制备 SAPO-34 分子筛,然后再通过浸渍或离子交换的方式引入金属离子。将金属离子引入 SAPO-34 分子筛的骨架,即得到所谓的 MeSAPO-34 分子筛(Me 通常为 Ni、Co、Mn、Fe、Cu 等过渡金属元素)。金属离子进入分子筛骨架改变分子筛骨架的酸性中心分布情况,从而改善 SAPO-34 分子筛的催化性能。

③后处理方法改变酸中心密度

SAPO-34 催化剂后处理改性方法包括水热处理法、酸性中心选择性中毒法和硅烷化法。后处理改性方法能够降低 SAPO-34 酸性中心密度,提升产物烯烷比。

4. 甲醇制烯烃催化技术

(1)国外甲醇制烯烃催化技术

国外报道的甲醇制烯烃催化技术包括 Exxon Mobil 公司的甲醇制烯烃技术、鲁奇公司的甲醇制丙烯技术、UOP/Hydro 的甲醇制烯烃技术以及 Total 公司和环球油品公司(UOP)共同开发的甲醇制烯烃与烯烃裂解的联合技术,这里主要介绍 UOP 和鲁奇公司的甲醇制烯烃技术的反应工艺。

①流化床甲醇制烯烃技术

UOP 发展了以 SAPO-34 分子筛为基础的甲醇转化制烯烃催化剂 MTO-100,

并与挪威海德鲁公司(Norsk Hydro)联合开发了天然气经合成甲醇后进一步生产烯烃(乙烯、丙烯及丁烯)的甲醇制烯烃过程。通过中试验证了 MTO-100 催化剂具有优良的耐磨性,其磨耗低于标准的 FCC 催化剂,且具有良好的稳定性,经 450次反应-再生循环后仍可保持稳定的活性和选择性,在连续运行 90 天后,甲醇转化率仍保持接近 100%。乙烯和丙烯选择性(碳基)为 75% ~ 80%[11]。UOP/Hydro的甲醇制烯烃工艺流程如图 9-6 所示。

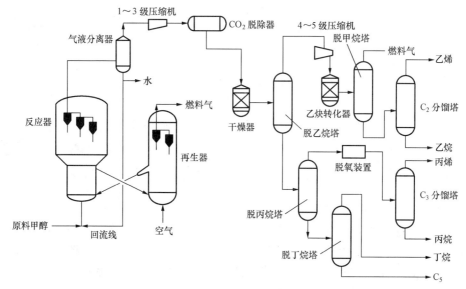

图 9-6　UOP/Hydro 的甲醇制烯烃工艺流程示意图[11]

②固定床甲醇制烯烃技术

鲁奇公司开发了具有较高丙烯选择性的改性 ZSM-5 催化剂,发展了甲醇转化制丙烯的 MTP(methanol-to-propylene)工艺。利用该工艺中试示范装置进行的MTP 反应验证了催化剂经 500 ~ 600 h 的反应后切换再生,在线使用寿命达到8 000 h;产物丙烯选择性大于 60%,纯度达到聚合级水平,并副产高品质的汽油。鲁奇公司推荐的 MTP 工艺流程如图9-7所示[12]。

(2)国内甲醇制烯烃技术

国内最早进行甲醇制烯烃研究的是中国科学院大连化学物理研究所,他们开发出了甲醇制烯烃的 DMTO 工艺技术,并成功应用于世界首套工业装置。近期,清华大学采用小孔 SAPO 分子筛催化剂和流化床技术开发了甲醇制丙烯的FMTP 工艺,并完成了甲醇进料 100 吨/天的工业性试验。中国石油化工集团公司基于小孔分子筛开发了甲醇制烯烃的 SMTO 技术,完成了工业性试验,据称已经应用于中原油田的乙烯装置扩能改造。这里仅介绍大连化学物理研究所的DMTO 技术。

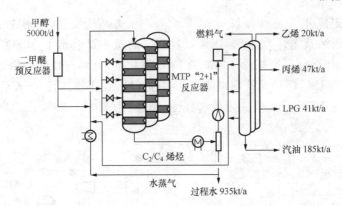

图 9-7　鲁奇公司推荐的 MTP 工艺流程[12]

①固定床 DMTO 技术的开发

大连化学物理研究所以改性 ZSM-5 分子筛为催化剂开发了多产乙烯(乙烯选择性约为 30%)和高产丙烯(丙烯选择性为 50%~60%)催化剂。完成了甲醇处理量 300 吨/年的 DMTO 中试试验。连续运转 1 022 h 后,$C_2^=$ ~ $C_4^=$ 选择性为 84%~85%。

②流化床 DMTO 技术的开发

前期的固定床 DMTO 技术基于改性 ZSM-5 催化剂,虽然证明是成功的,但是乙烯的选择性以及乙烯和丙烯总选择性偏低。从分子筛催化的择形选择性原理分析,以十元环 ZSM-5 分子筛的改性发展的催化剂对于进一步大幅度提高低碳烯烃尤其是乙烯的选择性是非常困难的。探索和应用新型小孔分子筛催化剂,是实现 DMTO 技术总体再次突破的关键。

20 世纪 80 年代,大连化学物理研究所成功合成出 SAPO-34 分子筛,并首次报道了 SAPO-34 分子筛在甲醇转化制烯烃反应中的应用[13]:在转化率为 100%时,$C_2^=$ ~ $C_4^=$ 选择性达到 89%,乙烯选择性达到 57%~59%。"八五"期间,他们又研制出了具有我国特色的、廉价的新一代微球小孔磷硅铝(SAPO)分子筛型催化剂(DO123 型),该放大催化剂在小型流化床反应装置中,在反应温度为 550 ℃与二甲醚重量空速为 6 h⁻¹的条件下,取得了二甲醚转化率约为 100%,$C_2^=$ ~ $C_4^=$ 选择性为 90%及乙烯选择性约为 60%的结果。2004 年启动建设了世界上第一套万吨级 DMTO 工业性试验装置(甲醇进料 50~75 吨/天)。工业性试验装置流程如图 9-8 所示。2006 年完成工业性试验,通过近 1 200 h 的运行试验,获得了设计大型工业装置的基础数据,用实践检验了催化剂及技术的可行性。典型工况条件下的反应结果如图 9-9 所示。

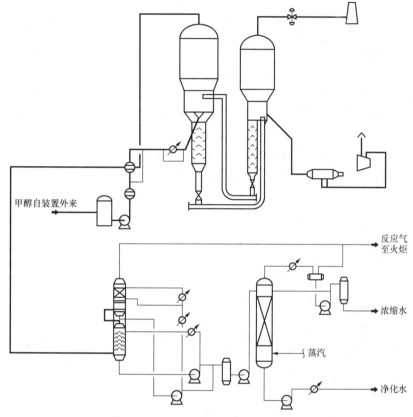

图 9-8　DMTO 工业性试验装置流程示意图

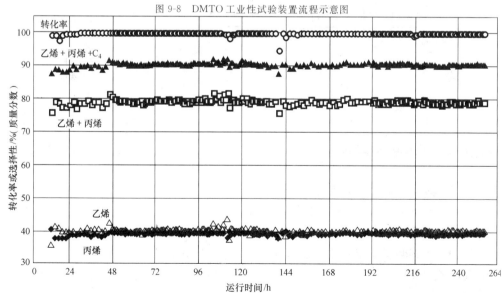

图 9-9　DMTO 工业性试验反应结果

③甲醇制烯烃技术工业应用情况

DMTO技术完成工业性试验后,中国神华集团在包头建设了煤制烯烃项目。该项目是世界首次利用煤炭资源生产乙烯、丙烯等基础化学产品的工业化尝试,也是甲醇制烯烃技术的首次工业化。装置包括年产180万吨煤基甲醇的联合化工装置、年产60万吨甲醇基聚烯烃的联合石化装置以及其他配套设施,主要产品为聚乙烯(30万吨/年)和聚丙烯(30万吨/年)。煤制烯烃项目的主要装置流程如图9-10所示,过程中最为关键的甲醇制烯烃采用了自主创新的DMTO技术。2010年8月,联合石化装置的甲醇制烯烃装置运行成功,生产出合格的聚烯烃产品。此后经长周期运转验证,甲醇制烯烃结果达到甲醇转化率为99.99%,每吨烯烃消耗甲醇2.96吨。DMTO技术的成功开发,解决了煤或天然气制烯烃过程的技术瓶颈,使得非石油资源生产烯烃成为现实。

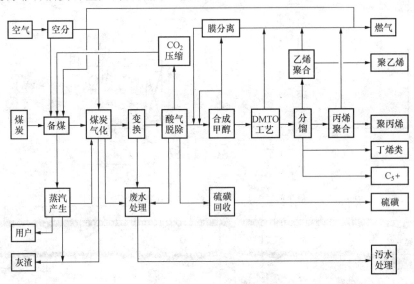

图 9-10 煤制烯烃项目的主要装置流程

9.1.2 甲醇制芳烃

1. 甲醇制芳烃的反应机理

甲醇的芳构化反应历程可以概括为以下三个主要步骤:甲醇首先在酸催化作用下脱水生成二甲醚(DME);然后甲醇、二甲醚和水的平衡混合物生成低碳烯烃($C_2^=\sim C_4^=$);最后低碳烯烃进一步齐聚、环化以及氢转移生成芳烃(BTX),同时产生重烯烃和烷烃。

$$2CH_3OH \underset{+H_2O}{\overset{-H_2O}{\rightleftharpoons}} CH_3OCH_3$$

$$CH_3OH \text{ 或 } CH_3OCH_3 \xrightarrow{-H_2O} \text{低碳烯烃}$$

$$\text{低碳烯烃} \longrightarrow \text{芳烃} + \text{重烯烃} + \text{烷烃}$$

由此可见芳烃是由甲醇转化生成的烯烃产物的二次反应生成的。芳烃生成机理可以从甲醇制烯烃机理中引出。除去 C—C 键形成机理,甲醇制芳烃机理还需要解释烯烃转化为芳烃的反应途径。二十世纪七八十年代提出了几种低碳烯烃芳构化的模型。

Vedrine[14] 等利用紫外可见光谱研究烯烃的芳构化过程,随着反应温度的升高,出现了五元环和六元环的正碳离子,继续升高温度,多烷基芳烃出现,具体的反应历程如图 9-11 所示。

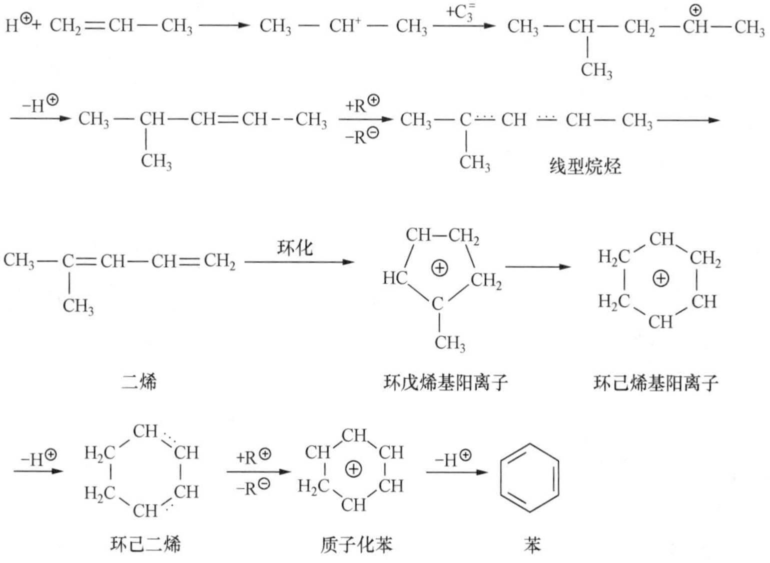

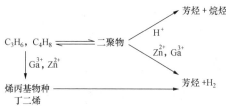

图 9-11　烯烃芳构化过程

Ono Y[15] 等把烯烃的芳构化过程简化为如图 9-12 所示的形式,指出烯烃在酸性分子筛和金属改性分子筛催化剂上按照两种不同的芳构化途径进行。

图 9-12　烯烃芳构化反应历程

由上述反应历程可以看出,在酸催化剂上进行的烯烃芳构化脱氢主要是通过氢转移进行的;而在 Ga^{3+}、Zn^{2+} 改性的 ZSM-5 催化剂上进行的烯烃芳构化脱氢除可以通过氢转移进行外,还可以直接进行脱氢。

2. 甲醇制芳烃催化剂

甲醇制芳烃(MTA)催化剂的研究主要集中在 ZSM-5 分子筛上。已经研发出的催化剂主要是通过添加金属、非金属、金属碳化物和氧化物等对 ZSM-5 分子筛进行改性,调变其酸性及孔道结构等物理化学性质,实现芳烃选择性的调节和控制。

(1)ZSM-5 分子筛的硅铝比对甲醇制芳烃反应的影响

ZSM-5 分子筛的硅铝比是决定其酸强度的关键,而催化剂的酸性又影响 MTA 反应中芳烃的收率。在考查了不同硅铝比的 HZSM-5 分子筛对甲醇芳构化反应选择性的影响后,发现随着分子筛硅铝比的降低,芳烃的选择性升高。在 Ga 改性的不同 SiO_2/Al_2O_3 的 HZSM-5 分子筛催化的甲醇制芳烃反应中也发现了同样的趋势。当 SiO_2/Al_2O_3 由 50 降低到 25 时,用 Ga 改性的催化剂可使芳烃收率由 55.3%提高到 68.2%。由此可见,低硅铝比、强酸性的分子筛有利于提高芳烃收率。

(2)催化剂改性

靠调节 ZSM-5 分子筛的硅铝比来调节催化剂表面的酸性质不能满足甲醇制芳烃反应芳构化选择性的要求,因此必须对 ZSM-5 分子筛催化剂进行改性。

①金属组分改性

金属组分改性 ZSM-5 分子筛经常引入的金属组分包括 Zn、Ga、Cd、Mn、Cu、Ag、Cr、Se 和 Mg 等。其中 Ga、Zn 和 Ag 具有更为优异的甲醇芳构化反应效果。这是改性后 ZSM-5 分子筛表面生成的 L 酸活性中心(M^{n+}—O—Z)与 B 酸中心协同作用的结果。

Ga 改性的 ZSM-5 分子筛可以有效地提高甲醇芳构化反应中芳烃的选择性,金属元素 Zn 的添加也会改善 ZSM-5 分子筛的甲醇芳构化性能。Ga 的引入可以采用水热合成法、离子交换法和浸渍法,Zn 的引入主要采用离子交换和浸渍法。Yoshio Ono 在实验中发现,当 W/F 为 $9.0 \cdot h \cdot mol^{-1}$、反应温度为 427 ℃时,HZSM-5 上的芳烃产率为 40.3%;引入 Ga^{2+} 后,Ga-HZSM-5 上的芳烃产率达到 48.2%。提高反应温度,芳烃选择性增加,反应温度由 427 ℃上升到 527 ℃,Ga-HZSM-5 上的芳烃选择性由 48.2%增加到 64.0%。同样条件下,金属元素 Zn 的添加也会使 ZSM-5 分子筛的甲醇芳构化性能显著提高。

在甲醇制芳烃催化剂改性的研究中,除了 Ga、Zn 以外,Ag 改性的 ZSM-5 也显示出超凡的芳烃选择性。芳烃的选择性随 Ag 含量的升高而升高。Yoshihiro Inoue 等利用离子交换法向 ZSM-5 分子筛中引入 Ag,在 427 ℃、甲醇分压为 20 kPa 时,Ag-ZSM-5 上的芳烃收率为 72.5%,但该催化剂十分容易失活,需要每隔 5 h 通入空气进行再生,失活的原因可能是 Ag^+ 在催化过程中容易被还原成 Ag,

Ag 又容易团聚,造成催化活性中心减少。

在单金属改性 ZSM-5 分子筛催化剂中引入第二改性组分可以进一步提高芳烃产物选择性、抑制催化剂积炭,从而提高催化剂的稳定性。Zn 与 Ga 复合改性能够获得更好的催化效果,复合改性的催化剂表现出较高的催化活性和优异的再生能力。

②非金属磷改性

1986 年 Mobil 公司公布了 P 改性 ZSM-5 分子筛催化剂用于催化甲醇转化制芳烃的研究结果。在反应温度为 400～450 ℃、甲醇质量空速为 1.3 h^{-1} 条件下,含 P 2.7%(质量分数)的 ZSM-5 分子筛催化剂在高级烃($C_5 \sim C_9$)的选择性、芳烃的选择性等多个指标上都优于未经改性的 ZSM-5,但其主要产物仍为 $C_1 \sim C_4$ 的低碳烃类,总芳烃含量不高。与金属组分改性 ZSM-5 分子筛催化剂相比,非金属磷改性 ZSM-5 分子筛的芳烃选择性较低,但能够增加二甲苯的选择性。

③金属氧化物和金属碳化物改性

将 HZSM-5 与 Ga_2O_3 物理混合制成催化剂用于甲醇催化转化制芳烃反应。Ga_2O_3 的加入不影响甲醇转化率,但能显著提高芳烃的选择性。将两者研磨均匀后,催化活性提高,催化剂寿命延长。此外 CuO/HZSM-5 的芳构化效果好,但容易失活,ZnO/HZSM-5 抗积炭性能好,但芳构化效果一般;而 ZnO 与 CuO 共同浸渍改性的 HZSM-5 不仅有较高的芳烃收率,而且催化剂寿命长[16]。

用浸渍、渗碳等方法可将 Mo_2C 沉积到 HZSM-5 上制备 Mo_2C/HZSM-5 催化剂。引入 Mo_2C 能显著增加芳烃的生成量,在甲醇流量为 4 mL/min、载气 Ar 流速为 40 mL/min、温度为 500 ℃、催化剂用量为 0.3 g 的条件下,5%-Mo_2C/HZSM-5(SiO_2：Al_2O_3＝80)上芳烃初始选择性(75 min 时的数据)高达 62.8%(占总烃比例)。沉积在分子筛表面的 Mo_2C 提供了烯烃的脱氢中心,脱氢产物进而在 HZSM-5 的酸性位上芳构化生成芳烃[17]。

3. 甲醇制芳烃技术的应用和发展

1979 年,Mobil 公司开发了以 HZSM-5 作为催化剂的甲醇制汽油和芳烃的流化床反应工艺。1985 年,Mobil 又将 P 改性的 ZSM-5 催化剂用于固定床甲醇芳构化,在这一工艺中,C_9 以上的芳烃所占比例减少,BTX 的选择性增加。

目前国内具有自主知识产权的相关技术主要有:中科院山西煤炭化学研究所与赛鼎工程有限公司合作的固定床甲醇制芳烃(MTA)技术和清华大学的流化床甲醇制芳烃(FMTA)技术。

中科院山西煤化学研究所开发的甲醇转化制芳烃技术是以 MoHZSM-5 分子筛为催化剂,将甲醇催化转化为以芳烃为主的产物,在 380～420 ℃、常压、LHSV＝1 h^{-1} 条件下,甲醇转化率大于 99%。液相产物选择性大于 33%(甲醇质量基),气相产物选择性小于 10%。液相产物中芳烃含量大于 60%。2012 年 2 月底,采用这一技术,由赛鼎公司设计的内蒙古庆华集团每年 10 万吨的甲醇制芳烃装置一次试车成功。

华电集团采用清华大学的 FMTA 技术在陕西榆林启动了煤基甲醇(300 万吨/年)制芳烃(100 万吨/年)项目。于 2012 年 9 月在陕西榆林建成了世界首套万吨级流化床甲醇制芳烃全流程工业试验装置,并与 2013 年 1 月试车成功。FMTA 技术中所用催化剂是含 2% Ag 和 3% Zn 的 HZSM-5 催化剂,反应温度为 450 ℃,压力为 0.1 MPa。甲醇平均转化率为 97.5%,芳烃单程收率(甲醇碳基)大于 72%,芳烃中 BTX 的总选择性大于 55%。

9.1.3　二甲醚羰基化制备乙酸甲酯

在 C_1 原料中,除甲醇外,分子筛催化甲醇产生的二甲醚(DME)也是一种重要的化工原料。与甲醇的转化反应类似,二甲醚也可以催化生成烯烃和芳烃,同时二甲醚作为原料也可以生产甲醛、二甲胺、碳酸二甲酯、乙酸乙酯、乙酸甲酯(MA)、乙酐等大量的基础化工产品。在二甲醚众多的催化转化过程中,在分子筛催化剂上二甲醚气相羰基化反应制备乙酸甲酯是近年来发展的新过程。该过程利用丝光沸石的酸性和特殊的孔道结构完成 CO 对二甲醚 C—O 键的插入,实现了 C_1 到 C_2 化合物转化过程中重要的 C—C 键形成过程。从工业生产的角度来看,二甲醚羰基化的产物乙酸甲酯不仅是一种应用广泛的、溶解性能优良的、无毒环保型溶剂,还可以水解生成乙酸,或加氢制备大宗化学品——乙醇,反应途径如图 9-13 所示。可见,这是一条煤基制化工基础原料的新路线。因此,这一反应过程一经报道就在学术界和工业应用领域引起了广泛的关注。

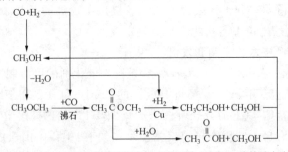

图 9-13　煤基二甲醚气相羰基化制备乙酸甲酯、乙酸、乙醇的反应途径

1. 二甲醚羰基化反应催化剂

目前主要有两类催化剂用于二甲醚羰基化反应。

(1)杂多酸负载贵金属催化剂

由于二甲醚和甲醇具有相似的化学性质,而贵金属铑和铱在甲醇羰基化反应过程中具有独特的催化活性,因此二甲醚羰基化反应的早期研究重点放在杂多酸负载的贵金属催化剂上。1994 年，Wegmen 采用贵金属 Ir、Rh、Pd 及过渡金属 Fe、Co、Ni、Mn 等交换过的杂多酸负载于 SiO_2 上催化二甲醚羰基化反应。在 $RhW_{12}PO_4/SiO_2$ 上，在 DME：CO＝1：3（摩尔比）、温度为 225 ℃、压力为 0.1 MPa 和空速为 900 h^{-1} 条件下，二甲醚转化率达到 16％，且乙酸甲酯是该反应的唯一产物[18]。

（2）分子筛催化剂

2006 年，Iglesia 等报道了在廉价分子筛催化剂上的二甲醚羰基化反应，实现了非贵金属存在条件下二甲醚羰基化合成乙酸甲酯的反应[19]，具有十分重要的意义。在压力为 1 MPa、CO：DME：Ar＝93：2：5（摩尔比）、温度为 147～240 ℃ 的条件下，比较了二甲醚在不同孔道结构的酸性分子筛上羰基化反应的反应性能。结果发现，在具有十二元环孔道结构的 HY、Hβ 分子筛和无定型硅铝上观测不到二甲醚羰基化产物乙酸甲酯的生成，这说明较大的十二元环孔道内或者外表面的酸性位并不能催化二甲醚进行羰基化反应；在仅具有十元环孔道结构的 ZSM-5 分子筛上，只有少量乙酸甲酯产物生成；但是在具有八元环孔道结构的 HMOR（丝光沸石）和 HFER 分子筛上，在较低的温度下（147 ℃）就表现出较高的羰基化活性，尤其是在具有八元环和十二元环孔道结构的 MOR 分子筛上，反应活性最高。由此推测，在分子筛催化剂上，二甲醚的羰基化反应是典型的孔道择形反应。

①改性的 HMOR 催化剂

研究表明羰基化反应主要在 HMOR 催化剂八元环内的 B 酸位上进行，而十二元环的 B 酸位上则主要发生的是动力学上更有利的生成烃类的副反应。这类副反应通常会生成大量积炭，最终堵塞分子筛的孔道使反应物和产物因扩散受阻而失活。因此为了改善催化剂的稳定性，选择性的毒化或者消除十二元环的 B 酸位是提高 HMOR 催化剂上二甲醚羰基化性能的一种有效途径。

申文杰等采用吡啶（Py）吸附的方法选择性地毒化了 HMOR 催化剂十二元环的 B 酸位。改性后的 HMOR 催化剂在二甲醚羰基化过程中，在保持原有活性的基础上，稳定性由原来的十几小时延长到了数百小时，同时乙酸甲酯的选择性保持在 95％以上[20]。

②改性的 ZSM-35 催化剂

ZSM-35 分子筛是一种具有镁碱沸石（FER）结构的高硅分子筛，具有片状的晶体结构，晶体内包含八元环和十元环两种孔道。其孔道结构如图 9-14 所示。

由于 ZSM-35 分子筛具有八元环孔道结构，因此也可催化二甲醚羰基化反应。Liu[21] 等在反应温度为 200 ℃、CO：DME＝10：1（摩尔比）、反应压力为 1.0 MPa 的条件下，对比 HMOR 分子筛与 HZSM-35 分子筛的二甲醚羰基化反应性能，结果如图 9-15 所示。

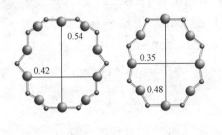

图 9-14   ZSM-35 分子筛的孔道结构(单位:nm)   图 9-15   HMOR 与 HZSM-35 分子筛催化剂上的
                                                                         二甲醚羰基化反应

结果表明 HMOR 分子筛反应初期活性高于 HZSM-35 分子筛,但随反应时间延长,HMOR 分子筛活性快速降低,而 HZSM-35 分子筛活性平稳,具有良好的反应稳定性。为了提高 HZSM-35 分子筛反应活性,Li 等[22]对 HZSM-35 分子筛分别进行了微波 NaOH 碱液处理和 CTAB 与 NaOH 混合碱液处理,改性处理后的HZSM-35 分子筛片状团簇体解聚,并清洗出孔道内的无定型硅铝物种,使 HZSM-35 分子筛的微孔孔体积和微孔比表面积增加,有利于反应物二甲醚分子的吸附和产物分子的扩散。改性处理还增加了 HZSM-35 分子筛八元环孔道中的酸密度,从而提高了二甲醚羰基化反应活性,转化率由改性前的 50% 提高到 64%,乙酸甲酯的选择性变化不大,为 97%～98%。由此可见,改性的 HZSM-35分子筛也是一种极具开发潜力的二甲醚羰基化反应催化剂。

2. 二甲醚羰基化反应催化反应机理

Iglesia 小组[19]首次报道了在分子筛催化剂上进行二甲醚羰基化反应。Iglesia还定量计算出乙酸甲酯生成速率和分子筛内八元环的 B 酸量的线性关系(图9-16),据此提出八元环中的 B 酸位是二甲醚羰基化反应的活性中心。Li 等[23]分别研究 HMOR 分子筛不同孔道内二甲醚羰基化反应,发现八元环孔道内是二甲醚羰基化场所。反应中间产物表面甲氧基在八元环孔道中能稳定存在,而十二元环孔道却没有这种效应,它主要是生成烃类产物的场所,如图 9-17 所示。

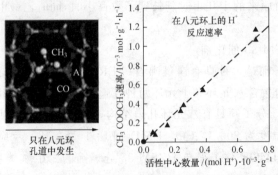

图 9-16   乙酸甲酯生成速率与分子筛内八元环的 B 酸量的关系

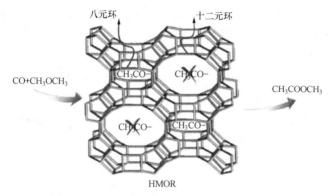

图 9-17　HMOR 分子筛催化剂上二甲醚羰基化反应

　　结合动力学和理论计算结果，Iglesia还提出了二甲醚在酸性分子筛上的羰基化反应历程，如图 9-18 所示。首先，二甲醚分子经扩散进入分子筛孔道，在分子筛的 B 酸位上发生解离吸附生成表面甲氧基，同时生成一分子甲醇，此步骤是羰基化反应的诱导期；然后富电子的 CO 进攻甲氧基，插入甲基与分子筛骨架 O 之间，生成乙酰基中间体，这是反应的引发期，也是羰基化反应的速控步骤；最后，另外一个二甲醚分子与乙酰基反应生成产物分子，乙酸甲酯脱附出来，同时又生成了一个新的表面甲氧基，实现了催化循环。

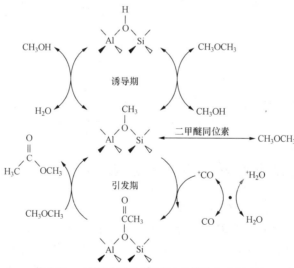

图 9-18　二甲醚在酸性分子筛上的羰基化反应历程

（魏迎旭　刘中民）

9.2　生物质催化转化

　　煤、石油等矿石燃料的使用极大地促进了现代文明的发展，但其过度开发利用也带来了一系列的环境问题。现代社会须重新思考和定位能源、环境与发展之间的关系。生物质作为一种重要的可再生资源,其高效利用成为解决能源问题、实现可持续发展的重要手段。生物质能源是指植物或微生物通过光合作用将太阳能转化成的有机质。根据世界能源组织统计,全球生物质能源的储量约为 18 000 亿吨,相当于 6 400 亿吨的石油。地球上每年通过光合作用而新增的绿色生物质能源约为 1 700 亿吨,其产能相当于 5 355 亿桶原油,大大高于全球每年能源总消耗量。此外,生物质的硫、氮含量低,燃烧过程中 SO_x、NO_x 等有害污染物排放少。基于储量大、可再生、环境友好等优点,生物质能源作为化石能源的理想替代品,其开发与利用受到了广泛的关注。

除将生物质直接作为能源利用外,也可采用化学催化转化的手段将生物质选择性地制备成燃料和化学品,这也是一种新兴的生物质利用技术。生物质催化转化是指以生物质为原料,通过设计合理的催化剂、控制转化路径来获取相应目标产物的过程。利用催化手段针对不同种类生物质的物理化学特性,设计清洁高效的可行性路线,充分利用现代催化化学以及化工过程取得的最新进展,探索新型催化转化路径,对于生物质转化具有重要意义。

生物质资源种类繁多,其中木质纤维素是储量最为丰富的生物质资源。木质纤维素以每年约 1.164×10^{11} 吨的速度不断再生,相当于目前石油年产量的 15～20 倍。木质纤维素是植物细胞壁的主要成分,来源于农作物秸秆、树木、能源作物、城市废弃物等。因此,大规模的开发利用木质纤维素不会导致"与人争粮,与粮争地"的问题。木质纤维素结构复杂,主要包括纤维素、木质素和半纤维素三部分。其中,纤维素约占 38%～50%,半纤维素约占 23%～32%,木质素约占 15%～25%[24]。目前木质纤维素的催化转化尚处于起始阶段,是生物质高效转化的前沿,本节将着重介绍木质纤维素催化转化方面的研究工作。

9.2.1　生物质催化转化制生物质燃料

根据产物性质及用途不同,生物质催化转化主要有两种途径:一是通过脱氧、加氢等手段,将生物质中的碳水化合物转化为碳氢化合物;二是结合不同种类生物质分子的化学结构,将生物质高选择性地转化为高附加值化学品。前者的产品称为生物质燃料,包括生物裂解油、氢气、合成气等;后者的产品主要包括葡萄糖、5-羟甲基糠醛、乙酰丙酸、乙二醇、六元醇、葡萄糖苷、酚类等。由上述化合物可进一步转化为各种化学品,因此这类源于生物质的化合物又称为生物质平台化合物。

1. 生物裂解油加氢脱氧制油品

以生物乙醇和生物柴油为代表的第一代生物质燃料已经成功实现了商品化生产,这类生物质燃料最为显著的特点是以可食用的粮油作物为原料,例如生物乙醇主要以玉米为原料制取,生物柴油则是源于动、植物油料。第一代生物质燃料的大规模使用在一定程度上威胁到了全球的粮食安全,因此,以木质纤维素为原料生产第二代生物质燃料的路线得到了人们的青睐。近年来,关于第二代生物质燃料的研究取得了较大进展,其转化路径可分为两种:

(1)生物质高温气化制合成气,再由费托合成制烃类;

(2)生物质快速热裂解制备生物裂解油。

在完全没有氧气或有少量氧气存在下使木质纤维素热解,可获得生物裂解油,并伴随一定量的固体和气体产物。未经处理的生物裂解油存在大量的含氧化合物(氧含量为 $40\%\sim50\%$),能量密度低、酸值高、热稳定性差,并不能直接作为燃料油使用。采用加氢脱氧的手段不仅能脱掉生物裂解油中多余的氧,还可进一步提高油品中的 H/C 比例,是一种高效且经济可行的方法。生物裂解油加氢脱氧的反应温度为 $250\sim350$ ℃,催化剂主要为金属催化剂及金属硫化物。金属催化剂,如氧化铝负载的 Pd、Pt、Ru 及 Ni 催化剂[25],具有良好的加氢脱氧活性,可在较低的反应温度下实现较高的脱氧效率。例如,Ru 基催化剂在反应温度为 $180\sim240$ ℃、氢压为 $13\sim15$ MPa、LHSV 为 $0.22\sim0.67$ h^{-1}时,脱氧效率为 $31\%\sim70\%$。金属催化剂存在失活的现象,主要原因是在反应过程中生成了大量的积炭,并在金属活性位表面聚集,容易引发催化剂床层堵塞。金属硫化物,如预硫化的 Co-Mo 催化剂,表现出比金属催化剂更为优异的反应活性,且在反应过程中无明显的积炭生成,催化剂稳定性更高。

2. 生物质平台化合物制备高品质燃料油

由生物质平台化合物制备高品质燃料油主要有两个路径:纤维素首先通过水解或加氢反应得到生物质平台化合物(甲醇、甘油、乙二醇、葡萄糖、山梨糖醇),再通过水相重整过程使糖或多元醇部分脱氧,生成 $C_4\sim C_6$ 的有机酸、酮、醇和杂环化合物,上述化合物在高温下在双功能催化剂上发生 C—C 偶联反应(羟醛缩合、羰基化、烷基化反应等),最后获得长碳链化合物,如图 9-19 所示;纤维素或半纤维素在酸催化剂作用下发生选择性降解反应,生成乙酰丙酸、糠醛、甲基糠醛等小分

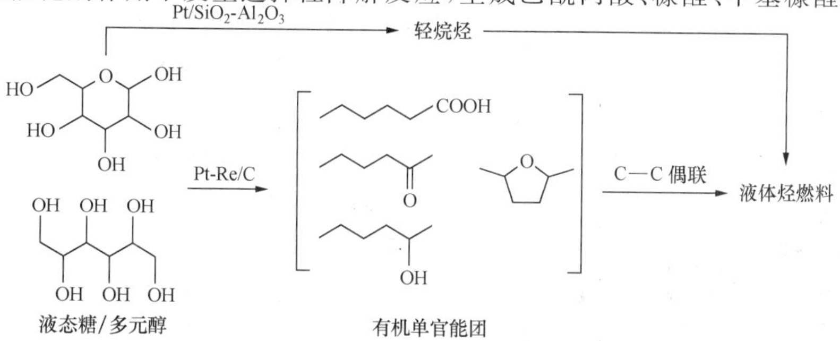

图 9-19　糖或多元醇水相重整制烃类

子不饱和醛、酮,此类醛、酮化合物首先在低温下通过羟醛缩合或烷基化反应发生
C—C 偶联得到长链不饱和醛、酮,再通过选择性加氢脱氧得到长链烷烃。

（1）水相重整制烃路径

水相重整过程是针对非挥发性的糖或多元醇而发展起来的一种新型重整制烃
路径。水相重整的原料为甲醇、甘油、乙二醇、葡萄糖、山梨糖醇,重整催化剂为酸
性金属氧化物负载的 Pt 催化剂或者 Sn 改性的 Raney Ni 催化剂,金属的种类以及
载体的酸性对于产物分布有重要的影响。在水相重整反应中主要发生 C—C 键和
C—O 键断裂,Pt 基催化剂有利于 C—C 键断裂反应,产物以 CO_2 和 H_2 为主;其
他金属如 Rh、Ru 和 Ni,有利于 C—O 键的断裂,产物以烷烃为主[26]。反应体系的
酸性有利于羟基脱水反应,当固体酸（SiO_2-Al_2O_3）或者无机酸（盐酸）加入反应体
系中时,脱水速率加快,导致烷烃的选择性增加。为了获取高收率的烷烃,水相重
整催化剂一般选用金属-酸双功能催化剂,如 Pt/SiO_2-Al_2O_3 或负载 Pt 的 Nb 基固
体酸催化剂[27]。糖或多元醇在双功能催化剂的酸性位上发生脱水反应,生成表面
吸附的不饱和物种,随后在金属位上进行加氢生成烷烃。在这个过程中,分子的
H/C 比提高,碳链却没有增长。为了增加产物分子的碳原子数,在水相重整过程
中引入 C—C 偶联反应,可获得长碳链的烃类化合物。具有代表性的转化路径有
威斯康辛大学 Dumesic 教授课题组开发的两步法工艺[28]:首先,糖或多元醇在
Pt-Re/C 催化剂上部分脱氧（大约 80%）,生成 C_4～C_6 的有机酸、酮、醇和杂环化合
物;然后上述单官能团化合物通过不同的 C—C 偶联反应（比如羟醛缩合、羰基化
等反应）及加氢脱氧反应,最终得到长碳链化合物。

（2）低温 C—C 偶联-加氢脱氧制支链烃路径

制备高品质燃料油的另一种方法是将从路径（2）得到的生物质平台化合物先
通过低温 C—C 偶联反应生成长链不饱和醛、酮,再进一步选择性加氢脱氧制烃。
适用于此种方法的生物质平台化合物有乙酰丙酸、甲基异丁基酮、糠醛、5-羟甲基
糠醛及其衍生物等,此类分子的特点是含有多个官能团,容易在低温下进行羟醛缩
合、烷基化等 C—C 偶联反应。羟醛缩合 C—C 偶联反应常用的催化剂有 NaOH、
Na_2CO_3 等无机碱、MgO、CaO、Mg-Al 水滑石、KF-Al_2O_3 等固体碱及有机碱;而烷
基化 C—C 偶联反应则可用固体酸作为催化剂,如 Amberlyst-15,Amberlyst-36,
Amberlyst-70 和 Nalfion 膜等。缩合产物长链不饱和醛、酮的进一步加氢,一般选
择负载型贵金属催化剂。载体对于加氢产物分布有较大的影响,酸性载体有利于
加氢产物异构化。在糠醛和甲基异丁基酮为原料合成 C_{10}～C_{11} 支链烷烃的反应路
径中,糠醛与甲基异丁基酮首先在 CaO 催化作用下发生羟醛缩合反应,得到中间产
物 α,β-不饱和酮（130 ℃,8 h,收率为 95%）,再进行加氢脱氧反应,活性炭负载的
Pt、Ir、Pd、Ru 催化剂表现出良好的加氢脱氧活性,产物主要是 C_8～C_{11} 的支链
烷烃[29]。

9.2.2　生物质催化转化制化学品

1. 酸催化纤维素水解制含氧平台化合物

纤维素在天然木质纤维素中含量最高,它是由葡萄糖分子单元通过 β-1,4-糖苷键连接而成的链状高分子,如图 9-20 所示,分子链的内部以及分子链之间存在大量的氢键作用,使其高度有序地排列成晶体结构[30]。由于纤维素结构致密,结晶度较高,使其具有较高的化学和生物惰性,所以对其综合利用效率较低。纤维素水解是从纤维素出发制备含氧平台化合物的起始步骤,设计高效催化反应体系是拓展纤维素用途的关键。

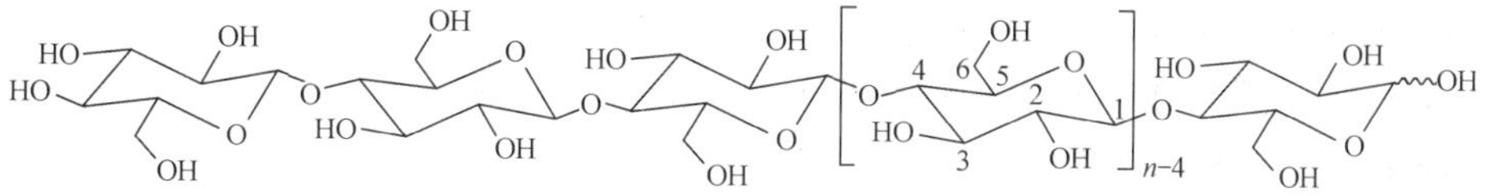

图 9-20　纤维素高分子链结构图(n 为聚合度)

纤维素的水解被普遍认为是按照以下机理进行的:酸催化剂中的质子攻击纤维素高分子链上 β-1,4-糖苷键的氧原子,使糖苷键变得不稳定并发生断裂,形成环状正碳离子和葡萄糖分子,环状正碳离子进一步和水反应生成葡萄糖分子和质子,从而实现纤维素长链的连续解聚,构成酸催化循环。通常认为,糖苷键上的氧原子与质子结合步骤为速控步骤。上述反应途径在纤维二糖的水解反应中得到了证实。纤维素水解过程需要质子参与,常见的强质子酸,如盐酸、硫酸、氢氟酸、三氟乙酸和对甲基苯磺酸等,在纤维素水解中表现出良好的活性。但是传统的液体酸水解纤维素的生产工艺存在设备腐蚀严重、反应时间长和废酸的回收利用难等问题,制约了该方法的发展和广泛应用。为此,人们相继开发出了一些新型催化体系,以期达到清洁高效水解纤维素的目的。

(1)超临界水催化纤维素水解

近年来,超临界水催化纤维素水解的研究受到了人们的广泛关注。超临界水是指超过了水的临界温度(374.3 ℃)和临界压力(22.1 MPa)的水。与普通状态下的水相比,超临界水具有黏度小、扩散系数大、密度小、溶解性强、传质优良等优点,水在亚临界和超临界条件下会高度离子化,产生大量质子,从而促使纤维素水解。在超临界水条件下,葡萄糖分子间的 β-1,4-糖苷键的断裂机理与液体酸催化机理相同,但是纤维素高分子链的解聚是按照两条路线进行的[31]:一条路线是纤维素分子末端糖苷键的逐个断裂(亚临界条件);另外一条路线是纤维素分子溶胀、晶型转变,分子链上糖苷键随机断裂(超临界条件)。超临界水体系处理纤维素具有不需任何其他催化剂、反应时间较短和对环境无污染等优点。但该方法的产物选择性较差(葡萄糖收率小于 40%),并且为达到水的超临界状态需高温高压,加大了设备的投资,存在安全隐患,因此该法目前还无法大规模推广。

(2)固体酸催化纤维素水解

开发具有水热稳定性的固体酸催化剂是纤维素水解研究的新方向。相对于传统无机酸,固体酸具有可回收、无腐蚀性和反应条件温和等优点。但传统的氧化物固体酸催化剂,如 SO_4^{2-}/ZrO_2、Nb_2O_5、SO_4^{2-}/TiO_2、氢型分子筛等,催化纤维素水解效果很差。值得关注的是,最近研究发现磺化碳催化剂在纤维素水解反应中表现出了很高的催化活性,纤维素几乎能够全部转化,葡聚糖的收率达到 64%,并能够得到 4% 的葡萄糖收率[32]。此类磺化碳催化剂是采用纤维素作为碳源,经过不完全炭化和磺化后制备,因此磺酸根浓度高达 1.9 mmol/g。固体酸催化纤维素水解是一个固-固相反应,有效的接触是提高纤维素转化的一个重要因素,可以通过增加催化剂酸性、提高反应物料与催化剂的接触效率以及改进新催化材料设计等方面来改善纤维素的转化效率。例如,采用竹炭为碳源制备磺化碳材料,以微波辅助的方式来实现纤维素微晶的有效转化,其转化效率是硫酸的 70～80 倍;又如采用磺化的 Si/C 复合材料为催化剂,这种复合材料不仅有较高的酸性,其独特的结构还有利于糖苷键的吸附,从而使反应产物中葡萄糖收率超过 50%。不仅磺化材料催化剂具有很好的水解性能,介孔炭材料 CMK-3 对纤维素的水解也有很好的促进作用,特别是当负载一定量的贵金属 Ru 后,葡萄糖的收率能够超过 30%。研究证实,CMK-3 载体利于纤维素降解为低聚糖,而 Ru 或其氧化物则有效促进了低聚糖向葡萄糖转变[33]。虽然在固体酸的设计方面取得了一些进展,但固体酸催化纤维素水解的效率仍然很低,这主要是因为纤维素在固体酸作用下水解的关键因素和反应机理尚不明确。因此,设计高效稳定的固体酸催化剂仍是纤维素水解研究中极富挑战性的工作。

(3)离子液体酸催化纤维素水解

纤维素水解过程中的一个关键因素是纤维素的溶解性,一般的转化过程要涉及纤维素、溶剂和催化剂三相,这种情况下纤维素的转化效率很低,而离子液体的高效溶解能力为纤维素的高效转化提供了保障。研究发现,1-丁基-3-甲基咪唑氯(C_4mimCl)具有最佳的纤维素溶解能力,普通加热方式(100 ℃)下纤维素的溶解度为 10%,而在微波加热条件下纤维素的溶解度高达 25%[34]。C_4mimCl 溶解纤维素的卓越能力,是因为 Cl^- 的强离子性能和高浓度是切断分子间氢键的关键因素,同时具有富电子 π 系统的咪唑阳离子与纤维素羟基的氧原子通过 π 电子相互作用,削弱了纤维素分子间的相互作用,保证了纤维素分子的充分溶解。通过对离子液体中不同阴、阳离子的对比,发现阴离子为 PF_6^-、BF_4^-、SCN^-、Br^- 时,对纤维素的溶解能力较低,而阳离子中烷基碳数增加也会降低纤维素的溶解度。

2. 纤维素加氢制备多元醇

纤维素转化制备多元醇是在水体系中进行的,属于气-固-液三相反应。纤维素加氢过程是连续反应,主要包括纤维素的水解、单糖的加氢及多元醇的氢解反应。目前选用的加氢催化剂一般是同时具有酸性中心和加氢活性中心的双功能催化剂。催化剂对于多元醇产物的选择性和收率有显著的影响:例如,Pt/γ-Al$_2$O$_3$、Ru/C、Ru/Hβ 催化剂催化纤维素加氢得到的主要产物为六元醇;而 Ni-W$_2$C/AC 或 Ru/AC+H$_2$WO$_4$ 复合催化剂催化纤维素加氢得到的主要产物是乙二醇,如图 9-21 所示。另外反应温度对于多元醇的收率也有重要的影响,高温加速了多元醇的氢解反应和其他副反应的发生,不利于获得高收率的多元醇。

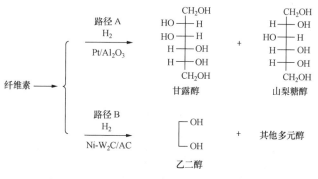

图 9-21 纤维素水相加氢制多元醇反应路径

纤维素催化加氢最大的难点在于平衡纤维素酸催化反应和葡萄糖加氢反应的活性。由于多相催化剂表面的酸性位催化纤维素水解的效率仍然比较低,并不能满足水解后的加氢反应,故纤维素的水解仍是六元醇产生过程中的速控步骤。加氢催化剂主要是通过改变葡萄糖加氢以及氢解反应路径来影响产物分布的。

(1)六元醇的制备

由纤维素出发分别制备六元醇和乙二醇,代表了两种完全不同的反应路径。在纤维素加氢制备六元醇的过程中,水在高温高压(200 ℃,6~10 MPa)条件下原位解离出大量的 H$^+$,起到质子酸催化的作用,水解步骤是速控步骤;水解产物葡萄糖在金属表面上加氢生成山梨糖醇,一部分葡萄糖发生异构化反应,导致加氢产物中有少量的甘露醇。按照上述反应机理,加快纤维素水解速率有利于获得高收率的六元醇,如使用低浓度的液体酸作为催化剂与金属催化剂协同使用可以提高六元醇的收率[35]。可溶性的酸具有很好的催化活性,但是回收和循环使用仍是限制其使用的关键问题。

(2)乙二醇的制备

纤维素直接经催化转化合成乙二醇的反应路线是由大连化物所张涛院士带领其团队首先开发的[36]。如图 9-22 所示,反应由三步构成:纤维素水解生成葡萄糖→葡萄糖逆羟醛缩合生成乙醇醛→乙醇醛加氢生成乙二醇。钨基催化剂 H$_2$WO$_4$ 的加入以及较高的反应温度促使葡萄糖优先发生逆羟醛缩合反应而不是加氢反应,这一步骤是纤维素制乙二醇过程的关键。钨基催化剂在反应过程中表现出温控相转移催化行为:高温溶解为均相催化剂 H_xWO_3,低温重新以 H_2WO_4 的形式析出,因此高温下可溶解的 H_xWO_3 提供催化活性中心。进一步研究发现多种含钨的化合物,如 W_2C、WC、WO_3、H_2WO_4、$H_4O_{40}SiW_{12}$、$H_3O_{40}PW_{12}$ 等,在葡萄糖逆羟醛缩合反应中都有良好的催化活性。

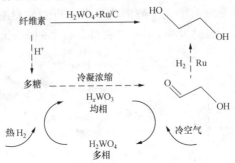

图 9-22   纤维素催化转化制乙二醇反应机理

在纤维素催化加氢制乙二醇的工作中,非贵金属催化剂的研究取得了较大的进展。特别是 Ni 基催化剂具有较低的乙二醇氢解活性,有利于获得高收率的乙二醇。$Ni/AC+H_2WO_4$ 双功能催化剂在纤维素转化制备乙二醇的反应中表现出了良好的催化活性。在 4% $Ni/AC+H_2WO_4$ 催化下乙二醇的收率可达 63.7%,纤维素的转化率为 100%[37]。但 Ni/AC 催化剂的 Ni 粒子在反应条件下会很快长大,导致 Ni/AC 催化剂活性严重下降,无法循环使用。Raney $Ni+H_2WO_4$ 复合催化剂可高效催化转化纤维素制备乙二醇。在最佳反应条件下,乙二醇的收率高达 65.4%,纤维素的转化率为 100%,且具有良好的循环使用性能,是一种极具工业应用价值的低成本复合催化剂[38]。

3. 木质素催化转化

木质素是一类结构复杂的聚酚类无定型天然高分子,木质素的基本结构单元类似苯丙烷结构,是松伯醇基、紫丁香基和香豆醇基三种单体以 C—C 键和醚键相连而成的。在木质纤维素中木质素的含量仅次于纤维素,其能量密度要高于纤维素。木质素降解产物多数含有苯环,这类产物可进一步转化为富含芳烃的燃料油以及芳香族化合物。因此,催化转化木质素被认为是从生物质中获取芳香族化合物的重要手段。木质素催化转化的方法主要有催化裂化、选择加氢还原和直接氧化三种方法。

(1)催化裂化法

木质素催化裂化的目的在于无选择性地将非挥发性的木质素高分子降解为挥发性的烷基芳烃。首先将木质素进行快速热裂解处理得到低挥发性的流体(木质素裂解油),然后经催化裂化过程,最终获得挥发性的烷基芳烃。HY、HZSM-5、H型丝光沸石酸性分子筛和硅铝复合氧化物是木质素催化裂化较为常用的催化剂[39]。通过考查一系列硅铝复合氧化物催化剂，发现 HZSM-5 催化活性最高，产物主要以有机挥发性馏分和芳烃为主。裂化产物与催化剂种类有直接关系，以 HZSM-5 和 H 型丝光沸石为催化剂，裂化产物中芳烃含量要高于脂肪烃，而以 HY、硅质岩和硅铝复合氧化物为催化剂，产物中脂肪烃含量高于芳烃。此外，加氢裂化也是处理木质素裂解油的一种有效方法，反应一般在高温高压下进行，要求催化剂具有一定的高温抗烧结能力，常用的催化剂有 Pt/Al_2O_3-SiO_2、预硫化的 Co-Mo/Al_2O_3、Ni-W/Al_2O_3 和 Ni-Mo/Al_2O_3 等，加氢裂化产物主要为含有烷基侧链的酚类和芳烃。

（2）选择加氢还原法

与上述催化裂化不同，木质素加氢的目的在于通过不同催化反应路径，将木质素直接转化为大宗芳香族化学品，如酚类、芳烃等，是一种有望替代煤和石油的新型生物质基路线[40]。在木质素选择加氢还原的过程中主要发生加氢脱氧反应。为了获取高收率的目标产物，催化剂需满足几个要求：

①低温活性好，能有效抑制热副反应带来的炭化和缩合反应；

②对酚类化合物具有高的选择性；

③水热稳定性好；

④脱烷基化作用强。

常用的催化剂有 Co-Mo、Ni-Mo、Ni-W、Ni、Co、Pd、Ru 和 Cu-CrO。

（3）直接氧化法

木质素的氧化较为困难，一般需要强的氧化剂，且氧化产物十分复杂。木质素在催化剂的作用下与氧气、双氧水等氧化剂发生反应，可降解为对羟基苯甲醛、香草醛、丁香醛和对香豆酸等产物。CuO、Fe_2O_3、TiO_2 等过渡金属氧化物在氧气存在的条件下对木质素催化氧化有一定的活性。进一步研究发现，利用钙钛矿型氧化物 $LaFe_{1-x}Cu_xO$ 催化木质素湿空气氧化，芳香醛的收率明显提高。另外，负载型贵金属催化剂也可用于木质素催化氧化，例如在碱性条件下使用 Pd/Al_2O_3 氧化碱性木质素，主要产物是香草醛[41]。利用 Pt/TiO_2 光催化降解木质素也取得了很好的效果。

9.2.3　生物质催化转化绿色反应工艺实例剖析

5-羟甲基糠醛（5-HMF）是一种重要的生物质平台化合物，应用前景十分广泛。一方面，它可以作为原料，经 C—C 偶联和加氢反应制备汽油、航空煤油、柴油等生物质基烃类原料；另一方面，它可通过加氢、氨化、氧化、聚合等反应来制备多种重要精细化学品。5-HMF 主要是由己碳糖选择性脱水而来，近年来己碳糖脱水制备 5-HMF 的反应机理和催化反应体系的研究已取得了非常大的进展：反应底物由常规的己碳糖，如葡萄糖和果糖，扩展到天然多糖，如结晶纤维素、蔗糖、淀粉等；相继开发了离子液体、极性非质子有机溶剂、双相溶剂等反应体系;催化剂由传统的无机酸和金属盐发展到功能化的固体酸。由于采用生物质水解得到的单糖为原料制备5-HMF具有过程简单、反应条件温和等优点逐渐受到人们的青睐。果糖是制备5-HMF的理想原料,目前大多数制备 5-HMF 的研究都是以果糖为主要研究对象。

在果糖转化为 5-HMF 的研究中发现,当向水相体系中加入丙酮、丁醇等有机溶剂后,5-HMF 的选择性和产率得到了一定程度的提高,原因是生成的 5-HMF 能迅速地被丙酮或丁醇萃取到有机相中,实现了 5-HMF 与催化剂的分离,减少了 5-HMF进一步降解等副反应的发生。2006 年,威斯康辛大学麦迪逊分校的 Dumesic 教授课题组在双相反应体系中取得了突破[42]。如图 9-23 所示,他们在水相中添加二甲基亚砜(DMSO)和聚乙烯吡咯烷酮(PVP),有效地抑制了副反应的发生,提高了 5-HMF

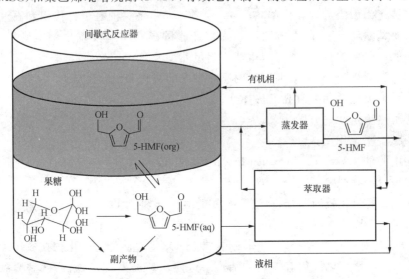

图 9-23　两相体系中果糖催化转化为 5-HMF 的反应路线[42]

的选择性,同时在有机相甲基异丁基酮(MIBK)中添加 2-丁醇或二氯甲烷(DCM),用以提高对 5-HMF 的萃取能力。在反应过程中生成的 5-HMF 不断被萃取到有机相中,减少了其在水相中的富集,不仅有利于反应向正向进行,而且减少了水相中副反应的发生。Dumesic 等采用上述两相体系成功实现了高浓度果糖(质量分数为 10%~50%)的转化,在果糖转化率为 90% 时,5-HMF 的选择性高达 80%。增加 5-HMF在有机相中的分配系数可以提高 5-HMF 的选择性。进一步研究发现,在有机相中添加碱金属无机盐可以显著提高 5-HMF 的收率[43]。例如,在双相体系(水-丁醇)中添加 35% 的 NaCl 后,5-HMF 的选择性从 66% 提高到 79%。NaCl 的盐析效应可以改变有机萃取相和水的相互作用,减少萃取相和 5-HMF 在水溶液中的溶解度,显著提高萃取因子 R,从而有效提高 5-HMF 的收率。双相体系能提高果糖的转化率、产物的选择性和产率,且有机溶剂还能回收利用。利用无机盐的盐析效应可显著提

5-HMF的萃取因子,进一步提高选择性。随着高效固体酸催化剂研究的不断发展,双相反应体系将是绿色高效生产5-HMF的首选途径。

9.2.4　展　望

　　能源与环境是人类社会可持续发展所面临的两大挑战。化石能源的巨大消耗和由此带来的前所未有的环境和气候问题,促使当今世界的能源结构从单一的化石能源向包括可再生能源、核能在内的多元化能源结构转变。作为可再生能源重要组成部分的生物质能源,实现其清洁高效地转化为能源化学品已经成为许多国家的重要发展战略。木质纤维素是地球上最丰富的生物质资源,木质纤维素催化转化制备液体燃料和化学品,既是目前催化基础科学研究的前沿方向,也是我国目前发展可再生能源的主要方向之一,对于补充我国化石资源短缺、减轻环境污染压力、实现经济可持续发展具有重大意义。利用均相催化和多相催化相结合的优势,通过设计新型高效的多功能催化剂体系,实现木质纤维素中C—O—C和C—C等化学键的选择性剪切、中间物种C＝O不饱和键的选择加氢以及生物质平台化合物小分子C—C键的耦合重组,有望高选择性地获得生物质基化学品和液体燃料。同时也应看到,生物质催化转化仍然面临巨大挑战,特别是在催化反应的选择性调控、高水热稳定性催化新材料的合成以及产品的分离和纯化等方面还急需科学和技术上的突破。

(王爱琴　张涛)

9.3　能源光催化

9.3.1　开展能源光催化的意义

　　能源是人类社会赖以生存的物质基础,是国民经济和社会发展的重要资源。目前全球的能源消费主要以化石能源为主,但是化石能源终究不可再生,而且不可避免地会排放CO_2温室气体,引起气候变化、生态破坏等环境问题,不利于人类社会的可持续发展。国际能源署在《世界能源展望2006》中提到,如果能源按照目前的模式继续使用,未来世界的污染将会越来越严重,倡导要节能、发展可再生能源。因此,开发洁净的可再生能源是增加能源供给、保护生态环境、构建生态文明社会、促进人类社会可持续发展的重要措施,是21世纪世界发展的共同议题。太阳能取之不竭,用之不尽,是自然界最丰富的可再生能源,具有独特的发展优势和巨大的发展空间。我国陆地面积每年接收的太阳辐射总量相当于2.4×10^4亿吨标准煤,属于太阳能资源丰富的国家。因此,太阳能的开发利用对我国的国家安全、生态文明社会建设和社会可持续发展具有重要的战略意义。

能源光催化是太阳能转化的理想方式之一,是一种将太阳能转化为化学能储存的能量转化。典型的反应有两个:一是利用太阳能光催化分解水制氢;另一个是利用太阳能将水和二氧化碳耦合转化成甲醇、甲烷等碳氢化合物。其中光催化分解水制氢的研究最为广泛。将自然界丰富的太阳能通过分解水转换为氢能具有诸多优点:

(1)氢气方便储存和运输,能较好地克服太阳能昼夜/季节变化、不易储存等局限性;

(2)氢能能量密度高、清洁环保、使用方便,在燃烧时生成水,是洁净无污染、零碳排放的能源载体;

(3)氢能与现在所有的能源系统匹配和兼容,能方便、高效地转换成电或热,有较高的转化效率;

(4)氢气可以作为大宗化学品广泛应用于化工过程,如化工过程中最常见的加氢反应。

光催化分解水制氢是化学研究领域的一樽"圣杯",是能源领域世界性的重大科学难题,涉及化学反应过程中最基本的能量转移、电子转移和表/界面催化反应等基础科学问题,需要化学、物理、材料、生物、工程等学科的交叉才能解决。利用太阳能光催化分解水制氢是一条绿色可持续发展的制氢路线,由图 9-24 光催化分解水制氢应用示意图可知,太阳能高效制氢一旦实现,将彻底改变人类的能源格局,改变未来生活环境,为人类的能源与环境的可持续发展做出重大贡献,奠定生态文明社会建设的基础。

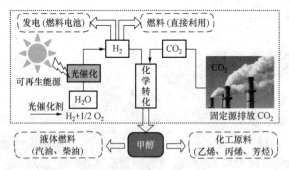

图 9-24 光催化分解水制氢应用示意图

9.3.2 能源光催化分解水的基本原理

1.光催化分解水的化学原理

水分解的化学反应式为

$$2H_2O \longrightarrow 2H_2 + O_2$$

　　该反应是吸热反应,反应热效应为 237 kJ/mol。在没有催化剂存在时,水分子按直接生成自由基进行分解需要在 2 000 ℃下才能进行;水分子若在光激发下直接进行分解则需要波长小于 185 nm 的高能量光,因此在无催化剂存在时太阳光不能直接分解水。如果水分子不是按直接生成自由基进行分解,而是通过上式的双分子反应进行分解,那么需要的能量为 2.44 eV,相当于波长 507 nm 的可见光即可进行分解,但必须有适宜的催化剂参与,使两个分子结合成一个中间化合物才有可能进行。通常电解水的电压为 1.23 eV,如按此能量用相当的光分解水时,大约需要 1 000 nm 的光,所以在催化剂存在下利用太阳光进行水分解是可能的,但效率很低,只有 1%～2%。因此,还需要借助光敏剂提高光催化效率。在氧化还原型催化剂存在下的光催化分解水反应示意图如下[44]:

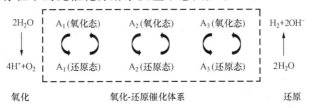

　　由此可见,实现这一过程的关键是要选择好氧化-还原催化剂体系。目前半导体催化剂体系被认为是最有前途的。当采用半导体 Pt/TiO_2 光催化剂在硫酸水溶液中进行水完全分解反应时,TiO_2 吸收光能可使价电子激发,生成自由电子和空穴,并发生如下反应:

$$TiO_2 + 2h\nu \longrightarrow 2e + 2p^+$$

氧化　　　　　　　$(TiO_2)2p^+ + H_2O \longrightarrow \frac{1}{2}O_2 + 2H^+$

还原　　　　　　　$(Pt)\ 2e + 2H^+ \longrightarrow H_2$

2. 半导体光催化分解水的基本原理

　　根据以能带为基础的电子理论[45],半导体的基本能带结构是:存在一系列满带,最上面的满带称为价带(valence band,VB);存在一系列空带,称为导带(conduction band,CB);价带和导带之间为禁带。如图 9-25 所示,当半导体吸收能量等于或大于其禁带宽度(E_g)的光子($h\nu$)时,将发生电子由价带向导带的跃迁,这种光吸收称为本征吸收。本征吸收在价带生成空穴 h^+,在导带生成电子 e^-。由于半导体能带的不连续性,电子和空穴的寿命较长,在电场作用下或通过扩散的方式运动,电

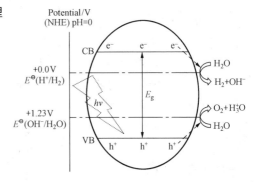

图 9-25　光催化分解水制氢反应基本原理示意图

子与空穴发生分离并迁移到颗粒表面的不同位置,进而与吸附在半导体催化剂粒子表面上的物质发生氧化或还原反应,或者被表面晶格缺陷捕获,也可能直接复合,以光或辐射热的形式转化。光生电子-空穴对具有很强的还原和氧化活性,由其驱动的氧化还原反应称为光催化反应。

光催化完全分解水制氢是一个典型的吸热反应,根据激发态的电子转移反应的热力学限制,光催化还原反应要求导带电位比受体的 $E(H^+/H_2; 0.0\ V\ vs. NHE @ pH=0)$ 偏负;光催化氧化反应则要求价带电位比给体的 $E(OH^-/O_2; 1.23\ V\ vs.\ NHE @ pH=0)$ 偏正。换句话说,半导体的导带底能级要低于 $0.0\ V$ (@ pH=0),而价带顶能级要比 $1.23\ V$ (@ pH=0)更正。因此,理论上讲,用于光催化直接分解纯水的半导体最低禁带宽度 E_g 要求为 $1.23\ V$,相当于吸收边带至 $1\ 000\ nm$ 左右,处于近红外区域,可以利用整个可见光区域,但在实际反应过程中,由于半导体能带弯曲及表面过电位(对水氧化过程而言,过电位大约为 $0.4\ V$)等因素的影响,对禁带宽度的要求往往要比理论值大,认为应该大于 $1.8\ V$。

由光催化分解水反应机理可知,半导体光催化化学反应中主要涉及三个基本过程:

(1)光的吸收与激发;

(2)光生电子与空穴的转移和分离;

(3)表面的氧化或还原反应。每一步的效率可分别表示为 $\eta_{捕光}$、$\eta_{分离}$、$\eta_{反应}$,而整个太阳能至氢能的光-化学能转化效率则由上述三个基本过程共同决定,可表达为

$$\eta_{转化} = \eta_{捕光} \cdot \eta_{分离} \cdot \eta_{反应} \tag{9-1}$$

一般地,光催化分解水反应包括光生电子还原电子受体 H^+ 和光生空穴氧化电子给体 H_2O 的反应,这两个反应分别称为光催化还原反应和光催化氧化反应。即:光催化分解水制氢包括光催化氧化和光催化还原两个半反应,反应速率由速率较慢的半反应所决定。就热力学而言,光催化氧化水是一个热力学爬坡反应,$\Delta G^\ominus$ 为 $237\ kJ/mol$,涉及 4 个电子转移,而光催化还原水相对较容易,$\Delta G^\ominus$ 接近于 0,涉及 2 个电子转移,因此光催化氧化水通常被认为是水分解的速控步骤。在评价光催化剂分解水的活性时,通常用单位时间内放氢或放氧的物质的量(如,mol/h)来表示,但考虑到不同实验室使用反应器和光源等实验条件的差异,为了方便比较,光催化分解水性能一般用分解水放氢或放氧的表观量子效率(AQE)来表示,其基本计算公式为

AQE(H_2)=[(单位时间内放氢摩尔数×$6.02×10^{23}$×2)/单位时间内总的照射光子数]×100%

AQE(O_2)=[(单位时间内放氧摩尔数×$6.02×10^{23}$×4)/单位时间内总的照射光子数]×100%

9.3.3　光催化分解水制氢催化剂的组成与结构特点

半导体光催化分解水制氢催化剂体系通常由两部分组成:一部分是光催化剂;另一部分是助催化剂。光催化剂主要负责太阳光的吸收、激发以及将光生载流子转移至表面;助催化剂不仅能有效转移富集在光催化剂表面的光生电荷,同时可以降低分解水的活化能,加快分解水的反应速率。当没有助催化剂存在时,光催化剂自身分解水性能通常很低,一方面源于其自身的光生电荷分离能力有限,另一方面在于其分解水的活化能较高。此外,光催化剂与助催化剂隶属于不同的物相,因此其界面结构通常对光生电荷的分离具有重要影响,对光催化分解水制氢性能起关键作用。下面将分类介绍几种典型的光催化剂与助催化剂。

1. 光催化剂

(1)紫外光响应的光催化剂

紫外光响应的光催化剂主要以半导体氧化物为主,其中 TiO_2 是光催化领域研究最多的体系,研究内容涉及催化剂的形貌、晶相、改性、理论计算等诸多方面[46]。其次,以钙钛矿型 $SrTiO_3$ 为代表的钛酸盐紫外光响应催化剂系列也受到广泛关注。此外,具有共角 TaO_6 八面体结构的碱金属和碱土金属钽酸盐对光催化分解水也表现出很高的产氢活性[47]。其他一些特殊结构的钽酸盐、铌酸盐系列光催化剂也引起了学术界的关注,如:层状氧化物结构的 $K_4Nb_6O_{17}$ 具有两种不同的离子交换和水合性质层(层 I 和层 II),在镍担载过程中,Ni^{2+} 选择性地进入层 I 形成产氢位,而层 II 作为产氧位,从而可以实现电子-空穴有效的空间分离。以上这些具有 d^0 电子结构的氧化物,其导带和价带分别由金属的 d 轨道和 O 2p 轨道组成。另外,当进行四元掺杂时,如 $RbLnTa_2O_7$(Ln=La、Pr、Nd、Sm),镧系元素的 4f 电子可部分影响主体为 O 2p 轨道的价带结构,从而也能影响到光催化活性。

具有 d^{10} 电子结构的化合物是另外一大类紫外光响应光催化剂,其中包括铟酸盐 InO_2^-、锡酸盐 SnO_4^{4-}、锑酸盐 SbO_3^-、锗酸盐 GeO_4^{4-} 和镓酸盐 $Ga_2O_4^{2-}$ 等光催化剂[48],此类化合物较大的光电子迁移率是光催化活性高的主要原因。

(2)可见光响应的光催化剂

虽然 20 世纪紫外光下完全分解水制氢已经取得了较大的进展,但是由于紫外光仅占太阳光谱的大约 4%,要使更多太阳能得到利用,开发稳定、高活性、廉价、具有可见光响应的光催化剂已成为本世纪各国科学家追逐的主要目标。一般而言,稳定的半导体氧化物的导带能级主要由过渡金属离子的空轨道构成,价带能级虽与晶体结构以及金属离子与氧的成键有关,但主要还是由 O 2p 轨道构成,因此通过掺杂过渡金属阳离子以形成新的给体(或供体)能级是实现可见光响应的有效策略。

①阳离子掺杂可见光催化剂

阳离子掺杂可见光催化剂通常以 TiO_2 和 $SrTiO_3$ 半导体氧化物的阳离子掺杂研究最为广泛[49]。然而掺杂常造成新的光生电子和空穴复合中心,不利于光生电荷分离,因此通过双金属离子的共掺杂补偿电荷作用已成为金属离子掺杂拓展可见光吸收和利用的新方向[50]。

②阴离子掺杂可见光催化剂

相对于阳离子掺杂而言,阴离子掺杂很少造成光生电子和空穴复合中心。Asahi 等[51]采用在 TiO_2 中掺杂 N 的方法形成 $TiO_{2-x}N_x$,在 520 nm 波长下显示了较高的光催化降解有机物活性。Domen 研究组发现氮氧化物和硫氧化物是一类新型的可见光活性材料[52],合成了含有 Ti^{4+}、Ta^{5+} 和 Nb^{5+} 等 d^0 构型的氮氧化物或硫氧化物,实现了宽光谱可见光响应。以 TaON 和 Ta_3N_5 的合成为例,如图9-26 所示,其前驱体均为 Ta_2O_5,导带由 Ta 5d 轨道构成,价带为 O 2p 轨道,经过氮化生成 Ta_3N_5 后,导带能级基本不变,仍为 Ta 5d 轨道,价带主要为 N 2p 轨道,而生成 TaON 时导带为 Ta 5d 轨道,价带为 N 2p 和 O 2p 混合轨道。因为 N 2p 轨道能级比 O 2p 轨道的能级高导致价带提升,而导带基本不变。因此,相比于 Ta_2O_5 前驱体,TaON 和 Ta_3N_5 带隙不同程度变窄,拓展可见光吸收。大连化物所李灿等采用高温氨解技术制备了 N 掺杂催化剂 $Y_2Ta_2O_5N$ 和 $Sr_5Ta_4O_{15-x}N_x$ 等可见光响应的光催化剂[53],在可见光照射下实现了稳定的放氢和放氧半反应。类似的硫氧化物可以看作是氧化物中的部分 O 被轨道能级更高的 S 取代的结果,此类光催化剂最典型的代表为 $Sm_2Ti_2S_2O_5$,其禁带宽度为 2.1 eV。

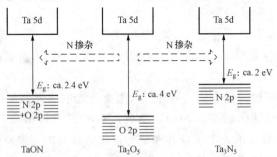

图 9-26　合成氮氧化物的能级变化示意图

③固溶体可见光催化剂

固溶体可见光催化剂的优点就是可以实现能带结构的连续可调。合成时通常要求形成固溶体的前驱体具有相同或相似的晶体结构。如 GaN 和 ZnO 均为纤维锌矿结构,其带隙分别为 3.4 eV 和 3.2 eV,得到的固溶体 $Ga_{1-x}Zn_xO_{1-x}N_x$ 为纤维锌矿结构的黄色粉末[54],导带底主要由 Ga 4s4p 轨道组成,而价带顶则由 N 2p 轨道和 Zn 3d 轨道组成,正是由于 Zn 3d 和 N 2p、O 2p 的 p-d 排斥作用提升价带位置导致该固溶体的吸收带边红移,使得该固溶体能够吸收可见光。此外,ZnS 与具有窄禁带宽度的半导体材料 AgInS₂、CuInS₂ 结合形成了固溶体 ZnS-AgInS₂、ZnS-CuInS₂ 和 ZnS-AgInS₂-CuInS₂,该系列样品都能吸收可见光,这些固溶体可利用最长波长达 700 nm 的可见光产氢。

④半导体复合型可见光催化剂

半导体复合是提高电荷分离效率、稳定光催化剂且扩展可见光谱响应范围的有效手段。复合型半导体的基本工作原理就是利用两种半导体导带和价带能级的差异使光生电子和空穴分别转移到不同的半导体表面而产生空间分离,减少光生电子和空穴的复合概率,进而提高光催化活性和稳定性。以研究最多的 CdS-TiO₂ 体系[55]为例加以说明,如图 9-27 所示,CdS 受可见光激发产生的空穴留在 CdS 的价带中,而电子从 CdS 的导带转移到 TiO₂ 导带中,能有效抑制光生电子和空穴的复合。早期研究以 CdS-TiO₂ 的简单复合为主,随着纳米制备技术的不断发

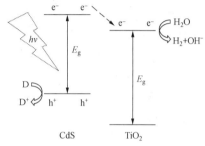

图 9-27　CdS-TiO₂ 复合体光生电子-空穴
分离示意图

展,微观尺度的复合光催化剂研究相继展开。CdS 负载在 ZnO 纳米线、TiO₂ 纳米管、TiO₂ 纳米颗粒等载体上的光催化产氢活性都有报道。

(3)异相结或异质结光催化剂

为了提高光催化的电荷分离和催化性能,通常将两种不同物相或将两种物相相同而晶相不同的半导体进行复合,构建异相结或异质结复合光催化剂。其基本工作原理就是当两种不同的介质紧密接触时会形成"结(junction)",在结的两侧由于其能带等性质的不同会形成空间电势差,这种空间电势差的存在会形成内建电场,加速电子-空穴的分离,进而提高光催化性能。传统太阳能电池中通过利用 p 型和 n 型半导体之间的能级差异构筑 p-n 结来促进光生电荷分离,在光催化分解水研究中也借鉴了 p-n 结思想,通过类似的原理构筑异相结或异质结来达到分离电荷和提高光催化性能的目的。例如:同一种半导体通常具有不同晶相,且各晶相的导带或价带能级存在差异,当两晶相之间形成致密界面时,相与相之间的能级差异导致界面间形成内建电场,加速光生电子和空穴分离。李灿等通过在金红石表面沉积锐钛矿 TiO₂ 构筑了 TiO₂(R)/TiO₂(A)异相结[56],以及在 α-Ga₂O₃ 和 β-Ga₂O₃ 之间构筑异相结,均发现对光催化分解水制氢性能有明显促进作用。此外,通过超快红外光谱研究发现,α-Ga₂O₃ 和 β-Ga₂O₃ 异相结之间的电荷分离发生在 3～6 ps,远远小于电荷的复合时间(1 000 ms 左右),揭示了异相结促进光生电荷分离的本质。"结"促进电荷分离的概念除了应用于两个半导体之间外,通常也可应用于光催化剂与助催化剂之间的界面构筑,例如,李灿等[57]通过光催化剂

CdS 与助催化剂 MoS_2 界面异质结的构筑导致其光催化产氢活性比单独的 CdS 催化剂高 30 倍以上,而且 MoS_2/CdS 比担载贵金属助剂 Pt、Ru、Rh、Pd、Au 的 CdS 的光催化产氢活性还要高。章福祥等[58]通过在光催化剂 $LaTiO_2N$ 与助催化剂 CoO_x 之间形成致密界面,取得了比贵金属氧化物助催化剂 IrO_2 修饰的光催化剂更好的分解水放氧效率,可见光激发下放氧表观量子效率高达 27%。

2. 助催化剂

助催化剂在光催化分解水、还原 CO_2 方面起着不可替代的作用,除了被广泛使用的 Pt、Rh、Pd、NiO、IrO_2、RuO_2 等常规助催化剂外,一些颇具特色的新型助催化剂也被相继开发出来。$Rh_{2-x}Cr_xO_3$ 助催化剂可大幅提高 GaN/ZnO 固溶体光催化剂的可见光完全分解水性能[59],$Rh-Cr_2O_3$ 核-壳结构与 Mn_3O_4 产氢、放氧组合助催化剂,在完全分解水中表现出显著的协同效应;李灿等相继报道了 MoS_2、WS_2、Pt-PdS 等助催化剂可显著促进 CdS 光催化产氢性能,并提出双功能助催化剂的协同促进概念[60]。另外一些具有优异电解水性能的 CoPi、CoBi 等电催化剂也被作为光(电)催化分解水的产氧助催化剂,提高了光催化分解水产氧动力学行为[61]。尽管助催化剂在光催化中的重要作用受到了广泛重视,但是有关助催化剂-光催化材料间界面结构这一关键问题的研究尚未深入开展,该问题的阐明对于设计、理解、构建高效的光催化剂体系至关重要。

9.3.4 光催化分解水制氢微观机制与反应动力学

在整个太阳能驱动光催化分解水过程中,常伴随有电子激发态的淬灭、光生电子和空穴的复合、能量转移、质子迁移和光致异构化等众多的超快化学物理过程,这些过程间的相互竞争直接决定着光催化体系的效率。通过对光催化分解水制氢超快动力学过程进行实时的观测和理论研究,可以帮助人们深入了解人工光合成的机理,进而揭示光催化剂的效率、稳定性与催化剂结构之间的关系。人工光合成太阳能燃料的原位和超快谱学及理论研究在国际、国内都是一个崭新的领域,极具挑战性和机遇性。下面分类介绍各种光谱技术在光催化分解水中的应用情况。

1. 时间分辨光谱研究光生电荷分离、复合及反应过程

时间分辨光谱的分辨率可以从秒、毫微秒的分辨率到皮秒、飞秒,在研究光生电荷分离、复合及反应等过程中可以发挥重要作用。Furube 等采用飞秒瞬态吸收光谱观察了光生电子向 Pt 转移的过程,发现 Pt 对光生电子的捕获过程有利于光生电子和空穴的分离,使得几百皮秒后 Pt/TiO_2 中未衰减的光生电子的量多于 TiO_2 中未衰减的光生电子的量。井立强等使用表面光电压谱研究"结"在 TiO_2 中的作用,认为"相结"处存在锐钛矿向金红石的电子转移过程。Carneiro 等使用时间分辨微波光电导研究也发现,相对于纯相锐钛矿,混相 TiO_2 的光电导信号更强、寿命更长[62]。Tang 等首次用瞬态吸收光谱观察到光催化分解水过程中的产氧过程的四空穴行为,提出产氧过程可能是光催化分解水反应的速控步骤[63]。利用超快光谱技术研究了光诱导分子内远程电子转移,发现在给体和受体相距 2 nm 的条件下仍能高效率地发生电子转移,提出了通过化学键进行电子转移的看法。

2. 原位时间分辨光谱研究真实光催化过程

一些原位时间分辨光谱开始逐步建立和发展起来,用以研究在真实光催化反应体系中存在的各物种对光催化剂光生载流子动力学过程的影响。Yamakata 等研究人员用 50 ns～s 级光栅扫描时间分辨中红外吸收光谱研究了甲醇存在条件下 Pt/TiO_2 中光生电子的衰减动力学过程,发现甲醇存在时,体系中长寿命电子的产生效率大大增加,并推测甲醇对应的吸附物种能够在 50 ns 内快速捕获空穴。通过研究不同醇分子存在条件下空穴的动力学衰减行为,发现光催化的速控步骤是束缚态空穴向吸附醇分子的迁移过程。李灿等最近开发了适用于原位光催化机理研究的时间分辨激光诱导荧光光谱和时间分辨红外光谱。通过时间分辨荧光光谱,研究了 TiO_2 的相变与光催化反应活性之间的关系[64],可以清楚地观察到在 TiO_2 由锐钛矿到金红石的相变过程中,氧空位以及 TiO_2 表面本征缺陷的产生过程,认识了 TiO_2 表面担载 Pt 助剂时光生电子的去激发过程。通过时间分辨红外光谱,研究了 TiO_2 催化剂导带及浅捕获态的电子吸收行为以及 Pt/TiO_2 光催化剂的光催化甲醇制氢的反应机理,认识到分子态吸附的水及甲醇促进了 H^+ 的转移,从而促进了 Pt 上的产氢反应。

3. 时间分辨光谱与光电化学相结合研究光电催化机理

时间分辨光谱手段与光电化学表征手段相结合,被用于光催化机理,特别是光电催化机理的研究。Pendlebury 等[65]使用瞬态吸收光谱检测光生空穴,使用瞬态光电流技术检测光电流,发现 Fe_2O_3 光阳极中光电流和长寿命空穴数量有很好的关联,其中长寿命空穴的数量取决于电子空穴复合动力学,而复合动力学受偏压方向和大小的影响。另外,作者发现,光催化水氧化反应不受光生空穴浓度的影响,这说明 Fe_2O_3 水氧化反应的机理是连续的单空穴氧化过程。Durrant 等[66]还认为,在偏压或牺牲试剂存在条件下,光生空穴氧化水的转移速率非常慢,在 10^1～10^{-1} s 级量级,说明光催化氧化水产氧的过程可以在 ms～s 的时间尺度内。在实际的光催化反应过程中,光催化载流子过程的时间尺度跨度非常大,从飞秒量级的载流子产生、分离过程,到皮秒、纳秒量级的载流子捕获、运输过程,再到毫秒、秒量级的表面反应过程,因此在多时间尺度上对光催化机理进行研究,是全面认识光催化过程的关键所在。运用多种时间分辨率的光谱技术可以了解异质结、异相结、晶面取向、量子点结构等在光催化过程中的作用,揭示载流子在不同时间段上的作用以及对整个反应的贡献,确定光催化反应的决定性步骤,这对全面认识光催化机理至关重要。另外,光催化过程非常复杂,影响因素众多,因此,发展原位时间分辨光谱技术,以及与电化学表征技术、成像技术等相结合,是更直接、全面地认识光催化动力学的必然趋势。光催化动力学的研究,有助于深入认识、全面理解光催化机理和过程,从而深入了解光催化反应机理,有助于探索光催化的规律和影响因素,为设计高效光催化体系打下坚实基础。

9.3.5 光催化分解水制氢的国内外现状与发展趋势

1972 年,日本科学家 Fujishima 和 Honda 发现光照 TiO_2 电极能够导致水分解产生氢气,揭示了利用太阳能分解水制氢的可能性。尽管当时 TiO_2 催化剂在紫外光照射下光催化分解水的量子效率仅为 0.1%,然而通过人们不断的努力研究,开拓了一系列基于 d^0(Ti^{4+}、Zr^{4+}、Nb^{5+}、Ta^{5+}、W^{6+})和 d^{10}(Ga^{3+}、Ge^{4+}、In^{3+}、Sn^{4+}、Sb^{5+})金属基的光催化材料,紫外光区催化剂的量子效率得到不断提高。2003 年,Kudo 教授报道了 La 掺杂的 $NaTaO_3$ 催化剂在紫外光照条件下分解水的量子效率可达 56%。由于到达地面的太阳光中紫外区仅占 5% 左右,因此,为了充分利用太阳能,开发可见光响应的光催化剂成为 21 世纪以来这一领域的研究热点。2008 年,Domen 等报道的 GaN-ZnO 光催化剂分解水产氢的量子效率达到 5.9%,这些研究成果预示着可见光催化分解水制氢在不远的将来会有突破性进展。

1. 光催化材料的开发

光催化材料的开发一直是这一领域的研究热点。过去十余年各国科学家围绕提高可见光吸收这一关键问题开展了一系列研究,通过能带工程技术,调节半导体光催化材料的能带带隙,使其能高效吸收可见光。主要包括以下几种途径:

(1)寻找新的光催化材料,其价带能级正于水的氧化电位,例如氧化物(如 $BiVO_4$、$AgNbO_3$)、氮化物与氮氧化物(如 Ta_3N_5、TaON)、硫氧化物(如 $Sm_2Ti_2S_2O_5$)、非金属化合物(如 g-C_3N_4、$B_{4.3}C$)、非金属单质(如 Si、红磷、α-硫)、磷酸化合物(如 Ag_3PO_4、$BiPO_4$)和金属氧化物(如 $Sr_{1-x}NbO_3$)等相继被发现具有光催化活性,丰富了光催化材料的种类,为构筑高效光催化剂体系提供了新素材,同时也拓宽了寻找新型可见光催化材料的思路等;

(2)在具有较宽带隙的光催化剂中掺杂其他元素,在禁带中形成杂能级,例如 TiO_2 和 $SrTiO_3$,用 Sb 或者 Ta 和 Cr 进行共掺杂;

(3)由窄带隙半导体与宽带隙半导体构成固溶体催化剂,例如 ZnS-$CuInS_2$、GaN-ZnO 等。

我国科研人员在光催化材料开发方面也做了大量的工作,取得了较好的进展。中科院金属研究所刘岗研究员合成了均相氮掺杂氧化物、红色锐钛矿 TiO_2、硫单质等可见光催化剂。上海交通大学的上官文峰教授开发了 $BiYWO_6$ 光催化材料,实现了可见光分解水制氢。中科院大连化物所李灿院士相继开发出了 $ZnIn_2S_4$、$Y_2Ta_2O_5N_2$、硫取代氢氧化物和 $Sr_5Ta_4O_{15-x}N_x$ 等多种可见光催化材料。然而,通过掺杂或杂原子取代等方法发展可见光吸收光催化材料时通常会引起光生电子和空穴的迁移率及催化剂寿命的降低。因此,合成兼具高可见光吸光率与高载流子迁移率的可见光材料是今后发展的重要方向。

2. 光生电子-空穴的分离

光生电子-空穴的有效分离是实现太阳能光-化学高效转化的关键,光生电荷在半导体表/界面的分离研究受到越来越多的重视。光生电子-空穴的分离涉及半导体体内分离和表/界面转移分离等过程,迄今为止通过单/双功能助催化剂负载、异质结和异相结构建等方法均能加速半导体表/界面的载流子分离,达到提高太阳能光-化学转化效率的目的。构建有效的光生电荷传输"结"已成为发展高效人工光合成太阳能燃料体系的重要方式,是这一领域科学家努力的重要方向。相比半导体表/界面的光生电荷传输研究,半导体内部的载流子分离研究却相对不足。光催化材料的载流子迁移特性主要表现在扩散距离、迁移率大小、迁移取向择优性等方面。当前对载流子迁移特性的调控利用还主要限于通过减小光催化材料颗粒尺寸、形成中孔或开放式纳米结构等来缩短载流子从体相到达表面所需的距离,以期降低体相复合,而光生电子、空穴的体相迁移择优性这一重要内禀特性在光催化材料的设计中尚未得到有效利用,将光生电荷分离与光生载流子取向择优迁移相结合将是未来发展值得重视的一个方向。

3. 光催化剂表面的光催化转化

光生电子-空穴的表面催化转化过程近几年受到越来越多的关注,取得了显著的进展。研究成果主要体现在两方面:一是助催化剂辅助的表面催化反应;二是基于光催化材料自身表面原子结构的控制和优化。尽管助催化剂在光催化中的重要作用受到了广泛重视,但是关于助催化剂-光催化材料间界面结构这一关键问题的研究尚未深入开展,该问题的阐明对于设计、理解、构建高效的光催化剂体系至关重要。除了助催化剂的影响外,光催化材料表面原子的排列和配位环境也直接影响光催化剂性能,近几年对材料表面原子结构的精确控制受到广泛关注。光催化性能研究表明,优化光催化材料的晶面在提高光催化性能方面具有很大发展空间,例如中科院金属研究所刘岗等研究发现(010)晶面占优的锐钛矿 TiO_2 的光催化产氢性能是(001)晶面占优的 TiO_2 的两倍。最近,李灿等从实验上确认了光生电荷在 $BiVO_4$ 不同晶面间的分离,并通过光沉积的方法将氧化、还原助催化剂选择性地沉积在 $BiVO_4$ 晶体的氧化晶面(110)和还原晶面(010)上,可将光催化性能提高两个数量级,充分展示了晶面控制在构筑高效光催化剂体系中的巨大潜力。光催化材料晶面控制不仅促进了光生电子-空穴在半导体体相的迁移和分离,而且在光催化表面反应转移、调控光催化材料-助催化剂的界面结构、复合光催化材料的界面结构等方面发挥了重要作用,是未来构筑高效光催化剂体系的重要方向。

4.其他

光催化分解水制氢研究已逐渐成为国际上可再生能源领域的研究热点,并取得了较大进展。各国科学家围绕人工光合成过程中太阳光的高效吸收和利用、光生电荷高效分离以及高效催化转化等关键科学问题展开了广泛的探索和研究;相关研究经历了最初的实验现象发现、基础理论探索到人工光合成体系整体设计构筑的不断发展过程;对光催化材料基本物性、光催化剂结构与性能构效关系的认识不断由宏观水平向微观水平推进;反应体系过去主要集中在光催化分解水制氢,最近几年光催化制氢与 CO_2 耦合制燃料开始兴起;光催化反应的基础理论体系逐步形成,人工光合成太阳能燃料已经成为化学、物理、能源与材料等多学科交叉的热门研究领域之一。现阶段人工光合成太阳能燃料的效率仍然无法满足实际应用的要求,研究的发展趋势主要体现在太阳能光-化学转化效率的限制因素认识,发展各种超快光谱和原位表征技术用于揭示光催化机理和催化反应动力学,利用理论计算设计新颖的光催化材料,建立光催化反应效率与催化剂微观结构之间的关系,致力于高效吸光、电荷转移和表面催化反应等过程的整体设计和构筑等诸多方面。国内科学家在半导体基人工光合成体系的构筑、分子模拟酶人工光合成体系的组装以及人工光合成过程机制研究等基础领域已有多年的工作基础,取得了一些前期研究成果,一些领域已经处于国际先进水平。

(章福祥)

9.4　燃料电池中的催化

9.4.1　燃料电池及其发展历史

1.什么是燃料电池

燃料电池(fuel cell,FC)就是将化学反应的化学能直接转化为电能的装置。FC 与火力发电装置相比较,区别在于火力发电是将燃料燃烧放出的热量转变成动能,再经发电机转变为电能。FC 的工作原理如图 9-28 所示。FC 和一般电池一样由阴极、阳极和电解质隔膜构成。在阳极(负极)上连续供应燃料(如氢气)进行氧化反应,生成的氢正离子进入电解质隔膜,并迁移到阴极上;同时释放出电子通过外电路进入负载做功,并流向阴

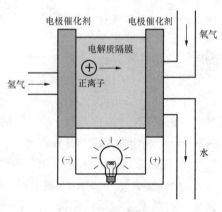

图 9-28　FC 工作原理示意图

极(正极);阴极(正极)则连续通入氧气,进行还原反应,生成的氧负离子与氢正离子反应,生成产物水排出。这样发生的电化学反应所产生的电流由集流板放出。由于电化学反应是在界面上进行的,为提高反应速度,一般采用多孔电极催化材料。电极催化剂和电解质与电池性能有密切关系,所以电极催化剂和电解质就成为 FC 的关键材料。经过深入研究后,人们归纳总结认为 FC 是由阴、阳两个催化电极、一张膜和集流板等关键部件组成的微化工系统,由它完成化学能到电能的转换。

2. 燃料电池与电池的区别

FC 与电池(battery)都是将化学能转变为电能的装置,有许多相似之处。它们的不同之处在于:FC 是能量转换装置,燃料和氧化剂不储存在 FC 中,而是储存在外部储罐中,工作时燃料和氧化剂进入电池,在电极催化剂表面不断进行电化学反应,使化学能转变为电能,原则上认为在此过程中电极催化剂是不消耗的;电池是能量储存装置,化学能被储存在电池物质中,当电池发电时,电池中的物质发生化学反应并产生电流,直到反应物质全部消耗完毕为止,电池就再也发不出电了。所以,电池所能发出的最大电能等于参与电化学反应的化学物质完全反应所产生的电量(一次电池)。如果电池完全放电后,可再充电使其再放电,实现反复使用功能的电池称为可充电电池(二次电池)。

3. 燃料电池的优势

(1)能效高。从能源角度看,燃料转化为电能,FC 转化率最高。理论上它的热电转化率可达 85% ~ 90%。由于各种原因,实际上各种 FC 的能量转化率均在40% ~ 60%。若实现热电联用,燃料的总利用率可达 80% 以上。

(2)环境友好。FC 若以纯氢为燃料,转化产物为无污染的水;若以天然气、甲醇、甲烷等其他烃类为燃料,需要重整为富氢气体,会产生 CO_2。FC 所用烃类燃料通过前处理(这种处理通常是规模处理,比较容易),不含氮硫化物,在燃料化学转化中也不会产生氮氧化物和硫氧化物。因此 FC 排出的尾气中含氮氧化物和硫氧化物很少,不会造成空气污染或形成酸雨。此外,FC 发电按电化学原理工作,运动部件少,因此工作时噪音小,对周围环境不造成噪音干扰。

(3)灵活性大。FC 可用于大规模发电厂供电,也可用于区域性供电,特别是可作为移动电源用于航天、潜艇和电动汽车,甚至可为笔记本电脑提供小型便携式电源。

4. 燃料电池的发展历史

FC 的发展历史[67]可以追溯到 19 世纪,确切地说是始于 1839 年英国人格罗夫(W. R. Grove)的研究。格罗夫使用两个铅电极电解硫酸时观察到,析出的气体(氢气和氧气)具有电化学活性,并在两极产约 1 V 的电位差。1894 年,奥斯特瓦尔德(W. Ostwald)从热力学上证实,燃料的低温电化学氧化优于高温燃烧,电化学电池的能量转换效率高于热机效率。因热机效率受卡诺(Carnot)循环限制,而FC的效率不受卡诺循环限制。

20世纪初,人们就期望将化石燃料的化学能直接转变为电能。一些杰出的物理化学家,如能斯特(Nernst)、哈伯(Harber)等,对研究直接碳-氧FC做了许多努力,但他们的研究因受到当时科学技术水平的限制没有太多进展。1920年以后,低温材料性能研究方面的成功为FC研究提供了有利条件,人们对气体扩散电极的研究又重新开始。1933年,鲍尔(Baur)设想了一种电化学系统,可在室温下用碱性电解质将氢燃料的化学能转化为电能。英国人培根(F. T. Bacon)对包括多孔电极在内的碱式电极系统也进行了研究。20世纪50年代,培根开发出了多孔镍电极,并成功地制造了第一个千瓦级碱性燃料电池(AFC)系统。培根的研究成果成为后来美国宇航局(NASA)阿波罗(Apollo)计划中FC的基础。1958年,布劳尔斯也改进了熔融碳酸盐FC系统,并取得了较长的预期寿命。

由于空间技术竞争,FC在20世纪50~60年代受到了广泛的关注。1968年,美国成功研制出AFC并用于阿波罗航天飞行器(图9-29和图9-30),最终完成了阿波罗登月计划。此后对FC的研究热了起来。由于采用多孔碳基材料负载贵金属催化剂,从而降低了陆地上使用的氢气-空气FC的成本,使人们开始热衷于电动机车的研制。1970年,考尔迪什(K. Kordesch)装配了以氢气和空气为燃料的AFC驱动的4座位轿车,并实际运行了3年[68]。

图9-29 PC3A型AFC系统   图9-30 用于阿波罗航天飞行器的AFC

早在20世纪60年代,中科院大连化物所张大煜、朱保琳、李春堂等就开展了氢-氧FC的研究。70年代组织了170余人的研究团队成功地研制出了碱性石棉膜型氢-氧FC,其样机如图9-31所示。

进入20世纪80年代,由于质子交换膜的出现,酸性FC兴起。相继磷酸FC、熔融碳酸盐FC、固体氧化物FC快速发展。

20世纪90年代后,电动机车的研究进入快车道。目前正处于商业化试验阶段,相信在不久的将来,FC将成为机动车的动力来源,从而提高燃料利用率,降低CO_2等有害气体的排放,使地球变得更加干净、漂亮。

(a) A 型碱性石棉膜型氢－氧 FC　　　　　(b) B 型碱性石棉膜型氢－氧 FC

图 9-31　碱性石棉膜型氢-氧 FC

9.4.2　燃料电池电极催化剂、电解质及常用燃料

1. 燃料电池常用电极催化剂

（1）贵金属电极催化剂

常用的贵金属电极催化剂有 Pt、Ru、Pd、Au 及 Ag 等,这类电极催化剂具有良好的催化活性、导电性和抗腐蚀性。为提高贵金属利用率,降低 FC 成本,开发出了高分散型的炭负载纳米贵金属电极催化剂。

（2）合金电极催化剂

当以烃类、醇类或重整气为燃料时,富氢气体中含有少量 CO,在低温下操作会导致Pt/C中毒。为此开发出了 Pt-Ru、Pt-Sn、Pt-Mo 和 Pt-Ni 等双组分抗 CO 中毒的合金电极催化剂。

（3）镍基电极催化剂

镍在酸性介质中不稳定,不能作酸性 FC 电极催化剂。但镍基氧化物在碱性介质中稳定,并具导电性,可作为高温碱性 FC 的阳极。为了改善镍基催化剂性能,将 Cr、Al 分别引入,制得镍合金电极催化剂,如 Ni-Cr、Ni-Al 已应用于熔融碳酸盐 FC。

（4）钨基电极催化剂

碳化钨(WC)在酸、碱介质中都很稳定,有导电性,具有类似 Pt 的电子结构。当将 Pt 高分散负载于 WC 上,制得的 Pt/WC 电极催化剂不仅是氢催化氧化的良好电极催化剂,也是氧催化还原的良好电极催化剂。此外,钨青铜类化合物也具有氧催化还原性能,因此受到关注。

(5)复合型氧化物电极催化剂

钨钙钛矿型复合氧化物既具有电子导电性,又具有离子导电性,能活化 O_2,可按 4 电子机理进行 O_2 还原。尖晶石型氧化物也可作为 O_2 的还原电极催化剂。目前上述两种 O_2 还原电极催化剂正在研究中。

2. 燃料电池中的电解质与隔膜

电解质与隔膜在 FC 中的作用是传输离子。液体电解质包括碱性 FC 中的 KOH 水溶液和酸性 FC 中的磷酸,固体电解质是全氟磺酸型质子交换无孔膜。这三种电解质与隔膜使用温度均小于 200 ℃。当 FC 工作温度大于 600 ℃时,常用的电解质有两种:其一是熔融碳酸盐电解质,已成功用于熔融碳酸盐 FC 中;其二是固体氧化物电解质,已成功应用的有氧化钇(Y_2O_3)和氧化钙(CaO)等掺杂氧化锆(ZrO_2)、氧化铈(CeO_2)、氧化钍(ThO_2)和三氧化二铋(Bi_2O_3)的具有立方萤石结构的固体氧化物电解质,另一类是具有钙钛矿结构的固体氧化物电解质。

3. 燃料电池的可用燃料

FC 可用的燃料较多,不同燃料的化学和电化学数据见表 9-1[69]。

表 9-1   不同燃料的化学和电化学数据

燃料	$\Delta G^{\ominus}$/(kJ/mol)	$E_{理论}$/V	$E_{max}^{\ominus}$/V	能量密度/(kW·h/kg)
氢(H_2)	−236.96	1.23	1.15	32.67
甲醇(CH_3OH)	−697.22	1.20	0.98	6.13
氨(NH_3)	−337.74	1.17	0.62	5.52
肼(N_2H_4)	−601.50	1.56	1.28	5.52
甲醛(HCHO)	−521.25	1.35	1.15	4.82
一氧化碳(CO)	−257.07	1.33	1.22	2.04
甲酸(HCOOH)	−285.08	1.48	1.14	1.72
甲烷(CH_4)	−817.19	1.06	0.58	—
丙烷(C_3H_8)	−2 103.38	1.08	0.65	—

由数据可以看出氢是最好的燃料,它不仅能量密度最大,而且效率也很高,它能达到的最大电位(1.15 V)与理论值(1.23 V)十分接近。甲醇作为 FC 的燃料也有一定优势,它是大宗化工产品,价格便宜,便于储存运输;甲醇除由煤制取外,也可由天然气或生物质再生资源获得;甲醇的能量密度也较高;但从 1999 年起美国 GM 公司停止用甲醇作 FC 燃料,他们认为甲醇有毒,吸入少量会有生命危险;此外在操作过程中,甲醇从阳极扩散到阴极降低了 FC 的操作效率。

4. 燃料电池的电极反应

FC 是由正极和负极两个电极组成的电化学电池。当以 H_2 为燃料时,FC 中的负极反应为 H_2 的直接氧化;正极反应总是 O_2 的还原,通常 O_2 来源于空气。尽管对该反应进行了很多研究,但对 O_2 还原机理的认识仍不够充分,目前已提出的反应途径如下:

（1）直接 4 电子步骤

碱性电解质中：

$$O_2 + 2H_2O + 4e^- \longrightarrow 4OH^-$$

酸性电解质中：

$$O_2 + 4H^+ + 4e^- \longrightarrow 2H_2O$$

（2）过氧化氢步骤

碱性介质中：

$$O_2 + H_2O + 2e^- \longrightarrow HOO^- + OH^-$$

$$HOO^- + H_2O + 2e^- \longrightarrow 3OH^-$$

酸性介质中：

$$O_2 + 2H^+ + 2e^- \longrightarrow HOOH$$

$$HOOH + 2e^- + 2H^+ \longrightarrow 2H_2O$$

H_2 的氧化在 Pt 基催化剂上很容易进行，在 FC 中该反应常为传质速率控制。H_2 的氧化涉及 H_2 在催化剂表面吸附，随后 H_2 解离，电化学反应形成两个质子（酸性电解质）。Pt 催化 H_2 的氧化反应如下：

$$2Pt(s) + H_2 \longrightarrow 2Pt\text{-}H(ads)$$

$$Pt\text{-}H(ads) \longrightarrow H^+ + e^- + Pt(s)$$

总反应：

$$H_2 \longrightarrow 2H^+ + 2e^-$$

式中，Pt(s)是 Pt 自由表面位；Pt-H(ads)是吸附 H 的 Pt 表面位。

当以天然气（CH_4）、丙烷或醇类为燃料时，这些物质都需要重整。

9.4.3　不同燃料电池工作原理及应用现状

1. 燃料电池的分类

最常用的分类方法是根据电解质的性质，将 FC 分为五大类：碱性 FC（alkaline fuel cell，AFC）、磷酸 FC（phosphorous acid fuel cell，PAFC）、熔融碳酸盐 FC（molten carbonate fuel cell，MCFC）、固体氧化物 FC（solid oxide fuel cell，SOFC）、质子交换膜 FC（proton exchange membrane fuel cell，PEMFC）。上述 FC 的燃料均为气体，而甲醇 FC 的燃料是甲醇水溶液。虽然它也是质子交换膜 FC，但人们经常将其单独列出，即直接甲醇 FC（direct methanol fuel cell，DMFC）。此外，与一次、二次电池相对应，也可将 FC 分为直接的和可再生的两种。直接 FC 产物被排放掉；而可再生 FC 可将产物再生为反应物。还可以根据工作温度分为高温 FC 和低温 FC：AFC、PEMFC、DMFC 和 PAFC 为低温 FC；MCFC 和 SOFC 为高温 FC。

2.碱性燃料电池

碱性 FC 是以 KOH 水溶液为电解质的 FC，简称 AFC。AFC 以纯 H_2 为燃料；以 O_2 为氧化剂；以 Pt-Pd/C 为阳极电极催化剂进行 H_2 的氧化；以 Pt/C 或 Ag-Au 为阴极电极催化剂进行 O_2 的还原；以 KOH 水溶液浸入多孔石棉隔膜作为电解质；以 OH^- 为电池内回路的传导离子。

AFC 电催化反应如下：

阳极 H_2 的氧化反应：

$$2H_2 + 4OH^- \longrightarrow 4H_2O + 4e^-$$

阴极 O_2 的还原反应：

$$O_2 + 2H_2O + 4e^- \longrightarrow 4OH^-$$

电池反应：

$$2H_2 + O_2 \longrightarrow 2H_2O + 电能 + 热$$

图 9-32 为碱性石棉膜型氢-氧 FC 的工作原理示意图[70]。一节电池工作电压仅为 $0.6 \sim 1.0$ V，根据电池工作电压的需要可将多节电池组合起来，构成电池组。

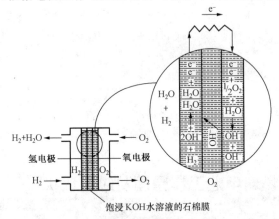

图 9-32   碱性石棉膜型氢-氧 FC 工作原理示意图

AFC 是最先研究并成功应用的 FC。到 20 世纪 50 年代中期，Bacon 研究出 5 kW 系统 AFC，它是 AFC 技术发展中的里程碑。AFC 的最初应用是在空间技术领域，其中最著名是用于阿波罗登月的 PC3A 型 AFC 系统。70 年代又成功开发出用于航天飞机的石棉 AFC 系统[71]，80 年代初首次用于航天飞行。至今第三代航天飞机仍使用碱性石棉膜型氢-氧 FC。AFC 除用于航空航天外，也陆续应用到叉车、小货车、轿车和潜艇等领域，此时大多数 AFC 以燃料电池-蓄电池组合的方式应用。

3.磷酸燃料电池

正如上文所述，AFC 的成功应用启示人们直接将燃料的化学能转化为电能的 FC 是一种环保、高效利用能源的有效途径。但 AFC 的局限性使科学家开始研发以酸为电解质的酸性 FC,磷酸 FC 就是其中一种。

磷酸 FC 是以磷酸为电解质的 FC,简称 PAFC。PAFC 以富氢并含有 CO 或 CO_2 的重整气为燃料,以空气为氧化剂。PAFC 采用石墨负载 Pt 基催化剂(Pt/C)作为阳极和阴极[72],H_2 和 O_2 分别在其上进行氧化和还原反应。采用饱浸磷酸水溶液的碳化硅隔膜作为电解质,它同时还起到隔离氧化剂和燃料的作用。H^+ 为电池内回路传导离子。

PAFC 电催化反应如下:

阳极 H_2 的氧化反应:

$$H_2 \longrightarrow 2H^+ + 2e^-$$

阴极 O_2 的还原反应:

$$\frac{1}{2}O_2 + 2H^+ + 2e^- \longrightarrow H_2O$$

电池反应:

$$H_2 + \frac{1}{2}O_2 \longrightarrow H_2O$$

图 9-33 是饱浸磷酸水溶液的碳化硅隔膜的 PAFC 工作原理示意图[70]。

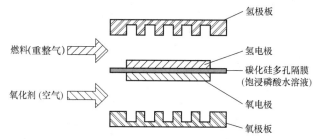

图 9-33　PAFC 工作原理示意图

由于 PAFC 可直接使用重整气(粗制 H_2)为燃料,使成本降低,加之结构较简单、操作弹性大、无污染,使其成为最成熟、商业化程度最高的 FC,被称为第一代 FC。PAFC 适宜安装在居民区或用户密集区进行发电。PC25A-200 kW 燃料电站已由美国 ONSI 公司研制成功,1992~1994 年进入商业试验,该公司生产了 56 台 PC25A-200 kW 电站,在世界各地进行试验。日本东京电力公司生产的 200 kW PAFC[73],最长的试验已运行 20 000 h。PAFC 的发电效率为 40%~50%,系统产生的余热相当多,可以热水形式回收,包括电和热的系统总效率可达 80%。尽管多年来对 PAFC 技术的开发已取得很大成就,但在可靠性及寿命等方面仍需做深入研究。

4. 熔融碳酸盐燃料电池

熔融碳酸盐 FC 是以熔融碳酸盐为电解质的 FC[74],简称 MCFC。MCFC 以天然气或脱硫煤气为燃料,以空气为氧化剂。MCFC 的工作温度约 650 ℃,电极反应温度为高温,电极催化活性比较高,所以采用非贵金属为电极,以 Ni 为阳极,以 NiO 为阴极。MCFC 的电解质是用 0.62 Li$_2$CO$_3$ + 0.38 K$_2$CO$_3$ 或者 0.53 Li$_2$CO$_3$ + 0.47 Na$_2$CO$_3$ 碳酸盐熔融后浸渍的、由偏铝酸锂（LiAlO$_2$）制备的多孔隔膜，电池运行期间隔膜始终被碳酸盐电解质浸没，CO$_3^{2-}$ 为电池内回路传导离子。

MCFC 的电极催化反应如下：

阳极反应：

$$H_2 + CO_3^{2-} \longrightarrow CO_2 + H_2O + 2e^-$$

阴极反应：

$$\frac{1}{2}O_2 + CO_2 + 2e^- \longrightarrow CO_3^{2-}$$

电池反应：

$$\frac{1}{2}O_2 + H_2 + CO_2 \longrightarrow H_2O + CO_2$$

图 9-34 为 MCFC 的工作原理示意图[70]，如图所示，MCFC 与其他类型 FC 的区别是：在阳极，CO$_2$ 为产物；在阴极，CO$_2$ 为反应物；反应中需将阳极 CO$_2$ 输送到阴极。

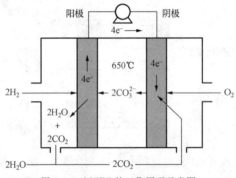

图 9-34　MCFC 的工作原理示意图

MCFC 的研究始于 20 世纪 50 年代，其后近半个多世纪在电极反应机理、电池材料、电解质制造等技术方面取得许多进展。20 世纪末，美国能源研究所在加州 Santa Clara 建成世界上功率最大的内重整 250～2 000 kW 的 MCFC 电站，该电站的简化示意图如图 9-35 所示。与低温 PAFC 相比，在成本和效率上有很强的竞争力。这是因为 MCFC 可使用天然气、煤气及各种碳氢化合物作燃料，在 MCFC 的工作温度（650 ℃）下，这些燃料可以内部重整，即在阳极反应室进行重整，反应所需热量由电池反应热提供，从而降低了系统成本，又提高了效率。上述燃料重整过程会产生 CO，若在 FC 的低温下，会导致贵金属电极中毒，因而需要清除；而在 MCFC 的高温下，CO 可成为它的燃料。更重要的是 MCFC 工作时会产生大量高温余热，利用价值很高。MCFC 在建设高效、环境友好的 50～1 000 kW 的分散电站方面具有显著的优势，它不但可减少 40% 以上的 CO$_2$ 排放，而且可以实现热电联供循环发电,将燃料有效利用率提高到 70%~80%。

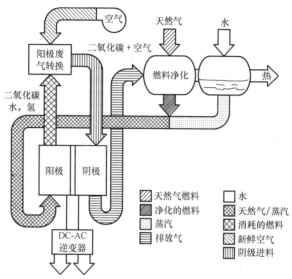

图 9-35　美国能源研究所的 Santa Clara 试验电站示意图

到目前为止 MCFC 的制造技术已趋成熟,试验电站的运行已积累了丰富的经验,为 MCFC 的商业化创造了条件。但电池寿命需要进一步延长,只有寿命达到 4 万~5 万小时的 MCFC 电站才能与现行发电技术相竞争。

5. 固体氧化物燃料电池

固体氧化物 FC 是以固体氧化物为电解质的 FC,简称 SOFC。常用的固体氧化物电解质是氧化钇(Y_2O_3)与氧化锆(ZrO_2)的固溶体(YSZ),高温下具有传递 O^{2-} 的能力。YSZ 在 FC 中既起传递 O^{2-} 的作用,又可有效隔离燃料与氧化剂。O^{2-} 为电池内回路传导离子。因为 SOFC 工作温度为 900~1 000 ℃,所以 SOFC 的电极通常使用非贵金属催化剂 Ni-YSZ 金属陶瓷复合阳极催化剂。若直接使用烃类(如 C_2H_4)作燃料,需使用掺杂 CeO_2 和 NiO 的 YDC/NiO-YSZ 金属陶瓷管复合阳极催化剂。SOFC 的阴极常用以 Sr 掺杂的稀土为主要成分的钙钛矿复合氧化物 $LaMnO_3$(LSM)与 YSZ 电解质复合阴极。

SOFC 电化学反应如下:

阴极 O_2 的还原反应为

$$O_{2c} + 4e^- \longrightarrow 2O_e^{2-}$$

式中,下标 c 和 e 分别表示氧在阴极中的状态和在电解质中的状态。

O^{2-} 在电位差和浓度差的驱使下,通过电解质中的氧空位定向迁移,从阴极移动到阳极上与燃料发生氧化反应,以 H_2 为燃料时阳极氧化反应为

$$2O_e^{2-} + 2H_{2a} \longrightarrow 2H_2O_a + 4e^-$$

式中,下标 a 表示 H_2 和 H_2O 在阳极中的状态。

阳极反应释放的电子通过外电路流回到阴极。

电池的总反应为

$$2H_{2a} + O_{2c} \longrightarrow 2H_2O_a$$

SOFC 用于大型发电厂及工业应用。在所有 FC 中 SOFC 的工作温度最高，约 1 000 ℃。燃料能迅速氧化并达到热力学平衡，可以不使用贵金属催化剂。燃料可以使用烃类，烃类可在电池内重整直接使用。与 MCFC 相比，SOFC 内部电阻损失小，可以在电流密度较高的条件下运行，燃料利用率高，也不需要 CO₂ 循环，因而系统更简单。

由于 SOFC 运行温度高，其耐受硫化物的能力比其他类型 FC 至少高两个数量级，因而可以使用高温除硫工艺，有利于节能；而其他类型 FC，为了使硫含量降至 10 mg/m³，只好用低温除硫工艺。SOFC 对杂质的耐受能力强，使其能利用煤气和重质燃料（如柴油）。特别是 SOFC 可以与煤的气化装置连接，电池反应放热可用于煤的气化。另外，氧化物电解质很稳定，不存在 MCFC 中电解损失问题，其组成也不受燃料和氧化气体成分的影响。由于没有液体存在，所以没有保持三相界面的问题，也没有淹没电极微孔、覆盖催化剂的问题。SOFC 可以承受超载、低载、甚至短路操作。但是，与 MCFC 相比，SOFC 的缺点是自由能损失，开路电压比 MCFC 低 100 mV。因此，除非极化和欧姆损失相当低，SOFC 的发电效率比 MCFC 低，一般低 6%；但是，这部分效率损失可以以其高质量余热补偿。由于工作温度高，对相关材料要求高，因此，中温（650～800 ℃）的 SOFC 正在研发中。目前各国研发和正在运行的装置-分布式电站以及将要商业化的供电、热机组已有多套。目前世界上最大的 SOFC 系统 250 kW 装置如图 9-36 所示。国际上 SOFC 的研究主流是中温 SOFC 技术，现已有很大进展。我国中科院上海硅酸盐研究所与大连化物所、中国科技大学、吉林大学等科研机构及院校正在进行平板型 SOFC 的研发。中科院上海硅酸盐研究所在"九五"期间曾组装了 800 W 的平板型高温 MCFC 电池组[75]。

图 9-36　目前世界上最大的 SOFC 系统 250 kW 装置

6. 质子交换膜燃料电池

质子交换膜 FC 是以全氟磺酸型固体电解质膜为电解质的 FC，简称 PEMFC。PEMFC 以 H₂ 或净化重整气为燃料，空气或纯 O₂ 为氧化剂。若以 H₂ 为燃料，阳极为 Pt/C 电极催化剂；若以净化后的重整气为燃料，则阳极为 Pt-Ru/C 电极催化剂，其中 Ru 有抗 CO 作用。阴极为 PtM/C（M＝Cr、Ni、Co）。电解质中磺酸基固定在全氟聚合膜骨架上，不能移动，但其上的 H⁺ 可以在膜内自由移动，H⁺ 为电池内回路传导离子。PEMFC 的工作原理如图9-37所示[70]。

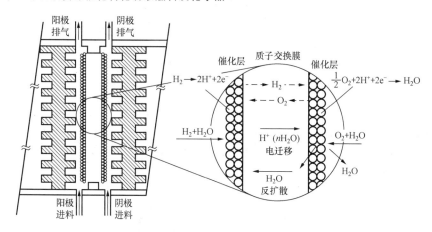

图 9-37　PEMFC 的工作原理示意图

PEMFC 电化学反应如下：

阳极反应：

$$H_2 \longrightarrow 2H^+ + 2e^-$$

产生的电子经外电路到达阴极，H^+ 经电解质质子交换膜到达阴极；

阴极反应：

$$\frac{1}{2}O_2 + 2H^+ + 2e^- \longrightarrow H_2O$$

O_2 与 H^+ 及电子在阴极发生还原反应生成水。

PEMFC 除具有 FC 的一般特点外，还具有可在室温下快速启动、固体电解质无腐蚀、无电解液流失、水易排出、对压力变化不敏感、电池制造简单、比功率与比能量高以及电池寿命长等特点，特别适宜用作可移动电源。

PEMFC 最早是在 20 世纪 60 年代由美国通用电气（GE）公司为宇航局开发的。由于 PEMFC 没有被阿波罗航天器使用，使其研制处于低潮。80 年代加拿大国防部认识到 PEMFC 可能满足军队对能源的需求及商用，于是资助巴拉德（Ballart）公司又开始对 PEMFC 进行开发。90 年代后 PEMFC 得到快速发展：戴姆勒奔驰汽车公司研制出四代 PEMFC 动力汽车；丰田公司推出了全燃料电池动力（FCEV）汽车；PEM 便携式电源、微型电器电源、潜艇电源等方面也有很大发展；我国近年来也取得许多实质性进展[76]。

7. 直接甲醇燃料电池

直接甲醇 FC 是 PEMFC 直接以甲醇为燃料的 FC，简称 DMFC。DMFC 是为解决 PEMFC 中燃料 H_2 来源短缺而提出的直接以甲醇为燃料研究开发的 FC。DMFC 以气态或液态甲醇为燃料，纯 O_2 为氧化剂，工作温度为 $50 \sim 80$ ℃。阳极电极催化剂为 Pt-Ru/C[77,78]，阴极电极催化剂为 Pt/C，电解质为 Nafion 膜构成的质子交换膜。

DMFC 电化学反应如下：

阳极反应为甲醇的电化学氧化反应：

$$CH_3OH + H_2O \longrightarrow CO_2 \uparrow + 6H^+ + 6e^-$$

阴极反应为 O_2 的电化学还原反应：

$$\frac{3}{2}O_2 + 6H^+ + 6e^- \longrightarrow 3H_2O$$

电池的总反应为甲醇的完全氧化反应：

$$CH_3OH + \frac{3}{2}O_2 \longrightarrow CO_2 + 2H_2O$$

DMFC 的工作原理示意图如 9-38 所示。

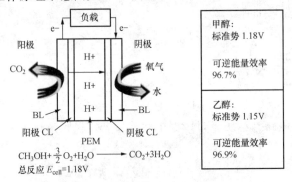

图 9-38　DMFC 工作原理示意图

DMFC 的总反应相当于甲醇燃烧生成 H_2O 和 CO_2。其可逆电势为 1.18 V，而 H_2 和 O_2 燃烧生成 H_2O 的可逆电势是 1.23 V，这正是人们对 DMFC 感兴趣的原因之一。30 年来，DMFC 一直是 FC 研发者的梦想。与其他 FC 相比，DMFC 不使用 H_2，甲醇储存安全、方便，体积小，重量轻，适用于交通工具和便携式电源。

尽管 DMFC 的优势明显，但其发展却比其他类型 FC 缓慢，主要原因是目前 DMFC 的效率低，甲醇的电化学活性比 H_2 低许多。另外，甲醇的催化重整反应温度比其他有机物低，因而，在短期内，从技术和效益方面考虑，使用甲醇内重整的 FC 更合适；但从长远看，理想的 FC 将直接应用甲醇为阳极反应物。

9.4.4　我国燃料电池的发展概况

我国对 PEMFC 的研制非常重视[79]，从"九五"就开始资助这方面的研究。1999 年，由清华大学和北京世纪富源公司合作研制出的第一辆 PEMFC 电动车在北京展出。2000 年，中科院大连化物所和第二汽车制造厂等合作研制出的 PEMFC 电动车样车，在"十五"期间获"863"计划重大专项资助；上海汽车工业集团公司和同济大学承担轿车研制；清华大学和北京客车总厂联合研制客车；由上海神力公司、中科院大连化物所、北京世纪富源公司、北京飞驰绿能电源公司参加这两种 PEMFC 电动车发动机的研制。2002 年,上述研制单位组装的多辆公交车、中巴、轿车的批量样车在北京、上海试运行,其性能达到了国际上第三代 PEMFC 电动车水平。至今,国内已有许多 FC 电动车在试运行,上海已建成加氢站。

近年来,我国对 DMFC 的研制也很重视。中科院大连化物所、中科院长春应化所、中山大学、南京师大、天津大学等科研机构及院校开展了一系列研究,并组装了几十瓦～几百瓦的电堆样机,寿命可达上千小时。在 PEMFC 和 DMFC 研制方面,我国和国外的差距比较小。

为使 FC 进一步发展:首先应在关键附件(电极催化剂、膜、三合集流板等)的开发和研制上下功夫,其中每一个关键附件性能的提高都会对电池总体性能产生重要影响;其次对微化工系统的传质、传热管控优化,进行深入的系统理论和实际的考量和设计方可对 FC 整体性能提高起到关键作用。

在 SOFC、MCFC 方面,我国的研制水平和规模远落后于国际水平和规模。国际上,几百千瓦至兆瓦级的商业化样机已在运行,并且装机量在逐年稳步增加。我国,如中科院上海硅酸盐研究所、大连化物所、过程所、中国科技大学、上海交大等科研机构及院校的研制水平大多在千瓦级,研制规模和投入远低于国外,尤其是我国的电力部门还没有介入。

(辛　勤)

参考文献

[1]　Chang C D, Silvestri A J. The conversion of methanol and other o-compounds to hydrocarbons over zeolite Catalysts [J]. Journal of Catalysis, 1977, 47: 249-259.

[2]　Swabb E A, Gates B C. Diffusion, reaction and fouling in H-Mordenite crystallites. the catalytic dehydration of methanol [J]. Industrial and Engineering Chemistry Fundamentals, 1972, 11: 540.

[3]　Ono Y, Mori T. Mechanism of methanol conversion into hydrocarbons over ZSM-5 zeolite [J]. Journal of the Chemical Society, Faraday Transactions 1: Physical Chemistry in Condensed Phases, 1981, 77: 2209-2221.

[4]　Chang C D. Hydrocarbons from methanol [M]. New York: Marcel Dekker, 1983.

[5]　Haw J F, Song W, Marcus D M, et al. The mechanism of methanol to hydrocarbon catalysis [J]. Accounts of Chemical Research, 2003, 36: 317-326.

[6]　Dahl I M, Kolboe S. On the reaction mechanism for hydrocarbon formation from methanol over SAPO-34 isotopic labeling studies of the co-reaction of ethene and methanol [J]. Journal of Catalysis, 1994, 149: 458-464.

[7]　Arstad B, Kolboe S. The reactivity of molecules trapped within the SAPO-34 cavities in the methanol-to-hydrocarbons reaction [J]. Journal of the American Chemical Society,

2001, 123: 8137-8138.

[8] Li J, Wei Y, Chen J, et al. Observation of heptamethylbenzenium cation over SAPO-type molecular sieve DNL-6 under real MTO conversion conditions [J]. Journal of the American Chemical Society, 2012, 134: 836-839.

[9] Xu S, Zheng A, Wei Y, et al. Direct observation of cyclic carbenium ions and their role in the catalytic cycle of the methanol-to-olefin reaction over chabazite zeolites [J]. Angewandte Chemie International Edition, 2013, 52: 11564-11568.

[10] Li J, Wei Y, Liu G, et al. Comparative study of MTO conversion over SAPO-34, H-ZSM-5 and H-ZSM-22: correlating catalytic performance and reaction mechanism to zeolite topology [J]. Catalysis Today, 2011, 171: 221-228.

[11] Vora B V, Marker T L, Barger P T, et al. Economic route for natural gas conversion to ethylene and propylene [J]. Studies in Surface Science and Catalysis, 1997, 107: 87-98.

[12] Koempel H, Liebner W. Lurgi's methanol to propylene (MTP) report on a successful commercialisation [J]. Studies in Surface Science and Catalysis, 2007, 167: 261-267.

[13] Liang J, Li H, Zhao S, et al. Characteristics and performance of SAPO-34 catalyst for methanol-to-olefin conversion [J]. Applied Catalysis, 1990, 64: 31-40.

[14] Vedrine J C, Dejaifve P, Garbowski E D, et al. Aromatics formation from methanol and light olefins conversions on H-ZSM-5 zeolite: mechanism and intermediate species [J]. Studies in Surface Science and Catalysis, 1980, 5: 29-37.

[15] Ono Y, Kitagawa H, Sendoda Y. Transformation of 1-butene into aromatic hydrocarbons over ZSM-5 zeolites [J]. Journal of the Chemical Society, Faraday Transactions 1: Physical Chemistry in Condensed Phases, 1987, 83: 2913-2923.

[16] Zaidi H A, Pant K K. Catalytic conversion of methanol to gasoline range hydrocarbons [J]. Catalysis Today, 2004, 96: 155-160.

[17] Barthos R, Bánsági T, Süli Zakar T, et al. Aromatization of methanol and methylation of benzene over Mo_2C/ZSM-5 catalysts [J]. Journal of Catalysis, 2007, 247: 368-378.

[18] Wegman R W. Vapour phase carbonylation of methanol or dimethyl ether with metal-ion exchanged heteropoly acid catalysts [J]. Journal of the Chemical Society, Chemical Communications, 1994: 947-948.

[19] Cheung P, Bhan A, Sunley G J, et al. Selective carbonylation of dimethyl ether to methyl acetate catalyzed by acidic zeolites [J]. Angewandte Chemie International Edition, 2006, 45: 1617-1620.

[20] Liu J, Xue H, Huang X, et al. Stability enhancement of H-Mordenite in dimethyl ether carbonylation to methyl acetate by pre-adsorption of pyridine [J]. Chinese Journal of Catalysis, 2010, 31: 729-738.

[21] Liu J, Xue H, Huang X, et al. Dimethyl ether carbonylation to methyl acetate over HZSM-35 [J]. Catalysis Letters, 2010, 139: 33-37.

[22] Li X, Liu X, Liu S, et al. Activity enhancement of ZSM-35 in dimethyl ether carbonyla-

tion reaction through alkaline modifications [J]. RSC Advances, 2013, 3: 16549-16557.

[23] Li B, Xu J, Han B, et al. Insight into dimethyl ether carbonylation reaction over mordenite zeolite from in-situ solid-state NMR spectroscopy [J]. The Journal of Physical Chemistry C, 2013, 117: 5840-5847.

[24] Corma A, Iborra S, Velty A. Chemical routes for the transformation of biomass into chemicals [J]. Chem Rev, 2007, 107(6): 2411-2502.

[25] Bridgwater A. Review of fast pyrolysis of biomass and product upgrading [J]. Biomass Bioenerg, 2012, 38: 68-94.

[26] Cortright R, Davda R, Dumesic J, et al. Hydrogen from catalytic reforming of biomass-derived hydrocarbons in liquid water [J]. Nature, 2002, 418(6901): 964-967.

[27] Chheda J, Huber G, Dumesic J, et al. Liquid-phase catalytic processing of biomass-derived oxygenated hydrocarbons to fuels and chemicals [J]. Angew Chem Int Ed, 2007, 46(38): 7164-7183.

[28] Kunkes E, Simonetti D, West R, et al. Catalytic conversion of biomass to monofunctional hydrocarbons and targeted liquid-Fuel classes [J]. Science, 2008, 322(5900): 417-421.

[29] Yang J, Li N, Li G, et al. Solvent-free synthesis of C_{10} and C_{11} branched alkanes from furfural and methyl isobutyl ketone [J]. Chem Sus Chem, 2013, 6(7): 1149-1152.

[30] Klemm D, Heublein B, Fink H, et al. Cellulose: fascinating biopolymer and sustainable raw material [J]. Angew Chem Int Ed, 2005, 44(22): 3358-3393.

[31] Sasaki M, Fang Z, Fukushima Y, et al. Dissolution and hydrolysis of cellulose in subcritical and supercritical water [J]. Ind Eng Chem Res, 2000, 39(8): 2883-2890.

[32] Suganuma S, Nakajima K, Kitano M, et al. Hydrolysis of cellulose by amorphous carbon bearing SO_3H, COOH, and OH groups [J]. J Am Chem Soc, 2008, 130(38): 12787-12793.

[33] Kobayashi H, Komanoya T, Hara K, et al. Water-tolerant mesoporous-carbon-supported ruthenium catalysts for the hydrolysis of cellulose to glucose [J]. Chem Sus Chem, 2010, 3(4): 440-443.

[34] Zhu S, Wu Y, Chen Q, et al. Dissolution of cellulose with ionic liquids and its application: a mini-review [J]. Green Chem, 2006, 8(4): 325-327.

[35] Ruppert A, Weinberg K, Palkovits R. Hydrogenolysis goes bio: from carbohydrates and sugar alcohols to platform chemicals [J]. Angew Chem Int Ed, 2012, 51(11): 2564-2601.

[36] Ji N, Zhang T, Zheng M, et al. Direct catalytic conversion of cellulose into ethylene glycol using nickel-promoted tungsten carbide catalysts [J]. Angew Chem Int Ed, 2008, 47(44): 8510-8513.

[37] 郑明远, 庞纪峰, 王爱琴, 等. 纤维素直接催化转化制乙二醇及其他化学品: 从基础研究发现到潜在工业应用 [J]. 催化学报, 2014, 35(5): 602-613.

[38] Wang A，Zhang T. One-pot conversion of cellulose to ethylene glycol with multifunction-al tungsten-Based catalysts [J]. Acc Chem Res，2013，46(7)：1377-1386.

[39] Joseph Z，Bruijnincx P，Jongerius A，et al. The catalytic valorization of lignin for the production of renewable chemicals [J]. Chem Rev，2010，110：3552-3599.

[40] Majid S，Samimi F，Karimipourfard D，et al. Upgrading of lignin-derived bio-oils by cat-alytic hydrodeoxygenation [J]. Energy Environ Sci，2014，7：103.

[41] Pandey M，Kim C. Lignin depolymerization and conversion：a review of thermochemical methods [J]. Chem Eng Technol，2011，34(1)：29-41.

[42] Román-Leshkov Y，Chheda J，Dumesic J. Phase modifiers promote efficient production of hydroxymethylfurfural from fructose [J]. Science，2006，312 (5782)：1933-1937.

[43] Román-Leshkov Y，Barrett C，Liu Z，et al. Production of dimethylfuran for liquid fuels from biomass-derived carbohydrates [J]. Nature，2007，447(7147)：982-986.

[44] 吴越. 应用催化基础[M]. 北京：化学工业出版社，2009：80.

[45] Maeda K，Domen K. Photocatalytic water splitting：recent progress and future challenges [J]. Journal of Physical Chemistry Letters，2010，1(18)：2655-2661.

[46] Zhang J，Xu Q，Feng Z，et al. Importance of the relationship between surface phases and photocatalytic activity of TiO_2 [J]. Angewandte Chemie International Edition，2008，47 (9)：1766-1769.

[47] Kato H，Asakura K，Kudo A. Highly efficient water splitting into H_2 and O_2 over lantha-num-doped $NaTaO_3$ photocatalysts with high crystallinity and surface nanostructure [J]. Journal of the American Chemical Society，2003，125 (10)：3082-3089.

[48] Sato J，Saito N，Nishiyama H，et al. Photocatalytic activity for water decomposition of in-dates with octahedrally coordinated d^{10} configuration I：influences of preparation conditions on activity [J]. Journal of Physical Chemistry B，2003，107 (31)：7965-7969.

[49] Wang D F，Ye J H，Kako T，et al. Photophysical and photocatalytic properties of $SrTiO_3$ doped with Cr cations on different sites [J]. Journal of Physical Chemistry B，2006，110 (32)：15824-15830.

[50] Ishii T，Kato H，Kudo A. H_2 evolution from an aqueous methanol solution on $SrTiO_3$ photocatalystscodoped with chromium and tantalum ions under visible light irradiation [J]. Journal of Photochemistry and Photobiology A-Chemistry，2003，163(1-2)：181-196.

[51] Asahi R，Morikawa T，Ohwaki T，et al. Visible-light photocatalysis in nitrogen-doped ti-tanium oxides [J]. Science，2001，293(5528)：269-271.

[52] Maeda K，Domen K. New non-oxide photocatalysts designed for overall water splitting under visible light [J]. Journal of Physical Chemistry C，2007，111(22)：7851-7861.

[53] Chen S S，Yang J X，Ding C M，et al. Nitrogen-doped layered oxide $Sr_5Ta_4O_{15-x}N_x$ for water reduction and oxidation under visible light irradiation [J]. Journal of Material Chemistry A，2013，1(18)：5651-5659.

[54] Maeda K，Teramura K，Lu D L，et al. Photocatalyst releasing hydrogen from water-En-

hancing catalytic performance holds promise for hydrogen production by water splitting in sunlight [J]. Nature, 2006, 440(7082):295-295.

[55] Robert D. Photosensitization of TiO_2 by M_xO_y and M_xS_y nanoparticles for heterogeneous photocatalysis applications [J]. Catalysis Today, 2007, 122(1-2):20-26.

[56] Zhang J, Xu Q, Feng Z C, et al. Importance of the relationship between surface phases and photocatalytic activity of TiO_2 [J]. Angewandte Chemie International Edition, 2008, 47(9):1766-1769.

[57] Zong X, Yan H J, Wu G P, et al. Enhancement of photocatalytic H_2 evolution on CdS by loading MoS_2 as cocatalyst under visible light irradiation [J]. Journal of the American Chemical Society, 2008, 130(23):7176-7177.

[58] Zhang F X, Yamakata A, Maeda K, et al. Cobalt-modified porous single-crystalline $LaTiO_2N$ for highly efficient water oxidation under visible light [J]. Journal of the American Chemical Society, 2012, 134(20): 8348-8351.

[59] Maeda K, Takata T, Hara M, et al. GaN:ZnO solid solution as a photocatalyst for visible-light-driven overall water splitting [J]. Journal of the American Chemical Society, 2005, 127(23):8286-8287.

[60] Yang J H, Wang D E, Han H X, et al. Roles of cocatalysts in photocatalysis and photoelectrocatalysis [J]. Accounts of Chemical Research, 2013, 46(8):1900-1909.

[61] KananM W, NoceraD G. In situ formation of an oxygen-evolving catalyst in neutral water containing phosphate and Co^{2+} [J]. Science, 2008, 321(5892):1072-1075.

[62] Carneiro J, SavenjieT, Moulijn J, et al. How phase composition influences optoelectronic and photocatalyticproperties of TiO_2 [J]. Journal of Physical Chemistry C, 2011,115(5): 2211-2217.

[63] Tang J, Durrant J, Klug D. Mechanism of photocatalyticwater splitting in TiO_2. Reaction of water with photoholes, importance of charge carrier dynamics, and evidence for four-hole chemistry [J]. Journal of the American Chemical Society, 2008, 130 (42): 13885-13891.

[64] Wang X, Feng Z, Shi J, et al. Trap states and carrier dynamics of TiO_2 studied by photoluminescence spectroscopy under weak excitation condition [J]. Physical Chemistry Chemical Physics, 2010, 12: 7083-7090.

[65] Pendlebury S, Cowan A, Barroso M, et al. Correlating long-lived photogenerated hole populations with photocurrent densities in hematite water oxidation photoanodes [J]. Energy & Environmental Science, 2012, 5: 6304-6312.

[66] Cowan A, Durrant J. Long-lived charge separated states in nanostructured semiconductor photoelectrodes for the production of solar fuels [J]. Chemical Society Reviews, 2013, 42: 2281-2293.

[67] 李瑛, 王林山. 燃料电池[M]. 北京:冶金工业出版社, 2000:6.

[68] Kordesch K, Gsellmann J, Cifrain M, et al. Intermittent use of a low-cost alkaline fuel

cell-hybrid system for electric vehicles [J]. J Power Sources, 1999, 80:190-197.

[69] 吴越. 应用催化基础[M]. 北京：化学工业出版社，2009:78.

[70] 衣宝廉. 燃料电池——原理·技术·应用[M]. 2 版. 北京：化学工业出版社，2004:62.

[71] Mcbryar H. Technology states-fuel cell and electrolysis [M]. N19-10/22, 1979.

[72] Kordesch K, Simader G. Fuel cell and applications [M]. Wenbeim, New York: Besel, Cambridge: VCH, 1996.

[73] Hojo N. Phosphoric acid fuel cell in Japan [J]. J Power Sources, 1996, 61:73.

[74] Selman J R. Research, development and demonstration of molten carbonate fuel cell systems [M]. Leo JMJ Bolmen, Michael N Muyerwa, eds. New York: Plenum Press, 1993, 384.

[75] Wen T, Wang D, Lu Z, et al. 800 W-class planar solid oxide fuel cell stack, program and book of abstracts-first Sino-German workshop on fuel cells. Dalian, China: 2002, 1-152.

[76] Keith B Prater. Polymer electrolyte fuel cell: a review of recent developments [J]. J Power Sources, 1994, 51: 129.

[77] Jeffrey W long, Rhonda M Stroud, Karen E Swider-Lyons, et al. How to make electro catalysts more active for direct methanol oxidation-avoid Pt-Ru bimetallic alloys [J]. J Phys Chem B, 2000, 104:9772-9776.

[78] Friedrich K A, Geyzers K P, Dickinson A J, et al. Fundamental aspects in electro catalysis from the reactivity of single-crystals to fuel cell electrocatalysts [J]. J Electro and Chem, 2002, 524-525: 261-272.

[79] 陈天虹. 能源发展战略研究——氢能与燃料电池[M]. 北京：化学工业出版社，2004, 256-268.

第10章 新催化材料及催化反应

10.1 碳基催化材料及催化反应

10.1.1 炭材料概述及物化性能表征

1. 炭材料概述

炭材料是一种古老而年轻的材料,在几千年中华文明史中发挥了重要作用,如墨和铅笔的使用,铸铁里石墨的形态控制,木炭的吸附和防腐功效等。人们耳熟能详的炭材料是金刚石和石墨。金刚石俗称钻石,硬度大、晶莹剔透且不导电;而石墨质地软、呈黑灰色、有油腻感且有导电性。由此可见,同样都是由碳元素组成,金刚石和石墨之间结构和性能差异极大,这充分显示出炭材料领域还有广阔的未知空间等待人们去探索。现代科技进步助推了炭材料飞速发展,新结构和新性能的炭材料不断被发现(图 10-1)。二十世纪六七十年代出现了碳纤维、金刚石薄膜、核石墨;1985 年,科学家发现了富勒烯 C_{60},并因此获得了 1996 年诺贝尔化学奖;1991 年和 1993 年,科学家又分别发现了多壁纳米碳管和单壁纳米碳管,并于 2008 年获得 Kavli 纳米科学奖;2004 年,科学家发现了仅由一层碳原子构成的石墨烯,并于 2010 年获得诺贝尔物理学奖,由此引起了世界范围内研究炭材料的纳米科技浪潮,也促进了催化材料的发展。

碳纤维	富勒烯	纳米碳管	面纳米弹簧	有序介孔炭	碳量子点	石墨烯
1960s	1985	1991	1994	1999	2004	2004

1996 年诺贝尔化学奖 2008 年 Kavli 纳米科学奖   2010 年诺贝尔物理学奖

图 10-1 炭材料的发展概况

(1)炭材料结构的多样性

碳的英文名称 carbon 来源于拉丁文中煤和木炭的名称 carbo,也来源于法语中的 charbon,意思是木炭。碳元素以多种形式广泛存在于大气、地壳和生物体内。碳原子的价电子层结构为 $2s^2 2p^2$,它可以和各种金属、非金属元素以共价键方式结合生成形形色色的化合物。而碳—碳之间也有多种成键形式,其 6 个核外电子中的 2 个电子填充在 1s 轨道上,其余 4 个电子可填充在 sp^3、sp^2 或 sp 杂化轨道上,从而形成多种同素异形体,如金刚石、石墨、富勒烯、纳米碳管和石墨烯等。碳原子的价电子最易取能量低的 sp^2 杂化轨道,形成六角碳网平面,因此在热力学上金刚石被加热后可以转化为石墨。金刚石薄膜可由低温化学气相沉积法制得,其中碳原子以 sp^3 键为主,但也有少量碳原子以 sp^2 方式键合。非晶态炭中含有纳米尺度的二维石墨层面和三维石墨微晶,在微晶边缘上存在大量悬挂键。炭材料结构形态和性质的多样性是由碳原子成键方式的多样性决定的,因此,多种多样的炭材料不但满足了化工、制造业、能源、环保和国防等领域的需求,也促进了这些领域的不断发展。

(2)炭材料表面官能团种类及杂原子掺杂改性

非晶态炭材料主要含有微晶,故在棱面边缘暴露大量价键不饱和的碳原子,易与其他原子反应生成表面官能团,例如含氧官能团。炭材料中微晶尺寸、微晶排列方式以及表面缺陷数量与所形成的表面官能团数量和种类有关,这可由测定表面积的方法来估计形成官能团的数量。一般来说,随活性表面积增大,官能团数量增加。

炭材料中酸性官能团主要有羧基和酚羟基;中性官能团有羰基和醌基,以及由醌基和羧基缩合形成的内酯基;含氧碱性官能团有醌式羰基、吡喃酮基和苯并吡喃基;经液相氧化的炭材料表面还可能存在自由基。此外,与制备条件相关,炭材料表面还可存在少量的含氮、氯或硫的官能团。炭材料所含官能团使其表面呈现微弱的酸性、碱性、氧化性、还原性、亲水性或疏水性。这些相互对立的性能不同程度地影响着炭载体与金属活性组分的结合能力,进而影响碳基催化剂的催化活性和选择性。

纯炭材料结构完整,表面缺陷和活性位少,反而限制了其在催化和吸附领域的应用;而使用杂原子对炭材料进行掺杂改性,可显著改善其结构和物理化学性能。常见杂原子包括:氧、氮、硼、磷和卤素等。通常在制备过程中,将富含杂原子的前驱物炭化即可获得杂原子掺杂的炭材料,其杂原子含量往往取决于不同的前驱物和炭化方法。此外,高温氨化法、氟化法、空气氧化法和强酸液相氧化法等手段常被用来调控炭材料中杂原子含量、官能团数量及种类。经过杂原子掺杂改性后,炭材料的表面酸性、碱性、润湿性、电子结构以及表面官能团的数量、种类及分布等均可发生变化。

氮掺杂炭材料是目前研究最多的一类杂原子掺杂炭材料。氮在元素周期表中位于第ⅤA族,与碳相邻,二者的原子半径接近,因此氮原子掺杂后,炭材料的晶格畸变较小。在炭材料中掺杂富电子的氮原子可以改变其能带结构,从而提高炭材料的化学稳定性及增加费米能级上的电子密度。氮原子的引入势必会增加炭材料的缺陷位,改善炭材料的亲水性能,提高贵金属纳米粒子在其上的分散度,进而改善炭材料的吸附和催化性能。另外,在炭材料晶格中可掺杂硼原子。由于硼原子核外有三个价电子,比碳原子少一个电子,因而一个硼原子取代一个碳原子后会产生一个带正电的空穴,从而增加了材料空间电荷层的电荷密度和费米能级上的态密度,硼的掺杂可以间接提高炭材料表面上含氧官能团的数量。将磷酸和炭的前驱体在高温下一同炭化,可制成含磷炭材料。由于磷原子的尺寸比碳原子大(0.110 nm vs. 0.077 nm),所以嵌入的磷原子可起到扩张炭材料中二维石墨层面间距的作用。

2. 炭材料的物化性能及表征

(1)多孔炭材料的吸附性能

和其他固体催化剂一样,多孔炭材料的吸附过程也包括化学吸附和物理吸附。由于多孔炭材料表面上存在多种含氧官能团,可以与吸附质发生化学吸附。相对于化学吸附而言,物理吸附源于分子间的范德华力。多孔炭材料的吸附作用大多数属于物理吸附,吸附能力与比表面积成正比。吸附效率更多是由表面官能团、温度、pH 及孔隙结构等因素决定的。

(2)多孔炭材料的孔隙结构测定

多孔炭材料的孔隙结构属于多尺度范畴,从纳米级超细微孔直至微米级大孔。多孔炭材料的吸附能力与吸附质分子的大小密切相关,还与吸附剂孔的形态有关。由于多孔炭材料的孔径跨度比较宽,针对不同孔隙,可选择适宜的表征方法。压汞法主要用来表征大孔区域和中孔区域的孔隙;中孔的容积和分布则可采用毛细凝聚法表征;而氮气吸附法主要用来表征材料的微孔和中孔区域孔隙。这些具体表征方法见 10.2.4 节和 10.2.5 节。

除上述方法外,通过扫描隧道电子显微镜(STM)可以得到多孔炭材料孔口处的信息;通过透射电子显微镜(TEM)、原子力电子显微镜(AFM)可以观察到多孔炭材料的微孔和中孔;通过扫描电子显微镜(SEM)和光学显微镜,可以观察到多孔炭材料的大孔;原子力电子显微镜和扫描电子显微镜还可用来观察多孔炭材料的整体形貌。

借助于 X 射线衍射(XRD)可以得到有关多孔炭微晶结构的数据,获得石墨微晶大小和排列的信息。衍射通常指广角 X 射线衍射,但对于 1~100 nm 的微细颗粒或与此尺寸相当的不均匀微小区域,可用小角 X 射线散射法进行分析。用小角X 射线散射法可测定超细多孔炭材料的粒度分布(参见国家标准 GB/T 13221—91),还可对多孔炭样品进行全方位角测试,获得包括孔尺寸及其分布、闭开孔、分形维数、孔内电子密度波动等微观结构方面的数据。

（3）炭材料表面化学性质

研究发现,当不同多孔炭材料的孔结构相似且比表面积相当时,其吸附特性仍会显示出较大差异。这在很大程度上归因于生产工艺条件不同所造成的多孔炭材料表面化学结构的差异。

多孔炭材料表面官能团分为含氧官能团及其他一些特殊的官能团(含氮、磷、硫、硼等)。常见的含氧官能团如图 10-2 所示,包括羧基、酸酐、内酯基、乳醇基、羟基、羰基、醌基、醚基等。这些官能团的种类及含量并非固定不变,制备条件和后处理方法都会影响官能团的种类和含量。因此,对多孔炭材料的官能团进行定性和定量表征,对提升炭材料的催化性能具有重要的指导意义。

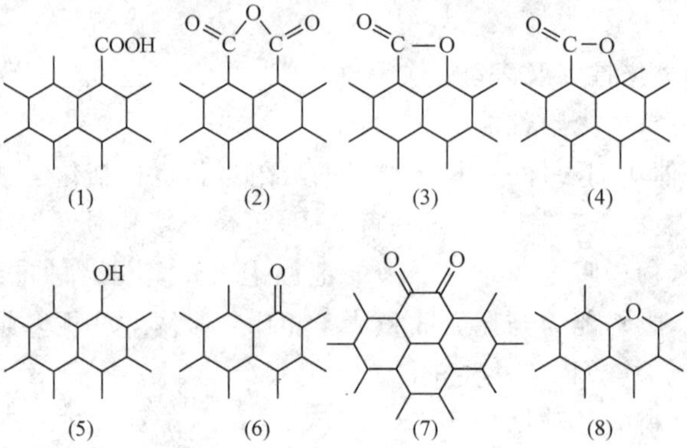

图 10-2　多孔炭材料表面含氧官能团示意图

（4）炭材料表面官能团的测定方法

①Boehm 滴定法

Boehm 滴定法是由 Boehm H. P. 提出的对炭材料含氧官能团的分析方法。根据不同强度的碱与不同的表面含氧官能团反应来进行定性与定量分析。一般认为碳酸氢钠可中和羧基;碳酸钠可中和羧基和内酯基;氢氧化钠可中和羧基、内酯基和酚羟基;乙醇钠可中和羧基、内酯基、酚羟基和羰基。根据碱的用量可以计算出相应含氧官能团的含量。Boehm 滴定法是目前最简便且常用的炭材料表面化学分析方法。

②傅立叶红外光谱(FT-IR)

FT-IR 是对化学基团进行定性和半定量分析的手段,在炭材料表面研究中主要用于对各官能团的定性分析,也可以联合程序升温技术对官能团进行半定量分析。

③程序升温脱附法(TPD)

TPD 是指以一定的升温速率对炭材料进行热处理,通过其脱附产物定性、定量分析表面官能团的方法。炭材料表面含氧官能团在不同的温度下以 CO_2 和 CO 等形式脱附,通过红外光谱、元素分析或质谱对脱附产物进行定量分析,根据脱附曲线计算出含氧量,根据出峰的位置可以推断出存在的含氧官能团种类。

④X 射线光电子能谱(XPS)

XPS 是通过对特定原子,如碳、氧的键能进行扫描,进而对化学键进行定性和定量分析的方法。XPS 对炭材料表面的探测深度通常在 $5\sim10$ nm。

⑤零电荷点(pH_{PZC})

pH_{PZC} 是表征炭材料表面酸碱性的一个参数,是指水溶液中固体表面净电荷为零时的 pH。pH_{PZC} 与多孔炭材料酸性表面官能团,特别是羧基,有很大关系,与 Boehm 滴定法结果对应性好。测试 pH_{PZC} 的实验方法主要包括:酸碱电位滴定法、电泳法和质量滴定法。

⑥反相气相色谱(IGC)

IGC 是利用已知的探针分子快速、准确、可靠地表征固体表面官能团的一种方法,可用于炭材料、聚合物和其他一些吸附剂表面化学性质的表征。表征原理如下:

吸附自由能

$$\Delta G_0 = -RT\ln(V_N) + C$$

式中,R 为摩尔气体常数;T 是系统温度;V_N 是保留体积;C 是常数。

吸附质和吸附剂之间的作用分为色散力和定向力两种,对应自由能分别为 ΔG_d 和 ΔG_s 两个分量:

$$\Delta G_s = \Delta G_0 - \Delta G_d$$

对于非极性探针,可认为不存在定向力,因此

$$\Delta G_d = \Delta G_0$$

对于其他极性探针分子,可根据所测的值与非极性探针得到的基线之间的垂直距离计算得到 ΔG_s。

此外,炭材料由于使用的原料与合成方法的不同,表面有时会存在不饱和键和自由基,可以通过紫外、电子自旋共振等技术来测定。

10.1.2　多孔炭材料的设计合成及在催化中的应用

多孔炭材料(porous carbon materials)是指具有丰富孔隙结构的非晶态炭材料,它包括结构无序的多孔炭材料和结构规整的多孔炭材料。前者是指孔隙结构和形貌呈不规则排布的炭材料;而后者是指孔隙结构呈周期性排布,形貌均匀的炭材料。如果一种炭材料由大尺寸的石墨烯规整排列堆积而成,具有完美的晶体结构,那么这种炭材料被称作石墨。相反,由石墨烯微小晶体构成的炭材料,则被称

为石墨炭。活性炭由微晶炭不规则排列而成,微晶之间由非晶态炭通过含氧基团相连接。活性炭和石墨炭均为结构无序的多孔炭,二者已被广泛用于催化反应中作催化剂或催化剂载体。当反应在较苛刻的氧化条件下进行时,选用晶体结构较好的石墨炭或小颗粒石墨作催化剂载体更好。结构无序多孔炭材料的制备和活化技术比较成熟,可参考文献[1],本书不再赘述。

1. 结构无序多孔炭材料催化剂及载体

(1)活性炭作为催化剂

活性炭微晶中含有大量的不饱和键,具有类似金属晶体缺陷的催化活性。石墨层面由于 π 电子的存在也显示出催化活性,当表面具有羧基、酚羟基等酸性官能团时,呈现出固体酸、碱催化作用。炭表面的自由基可以促进氯化、脱氯化氢、醇和烷烃的脱氢等反应,还可以通过化学吸附氧促进烃类的氧化脱氢等反应。表 10-1 中列出了活性炭作为催化剂的反应实例。

表 10-1 活性炭作为催化剂的反应实例

反应分类	具体的反应种类
含卤素的反应	由一氧化碳制造光气的反应,制造氰脲酰氯的反应,制造三氯乙烯和四氯乙烯反应,氟化反应,制造氯磺酰及氟磺酰的反应,乙醇的氯化反应,由乙烯制造二氯乙烷的氯化反应
氧化反应	氧化水溶液中的硫化钠制造多硫化物的反应,由二氧化硫气体制造硫酸的氧化反应,由硫化氢制造单体硫黄的反应,一氧化氮的氧化反应,草酸的氧化反应,乙醇的氧化反应
脱氢反应	链烷烃制备链烯烃的脱氢反应,由环烷烃制造芳香族化合物的脱氢反应
氧化脱氢反应	链烷烃制备链烯烃的氧化脱氢反应
还原反应	链烯烃及双烯烃的还原反应,羰基还原制甲醇的反应,油脂的氢化反应,芳香族羧酸的还原反应,过氧化物的分解反应,一氧化氮还原成氨的反应
单体的合成反应	氯乙烯单体的合成反应,醋酸乙烯单体的合成反应
异构化反应	丁二烯的异构化反应,甲酚的异构化反应,松香及油脂等的异构化反应
聚合反应	乙烯、丙烯、丁烯、苯乙烯等的聚合反应
其他反应	醇类的脱水反应,重氢的交换反应

由表 10-1 可以看出,尽管活性炭作为催化剂能催化许多反应,但真正用于工业催化过程的主要有含卤化合物的制备、饮用水氯化处理后的脱氯反应以及工业煤气脱硫等。

(2)活性炭作为催化剂载体及反应实例

活性炭在化工生产中经常被用作催化剂载体承载活性组分。与其他载体相比,由于活性炭比表面积大、孔隙结构和表面化学性质独特,因此,活性炭在催化反应过程中不仅起到载体的作用,而且对催化剂的活性、选择性和使用寿命也会产生影响。表 10-2 和 10-3 分别列出了一些常见的活性组分负载于活性炭上发生的氧化和还原反应[2]。可以看出:贵金属 Pd、Pt、Ru、Rh 和 Au,过渡族金属 Fe、Co、Ni

和第ⅠB族金属 Cu 均可采用活性炭作为载体进行氧化或还原反应。

表 10-2　　　　　　　　　　活性炭作为催化剂载体用于氧化反应

氧化反应	贵金属						碱金属		碱土金属	过渡金属											其他			
	Pd	Pt	Ru	Rh	Ag	Au	Na	K	Ca	V	Cr	Mn	Fe	Co	Ni	Mo	W	Re	Cu	Zn	Sn	Bi	P	Ce
碳氢化合物的氧化																								
-烷烃/环烷烃氧化	○	○											○	○	○				○					
-甲烷重整氧化									○					○	○									
-烯烃/环烯烃氧化	○									○						○								○
-芳香化合物氧化	○	○									○			○	○				○					
卤代烃化合物的氧化	○	○	○	○							○				○									
醛类氧化	○					○				○														○
羧酸氧化	○																							
醇氧化																								
-脂肪醇氧化	○	○				○	○	○			○	○	○	○				○	○					○
-酚类氧化											○	○	○	○					○					○
-糖类氧化						○													○					
环酮类氧化		○																						
废水中染料的氧化																								
醚和脂氧化				○																				
CO 氧化	○	○			○	○		○			○		○	○					○		○			○
NO 氧化														○	○				○					
SO₂ 氧化										○			○						○	○				○
H₂S 和硫化物氧化	○						○	○	○				○	○					○					○
H₂ 氧化	○					○																		
脱硫反应									○										○	○				
氨氧化		○	○										○	○	○	○			○					

表 10-3　　　　　　　　　　活性炭作为催化剂载体用于还原反应

还原反应	贵金属							碱金属			碱土金属	过渡金属											其他			
	Pd	Pt	Ir	Ru	Rh	Ag	Au	Li	Na	K	Mg	V	Cr	Mn	Fe	Co	Ni	Mo	W	Re	Cu	Zn	Sn	Bi	P	Ce
烯烃/环烯烃加氢	○	○	○		○											○	○									
炔烃加氢	○																									
芳香族化合物加氢	○	○		○																			○			
硝基化合物加氢	○	○															○									
醛类加氢	○	○		○								○			○			○			○	○			○	
酮类加氢	○	○		○	○																					

还原反应	贵金属							碱金属			碱土金属	过渡金属											其他			
	Pd	Pt	Ir	Ru	Rh	Ag	Au	Li	Na	K	Mg	V	Cr	Mn	Fe	Co	Ni	Mo	W	Re	Cu	Zn	Sn	Bi	P	Ce
羧酸化合物加氢	○	○		○	○																					
酯类加氢	○	○		○													○									
糖类加氢				○																						
CO₂ 还原				○																						
CO 加氢															○	○	○									
NOₓ 还原		○						○	○					○	○	○	○									○
甲醇分解	○	○	○												○	○	○				○					

反应实例Ⅰ：氯乙烯的合成

聚氯乙烯是聚酯中的大宗产品，它是由乙炔和氯化氢催化合成的氯乙烯再聚合生成的。活性炭负载二氯化汞是合成氯乙烯常用的工业催化剂。该催化反应过程分为两步：乙炔与二氯化汞接触生成顺式氯汞基氯乙烯（顺式氯汞基氯乙烯在反应条件下是气态的），再与盐酸气相反应生成氯乙烯，并使二氯化汞再生。

生成氯乙烯的同时也会生成一些副产物，如乙醛、顺式二氯乙烯、反式二氯乙烯、偏二氯乙烯等化合物。载体活性炭的化学组成对副反应产生显著影响。

催化剂的使用寿命受到载体孔隙率影响，以比表面积大的活性炭为载体能够制备出高活性催化剂，但是这种催化剂的寿命短。掺杂钍、铈、钡、钛和铁等金属的盐类可以延长催化剂的使用寿命；降低反应温度同样也能延长催化剂的寿命。

近年来，世界上很多国家都试图开发非汞催化剂，以实现聚氯乙烯的无汞化生产。中国科学院大连化学物理研究所包信和院士带领的研究组，在对纳米碳催化材料深入研究的基础上，通过精确控制碳化硅材料的处理过程，在其界面制造纳米碳结构，并采用氨化等方法实现了氮原子在碳结构中的原位掺杂。在碳化硅表面形成的这种氮掺杂的类石墨烯材料（SiC@N-C）显示了优良的催化乙炔氢氯化反应的活性和选择性[3]。在传统二氯化汞催化反应条件下，该催化剂可使乙炔单程转化率达到 80%，氯乙烯选择性为 98%，经过 150 h 连续反应表现出良好的催化稳定性。这一催化剂为实现聚氯乙烯无汞生产开辟了一条新途径。

反应实例Ⅱ：燃料电池的电极催化剂载体

燃料电池是清洁能源技术中的一种。多种燃料电池的电极催化剂都采用纳米贵金属负载在炭载体上。这是因为炭载体表面积大，并具有一定强度，有利于贵金属的高度分散；炭材料导电性能好，并具有抗腐蚀性能，可稳定存在于酸、碱介质中，因此被用作燃料电池的电极催化剂载体。例如，碱性氢-氧燃料电池和磷酸燃料电池均使用 XC-72R 活性炭作载体，负载 Pt 或 Pt-Pd 贵金属，制得 Pt/C 或 Pt-Pd/C 电极催化剂；有时也采用 XC-72R 活性炭与 W、Mo 组成复合载体，担载贵金属。

离子交换膜燃料电池和直接甲醇燃料电池也使用 Pt/C 和 Pt-Ru/C 电极催化

剂。使用之前需将 XC-72R 活性炭用 $KMnO_4$ 和浓 HNO_3 氧化,对 XC-72R 活性炭进行处理,使之产生强、弱两种酸性官能团,再与 $[Pt(NH_3)_4]^{2-}$ 交换制得纳米 Pt/C 电极催化剂。

2. 结构规整炭材料构筑碳基催化剂

多孔炭材料特殊的表面性质、几何构型和空间限域作用对金属催化剂的分散、反应物的扩散、中间物种的形成都具有重要作用,进而影响催化剂的寿命、催化活性和选择性等。形貌规整的多孔炭材料最明显的优势是可作为模型催化剂,有利于明晰构效关系,可探求对催化过程的影响,因而倍受研究者的关注。

(1)纳米炭球作为载体构筑催化剂

纳米炭球比表面积大、耐磨性好,球体之间的空隙可作为物质传输的通道,因此在催化应用中倍受关注。高温热解聚合物球是制备纳米炭球最常用的方法。通常对聚合物的要求是必须具备高温稳定性,能够很好地保持原来的形貌,并且在热解过程中具有高的残炭量。高度交联的酚醛树脂具有高温稳定性好及残炭率高等优点,是一种制备纳米炭球的高品质碳源。所合成的酚醛树脂球具有丰富的官能团,可以用来分散金属组分,经炭热还原后可得到活性组分高度分散的碳基催化剂。氮原子掺杂可有效调控炭材料的物理化学性质。含氮聚合物球经炭化后可得到氮掺杂的纳米炭球,并可作为催化剂载体[4]。

水热炭化生物质制备炭球是一种简单、廉价且环境友好的方法。以葡萄糖、环糊精、果糖和蔗糖为碳源,通过控制反应条件,在 160～200 ℃ 范围内经脱水、缩合、聚合和芳香化反应等水热炭化过程可制备均匀的胶体炭球。由于碳源的特殊性使得到的炭球富含官能团和高活性表面。因为葡萄糖本身含有大量的羟基,具有还原性,利用葡萄糖和 $AgNO_3$ 为反应物,在水热炭化葡萄糖成炭的同时可以将 Ag^+ 还原成纳米 Ag 粒子,最终形成 Ag@C 复合核壳结构。除了 Ag 外,Pd、Pt 和 Au 也可以被引入到炭球内构筑催化剂[5]。

纳米炭球的制备过程都要经历聚合物的热解过程,由于聚合物间的热缩聚反应,形成的炭球容易发生团聚。球体尺寸越小,热解温度越高,团聚现象越明显。陆安慧等[6]利用"纳米空间限域热解"可有效解决上述问题。即热解前将单个聚合物球外表面包覆一层由无机物构成的隔离层纳米反应器,从而阻止聚合物球在热解成炭过程中的相互接触,热解后将隔离层除去,即得到离散态、可分散的微纳米炭球。依此方法可实现水相可分散的炭质胶体的制备,并可进一步研究其物理化学特性、拓展催化应用领域。

(2)有序介孔炭作为载体构筑催化剂

多孔炭是良好的催化剂载体,但在无序多孔炭中使用浸渍、润湿和焙烧等传统负载活性组分的方法容易导致活性组分纳米粒子在炭孔隙中随机分布、颗粒团聚及孔道堵塞。借助有序多孔炭固体孔道尺寸效应和炭表面对金属氧化物的亲和性,可实现金属氧化物纳米粒子在炭载体中的高度分散和炭载体孔道的充分开放。

　　"纳米铸型法"是一种制备有序介孔炭的有效方法,通常包括多级孔模板的制备、碳源浸渍及在模板孔内的聚合、控制炭化、除去模板等步骤。以有序介孔氧化硅为模板可制备具有双孔道结构的有序介孔炭[7]。以该双孔道管状有序介孔炭为载体,将氧化铁固载在管腔内部,保留管腔间孔隙开放,实现了氧化铁纳米粒子的选择性固载(图 10-3)。由于管腔的空间限定效应,可形成纯相 γ-Fe_2O_3。在高负载量情况下(12%,质量分数,按 Fe 计算),γ-Fe_2O_3 仍保持高度分散,粒径在 6 nm 左右,相当于管腔直径。这源于管腔空间限定效应。以该复合体为模型催化剂,可以研究催化活性组分的尺寸、晶相与催化作用的关系。该催化剂用于氨分解制氢反应,在高空速 60 000 $cm^3 \cdot g_{cat}^{-1} \cdot h^{-1}$、温度为 700 ℃的条件下,氨可完全转化。由于炭表面的稳定作用,铁基纳米粒子仍保持高度分散[8]。

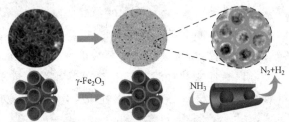

图 10-3　有序介孔炭作为载体构筑催化剂的合成示意图

　　"软模板法"是一类简单高效制备有序规则介孔炭的方法。以聚醚类嵌段共聚物为模板剂,采用溶剂蒸发自组装和溶胶-凝胶法,利用分子间氢键作用即可实现有序介孔炭的可控合成。同样可以利用有序介孔炭的孔道限制作用来实现金属催化剂的高度分散。

　　(3)炭包覆磁性催化剂的设计合成与性能

　　纳米催化剂具有较高的催化活性和选择性,被认为是连接均相和多相催化剂的桥梁。但是在实际应用中,纳米催化剂存在分离难的问题。构筑磁性纳米催化剂并利用外磁场进行分离是一种理想的解决分离回收难的方法。相比于离心过滤分离,对于尺寸在亚微米或纳米级的催化剂,磁响应性驱动的分离可以使回收纳米催化剂更简单、容易。通过构筑核壳结构制备的磁性催化剂,其中磁性核用来分离回收催化剂,壳壁用来负载活性组分。图 10-4 所示为以大小和形貌均一的 Fe_3O_4 纳米颗粒为核,制备的空心炭包覆 Fe_3O_4 的核壳结构纳米粒子。由于所用聚合物前驱体含有丰富的官能团,所以可通过离子交换的方法,将贵金属纳米粒子掺杂到炭壳中,最终得到核壳结构的双功能纳米催化剂。将催化剂应用于液相催化反应,例如硝基苯的加氢反应,表现出转化率高和可磁控分离回收循环利用的特性[9]。

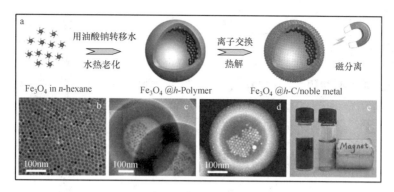

图 10-4　炭包覆磁性催化剂的设计合成与功能集成

10.1.3　晶态碳催化材料及应用

1. 晶态碳的分类

晶态碳主要是由碳元素构成的材料,以碳原子不同的结合形式或集合样式显示不同的结构和形态。按照碳原子杂化形式不同可以分为金刚石、石墨、富勒烯和纳米碳管等。

（1）金刚石

在晶态碳中,金刚石的碳原子以 sp^3 形式杂化,与另外 4 个碳原子形成 σ 共价键,σ 共价键的键长为 0.15 nm,键能为 1 507 kJ/mol。金刚石是特殊的面心立方结构。原子之间以 σ 共价键结合形成的三维网格结构使得金刚石是自然界硬度最高的材料。

（2）石墨和石墨烯

石墨中每个碳原子的 3 个外层电子占据平面状 sp^2 杂化轨道,形成 3 个面内 σ 共价键,余下 1 个电子填充在面外的 π 轨道上,在碳层间形成范德华力作用,这种成键方式形成一个平行六边形网格结构。石墨面间距为 0.34 nm,面内的 σ 共价键键长为 0.140 nm,键能为 1 758 kJ/mol。因此,与金刚石相比,石墨在面内方向上更牢固。此外,石墨面外的 π 轨道分布在石墨平面的上下,因此石墨具有更高的热导率和电导率。石墨片层间弱的范德华力使得石墨片层之间易于滑动,是理想的润滑材料。

石墨烯是由碳原子六边形的网格平铺的一个单层石墨片。近乎完美和自由状态的石墨烯是由英国曼彻斯特大学的 Geim 和 Novoselov 首次利用简单的胶带黏接的方法获得的,具有惊人的迁移率、显著的室温霍尔效应、稳定的狄拉克电子结构、超高的机械强度和热导率等独特性质。

（3）富勒烯和纳米碳管

　　富勒烯是由 Krtoto、Smalley 等于 1985 年采用大功率激光器蒸发石墨得到的。目前人们合成并分离得到的富勒烯结构有 60 余种。对于 C_{60}（图 10-5），它由20 个六元环和 12 个五元环构成，每个五边形由 5 个六边形包围，五边形的边长为0.146 nm，六边形的边长为 0.140 nm。尽管其碳原子成键是 sp^2 杂化，但因高度弯曲而具有一定的 sp^3 杂化特征，分子中的特殊键合结构赋予材料许多新奇的性质。

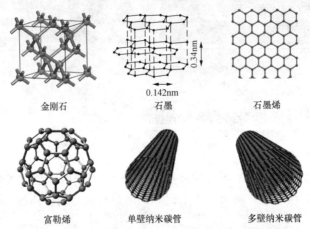

图 10-5　晶态碳的分类

　　纳米碳管是 1991 年由 Iijima 首次用电镜发现的，由石墨层面以不同角度弯曲而成，按照管壁层数可以分为单壁纳米碳管和多壁纳米碳管。管壁由碳原子通过近似的 sp^2 杂化与周围 3 个碳原子完全键和而成的六边形碳环构成，其平面六角晶胞边长为 0.246 nm，最短的 C—C 键长为 0.124 nm。在卷曲过程中会有量子限域和 σ-π 再杂化，其中的 3 个 σ 键稍偏离平面，离域的 π 轨道更加偏向管的外侧，同时，当六边形逐渐延伸出现五边形或七边形等拓扑缺陷时，由于张力的作用而分别导致纳米碳管凸出或凹进，形成扶手椅形、锯齿形、螺旋形的纳米碳管。纳米碳管是最常用的碳基催化剂。

2. 晶态碳作为催化剂

　　晶态碳一般是通过化学气相沉积、电弧放电、激光烧蚀等剧烈过程制取，含有大量的空位、间隙原子、线缺陷和边界缺陷等结构缺陷。此外，当石墨结构发生弯曲时会导致石墨层内自由电子的局域化分布，进一步提高部分结构缺陷的化学活性。经过简单的表面修饰后，晶态碳表面将被修饰上含氧、氮等杂原子的官能团，进而具备一定的酸、碱性质和氧化、还原能力。上述缺陷和官能团均可作为活性中心进行催化反应。

（1）氧化脱氢反应（ODH）

　　前述活性炭能够催化乙苯氧化脱氢反应，但活性炭和炭黑在反应过程中会引起严重的燃烧和结焦,无法用于工业过程。晶态碳在氧化气氛中仍能保持热稳定性,体现出较好的催化性能。

纳米碳管可催化丁烷脱氢制丁烯和丁二烯,用经过微量磷元素掺杂的纳米碳管作催化剂,反应温度比现有工业催化过程降低了 $100\sim200$ ℃。通常纳米碳管的表面氧物种包括亲核氧(O^{2-})和亲电氧(O_2^-、O_2^{2-})两种,亲核氧吸附缺电子的烷烃反应物分子,并催化氧化脱氢反应生成烯烃;亲电氧吸附电子云密度高的烯烃产物分子,导致碳骨架断裂,进而催化烯烃深度氧化为 CO 和 CO_2,导致催化剂的选择性降低[10]。

对于晶态碳催化烷烃氧化脱氢的活性位本质,认为活化烷烃的活性物种应为类酮结构的 C＝O 氧物种。乙苯脱氢的反应机理是:烷基上的 C—H 键先在类酮结构的 C＝O 位上进行脱氢反应,同时类酮结构的 C＝O 转变成羟基 C—OH,氧分子(O_2)随后与脱下的氢原子反应生成产物水,C＝O 活性位得以循环,如图10-6所示。除用于解释乙苯氧化脱氢反应之外,该机理也被用于解释纳米碳纤维催化环己醇脱氢制环己酮、1-丁烯氧化脱氢制丁二烯、丙烷氧化脱氢制丙烯以及乙烷氧化脱氢制乙烯等过程[11]。

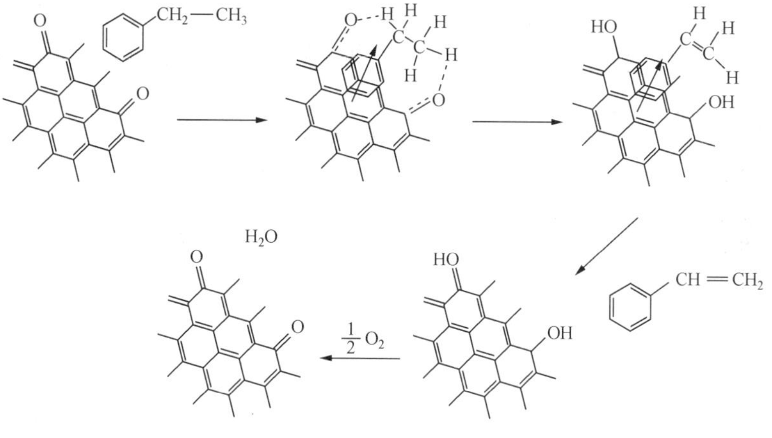

图 10-6　晶态碳催化乙苯氧化脱氢过程示意图

值得注意的是以纳米金刚石为催化剂,在无氧和无水蒸气存在的情况下,可在 550 ℃实现乙苯直接脱氢制取苯乙烯,其催化活性是工业氧化铁催化剂的 3 倍,且反应过程中没有发生明显积炭,具有较好的稳定性。从金刚石结构分析,纳米金刚石中的碳原子并非完全的 sp^3 杂化,表面碳原子在较大的表面曲率作用下会发生部分石墨化,同时表层石墨烯的结构缺陷被大量氧原子饱和,形成了独特的"金刚石-石墨烯"的核壳纳米结构,并诱发亲电氧物种的脱除和亲核氧物种的原位生成,从而促进烯烃的生成[12]。

(2)羟基化反应

纳米碳管可以催化苯、甲苯、氯苯和硝基苯的 H_2O_2 羟基化反应,纳米碳管表面的基团不是该反应的活性中心,其羟基化活化能力与纳米碳管表面曲率有一定联系。首先是 H_2O_2 吸附在纳米碳管上,然后被活化解离成氧原子,解离的氧原子固定在纳米碳管的弯曲面上,由于弯曲面不利于氧原子的吸附,该活化的氧原子能够与芳烃发生羟基化反应。

(3)选择性氧化反应

多种炭材料在丙烯醛氧化制丙烯酸反应中具有催化活性,其中具有弯曲的石墨烯层结构的炭材料,如纳米碳管、洋葱碳等,具有较好的催化性能;而主要为 sp^3 杂化的纳米金刚石则具有很低的丙烯酸选择性。反应途径为氧分子解离吸附在 (001) 面后形成活泼的环氧物种,然后迁移到棱边缘位。丙烯醛分子吸附在酮/醌类氧等亲核氧位,使其被环氧物种氧化生成丙烯酸。

(4)催化湿空气氧化反应

多壁纳米碳管(MWCNTs)和表面功能化的 MWCNTs 可催化湿空气氧化降解工业废水中的苯酚生成二氧化碳、水等产物。MWCNTs 表面的羧基在反应中起着重要作用,它可能是此反应的活性位,羧基能通过氢键与解离的氧原子形成氢过氧自由基($HO_2\cdot$),此自由基的生成有利于自由基链的引发,使苯酚氧化生成二氧化碳和水等产物。图 10-7 为 MWCNTs 表面产生 $HO_2\cdot$ 的反应机理示意图[13]。

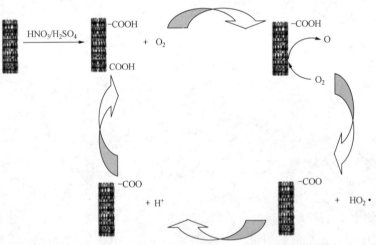

图 10-7 MWCNTs 产生氢过氧自由基($HO_2\cdot$)的反应机理

3. 晶态碳作为催化剂载体

(1)纳米碳管的限域催化作用

多孔非晶态活性炭和石墨炭已被广泛用作金属、金属氧化物催化剂的载体。与孔壁非晶态或低石墨化的多孔炭相比,纳米碳管具有高度的石墨化结构,因此,限域于由纳米级石墨结构形成的一维孔道中的金属、金属氧化物以及其他金属化合物的许多物化性质都发生了变化,加之纳米碳管本身具有特殊的机械、吸附、电子性质、限域功能以及良好的热和化学稳定性,使得这种载体制备的催化剂在催化反应中的活性、选择性和稳定性等方面必然会表现出独特的性能。虽然纳米碳管作为催化剂载体在催化领域应用的报道很多,但由于纳米碳管在制备、纯化、截短和填充等方面存在诸多困难,因此目前所研究的多数催化剂是担载在纳米碳管的外部。

填充在纳米碳管中的金属、金属氧化物或金属化合物的纳米粒子可与纳米碳管形成纳米级的复合物,这些物质的填充将赋予纳米碳管新的物化性质,如特殊的电磁性能和特定的催化性能[14]。在 450 ℃加热多壁纳米碳管填充二氧化铅的过程中,发现在纳米碳管内生成了一氧化铅纳米线,而此反应在宏观空间内不能发生。纳米碳管的限域效应对组装在其管道内的金属及其氧化物的氧化-还原特性具有调变作用。内径为 4～8 nm 的多壁碳管,组装在其管道内的氧化铁纳米粒子还原为金属铁的温度比位于管外的粒子降低了近 200 ℃,随着碳管内径的减小,其还原温度同步下降。相同条件下,金属铁的氧化特性也明显受到碳管的影响,管内金属铁的氧化反应活化能升高了大约 4 kJ/mol。这表明在相同条件下,置于碳管内的金属铁的氧化速率将明显减缓。另外,组装到碳管内的金属铑和锰纳米粒子在合成气转化制 C_2 含氧化合物反应过程当中,显示出了非常独特的催化性能,乙醇的产率明显高于直接负载在碳管外壁的催化剂。这类复合催化剂所表现出的独特催化性能归因于纳米碳管和金属纳米粒子体系的"协同束缚效应"。另外发现,双壁纳米碳管内部填充了铼用于催化苯羟基化反应时,可明显提高反应的活性和选择性。原位核磁表征结果证明,当吸附达平衡时,苯分子在碳管内和碳管外的物质的量之比为 9.94。由此推断,在这个反应过程中,由于纳米碳管限域空间内外的亲、疏水环境的差异,促进了产物(苯酚)和反应物(苯)的即时分离,进而促使反应正向进行[15]。

(2)石墨烯负载金属催化剂

石墨烯具有较大的比表面积、优异的导电性、良好的化学稳定性,能够提高催化剂活性组分的分散度,是一种重要的催化剂载体。石墨烯复合材料应用的催化反应主要有:碳-碳偶联反应、电化学反应和光催化反应。

碳-碳偶联反应是工业中常用的合成反应,广泛用于化学和药物生产中复杂有机分子的合成,主要反应类型有:Suzuki 反应和 Heck 反应等。石墨烯负载的贵金属催化剂对碳-碳偶联反应具有很高的催化活性、选择性和可循环使用性。通过微波辅助还原的方法制得的 Pd-石墨烯催化剂,对 Heck 反应和 Suzuki 反应都表现出高的活性和选择性。反应过程中用 K_2CO_3 作为碱介质时,碘苯和丙烯酸甲酯发生 Heck 反应的转化率和选择性均可接近 100%,高于其他载体负载的 Pd 催化剂。

在石墨烯基复合材料制备过程中,所面临的重要问题是如何提高其与溶剂以及高分子基体的相溶性。结构完整的石墨烯是由不含任何不稳定键的苯六元环组成的,化学稳定性高,与其他介质的相互作用较弱,并且石墨烯片层间有较强的范德华力,容易产生聚集,在水及常用的有机溶剂中分散性差。因此,需要对石墨烯进行有效地功能化,引入特定官能团。这不仅可以实现石墨烯的分散,还可以赋予其新的性质,进一步拓展其应用领域。如前所述,氧化石墨烯经过化学氧化可在表面及边缘引入官能团,提高亲水性,也为后续的化学反应提供了反应平台。

石墨烯功能化的方法分为非共价键修饰和共价键修饰。非共价键功能化是利用物理共混、π-π 相互作用、离子键及氢键等非共价键相互作用,使修饰分子对石墨烯进行表面功能化,形成稳定分散体系的改性方法。共价键功能化是通过石墨烯或石墨烯的衍生物进行多种化学反应,将有机小分子或高分子通过共价键与石墨烯片层连接的方法。

10.1.4　碳化物催化剂及催化反应

碳化物催化剂主要是以碳和金属或非金属为骨架结构制备的一类催化剂,由于其独特的电子结构,碳化物催化剂在催化加氢、催化脱氢、催化加氢脱硫、催化加氢脱氮、异构化、氨的分解、芳构化以及光催化等反应中都具有催化活性。

1. 碳化物的结构和电子性质

(1)碳化物的结构

碳化物通常是指金属或非金属与碳组成的二元化合物。根据元素的属性划分为金属碳化物和非金属碳化物。其中,过渡金属碳化物是由碳和过渡金属所形成的“间充性合金”,结构类似于金属,具有简单的晶体结构特征。它们的组成可在一定范围内变动,是一种非化学计量间隙化合物。其中的金属原子形成面心立方结构(fcc),六方密堆积结构(hcp)或简单六方结构(hex),而碳原子进入金属原子间的间隙位。过渡金属碳化物的结构与两个因素密切相关:几何因素和电子因素。几何因素取决于 Hagg 经验规则,当非金属原子与金属原子的球半径比小于 0.59时,间充化合物采用简单的晶体结构(如 fcc、hcp、hex 等)(图10-8),ⅣB～ⅥB 族金属碳化物就属于此类。

(2)碳化物的电子特性

过渡金属碳化物的理论键计算表明,这些化合物中的键同时有金属键、共价键和离子键的成分:金属键的成分与这些化合物中的金属—金属键的重排有关;共价键的成分是由于金属和非金属原子间形成了共价键;而离子键的成分是以金属和非金属原子间的电子转移为特征的。一般说来,过渡金属碳化物的两个最重要的电子性质涉及如下两个方面:①电荷转移的方向及数量;②碳化物的形成对金属 d

轨道的影响。过渡金属碳化物和氮化物在催化性质上不同于其相应的金属,而与第ⅧB族贵金属相似。它们的这一催化性质与其电子性质是密不可分的,由于碳的加入使晶格扩展,金属间距离加大,导致原子间的相互作用减弱,因而使它们在某些反应,特别是在加氢反应中表现出优良的催化性能。

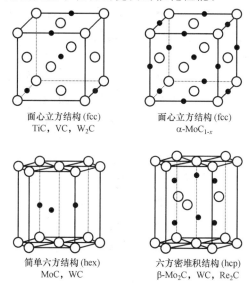

面心立方结构(fcc)
TiC, VC, W₂C

面心立方结构(fcc)
α-MoC₁₋ₓ

简单六方结构(hex)
MoC, WC

六方密堆积结构(hcp)
β-Mo₂C, WC, Re₂C

图 10-8　典型过渡金属碳化物的晶体结构(圆圈代表金属原子,黑点代表碳原子)

2. 碳化物的制备方法

(1)高温焙烧法

碳化物的制备通常可以在高温下,将碳(或其化合物)与金属(或其化合物)混合直接焙烧制得,必要时可以采用保护气体或真空。利用固体炭来碳化金属粉末(或其氧化物)是工业上大量制取碳化物的最普通的方法,如工业上制备碳化钨、碳化钛、碳化铝、碳化钒等,大多数金属及其氧化物都能在低于其熔点的温度下与炭相互作用。高温制备的碳化物比表面积较小、颗粒较大,在催化方面的应用受到了很大的限制。

(2)程序升温法

20 世纪 80 年代发展了程序升温法来制备碳化物和氮化物。通过对反应温度的严格控制,可使碳化物的生成速率与烧结速率达到最佳平衡状态,从而获得高比表面积的产物。合成过程中多采用金属氧化物作为前驱体,还原气体通常为 20%CH₄-80%H₂(体积分数)的混合气体。该方法为合成高比表面积的碳化物提供了新途径。

(3)热分解法

热分解法是指用过渡金属氧化物或卤化物与选定的有机物反应,先生成金属有机物,然后金属有机物在惰性气氛下再进行热分解反应。这种制备方法,在制备高比表面积催化剂方面有独特的优点,特别适用于负载型碳化物催化剂的低温合成。但是有机金属化合物价格高,并且过渡金属有机化合物往往制备困难,限制了其广泛应用。

除此之外,还有超声合成法,它是利用超声空化现象,在机械效应、热效应、光效应和活化效应等物理效应产生的特殊物理环境中,制备出具有特殊性质化合物的方法。这种方法制备的碳化物比表面积很高。

3. 碳化物催化反应

(1)催化加氢反应

碳化钨的表面电子结构与 Pt 类似,可作为催化加氢反应的催化剂。碳化钨在芳香族化合物的加氢反应,尤其是苯的加氢反应中表现出良好的催化性能。在苯加氢反应的开始阶段,氢分子被碳化钨表面的金属活性中心吸附,H—H 键断裂,生成带有一个价电子的活性氢原子(H^*)吸附在碳化钨表面,烃分子在纯净的碳化钨表面的吸附将会引起 C—C 键的断裂,生成的带有未成键价电子的活性物种也会吸附在碳化钨表面的金属活性中心上进行双分子反应。这样的吸附过程就像发生在 Pt 等贵金属的表面上一样。众所周知,在苯分子中,除了 C 之间的 C—C 单键,还有不饱和的大 π 键存在,而 π 键的键能要低于 C—C 单键,因此苯分子在碳化钨表面的吸附过程中,π 键较 C—C 单键更容易断裂,形成带有未成键价电子的活性物种。此类活性物种与活性氢原子成键,形成—CH_2—,这样就完成了苯的不饱和 π 键加氢。在理想的情况下,反应产生的含有—CH_2—的烃分子将从碳化钨表面解吸,并被反应床中的氢气流载出,这就是选择加氢。但碳化钨表面吸附的加氢产物不能即时解吸,会进一步发生断键和加氢(氢解),使产物烃分子分解,形成短链的低碳烃分子,这是我们不希望发生的副反应。

钼的碳化物因具有贵金属的某些性质(如较强的解离吸氢能力)而被广泛地用于有氢参与的反应,如烷烃异构化、不饱和烃加氢、CO(CO_2)加氢、加氢脱硫和脱氮以及合成氨等反应,尤其是钼的碳化物比贵金属价格低廉,且具有优良的抗硫中毒性能,故钼的碳化物催化剂颇引人瞩目。苯加氢反应中碳化钼具有很高的初始催化活性。虽然随着反应的进行,催化剂逐渐失活,但其稳态时的转化频率仍与贵金属 Pt 或 Ru 的转化频率接近。

碳化钼催化剂具有优良的加氢精制(加氢脱硫 HDS 和加氢脱氮 HDN)催化性能。碳化钼还可催化吡啶脱氮,生成环戊烷,且催化活性与钼的氮化物相似,优于工业上 Co-Mo 的硫化物催化剂和氢气处理过的 Ni-Mo/C-Al_2O_3 催化剂。碳化钼催化吡啶脱氮主要是由于吡啶与活性组分形成双键,双键能够使吡啶的 2、6 位碳原子足够接近,从而环化生成环戊烷。

碳化钒对于催化脱氢以及氨分解反应也有很好的催化性能。无氧条件下,碳化钒的催化脱氢选择性高。丁烷在 450 ℃ 左右时脱氢生成丁烯的选择性可达

98%,转化频率(TOF)达到 10^{-3} s^{-1}。碳化钒也是氨分解的有效催化剂,其活性随着表面积及粒径的变化而变化。碳化钒在催化氨分解反应中对结构很敏感,这可能是由于表面积与粒径存在化学计量关系的原因[16]。

（2）肼的分解反应

碳化钨对肼的分解有很好的催化性能。巴西、法国、德国、美国的许多化学家和工程师一直在研究分解小型火箭推进器中的肼,通常采用负载型铱催化剂来分解肼和控制卫星轨道。用碳化钨作为肼分解催化剂时,其性能优于铱催化剂。借助微波辅助可以合成纳米结构的碳化钨,并且负载在纳米碳管上制备出颗粒尺寸在 $2\sim 5$ nm 的碳化钨催化剂,应用于肼的分解反应。在 120 ℃以上,转化率可以达到 100%;700 ℃时,H_2 选择性可以达到 100%,其效果完全可以与贵金属催化剂相媲美[17]。由于碳化钨催化剂价格低廉,因此有望替代贵金属催化剂用于航空航天领域。碳化钼也可用于肼的分解反应。将碳化钼颗粒嵌入有序介孔炭中,可制备出高活性的碳化钼催化剂,在 30 ℃的条件下,可实现肼的完全转化[18]。

（3）催化重整反应

碳化钨也是一种优异的重整催化剂,它不受任何浓度的 CO 和 10^{-6} 数量级浓度的 H_2S 影响,具有良好的稳定性和抗中毒性能,是一种极具开发和应用潜力的催化剂。碳化钨对烷烃的催化重整表现为异构化、裂化和氢化反应。不同表面组成和结构的碳化钨对烷烃的催化重整表现出不同的选择性,在新制的碳化钨表面主要发生裂化反应;而将碳化钨暴露在一定量氧气中氧化,这种部分氧化的碳化钨催化剂总的催化活性和脱氢速率降低,但异构化的选择性提高。

碳化钨在不同温度（150～350 ℃）下催化甲基环戊烷重整反应,随着温度升高转化率逐渐升高,但裂解反应加速,生成甲烷等小分子。其催化机理可能是局部氧化的碳化钨表面上存在两类催化活性中心,烷烃异构化的活性主要来自于这两类催化活性中心,即由于碳化钨表面氧的存在而形成的酸性中心（即 WO_x）和碳化钨所形成的金属位。在催化烃反应过程中,金属位可以强烈吸附反应物中的氢和烃分子,使其在碳化钨表面形成各自的活性基团;酸性的 WO_x 则可以促进碳链结构的改变,生成异构化产物,同时阻止碳化钨活性中心使异构化产物进一步氢解[19]。这两种活性中心相互作用,与重整催化剂中的金属 Pt 与酸中心协同作用一样,二者必须搭配适当,否则就会引发氢解副反应,生成甲烷。

（4）生物质转化反应

碳化钨催化剂还可以用于生物质转化反应。碳化钨催化剂用于催化纤维素制乙二醇的主要反应路径为（图 10-9,路径 B）:纤维素首先转化为葡萄糖,之后沿路径 B 转变为乙二醇,所用的催化剂为 W_2C/AC（活性炭）催化剂。通过调变 W_2C 的不同负载量改变催化剂活性和选择性,同时掺入不同量的 Ni 来调变催化性能,最终发现制备条件为 2% Ni-30% W_2C/AC-973 K 的催化剂活性更优异,在温度为 518 K、氢气压力为 6 MPa 的条件下，反应 30 min，纤维素转化率可达到 100%，乙二醇选择性可达到 61%[20]。目前乙二醇主要从石油产品——乙烯氧化获得，碳化钨催化剂的成功制备为乙二醇的生产开辟了一个新的途径，不仅对环境友好，而且还可逐步减少人类对石油产品的依赖。

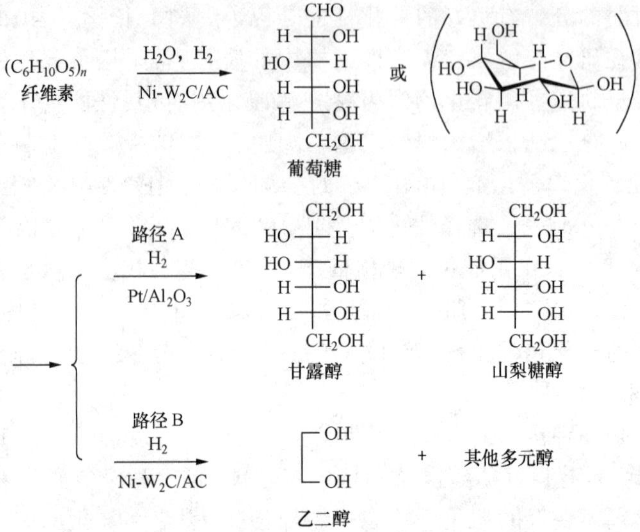

图 10-9　纤维素催化转化为多元醇的反应路径

（5）光催化反应

1834 年，C_3N_4 的衍生物就已经被合成出来，它可以说是最早的人工合成的聚合物之一。这种聚合半导体的一大优势就是其成分绝大部分是碳和氮元素，因此人们可以在保持其主要成分基本不变的情况下，通过有机化学方法对其进行改性。$g\text{-}C_3N_4$，即石墨烯相的 C_3N_4，是自然环境下最稳定的 C_3N_4 同素异形体中的一种。三嗪（C_3N_3）和 3-s-三嗪（C_6N_7）是构成 $g\text{-}C_3N_4$ 同素异形体的两种基本结构单元（图 10-10）。

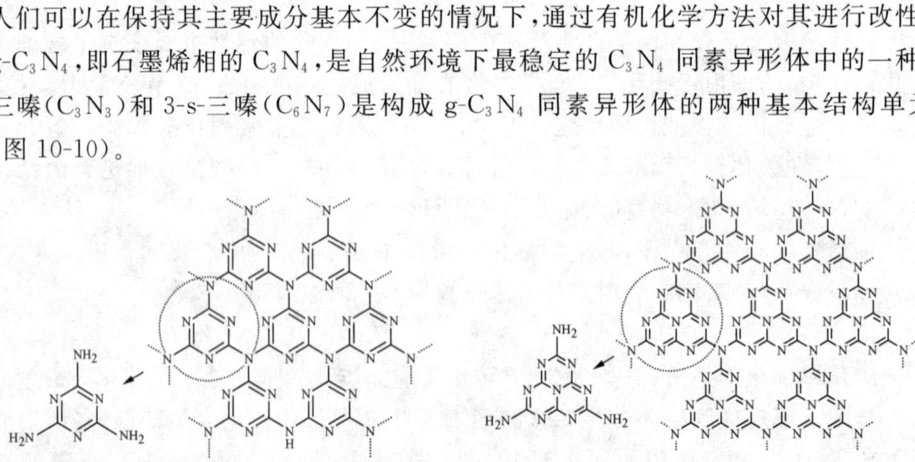

(a) 三嗪　　　　　　　　　　　(b) 3-S-三嗪

图 10-10　$g\text{-}C_3N_4$ 的组成结构单元结构图

g-C$_3$N$_4$ 作为一种非金属光解水催化剂,摆脱了贵金属的束缚,不仅能使光解水更加绿色环保,同时也使成本大幅降低。在光解水过程中,g-C$_3$N$_4$ 中的氮原子可以作为水分解为 O$_2$ 的首选氧化位置,而碳原子则提供了由 H$^+$ 变为 H$_2$ 的还原位置。计算结果表明水分子的氧化和还原能级的绝对值都落在了 g-C$_3$N$_4$ 的能隙之间。因此,g-C$_3$N$_4$ 是适用于光催化裂解水的半导体材料。

10.1.5　碳基催化材料的发展与展望

结构决定性能,无论是调控材料结构基元的组成、形态,还是操纵这些结构基元的组合方式,都会对材料的整体性能产生影响。在催化和吸附领域,提高炭材料性能的关键是对其孔道、形貌、表面、晶态等进行精准调变和功能高效集成。当前,工业化生产的炭质吸附剂以活性炭为主,包括粉状炭和成型炭,制备仍然以传统模式为主,即将煤基、植物基或高分子树脂等原料经过炭化和活化工艺处理后制得活性炭。由于原料的来源及其组成的不确定性,难以实现对活性炭产品孔结构和形貌等方面的精确调控。因此,研究具有规整结构的纳米炭材料的精准设计合成和功能集成方法,认知炭材料的结构和催化性能的构效关系,必将极大地推动炭材料及碳基催化化学的不断发展和创新。

（陆安慧）

10.2　介孔材料及催化反应

10.2.1　概　述

根据国际纯粹与应用化学联合会(International Union of Pure and Applied Chemistry, IUPAC) 的定义,孔径在 2～50 nm 范围内的多孔材料为介孔材料(mesoporous materials)。与多相催化中广泛使用的沸石分子筛微孔材料(孔径一般小于 1.5 nm)相比,有序介孔材料具有如下特点:(1)高比表面积,为催化活性组分分散和反应物的吸附提供了巨大场所;(2)孔径大且可调变,显著降低了反应物分子在孔内的扩散阻力。

介孔材料可分为无序和有序两种。其中,无序介孔材料的孔径分布较宽,孔型结构复杂且不规则、互不连通,如 SiO$_2$ 和 TiO$_2$。本节主要介绍具有规整孔道结构的有序介孔材料。

由于多相催化反应发生在多孔材料的内表面,因此反应物分子的扩散系数对反应速率和催化活性组分的利用率具有重要影响。如图 2-18 所示,沸石分子筛和有序介孔材料的孔内扩散分别在构型扩散和 Knudsen 扩散范围内。由式(2-31)可知,

Knudsen 扩散系数与孔道尺寸成正比,孔道尺寸增加可线性提高反应物分子以及浸渍法制备负载型催化剂时溶液中前体分子的孔内扩散系数,大幅降低孔内扩散阻力。因此,有序介孔材料在大分子参与的多相催化反应中具有良好的应用前景。

1992 年,美国 Mobil 公司 Kresge 等采用阳离子型季铵盐表面活性剂(如十六烷基三甲基溴化铵,CTAB)作模板剂,成功地合成了具有大的比表面积及有序孔道结构的硅基介孔材料系列——M41S(孔径为 $1.6 \sim 10$ nm)[21]。M41S 系列有序介孔材料的合成,从原理上打破了沸石分子筛合成过程中以单个溶剂化分子或离子作为模板剂的传统,在分子筛合成领域具有里程碑意义。1998 年,赵东元和 Stucky 教授等采用非离子表面活性剂(聚乙二醇-聚丙二醇-聚乙二醇三嵌段共聚物,P123)为模板剂制备出高度有序、具有六方相结构的硅基介孔分子筛 SBA-15[22]。SBA-15 与 M41S 孔道结构相似,但孔径更大,热稳定性和水热稳定性更高。这两类介孔材料的出现及其在催化、吸附、生物等方面的成功应用,激发了研究人员的极大兴趣,使得新型有序介孔材料,如 HMS、MSU、AMS、KIT、FDU 等系列有序介孔材料不断涌现。

与沸石分子筛类似,不同种类介孔材料的骨架和孔道结构不同(图 10-11),传质特性和结构稳定性也表现出一定差异,其结构的多样性为催化剂的设计和优选提供了条件。

介孔材料有多种分类方法,按照化学组成可分为硅基介孔材料和非硅基介孔材料两大类。前者包括硅酸盐和硅铝酸盐,后者主要有过渡金属氧化物、磷酸盐和硫酸盐等。由于 SiO_2 一般不具有催化活性,所以硅基介孔材料常作为负载型催化剂的载体,而有些非硅基介孔材料则可以直接用于催化反应。由于介孔材料的孔壁多为非晶态结构,对外加活性组分的包容性强,因而可以通过在负载、接枝和合成中直接引入等方法制备多相催化剂。

下面介绍几种典型有序介孔材料的合成、结构和催化应用。

(a) P6mm   (b) Ia3d   (c) Pm3n

(d) Im3m   (e) Fd3m   (f) Fm3m

图 10-11　介孔材料的结构图[23]

10.2.2　M41S 系列硅基介孔材料

M41S 系列硅基介孔材料是最典型且应用最广的有序介孔材料,主要包括二维六方结构的 MCM-41(mobil composition of matter No. 41)、三维立方结构的 MCM-48 和层状结构的 MCM-50(图 10-12)。MCM-41 具有均匀的六方孔道,孔径分布均匀(2~10 nm)且可调,比表面积很大,是目前研究较多的介孔材料之一。下面以 MCM-41 为例,介绍介孔材料的合成、表征及催化应用。

| MCM-41 | MCM-48 | MCM-50 |

图 10-12　代表性 M41S 介孔材料

1. MCM-41 介孔材料的合成与表征

与沸石分子筛合成类似,有序介孔材料可采用水热法合成。将一定量的表面活性剂、硅源、碱或酸配成混合溶液,经搅拌形成水凝胶后,置于反应釜中,在一定温度下水热晶化一定时间,固体产物经过滤、洗涤、干燥和焙烧,即可得到有序的介孔分子筛。影响介孔材料结构的合成因素主要包括表面活性剂、硅源、溶液的 pH、反应时间及反应温度等。如图 10-13 所示,表面活性剂(CTAB)、硅源(正硅酸乙酯,TEOS)和碱的配比不同,可以得到不同结构的介孔分子筛:MCM-41 (H),MCM-48 (C),MCM-50 (L)。其中 MCM-41 是该系列介孔材料的典型代表。

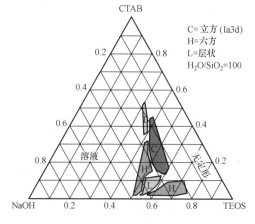

图 10-13　M41S 系列有序介孔材料合成相图

关于水热条件下有序介孔材料的合成机理,被普遍接受的有:

(1)液晶模板机理;

（2）协同作用机理，如图 10-14 所示。

液晶模板机理认为：表面活性剂先形成棒状胶束，棒状胶束呈六方排列而形成液晶结构，硅源与表面活性剂的亲水基团相互作用，经水解、沉淀而聚合在表面活性剂周围，从而形成介孔孔壁（图 10-14（a））；协同作用机理认为：无机硅源所带的负电荷与表面活性剂的亲水基团相互作用，促进了无机硅源的缩聚反应，发生在界面上的缩聚反应反过来会加快无机硅源与表面活性剂的作用，最终形成有序的介孔结构（图 10-14（b））。孔径的大小主要取决于表面活性剂的结构和大小。

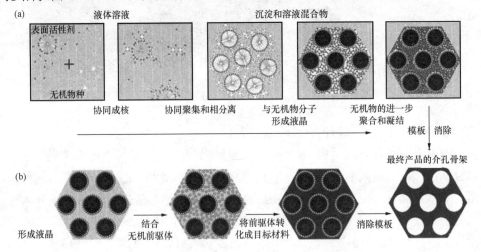

图 10-14   有序介孔材料合成机理：(a)液晶模板机理，(b)协同作用机理

有序介孔材料的结构表征常采用如下方法：

（1）X 射线粉末衍射（XRD）；

（2）N_2 吸附等温线；

（3）透射电子显微镜（TEM）；

（4）扫描电子显微镜（SEM）；

（5）傅立叶红外光谱（FT-IR）；

（6）原子吸收（AAS）等。

XRD 谱可用来表征有序介孔材料的晶相和晶面间距等。图 10-15 所示为 MCM-41 介孔材料的 XRD 谱及 4 个特征衍射峰。其中在 $2°\sim10°$ 出现的（100）晶面强衍射峰是介孔材料有序性的特征。

图 10-16 比较了无定形 SiO_2、微孔 USY 分子筛和 MCM-41 介孔材料的 N_2 吸附等温线。如图所示，MCM-41 与微孔 USY 分子筛和无定形 SiO_2 的 N_2 吸附等温线差别很大，根据图 2-9 所示，其吸附等温线类型应为第Ⅳ类吸附等温线。低温下 N_2 在 MCM-41 介孔中的吸附过程可粗略划分为三个阶段：

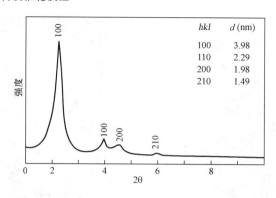

图 10-15　MCM-41 介孔材料的 XRD 谱

（1）低压力下，N_2 先形成单分子吸附层，达到饱和后再形成多分子吸附层；

（2）压力为 53.3 Pa 时，N_2 吸附量呈现一个突跃，是由于介孔内毛细管冷凝现象所致；

（3）压力继续升高，N_2 吸附量增加不明显，主要在外表面发生多层吸附。

其中，吸附等温线中间段的突跃是介孔材料的特征。根据 N_2 吸附等温线，由 BET 方程和 BJH 方程可以求算介孔材料的比表面积、孔容和孔径分布。根据图 10-16 中的吸附等温线，该 MCM-41 介孔材料的比表面积达 1 040 m^2/g。

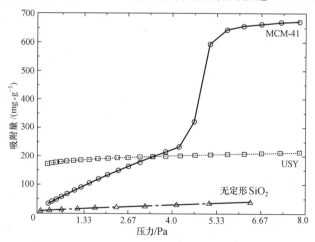

图 10-16　MCM-41、USY 和无定形 SiO_2 的 N_2 吸附等温线比较

由于介孔的孔口直径较大，在透射电子显微镜下可以直接观察到其孔的结构和有序程度，所以透射电子显微镜是表征介孔材料的一种直观、有效的手段。图 10-17 示出了 MCM-41 的透射电子显微镜照片，可以清晰地观察到 MCM-41 均匀分布的介孔。此外，从扫描电子显微镜照片看（图 10-18），MCM-41 呈六角片状形貌。

图 10-17　MCM-41 的透射电子显微镜照片　　　　图 10-18　MCM-41 的扫描电子显微镜照片

2. M41S 介孔材料催化性能调变及反应

　　沸石分子筛微孔材料已大规模应用于石油和化学工业,但因其孔径小,无法用于催化大分子参与的反应,比如大分子精细化学品合成和重质油加工等。以 MCM-41 为代表的 M41S 介孔材料的孔口直径、比表面积以及孔容都较大,在大分子参与的催化反应中应用前景广阔,从而拓展了多相催化的应用范围。M41S 介孔材料在酸催化、碱催化、氧化还原催化等典型催化反应中都表现出优良的性能。

　　(1)MCM-41 的酸、碱性调变及反应

　　纯硅基 M41S 介孔材料表面只存在 Si—OH 键,其表面酸性很弱。可以通过两种方法引入酸中心:①与沸石分子筛类似,在合成时引入三价金属离子;②利用其宽阔的孔道空间,组装杂多酸和有机酸等。

　　研究表明,用 Al^{3+}、B^{3+}、Ga^{3+} 和 Fe^{3+} 等三价离子取代 M41S 介孔材料骨架中的 Si 可以在其表面产生酸中心。Trong On 等研究了不同硼源和不同处理方法对硼取代 MCM-41 介孔材料稳定性和酸催化活性的影响,发现 B-MCM-41 介孔材料能高效催化异丁烯与甲醛的 Prins 缩合反应,选择性达 100%。以 Al、Ga 和 Fe 掺杂的硅基介孔材料酸强度显著提高,其酸强度顺序为 Al > Ga > Fe。此外,Fe-MCM-41介孔材料只有微弱的酸性,且绝大部分为 L 酸位,热处理后大部分 Fe 会从骨架中析出。Al 掺杂的硅基介孔材料显示出很强的酸性,且既有 L 酸位又有 B 酸位,是骨架掺杂增强其酸性的最佳选择。

　　Al 在硅基介孔材料骨架中以两种配位状态存在,大部分是四配位的 Al,产生 B 酸位,其余为六配位的 Al,产生 L 酸位。实验研究发现,通常情况下其酸性位的数量与骨架中的 Al 含量成正比,但是其酸强度比无定形硅铝材料低。而增加骨架中的 Al 含量会造成介孔材料有序度的降低,因而通过掺杂 Al 无法大幅提高酸强度和总酸量。然而,由于其孔径较大,在催化大分子参与的反应时优势明显。与 USY 分子筛和无定形硅铝多孔材料相比,尽管在催化小分子(如庚烷)裂解时 Al-MCM-41 的活性仅为 USY 分子筛的 1/139,但在催化大分子裂解时其活性与

USY 分子筛相当,高于无定形硅铝多孔材料。在精细化学品合成中,掺杂酸性介孔材料制成的酸催化剂成功用于催化 Friedel-Crafts 烷基化和酰基化反应、缩醛反应、Beckmann 重排反应和 Diels-Alder 反应。

具有酸性位的介孔材料还可用作酸性载体制备多功能催化剂。Corma 等制备了 Al-MCM-41、USY 分子筛和无定形硅铝担载的 Ni-Mo 氧化物催化剂,研究了其催化裂解、脱硫和脱氮反应活性,发现 Al-MCM-41 作载体的催化剂活性最高。Del Rossi 等[24]用 Al-MCM-41 担载贵金属 Pt 制成的双功能催化剂在石蜡异构化反应中表现出优异的催化性能,裂解产物很少。反应中,Pt 是脱氢和加氢中心,而酸中心的作用是催化烯烃的异构化。酸性介孔材料担载的 Cr、Ni 和 Fe 双功能催化剂可以催化烯烃低聚反应制燃油和润滑油。

杂多酸是一种固体超强酸,是在石油加工、化学工业和精细化工领域有着重要应用的强酸催化剂,但其较小的比表面积使它在催化反应中的应用受到限制。利用介孔材料的高比表面积和有序的大孔道等特性,将杂多酸组装在介孔材料的孔道中可以显著提高其酸催化活性。Kozhevnikov 等[25]将十二磷钨酸组装在 MCM-41 的孔道中,杂多酸仍然保持其 Keggin 结构,介孔孔道结构也保持完好,所制得的酸催化剂在催化 4-叔丁基苯酚与异丙烯的烷基化反应时活性高于固体杂多酸和硫酸。在介孔材料孔道中组装有机酸是制备酸催化剂的另一条途径。将巯基硅烷引入介孔中,然后用双氧水或硝酸将巯基氧化为磺酸基即可获得有机-无机杂化的酸性介孔材料。

将 Al 掺杂的介孔材料与碱性氧化物进行离子交换,可使该介孔材料表面产生碱性位,且碱性氧化物阳离子的荷/径比越小,碱性越强。Kolestra 等[26]用 Na$^+$ 和 Cs$^+$ 与 Al-MCM-41 离子交换法制备了介孔碱催化剂,采用 CO$_2$ 程序升温脱附法研究了其碱强度与 Al 含量的关系,发现 Al 含量越高,离子交换生成的碱性位越多,碱强度越大。该催化剂在催化苯甲醛与丙烯腈的 Knoevenagel 缩合反应中催化性能优良。

另一种硅基介孔材料表面引入碱性位的方法是用氮原子部分取代表面氧原子。Xia 等[27]通过氨气高温氮化 MCM-48 介孔氧化硅的方法制备出高度有序的氮氧化物介孔材料(含氮量 14.7%),并研究了其碱催化性能。该催化剂催化苯甲醛与丙二腈的 Knoevenagel 缩合反应的转化率为 96%,选择性达 100%。

通过有机碱和介孔表面硅羟基反应形成共价键,可将有机碱固定在介孔孔道内。由于有机碱客体和无机主体通过共价键结合,所以所制备的介孔碱催化剂的稳定性优于浸渍法制得的负载型碱性催化剂。Hall 等采用一步合成反应制备了氨基化的 MCM-41 材料,可以在温和的反应条件下催化 Knoevenagel 缩合和 Michael 加成反应。

(2)MCM-41 的氧化-还原性能调变及反应

在纯硅基介孔材料骨架中掺入过渡金属(如 Ti、V、Zr、Fe、Cr、Sn 和 Mo 等)的离子,可使其表现出优越的氧化-还原性能。Corma 等[28]首先报道了 Ti-MCM-41 (Si/Ti 为 60,比表面积为 936 m^2/g) 催化烃类的选择性氧化反应,发现其能催化烯烃环氧化和硫醇的氧化反应,尤其适于催化大分子氧化反应,如以叔丁基过氧化氢氧化松油醇和降莰烯的反应。Ti 掺杂介孔材料还可用于 CO_2 光催化还原和乙酸分解等反应。V 掺杂的介孔材料可以高效催化过氧化氢或叔丁基过氧化氢氧化苯酚、萘和环十二醇的反应,V-MCM-41 在环十二醇和 1-萘酚的部分氧化反应中表现出很高的催化性能。Wang 等发现 Zr-MCM-41 表面存在 L 酸位和 B 酸位,其酸强度与骨架中的 Zr 含量以及酸位密度成正比。Zr-MCM-41 除了用于催化氧化-还原反应外,还可用于酸催化反应。Fe 掺杂的介孔材料既可用作酸催化剂,也可用作氧化-还原催化剂,其主要问题是在焙烧除去表面活性剂时,Fe 容易从骨架中析出。Ulagappan 等[29]发现 Cr-MCM-41 是苯酚、1-萘酚和苯胺氧化反应的优良催化剂。Kawi 等发现 Cr-MCM-48 对三氯乙烯的氧化反应具有很高的催化活性,350 ℃时转化率可达到 100%。Das 等成功地将 Sn-MCM-41 用于催化芳烃的选择性氧化反应以及苯酚和 1,2-萘酚的羟基化反应。

贵金属是一类高活性加氢催化剂,其催化效率取决于贵金属颗粒的分散程度,而介孔材料的高比表面积为活性组分的高度分散提供了条件。Armor 等用 $[Pt(NH_3)]^{2+}$ 与 Al-MCM-41 离子交换,然后焙烧还原制得了高分散 Pt 催化剂,其在苯、菲和萘的催化加氢反应以及烯烃和 1,3,5-三异丙基苯的加氢裂解反应中均表现出优异的催化活性。Junges 等[31]发现 Pt-MCM-41 在 CO 氧化反应中具有很高的催化活性,也能催化巴豆酰胺中 C=C 双键的加氢反应。Mehnert 等发现用化学气相沉积法制备的高分散 Pt-MCM-41 还是性能优异的 Heck 反应的催化剂。Florea 等[32]制备了 Ru-MCM-41 和 Ru-MCM-48,并成功将其用于催化前列腺素 F 中间体的非对映异构加氢反应。Shephard 等[33]制备了介孔材料负载的 Ru-Cu 双金属催化剂,发现其在不饱和化合物(1-己烯、二苯乙炔、苯乙炔、1,2-二苯乙烯、顺式环辛烯和柠檬油精等)的加氢反应中表现出很高的催化活性。

(3)MCM-41 用于均相催化固载化

硅基介孔材料具有很高的比表面积和较大的孔道和孔容,而且表面富含硅羟基,这就为均相催化剂通过接枝实现固载化提供了良好的条件。在介孔材料表面接枝固载化前通常需要进行表面硅烷化,然后通过化学键接枝和锚定均相催化剂。所制备的有机-无机杂化催化剂可用于 Diels-Alder 双烯合成、羰基化、Friedel-Crafts、酯化、烯丙基胺化、烷基化、加氢、氧化反应和各种缩合反应。此外,接枝固载手性催化剂还可用于手性合成。Piagglo 等[34]用手性 salen 配体(R,R)-(−)-N, N'-双(3,5-二叔丁基邻羟苯亚甲基)-环己烷-1,2-二胺改性 Mn 交换 Al-MCM-41,制得了非均相立体选择性环氧化催化剂,在亚碘酰苯作为氧授体的条件下催化(Z)-1,2-二苯乙烯环氧化合成反式环氧化物,获得了与均相催化剂相近的立体选择性(e.e 为 70%)。反应中 Mn 未从固体催化剂中析出,催化剂经处理后可恢复活性重复使用。

10.2.3　SBA-n 系列硅基介孔材料

　　SBA(Santa Barbara of America)-n 系列硅基介孔材料是由美国加州大学 Santa Barbara 分校的 Stucky 等首先合成出来的一系列硅基有序介孔材料。与 M41S 系列不同,SBA-n 系列介孔材料是在酸性介质中通过水热法合成出来的。通过调变表面活性剂、溶剂以及控制反应温度等手段,可合成出不同结构的介孔材料,包括立方结构的 SBA-1、三维六方结构的 SBA-2、二维六方结构的 SBA-3、立方结构的 SBA-11、二维六方结构的 SBA-12、层状结构的 SBA-14、二维六方结构的 SBA-15 和立方结构的 SBA-16。其中 SBA-15 是这类材料的典型代表,在合成和应用方面的研究报道也最多。

　　SBA-15 介孔材料有序度高、孔壁厚、孔径大且具有一定量的微孔。以嵌段共聚物 P123（如 $EO_{20}PO_{70}EO_{20}$）为模板剂,TEOS 为硅源,在酸性条件下水热合成可得到 SBA-15 介孔材料。因为嵌段共聚物与中性无机前体间的排斥力比离子型表面活性剂与带电荷的无机前体间的排斥力小得多,所以形成的孔壁较厚,骨架结构的水热稳定性也高于 MCM-41。

　　如图 10-19 所示,所合成的 SBA-15 介孔材料在焙烧脱除模板剂前后均具有规整的介孔结构,在 XRD 谱的小角度（$2\theta < 1°$）出现了介孔特征衍射峰。图 10-20 为脱除了模板剂的 SBA-15 介孔材料的低温 N_2 吸附-脱附等温线。与 MCM-41 相似,在分压为 $0.6 \sim 0.8$ Pa 时吸附量出现了一个突跃,是介孔孔道内毛细管凝结所致,也是介孔材料吸附等温线的一个特征。

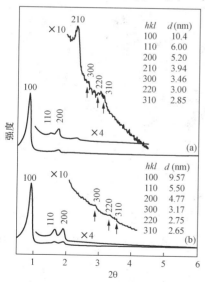

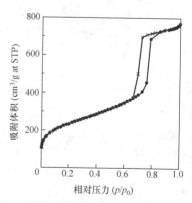

图 10-19　焙烧脱除模板剂前(a)后(b)SBA-15 的 XRD 谱[22]　　图 10-20　SBA-15 的低温 N_2 吸附-脱附等温线[22]

表 10-4 列出了根据 XRD 谱和吸附等温线计算的、不同条件下合成的 SBA-15 的孔结构参数。可见,SBA-15 的孔径较大,而且孔壁较厚。模板剂和反应条件对所合成的 SBA-15 的孔径、比表面积、孔容和孔壁厚度都会产生一定影响,因而可以通过调变这些合成参数来获得不同孔径的 SBA-15 介孔材料。

表 10-4 不同条件下合成的 SBA-15 的孔结构参数

嵌段共聚物	反应温度 /℃	$d(100)$/nm	BET 比表面积 /(m²/g)	孔径/nm	孔体积/(cm³/g)	壁厚/nm
$EO_5PO_{70}EO_5$	35	11.8(11.7)	630	10.0	1.04	3.5
$EO_{20}PO_{70}EO_{20}$	35	10.4(9.57)	690	4.7	0.56	6.4
$EO_{20}PO_{70}EO_{20}$	35,80*	10.5(9.75)	780	6.0	0.80	5.3
$EO_{20}PO_{70}EO_{20}$	35,80*	10.3(9.95)	820	7.7	1.03	3.8
$EO_{20}PO_{70}EO_{20}$	35,90*	10.8(10.5)	920	8.5	1.23	3.6
$EO_{20}PO_{70}EO_{20}$	35,100*	10.5(10.4)	850	8.9	1.17	3.1
$EO_{17}PO_{55}EO_{17}$	40	9.75(8.06)	770	4.6	0.70	4.7
$EO_{20}PO_{30}EO_{20}$	60	7.76(7.76)	1000	5.1	1.26	3.9
$EO_{26}PO_{739}EO_{26}$	40	9.26(8.82)	960	6.0	1.08	4.2
$EO_{13}PO_{70}EO_{13}$	60	8.06(8.05)	950	5.9	1.19	3.4
$EO_{19}PO_{33}EO_{19}$	60	7.45(7.11)	1040	4.8	1.15	3.4

* 35 ℃反应 20 h,然后加热至更高温度继续反应 24 h,或者加热至 80 ℃反应 48 h。

从扫描电子显微镜照片(图 10-21)可以看出,SBA-15 颗粒呈棒状。近期的有关研究证明,调变合成条件可以改变 SBA-15 的形貌。图 10-22 是不同孔径 SBA-15 的透射电子显微镜照片。可以看到,所有 SBA-15 介孔材料均具有均匀尺寸的孔道,结构有序性高。

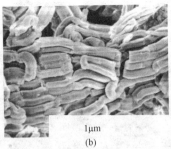

100μm
(a)

1μm
(b)

图 10-21 SBA-15 介孔材料的扫描电子显微镜照片

与 M41S 介孔材料相似,SBA 系列材料的孔壁也是无定形氧化硅,所以二者在催化领域的应用和催化剂制备方法等方面有很多相似之处。事实上,二者作为催化剂和载体的对比研究在近年的研究报道中并不鲜见。在此,不再赘述 SBA 系列介孔材料的催化应用研究进展。

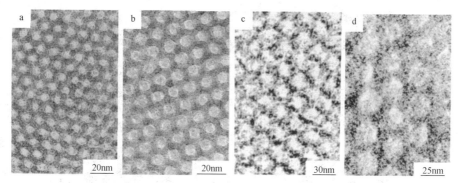

图 10-22　SBA-15 介孔材料的透射电子显微镜照片

(平均孔径:(a)6 nm, (b)8.9 nm, (c)20 nm, (d)26 nm)

10.2.4　介-微孔复合材料

M41S 和 SBA 系列介孔材料虽然具有比表面积高和孔径大等优点,但与微孔沸石分子筛相比,其水热稳定性差,表面酸强度低。水热稳定性差极大地限制了其工业应用,因为负载型催化剂在活性再生过程中多处于苛刻的水热气氛中。表面酸强度低限制了其催化应用,虽然通过 Al 掺杂可提高表面酸强度,但幅度有限,而且当 Al 含量高时结构稳定性会变差。如果能将结构稳定且酸性强的沸石分子筛与比表面积高、孔径大的介孔材料结合,则可以同时解决介孔材料的水热稳定性和酸强度的问题。

然而,介孔材料的孔壁结构是无定形的,且孔壁厚度远小于沸石的晶胞尺寸,所以难以将微孔沸石结构组装在介孔材料的孔壁中。相反,在微孔沸石中构造介孔是一种可行的方法。通过酸、碱处理微孔沸石,脱铝或硅可部分破坏其晶体结构,打开具有介孔尺寸的通道,虽然所形成的介孔通道与微孔联通性很好,但其孔径大小不均一,且介孔结构难以控制。为此,研究者选择了另外一些方法制备介-微孔复合材料。

方法 I 是设计大分子模板剂结构,使其能够在构造有序介孔结构时,在孔壁中结晶出沸石分子筛结构。Ryoo 的课题组在这方面做了成功的尝试[35]。他们采用的是类似豌豆夹结构的双功能模板剂,该双功能模板剂(图 10-23(a))的长直链骨架通过形成胶束用于构筑有序介孔,而季铵盐支链用作介孔孔壁中沸石分子筛的结构导向。改变两端直链的长度或者加入疏水性膨胀剂可以调节介孔孔径,改变季铵盐支链可以调控孔壁的厚度。多种表征结果表明,所合成的介孔结构与 MCM-41 类似,孔壁中形成的微孔结构与 β 沸石类似。表 10-5 比较了所合成的介-微孔材料 MMS、β 沸石和 Al-MCM-41 在催化大分子参与的反应中反应活性和产物选择性。可见,由于所合成的介-微孔材料具有强酸性,且孔内扩散阻力小,其在催化这些大分子参与的反应中活性优于 β 沸石和 Al-MCM-41。

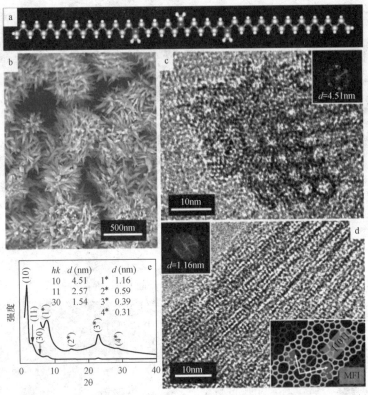

图 10-23 （a）双功能模板剂（$C_{18}H_{37} - N^+(CH_3)_2 - C_6H_{12} - N^+(CH_3)_2 - C_6H_{12} - N^+(CH_3)_2 - C_{18}H_{37}(Br^-)_3$ 阳离子结构；（b）介-微孔材料的扫描电子显微镜照片；（c, d）介-微孔材料的透射电子显微镜照片；（e）介-微孔材料的 XRD 谱

表 10-5　介-微孔材料 MMS、β 沸石和 Al-MCM-41 在催化大分子反应中活性和选择性的比较

反　　应	MMS	β沸石	Al-MCM-41
苯 + 苄醇 → 二苯甲烷 + 苄基苯基醚	44% (71%)	19% (56%)	8% (86%)
芘 + 9-苯基芴醇 → 产物	82%	<5%	<5%
1-甲氧基萘 + 苯甲酸酐 → 产物	52% (>95%)	<5% (>95%)	<5% (>95%)

（续表）

反　应	MMS	β沸石	Al-MCM-41
	72% (68%)	20% (26%)	<5% (95%)

注:括号内数据为目的产物的选择性

　　方法Ⅱ是以微孔沸石的次级结构作为前体,以表面活性剂为模板剂,采用水热合成法将次级结构单元组装在介孔孔壁中。该方法合成的介孔材料与 M41S、SBA 等有序介孔结构类似,孔结构有序性高,合成的关键是沸石次级结构的控制。

　　美国密歇根大学的 Pinnavania 课题组和肖丰收课题组首先采用双模板剂法成功地合成了介-微孔材料。Pinnavania 等[36]首先合成了含 Y 沸石初级结构单元的母液,在 CTAB 的作用下自组装成六方 MCM-41 结构的介孔材料 MSU-S。其热稳定性高于经高温水蒸气脱铝得到的含有介孔结构的超稳分子筛(USY),且具有很高的酸强度,在异丙苯裂化反应中表现出很高的活性。他们采用类似的方法组装了 β 沸石和 ZSM-5 沸石前体,得到高水热稳定性和酸性的介孔硅铝分子筛 MSU-S$_\beta$ 和 MSU-S$_{ZSM-5}$。肖丰收课题组采用类似方法制备出了一系列具有高水热稳定性和催化活性的介孔材料 MAS-n[37]。通过傅立叶红外光谱和紫外拉曼光谱表征,发现 MAS-5 结构中含有 β 沸石的特征五元环结构,结合 XRD、透射电子显微镜等表征结果,推测 MAS-5 孔壁结构中含有 β 沸石初、次级结构单元,这些独特的结构单元是 MAS-5 具有强酸性和高水热稳定性的根本原因。

　　沸石和 MCM-41 有序介孔材料的合成均在碱性介质中进行,在两种模板剂(TEAOH 用来导向沸石纳米簇的形成,而 CTAB 用来进行后续介孔结构的自组装)同时存在时,预先形成的沸石纳米簇极有可能在沸石结构导向剂的作用下继续长大,从而产生无法组装到介孔孔壁结构中的沸石纳米粒子,导致沸石与介孔分子筛混相共生[38]。

　　方法Ⅲ是肖丰收课题组发明的一种新的合成方法,采用 β 沸石纳米簇与非离子型三嵌段共聚高分子(P123)在酸性介质中进行自组装,制备出了水热稳定性和酸性都非常好的六方介孔材料 MAS-7[38],其在异丙苯和 1,3,5-三异丙基苯裂化反应中均表现出非常好的催化性能。用类似方法,也可将 ZSM-5 沸石纳米簇与 P123 在强酸性条件下自组装制备出高水热稳定性和酸性的六方介孔材料MAS-9。Liu 和 Pinnavaia 等利用 β、MFI 和 Y 沸石晶种在强酸性条件下合成出六方排列的 MSU/H 系列(具有类似 SBA-15 的结构)和 MSU-F 系列(具有类似 MCF 的结构),这两类材料也均表现出非常高的水热稳定性和强酸性。

　　方法Ⅳ是从沸石分子筛出发,在碱性条件下选择性地"脱硅保铝",形成含有沸石初、次级结构单元的细小碎片,铝物种在这些沸石初、次级结构单元中仍然主要以四配位的形式存在,将形成的碎片继续在碱性介质中与介孔分子筛模板剂进行自组装,形成孔壁中含有沸石初、次结构单元的介孔材料。Goto 等首先用 NaOH 处理过的各种硅铝沸石(包括 ZSM-5、丝光沸石、Faujasite 和 4A 分子筛)作为硅铝源,以十六烷基三甲基氯化铵(CTACl)为模板剂进行水热合成,得到相应的介-微孔复合分子筛。在组装 ZSM-5 沸石次级结构时,随着 NaOH 与分子筛物质的量之比(OH^-/Si)的不断增加,所得复合材料的介孔结构越来越好,总比表面积和孔体积也不断增大,其中微孔孔容占的比例越来越小,而介孔孔容占的比例越来越大。

　　由于 NaOH 的碱性强,在沸石晶体选择性降解过程中,降解程度难以控制。此外,后续介孔结构的合成过程中还需要补充硅源。Wang 等[39]对该方法进行了改进,用 Na_2SiO_3 水溶液代替 NaOH 水溶液,不仅使降解过程更可控,而且不需要额外补充硅源。改进的合成方法成功用于含 ZSM-5、Y 沸石和丝光沸石结构的二维六方介孔材料的合成。以 Y 沸石为原料所合成的介-微孔材料 YM 的透射电子显微镜照片如图 10-24 所示,可见其具有规整有序的介孔结构。YM 经水热处理 120 h 或 600 ℃水蒸气处理 6 h 后仍保持有序介孔结构(图 10-25),表明该材料具有优良的水热稳定性。图 10-26 比较了 HAl-MCM-41、HY 和 HYM 在催化异丙苯裂解反应中产物收率随时间的变化关系。可见,HAl-MCM-41 因酸强度低,所以活性很低;HY 虽具有很高的初活性,但会因孔道较小、扩散阻力大导致积炭而快速失活;HYM 因具有强酸性和大孔道,反应活性高且稳定。

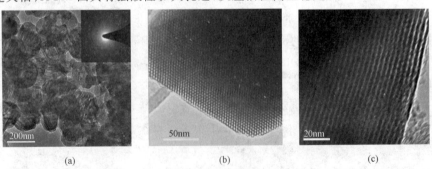

(a)   (b)   (c)

图 10-24　介-微孔材料 YM 的透射电子显微镜照片(a～c)及其电子衍射图样(a 图片中的插图)

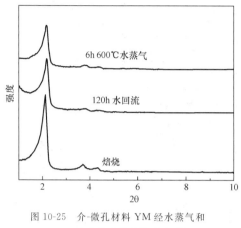

图 10-25　介-微孔材料 YM 经水蒸气和
水热处理前后的 XRD 谱

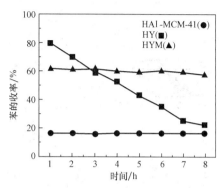

图 10-26　异丙苯裂解反应中的苯收率
随时间的变化

10.2.5　非硅基介孔材料

非硅基有序介孔材料的合成和应用研究起步较晚,主要包括介孔碳、介孔高分子、介孔铝磷酸盐、介孔过渡金属氧化物、介孔过渡金属硫化物、介孔金属等,下面做一简要介绍。

1. 有序介孔碳材料的合成

1999 年,Ryoo 课题组首次报道了以 MCM-48 为硬模板通过纳米浇铸的办法合成出有序介孔碳材料,并将其命名为 CMK-1[40]。碳前体包括蔗糖、糠醇、酚醛树脂等,在一定酸性环境中,碳前体在 MCM-48 孔道内固化,在惰性气氛下炭化,用 NaOH 或 HF 除去氧化硅骨架便可得到介孔碳材料。此外,以 SBA-1 为硬模板可合成出 CMK-2;以 SBA-15 为硬模板可得到两种不同结构的介孔碳材料(CMK-3 和 CMK-5)。

硬模板法制备介孔碳材料,不仅成本高,而且污染严重。于是,有些研究者参照硅基介孔材料的合成方法,用软模板法直接制备出介孔碳材料。Tanaka 等[41]以商用表面活性剂 F127 为模板,间苯二酚和甲醛为前体,原乙酸三乙酯为添加剂,得到了 F127/酚醛树脂复合高分子材料。在惰性气体中高温炭化时,F127 脱除,同时树脂热解炭化,得到了二维六方结构的有序介孔碳 COU。赵东元院士课题组[42]利用以嵌段共聚物作模板剂组装酚醛树脂及其衍生物的方法制备了一系列有序介孔碳材料,包括具有 Ia3d、P6mm 和 Im3m 对称性的介孔碳材料,分别命名为 FDU-14、FDU-15 和 FDU-16(图 10-27)。它们具有与 MCM-48、SBA-15 和 SBA-16 相似的正相结构,其性质优于反相碳(如 CMK-3)。

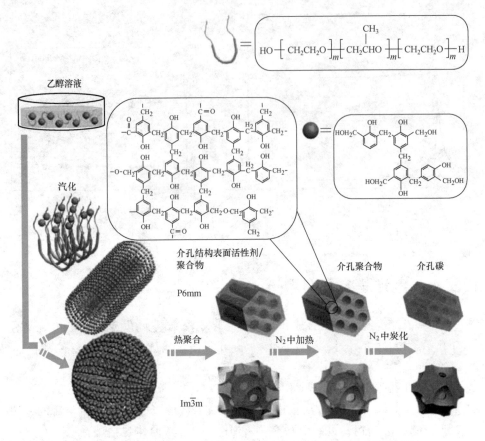

图 10-27　溶剂挥发有机-有机自组装法制备高度有序的高分子和介孔碳材料

2. 有序介孔高分子材料的合成

有机高分子材料具有独特的有机骨架,并且可以通过前期分子设计或后期修饰的方法赋予其所期望的功能,因此在催化、生物化工、选择性吸附等领域有着广阔的应用前景。合成有序介孔高分子材料的方法主要有自组装法、硬模板法和软模板法。Zalusky 等[43] 合成了两嵌段共聚物——聚苯乙烯-聚丙交酯(PS-*b*-PLA),通过自组装得到了有序高分子介孔结构,然后用碱性甲醇水溶液使 PLA 降解,得到了孔径均一且孔道排列有序的高分子介孔材料。

3. 有序介孔磷酸盐的合成

磷酸铝沸石分子筛(AlPO$_4$-n,SAPO-n)是一类重要的催化剂和催化载体。与硅铝沸石分子筛相似,它们的孔径较小,无法应用于大分子参与的催化反应过程,因而限制了其应用范围。赵东元等[44] 以 CTAB 为模板剂,在 pH=9.5 的条件下,合成出结构稳定的介孔磷酸铝。Kimura 等[45] 利用层状磷酸铝/表面活性剂复合材料通过相转变合成出稳定的六方相介孔磷酸铝。赵东元院士课题组提出了一种新的"酸碱对"理论,并以嵌段共聚物为模板剂,通过选择合适的"酸碱对"无机前体,成功地合成出了具有较大孔径的介孔磷酸盐,包括 $AlPO_4$、$TiPO_4$ 和 $ZrPO_4$ 等有序介孔材料。

10.2.6　展　望

沸石分子筛催化剂在石油化工、石油炼制和化学工业的成功应用为石油加工和化工生产带来了突破性创新技术,不仅降低了能耗,而且减少了环境污染,简化了工艺流程。沸石分子筛催化剂在石油与化学工业中占据着十分重要的地位。然而,一方面,随着原油的重质化,石油加工原料中含有大量大尺寸分子,在催化反应过程中大分子在孔道内的扩散成为一个突出问题;另一方面,生物质油作为可再生能源,有望作为化石能源的有效补充,部分替代石油等化石资源,但生物质油含氧量高、黏度高、稳定性差,必须通过加氢提质后才能用于发动机,生物质油的提质需要适宜酸性的大孔道多相催化剂。所以,介孔材料在重质油和生物质油等能源加工领域有着很好的应用前景。

精细化学品、医药和农药等合成过程中仍存在大量非催化和均相催化过程,产生大量废液,严重污染环境。采用多相催化剂是革新这些非绿色合成工艺的重要技术手段。精细化学品和药物中间体合成中所涉及的目标产物和反应物均为大尺寸分子,其在多孔催化剂孔内的扩散与催化反应效率及催化剂活性中心利用率密切相关。因而,介孔材料作为催化剂和催化剂载体在精细化学品和药物中间体合成方面有很好的应用前景。

在介孔材料的合成与应用方面,有关硅基介孔材料的研究最多,其本身可直接用作酸催化剂,更多的是用作负载型催化剂的载体。与沸石分子筛的应用相似,这类催化剂通常要求能够通过再生重复使用,因而开发高水热稳定性介孔材料的廉价合成方法是硅基介孔材料大规模工业应用的关键。此外,成型技术、掺杂技术、接枝技术等对于硅基介孔催化剂的广泛应用也具有重要意义。

介孔碳材料虽然化学稳定性好,但其不耐高温含氧气氛,所以无法应用于需要高温烧炭再生的负载型催化体系。活性炭担载的贵金属类催化剂在精细化工领域已得到广泛应用,用孔径均匀的介孔碳替代活性炭能提高负载型催化剂的催化活性和产物的选择性。介孔碳的制造成本就成为是否能大规模应用的关键。

介孔高分子材料可以通过表面修饰、接枝实现均相催化剂多相化,在精细合成等低温液相反应中有一定的应用前景。也可以利用表面基团的强相互作用,在其表面引入单分散催化活性组分前体,然后在惰性气体中经高温炭化制备炭载高分散催化剂。

金属磷化物、金属氧化物、金属硫化物、金属氮化物等有序介孔材料既具有宽大的孔道,本身也可作为催化活性中心,在一些特定的反应中表现出优异的催化性能。但是,由于这些具有活性的金属离子在催化反应中价态会发生变化,其介孔结构往往不稳定。因此,研究具有稳定结构的复合介孔材料对于高性能催化剂的开发至关重要。

10.3 金属有机框架材料及应用

10.3.1 概 述

金属有机框架(metal-organic frameworks,MOFs)材料是一类由金属离子或原子簇与多齿有机配体通过配位自组装形成的具有周期性网络结构的多孔晶体材料。MOFs 材料在早期也被称为配位聚合物(coordination polymers),然而在该命名下归类的材料更为宽泛,其中不仅包括多孔晶体材料,还包括一维或二维的非孔晶体材料。本节所讨论的 MOFs 材料,隶属于配位聚合物,就结构而言,仅包含二维或三维的多孔骨架晶体材料。这类多孔材料的结构是由金属离子与有机桥连配体通过配位成键得到的,因此,同时具有无机材料和有机材料的特点。正是由于这些特点,使得它与传统的多孔材料有很多相同之处又有一些不同之处,从而也大大拓宽了该材料的应用领域。自 MOFs 材料于 1999 年由 Omar Yaghi 研究小组报道并命名以来[46],已经成功用作气体吸附储存材料、气体及小分子分离材料、传感器及荧光发光材料、药物缓释载体以及本节中要重点介绍的非均相催化材料。

10.3.2 MOFs 材料的制备、组成及结构

1. MOFs 材料的制备

MOFs 材料一般采用一步法在液相中合成,使用纯的溶剂或适当的混合溶剂,通过结构单元的自组装形成有序的晶体骨架结构。合成的方法一般是将包含金属离子和有机配体的溶液混合,在室温或溶剂热的条件下进行合成,有时需要加入一定的辅助物质促使晶体的形成。合成结晶态的 MOFs 材料过程中,需要避免沉淀而生成无定形产物。通常 MOFs 材料的合成温度不超过 250 ℃。

在 MOFs 材料合成中,具有良好溶解性的金属盐类均可被用作金属组分,如过渡金属、主族金属和稀土金属。常见的有机配体包括含氧配体(如有机羧酸类)、含氮配体(如吡啶、咪唑类)、含磷配体(如有机磷酸类)及混合配体。为了得到稳定的 MOFs 结构,在金属离子与配体的选择上要遵循 Pearson 的软硬酸碱理论(参见本书 3.2 节),尤其在选取混合配体与金属离子配位时要格外注意。

MOFs 材料常见的合成方法有以下几种：

（1）溶剂挥发法或扩散法

室温条件下的合成通常采用溶剂挥发法或扩散法，与传统的配位化学合成手段类似。这种方法的优点在于容易得到晶形较好的单晶，常用于以得到新结构为目的的材料合成，然而此方法产率较低，合成时间较长，在以催化应用为目的的合成中较少使用。

（2）水热或溶剂热反应法

水热或溶剂热反应法是有机配体与金属离子在高温环境及密封体系中，在有机或无机溶剂产生的自生压力下进行反应的方法。这种合成手段是 MOFs 材料研究以应用为主时广泛采用的合成方法，许多在常温常压下无法进行的合成反应可在此条件下发生，反应时间比溶剂挥发法和扩散法大大缩短，具有所得晶体质量较好、产率高、易于大量合成等优点。水热或溶剂热反应法的本质是 Lewis 酸-碱反应，去质子的配体作为 Lewis 碱和作为 Lewis 酸的金属离子反应。通过调节反应的条件和配体的去质子化速率相吻合，以形成配位键至关重要。很多情况下，需要加入胺类物质来加快反应的进行（脱质子），避免发生沉淀，从而可以得到良好的晶形。如果需要，可通过加入无机酸或混合溶剂来调节反应介质的 pH 和极性。溶剂分子往往会作为客体分子存在于 MOFs 结构中，由于分子间作用力的影响，溶剂分子极性越强，越会阻碍 MOFs 形成多维骨架，相反溶剂分子极性越弱，越有利于多维骨架结构的形成。如，将对苯二甲酸（H_2BDC）与 Zn^{2+} 络合时，选择甲醇为溶剂，得到具有三维多孔结构的 MOF-5[46]；而选择吡啶和水为溶剂，则得到一维链状结构的非孔材料。

（3）微波合成法

微波合成法的优点在于大大缩短了 MOFs 材料合成所需的时间，一般微波合成所需的时间仅为 5～60 分钟，非常适用于合成条件的摸索。需要注意的是，水热或溶剂热反应法能够得到的结构，采用微波合成法不一定能够得到，这是由于热力学控制的产物易于用微波合成法得到，动力学控制的产物则不易得到（需长时间反应）。此外，微波合成也要注意选择微波吸收好的溶剂，如：甲醇、乙醇、N,N-二甲基甲酰胺、二甲胺、N-甲基吡咯烷酮、四氢呋喃等，如果使用微波吸收不好的溶剂，如：二氧六环、甲苯等，则很难达到所需的温度条件。

（4）其他合成方法

主要包括电化学合成、超声合成、机械研磨合成等方法。其中，电化学合成法由于其绿色环保且廉价，已经被德国巴斯夫公司作为部分 MOFs 材料的商品化合成方法。

2. MOFs 材料的结构[47]

（1）MOFs 材料的分类

按照多孔 MOFs 材料的发展历程，MOFs 材料可以被分为三代：第一代 MOFs

材料的骨架需要客体分子支撑,当客体分子被移除时,骨架发生坍塌,无永久孔隙率;第二代 MOFs 材料稳定性好,具有永久的孔隙率,当客体分子从骨架中移除后,形成稳定开放的孔道系统,客体分子移除前后晶体结构基本不发生变化,这一代 MOFs 材料被称为刚性 MOFs 材料,本节所讨论的 MOFs 催化剂材料一般都是刚性 MOFs 材料;第三代 MOFs 材料在受到温度、压力或者不同客体分子发生交换或移除等外界因素影响时,骨架结构会发生形变,这种形变一般为晶体-晶体的形变,且该形变一般是可逆的,第三代 MOFs 材料也称为柔性 MOFs 材料,目前在气体吸附、分离方面开展了很多潜在的应用研究。

(2)结构单元

MOFs 材料的结构是由金属离子的配位能力及有机配体的结构共同决定的,金属离子是其最基本的结构单元。不同的金属离子具有不同的配位数和特定的配位立体环境。比如,金属锌离子的配位数分别为 4、5、6,对应的配位立体构型有四面体型、四方锥型及八面体型;而银离子的配位数一般为 2,对应的配位立体构型为线型。相对于过渡金属离子来说,稀土金属离子往往具有较大的配位数,可高达 $6\sim10$,因此稀土金属离子具有更为丰富的配位构型。由于 MOFs 材料的晶体结构一般为三维结构,为了方便描述,引入了 A. F. Wells 提出的"节点(node)和连接体(spacer)"的概念。即将金属离子看作节点,这些节点通过线型配体(连接体)连接在一起形成一定的网络结构,进而将晶体结构简化成一系列的几何构型。这种方法阐述的网络拓扑结构仅依赖于节点的几何构型和配位环境,因为配体只起到两个相邻节点间的线型连接作用。在 MOFs 结构中,节点的定义进一步拓展到了次级结构单元,即多面体金属簇中。因此,了解次级结构单元对于理解 MOFs 材料的拓扑结构以及进一步调变 MOFs 结构非常重要。

(3)次级结构单元(secondary building unit,SBU)

在分子筛结构体系中,最基本的结构单元是由四配位的 T(T＝Si、Al、P、Ti 等)原子与氧原子形成的 TO_4 四面体,TO_4 联结成环也称作次级结构单元。美国的 Yaghi 研究组最先将次级结构单元这个概念引入到 MOFs 材料中。所谓次级结构单元是指金属离子和配体中的配位端基(O、N、S、P 等)构成的多面体。在 MOFs 结构中,这些多面体金属簇中的金属离子配位导向由连接基团即有机配体决定,依据金属离子的配位环境和配体的配位模式,通过配体使次级结构单元通过多面体的连接体组合形成延伸的多孔网络结构。次级结构单元起到了把 MOFs 结构划分到所属的拓扑结构下面的作用,为实现 MOFs 结构的定向设计奠定了基础。以 MOF-5 结构为例,如图 10-28 所示,MOF-5 以八面体次级结构单元 $(Zn_4O(CO_2)_6)$ 作为六配位连接节点,对苯二甲酸作为连接体将节点桥连在一起形成的具有立方拓扑结构的骨架材料。表 10-5 中给出了几种常见 MOFs 材料所包含的次级结构单元。

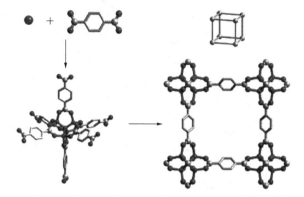

图 10-28 通过 $Zn_4O(CO_2)_6$ 次级结构单元构筑的 MOF-5 结构示意图[48]

表 10-5 几种常见 **MOFs** 材料的次级结构单元的化学式及物理性质

名称	化学式[a]	次级结构单元	比表面积 / $m^2 \cdot g^{-1}$		孔容/$cm^3 \cdot g^{-1}$	孔径/nm
			BET	Langmuir		
MIL-53(Al)	$Al(OH)(C_8H_4O_4)$	$\{AlO_6\}$	1 300	1 500	0.42	1.3
MIL-101 (Cr)	$Cr_3OX(C_8H_4O_4)_3$ $(X=F, OH)$	$\{CrO_7X\}$	4 230		2.2	1.2/1.6 笼直径:2.8/3.4
HKUST-1 或 CuBTC	$Cu_3(C_9H_3O_6)_2$	$\{Cu_2O_4\}$	1 507	2 175	0.75	0.6/0.9
IRMOF-1 或 MOF-5	$Zn_4O(C_8H_4O_4)_3$	$\{Zn_4O\}$	2 800	3 310	0.99	1.1~1.5
MOF-74(Mg) 或 CPO-27	$Mg_2(C_8H_6O_6)$	$\{MgO_6\}$	1 525		0.51	~1.0
MOF-177	$Zn_4O(C_{27}H_{15}O_6)_3$	$\{Zn_4O\}$	4 750	5 640	1.75	1.1~1.3
UiO-66	$Zr_6O_4(OH)_4(CO_2)_{12}$	$\{Zr_6O_6\}$	1 067		0.40	0.6
UMCM-1	$Zn_4O(C_8H_4O_4)$ $(C_{27}H_{15}O_6)_{4/3}$	$\{Zn_4O\}$	4 100		2.14	3.3

[a] 为了清楚起见,化学式中溶剂分子忽略不计

由次级结构单元直接设计合成有序骨架材料的方法叫作网络合成法(rectangular synthesis)。通过这种方法可以得到我们预想设计的结构、组成和性质。要想得到高度多孔的骨架材料,必须有强的金属—氧—碳键键合在一起的次级结构单元,通过改变连接体的长度或苯环上的取代基团,达到孔结构的改变和功能化的目的。

3. MOFs 材料的功能化[49]

现有的 MOFs 材料通常并不能满足特定反应所需的催化性能,这就需要对 MOFs 材料进行改性。实现 MOFs 材料的功能化的前提是不改变原有 MOFs 材料的拓扑结构。具体的功能化可以通过直接合成法或后合成修饰法两种途径实现。

(1)直接合成法

直接合成法的优点在于所创立的催化活性中心位置比较明确,可以达到100%的官能团修饰。直接合成法进行功能化修饰最常见的是基于有机配体的修饰,首先在有机配体上修饰目标官能团,再进一步与金属离子反应得到 MOFs 拓扑结构。图 10-29 给出了以对苯二甲酸配体为基础进行官能团修饰后的有机配体示例。直接合成法的缺点是,在功能化 MOFs 材料合成过程中,有机配体所修饰的官能团会受到诸多限制:首先必须保证官能团不与中心金属离子配位;其次官能团要具有一定的催化活性;此外,引入新的官能团必须改变相应的实验条件(如反应温度、时间、溶剂等)才有可能得到目标骨架结构,很多情况下,官能团的引入使得原有骨架结构无法直接合成出来。

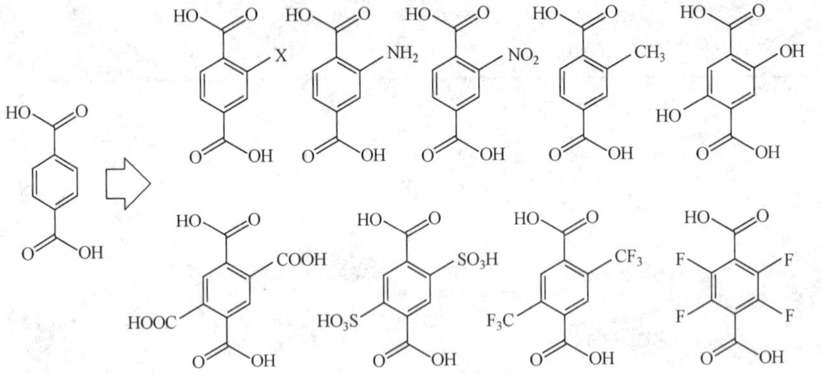

图 10-29   从对苯二甲酸出发进行配体功能化预修饰(X=卤素离子)

(2)后合成修饰法

后合成修饰法(post-synthetic modification,PSM)是指在合成 MOFs 材料之后,在保持原有基本骨架结构不变的前提下,对 MOFs 材料进行化学改性。后合成修饰法的优点主要表现在:这种方法适用于许多受直接合成法条件制约的官能团的引入,大大拓宽了官能团的适用范围;与无机材料相比,MOFs 材料含有有机配体的组分,因此可以通过有机转化反应引入各种有机官能团;MOFs 材料具有多孔性,引入的基团通过扩散进入孔道内部,可以实现材料外部和内部的同时改性。

后合成修饰法按照对 MOFs 结构修饰的部分不同可以分为三类:

①基于共价作用的后合成修饰法:通过非均相后合成的方式形成新的共价键,来实现对 MOFs 材料某一组分的改性,其作用的对象通常是 MOFs 材料骨架里的有机连接体,这种共价作用的后合成修饰,一般需要 MOFs 结构上已经预修饰了官能团(一般为氨基官能团),然后由此进行进一步修饰;

②基于配位作用的后合成修饰法:在 MOFs 的配位不饱和金属节点上引入新的配体,或引入新的金属离子与 MOFs 的有机配体进行配位,无论哪种方式都会生成新的配位键;

③脱保护后合成修饰法:对于易参与反应的功能化有机配体可以先采取用惰

性官能团保护的办法保护起来,得到 MOFs 材料后再脱保护,从而得到目标功能化。

(3)借鉴分子筛改性法

针对 MOFs 材料的多孔性,可借鉴分子筛的改性方法对其进行改性。其先决条件是 MOFs 骨架具有较高的稳定性,能保证在客体分子进入主体结构内部或者进一步发生反应时仍保持晶态。其中笼状孔道的三维结构往往是纳米反应空穴的理想位置。到目前为止,研究人员已经成功地将催化活性组分通过浸渍法、共沉淀法、化学气相沉积法、固相研磨法及微波辐射法等手段负载在 MOFs 材料上。

10.3.3　MOFs 催化剂的催化作用

1. MOFs 材料与传统催化材料的比较

MOFs 材料与分子筛、介孔硅铝、金属氧化物等传统催化材料相比较,具有很多独特的性质。如表 10-6 中所列举的,该类材料具有高结晶度、大比表面积、高孔隙率、金属位点在骨架中均相分散等特点。MOFs 材料最突出的优点在于其优良的可控性。通过调节有机桥连配体或者无机连接点,就能相应地调节控制 MOFs 材料的结构和性质。MOFs 材料相比于传统多孔材料的不足之处在于,绝大部分 MOFs 材料的热稳定性和水热稳定性都不佳,在 350 ℃ 以上会分解,在水的存在下会缓慢水解,造成结构的坍塌,这些问题在一定程度上限制了该类材料的应用。当然也有稳定性较好的 MOFs 材料,已经广泛地用作催化剂和催化剂载体。图10-30给出了几个稳定性较好的 MOFs 材料,其中 COMOC-4(Ga)是硝酸镓与 4,4'-联吡啶二甲酸配位得到的具有一维孔道的骨架材料[50],UIO-66(Zr)是采用四氯化锆与对苯二甲酸配位得到的具有三维笼状孔道的骨架材料[51],MIL-125(Ti)[52]是通过叔丁基钛与对苯二甲酸配位得到的也具有三维笼状孔道的骨架材料。三种材料均在水相或偏酸性环境中表现出良好的稳定性(50～100 ℃,稳定性达到 12～24 h),在催化领域被直接用作催化剂或催化剂载体。

表 10-6　　MOFs 材料与微孔分子筛、介孔硅铝材料的物理性质对比

	微孔分子筛	介孔硅铝材料	MOFs 材料
结晶度	晶体	无定形	晶体
活性位点分散度	均匀	不均匀	均匀
比表面积	$< 600\ \mathrm{m^2 \cdot g^{-1}}$	$< 2\,000\ \mathrm{m^2 \cdot g^{-1}}$	$\leqslant 14\,600\ \mathrm{m^2 \cdot g^{-1}}$
孔径	$\leqslant 1\ \mathrm{nm}$	$\geqslant 2\ \mathrm{nm}$	$\leqslant 9.8\ \mathrm{nm}$
扩散速率	慢	快	可快可慢
热稳定性	好	一般	不好～一般
化学稳定性	好	好	多变
可修饰性	较差	一般	较好

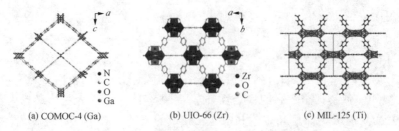

a
c
N
C
O
Ga
(a) COMOC-4 (Ga)
a
b
Zr
O
C
(b) UIO-66 (Zr)
(c) MIL-125 (Ti)

图 10-30 图 10-30 几种具有良好稳定性的 MOFs 材料结构示意图

有溶剂分子参与配位的 MOFs 材料在真空加热移除溶剂分子后,金属离子便产生空的配位点,即配位不饱和,此时的 MOFs 材料便表现出一定的酸性,对于一些需要酸催化作用的反应具有催化活性。例如,1994 年日本 Fujita 教授研究组首次研究了 4,4'-联吡啶(bpy)与 Cd^{2+} 构筑的二维配位聚合物 $Cd(bpy)_2$ 的催化性能[53],研究结果表明该配合物能够成功地催化三甲基氰化硅与芳香醛的加成反应(图 10-31),其催化活性中心就是 MOFs 材料中四配位的 Cd^{2+}。这也是首次将 MOFs 材料应用到有机催化反应中。然而,随后 MOFs 材料的应用研究更多地集中在气体储存和分离方面,催化应用被搁置,直到最近几年才重新开始进行催化探索。其原因主要是 MOFs 材料受温度、水蒸气以及一些反应物和杂质的影响,导致其稳定性要比传统分子筛材料低;加之金属外层的配位层经常被有机配体封闭,底物难以接触到活性中心产生化学吸附。

Si
N
CHO
催化剂
CH_2Cl_2
O
Si
N

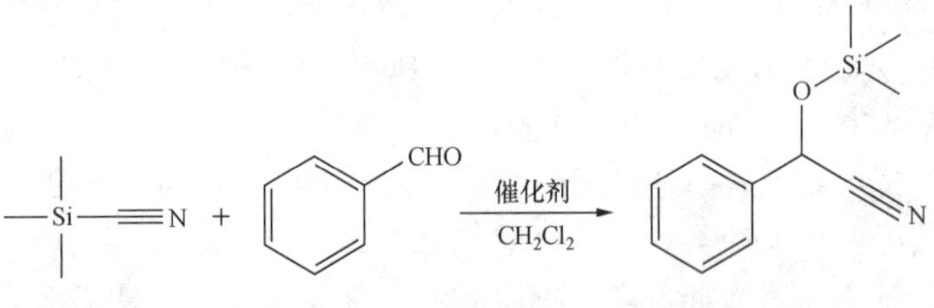

图 10-31 苯甲醛的硅氰化反应

早期的 MOFs 催化研究集中在具有不饱和金属活性位点的 MOFs 材料上,结合活性金属的性质研究相应的催化反应。近年来,从网络合成法出发,通过对 MOFs 材料的结构进行改性,可以引入新的活性位点或者活性功能基团,更方便地从催化反应出发设计催化剂,从而带来了 MOFs 材料催化应用的全新发展。

2. MOFs 催化剂的活性中心

MOFs 催化剂的活性中心可根据 MOFs 结构分为三类:金属离子或次级结构单元活性中心;有机配体活性中心;孔系统限域催化活性中心。这三类活性中心在很多情况下无法直接从 MOFs 结构中获得,因此需要对材料进行改性。

(1)金属离子或次级结构单元活性中心

最理想的 MOFs 催化剂是合成出来即含有不饱和金属活性位点的 MOFs 材料,这类 MOFs 材料在合成过程中,金属活性中心不仅与有机配体配位,还可能与一些溶剂小分子,如水、醇类及 N,N-二甲基甲酰胺等形成弱配位。这类溶剂分子可以通过加热或抽真空释放出来,从而在孔道中暴露出开放的金属活性位点,可以与反应底物直接接触发挥催化作用。这类 MOFs 材料只包含一种金属中心,可以同时作为结构中的金属节点和催化活性位。

尽管 MOFs 材料发展到现在已有数以千计的新结构被合成出来,但 MOFs 材料中既含有反应所需的不饱和催化活性中心,又能在目标反应体系中保持稳定的骨架结构少之又少。在大多数情况下,MOFs 结构中的金属节点与有机配体配位处于饱和状态,这就需要引入不饱和活性金属离子。这样得到的 MOFs 材料包含两种不同类型的金属离子,其中一种是催化活性中心,而另一种仅仅作为结构组分,不参与催化反应。

(2)有机配体活性中心

以有机配体为催化活性中心的 MOFs 材料是基于有机组分中具有的官能团,这些官能团具有催化活性,从而可以催化一类特定的反应。通常这类 MOFs 材料上没有开放的金属活性位点或金属活性位点对反应没有催化活性,活性位点位于配体上但不与金属离子连接(图 10-32 中 porphMOMs 结构)。因此,用于构造骨架结构的有机配体一般含有两种不同类型的官能团,配位基团通过和金属配位构建 MOFs 材料骨架,而活性基团则负责材料的催化性能。

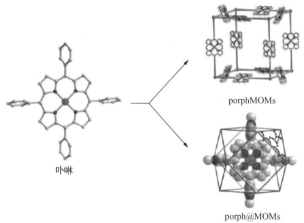

卟啉

porphMOMs

porph@MOMs

图 10-32　以卟啉为活性中心的 MOFs 催化剂的设计:通过卟啉作有机配体直接构筑或通过瓶中造船法封装在 MOFs 孔道中制备

(3)孔系统限域催化活性中心

当 MOFs 材料中的组分不能直接提供催化活性位时,MOFs 材料中的孔可以提供空间负载具有催化活性的金属或金属氧化物纳米颗粒,并提供发生催化反应的空间。如图 10-32 中 porph@MOMs 所示,美国 Eddaoudi 研究组采用瓶中造船法[54](ship-in-a-bottle),选取均苯三甲酸为配体,过渡金属离子为节点,催化活性组分铁卟啉(FeTMPyP)为模板剂,通过原位合成使铁卟啉被封装入 MOFs 材料的孔穴中,从而构筑了一系列含有卟啉活性组分的类拓扑结构 MOFs 材料。由此制得的 porph@MOFs 复合材料作为催化剂,过氧化氢叔丁基为氧化剂,可催化氧化烯烃。与均相铁卟啉催化过程相比,porph@MOFs 催化剂表现出良好的反应物(苯乙烯、反式二苯乙烯及三苯乙烯)择形催化效应(图 10-33),苯乙烯转化率比均相催化大大提高。

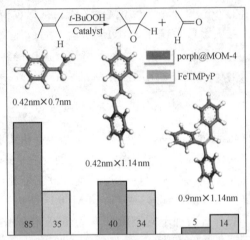

图 10-33 瓶中造船法制备的 porph@MOFs 复合材料用于反应物择形催化。*

此外,有报道将具有催化活性的金属粒子掺杂到 MOFs 材料的孔道中,利用 MOFs 材料规整的晶体孔道结构及弱相互作用来控制催化活性粒子的粒径和分散度,从而提高催化效率。例如,Sabo 等[55]采用等体积浸渍法将乙酰丙酮钯 (Pd(acac)$_2$)作为前驱体浸渍到 MOF-5 的三维孔道中。随后在较低的温度条件下 (150 ℃)对 Pd(acac)$_2$@MOF-5 在氢气流下热处理,可以得到还原态的 1%(质量分数)Pd-MOF-5 催化剂,通过考查该催化剂对苯乙烯、1-辛烯和环辛烯的催化氢化反应发现:MOFs 催化剂对苯乙烯的氢化反应催化效果要优于商品化的 Pd/C 催化剂;对 1-辛烯的氢化反应催化效果良好,而且没有 C —C 双键异构物;对环辛烯的氢化反应活性较低,其原因是 MOF-5 微孔孔道带来的择形效应。

10.3.4 MOFs 材料催化反应

1. MOFs 材料的催化应用领域

迄今为止,MOFs 材料作为催化剂在实验室规模的考查已经用于多种反应,如氧化、开环、环氧化、碳—碳键的形成(如甲氧基化、酰化)、加成(如羰基化、水合、酯化、烷氧基化)、消去(如去羰基化、脱水)、脱氢、加氢、异构化、碳—碳键的断裂、重

图 10-32 和图 10-33 版权归美国化学会所有[54]。

整、低聚和光催化等诸多反应。其中几种具有代表性的催化反应见表 10-7。

表 10-7　　　　　　　　　几种具有代表性的 MOFs 催化剂及催化反应[56]

	催化剂	活性中心	催化反应
限域催化 活性中心	Pd@MOF-5 或 Pd@MIL-101	Pd 纳米粒子	加氢反应
	Ag@MOF-5	Ag 纳米粒子	氧化反应
	Cu@MOF-5	Cu 纳米粒子	合成气制甲醇反应
	Mn-Salen@Al-MIL-101-NH$_2$	Mn-Salen 配合物	不对称氧化反应
有机基团作为 活性中心	[Rh$_2$(M^{2+}TCPP)$_2$](M=Cu、Ni、Pd)	M^{2+}TCPP	加氢反应
	Ti(OiPr)$_4$[Cd$_3$Cl$_6$(L1)$_3$]	Ti^{4+},L1	加成反应
金属离子作为 活性中心	HKUST-1	Cu^{2+}	氧化反应、硅氰化反应、重排反应等 烯烃聚合反应
	Ti-(2,7-dihydroxynaphthalene)	Ti^{4+}	
	Ru$_2$(BDC)$_2$	Ru^{2+}	加氢反应
	Cu^{2+}CuCl$_2$@Ga(OH)(BPyDC)	Cu^{2+}	氧化反应

　　然而,考虑到 MOFs 材料的热稳定性及水热稳定性方面的不足(表 10-6),MOFs 材料不适于反应温度高于 300 ℃ 的炼油或石油化工过程的催化反应。但是,对于一些低温反应,具有高度分散的金属活性位点的 MOFs 材料不失为催化剂的一种好的选择。已有报道,以 MIL-101 为基体的功能化 MOFs 催化剂可在低温下催化 n-C$_5$ 和 n-C$_6$ 甚至 n-C$_7$ 和 n-C$_8$ 烷烃的异构化,在 H$_2$ 存在下,可长期保持催化活性。此外,一些高附加值的反应,如精细化学品、精细分子、单旋体的制备,反应条件一般比较温和,但对催化剂的性能要求较高,这类反应也可以考虑选取 MOFs 材料作为催化剂。最后,MOFs 材料的孔尺寸的跨度比较大,当一个反应中的原料和产物的扩散速率不需要受控时,具有大孔的 MOFs 材料非常有用。

　　下面根据反应类型的不同,分别介绍 MOFs 催化剂的几类典型应用。

　　(1)MOFs 材料催化酸碱反应

　　部分 MOFs 材料含有的不饱和金属活性位点为 MOFs 材料提供了 Lewis 酸催化中心。苯甲醛的硅氰化反应经常被用作检测 Lewis 酸催化活性的模型反应(图 10-31)。由于该反应并不需要很强的 Lewis 酸性位点,反应条件温和,反应得到的产物是很有用的中间体,可用于转化成其他化合物,因此很多具有不饱和金属活性位点的 MOFs 材料,如常见的 HKUST-1、MIL-101、MOF-74 等(图 10-34)都被用作该反应的催化剂。

　　此外,Knoevenagel 缩合反应,如图 10-35 所示,经常被用作带有碱中心的 MOFs 材料催化的模型反应。常见的含有氨基或胺类物质,具有碱中心的 MOFs 材料,通常其有机基团具有一定的碱性,可用于催化缩合反应。

　　(2)MOFs 材料催化氧化反应

　　催化液相氧化是 MOFs 材料最常应用的催化领域,从烯烃氧化、稠环芳烃氧

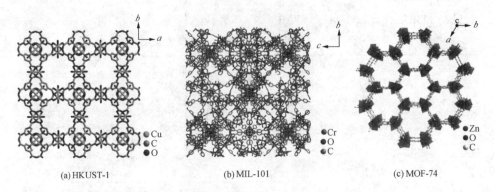

(a) HKUST-1   (b) MIL-101   (c) MOF-74

图 10-34   含有不饱和金属活性位点的 HKUST-1、MIL-101 及 MOF-74 的结构堆积图

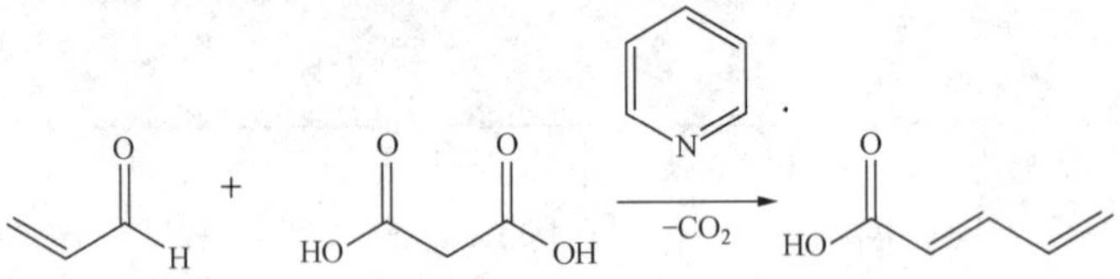

图 10-35   丙二酸与丙烯醛缩合反应示意图

化、醇氧化、氧化脱硫到对映选择性环氧化都有广泛涉及。所采用的 MOFs 材料孔尺寸可以从微米到纳米不等，孔道或空穴的维度丰富多样，使得 MOFs 材料能够应用于沸石分子筛难以实现的一些催化反应。

如图 10-36 所示，通过选取不同金属活性中心的 MOFs 材料作催化剂，可以对环己烯实现不同的选择氧化反应。例如，选取含钒的 MOFs 材料 MIL-47 作催化剂，则以反应路径（a）为主，通过直接氧化生成环氧环己烷（2），并可以进一步发生开环反应生成 1,2-环己二醇（3）；如果选取含钴的 MOFs 材料 MFU-1 作催化剂，则反应以路径（b）为主，通过自由基反应生成叔丁基-2-环己烯基-1-过氧化物（4）；如果选取含 Ni 的 MOFs 材料 MOF-74 作催化剂，则反应以路径（c）为主，通过烯丙基氧化反应生成环己烯酮（5）。

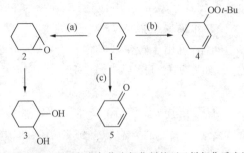

图 10-36   叔丁基过氧化氢作为氧化剂的环己烯氧化反应路径

MOFs 材料在催化液相氧化方面的研究报道很多。最近，比利时根特大学的 van der Voort 研究组[57]合成了一种镓联吡啶二羧酸 MOFs 材料（COMOC-4），并

通过后合成修饰法首次在 MOFs 上引入了高价态 Mo(Ⅵ)离子,得到一种双金属
MOFs 材料,如图 10-37 所示。该材料具有良好的水热稳定性(50 ℃,24 h),并在
液相中表现出了良好的催化及可再生性能(环辛烯氧化物的选择性大于 99.9%,
循环使用 3 次)。该体系的催化反应机理如图 10-38 所示:MOFs 材料上的
MoO₂Cl₂ 活性物种首先跟过氧化叔丁基反应,生成不稳定的、配位数为 7 的金属
配合物,这种新型配合物作为反应的活性中间体与环辛烯作用,生成环氧化环
辛烷。

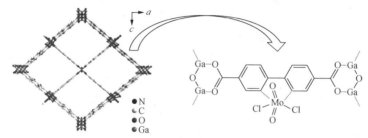

图 10-37　MoO₂Cl₂ 改性的 COMOC-4 骨架示意图

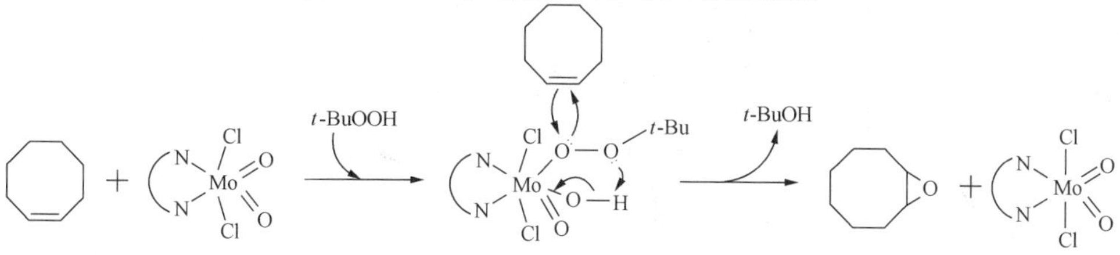

图 10-38　Mo@COMOC-4 催化剂上环辛烯催化反应机理

　　国内外也相继开展了 MOFs 材料用于催化氧化脱硫反应的研究,并取得了一
定进展。Monge 研究组合成了一系列稀土 MOFs 材料,以过氧化氢作氧化剂,发
现该系列材料对硫醚的催化氧化脱硫反应表现出较好的催化性能。我国的卢玉坤
副教授所在研究组选取了几类稳定性较好的 MOFs 材料作为载体,固载了新的活
性组分,如杂多酸或者钒氧化物等,制备的催化剂用于催化氧化噻吩类的含硫化合
物时表现出良好的活性。

　　(3)MOFs 材料光催化

　　利用太阳能光催化 CO₂ 还原是目前一个热门的绿色反应。2011 年,美国的
Weibin Lin 课题组利用 MOFs 材料的高度可调变性设计了一个新颖的光催化
剂[58]。他们通过将具有相同尺寸的羧基配体——联苯二甲酸和联吡啶二甲
酸——与 Zr(Ⅳ)配位得到了一种双配体 MOFs 材料,其中联吡啶二甲酸上的联吡
啶螯合空位与具有良好光催化活性的 Re(Ⅰ)(CO)₃Cl 进一步配位,从而得到了固载
铼的 Re-UiO-67 材料,如图 10-39 所示,该材料作催化剂在可见光的作用下成功地
用于 CO₂ 还原反应。

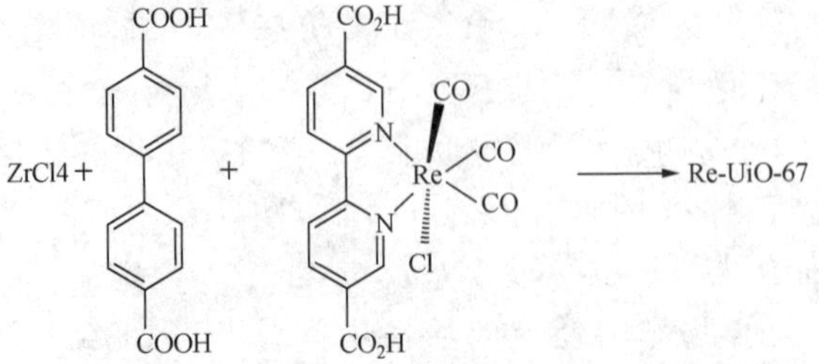

图 10-39　双配体配位固载铼配合物的 Re-UiO-67 MOFs 材料合成示意图

（UiO-67 与 UiO-66 的骨架结构为类拓扑结构，图 10-30(b)）

（4）MOFs 材料的不对称催化

不对称催化反应是 MOFs 材料的一个突出的应用领域，这类 MOFs 催化剂的研究重点是在催化剂的设计合成上。美国的 W. B. Lin 研究组在这个领域开展了大量的研究工作[59,60]，他们利用网络合成法，通过调变有机 Salen 配体（图10-40），

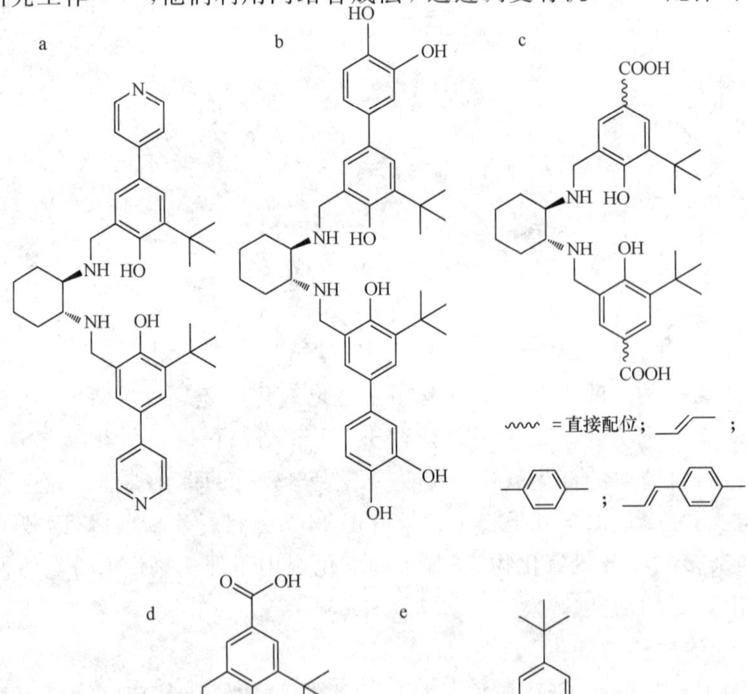

〜〜〜 =直接配位；

图 10-40　CMOF-n 材料合成所用到的 salen 配体

设计了一系列具有相同拓扑结构、不同孔径的手性 MOFs 材料(CMOF-n),通过对该系列手性 MOFs 材料进行金属化的后合成修饰,得到了一系列具有手性催化活性的 MOFs 材料。例如,通过利用配体上的两个羟基手性基团与 Ti(OiPr)$_4$ 反应制备出能够提供 Lewis 酸的 CMOF-Ti(OiPr)$_4$ 化合物,该功能化手性 MOFs 材料对芳香族苯甲醛与二乙基锌或烷基乙基锌的加成反应具有很高的不对称催化活性,最高转化率大于 99%,且产物的 e. e 值高达 99%;但是他们同时也指出,手性 MOFs 材料的孔洞尺寸必须要与所要催化的有机反应物及产物分子尺寸相匹配,否则会极大地影响转化率和选择性。

10.3.5 前景与展望

作为新一代的多孔材料,MOFs 化合物具有比表面积大、孔隙率高、孔容大及结构可调等众多优点,合理地利用有机官能团对 MOFs 材料进行修饰,可以有效地改变框架化合物孔洞的尺寸、比表面积及其他性能,并对原有框架结构的物理化学性质进行改性,从而进一步提高其催化性能。这些特性可以使 MOFs 材料在催化应用上与传统的多孔材料实现优势互补。

考虑到 MOFs 材料的制备成本及材料的稳定性方面的问题,MOFs 材料难以在一些炼油或石油化工过程的催化反应中发挥作用。然而在一些高附加值的精细化工产品及医药中间体制备的低温反应中,具有高度分散的金属活性位点的 MOFs 材料用作催化剂具有较好的发展潜力。

此外,MOFs 材料具有较大的比表面积、较规则的纳米孔道,使其在作为催化剂或催化剂载体方面的应用越来越受到人们的关注。通过筛选优良的 MOFs 载体负载具有催化活性中心的客体分子,可制备出高效负载型 MOFs 材料。例如,沸石咪唑酯骨架材料(zeolitic imidazolate frameworks,ZIFs),它是一类具有较高化学稳定性和热稳定性的 MOFs 材料,由于材料孔道的规则分布以及类分子筛的结构,使其在作为催化剂载体等方面具有潜在的应用价值。优良的载体和合适的制备方法可以提高 MOFs 材料的催化性能,并实现均相催化剂多相化,而催化活性中心的引入可以大大扩展 MOFs 材料作为催化材料的广度和深度。

需要注意的是,目前 MOFs 材料的催化应用研究还以实验室为主,材料催化性能与结构之间的构效关系研究还比较匮乏。针对这一问题,期待有更多从事催化理论计算的研究学者投入到对 MOFs 催化材料的研究中去。考虑到 MOFs 材料的合成和设计特性,通过对 MOFs 材料催化活性的归纳和预见性的研究,及由此延伸的 MOFs 结构中活性中心的理论计算研究,将对整个 MOFs 催化领域起到引导作用,进一步为 MOFs 催化新材料的设计提供指导。

此外,随着 MOFs 材料在催化领域研究的逐渐深入,其规模化生产和工业催化剂优化体系的建立还有很长的路要走。总之，MOFs 材料作为一种新型的催化材料越来越受到人们的重视，其广泛应用将会给研究人员带来机遇和挑战。

（刘颖雅）

10.4　膜催化反应器及膜催化

10.4.1　膜催化的意义

随着现代社会的迅速发展，对改善生活环境、建设生态经济、利用化石资源、开发新型洁净能源和实现可持续发展的迫切需求，促使人们灵活应用化学工程原理和方法，通过过程强化、革新技术、改进工艺流程和提高设备效率，使工厂布局更紧凑、单位能耗更低、三废更少。所谓过程强化，即利用膜技术、外场作用力（离心力、超声、超重力、磁场等）、超临界流体技术以及其他新技术实现反应-分离耦合和多种分离耦合等。因此，过程强化是现代以及将来化工学科的长期研究内容。目前，膜分离技术包括超滤、微滤、纳滤、反渗透、正渗透、电渗析、气体分离、液膜、渗透汽化、膜催化、膜传感、控制释放、膜萃取及膜蒸馏等众多分支，强化了化工生产中的分离过程，较传统的萃取、蒸馏、变压吸附等分离技术有很大优势。膜催化反应器是一种极其重要的膜分离技术，可使反应-分离一体化，实现生产过程强化、投资减少、能耗降低，是发展下一代新型高性能反应器的重要方向。膜催化反应器是与化石资源高效转化和节能减排等过程密切相关的新技术，因此，国内外研究机构及公司竞相开展了相关的基础和应用研究。

10.4.2　膜催化反应器的特点

根据材料的不同，膜可分为无机膜、高分子膜和微生物膜等。不同类型的膜的分离机理不同，渗透性、选择性以及稳定性是衡量膜性能优劣的三个重要指标。将催化反应与膜分离一体化而构成的膜反应器能够利用膜的特殊性能，如分离、分隔、催化等，实现产物的原位分离、反应物的控制输入、不同反应之间的耦合、相间传递的强化、反应-分离过程集成等，从而达到提高反应转化率、提高反应选择性、提高反应速率、延长催化剂使用寿命、降低设备投资等目的。因此，膜催化反应器是当前膜技术研究中最为活跃的领域之一。用于膜催化反应的分离膜可按不同的反应体系、操作条件和分离要求选用多孔的或致密的有机高分子膜或无机膜。在多数重要化工反应过程中，化学品腐蚀性强和操作温度高的特点极大地限制了有机高分子膜的应用，使有机高分子膜只能用于温和条件下的化学反应过程。在高温催化反应中，由于无机膜对反应产物的选择分离或优先渗透，打破了化学反应平

衡的限制,提高了平衡转化率和反应选择性,从而使得无机膜技术得到了学术界和
工业界的高度重视。因此,本节将重点介绍无机膜反应器及相关的膜催化过程。

10.4.3　膜催化反应器的种类

膜催化反应器实质上是将催化反应与膜分离两种技术合二为一,实现反应与
分离的同时进行。如图 10-41 所示,膜催化反应器主要有以下三种类型:控制反应
物输入型、选择性产物输出型及反应-反应耦合型。

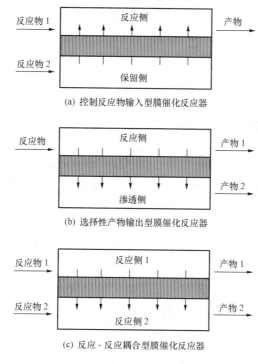

(a) 控制反应物输入型膜催化反应器

(b) 选择性产物输出型膜催化反应器

(c) 反应 - 反应耦合型膜催化反应器

图 10-41　膜催化反应器的种类

1. 控制反应物输入型膜催化反应器

控制反应物输入型膜催化反应器主要用于受动力学控制的化学反应,这类反
应的吉布斯自由能负值很大,不存在热力学平衡限制的问题,但这类反应的选择性
低,反应产物很复杂,后续分离难度大、能耗高。例如:烃类的选择氧化反应。当将
控制反应物输入型膜催化反应器应用到这类化学反应中时,将作为反应物的氧气
通过透氧膜从保留侧控制输入到反应侧,使得氧气分压沿着催化剂床层变化较小
且保持在较低水平,这样就可以有效地减少目标产物与氧气发生深度氧化反应,从
而达到提高目标产物选择性的目的。由于氧气分压在整个催化剂床层均较低,既
可避免选择氧化反应中氧气与可燃反应物直接大量混合而导致的爆炸风险,也使

得床层温度分布趋于均匀。当膜对选择氧化反应的催化活性较低时,可以在膜的反应侧装填催化剂,这时膜只起到控制反应物输入的作用;当膜对反应有高催化活性时,则无须在反应侧装填催化剂,这时膜不仅起到控制反应物输入的作用,而且还作为催化剂参与到催化反应中。

2. 选择性产物输出型膜催化反应器

选择性产物输出型膜催化反应器主要用于受热力学平衡限制的化学反应,这类反应的吉布斯自由能在反应条件下大于零,受反应平衡限制,转化率很低。例如:脱氢反应、酯化反应、水蒸气重整反应等。当将控制产物输出型膜催化反应器应用到这类反应中时,反应产物中的一种产物通过膜从反应侧进入渗透侧,从反应体系中分离出来,使催化反应不再受热力学平衡的限制,从而可以大幅度提高反应的转化率。当膜对反应没有催化活性时,可以在反应侧装填催化剂,这时膜只起到选择性产物输出的作用;当膜对反应有高催化活性时,则无须在反应侧装填催化剂,这时膜不仅起到控制产物输出的作用,而且还作为催化剂参与到反应中。

3. 反应-反应耦合型膜催化反应器

反应-反应耦合型膜催化反应器是将一个受热力学平衡限制的化学反应(反应侧1)与一个受动力学控制的化学反应(反应侧2)耦合于一个膜催化反应器内,即将前两种类型的膜催化反应器二合一。这类膜催化反应器除具有以上两种膜催化反应器的优点外还具有以下两个优点:

(1)放热反应与吸热反应耦合,能量利用效率大幅提高;

(2)在提高选择性和转化率的同时进一步实现过程强化。但是,适用于这类膜催化反应器的化学反应及分离膜较少。

这里要求两个反应温度相近且反应侧1的某种产物是反应侧2的一种反应物,并且这种反应物是决定反应动力学的关键物质;此外,还需找到一种能够选择性分离这种物质的膜。

10.4.4　膜催化典型应用实例

1. 控制反应物输入型膜催化反应器

在过去的几十年中,研究者们对利用混合导体透氧膜反应器进行烷烃高效催化转化做了大量的研究。在众多的烷烃催化转化反应中,天然气部分氧化制合成气($CO+H_2$)的研究受到了高度重视。这是由于合成气作为重要的中间体可以经费托合成或甲醇合成催化转化成为具有高附加值的液体产品。甲烷部分氧化反应是一个弱放热($CH_4 + \frac{1}{2}O_2 \longrightarrow CO + 2H_2$　$\Delta H(25\ ℃) = -35.67\ kJ \cdot mol^{-1}$)、高空速的反应,不需要外加热量且反应速率比甲烷-水蒸气重整反应要快1~2个数量级,生成的 CO/H$_2$ 为 1:2,适合于甲醇合成或费托合成,可有效地避免甲烷-水蒸气重整反应的不足。但是在该反应条件下甲烷部分氧化存在三个问题,严重地制约了该催化反应的工业化进程:

(1)反应体系飞温的问题;

(2)氧气和甲烷共进料可能引起爆炸的问题;

(3)由于下游合成中不能有氮气或含氮氧化物的存在,需要使用纯氧为原料,成本有所增加的问题。

然而将最近出现的混合导体透氧膜与甲烷部分氧化相结合,用于制合成气过程能够有效地解决以上三个问题。因此,利用混合导体透氧膜反应器进行甲烷部分氧化制合成气的反应被认为是最有希望实现工业化的反应,如图10-42(a)所示。混合导体透氧膜是一种具有电子导电性和氧离子导电性的致密陶瓷膜。在高温下,当膜的两边存在氧化学势梯度时,氧分子会在高氧分压侧的膜表面吸附并解离成氧离子,氧离子通过膜体相迁移到低氧分压侧的膜表面并重新结合成氧分子,整个过程的电荷补偿由电子的反方向迁移或电子空穴的同向迁移来完成。由于在渗透过程中氧是以离子形式通过氧空穴来传导的,理论上对氧的扩散选择性为100%。尽管混合导体透氧膜为致密陶瓷,但其具有很高的透氧量,与微孔膜透氧量相当。

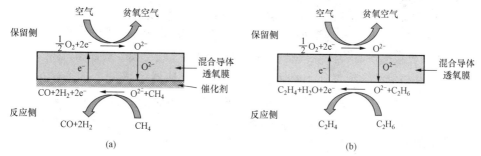

图 10-42　混合导体透氧膜反应器中甲烷部分氧化制合成气(a)和乙烷选择氧化制乙烯(b)

混合导体透氧膜反应器用于天然气部分氧化反应时属于控制反应物输入型膜催化反应器,即控制作为反应物之一的氧的输入。用其进行天然气部分氧化反应与传统固定床反应器相比,具有以下优点:

(1)反应-分离一体化,大大缩小了反应器规模;

(2)可以直接以廉价的空气为氧源且同时消除了其他组分(如氮气)对反应与产品的影响,从而可以显著地降低操作成本和简化操作过程;

(3)反应由氧的渗透过程控制,从而克服了传统固定床反应器所存在的爆炸极限的缺陷;

(4)采用混合导体透氧膜反应器可以显著缓解传统固定床反应器进行天然气

部分氧化反应时所产生的飞温问题;

(5)反应过程中不存在氮气,避免了在高温环境下形成 NO_x 污染物的可能性。

中国科学院大连化学物理研究所长期从事混合导体透氧膜反应器用于天然气部分氧化反应的研究,在催化剂、膜材料、膜制备、膜反应等方面积累了丰富的理论与实践知识。他们开发的双相混合导体透氧膜反应器在甲烷部分氧化反应中表现出优异的综合性能。在整个反应过程中,透氧量始终保持在 $4.2\ \mathrm{mL \cdot cm^{-2} \cdot min^{-1}}$ 以上,甲烷的转化率和 CO 的选择性始终保持在 98% 以上。H_2 与 CO 的比例也一直稳定在 2.0 左右。在进行了 1 100 h 的稳定运行后对取下的膜片进行检测发现,双相膜在甲烷部分氧化反应条件下具有很高的结构稳定性,说明该膜材料极具应用潜力。

在所有的烷烃氧化反应中,烃类选择氧化制取相应的烯烃或氧化物的过程也是一个非常重要的化工过程。在选择氧化反应中,一个最重要的问题就是选择氧化反应的目标产物比原料(如烃类)的活性高,使得其更容易被深度氧化成 CO_x。因此,这类反应目标产物的选择性通常很低。如图 10-42(b)所示,混合导体透氧膜可以连续地渗透氧气,在膜的低氧分压侧表面的晶格氧结合成氧分子之前,如果烷烃能够与膜表面的晶格氧发生反应,则该膜就可以连续提供用于烷烃氧化制烯烃所需的晶格氧,从而实现烷烃的高选择性氧化。从这可以看出,此时的混合导体透氧膜反应器是控制反应物输入型膜催化反应器,与甲烷部分氧化膜催化反应器类似,所不同的是该膜本身是催化剂,无须在膜反应器中额外装填催化剂。实验中,在膜的反应侧没有检测到气相氧的存在,这说明乙烷与膜表面晶格氧的反应速度要快于晶格氧结合成氧分子的速度。在膜催化反应器中,800 ℃时乙烯的选择性可以达到 80%,单程产率可达 67%。然而在相同反应条件下,在传统固定床反应器中却只能得到 53.7% 的乙烯选择性。当反应温度降至 650 ℃时,在膜催化反应器中,乙烯的选择性可提高至 90%,但乙烷转化率由于受制于膜渗透通量而降幅较大。

2. 选择性产物输出型膜催化反应器

在以上的膜催化反应器中,透氧膜主要作用是控制反应物之一的氧气的输入,属于控制反应物输入型膜催化反应器。另一种重要的膜催化反应器是控制反应产物输出型,在该反应器中,反应产物之一经膜移出,使反应平衡向右移动。目前在膜催化反应器中已研究的这类反应主要有以下几种:水分解反应、烃类催化脱氢反应、水蒸气重整反应、水蒸气变换反应、酯化反应、酯交换反应等。这类反应受热力学平衡限制,转化率低,可利用膜催化反应器提高反应的转化率。

(1)钯和钯合金无机膜

钯和钯合金膜是致密无机膜,理想无缺陷的钯膜可 100% 选择渗透氢气。其渗透机理是:氢分子首先在膜表面解离、吸附呈原子态,然后进入钯晶格形成钯氢化合物，钯氢化合物中的氢在膜两侧氢化学势梯度的驱动下，由高氢分压侧定向扩散至低氢分压侧，并在膜表面重新结合成氢分子。目前，钯膜反应器已经用于各类脱氢反应、加氢反应以及脱氢-加氢耦合反应的研究中。近几年来开展较多的研究是将钯膜反应器应用于天然气（主要成分是甲烷）-水蒸气重整制氢过程、水煤气变换反应以及醇类-水蒸气重整现场制氢等催化反应中。甲烷-水蒸气重整反应分两步，如图 10-43 所示。第一步由 CH_4 和 H_2O 生成 CO 和 H_2（1）；第二步是水煤气变换反应，即 CO 和 H_2O 反应生成 CO_2 和 H_2（2）：

$$CH_4 + H_2O \rightleftharpoons CO + 3H_2 \tag{1}$$

$$CO + H_2O \rightleftharpoons CO_2 + H_2 \tag{2}$$

这是一个受热力学平衡限制的强吸热反应。

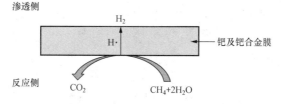

图 10-43　钯膜反应器中甲烷-水蒸气重整制氢

该反应已经在常规反应器中实现大规模工业化生产，通常是在高温（大于 850 ℃）下进行，甲烷转化率大约为 80%。该过程能耗大，经济效益差。在最近 20 年里，钯膜反应器用于甲烷-水蒸气重整制氢得到研究者们的广泛关注。热力学计算表明当将 90% 的氢气从甲烷-水蒸气重整反应混合物中分离出来时，即使是在 500～600 ℃ 这样的低温区间，钯膜反应器中的甲烷-水蒸气重整反应制氢也会获得高达 90% 以上的甲烷转化率，大大超过了相应的甲烷平衡转化率。这是因为，钯膜反应器可以在反应的同时及时移出反应产生的氢气，促进了反应平衡的移动。Umeiya 等利用化学镀法制备出了 13～20 μm 厚的钯及钯-银合金膜，500 ℃ 时甲烷的转化率高达 99%。中国科学院大连化学物理研究所的研究人员在钯膜反应器中使用自制的镍基催化剂进行甲烷-水蒸气重整制氢反应，详细考查了反应条件对膜反应器性能的影响，发现提高反应温度、压力、吹扫气的量、水碳比都会提高甲烷转化率，而增大反应空速则会降低甲烷转化率。在优化的反应条件下，于 550 ℃ 时可获得高达 99.8% 的转化率，每摩尔甲烷可产生 3.74 摩尔纯氢气。在该膜催化反应器中，不仅甲烷转化得到了促进，而且 CO 向 CO_2 的转化也得到了提高。

（2）沸石分子筛膜

沸石分子筛膜是最近二十多年得到迅速发展的一种新型无机膜。它除具有机械强度高、耐高温、抗化学与生物侵蚀等一般无机膜的优点外，还具有微孔孔道规整和表面吸附能力独特等优点，使其在许多膜过程（如渗透汽化、气体分离、膜反应等）及相关领域中有着广阔的应用前景。分子筛作为无机膜材料具有以下优点：

①分子筛具有规整的微孔孔道,孔径分布单一,一些大小相近的分子可以通过分子筛分或择形扩散实现分离;②分子筛具有良好的热稳定性和化学稳定性;③分子筛结构的多样性导致膜性质的多样性,如不同的孔径大小,不同的亲疏水性,因而可满足不同的分离要求;④对分子筛孔道或孔外的修饰可以调变分子筛孔径和吸附性能,从而精确控制分离过程;⑤分子筛的催化活性有助于实现反应与分离的耦合。

由于有机物分子的直径一般大于 0.4 nm,只有晶孔为十元环以上的中孔或大孔分子筛膜可用于有机混合物的分离。FAU 型分子筛膜的孔径较大,硅铝比低,易吸附极性分子及含不饱和键的有机分子。因为上述特点,FAU 型分子筛膜可被用于酯交换反应,即选择性地从反应体系移出小分子醇。例如,碳酸二甲酯(DMC)与苯酚反应生成碳酸二苯酯(DPC):

$$\mathrm{H_3CO-\overset{O}{\overset{\|}{C}}-OCH_3 +2PhOH \rightleftharpoons PhO-\overset{O}{\overset{\|}{C}}-OPh +2CH_3OH}$$

DMC 与苯酚生成 DPC 的反应被认为是一条最具工业化前景的非光气合成路线。但是 DMC 反应活性低,苯酚和 DMC 直接通过酯交换反应合成 DPC 在热力学上是不利的。研究发现,在 180 ℃、10^5 Pa 下,DMC 与苯酚在碱催化下合成苯甲醚(MPC)的反应平衡常数约为 3×10^{-4},反应速度慢,DPC 产率低。此外,由于原料 DMC 与副产物甲醇形成二元恒沸物(质量分数为:70%甲醇、30%DMC),分离难度较大。利用 FAU 型分子筛膜可选择性地将甲醇从反应体系移出,从而极大地提高了反应的转化率。当甲醇含量较高时,FAU 型分子筛膜具有很高的分离选择性,在 373 K、蒸气渗透分离甲醇-DMC 的恒沸物(甲醇质量分数为 70%)时,只透过甲醇,透量为 1.08 kg·m^{-2}·h^{-1}。当混合物中甲醇的含量减少,FAU 型分子筛膜的分离系数逐渐降低。由于该酯交换反应速度慢,为了提高膜的分离效率,可将 FAU 型分子筛膜与固定床反应器串联,如图 10-44 所示。在 180 ℃、10^5 Pa 条件下反应 4 h 后,DMC 的转化率为 48.3%,DPC 的选择性为 64.6%。若将反应物依次进入三组分子筛-固定床反应器,则反应进行 4 h 后,DMC 的转化率为 71.2%,DPC 的选择性为 84.5%。这说明选择渗透甲醇的

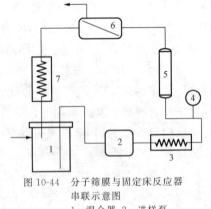

图 10-44 分子筛膜与固定床反应器串联示意图
1—混合器;2—进样泵;
3—汽化器;4—压力表;
5—固定床反应器;
6—膜组件;7—冷凝器

FAU 型分子筛膜能够打破酯交换反应平衡,促进反应物向产物的转化。

类似地,亲水性强、耐酸的 T 型分子筛膜可以选择性地从反应体系中移出水,

该类膜非常适用于促进酯化反应。例如:正丁醇与乙酸反应生成乙酸丁酯的酯化反应,在传统釜式反应器中即使是在醇、酸比为 3∶1 的条件下,乙酸的转化率在反应 4 h 后也只能达到约 65% 的平衡转化率;而在 T 型分子筛膜反应器中,相同条件下可获得 100% 的乙酸转化率。理想条件下,在 T 型分子筛膜反应器中,若醇、酸比为 1∶1,反应结束时即可获得不含水、醇和酸的纯酯产品。由此可见,分子筛膜反应器是能够使传统化学反应大幅度提高原子经济性、降低能耗的高效反应器。

3. 反应-反应耦合型膜催化反应器

膜催化反应器除了可以将反应-分离耦合,还可以将反应-反应耦合,即第三种膜催化反应器。例如,将水分解制氢反应与乙烷选择氧化制乙烯反应耦合,如图 10-45 所示。前者是一个受热力学平衡限制的强吸热反应,平衡转化率极低,例如,在 1 600 ℃ 的高温下,水分解反应的转化率尚不足 0.1%;而后者是一个不受热力学平衡限制的强放热反应,但其乙烯选择性较低,受氧分压及催化剂表面氧物种影响较大。若将两反应在混合导体透氧膜反应器中耦合,水分解产生的氧经过膜渗透至另一侧与乙烷反应生成乙烯,这样不仅提高了水分解反应的转化率和乙烯的选择性,而且反应热量可通过膜传递,使水分解反应获取了能量,使氧化反应所释放的热被及时移出。J. Caro 和 Wang 等发现在透氧膜反应器中耦合水分解和乙烷氧化反应可使水分解产氢速率提高 300 倍以上,而乙烷转化率和乙烯选择性可分别高达 60% 左右和 90% 左右。可以看出,该反应-反应耦合型膜反应器极大地提高了效率,降低了能耗。但关于这类反应-反应耦合型膜反应器的研究还较少,许多未知问题尚待解决。

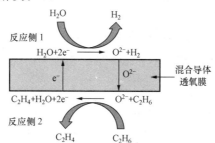

图 10-45　混合导体透氧膜反应器中水分解制氢反应与乙烷选择氧化制乙烯反应耦合制氢及乙烯

10.4.5　膜催化反应器的应用展望

无机膜催化反应器相关的研究始于 20 世纪 80 年代,但到目前为止还没有相关工业应用的范例。其中的关键难点在于:

(1)无机膜制备技术不成熟、成本高;

(2)膜催化反应器操作条件苛刻,对膜的稳定性要求比一般膜分离过程高;

　　(3)无成功范例,过程设计难度大,企业投资谨慎。

　　这些在技术和资金方面的困难严重限制了世界各国膜催化反应器的相关研究。然而,近年来在无机膜分离工业应用方面的巨大进步正在逐渐增强企业对膜催化反应器技术的信心。到目前为止,混合导体透氧膜、钯和钯合金膜、分子筛膜的工业示范装置已经建成或达到工业生产要求。例如,美国 Air Products & Chemicals Inc. 于 2006 年已经建成产纯氧5 吨/天规模的中试装置,目前正在建设产纯氧 100 吨/天规模的工业示范装置;中国科学院大连化学物理研究所建成了国际上最大规模的分子筛膜异丙醇脱水工业装置(5 万吨/年)。这些膜分离工业装置或工业示范装置的建成为无机膜反应器相关技术的发展奠定了基础。可以预见,在近一二十年内必将出现膜催化反应器的相关工业示范装置,而基础研究将在新膜材料、膜分离与催化反应耦合效应、膜组件中的传质与传热等方面获得丰硕的实验与理论成果。

(杨维慎)

参考文献

[1]　沈曾民,张文辉,张学军. 活性炭材料的制备与应用[M]. 北京:化学工业出版社,2008.

[2]　Calvino-Casilda V, López-Peinado A J, Durán-Valle C J, et al. Last decade of research on activated carbons as catalytic support in chemical processes [J]. Catalysis Reviews: Science and Engineering, 2010, 52(3): 325-380.

[3]　Li X, Pan X, Yu L, et al. Silicon carbide-derived carbon nanocomposite as a substitute for mercury in the catalytic hydrochlorination of acetylene [J]. Nature Communications, 2014, 5: 3688-3694.

[4]　Lu A-H, Hao G-P, Sun Q, et al. Chemical synthesis of carbon materials with intriguing nanostructure and morphology [J]. Macromolecular Chemistry and Physics, 2012, 213 (10-11): 1107-1131.

[5]　Hu B, Wang K, Wu L, et al. Engineering carbon materials from the hydrothermal carbonization process of biomass [J]. Advanced Materials, 2010, 22(7): 813-828.

[6]　Lu A-H, Sun T, Li W-C, et al. Synthesis of discrete and dispersible hollow carbon nanospheres with high uniformity by using confined nanospace pyrolysis [J]. Angewandte Chemie International Edition, 2011, 50(49): 11765-11768.

[7]　Lu A-H, Zhao D-Y, Wang Y. Nanocasting A versatile strategy for creating nanostructured porous materials [M]. UK: The Royal Society of Chemistry, 2010: 45-173.

[8]　Lu A-H, Nitz J-J, Comotti M, et al. Spatially and size selective synthesis of Fe-based nanoparticles on ordered mesoporous supports as highly active and stable catalysts for ammonia decomposition [J]. Journal of the American Chemical Society, 2010, 132(20): 14152-14162.

[9]　Sun Q, Guo C-Z, Wang G-H, et al. Fabrication of magnetic yolk-shell nanocatalyst with

spatially resolved functionalities and high activity for nitrobenzene hydrogenation [J]. Chemistry-A European Journal，2013，19(40)：6217-6220.

[10]　Zhang J，Liu X，Blume R，et al. Surface-modified carbon nanotubes catalyze oxidative dehydrogenation of n-butane [J]. Science，2008，322(3)：73-77.

[11]　Zhang J，Su D S，Zhang A H，et al. Nanocarbon as robust catalyst：mechanistic insight into carbon-mediated catalysis [J]. Angewandte Chemie International Edition，2007，46 (38)：7319.

[12]　Zhang J，Su D S，Blume R，et al. Surface chemistry and catalytic reactivity of a nanodiamond in the steam-free dehydrogenation of ethylbenzene [J]. Angewandte Chemie International Edition，2010，49(46)：8640-8644.

[13]　Yang S X，Zhu W P，Li X，et al. Multi-walled carbon nanotubes (MWNTs) as an efficient catalyst for catalytic wet air oxidation of phenol [J]. Catalysis Communications，2007，8(12)：2059-2063.

[14]　Pan X，Bao X. The effects of confinement inside carbon nanotubes on catalysis [J]. Accounts of Chemical Research，2011，44(8)：553-562.

[15]　Zhang H，Pan X，Han X，et al. Enhancing chemical reactions in a confined hydrophobic environment：an NMR study of benzene hydroxylation in carbon nanotubes [J]. Chemical Science，2013，4(3)：1075-1078.

[16]　Choi J-G. Ammonia decomposition over vanadium carbide catalysts [J]. Journal of Catalysis，1999，182(1)：104-116.

[17]　Liang C，Ding L，Wang A，et al. Microwave-assisted preparation and hydrazine decomposition properties of nanostructured tungsten carbides on carbon nanotubes [J]. Industrial and Engineering Chemistry Research，2009，48(6)，3244-3248.

[18]　Wang H，Wang A，Wang X，et al. One-pot synthesized MoC imbedded in ordered mesoporous carbon as a catalyst for N_2H_4 decomposition [J]. Chemical Communications，2008，2565-2567.

[19]　Keller V，Wehrer P，Garin F，et al. Catalytic activity of bulk tungsten carbides for alkane reforming：I. Characterization and catalytic activity for reforming of hexane isomers in the absence of oxygen [J]. Journal of Catalysis，1995，153(1)：9-16.

[20]　Ji N，Zhang T，Zheng M，et al. Direct catalytic conversion of cellulose into ethylene glycol using nickel-promoted tungsten carbide catalysts [J]. Angewandte Chemie，2008，120 (44)：8638-8641.

[21]　Kresge C T，Leonowicz M E，Roth W J，et al. Ordered mesoporous molecular-sieves synthesized by a liquid-crystal template mechanism [J]. Nature，1992，359 (6397)：710-712.

[22]　Zhao D Y，Feng J，Huo Q S，et al. Triblock copolymer syntheses of mesoporous silica with periodic 50 to 300 angstrom pores [J]. Science，1998，279(5350)：548-552.

[23]　Wan Y，Zhao D Y. On the controllable soft-templating approach to mesoporous silicates

[J]. Chemical reviews, 2007, 107(7): 2821-2860.

[24] Girgis M J, Tsao Y P. Impact of catalyst metal-acid balance in n-hexadecane hydroisomerization and hydrocracking [J]. Industrial & Engineering Chemistry Research, 1996, 35 (2): 386-396.

[25] Kozhevnikov I V, Sinnema A, Jansen R J J, et al. New acid catalyst comprising heteropoly acid on a mesoporous molecular sieve MCM-41 [J]. Catalysis Letters, 1994, 30(1-4): 241-252.

[26] Kloetstra K R, van Bekkum H. Solid mesoporous base catalysts comprising of MCM-41 supported intraporous cesium oxide [J]. Studies in Surface Science and Catalysis, 1997, 105: 431-438.

[27] Xia Y D, Mokaya R. Highly ordered mesoporous silicon oxynitride materials as base catalysts [J]. Angewandte Chemie International Edition, 2003, 115(23): 2743-2748.

[28] Corma A, Navarro M T, Pariente J P. Synthesis of an ultralarge pore titanium silicate isomorphous to MCM-41 and its application as a catalyst for selective oxidation of hydrocarbons [J]. Journal of the Chemical Society-Chemical Communications, 1994, (2): 147-148.

[29] Ulagappan N, Rao C N R. Synthesis and characterization of the mesoporous chromium silicates, Cr-MCM-4 [J]. Chemical Communications, 1996, (9): 1047-1048.

[30] Kawi S, Te M. MCM-48 supported chromium catalyst for trichloroethylene oxidation [J]. Catalysis Today, 1998, 44(1-4): 101-109.

[31] Junges U, Jacobs W, Voigtmartin I, et al. MCM-41 as a support for small platinum particles: a catalyst for low-temperature carbon monoxide oxidation [J]. Journal of the Chemical Society——Chemical Communications, 1995, 22: 2283-2284.

[32] Florea M, Sevinci M, Pârvulescu V I, et al. Ru-MCM-41 catalysts for diastereoselective hydrogenation [J]. Microporous Mesoporous Materials, 2001, 44-45: 483-488.

[33] Shephard D S, Maschmeyer T, Sankar G, et al. Preparation, Characterisation and performance of encapsulated copper-ruthenium bimetallic catalysts derived from molecular cluster carbonyl precursors [J]. Chemistry-A European Journal, 1998, 4(7): 1214-1224.

[34] Piaggio P, Langham C, McMorn P, et al. Catalytic asymmetric epoxidation of stilbene using a chiral salen complex immobilized in Mn-exchanged Al-MCM-41 [J]. Journal of the Chemical Society——Perkin Transactions 2, 2000, 1: 143-148.

[35] Na K, Jo C, Kim J, et al. Directing zeolite structures into hierarchically nanoporous architectures [J]. Science, 2011, 333(6040): 328-332.

[36] Liu Y, Zhang W, Pinnavaia T. Steam-stable aluminosilicate mesostructures assembled from zeolite type Y seeds [J]. Journal of the American Chemical Society, 2000, 122(36): 8791-8792.

[37] Zhang Z, Han Y, Zhu L, et al. Strongly acidic and high-temperature hydrothermally stable mesoporous aluminosilicates with ordered hexagonal structure [J]. Angewandte Che-

mie-International Edition, 2001, 40(7): 1258-1262.

[38] Han Y, Xiao F, Wu S, et al. A novel method for incorporation of heteroatoms into the framework of ordered mesoporous silica materials synthesized in strong acidic media [J]. Journal of Physical Chemistry B, 2001, 105(33): 7963-7966.

[39] Wang L Y, Wang A J, Li X, et al. Highly acidic mesoporous aluminosilicates prepared from preformed HY zeolite in Na_2SiO_3 alkaline buffer system [J]. Journal of Materials Chemistry, 2010, 20(11): 2232-2239.

[40] Ryoo R, Joo S H, Jun S. Synthesis of highly ordered carbon molecular sieves via template-mediated structural transformation [J]. Journal of Physical Chemistry B, 1999, 103 (37): 7743-7746.

[41] Tanaka D, Nishiyama N, Egashira Y, et al. Synthesis of ordered mesoporous carbons with channel structure from an organic-organic nanocomposite [J]. Chemical Communications, 2005, (16): 2125-2127.

[42] Meng Y, Gu D, Zhang F Q, et al. Ordered mesoporous polymers and homologous carbon frameworks: amphiphilic surfactant templating and direct transformation [J]. Angewandte Chemie-International Edition, 2005, 44(43): 7053-7059.

[43] Zalusky A S, Olayo-Valles R, Wolf J H, et al. Ordered nanoporous polymers from polystyrene-polylactide block copolymers [J]. Journal of the American Chemical Society, 2002, 124(43): 12761-12773.

[44] Zhao D Y, Luan Z H, Kevan L. Synthesis of thermally stable mesoporous hexagonal aluminophosphate molecular sieves [J]. Chemical Communications, 1997, (11): 1009-1010.

[45] Kimura T, Sugahara Y, Kuroda K. Synthesis and characterization of lamellar and hexagonal mesostructured aluminophosphates using alkyltrimethylammonium cations as structure-directing agents [J]. Chemistry of Materials, 1999, 11(2): 508-518.

[46] Li H, Eddaoudi M, O'Keeffe M, et al. Design and synthesis of an exceptionally stable and highly porous metal-organic framework [J]. Nature, 1999, 402(6759): 276-279.

[47] Horike S, Kitagawa S. Metal-organic frameworks applications from catalysis to gas storage(ed. Farrusseng D.) [M]. Wiley-VCH, 2011:3-22.

[48] Eddaoudi M, Moler D B, Li H L, et al. Modular chemistry: Secondary building units as a basis for the design of highly porous and robust metal-organic carboxylate frameworks [J]. Accounts of Chemical Research, 2001, 34 (4): 319-330.

[49] Cohen S M. Postsynthetic methods for the functionalization of metal-organic frameworks [J]. Chemical Reviews, 2012, 112(2): 970-1000.

[50] Liu Y Y, Decadt R, Bogaerts T, et al. Bipyridine-based nanosized metal-organic framework with tunable luminescence by a postmodification with Eu(Ⅲ): an experimental and theoretical study [J]. The Journal of Physical Chemistry C, 2013, 117 (21): 11302-11310.

[51] Cavka J H, Jakobsen S, Olsbye U, et al. A new zirconium inorganic building brick form-

ing metal organic frameworks with exceptional stability [J]. Journal of the American Chemical Society, 2008, 130 (42): 13850-13851.

[52] Dan-Hardi M, Serre C, Frot T, et al. A new photoactive crystalline highly porous titanium(Ⅳ) dicarboxylate [J]. Journal of the American Chemical Society, 2009, 131 (31), 10857.

[53] Fujita M, Kwon Y J, Washizu S, et al. Preparation, clathration ability, and catalysis of a two-dimensional square network material composed of cadmium(Ⅱ) and 4,4′-bipyridine [J]. Journal of the American Chemical Society, 1994, 116(3): 1151-1152.

[54] Zhang Z, Zhang L, Wojtas L, et al. Template-directed synthesis of nets based upon octahemioctahedral cages that encapsulate catalytically active metalloporphyrins [J]. Journal of the American Chemical Society, 2012, 134(2): 928-933.

[55] Sabo M, Henschel A, Frode H, et al. Solution infiltration of palladium into MOF-5: synthesis, physisorption and catalytic properties [J]. Journal of Materials Chemistry, 2007, 17(36): 3827-3832.

[56] Corma A, Garcia H, Xamena F X L I. Engineering metal organic frameworks for heterogeneous catalysis [J]. Chemical Reviews, 2010, 110(8): 4606-4655.

[57] Leus K, Liu Y Y, Meledina M, et al. A Mo(Ⅵ) grafted metal organic framework: synthesis, characterization and catalytic investigations [J]. Journal of Catalysis, 2014, 316 (0): 201-209.

[58] Wang C, Xie Z, deKrafft K E, et al. Doping metal-organic frameworks for water oxidation, carbon dioxide reduction, and organic photocatalysis [J]. Journal of the American Chemical Society, 2011, 133(34): 13445-13454.

[59] Ma L, Abney C, Lin W. Enantioselective catalysis with homochiral metal-organic frameworks [J]. Chemical Society Reviews, 2009, 38(5): 1248-1256.

[60] Ma L, Falkowsk J M, Abney C, et al. A series of isoreticular chiral metal-organic frameworks as a tunable platform for asymmetric catalysis [J]. Nature Chemistry 2010, 2 (10): 838-846.

[61] Zhu X, Li Q, Cong Y, et al. Syngas generation in a membrane reactor with a highly stable ceramic composite membrane [J]. Catalysis Communications, 2008, 10: (3), 309-312.

[62] Yang W, Wang H, Zhu X, et al. Development and application of oxygen permeable membrane in selective oxidation of light alkanes [J]. Topics in Catalysis, 2002, 35: (1-2), 155-167.

[63] Wang H, Cong Y, Yang W. High selectivity of oxidative dehydrogenation of ethane to ethylene in an oxygen permeable membrane reactor [J]. Chemical Communications, 2002, 14: 1468-1469.

[64] Uemiya S, Sato N, Ando H, et al. Steam reforming of methane in a hydrogen-permeable membrane reactor [J]. Applied Catalysis, 1991, 76(2): 223-230.